第一次検定

土木
施工管理技士
要点テキスト

1級

土木一般
専門土木
土木法規
共通工学
施工管理法
（知識・応用）
令和4年 試験問題

市ヶ谷出版社

ま え が き

土木工事業は，建設業法で定める「指定建設業」となっていますので，特定建設業の許可業者の場合，営業所の専任技術者，工事現場ごとの監理技術者は「1級土木施工管理技士」等の資格を取得した国家資格所有者に限定されています。

1級土木施工管理技士の試験は，建設業法に基づき国土交通大臣が指定した試験機関である（一財）全国建設研修センターが実施するもので，従来，1級土木施工の検定試験は学科試験と実地試験に分かれておりましたが，建設業法の改正に伴い試験制度が変更され，2021年4月からは「第一次検定」および「第二次検定」のそれぞれ独立した試験として実施されました。制度の改訂内容の詳細については次ページ以降をご参照ください。第一次検定の合格者には**技士補**の資格が付与され，第二次検定を受験することができます。

「1級土木施工管理技士」の資格取得は，本人のスキルアップはもちろんですが，所属する企業も，経営事項審査において，1級資格取得者には5点が与えられ，技術力の評価につながり，公共工事の発注の際の目安とされるなど，この資格者の役割はますます重要になってきています。

土木の試験分野は，広範囲にわたっていますが，本書は，まず**「第一次検定」の合格**を目指す皆様に，要領よく，短期間に実力を養成できるよう，必要な知識を体系的に取りまとめています。また，近年は，第二次検定（旧実地試験）の学科記述も学科試験と同様の問題が記述式で出題されております。今回の改定で，第二次検定では，これまで実地試験で求められていた能力問題に加え，学科試験で求められていた知識問題の一部も出題されるようになりますので，第二次検定（旧実地試験）を受検するときもご利用ください。

本書を活用して，皆様が1級土木施工管理技士の試験に必ず合格されますことをお祈り申し上げます。

令和4年11月　　　　著者一同

1級土木施工管理技術検定　令和３年度制度改正について

令和３年度より，施工管理技術検定は制度が大きく変わりました。

●試験の構成の変更	（旧制度）	→	（新制度）
	学科試験・実地試験	→	第一次検定・第二次検定

●第一次検定合格者に『技士補』資格

令和３年度以降の第一次検定合格者が生涯有効な資格となり，国家資格として『1級土木施工管理技士補』と称することになりました。

●試験内容の変更・・・以下を参照ください。

●受検手数料の変更・・第一次検定，第二次検定ともに受検手数料が 10,500 円に変更。

試験内容の変更

学科・実地の両試験を経て，１級の技士となる現行制度から，施工管理のうち，施工管理を的確に行うに必要な知識・能力を判定する第一次検定，実務経験に基づいた監理技術者として施工管理，指導監督の知識・能力を判定する第二次検定に改められました。

第一次検定の合格者には技士補，第二次検定の合格者には技士がそれぞれ付与されます。

第一次検定

これまで学科試験で求められていた知識問題を基本に，実地試験で出題されていた施工管理法など能力問題が一部追加されることになりました。

これに合わせ，合格基準も変更されます。従来の学科試験は全体の 60％の得点で合格となりましたが，新制度では，第一次検定は全体の合格基準に加えて，施工管理法（応用能力）の設問部分の合格基準が設けられました。これにより，全体の 60％の得点と施工管理法の設問部分の 60％の得点の両方を満たすことで合格となります。

第一次検定はマークシート式で，これまでの四肢一択方式で出題形式と同じで変更はありません。

なお，合格に求められる知識・能力の水準は，従来の検定と同程度となっています。

第一次検定の試験内容

検定区分	検定科目	検　定　基　準
第一次検定	土木工学等	1　土木一式工事の施工の管理を適確に行うために必要な土木工学，電気工学，電気通信工学，機械工学及び建築学に関する一般的な知識を有すること。 2　土木一式工事の施工の管理を適確に行うために必要な設計図書に関する一般的な知識を有すること。
	施工管理法	1　監理技術者補佐として，土木一式工事の施工の管理を適確に行うために必要な施工計画の作成方法及び工程管理，品質管理，安全管理等工事の施工の管理方法に関する知識を有すること。
		2　監理技術者補佐として，土木一式工事の施工の管理を適確に行うために必要な応用能力を有すること。
	法　　規	建設工事の施工の管理を適確に行うために必要な法令に関する一般的な知識を有すること。

（1級土木施工管理技術検定　受検の手引より引用）

第一次検定の合格基準

・土木工学等（知識）
・施工管理法（知識）　60%
・法規（知識）

・施工管理法（能力）　60%

（国土交通省 不動産・建設経済局建設業課「技術検定制度の見直し等（建設業法の改正）」より）

第二次検定

第二次検定は，施工管理法についての試験で知識，応用能力を問う記述式の問題となります。

第二次検定の試験内容

検定区分	検定科目	検　定　基　準
第二次検定	施工管理法	1　監理技術者として，土木一式工事の施工の管理を適確に行うために必要な知識を有すること。
		2　監理技術者として，土質試験及び土木材料の強度等の試験を正確に行うことができ，かつ，その試験の結果に基づいて工事の目的物に所要の強度を得る等のために必要な措置を行うことができる応用能力を有すること。 3　監理技術者として，設計図書に基づいて工事現場における施工計画を適切に作成すること，又は施工計画を実施することができる応用能力を有すること。

（1級土木施工管理技術検定　受検の手引より引用）

１級土木施工管理技術検定の概要

1. 試験日程

令和５年度の試験実施日程の公表が本年 12 月末のため，令和４年度の実施日程を掲載しました。

令和４年度１級土木施工管理技術検定　実施日程

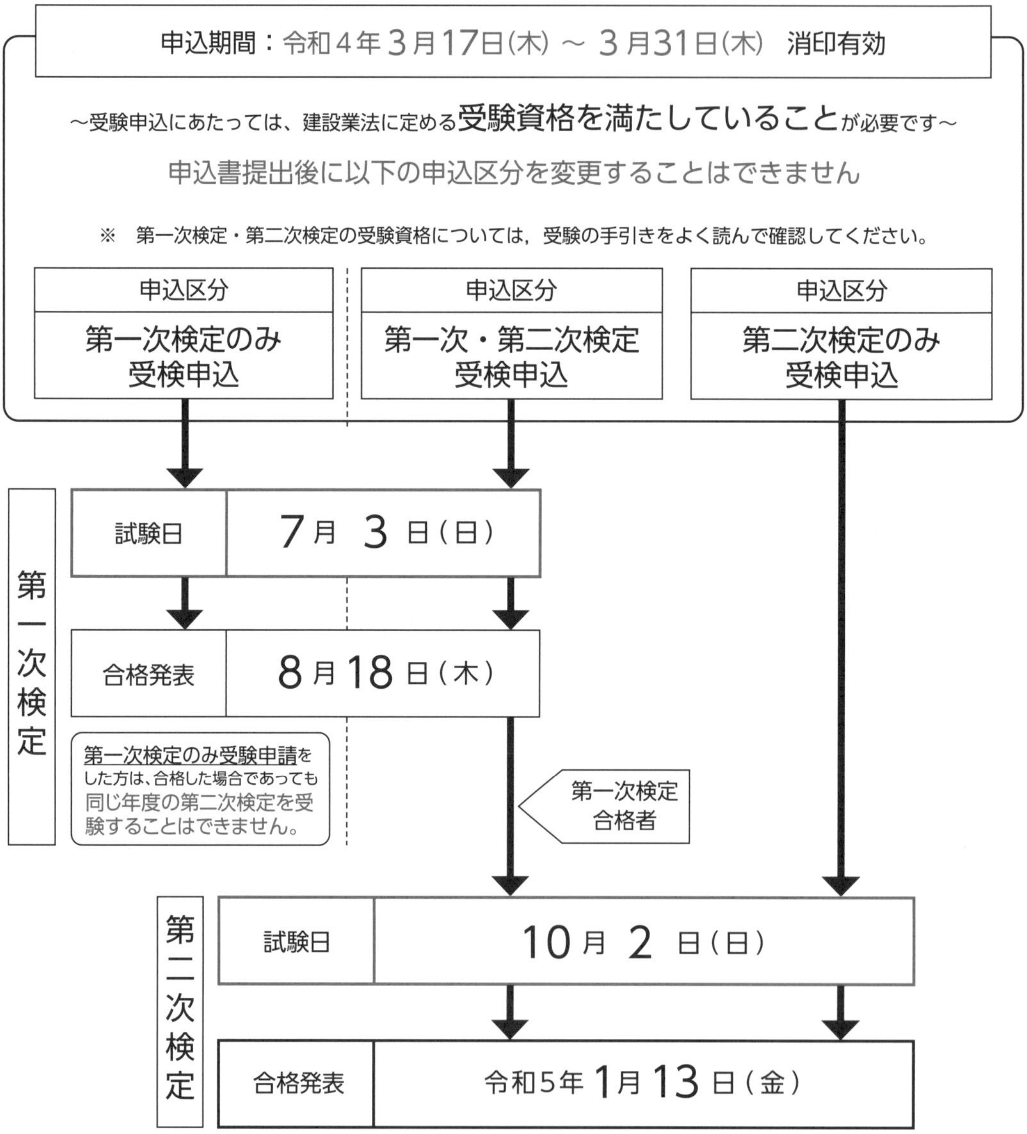

申込期間：令和４年３月17日(木) ～ ３月31日(木)　消印有効
～受験申込にあたっては、建設業法に定める受験資格を満たしていることが必要です～
申込書提出後に以下の申込区分を変更することはできません
※　第一次検定・第二次検定の受験資格については，受験の手引きをよく読んで確認してください。
申込区分
第一次検定のみ受検申込
申込区分
第一次・第二次検定受検申込
申込区分
第二次検定のみ受検申込
第一次検定
試験日
７月３日(日)
合格発表
８月18日(木)
第一次検定のみ受験申請をした方は、合格した場合であっても同じ年度の第二次検定を受験することはできません。
第一次検定合格者
第二次検定
試験日
10月２日(日)
合格発表
令和５年１月13日(金)

2. 受検資格

受検資格に関する詳細については，必ず「受検の手引」をご確認ください。

第一次検定

●受験資格区分(イ)，(ロ)，(ハ)，(ニ)のいずれかに該当する者が受検できます。

受検資格区分(イ)，(ロ)

<table>
<tr><th rowspan="2">区分</th><th rowspan="2" colspan="2">学歴と資格</th><th colspan="2">土木施工管理に関する必要な実務経験年数</th></tr>
<tr><th>指定学科</th><th>指定学科以外</th></tr>
<tr><td rowspan="8">(イ)</td><td rowspan="2" colspan="2">学校教育法による
・大学
・専門学校の「高度専門士」*1</td><td>卒業後3年以上
の実務経験年数</td><td>卒業後4年6ヵ月以上
の実務経験年数</td></tr>
<tr><td colspan="2">1年以上の指導監督的実務経験年数が含まれていること。</td></tr>
<tr><td rowspan="2" colspan="2">学校教育法による
・短期大学
・高等専門学校（5年制）
・専門学校の「専門士」*2</td><td>卒業後5年以上
の実務経験年数</td><td>卒業後7年6ヵ月以上
の実務経験年数</td></tr>
<tr><td colspan="2">1年以上の指導監督的実務経験年数が含まれていること。</td></tr>
<tr><td rowspan="2" colspan="2">学校教育法による
・高等学校
・中等教育学校（中高一貫6年）
・専修学校の専門課程</td><td>卒業後10年以上
の実務経験年数</td><td>卒業後11年6ヵ月以上
の実務経験年数</td></tr>
<tr><td colspan="2">1年以上の指導監督的実務経験年数が含まれていること。</td></tr>
<tr><td rowspan="2" colspan="2">その他（学歴を問わず）</td><td colspan="2">15年以上の実務経験年数</td></tr>
<tr><td colspan="2">1年以上の指導監督的実務経験年数が含まれていること。</td></tr>
<tr><td rowspan="4">(ロ)
2級土木施工管理技術検定合格者</td><td colspan="2">2級土木施工管理技術検定合格者
（合格後の実務経験が5年以上の者）</td><td colspan="2">合格後5年以上の実務経験年数
（本年度該当者は平成27年度までの2級土木施工管理技術検定合格者）
1年以上の指導監督的実務経験年数が含まれていること。</td></tr>
<tr><td rowspan="3">2級土木施工管理技術検定合格後，実務経験が5年未満の者
［卒業後に通算で所定の実務経験を有する者］</td><td rowspan="2">学校教育法による
・高等学校
・中等教育学校（中高一貫6年）
・専修学校の専門課程</td><td>卒業後9年以上
の実務経験年数</td><td>卒業後10年6ヵ月以上
の実務経験年数</td></tr>
<tr><td colspan="2">1年以上の指導監督的実務経験年数が含まれていること。</td></tr>
<tr><td>その他
（学歴を問わず）</td><td colspan="2">14年以上の実務経験年数
1年以上の指導監督的実務経験年数が含まれていること。</td></tr>
</table>

＊1 「高度専門士」の要件
①修業年数が4年以上であること。
②全課程の修了に必要な総授業時間が3,400時間以上。又は単位制による学科の場合は，124単位以上。
③体系的に教育課程が編成されていること。
④試験等により成績評価を行い，その評価に基づいて課程修了の認定を行っていること。

＊2 「専門士」の要件
①修業年数が2年以上であること。
②全課程の修了に必要な総授業時間が1,700時間以上。又は単位制による学科の場合は，62単位以上。
③試験等により成績評価を行い，その評価に基づいて課程修了の認定を行っていること。
④高度専門士と称することができる課程と認められたものでないこと。

受検資格区分(ハ)　専任の主任技術者の実務経験が1年以上ある者

<table>
<tr><th rowspan="2">区分</th><th rowspan="2" colspan="2">学歴と資格</th><th colspan="2">土木施工管理に関する必要な実務経験年数</th></tr>
<tr><th>指定学科</th><th>指定学科以外</th></tr>
<tr><td rowspan="6">(ハ)</td><td colspan="2">2級土木施工管理技術検定合格者
（合格後の実務経験が3年以上の者）</td><td colspan="2">合格後3年以上の実務経験年数
（本年度該当者は平成29年度までの，2級土木施工管理技術検定合格者）</td></tr>
<tr><td rowspan="3">2級土木施工管理技術検定合格後，実務経験が3年未満の者
［卒業後に通算で所定の実務経験を有する者］</td><td>学校教育法による
・短期大学
・高等専門学校（5年制）
・専門学校の「専門士」</td><td></td><td>卒業後7年以上の実務経験年数</td></tr>
<tr><td>学校教育法による
・高等学校
・中等教育学校（中高一貫6年）
・専修学校の専門課程</td><td>卒業後7年以上の実務経験年数</td><td>卒業後8年6ヵ月以上の実務経験年数</td></tr>
<tr><td>その他（学歴を問わず）</td><td colspan="2">12年以上の実務経験年数</td></tr>
<tr><td rowspan="2">その他</td><td>学校教育法による
・高等学校
・中等教育学校（中高一貫6年）
・専修学校の専門課程</td><td>卒業後8年以上の実務経験年数</td><td>卒業後※9年6ヵ月以上の実務経験年数</td></tr>
<tr><td>その他
（学歴を問わず）</td><td colspan="2">13年以上の実務経験年数</td></tr>
</table>

※建設機械施工技士に限ります（合格証明書の写しが必要です）。建設機械施工技士の資格を取得していない場合は11年以上の実務経験年数が必要です。

受検資格区分(ニ)　指導監督的実務経験年数が1年以上，主任技術者の資格要件成立後専任の監理技術者の指導のもとにおける実務経験が2年以上ある者

<table>
<tr><th>区分</th><th>学歴と資格</th><th>土木施工管理に関する必要な実務経験年数</th></tr>
<tr><td rowspan="2">(ニ)</td><td>2級土木施工管理技術検定合格者
（合格後の実務経験が3年以上の者）</td><td>合格後3年以上の実務経験年数
（本年度該当者は平成29年度までの，2級土木施工管理技術検定合格者）
※2級技術検定に合格した後，以下に示す内容の両方を含む3年以上の実務経験年数を有している者
・指導監督的実務経験年数を1年以上
・専任の監理技術者の配置が必要な工事に配置され，監理技術者の指導を受けた2年以上の実務経験年数</td></tr>
<tr><td>学校教育法による
・高等学校
・中等教育学校（中高一貫6年）
・専修学校の専門課程</td><td>指定学科を卒業後8年以上の実務経験年数
※左記学校の指定学科を卒業した後，以下に示す内容の両方を含む8年以上の実務経験年数を有している者
・指導監督的実務経験年数を1年以上
・5年以上の実務経験の後に専任の監理技術者の設置が必要な工事において，監理技術者による指導を受けた2年以上の実務経験年数</td></tr>
</table>

第二次検定

[1]　令和3年度以降の「第一次検定・第二次検定」を受検し，第一次検定のみ合格した者【上記の区分(イ)から(ニ)の受験資格で受験した者に限る】

[2]　令和3年度以降の「第一次検定」のみを受検して合格し，所定の実務経験を満たした者

[3]　技術士試験の合格者（技術士法による第二次試験のうち指定の技術部門に合格した者（平成15年文部科学省令第36号による技術士法施行規則の一部改正前の第二次試験合格者を含む））で，所定の実務経験を満たした者

※上記の詳しい内容につきましては，「受検の手引」をご参照ください。

3. 試験地

札幌・釧路・青森・仙台・東京・新潟・名古屋・大阪・岡山・広島・高松・福岡・那覇

※試験会場は，受検票でお知らせします。

※試験会場の確保等の都合により，やむを得ず近郊の都市で実施する場合があります。

4. 試験の内容等

「1級土木施工管理技術検定　令和3年度制度改正について」をご参照ください。

受検資格や試験の詳細については受検の手引をよく確認してください。
不明点等は下記機関に問い合わせしてください。

5. 試験実施機関

国土交通大臣指定試験機関
一般財団法人　全国建設研修センター　土木試験部
〒187-8540　東京都小平市喜平町2-1-2
TEL　042-300-6860
ホームページアドレス　https://www.jctc.jp/
電話によるお問い合わせ応対時間　9：00 ～ 17：00
土・日曜日・祝祭日は休業日です。

本書の利用のしかた

本書は，旧学科試験の試験問題の出題順にあわせ，次の６編に分類し，体系的に取りまとめてあります

第１編　土木一般　　　第２編　専門土木　　　第３編　土木法規

第４編　共通工学　　　第５編　施工管理法（基礎知識）

第６編　施工管理法（応用能力）（令和３・４年度出題項目・内容等掲載）

試験問題のうち共通工学４問と施工管理 31 問は必須問題ですので，**第４編～第６編は，全体をくまなく学習してください。**なお，令和３年度の改訂で，試験の名称が第一次検定に変わるとともに，これまで旧学科試験で求められていた知識問題を基本に，旧実地試験で出題されていた**施工管理法などの能力問題の一部が追加**されることになり，具体的には，施工管理法（基礎知識）16 問，施工管理法（応用能力）15 問に分割出題されました。応用能力 15 問についても，本書に掲載の内容で十分解答可能ですので，第５編を重点的に学習してください。

第一次検定では，旧学科試験と同様，土木一般は 15 問中 12 問，専門土木は 34 問中 10 問，土木法規は 12 問中８問の選択問題でした。各編を細分化し，専門ごとに取りまとめてあります。総花的に覚えようとせずに，**自分の得意な分野に限定して確実に得点できるようにしてください。**

限られた時間ですので，取捨選択も大事な受験技術です。80 点を取ることを目標に，効率的に学習してください。

本書では，最近の出題傾向を分析した結果から，各章ごとに，学習のポイントを示しております。説明文の中では，試験に良く出題される**重要な用語は太い黒字**で，その用語の説明，覚えておくべき数値などについては太い赤字，文章全体が重要と思われるものには赤の網かけをしてあります。これらは，最低限の知識として学習しておいてください。

各編の最後には，25 問または 50 問の編末確認問題を掲載してあります。過去の試験問題で繰り返し出題された重要な問題ですので，学習内容の確認および知識の定着に利用し，確実に解けるようにしてください。

本書の最後に，令和４年度の第一次検定試験の全問と，解答・解説を掲載しています。学習の成果を確認する意味で，試験当日の時間にあわせて，解答にトライしてください。

目　　次

第1編　土木一般

第2編 専門土木

第４編　共通工学

第５編　施工管理法（基礎知識）

第６編　施工管理法（応用能力）

第1編 土木一般

令和４年度の出題事項

1 土工（5問）

①土質試験の名称・結果，結果の利用 ②法面保護工の施工 ③TS・GNSSを用いた情報化施工による盛土の施工 ④ボックスカルバートの裏込めの留意点 ⑤軟弱地盤対策工法の概要 が出題された。

５問とも昨年度と同じ項目から出題されている。いずれも土工における基本的事項であり，過去問題の演習で解答できる内容である。

2 コンクリート工（6問）

①コンクリート用細骨材の品質 ②コンクリートの品質に関する基礎知識 ③コンクリートの養生に関する基本事項 ④コンクリートの配合に関する基本的事項 ⑤暑中コンクリートの留意事項 ⑥フレッシュコンクリートの側圧 が出題された。

昨年度と同じ項目の出題で，基礎知識で判断できる内容である。

3 基礎工（4問）

①道路橋の下部工の直接基礎の施工 ②プレボーリング杭工法と中掘り杭工法の施工 ③場所打ち杭工法の施工 ④土留め工の施工と特徴 が出題された。

昨年度と同じ項目の出題で，基礎知識で判断できる内容である。

1. 土　工

土工は土を動かす工事の分野であり，原位置試験・土量計算・盛土施工・土工機械・切土排水・斜面安定・軟弱地盤について重点的に出題されている。

1・1 土質調査

頻出レベル
低■■■■■■高

学習のポイント

原位置試験と土質試験を総称して土質調査という。それぞれの試験における試験の名称，試験により求められる値，および試験結果の利用方法の組合せを理解する。

土質調査
- 原位置試験
- 土質試験

1・1・1 原位置試験

表1・1 原位置試験

試験の名称	試験結果から得られるもの	試験結果の利用
弾性波探査	地盤の弾性波速度 V〔m/s〕	地層の種類・性質，岩の掘削法 成層状況の推定
電気探査	地盤の比抵抗値 r〔Ω〕	地下水の状態の推定
単位体積質量試験 （砂置換法）（RI法）	湿潤密度 ρ_t〔g/cm^3〕 乾燥密度 ρ_d〔g/cm^3〕	締固めの施工管理
標準貫入試験	N 値（打撃回数），試料採取	土の硬軟，締まり具合の判定
スウェーデン式サウンディング試験	N_{sw} 値（半回転数）	土の硬軟，締まり具合の判定
コーン貫入試験	コーン指数 q_c〔kN/m^2〕	トラフィカビリティの判定
ベーン試験	粘着力 c〔N/mm^2〕	細粒土の斜面や基礎地盤の安定計算
平板載荷試験	地盤反力係数 K〔kN/m^3〕	締固めの施工管理
現場透水試験	透水係数 k〔cm/s〕	透水関係の設計計算 地盤改良工法の設計
現場CBR試験	CBR値〔%〕	路床または路盤の支持力の評価

(1)　標準貫入試験

標準貫入試験は，ボーリング孔内に，長さ 30 cm の土試料採取用のサンプラをロッドに取付け，質量 63.5 kg のハンマを高さ 76 cm から自由落下させ，サンプラを打撃し，サンプラが 30 cm 貫入するのに必要な打撃回数 n（N 値）を求めるものである。標準貫入試験の結果得られた N 値と，深さごとの地層の種類から，土質柱状図を作成し，支持層の深さを判断し，杭基礎，直接基礎などの設計を行う。

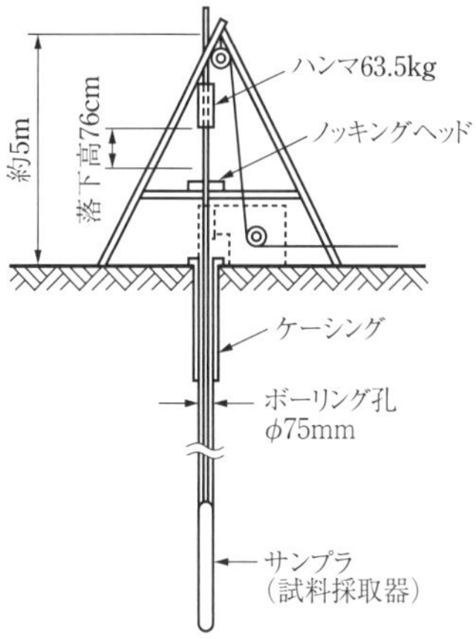

図 1・1　標準貫入試験

(2)　コーン貫入試験

コーン貫入試験にはポータブルコーン貫入試験とオランダ式二重管コーン貫入試験の 2 種類がある。

ポータブルコーン貫入試験は図 1・2 のように，ポータブルコーンを人力により地盤中に静的に 10 cm 貫入させ，このときの抵抗力を求め，これを**コーン指数** q_c（kN/m^2）とする。

オランダ式二重管コーン貫入試験は，内管と外管（マントルコーン）の二重構造をしており，各地層ごとに，静的に 5 cm 貫入するのに必要な貫入抵抗力である**コーン指数** q_c（kN/m^2）を求める。一般的に q_c が 500 kN/m^2 以下のときは，建設機械の走行性確保のための対策が必要である。

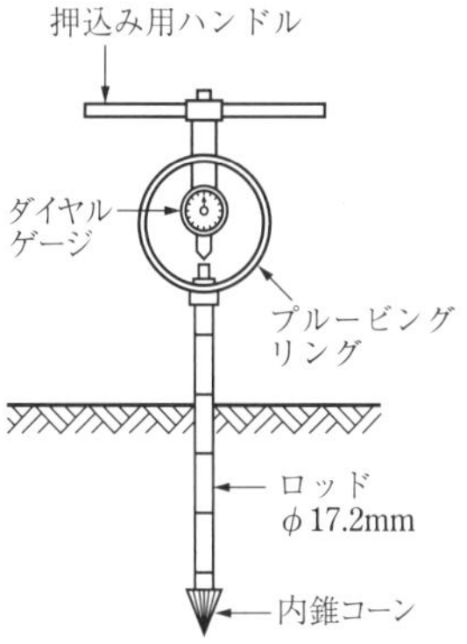

図 1・2　コーン貫入試験

(3)　平板載荷試験

平板載荷試験は，直径 30 cm，厚さ 22 mm 以上の鋼板を油圧ジャッキで路床面に圧入し，沈下量 1.25 mm 当たりの貫入抵抗力を求め，**地盤反力係数** K（kN/m^3）で表す。コンクリート舗装の路床や，鉄道・道路・滑走路の路床の支持力を求めたり，ニューマチックケーソンでは支持地盤の支持力を調べるのに用いる。

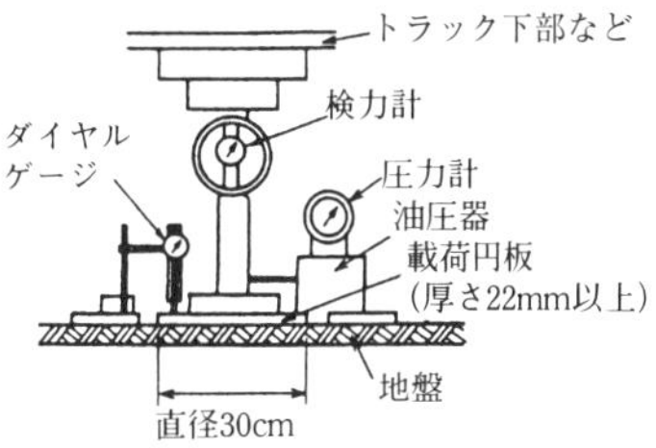

図 1・3　平板載荷試験

(4)　CBR 試験

CBR 試験は図 1・4 のように，静的に直径 5 cm の貫入棒（ピストン）を油圧ジャッキで地盤中（または締固めたモールド内の土）に貫入させ，このときの貫入抵抗を求める。砕石への貫入抵抗力（標準荷重強さ）を 100% としたとき，貫入抵抗力との比を CBR 値という。例えば道路の路床の支持力比を求める場合，区間を定め，区間内で求めた 7〜8 点の CBR 値を平均して，区間の CBR 値を求める。アスファルト舗装では，設計 CBR 値が 3 未満の場合，石灰やセメントによる地盤改良，または路床土の入替を行う。コンクリート舗装の場合は，設計 CBR 値 2 以上 3 未満のときに限り遮断層を設け，2 未満のときは，石灰またはセメ

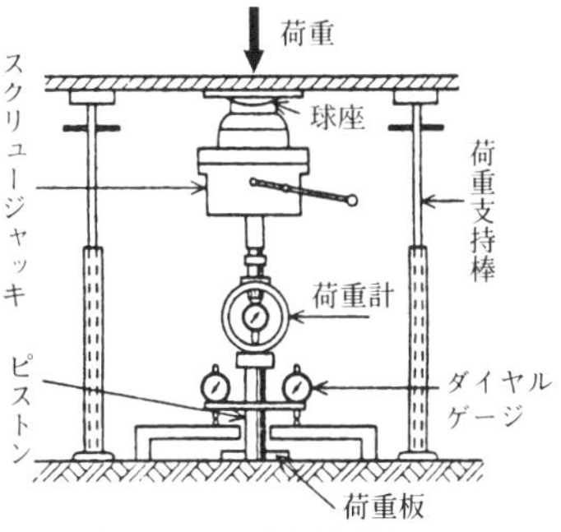

図 1・4　CBR 試験

ントにより地盤改良を行うか，路床土の入替を行う。

(5) 単位体積質量試験

単位体積質量試験は砂置換法，またはコアカッタ法で締め固めた土の密度（単位体積重量）を求める試験である。砂置換法では図1・5のように，スコップで所要の土を掘り出してその質量 m_s（g）をはかり，その土の掘り出された空洞に乾燥した砂を投入し，投入量から空洞の容積 V（cm^3）を求める。以上2つの値から，締固め土の湿潤密度 ρ_t（g/cm^3）を求め，この土の含水比 w（%）を測定し，ρ_t と w から締固め土の乾燥密度 ρ_d を求める。

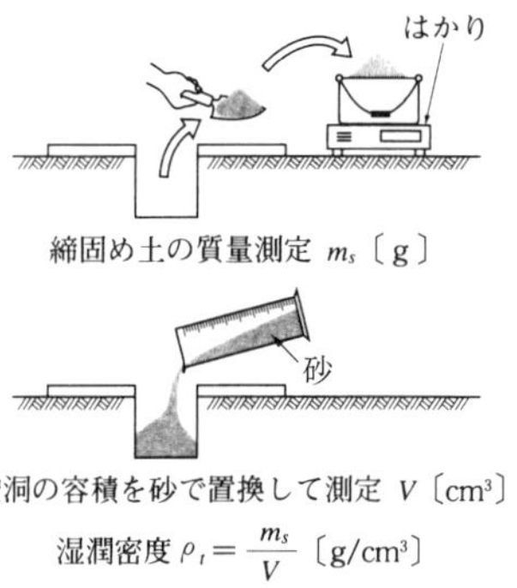

図1・5 砂置換法

$$\rho_d = \rho_t \Big/ \left(1 + \frac{w}{100}\right)$$

現場密度と含水量を同時に測定できるRI計器水分密度測定器を用いる方法もある。

(6) 弾性波探査

弾性波探査は，岩盤上に衝撃を加えて受信器までの到達時間を測定し，その弾性波の伝播速度 V（m/s）を測定するものである。岩石の硬さを硬岩，中硬岩，軟岩などに分類し，掘削方法を定める。

例えば，軟岩（700～2800 m/s）の場合リッパドーザの爪は3本，中硬岩（2000～4000 m/s）の場合は1本爪，硬岩は，あらかじめ発破をかけて地盤を緩めてからリッパ作業を行い，3本爪で施工する。岩の掘削の容易さをリッパビリティという。

1・1・2 土質試験

表1・2に土の力学的性質を調査する試験を，表1・3に土の物理的性質を調査する試験を示す。

表1・2 土の力学的性質を調査する試験

試験名	試験により求める値	試験で求めた値の利用法
締固め試験	$\rho_{d\max}$（最大乾燥密度） w_{opt}（最適含水比）	盛土の締固め管理
せん断試験 ・直接せん断試験 ・一軸圧縮試験 ・三軸圧縮試験	ϕ（内部摩擦角） c（粘着力） q_u（一軸圧縮強さ） S_t（鋭敏比）	地盤の支持力の確認 細粒土のこね返しによる支持力の判定 斜面の安定性の判定
室内CBR試験	設計CBR値 修正CBR値	舗装厚さの設計 路床・路盤材料の良否の判定
圧密試験	m_v（体積圧縮係数） c_v（圧密係数）	沈下量の判定 沈下時間の判定

表1・3　土の物理的性質を調査する試験

試験名	試験により求める値	試験で求めた値の利用法
含水量試験	w（含水比）	土の締固め管理，土の分類
土粒子の密度試験	ρ_s（土粒子の密度） S_r（飽和度） v_a（空気間隙率）	土の基本的な分類 高含水比粘性土の締固め管理
コンシステンシー試験 （液性限界試験・塑性限界試験）	w_L（液性限界） w_P（塑性限界） I_P（塑性指数）	細粒土の分類 安定処理工法の検討 凍上性の判定 締固め管理
粒度試験	U（均等係数） 粒径加積曲線	盛土材料の判定 液状化の判定 透水性の判定
砂の密度試験	D_r（相対密度）	砂地盤の締まり具合の判断 砂層の液状化の判定

(1)　突固めによる土の締固め試験

直径 10 cm の鋼製モールドの中に，原位置から採取した土試料を入れランマで突固めた後，モールド内の土の密度 ρ_1（g/cm^3）と含水比 w_1（%）を測定する。これより含水比を横軸に，密度を縦軸に締固め曲線を描き，グラフの頂点を求める。頂点の座標位置から**最大乾燥密度と最適含水比を求める**。最適含水比 w_{opt} で盛土を施工し，締固め度 $C_d = \rho_d / \rho_{d\max}$（構築路床工および下層路盤工の一般的な管理の限界値は，それぞれ 90% 以上および 93% 以上）により，締固めの適否を判断する。

(2)　一軸圧縮試験

一軸圧縮試験は，原位置の粘性土層にシンウォールサンプラを差し込み採取した試料を直径 35 mm，高さ 70 mm の円柱に成形して図 1・6 に示す試験機にセットし，**土のせん断強さ** q_u(N/mm^2) を求める。次に，この粘性土を十分にこね返し，再び一軸圧縮試験を行って，そのときのせん断強さ $q_{u'}$（N/mm^2）を求める。$S_t = q_u / q_{u'}$ を鋭敏比といい，S_t の大きい土ほど敏感な土（高含水比粘性土）といえる。

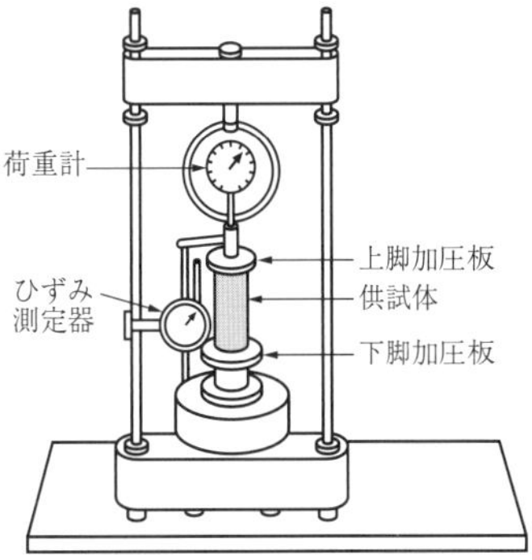

図1・6　一軸圧縮試験機

(3)　圧 密 試 験

圧密試験は，時間の経過に伴う沈下量を予測する圧密特性を測定するために行う試験で，高含水比粘性土を採取し，これを内径 60 mm，高さ 20 mm の円形圧密リングに挿入し，圧密試験機で一定時間の間，定められた圧力を加えて，各荷重段階ごとに決められた時間の沈下量を測定し，各荷重段階の**圧密係数 c_v，体積圧縮係数 m_v** を求める。

(4)　コンシステンシー試験

土が含水量によって硬くなったり，軟らかくなる性質を**コンシステンシー**という。

コンシステンシーを判定するため，**液性限界 w_L，塑性限界 w_P** などを求める試験である。

(5)　粒度試験

土試料をふるい分けして粒径別の質量を計算し土の粒度分布を求める試験である。結果は，土の分類，盛土材料の適否，透水性の良否，液状化の判定などに利用する。

(6)　土粒子の密度試験

自然にある土は土粒子，水，空気から構成される。土粒子の密度 ρ_s（g/cm^3）は，土粒子の単位体積当りの質量をいい，乾燥質量 m_s と土粒子の体積 v_s の比 $\rho_s = m_s/v_s$ で求める。この試験結果から飽和度 S_r および空気間隙率 v_a を求めて，土の締固め管理に利用する。

1・2　土の締固め管理

頻出レベル
低■■■■■□高

学習のポイント

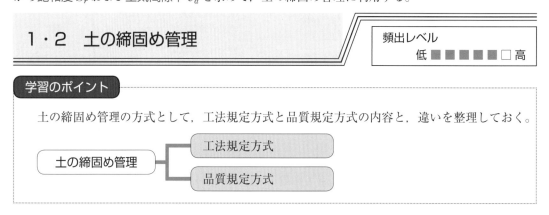

土の締固め管理の方式として，工法規定方式と品質規定方式の内容と，違いを整理しておく。

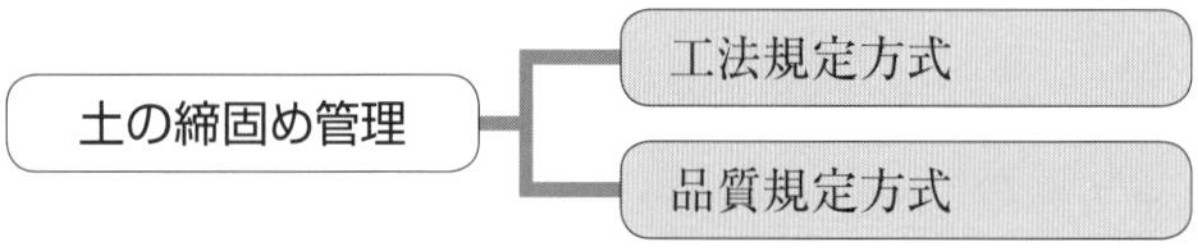

1・2・1　工法規定方式

工法規定方式は，土の含水比にまったく影響されない**岩塊**（岩盤を砕いて直径30 cm程度にしたもの）**玉石**（天然石で丸味のある直径14〜18 cmのもの）などの盛土材料の**締固め規定**に適用され，発注者の仕様書に施工方法が示されている。**工法規定方式**は，敷均し厚さや，ローラの重量および走行回数を変えて施工試験を行い，敷均し厚さ，走行回数，ローラ重量を仕様書に定めて，施工管理を行う方法である。

実際の施工管理に，**ローラの走行軌跡を** TSやGNSSにより自動追跡するローラの軌跡管理による締固め管理技術を使用することもある。ただし，トータルステーションと締固め機械との視通を遮るようなことが多い現場では，使用できない。

試験施工と同じ土質・含水比の盛土材料を使用し，試験施工で決定したまき出し厚・締固め回数で施工できたことが確認できた場合は，現場密度試験を省略できる。

1・2・2　品質規定方式

品質規定方式では，盛土に必要な品質の基準は仕様書で明示されるが，施工法は施工者の選択にゆだねられる。したがって，盛土材料の性質により適正な締固め規定を選定する必要がある。

(1)　強度規定

強度規定は，岩塊，玉石，礫，砂質土など含水比による強度の変化がない盛土地盤に用いる。締固め後，コーン指数 q_c，地盤反力係数 K，CBR値などを測定し締固め具合を判断する。

(2) 変形量規定

変形量規定は，締固めた盛土上に，あらかじめ定められたタイヤローラを走行させ（プルーフローリング試験），変形量を測定し，変形量が規定以下であることを確認する。

(3) 乾燥密度規定

乾燥密度規定は，一般的な盛土材料を用いる場合，突固めによる土の締固め試験を行って，最大乾燥密度 $\rho_{d\max}$ と最適含水比 w_{opt} を求め，施工含水比の範囲で盛土を施工する。

施工後，現場の単位体積質量 ρ_d を単位体積質量試験または RI 法によって求めて，締固め度 $C_d = \rho_d / \rho_{d\max} \times 100$（%）を計算し，規定値以上であることを確認する。

(4) 飽和度規定（空気間隙率規定）

飽和度規定は，乾燥密度による基準で定めにくい高含水比の粘性土に用いられ，土粒子の密度試験を行い，飽和度 S_r，または空気間隙率 v_a を求める。この規定は湿潤側から乾燥させて求めた最大乾燥密度と，乾燥側から湿潤させて求めた最大乾燥密度が，同じ値とならない高含水比の粘性土の場合に適用する。

1・3 土量計算

頻出レベル
低 ■■■■□□ 高

学習のポイント

土量換算係数を用いて，地山の状態，ほぐした状態または締め固めた状態に応じた土量の計算と，バックホゥによる時間当たり施工量を計算できるようにしておく。

土量計算
- ほぐし率と締固め率
- 時間当たり施工量

1・3・1 ほぐし率と締固め率

土量計算を行う場合，一般に地山土量，運搬土量，盛土量の 3 つの土の状態を考える。

地山土量 1 m^3 をショベルで掘削すると空気が含まれ，重さは変らないが，体積は増大する。これを**ほぐし土量**という。地山 1 m^3 をローラで締固めて，空気を追い出すと体積が圧縮する。これを**締固め土量**という。この土の体積の変化の割合を土の変化率といい，それぞれ L と C で表す。

$$\text{ほぐし率 } L = \frac{\textbf{ほぐし土量}}{\textbf{地山土量}}$$

$$\text{締固め率 } C = \frac{\textbf{締固め土量}}{\textbf{地山土量}}$$

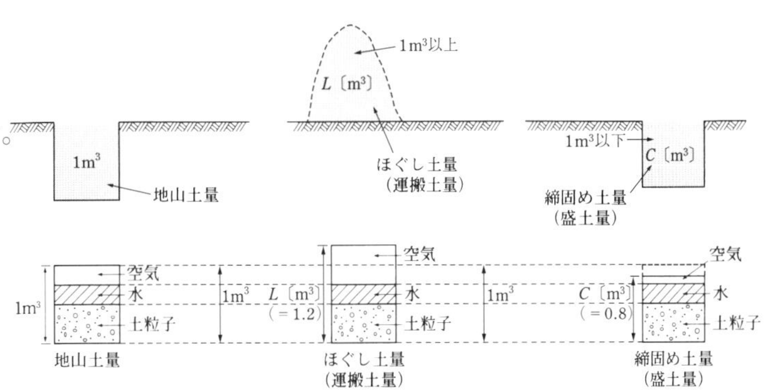

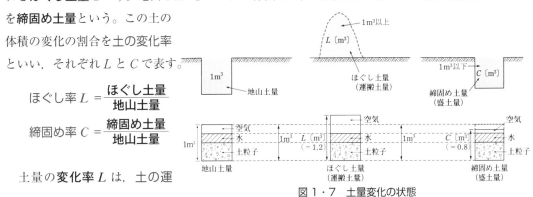

図 1・7　土量変化の状態

土量の**変化率** L は，土の運搬計画を立てるときに必要であり，**変化率 C** は，配分計画を立てるときに用いられる。土量の変化率を求める際の信頼できる測定の地山土量は 200 m^3 以上である。できれば 500 m^3 以上が望ましい。

表1・4 土の換算係数 f

土量	地山	運搬	盛土
① 地山土量	1	L	C
② 運搬土量	$1/L$	$L/L=1$	C/L
③ 盛土量	$1/C$	L/C	$C/C=1$

土の掘削・運搬中の損失および基礎地盤の沈下による盛土量の増加は，原則として変化率に含まない。

地山土量を基準1とし，ほぐし率 L，締固め率 C とすると，表1・4のとおりになる。

例えば，各土量が 1000 m^3 で $L=1.2$，$C=0.8$ のとき，次のように換算係数 f を用いる。

① 地山土量が 1000 m^3 のとき，運搬土量は $1000\times L=1000\times 1.2=1200$ m^3

盛土量は $1000\times C=1000\times 0.8=800$ m^3

② 運搬土量が 1000 m^3 のとき，地山土量は $1000\times(1/L)=1000/1.2=830$ m^3

盛土量は $1000\times(C/L)=1000\times 0.8/1.2=670$ m^3

1・3・2 時間当たり施工量

施工速度 Q は1時間当たり地山土量を処理できる能力で〔m^3/h〕を単位とし，次式で求める。

$$Q=\frac{60\times k\times q\times E}{C_m\times L}\quad\left(=\frac{3600\times k\times q\times E}{C_m\times L}\quad C_m：秒\right)$$

Q：施工速度（地山土量：〔m^3/h〕）　L：ほぐし率　C_m：サイクルタイム（分）

k：バケット係数　E：作業効率　q：バケット容量〔m^3〕

1・3・3 計 算 例

(1) 購入土量を求める計算例

問 盛土量 A ＝12,000 m^3 が必要な土工事において，現場から流用できる地山土量が B＝10,000 m^3 であるとき，購入すべき盛土量，購入すべき地山土量，購入すべき運搬量を求めよ。

ただし，流用土のほぐし率 $L=1.2$，締固め率 $C=0.8$，購入土のほぐし率 $L'=1.1$，締固め率 $C'=0.9$ とする。

解 ① 必要な盛土量 $A=12{,}000$ m^3

② 現場から流用できる流用盛土量 $B\times C=10{,}000\times 0.8=8{,}000$ m^3

③ 購入盛土量 $D=A-B\times C=12{,}000-8{,}000=4{,}000$ m^3

④ 購入地山土量 $D\div C'=4{,}000\div 0.9=4{,}440$ m^3

⑤ 購入運搬土量 $D\div C'\times L'=4{,}000\div 0.9\times 1.1=4{,}890$ m^3

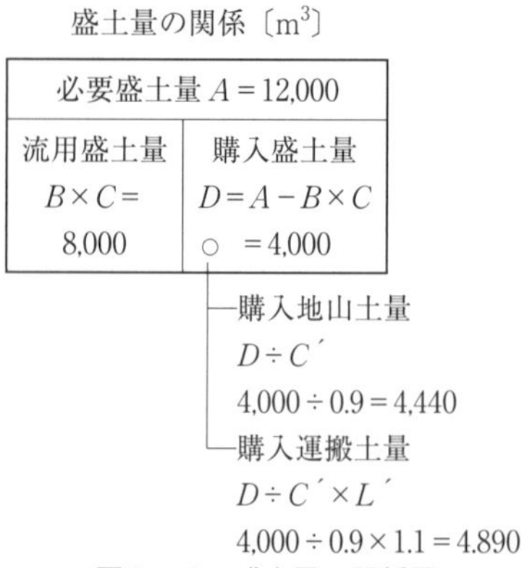

図1・8 盛土量の関係図

(2) 購入土の運搬ダンプトラックの必要回数の計算例

問 盛土量 10,000 m^3 が必要な工事において，現場で流用できる切土量が 8,000 m^3 で，流用土

のほぐし率 $L=1.2$，締固め率 $C=0.8$ であった。購入土のほぐし率 $L'=1.1$，締固め率 $C'=0.9$ とし，ダンプトラック１回の積載量が 8 m^3（ほぐし土量）とするとき，購入土を運搬するのに必要なダンプトラックの運搬回数を求めよ。

解　① 必要な盛土量　$A=10{,}000\ m^3$

② 現場から流用できる流用盛土量　$B\times C=8{,}000\times0.8=6{,}400\ m^3$

③ 購入盛土量　$D=A-B\times C=10{,}000-6{,}400=3{,}600\ m^3$

④ 購入盛土量を購入運搬土量に換算する。$D\div C'\times L'=3{,}600\div0.9\times1.1=4{,}400\ m^3$

⑤ ダンプトラック１台の運搬土量 8 m^3 から購入土量の運搬回数を求める。$N=4400/8=550$ 回

(3)　施工速度の計算例

問　10,000 m^3 の地山土量を 8 m^3 のダンプトラック 10 台で，1 日 8 時間労働として作業しているとき，運び終わるのに要する日数を求めよ。ただし，作業効率 $E=0.8$，往復に要する時間 $C_m=40$ 分，地山のほぐし率 $L=1.2$ とする。

解　① ダンプトラック１台の施工速度 Q〔m^3/h〕を求める。

$q=8,\ k=1,\ L=1.2,$
$C_m=40,\ E=0.8$

$$Q=\frac{60\times k\times q\times E}{C_m\times L}=\frac{60\times1\times8\times0.8}{40\times1.2}=8\ m^3/h\ \text{（地山土量）}$$

② ダンプトラック 10 台で 1 日に運搬できる地山土量 $=8\ m^3/h\times8h\times10=640\ m^3$

③ 10,000 m^3 の地山土量を運搬するのに要する日数 $=10{,}000/640=16$ 日

1・4　土工機械

頻出レベル
低 ■■□□□□ 高

学習のポイント

土工機械として代表的な掘削機械，締固め機械，敷均し機械について，その名称と特徴，施工条件による選定方法を整理しておく。

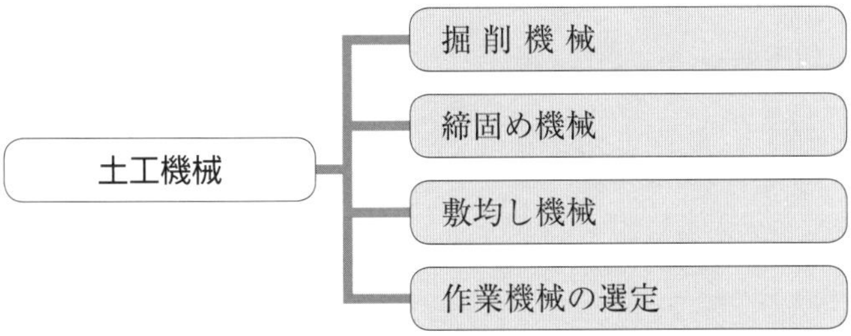

1・4・1　掘削機械（ショベル系）

ショベル系掘削機械は，本体のブームに掘削土質や場所に適する作業装置（フロントアタッチメント）を取りつけて用いられる（図１・9）。

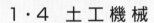

パワーショベルは，機械の位置より高い場所にある土の掘削に適するように専用化されている。このため，低い位置の掘削には適さない。また，**バックホウは，**機械の位置より低い場所にある土

の掘削に専用化されている。ショベル系アタッチメントとその特徴を表1・5に示す。

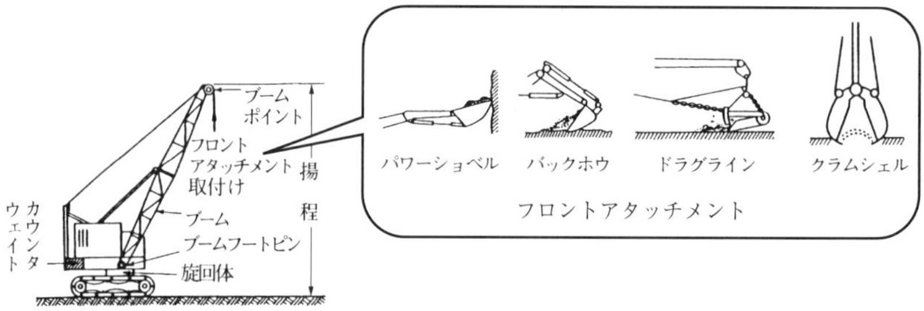

図1・9　ショベル系掘削機械の基本体

表1・5　フロントアタッチメントの適性作業

		パワーショベル	バックホウ	ドラグライン	クラムシェル
掘削力		大	大	小	小
掘削材料	硬い土・岩・破砕された岩	◎	◎	×	×
	水中掘削	×	◎	○	○
掘削位置	地面より高い所	◎	×	×	◎
	地面より低い所	×	◎	○	◎
	正確な掘削	○	○	×	○
	広い範囲	×	×	◎	○

○：適当，×：不適当，◎：○のうち出題頻度の高いもの

1・4・2　掘削運搬機械（トラクタ系）

トラクタにアタッチメントのブレードを取付けたものを**ブルドーザ**という。ブルドーザは掘削，運搬，敷均し，締固めの連続作業が可能で，作業能率はよいが，施工精度が高いとはいえない。

図1・10にトラクタ系のアタッチメントを示す。

① **ストレートドーザ**は，ブレードを固定し硬い土を掘削する重掘削に用いる。

② **アングルドーザ**は，ブレードを，25度前後の角度を付けて，土を横方向に流す作業を行う。

③ **チルトドーザ**は，ブレードの角を左上りまたは右上りに立てて，地盤に溝を掘削するもので，硬い地盤に適する。

④ **リッパドーザ**は，リッパを立てて岩盤に差込み，節理と逆目で下り勾配として，能率よく岩

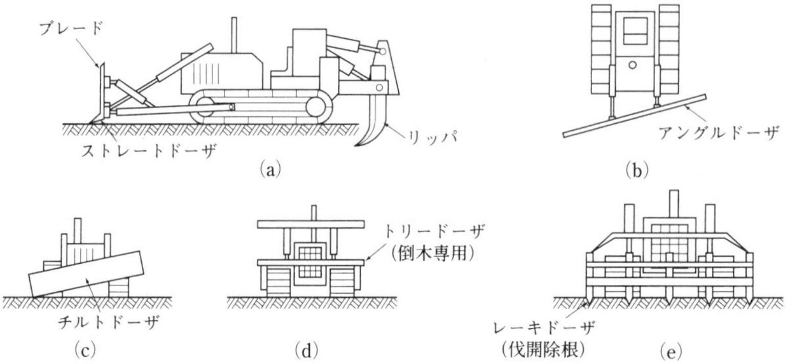

図1・10　トラクタ系のアタッチメント

盤を掘削できる。硬い岩ほど爪を少なくする。

⑤ **レーキドーザ**は，フォーク状のブレードを木株の下に押込み，木株の除去，伐開除根する。

⑥ **トラクタショベル**は，タイヤまたはローラの足まわりを持つトラクタに土砂積込み用のショベルをもつもので，軟らかい土をダンプトラックに積み込むのに広く用いる。硬い地盤の掘削はできない。

1・4・3 締固め機械

締固め機械と適用する土質の関係を表1・6に示す。

① **ロードローラ**は，鉄輪を持つローラで，主に路床の締固め，盛土の仕上げに用いられ，粒のそろった砂，礫混り砂などに適している。

② **タイヤローラ**は，空気タイヤを持ち，山砂利，まさ土，粒土分布のよい砂，礫混り砂など細粒土を適度に含んだ土の締固めに適している。

③ **振動ローラ**は，起振動機付のロードローラで，粘性土には不適である。盛土路体の岩塊，山砂利，まさ土，砂，礫混り砂の締固めに使用する。

④ **タンピングローラ**は，鉄輪に突起の付いたローラで，盛土路体の締固めに使用する。風化した岩や土丹，山砂利，まさ土，鋭敏比の低い土，低含水比の土に適している。

⑤ **湿地ブルドーザ**は，含水比調整が困難な土，高含水比で鋭敏性の高い粘性土などで，トラフィカビリティ(走行性)が確保できない場合にやむを得ず使用する。

⑥ **振動コンパクタ**，**タンパ**は盛土路体，路床，のり面のそれぞれで他の機械が使えない狭い場所で使用する。高含水比の鋭敏な粘性土には適さないが，砂質土ののり面の締固めに有効である。

ローラは「8 t～12 t」のように表示し，この場合，ローラ質量は8 tで，4 tのバラストを余分に積み込み12 tの質量にできる。ローラの種類と小型締固め機械の種類を図1・11に示す。

表1・6　締固め機械の適用土質

締固め機械	適 用 土 質
ロードローラ	路床・路盤の締固めや盛土の仕上げに用いられる。粒度調整材料，切込砂利・礫混り砂などに適している。
タイヤローラ	砂質土・礫混り砂・山砂利・まさ土など細粒分を適度に含んだ締固め容易な土に最適。その他，高含水粘性土などの特殊な土を除く普通土に適している。大型タイヤローラは，一部細粒化する軟岩にも適する。
振動ローラ	細粒化しにくい岩・岩砕・切込砂利・砂質土などに最適。また，一部細粒化する軟岩やのり面の締固めにも用いる。
タンピングローラ	風化岩・土丹(どたん)・礫混り粘性土に適している。細粒分は多いが鋭敏比の低い土や一部細粒化する軟岩にも使用される。
振動コンパクタ，タンパなど	鋭敏な粘性土などを除くほとんどの土に適用できる。ほかの機械が使用できない狭い場所やのり肩などに用いる。
湿地ブルドーザ	鋭敏比の高い粘性土，高含水比の砂質土・粘性土の締固めに用いる。

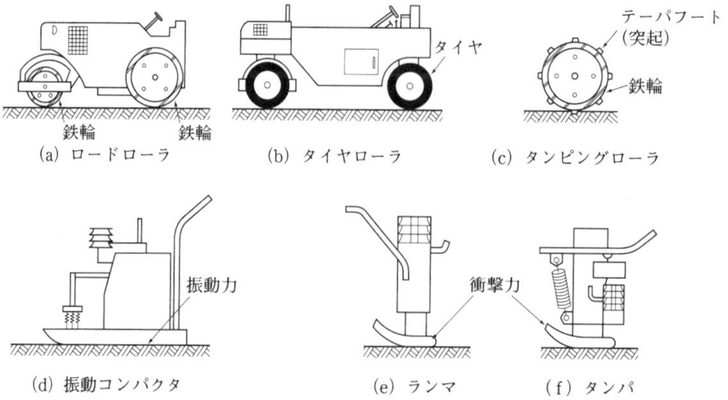

図1・11 ローラの種類と小型締固め機械

1・4・4 敷均し機械

ショベル系・トラクタ系および締固め機械の他によく用いられる土工機械を図1・12に示す。

① **スクレーパ**には，自走式と被けん引式とがあり，掘削，運搬，敷均しを一貫して作業できる。

② **スクレープドーザ**は2つの運転台を前後に持ち，反転させずに粘性土の掘削・運搬・敷均しができ，狭い場所に用いる。

③ **モータグレーダ**は，スカリファイヤによる固結土のかき起し，敷均しのほか，前輪を傾斜（リーニング）させて安定を保ったり，ブレードを左右に振って，のり線を仕上げるショルダーリーチ作業やバンクカット（のり面掘削）ができる。

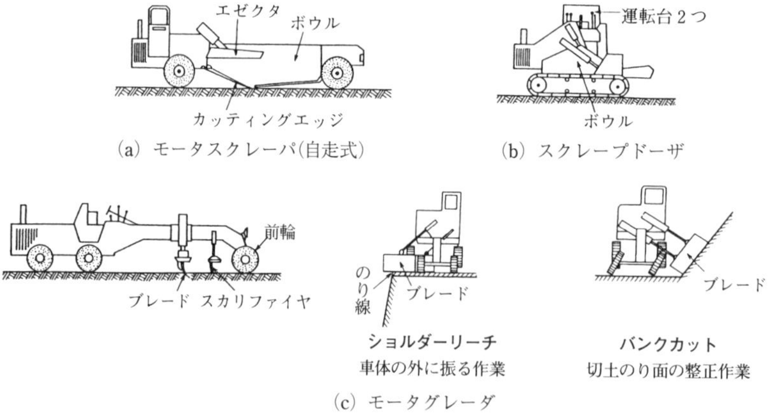

図1・12 敷均し機械

1・4・5 コーン指数，運搬距離，作業勾配による作業機械の選定

(1) コーン指数と土工機械の関係

地盤が軟弱になると，履帯幅の広い湿地ブルドーザのようなコーン指数の小さな建設機械が必要になる。逆にコーン指数が高い地盤では，スクレーパやダンプトラックなど，タイヤ式の建設機械を用いることができる。

コーン指数 q_c（kN/m^2）と適正な建設機械の関係を表1・7に示す。

表1・7　コーン指数と土工機械の関係

建設機械	コーン指数
湿地ブルドーザ	300 以上
スクレープドーザ	600 以上
ブルドーザ	500～700 以上
被けん引式スクレーパ	700～1,000 以上
モータスクレーパ	1,000～1,300 以上
ダンプトラック	1,200～1,500 以上

(2)　運搬距離と土工機械の関係

運搬距離と土工機械の関係を表1・8に示す。自走式のモータスクレーパやダンプトラックなどは，ブルドーザや被けん引式スクレーパなどに比べて走行速度が速いため，比較的長距離の運搬に適している。

表1・8　運搬距離と土工機械の関係

建設機械	運搬距離
ブルドーザ	60 m 以下
スクレープドーザ	40～250 m
被けん引式スクレーパ	60～400 m
モータスクレーパ	200～1,200 m
ショベルとダンプ	100 m 以上

(3)　作 業 勾 配

ブルドーザが傾斜地を掘削したり，ダンプトラックが土砂を運搬するときの通路や作業場の勾配を作業勾配という。各土工機械に適する作業勾配は，% で表し，角度（°）で表示しない。ダンプトラックや自走式スクレーパは 10～15%，被けん引式スクレーパは 15～25%，ブルドーザは 35～40% 以下となるように施工する。

1・5　軟弱地盤対策工法

頻出レベル
低 ■ ■ ■ ■ ■ ■ 高

学習のポイント

軟弱地盤を改良または処理する工法の種類と特徴を理解する。それぞれの工法が表層部か深層部，または砂地盤か粘性地盤のどちらに適用できるかを判断できるか整理する。

軟弱地盤対策工法
- 表層軟弱地盤処理工法
- 緩い砂地盤の対策工法
- 高含水比粘性地盤の対策工法

1・5・1　表層軟弱地盤処理工法

表層軟弱層の処理は，支持力を高めて運搬機械の走行性を確保することが目的である。

(1)　表層排水処理工法

表層排水工法は，図1・13に示すように，深さ 100 cm，幅 50 cm 程度の溝を掘削し，表層軟弱層の地下水を低下させることで含水比を低下させ，地耐力を向上させる。

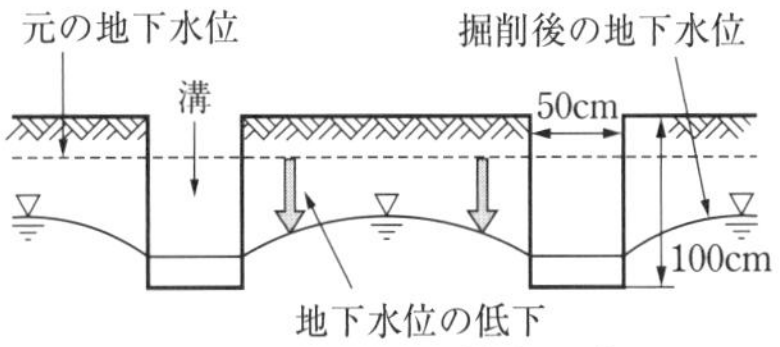

図1・13　表層排水工法

(2)　サンドマット工法

図1・14に示す**サンドマット工法**は，単独で用いられることは少なく，深層軟弱地盤対策工の施工時にトラフィカビリ

ティ（走行性）確保と地下水の排水目的で施工されることが多い。厚さは0.5〜1.2 m 程度とし，**透水性の高い砂を用いる。**

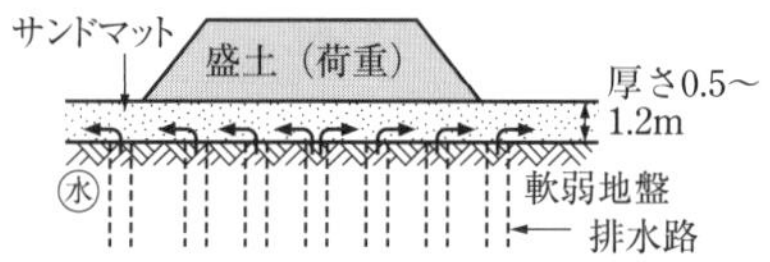

図 1・14　サンドマット工法

(3)　敷 設 工 法

敷設工法は，鋼板や化学ネットや化学シートを表層軟弱層に敷設し，トラフィカビリティを確保する。

(4)　安定処理工法

安定処理工法には，セメント安定処理工法と石灰安定処理工法がある。砂系軟弱地盤にはセメント系安定処理工法が用いられ，粘性土系軟弱地盤には石灰系安定処理工法が用いられる。

1・5・2　緩い砂地盤の対策工法

緩い砂地盤にある構造物は，地下水があると，地震のときに，急激に地盤の支持力が低下し，構造物が地中に吸い込まれたり，倒壊したりする。

この現象は，振動によって砂粒子と砂粒子の間に地下水が入り，砂粒子が相互にかみ合わず，急激に地盤の支持力を失うために発生する。この現象を地盤の**液状化現象**といい，河口に広がる都市の多くの地盤は，液状化が起こりやすい地盤といえる。

対策としては，地盤中の砂の密度を高めることが大切で，この工法には，バイブロフローテーション，サンドコンパクション，ロッドコンパクション工法などがある。その他，液状化しにくい土質に置き換える置換工法がある。

(1)　バイブロフローテーション工法

バイブロフローテーション工法はバイブロフロットをウォータージェットで挿入し，貫入後，投入された砂を振動と水締めを行いながら引き抜き，緩い砂地盤の密度を向上させる工法である。50 cm 間隔ごとに横ジェットで十分に締固める。締固めは改良深さ 8 m，N 値 20 程度までである。

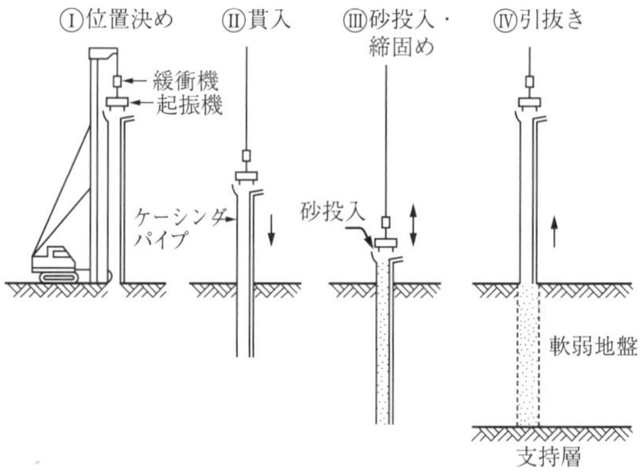

図 1・15　サンドコンパクションパイル工法

(2)　サンドコンパクションパイル工法

サンドコンパクションパイル工法は，内管，外管を持つ二重鋼管を地盤に打込み，外管の中に砂を投入し，内管で砂を打撃して地盤中に貫入させ，砂杭を作る突固め工法である。工法の概要を図 1・15 に示す。

この工法は，砂地盤，粘性土地盤両方の改良工法として用いられる特徴がある。

粘性土地盤では，改良後は N 値 20 程度，改良深さは最大 35 m 程度である。

1・5・3　高含水比粘性地盤の対策工法

高含水比粘性土地盤のせん断強さを向上させる方法は，地盤中に含まれる間隙水を排水すればよいが，地盤の状態によっては単純に排水できない場合があり，排水工法，地盤を石灰やセメントで固結する工法，サンドコンパクションパイル工法などの振動締固め工法等を組み合せて施工する。

(1)　バーチカルドレーン工法

バーチカルドレーン工法は，軟弱地盤上にサンドマットを施工し，バイブロハンマを有するマンドレル（鋼管）を地中に振動圧入した後，ホッパから砂を投入して圧縮空気を送り砂柱をつくってマンドレルを引き抜く。バーチカルとは鉛直，ドレーンとは排水路を意味する。砂柱を排水路としてさらに効果を高めるため，図1・16のように，盛土して地中の間隙水を砂柱からサンドマットまで絞り出し，排水して圧密沈下させ，地盤の支持力を高める排水圧密工法である。

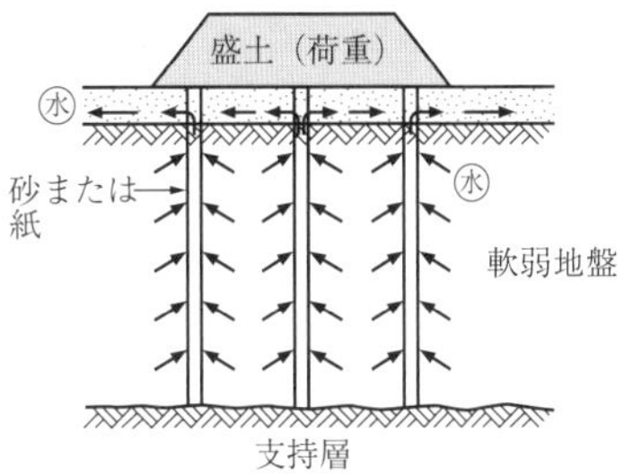

図1・16　バーチカルドレーン工法

この工法は**バーチカルドレーン工法**あるいは単に**サンドドレーン工法**といい，排水時間は砂杭の間隔の２乗に比例して短くなる。改良深度は最大で35 m程度である。

(2)　石灰パイル工法

石灰パイル工法は，生石灰を地盤中に打設して，生石灰が間隙水を強制的に吸水して，消石灰となり，大きな支持力を持つ杭になると同時に地盤を圧密し，沈下を減少させる働きがある石灰固結工法である。生石灰が消石灰になるとき，高温となるため注意を要する。生石灰杭の施工深さは30 m程度で，サンドコンパクションパイル同様二重管を用いる。

(3)　深層混合処理工法

高含水比粘性土地盤中にセメントや石灰を投入し，粘性土地盤と混合して原位置で柱体状または壁状に施工して地盤を固結するもので，地盤の沈下や滑り破壊を防止する固結工法である。施工順序を図1・17に示す。

投入材料は，粉体方式とスラリー方式のものがあり，いずれの場合も，深さ30 m程度まで改良することができる。

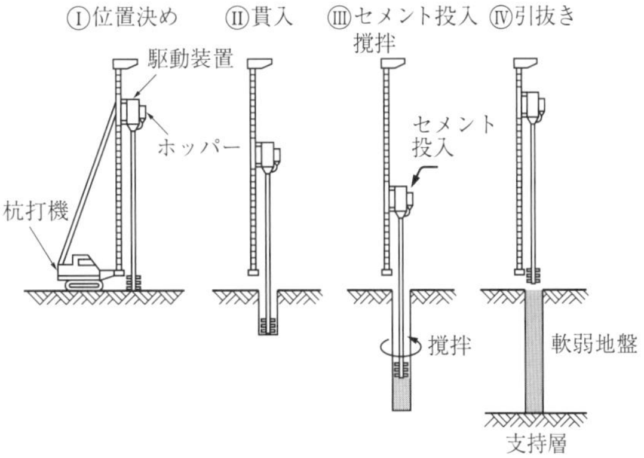

図1・17　深層混合処理工法の施工手順

(4)　押え盛土工法

押え盛土工法は，一般に軟弱層が深く改良できないとき，本体盛土の滑りを防止するために，本体盛土の左右に押え盛土をして滑りを防止する対策工法で，地盤を改良する工法ではない。

この工法で特に注意をすることは，サンドマットを施工した後，**押え盛土**は，本体盛土に先行して施工することである。

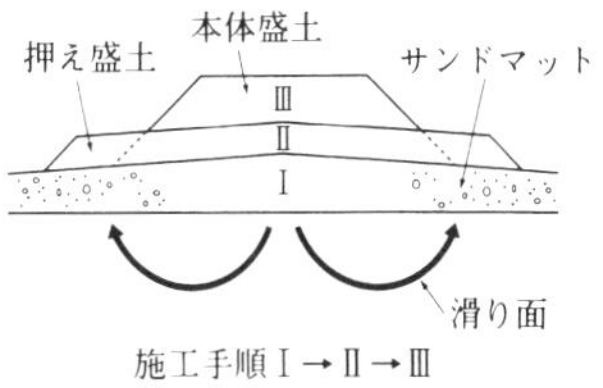

図1・18　押え盛土工法

(5)　掘削置換工法

掘削置換工法は，軟弱層が比較的浅い場合に，バックホウやドラグラインにより軟弱地盤を掘削除去して，一般に粗粒度の良質土で置換する。全面掘削置換工法と部分掘削置換工法がある。

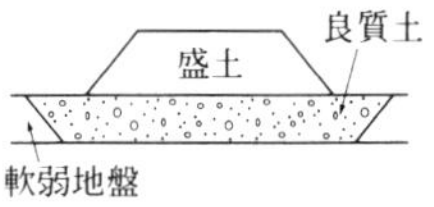

図１・19　掘削置換工法

(6)　緩速載荷工法

緩速載荷工法は，時間を十分にかけ，盛土の圧力により圧密を進行させ，その状態を調べて安定性を判断する。盛土を時間的にコントロールして，全期間滑り破壊に対して所要の安全率を確保する工法で，**漸増盛土載荷工法**と**段階盛土載荷工法**の２工法がある。

① **漸増盛土載荷工法**　軟弱地盤が滑りを生じない範囲で地盤の強化を利用し，次の段階として漸増盛土する工法である。

② **段階盛土載荷工法**　一次盛土として，滑りが生じる力の80% 程度までに盛土し，地盤が強化されたとき，次の二次盛土として，圧密された地盤が滑りを生じる力の80% 程度まで段階的に盛土する工法である。

(7)　載荷重工法

盛土に隣接している構造物や道路に有害な沈下や滑りを発生させないため，軟弱地盤上に構造物を施工する前に圧密沈下を促進させ，強度を増加させる工法である。この工法は，盛土を効果的に載荷する工法と，地下水位を低下させて急激に圧密させる排水工法とがある。

盛土を載荷する方法は，計画盛土高以上に盛土し圧密を促進させ，余分な盛土を取除く**サーチャージ工法**と，計画に等しく盛土して圧密させる**プレローディング工法**とに区分される。

1・6　盛土・切土の施工

頻出レベル
低■■■■■■高

学習のポイント

盛土の施工では，盛土材料に要求される性質，特に建設発生土について敷均し，締固めの留意事項，補強工法などを整理し，切土では，施工上の留意事項を整理しておく。

盛土・切土の施工
- 盛土の施工
- 切土の施工

1・6・1　盛 土 材 料

(1)　盛土材料の持つべき性質

① トラフィカビリティ（走行性）がよく，施工性の高いこと。

② せん断強さがあり，圧縮性が小さく，浸食に対して強いこと。

③ 木の根，草など有機物を含まない材料を用いる。

④ 膨張性の大きいベントナイト，有機土，温泉余土，凍土，酸性白土などは用いない。

(2)　道路の盛土材料

道路の盛土材料に適する一般的な順位は，支持力の大きさという点から次のようになる。

支持力（大）⟷（小）

①礫　②礫質土　③砂　④砂質土　⑤シルト　⑥粘性土

(3) 堤防の盛土材料

堤防の盛土材料に適する順位は，透水性と支持力という点から次のようになる。堤防の**流水側（川表）には**透水性の小さい粘性土を用い，**川裏には**透水性の大きい砂質系の土を用いる。

透水性，支持力（高）⟷（低）

①礫質土　②砂質土　③シルト　④粘性土　⑤火山灰質粘性土（ローム）

堤防は，不透水層を基礎地盤とし，透水性が低く，支持力がある盛土材料を用いる。新提を築造するときは，上流側から下流側に施工し，旧堤と3年間存立させた後，旧堤を下流側から撤去する。

(4) 建設発生土の利用

近年，良質な盛土材が簡単に手に入りにくくなったこともあり，資源有効利用促進法が制定され，建設発生土の利用が推進されている。建設発生土はコーン指数と土質材料の工学的分類体系を指標として第1種～第4種および泥土の5つに分類されている。

建設発生土を使用する場合は，以下のような工夫が必要である。

① **自然含水比が高い建設発生土**を盛土などに使用する場合は，水切りや天日乾燥を行う。

② 路床土に**第3種，第4種の建設発生土**を使用する場合は，一般的にセメントや石灰などによる安定処理を行う。安定処理は別な場所で行い，性能を確認して使用する。

③ 河川堤防の盛土材として使用する場合，セメントや石灰などによって安定処理をした材料による築堤は，覆土を行うなど堤防植生の活着に配慮した対策が必要である。

④ 安定処理が必要な建設発生土を用いた河川堤防の築堤は，堤体表面に乾燥収縮によるクラックが発生しないよう試験施工による検証を行い，工法の決定を行うのが望ましい。

⑤ 建設発生土がシルト分の多い粘性土を用いた河川堤防の築堤は，粗粒土を混合して乾燥収縮によるクラックを防止することが必要である。

⑥ 擁壁や橋台などの**構造物の裏込め**に建設発生土を使用する場合は，透水性の高い材料を使用することが望ましい。

1・6・2　盛土の敷均し，締固め

(1) 地盤が軟弱でトラフィカビリティが確保できないときの処置

① 湿地ブルドーザで締固める。

② 表層排水溝により地下水位を低下させる。

③ 石灰，セメントを混合し，安定処理を行う。

④ サンドマットや鋼板などを敷設し，走行路をつくる。

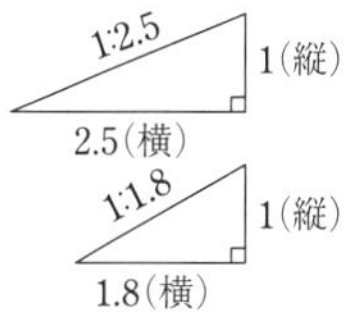

図1・20　のり面の勾配

(2) 盛土の敷均し，締固めの留意点

① 敷均しにあたって，**直径30 cm以上の岩塊は，**路体の底部に入れて均一の敷均しを行う。

② **粘性土には，**軽い転圧機械，振動コンパクタやランマ，タンパなどを用いる。

③ **走行路**は，こね返しを避けて，1箇所に固定しない。

④　施工中，傾斜を付けて十分に排水する。

⑤　敷均し厚さは35～45 cmとし，**締固め厚さ**は30 cm以下とする。

⑥　のり面は，ブルドーザでのり線と直角に締固め，勾配が1：1.8より緩いときはローラでのり面と直角に締固める。土木構造物の勾配は縦と横の比で表し，常に縦は1とする（図1・20）。

⑦　**余盛は天端だけでなく，**小段，のり面にも行う。

(3)　構造物と隣接する盛土施工の留意点（図1・21）

①　裏込め材料は，透水性がよく，圧縮性の小さい土を用いる。

②　小型のタンパ，振動コンパクタ，ランマなどを用いる。

③　まき出し厚さ（敷均し厚さ）は薄くし，構造物に偏圧（片側だけに圧力をかけること）を与えないように左右対称に締固める。

④　施工に先立ち排水孔を設けておく。

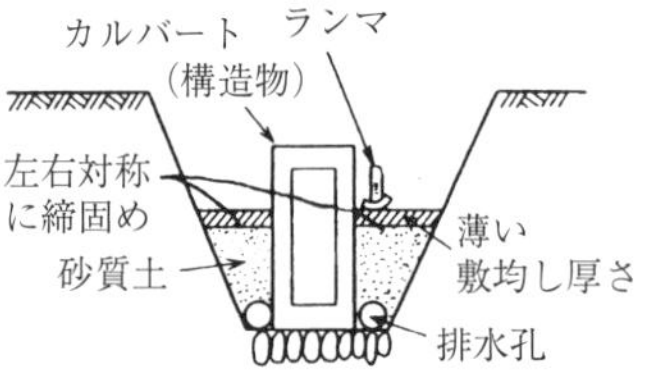

図1・21　構造物周辺の締固め

1・6・3　傾斜地盤上への盛土の施工の留意点

傾斜地盤上の盛土は下記項目に留意する（図1・22）。

①　切土と盛土の境界に地下排水溝（暗渠）を設け，山側からの浸透水を排除する。

②　勾配が1：4より急なときは段切を設ける。**段切**は幅1 m，高さ50 cm以上とし，**段切面**は4～5%の勾配を付ける。

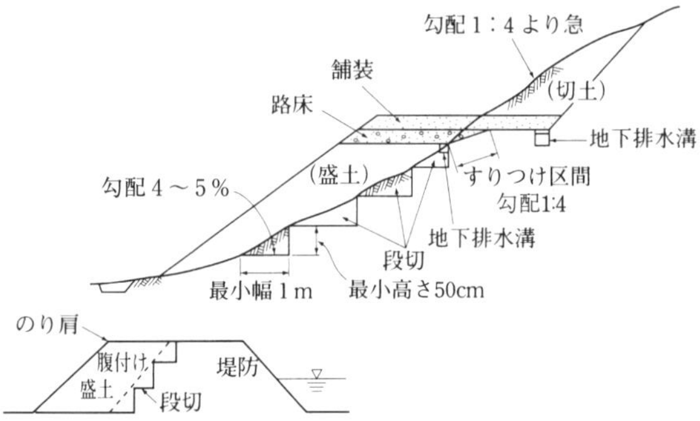

図1・22　切土・盛土接続部と段切

③　切土と盛土の境界でなじみをよくするため，切土面上に良質土で勾配1：4のすりつけを行う。

④　地下排水溝は，切土のり面に近い山側の位置に設け，切土のり面からの流水を排水する。

1・6・4　盛土の補強

盛土の補強土工法には，代表的な工法として下記の工法がある。

(1)　ジオテキスタイル補強土工法

盛土内に面状に敷設したジオグリッドと盛土材の摩擦力による引抜抵抗力とジオグリッドのかみ合わせ効果により盛土を補強する工法で，ジオグリッドの敷設にあたっては，適度の緊張力をもたせる。敷設，縫合には特殊な機械は必要なく，養生なども不要で工期が短い（図1・23）。

(2)　テールアルメ工法（鋼帯補強土壁）

端部に補強材間の土粒子の崩落を防ぐための壁面材（スキン）を用い，盛土内に配置された帯鋼補強材と盛土材との摩擦力による引抜き抵抗力で土留め効果を発揮させる工法で，**盛土材のまき出**

しは，壁面側から盛土奥側に行う（図 1・24）。

(3) 多数アンカー式補強土壁

盛土内に配置された鋼製のアンカー補強材の支圧抵抗力による引抜き抵抗力で，土留め効果を発揮させる工法である。盛土材料の**締固め**は，① 盛土構造の本体中央部，② アンカープレート付近，③ 壁面付近の順で行う。

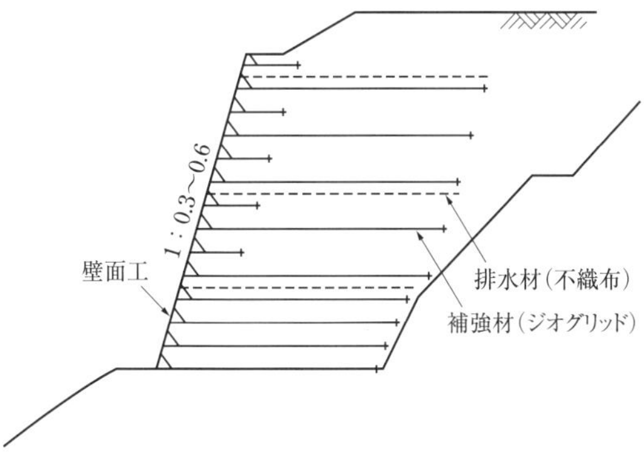

図 1・23　ジオテキスタイル補強土工法例

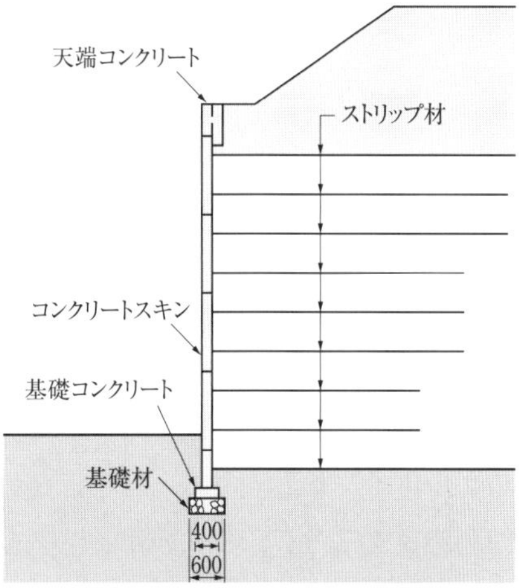

図 1・24　テールアルメ工法例

1・6・5 切土の施工

(1) 切土のり面の勾配

天然の地盤は，盛土地盤のように均一に仕上げることができない。このため，降雨，気象条件，湧水，のり高，地質，土質，風化の程度などにより，経験的に切土面の勾配は決定される。

(2) 切土のり面形状

のり面が砂質土などで浸食されやすいときは小段に排水溝を設ける。また，土質が変化する位置に小段を設け，土質に応じたのり勾配とする。

(3) 切土の施工上の留意点

① **ベンチカット工法**は，高い位置の地山を切土するとき，数段に分けて施工する。

② **ダウンヒル工法**は，高い位置から低い位置に向けてブルドーザで斜面に沿って掘削する。

③ 崩壊が予想されるのり面は小段を設け，のり勾配を 1：1.5～1：2 より緩くする。

④ **シラス**（水を含んで膨らむ火岩砂），**まさ土**は水を含むと弱くなるので，勾配を 1：0.8～1：1.5 程度とし，切土のり面に植生工を行う。

⑤ 長大なのり面は，勾配を緩くするか，抑止杭を用いて安定させるかを検討する。

⑥ 岩質の仕上面の凹凸は，30 cm 程度以下とする。

⑦ 土ののり面では，降雨により浸食されないように，軽微な場合はアスファルトを吹き付けたり，ビニルシートなどを用いて表面の流出を保護する。

⑧ **切土のり面から湧水**のある場合，排水溝を設ける。

1・7 排水工法

頻出レベル
低 ■□□□□□ 高

学習のポイント

排水工法には，強制排水工法と重力排水工法があるので，それぞれの工法の概要を理解する。

- 排水工法
  - 強制排水工法
  - 重力排水工法

(1) 排水工法の分類

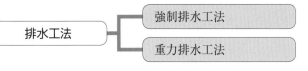

排水工法には，図1・25に示すように，**強制排水工法**と**重力排水工法**に分けられる。

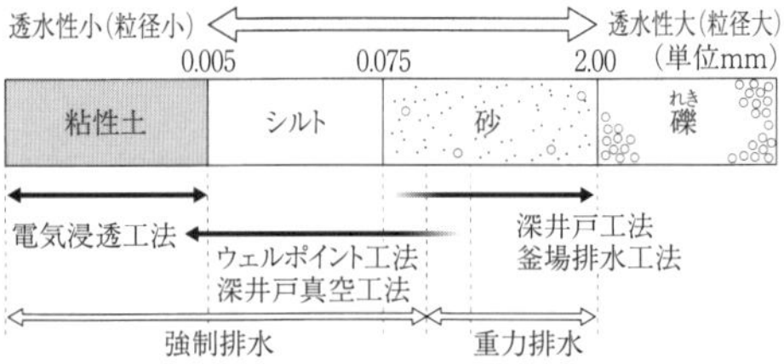

図1・25 排水工法の分類と選定

(2) 強制排水工法

1) ウェルポイント工法

図1・26(a)のように，ウェルポイントをジェット水によって地盤に挿入し，挿入後真空ポンプで吸水する。標準的には1段当たり6m以内に配置する。地下水位の低下する範囲が狭いため円弧すべりが生ずる恐れがある。主に，シルトや砂地盤の排水に用いる。

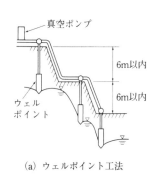

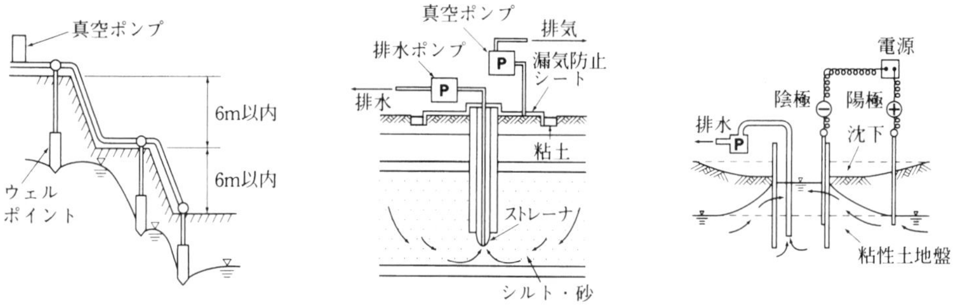

(a) ウェルポイント工法　(b) 深井戸真空工法　(c) 電気浸透工法

図1・26 強制排水工法

2) 深井戸真空工法

排水量が多いときに用いられ，ウェルポイント工法と同じ原理で，図1・26(b)のように，ストレーナ（濾過金網）の付いた鋼管を打設し，何段かのポンプを取り付けて真空ポンプで広い範囲にわたり揚水する。主に，シルトや砂の地盤に用いる。

3) 電気浸透工法

地盤に直流電流を流し，間隙水が陰極に向かって移動するのを利用した工法で，高含水比の粘性土地盤で圧密促進に用いる。

図1・26(c)のように，井戸を掘って陰極とし，井戸の周りに陽極を差し込み電流を流すと，粘性

土中の間隙水は陰極に集まる。集まった間隙水を排水し，強制的に地盤を沈下させる。

(3) 重力排水工法

1）釜場排水工法

水中ポンプを使った工法で，地下水の流出量が少なく，比較的浅い地盤の掘削に用いる。主に砂地盤に向く工法である。

2）深井戸工法（ディープウエル工法）

掘削部周辺に深井戸（不透水層を貫通）を掘り，水を汲上げて地下水を低下させる工法である。広い範囲の地下水の低下が目的のときや，透水性が大きく，排水量が非常に多いときに適用する。主に砂地盤に向く工法である。

1・8 のり面保護工

頻出レベル
低 ■■□□□□ 高

学習のポイント

のり面保護工には，植生による保護工と構造物による保護工がある。それぞれの目的と特徴を理解する。

のり面の保護工
- 植生による保護工
- 構造物による保護工

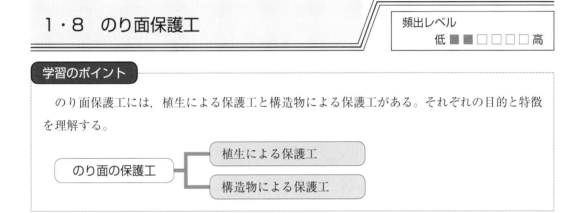

表1・9 のり面保護工とその目的（道路土工のり面工，斜面安定工指針）

保護工の分類		工　種	目的・特徴	摘要
植生工		種子散布工，植生基材吹付工 植生マット工，張芝工	雨水浸食防止，全面植生（緑化）凍上崩落防止のためネットを併用することがある。	盛土の浅い崩壊
				切土の浅い崩壊
		植生筋工，筋芝工	盛土の浸食防止，部分植生	盛土の浅い崩壊
		植生盤工，植生袋工，植生穴工	不良土，硬質土のり面の浸食防止，部分客土植生	切土の浅い崩壊
構造物によるのり面保護工	密閉型 〔降雨の浸食を許さないもの〕	モルタル吹付工，コンクリート吹付工，石張工 ブロック張工	風化，浸食防止	切土の浅い崩壊
		コンクリートブロック枠工	（中詰めが栗石〈練詰め〉やブロック張り）	切土または盛土の浅い崩壊
	開放型 〔降雨の浸食を許すもの〕	コンクリートブロック枠工 編柵工 のり面蛇かご工	（中詰めが土砂や栗石の空詰め） のり表層部の侵食や湧水による流出の抑制	切土または盛土の浅い崩壊
	抗土圧型 〔ある程度の土圧に対抗できるもの〕	コンクリート張工 現場打ちコンクリート枠工 のり面アンカー工	のり表層部の崩落防止，多少の土圧を受けるおそれのある個所の土留，岩盤はく落防止	切土の浅い崩壊
				切土の深く広範囲に及ぶ崩壊

のり面保護工には，植生による保護工と構造物による保護工があり，表1・9のように分類される。

1・8・1　植　生　工

(1)　全面植生工

全面植生工は，盛土のり面の雨水浸食を防止し，かつ凍上防止をするもので，のり面全面に芝等を植え付ける工法である。

種子散布工法はポンプを使用し，**植生基材吹付工法**は，のり面の凹凸に合わせ角度や距離を変えながら一定の厚さになるようガンで吹付けを行う。

厚層基材吹付工は，吹付け基材厚を3～10 cmと厚くして，種吹付けを行う。**植生マット工**は，軟岩や土丹に不向きであるが，植生時期を問わない長所がある。**張芝工**は野芝，高麗芝を張り付ける工法で，風化しやすい砂質土に用いられる。

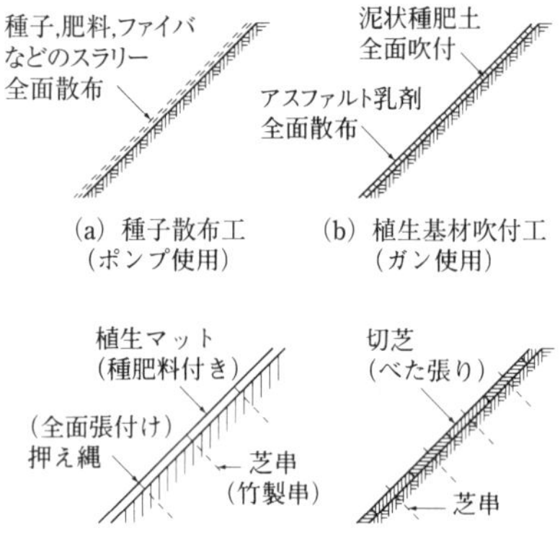

図1・27　全面植生工法の種類

(2)　部分植生工

部分植生工法は，のり面に部分的に植生する工法である。

植生筋工と**筋芝工**は盛土の浸食防止，凍上防止を目的として施工する。

不良土，硬質土切土のり面の浸食防止と客土の効果を目的としたのが，**植生盤工**，**植生袋工**，**植生穴工**である。

植生盤工，植生袋工は，化学肥料と種子の入った植生盤や植生袋をのり面に埋め込む工法で，客土効果も期待できる。

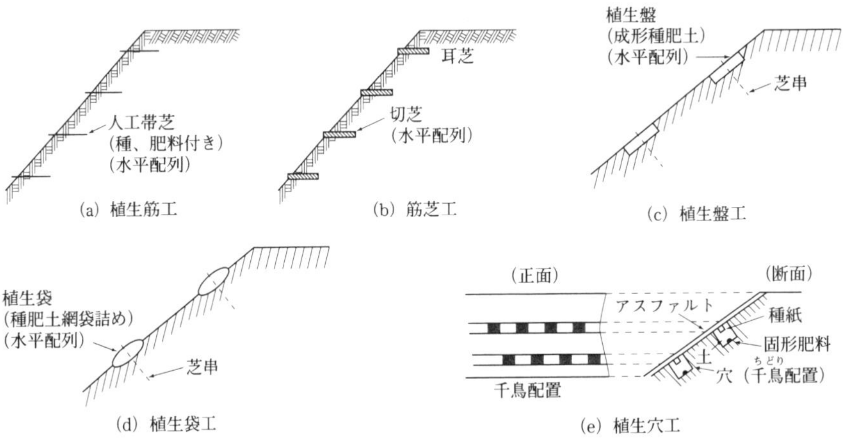

図1・28　部分植生工法

1・8・2　構造物による風化・浸食防止のり面保護工

(1)　モルタル吹付工・コンクリート吹付工

切土のり面の風化，のり面のはく落，崩落防止に用いられる。

モルタル厚は 8～10 cm，コンクリート厚は 10～20 cm が一般的である。

吹付けモルタルの強度は 18 N/mm^2 を標準とする（図 1・29(a)）。

(2)　石張工およびブロック張工

勾配が 1：1 より緩いのり面に用い，浸食・風化・崩落防止を目的とし，砂質土や崩れやすい粘性土ののり面の施工に用いる。

(3)　コンクリートブロック枠工（プレキャスト枠工）

凹凸のないのり面で，勾配が 1：0.8 より緩いのり面に用い，盛土，切土ののり面に用いられ，湧水が少量である場合は枠内に玉石を詰める（図 1・29(b)）。

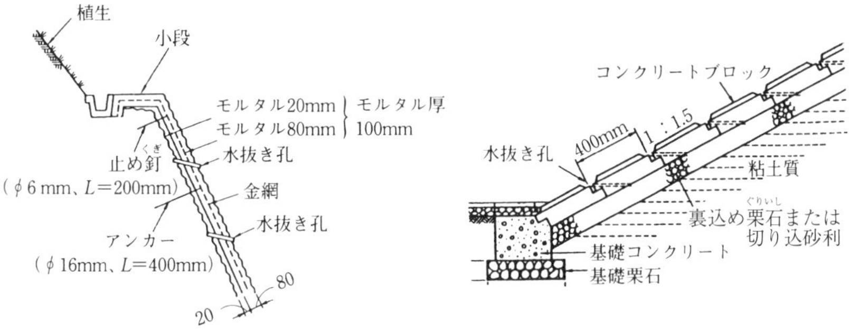

(a) モルタル吹付工の例　　(b) コンクリートブロック枠工の例

図 1・29　構造物による保護工法

1・8・3　構造物による湧水処理のり面保護工

(1)　編　柵　工

木杭をのり面に打込み，木杭の間に高分子ネット，竹，そだで編んだ編柵を取り付ける。編柵工は，洗掘を受けるのり面に用い，のり面の植生が成育するまでの間，のり面の浸食，洗掘を防止する（図 1・30(a)）。

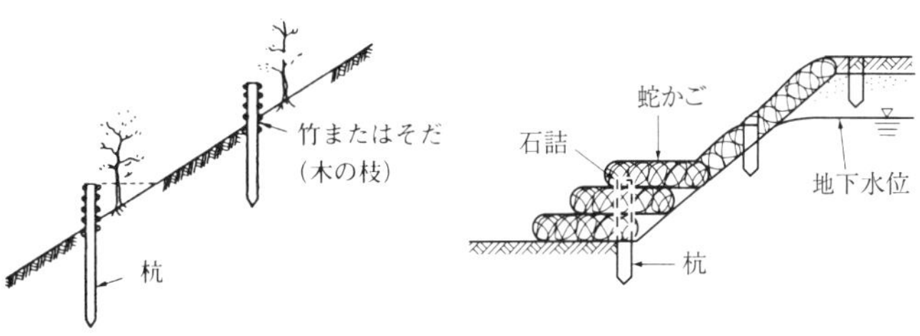

(a) 編柵工　　(b) のり面蛇かご工

図 1・30　湧水処理のり面保護工

(2)　のり面蛇かご工

のり面が湧水により崩壊の恐れのあるとき，鉄線かごに石を詰めたもの（蛇かご）を杭で留めて，湧水に対する保護とのり面保護を兼ねる（図 1・30(b)）。

(3)　場所打ちコンクリート枠工玉石空張工

長大なのり面，はらみ出しの恐れのあるのり面で，湧水のある場合に玉石を空張りする。

1・8・4　構造物による岩盤はく落，崩落防止のり面保護工

コンクリート張り工は，節理の多い岩，ルーズな岩錐層などの吹付工では安定しないのり面に施工する。勾配が1：0.5より急なとき，鉄筋コンクリートを用いる。

場所打ちコンクリート枠工は，特に湧水のある長大なのり面，勾配の急なのり面で，はらみ出しの恐れのある場合に用いられる。

グラウンドアンカー工は，PC鋼材などを地盤にボーリングして挿入し，セメントミルクやモルタル等の固結剤を注入して固定する。

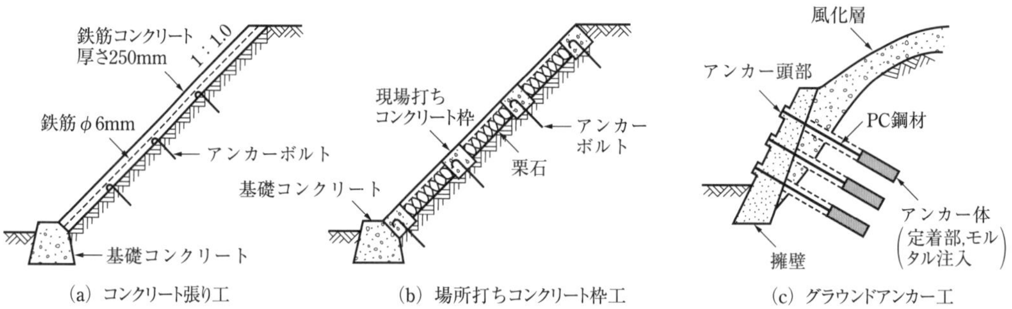

図1・31　岩盤はく落，崩落防止のり面保護工

2. コンクリート工

コンクリート工ではレディーミクストコンクリートの骨材，受入，検査，および型枠，打込み，養生，ひびわれ対策，鉄筋の加工・組立，中性化などの問題が重点的に出題されている。

2・1 コンクリート材料

頻出レベル
低 ■■■■■■ 高

学習のポイント

コンクリート材料には，セメント，水，骨材，混和材料などがあり，それぞれの材料がもつ基本的な性質を理解する。

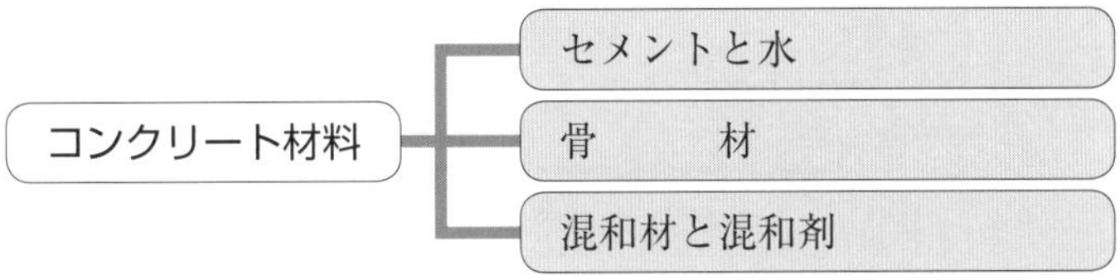

2・1・1 セメントと水

(1) セメントの分類

養生期間5日の**普通ポルトランドセメント**が最も広く用いられる。工期を短縮する場合，養生期間3日の**早強ポルトランドセメント**を用いる。また，混合セメントの一種である**高炉セメント**は，海岸，港湾構造物や地下構造物に用いられる。

一度に多量のコンクリートを打設するダムのマスコンクリートには，反応熱を軽減するため**中庸熱ポルトランドセメント**や，混合セメントの一種である**フライアッシュセメント**が主に用いられる。一般の構造物に用いる混合セメントの養生期間は，通常7日である。

混和材と普通ポルトランドセメントの混合割合により，A種，B種，C種があり，アルカリ骨材反応の抑制用として，混和材比率が多いB種とC種が用いられる。混合セメントは，気温5℃以下のときは硬化が遅く，温度変化に敏感なため，一般には使用しない。

(2) セメントの貯蔵

セメントは，一般に7袋以下の積上げとし，床面，壁のどちらからも30 cm以上あけて，通風を避けて防湿する。短期間の保存であれば，13袋まで積上げて貯蔵してよい。

(3) コンクリートに使用する水

コンクリートを練る水は上水道水，または規格に合格した水を使い，コンクリートや鉄筋に悪影響のないようにする。ただし，無筋コンクリートには海水を用いることができる。

2・1・2 骨　　材

(1) 骨材の成分

細骨材と**粗骨材**の区分は，図 2・1 のように 5 mm ふるいによる 85% の通過量および 85% の残留量を基準に定める。

(2) 粗粒率と最大粗骨材寸法

細骨材，粗骨材の粒度分布は図 2・2 に示す 80 mm～0.15 mm の 10 個のふるいを 1 組として骨材のふるい分け試験を行い，各ふるいの累計質量百分率の和を 100 で割って求める。これを粗粒率という。**粗粒率**は，使用骨材の平均粒径を表している。また，ふるい分け試験で，粗骨材の 90% が通過するときの最小のふるい目の寸法を，**粗骨材の最大寸法**という。

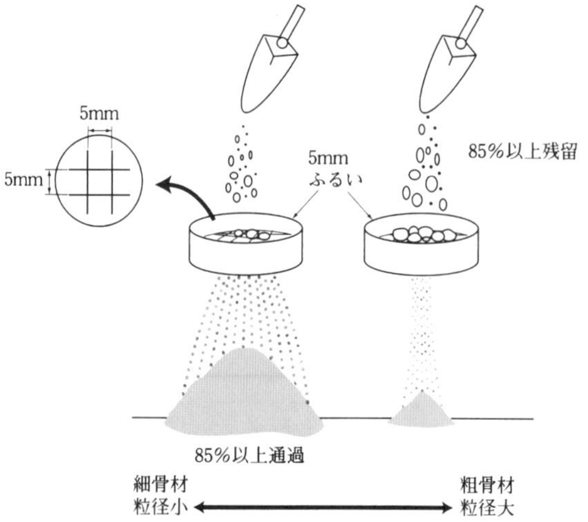

図2・1 細骨材と粗骨材

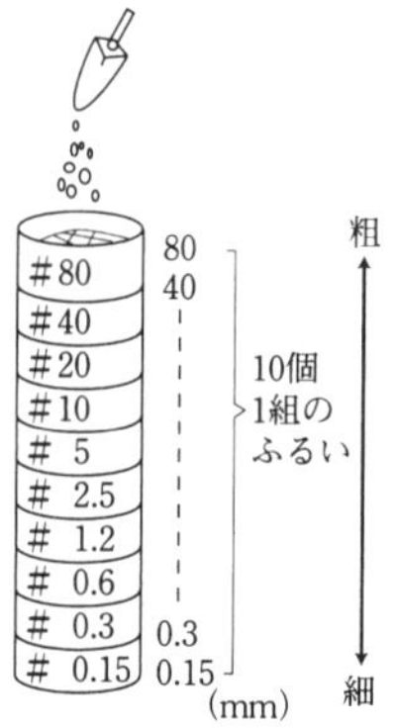

図2・2
1 組のふるい

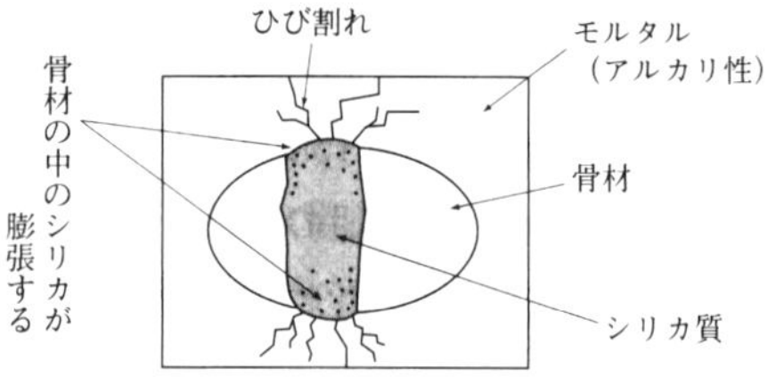

図2・3 アルカリ骨材反応

(3) アルカリ骨材反応の抑制

アルカリ骨材反応は，セメント中に含まれるアルカリ成分が，骨材に含まれるシリカ質と反応してシリカ質が膨張することで，判定と対処は，以下の方法をとる。

① **化学法**や**モルタルバー試験**によって有害か無害かを判定し，無害の骨材を用いる。

② 混合セメント（高炉セメント）の B 種（混合物の割合 30%～60%），または C 種（混合物の割合が 60%～70%）を使用する。

③ コンクリート中のアルカリ総量を 3.0 kg/m^3 以下とする。

(4) 骨材の性質と使用規定

① 海砂は，よく水洗して，塩化物含有量を許容限度以下として用いる。貝がら（巻貝は除く：巻貝の空隙がひび割れの原因）の混入は，コンクリートの品質に悪影響はない。

② 骨材の耐久性を確認するため，**硫酸ナトリウムによる安定性試験**を行う。硫酸ナトリウム溶液に一定時間浸けておいたときの骨材損失は，細骨材 10%，粗骨材 12% 以下**とする**。

しかし，過去に実績のある骨材や，凍結融解試験で安定性が確認された場合は用いてよい。

③ 舗装用コンクリートなどに用いるコンクリートのすり減り減量に対する抵抗性を調べるのに，**ロサンゼルス試験**が行われる。

④ **砕石は川砂利より角張り**，単位水量が同じ場合，スランプ値は小さく，強度は大きくなる。

一般に，砕石を用いた場合は，砂利を用いた場合に比べて単位水量を大きくする。

⑤ **細骨材に砕砂**を用いる場合は，石質が良好であることを確認するとともに，できるだけ角ばりの程度が小さく，細長い粒や扁平な粒の少ないものを選定し，砕砂の粒形の良否を判定する粒形判定実績率は54%以上でなければならない。

粗骨材に砕石を用いる場合は，粒形判定実績率は，56%以上でなければならない。

⑥ **再生骨材**Hは，破砕，摩砕，分級などの高度な処理を行って製造した骨材で，レディーミクストコンクリートにも使用することができる。

再生骨材M（中品質）及び**再生骨材**L（低品質）は，JIS A 5308に規定されるレディーミクストコンクリートに使用できない。再生骨材Lの使用は，耐凍結融解性等の高い耐久性を必要としない無筋コンクリート，または，容易に交換が可能な材料，小規模な鉄筋コンクリート構造物もしくは，鉄筋を使用するコンクリートブロック等に限定される。

再生骨材Mは，構造用途に用いることはできるが，乾燥収縮および凍結融解作用の受けにくい，地下構造物等への適用に限定される。

⑦ **砕砂に含まれる微粒分の石粉**は，コンクリートの単位水量を増加させるが，材料分離を抑える効果があるため，3〜5%混入していることが望ましい。

⑧ **砂は，粘土塊量**が1.0%以下のものを用いなければならない。

(5) 骨材の含水状態

骨材は，含水状態によって図2・4のように区分する。一般にコンクリートに用いる骨材は，配合設計で表面乾燥飽水状態とする。

この仮想的な骨材を用いた配合設計を**示方配合**といい，現実的な湿潤状態の骨材を用いて換算した配合を**現場配合**という。

いずれの配合も効果・品質は，同じものである。

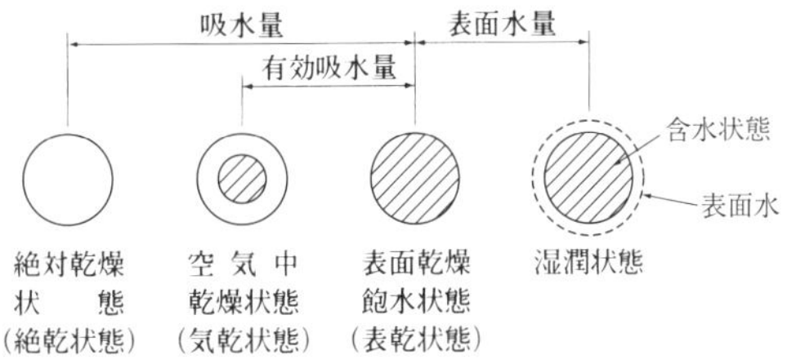

図2・4 骨材の含水状態

2・1・3 混和材と混和剤

混和材料はコンクリートとともに用い，硬化前や硬化後のコンクリートの性質や品質を改善するもので，セメントの使用量を基準として，セメント量の5％以上混入するものを**混和材**，1％未満を混入するものを**混和剤**という。表2・1に示すような混和材料が用いられる。

なお，**混和材**はコンクリート材料の一部と考え，配合設計時その体積を計算するが，**混和剤**は薬品と考え，その体積を無視する。

(1) 混 和 材

普通ポルトランドセメントは，水和作用で硬化するとき，水酸化カルシウムを析出し，きわめて安定が悪い。これを改善するため，水酸化カルシウムを吸収する混和材を用いて水和を安定的なものとする。

混和材を用いたときの反応と特徴を以下に示す。

① **ポゾラン反応と混和材**：混和材が，普通ポルトランドセメントから析出する水酸化カルシウムと反応して，安定したケイ酸塩として硬化する反応を**ポゾラン反応**という。ポゾラン反応を生じる混和材には，フライアッシュやシリカフューム（ケイ酸を含む土の微粉末）がある。

これらを混合したセメントを各々，**フライアッシュセメント**，**シリカセメント**という。

表2・1 混和材料

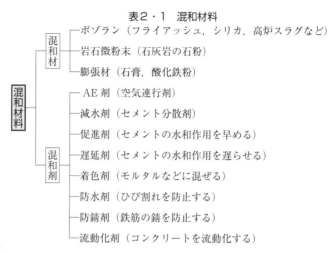

- 混和材料
  - 混和材
    - ポゾラン（フライアッシュ，シリカ，高炉スラグなど）
    - 岩石微粉末（石灰岩の石粉）
    - 膨張材（石膏，酸化鉄粉）
  - 混和剤
    - AE 剤（空気連行剤）
    - 減水剤（セメント分散剤）
    - 促進剤（セメントの水和作用を早める）
    - 遅延剤（セメントの水和作用を遅らせる）
    - 着色剤（モルタルなどに混ぜる）
    - 防水剤（ひび割れを防止する）
    - 防錆剤（鉄筋の錆を防止する）
    - 流動化剤（コンクリートを流動化する）

② **潜在水硬性と混和材**：**潜在水硬性**とは，混和材が普通ポルトランドセメントから析出する水酸化カルシウムの石灰分と反応して硬化する性質をいう。潜在水硬性を生じる混和材として，高炉スラグの微粉末を用い，**高炉セメント**という。

③ **混合セメントの特徴**：**混合セメント**は気温が低いと反応速度も遅く，混和材の硬化も十分ではないので寒中コンクリートなどに用いないのが原則である。発熱量が少ないことから，マスコンクリートのセメントとして**フライアッシュセメント**などが用いられる。

④ **エトリンガイトと膨張材**：膨張材としてカルシウム・サルホ・アルミネート（消石灰と石こうおよびアルミナを焼成したもの）を用いると，水和作用で膨張硬化するエトリンガイトが発生する。この膨張材の使用量によって，収縮補償用コンクリートやケミカルプレスト用コンクリートに分類できる。以上の他，膨張材として石灰石の微粉末なども用いる。

(2) 混 和 剤

混和剤は，コンクリートの硬化前や硬化後に品質を改善するものをいい，次のものがある。

① **AE 剤**：AE 剤は界面活性剤の一種で，コンクリート中に独立気泡を一様に分布させる混和剤である。気泡は球形に近いほど流動性が高く効果がある。AE 剤によって混入される空気を**エントレインドエア**，自然に混入される空気を**エントラップトエア**という。AE 剤を混入したコンクリートを AE **コンクリート**といい，暑中・寒中コンクリートなどに用いる。AE 剤の作用には，空気量1% に付きスランプが2.5 cm 増し，単位水量を減少させ，ワーカビリティ（作業性）が改善されるが，強度は4～6% 低下する。硬化後，耐凍害性と耐久性が向上する。

② **減水剤**：減水剤は，セメント粒子を電気的に分散し，初期水和を抑制し，流動性を保ちワーカビリティを向上させる。また，単位水量を12～18% 減少でき，水セメント比を小さくすることでコンクリート強度を向上できる。一般には，AE 剤の強度低下を防止するため，セットにした AE **減水剤**を用いる。減水剤には，水和作用を促進させる促進形減水剤や，逆に遅らせる遅延形減水剤および高性能減水剤などがある。

③ **流動化剤**：品質を変えずに，スランプを大きくする目的で用い，ポンプによる施工に使用する。

④　**水中不分離性混和剤**：水中コンクリートに用い，粘性を増大させ，材料分離を防ぐ。

⑤　**硬化時間制御剤**：促進剤・急結剤・遅延剤などがあり，寒中コンクリート，暑中コンクリート，吹付コンクリートなどに用いて硬化時間を調節する。

⑥　**質量調整剤**：コンクリート中に気泡を導入する起泡剤で発泡剤（アルミ粉末）を用いる。

⑦　**防錆剤**：鉄筋の防錆のために用い，主にリン酸塩などを用いて鉄筋の被膜を保護する。

⑧　**防水剤**：防水剤は，コンクリート面の吸水性や透水性を減じる目的で用いられるもので，ケイ酸ソーダ系，ポゾラン系などがある。

⑨　**シリカフューム**：高強度コンクリートの施工性および強度発現性の改善に効果的な混和材であるが，自己収縮が起こりやすいため，膨張材との併用が必要である。

2・2　コンクリートの配合

頻出レベル
低■■■■□□高

学習のポイント

コンクリートの配合では，フレッシュコンクリートに関する用語および配合設計に関する要点を理解する。

コンクリート配合
- フレッシュコンクリート
- 配合設計

2・2・1　フレッシュコンクリート

フレッシュコンクリートは，硬化後のコンクリートが所要の品質として，強度，耐久性，水密性を確保するための施工上の要件を備えていなければならない。この施工上の要件は，一般に**ワーカビリティ（作業性）**という用語で表し，次の3つの要素の総称として表現される。

①　**コンシステンシー**：フレッシュコンクリートの変形抵抗性をスランプ試験により求めた**スランプ値**で定量的に表す。スランプ試験は，フレッシュコンクリートを高さ30 cmの円錐台のスランプコーンに3層に分けて突固め，スランプコーンを静かに引上げ，中心点の沈下量を0.5 cmの単位で測定し，cmを単位としてスランプ値として表す。スランプ値が大きいとコンクリートは軟く，コンシステンシーが小さい。スランプ値が小さいコンクリートは，振動台式（VC）コンシステンシーメータで測定する。

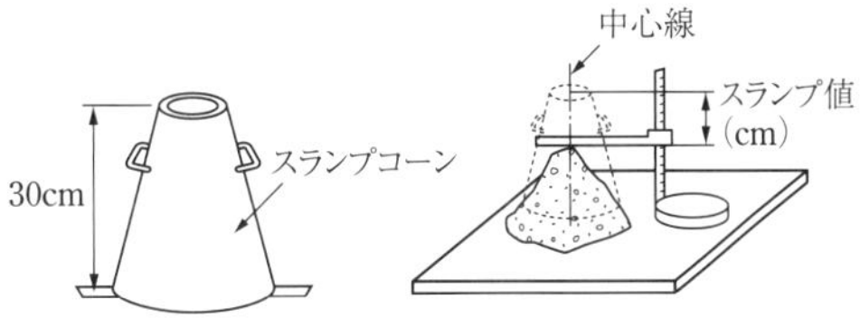

図2・5　スランプ試験

②　**プラスチシティ**：コンクリートの粗骨材とモルタルが分かれる材料分離に対する抵抗性を示す概念的な用語である。

③　**フィニッシャビリティ**：コンクリートの型枠への詰め安さ，表面の仕上げ安さなどの概念的

な意味で用いられ，定量化されていない。したがって，配合設計では作業のできる範囲で，スランプ値は小さく，粗骨材の最大寸法は大きくすることが大切である。

2・2・2　配合設計

(1)　単位セメント量と単位水量

コンクリートの最終品質とは，コンクリート硬化後の強度・耐久性・水密性のことである。コンクリート所要の品質を作り出すため，配合設計をして，用いる材料の使用割合を決定する必要がある。配合設計をするときは，コンクリート1 m^3 を作るのに必要な量を計算する。その際必要な水の質量を**単位水量**，セメントの質量を**単位セメント量**という。単位水量の多いコンクリートは流動性が高く，コンシステンシーが小さく，ワーカビリティがよくなるが，強度は小さくなる。

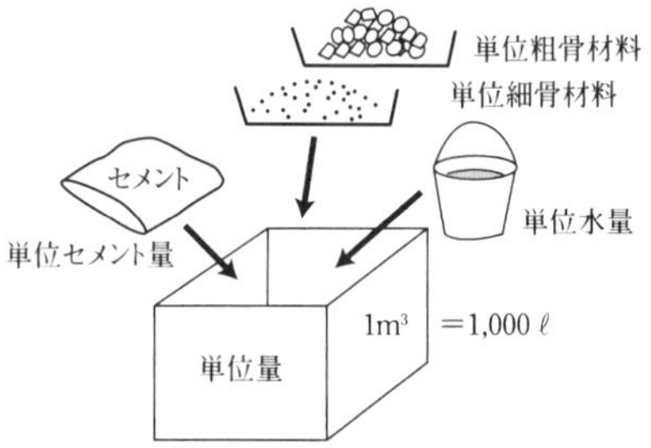

図2・6　単位量

(2)　水セメント比と圧縮強度の関係

水セメント比は，単位水量 W〔kg〕を単位セメント量 C〔kg〕で割って求めた比率〔W/C〕のことで，水セメント比が小さければ強度が大きく，大きいと強度は小さくなる。したがって，施工できる範囲で，極力水セメント比を小さくすることでよい品質のコンクリートを作ることができる。

フレッシュコンクリートを測定し，単位水量，水セメント比を推定する方法としてエフメータ法がある。

(3)　設計基準強度と配合設計強度

コンクリートの配合強度 f_{cr} は，一般の場合，現場におけるコンクリートの圧縮強度の試験値が，設計基準 f_{ck} を下回る確率が5% 以下になるように定める。工事の初期においては，変動係数を適切に予想することが困難な場合も少なくない。このような場合は，安全のためいくらか大きい割増し係数を用いて配合強度を定めて，そのコンクリートを用いて工事を開始し，実際の変動係数が把握できた段階でそれに応じた配合強度に改めていくのが，適切な方法である。図2・7に割増し係数と圧縮強度の変動係数との関係を示す。

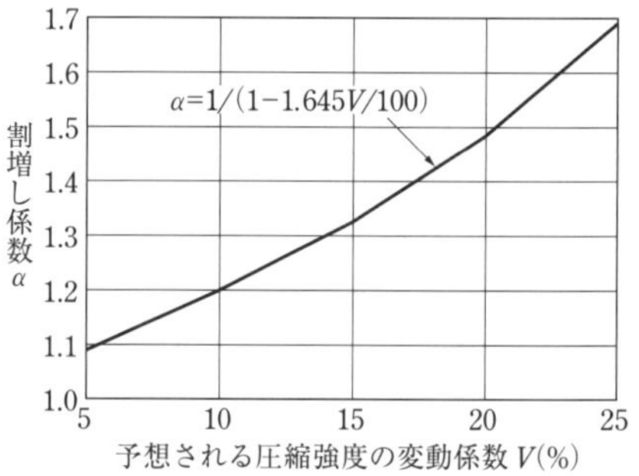

図2・7　一般の場合の割増し係数

(4)　ブリーディングと水セメント比

水セメント比が大きいと，セメント量に比較し水量が多くなりコンクリートを打設後，重い骨材が沈降し，軽い水の浮上量が多くなり，水と骨材が分離する**ブリーディング**が発生する。このとき，水とともに浮出るコンクリートのあくを**レイタンス**という。

コンクリートの表面に残ったレイタンスは強度が小さいので，新たに，コンクリートを打継ぐときは，ワイヤブラシなどでレイタンスを除去し，何度も水洗いをする。

水セメント比が大きいと，浮上する水量も多く，骨材下面がブリーディングの影響で接触面が洗われ，接触面積が少なく，一体性が失われる。このため，水セメント比が大きいと，強度・耐久性・水密性も小さくなる。配合設計では作業ができる範囲で W/C を小さくするのがよい。

(5)　ヤング係数とクリープ

水セメント比が小さく，圧縮強度が大きいコンクリートは，変形抵抗を示すヤング係数（弾性係数）が大きいので，自重などの持続荷重を受けて塑性変形するクリープが小さくなる。

このように，水セメント比が小さいとひび割れも少なく，変形に対しても強い部材ができる。

2・3　レディーミクストコンクリート

頻出レベル
低■■□□□□高

学習のポイント

レディーミクストコンクリート購入にあたり指定する項目と，受入検査の内容および許容値を把握する。

レディーミクストコンクリート
- レディーミクストコンクリートの購入
- レディーミクストコンクリートの受入検査

2・3・1　レディーミクストコンクリートの購入

JIS A 5308 に定められたコンクリートの配合表から，レディーミクストコンクリートを，コンクリートの種類，粗骨材の最大寸法，スランプ値，および呼び強度を指定して購入する。コンクリートには，**普通コンクリート**，**軽量コンクリート**，**舗装コンクリート**，**高強度コンクリート**の 4 種類がある。呼び強度は，普通コンクリート，軽量コンクリートの場合には圧縮強度で，舗装コンクリートの場合には曲げ強度で表す。

レディーミクストコンクリートの購入にあたり，次のように指定する。

①　②　③　④　⑤
普通　21　8　20　N

- N ── セメントの種類（N：普通ポルトランドセメント）
- 20 ── 粗骨材の最大寸法（mm）
- 8 ── スランプ値
- 21 ── 呼び強度（N/mm^2）
- 普通 ── コンクリートの種類（普通：普通コンクリート）

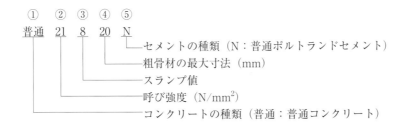

①　普通・軽量・舗装・高強度のいずれから選定する。

②　呼び強度は圧縮強度については 18～60 N/mm^2，曲げ強度については 4.5 N/mm^2 を表の値から選定する。

③　スランプ値は，一般に 5～21 の範囲で表の中から選定する。

④　粗骨材の最大寸法は，15～40 mm で表の中から選定する。

⑤　セメントの種類は N：普通ポルトランドセメント，H：早強ポルトランドセメント，B：高

炉セメントＡ種（BA），Ｂ種（BB），Ｃ種（BC），F：フライアッシュセメントＡ種（FA），Ｂ種（FB），Ｃ種（FC），M：中庸熱ポルトランドセメントなどのように表示する。

2・3・2 レディーミクストコンクリートの受入検査

レディーミクストコンクリートの**受入検査**はスランプ，強度，空気量，塩化物含有量の項目について実施する。

(1) スランプ検査

スランプと受入れ許容差は表2・2のとおりである。表からわかるように，**スランプ値が大きいからといって，受入れの許容差が大きいとは限らない。**

表2・2 スランプ値の許容差

スランプ値〔cm〕	許容量〔cm〕
2.5	±1
5 および 6.5	±1.5
8 以上 18 以下	±2.5
21 以下	±1.5

(2) コンクリートの強度検査

① 試験は3回行い，3回のうちどの1回の試験結果も，指定呼び強度の85% 以上を確保しなければならない。

② 3回の試験結果の平均値は，指定呼び強度以上でなければならない。ただし1回の試験結果は，任意の1運搬車から作った3個の供試体の試験値の平均で表す。

(3) 空気量検査

空気量は表2・3に示すとおりとされている。購入者が別に指定した場合でも，**受入れの許容差**は，どんなコンクリートでも±1.5% で一定である。

表2・3 空気量の許容差

コンクリート	空気量〔%〕	許容差〔%〕
普通コンクリート	4.5	±1.5
軽量コンクリート	5.0	
舗装コンクリート	4.5	
高強度コンクリート	4.5	

(4) 塩化物含有量調査

塩化物含有量は，塩化物イオン（Cl^-）量とし，塩化物含有量試験で定め，許容上限は，鉄筋コンクリートは 0.3 kg/m^3 以下である。

(5) 検査場所の確認

現場荷卸地点で強度，スランプ値，空気量，塩化物含有量を確認する。出荷時に工場で検査することがやむ得ないとき，**塩化物含有量**の検査だけが工場で検査することが認められている。

2・4 コンクリートの運搬

頻出レベル
低 ■□□□□□ 高

学習のポイント

コンクリートの種類による許容運搬時間および運搬用具による注意事項を理解する。

コンクリートの運搬
- 運 搬 時 間
- 運 搬 用 具

2・4・1　コンクリートの運搬時間

(1)　コンクリートの運搬時間

普通コンクリート，**軽量コンクリート**（アジテータ運搬）は，練り始めてから荷卸しまで1.5時間以内とする。**舗装コンクリート**（ダンプ運搬）は，練り始めてから荷卸しまで1時間以内とする。

(2)　運搬車の選定

スランプ値5 cm以上のものは，トラックミキサまたはアジテータ車を用い，スランプ5 cm未満の硬練りコンクリートは，ダンプトラックか，バケットを自動車に積んで運搬する。

(3)　材料分離または固まり始めたコンクリートの取扱い

運搬中にモルタルと粗骨材が材料分離したときは，荷卸時にアジテータまたはトラックミキサを回転し練り直す。打込み中に材料分離が著しかったり，固まり始めたコンクリートは廃棄する。

2・4・2　コンクリートポンプによる運搬

(1)　圧送するコンクリートのスランプ

圧送するコンクリートのスランプは，圧送性を考慮してAEコンクリートより大きいスランプ値とする場合は，流動化コンクリートまたは高性能AE減水剤を用いたコンクリートとする。

圧送性を高めるため，単位水量を増加させてはならない。

(2)　コンクリートポンプの輸送管の径および配管の経路

コンクリートポンプの輸送管の径は，コンクリートの種類，品質，粗骨材の最大寸法，ポンプの機種，圧送条件，圧送作業の容易や安全性などを考慮して定める。

配管経路の計画では，配管は下向きに行ってはならない。配管距離はなるべく短くし，かつ曲がりの数を少なくする。ベント管，テーパ管は閉塞の原因となるので，なるべく曲げ半径を大きくしたり，緩い勾配のテーパ管を用いる。

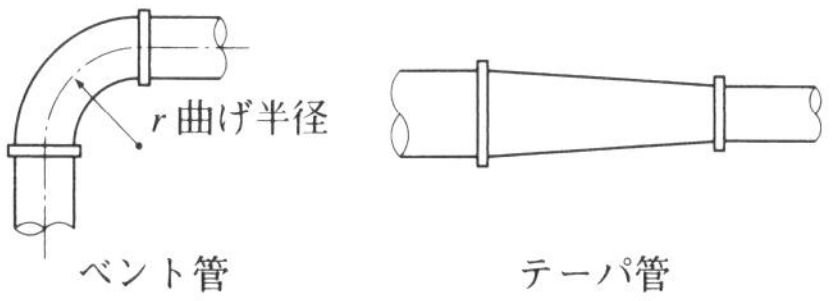

図2・8　ベント管，テーパ管

(3)　閉塞による中断防止

コンクリートの圧送に先立ち，**管内の潤滑のためモルタル**を圧送する。圧送されたモルタルは原則として廃棄し打込んではならない。しかし，先送りモルタルの強度がコンクリートと同等以上のときは，打継部の敷モルタルとして使用できる。

また，やむを得ず打設を中断するときは，閉塞を防止するため，間隔をあけて数回ストロー圧送をするインターバル圧送をする。長時間中断するときは，すべてのコンクリートを排出する。

(4)　閉塞の防止

管内閉塞が生じないように，単位粉体量や細骨材率をできるだけ大きくする。

2・4・3　各種運搬用具

①　バケットによる運搬：バケットによる運搬は，材料分離を最も少なくできる運搬方法で，バ

ケットに入れたコンクリートを，クレーンにより打込み場所まで運搬する。

② コンクリートプレーサによる運搬：コンクリートプレーサは，圧縮空気により圧送するもので，コンクリートポンプ同様に，トンネルなどの狭い場所に用いる。原則として，配管は水平または上向きとし，下り勾配にしてはならない。材料分離が著しい場合，粘稠性に富んだコンクリート（細骨材率を大きくしたコンクリート）を用いる。

③ ベルトコンベアによる運搬：ベルトコンベアによりコンクリートを運搬するときは，日光や空気にさらされてコンクリートが乾き，スランプロスが大きくなるので，覆いを設けるなどの処置をする。また，コンクリートのモルタル分がベルトコンベアに付着しないように注意し，吐出し口の先端に漏斗管かバッフルプレートを設ける。

2・5 コンクリートの施工

頻出レベル
低 ■■■■■■ 高

学習のポイント

コンクリートの施工において，打込み，締固め，表面仕上げ等について留意事項を理解する。

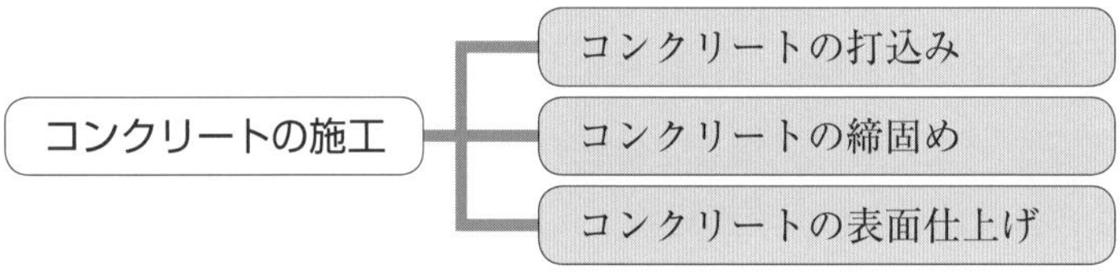

2・5・1 コンクリートの打込み準備

コンクリートの打込み準備の留意点は下記のとおり。

① 吸水の恐れのある地盤，型枠面は湿潤状態にする。

② 作業中に配筋を乱さないよう，配管は配筋上には置かず，別の位置に台を設け設置する。

③ コンクリートの打込みは，コンクリートが横移動しないよう小分けして荷卸をし，横流れを防止する。

④ 根掘部分の水は打込み前に除く，コンクリートが水で洗われないようにする。

⑤ コンクリートの打込みは，供給源より遠い所から近い所へという順序で行う（図2・9）。

2・5・2 コンクリートの打込み

(1) コンクリートの打込み時の留意点

① コンクリートの打込みは施工計画書により行う。

② コンクリートの打込み時，鉄筋の配置を乱さない。

③ 打ち込んだコンクリートは，型枠内で横移動させない。

④ コンクリートの打込み中に著しい材料分離が認め

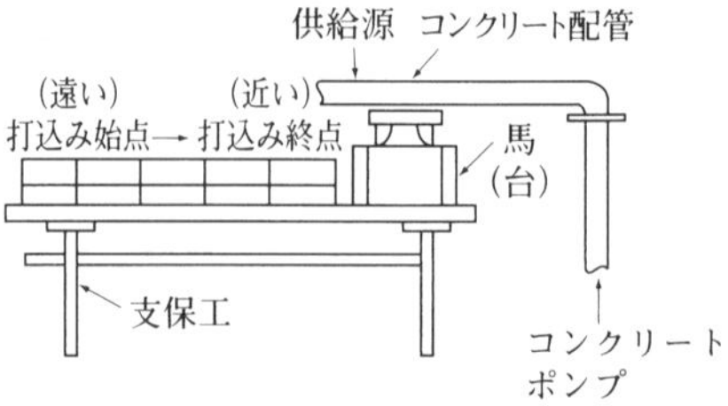

図2・9 荷卸と打込み

られた場合，そのコンクリートは廃棄し，原因調査を行う。調査に基づいて改善後，再び施工を行う。

⑤　一区画内のコンクリートは連続して打設して，コールドジョイントを防止し，コンクリート面は水平に仕上げる。

⑥　**気温が 25℃ を超えるとき**，コンクリートを練り始めてから，打込み完了まで，1.5 時間以内とする。

⑦　**気温が 25℃ 以下のとき**でも，コンクリートを練り始めてから，打込み完了まで，2 時間以内とする。

⑧　型枠の高さが高いとき，図 2・10 のように，型枠の途中に投入口を設ける。投入口の高さは 1.5 m 以下とする。

⑨　打込みで浮き出た水は，スポンジなどで排除する。

⑩　**コンクリートの 1 層**は，40〜50 cm とし，30 分で 1〜1.5 m 程度以下にして打上げブリーディングを減少させる。

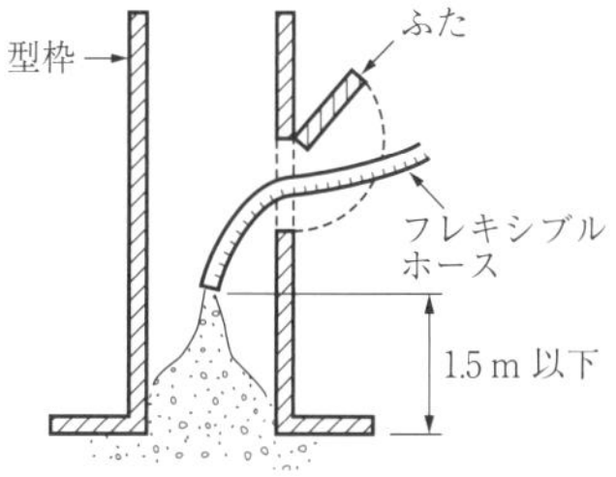

図2・10　投入口

(2)　シュートによる打込み

シュートは，コンクリートを打込む際に使用するもので，縦シュートと斜めシュートがあり，原則として，材料が分離しにくい**縦シュート**を用いる。

①　縦シュートは漏斗管を継ぎ合せて作り，材料分離が少なくできる。

②　**斜めシュート**を用いるときは，水平 2 に対し鉛直 1 程度の傾斜とし，コンクリートが流れないときは急勾配とするか，配合を変える。

③　斜めシュートは材料分離しやすいので，材料分離が認められるときは，打込み高さ（1.5 m）をできるだけ下げて打設する。

④　斜めシュートで材料分離したときは，吐出し口に受台を設け，練り直して用いる。

⑤　コンクリートの**打込み高さは，**打込み用具にかかわらず，1.5 m 以下とする。

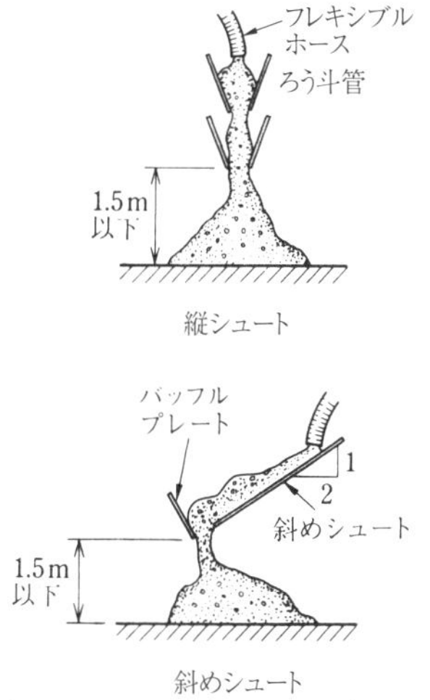

図2・11　シュートによる打込み

(3)　許容打重ね時間間隔

許容打重ね時間間隔とは，下層のコンクリートの打込み，締固めが完了した後，静置時間をはさんで上層のコンクリートが打ち込まれるまでの時間で，外気温が 25℃ 以下で 2.5 時間とし，25℃ を超えるときは 2 時間を標準とする。

2・5・3　コンクリートの締固め

コンクリートの締固めの留意点を下記に示す。

①　コンクリートの締固め機は内部振動機として**棒形振動機を用いるのを原則**とする。薄い壁など内部振動機が締固めに適さないとき，型枠振動機を使用する。

② コンクリートを2層以上に分けて打込む場合，下層のコンクリートが固まり始める前に打継ぎ，上下層が一体となるよう振動棒を10 cm程度下層に貫入し締め固める。

③ コンクリートが鉄筋の周囲および型枠の隅々まで行き渡るよう振動棒を鉛直に挿入し入念に締め固める。

④ **振動棒**を引き抜くとき，振動棒の穴が残らないように除々に鉛直に引き上げる。振動棒は，横方向に移動させてはならない。

⑤ 内部振動機の**挿入間隔**は，振動棒が有効であると認められる範囲内とし50 cm以下とする。

⑥ コンクリートと鉄筋の密着を図るときは，コンクリートが硬化し始める前で，再振動のできる範囲でなるべく遅い時期とする。なお，コンクリートが締固まった状態とは，コンクリートとせき板との接触面にセメントペーストが現れる状態のことである。

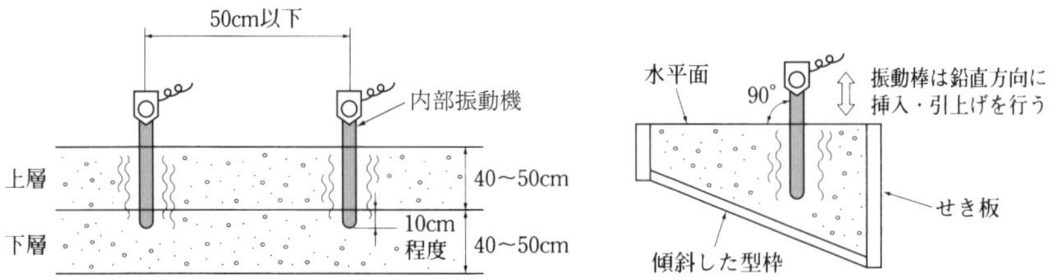

図2・12 コンクリートの締固め

2・5・4 表面仕上げ

表面仕上げは，美観上だけでなく，耐久性，水密性を維持するためにも大切な作業である。作業にあたっては，コンクリート上にしみ出した水を取り除き，木ごて，金ごてあるいは適切な器具，機械を用いて行う。表面仕上げの留意点を下記に示す。

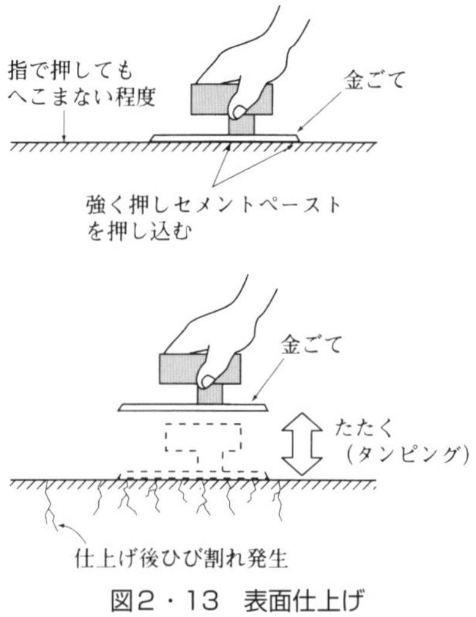

図2・13 表面仕上げ

① 上面の水を除去しないと，レイタンスが発生し，仕上げ後にひび割れが発生する。

② 仕上げは，**表面からブリーディング水が消失する頃に，木ごてで荒仕上げ**をし，その後，指で押してへこみにくい状態に固まった頃，できるだけ遅い時期に金ごてでセメントペーストを押し込みながら表面仕上げをする。

③ 鉄筋位置の表面に沿ってコンクリートが沈下し，ひび割れが発生しやすいので，タンピングを行うか，再仕上げを行い，ひび割れを取り除く。

④ すり減りを受ける水路面や排砂管のような場合には，特に長期間湿潤を保って養生する。

2・6　コンクリートの打継目・養生・型枠

頻出レベル
低 ■■■■■■ 高

学習のポイント

コンクリートの打継目，養生，型枠について，それぞれ施工する際の留意事項を理解する。

- 打継目・養生・型枠
  - コンクリートの打継目
  - コンクリートの養生
  - コンクリートの型枠

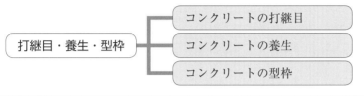

2・6・1　コンクリートの打継目

コンクリートの打継目は弱点となるので，設計で定められていないときは，施工計画書で耐久性・強度・水密性および外観をそこなわない位置に設ける。

(1)　打継目の位置と方向

コンクリートの打継目の部分は，他の箇所より強度が弱くなる。そこで，**打継目**は最も負荷のかからない箇所に設ける。通常，打継目は設計で定められているが，設計にない場合，構造物などに使用されているコンクリートの打継目はせん断力に対して弱点となるので，図2・14のように，せん断力の小さい梁中央付近とし，圧縮力に対して直角に打継目を設ける。図2・15(a)のように，アーチ部材についても軸線に対して直角に打継目を設ける。

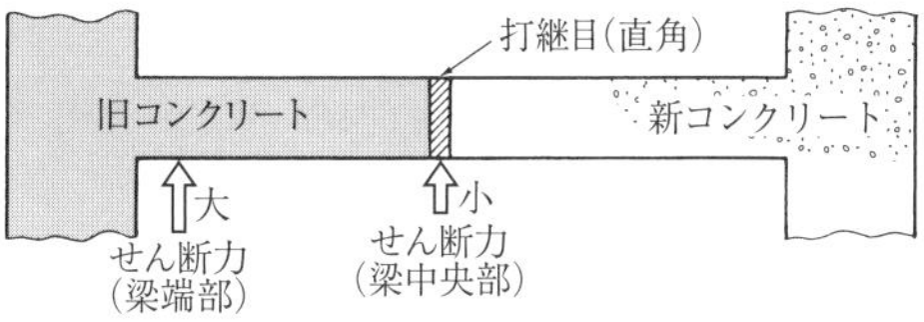

図2・14　打継目の位置・方向

せん断力の大きい位置に打継目を設けるときは，ほぞを作るか，鉄筋で補強する。

(2)　伸縮打継目とひび割れ誘発目地

① **伸縮打継目**：伸縮打継目は，両側の構造物の部材が，構造上絶縁した位置に設ける。伸縮打継目は，目地材が伸縮する必要があり，漏水を防止することが求められるので，止水板（ビニル）とアスファルト系シール材を用いる。

② **ひび割れ誘発目地**：コンクリート構造物は，ひび割れを避けることができないので，計画的にひびわれの生じる位置を定めて，亀裂を入れて弱い部分を作る。この部分を**ひび割れ誘発目地**という。

ひび割れ誘発目地を設ける場合は，目地部のひび割れ幅が過大とならないよう，**断面欠損率**をできるだけ大きく（30～50％程度）設定することが望ましい。

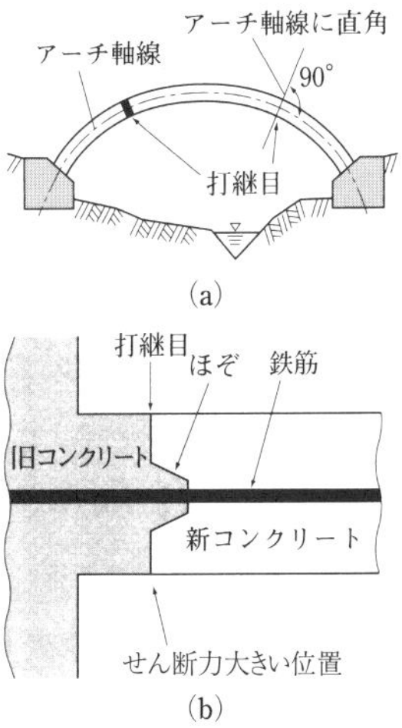

図2・15　打継目の例

(3)　水平打継目・沈下ひび割れの防止

① **水平打継目**：水平打継目は，上層と下層を水平に打継ぐもので，

硬化前に打継ぐときは，高圧の空気または高圧水で表面のレイタンスを除去する。これを**グリーンカット**といい，打継ぐ前に施工する。その後型枠を締め直して新しいコンクリートを打継ぐ。硬化後に打継ぐときはワイヤブラシでコンクリート打継面のレイタンスと浮石を除去し，水道水の水圧を利用してコンクリート表面に水を吹き付けて水洗いし，十分に湿潤にして吸水させた後，型枠を締め直して，旧コンクリートと密着するよう新コンクリートを打継ぐ。

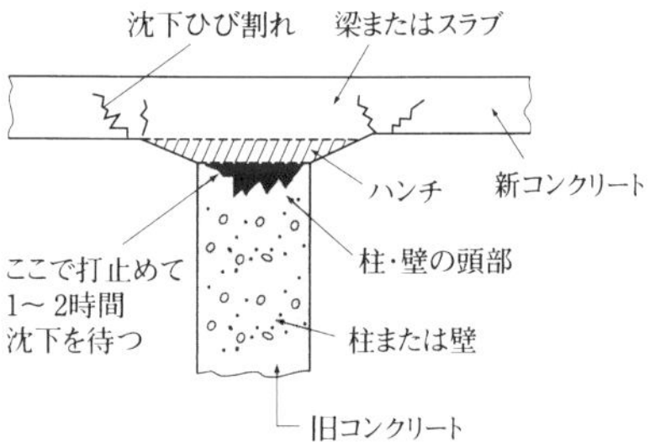

図2・16 沈下ひび割れの防止

② **沈下ひび割れの防止策**：沈下ひび割れの防止策としては，柱と梁，壁とスラブ（コンクリートの床）の打継ぎは，柱または壁の頭部まで打上げ，柱または壁のコンクリートが沈下するまで1～2時間待ってから，図2・16のように，**ハンチと梁**，または**ハンチとスラブなどの床組を同時に打継ぐ**必要がある。柱と梁などは，連続打設をしてはならない。

(4) 鉛直打継目

鉛直打継目は，左右のコンクリートを一体とするため設ける継目である。鉛直打継目面は，図2・17に示すように，すでに硬化した打継目面をワイヤブラシやチッピング（のみなどで表面をはつること）により粗面にし，水洗いを十分に行って表面を湿潤にし，モルタルやエポキシ樹脂を塗り，その後，新コンクリートを打設して締固め後，再振動（タンピング）して表面を仕上げる。打継目面に，金網と鉄筋を用いる方法もある。

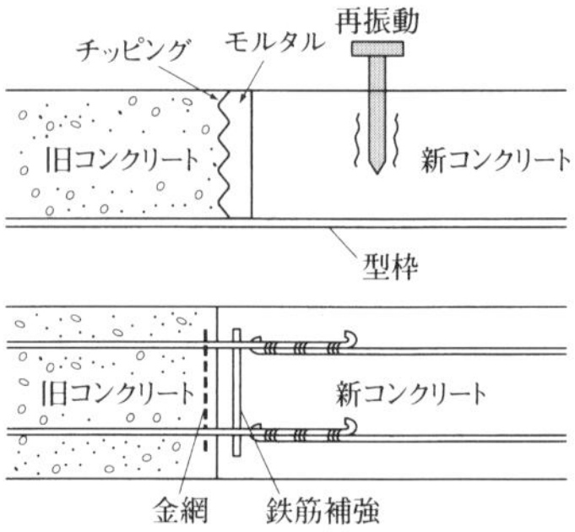

図2・17 鉛直打継目面

床組に施工する鉛直打継目は，梁の中央付近に設け，小梁の交わるときは，図2・18のように，小梁の幅 b_0 の2倍の距離をあけて打継ぐ。また，せん断力に対する補強として，打継目を通る斜めの引張鉄筋を配置する。

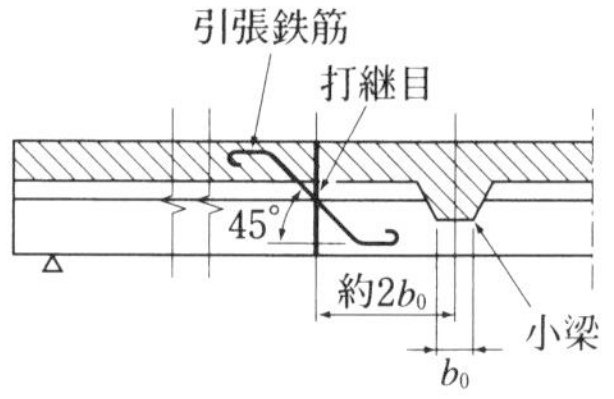

図2・18 床組の打継目

2・6・2 コンクリートの養生

(1) 養生期間と養生終了時に必要となる圧縮強度

所要の圧縮強度を得る養生期間の目安を表2・4に，初期凍害を防ぐために養生終了時に必要となる圧縮強度の標準を表2・5に示す。

養生の打切り時期の適否は，現場のコンクリートとできるだけ同じ状態で養生した供試体の強度試験による。もしくは，コンクリート温度と各材齢での圧縮強度の関係をあらかじめ試験によって得ている場合には，コンクリート温度の記録から強度を推定することにより判断する。

表2・4 湿潤養生の期間

日平均気温	普通ポルトランドセメント	混合セメントB種	早強ポルトランドセメント
15℃ 以上	5日	7日	3日
10℃ 以上	7日	9日	4日
5℃ 以上	9日	12日	5日

表2・5 初期凍害を防ぐために養生終了時に必要となる圧縮強度の標準（N/mm²）

型枠の取外し直後に構造物が曝される環境	断面の大きさ		
	薄い場合	普通の場合	厚い場合
(1) コンクリート表面が水で飽和される頻度が高い場合	15	12	10
(2) コンクリート表面が水で飽和される頻度が低い場合	5	5	5

(2) 湿潤養生

湿潤養生とは，コンクリートの硬化中に十分な湿度を保つために，空気に触れているコンクリートの露出面をマットや布で覆った上に水などをまいて養生を行うことで，一般的に行われる。

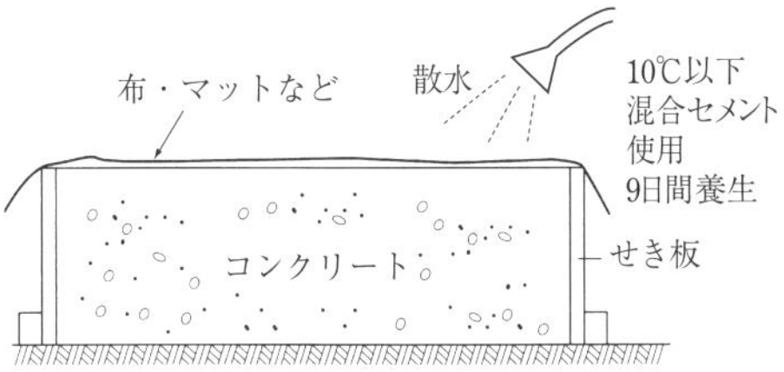

図2・19 湿潤養生

湿潤養生の留意点は，下記のとおりである。

① コンクリート表面の露出部には，養生用のマットや布などを濡らしたもので覆うか，散水，湛水（コンクリート上面に水をためる）して湿潤養生する。

② せき板（型枠側面の板）が乾燥するときは，散水して乾燥を防ぐ。

③ 膜養生は，品質を確認し，膜材料を均一にし，十分な量を散布する。

④ **膜養生**は，打継目や鉄筋に付着しないように注意して，コンクリート表面の水光が消えた直後に膜材料を散布する。必要により，養生膜の上から散水する。

⑤ 海水や酸性の土などの影響を受けるときは，養生期間を長くする。

(3) 温度制御養生

温度制御養生は，冬季，夏季などの温度の厳しい場合に行う養生で，環境の厳しい条件では，養生期間はできるだけ長くする。

① 温度が高いと，材齢が短く圧縮強度が得られるが，長期強度は低くなる。

② 高圧蒸気養生は，オートクレーブという高圧容器内において蒸気養生するもので，1日で所要の強度は得られるが，その後の強度の増進は期待できない。主に工場製品に用いる。

③ 日平均温度が4℃ 以下の**寒中コンクリート**は，所要の強度（5 N/mm²）が得られるまでコンクリートの温度を5℃ 以上に保ち，さらに2日間は0℃ 以上に保つ。

④ 日平均25℃ を超える**暑中コンクリート**は，打込み後24時間は露出面を湿潤状態にし，養生は少なくとも5日間以上行う。

⑤　マスコンクリートは，コンクリートの内外の温度差を緩和するため，コンクリート表面に断熱性のある発泡スチロールやシートを用い保温養生する。

⑥　養生終了後も急激な乾燥や温度変化を防止する。

2・6・3　コンクリート型枠

(1)　型枠支保工の計画

型枠支保工の作用荷重として，鉛直方向は，自重・コンクリート・鉄筋・作業員・用具・衝撃による荷重を，水平方向は，型枠の傾斜，衝撃・風圧・水圧・地震などの荷重を考える。

①　**型枠のせき板の受ける側圧**は，打込み速度が速いとき，打込み時の気温が低く硬化が遅いとき，スランプが大きく軟らかいとき，鉄筋量が少なく鉄筋が受ける側圧が少ないときに大きくなる。一方，コンクリートの温度が高いほど，側圧は小さくなる。

②　型枠支保工の設計上の留意点は，下記のとおりである。

(i)　モルタルの漏れない構造とする。

(ii)　コンクリートの角に面取り（角を削り取ること）をつけること。

(iii)　重要な構造物の型枠については，設計図を作成する。

(iv)　支保工の沈下に対して，適当な上越しをする。

(v)　型枠の高さが高いとき，型枠の途中に一時的に開口部を設ける。

(2)　型枠の施工・取外し

型枠は，コンクリートが硬化するまでの仮設構造物なので，コンクリートの硬化後に取り外すことを考慮して施工する。

型枠の締付けは，ボルトまたは棒鋼を使用する。重要な構造では，鉄線を締付け材として使用してはならない。

締付け材は型枠を取外した後，表面に残さないようにする。また，取外しを容易にするために，コンクリートと型枠の癒着を防ぐため，せき板の内面にはく離剤を塗布する。

①　型枠の取外し順序：一般に，まず，比較的荷重を受けない部分を取り外し，その後，残りの重要な部分を取り外す。たとえば，柱・壁等の鉛直部材の型枠は，スラブ・はり等の水平部材の型枠よりも早く取り外すのが原則である。はりの両側面の型枠は，底板よりも早く取り外してよい。

表2・6　型枠および支保工を取り外してよい時期のコンクリート圧縮強度の参考値

部材面の種類	例	コンクリートの圧縮強度 (N/mm^2)
厚い部材の鉛直または鉛直に近い面，傾いた上面，小さいアーチの外面	フーチングの側面	3.5
薄い部材の鉛直または鉛直に近い面，45° より急な傾きの下面，小さいアーチの内面	柱・壁・はりの側面	5.0
橋・建物等のスラブおよびはり，45° より緩い傾きの下面	スラブ・はりの底面，アーチの内面	14.0

② **締付け材の処置**：表面から 2.5 cm の間にあるセパレータ（ボルト・棒鋼）は，図 2・21 のように，穴をあけて取り去り，高品質のモルタルを詰める。

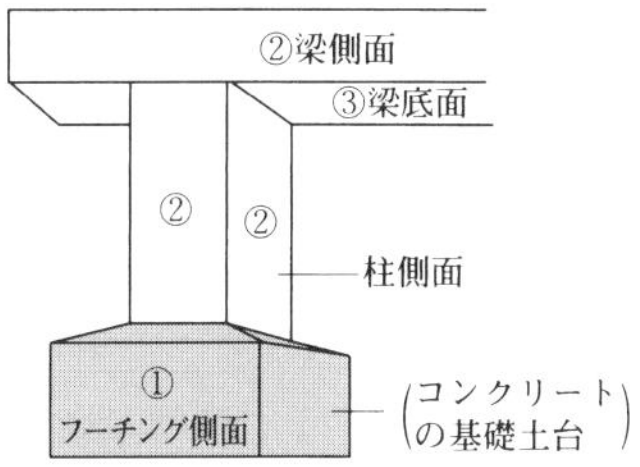

図 2・20　外枠の取外し順序

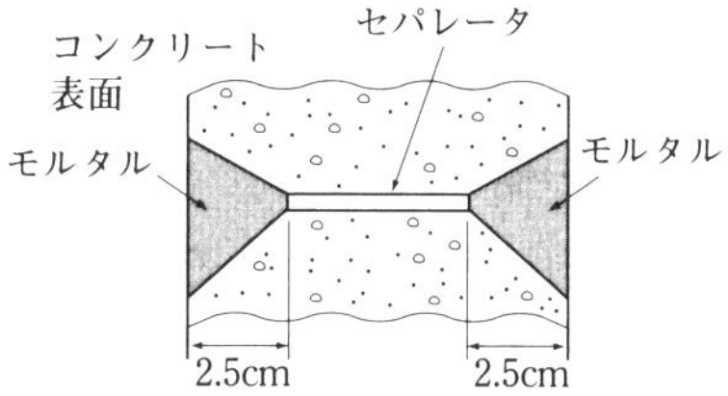

図 2・21　棒鋼穴の処理図

2・7　コンクリートの品質管理

頻出レベル
低 ■□□□□□ 高

学習のポイント

コンクリートの品質管理は，基本的には施工管理法で出題されるが，たまにこの分野で，試料の採取や，管理方法などが出題されることがある。

- コンクリートの品質管理
  - 供試体の採取
  - 管 理 方 法

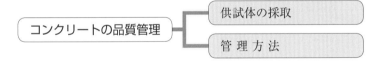

2・7・1　コンクリート供試体試料の採取

(1)　供試体の試料の採取

コンクリートの圧縮試験のため，1 日 1 回以上，少なくとも 20〜150 m^3 に付き 1 回は供試体試料を採取する。**最初にアジテータから排出される 50〜100 l を除いて**，1 回に**同一バッチ**（同一バッチミキサで，同一時刻に練られたコンクリート試料）から 3 本の供試体を採取する。

(2)　供試体モールドの寸法

圧縮試験に用いる供試体は，直径の 2 倍の高さを持つ円柱形で，その直径は粗骨材の最大寸法の 3 倍以上，かつ 10 cm 以上とする。

(3)　ロットの単位

コンクリートの**圧縮強度試験**は，150 m^3 につき 1 回とし，3 回で 450 m^3 となり，この 450 m^3 を 1 ロットという。コンクリートの品質の良否は，1 ロット 450 m^3 単位で検査され，1 回 3 本，3 回で 9 本の平均圧縮強度によって，配合強度は比較して判定される。

判定の結果，不合格のときは 1 ロット 450 m^3 すべてを廃棄し，再度施工をやり直す。

(4)　試験の頻度

試験の頻度は，施工開始の当初や材料が変わったときは多くの頻度で試験を行い，製品が安定して製造されてきたら，受注者の判断で試験の回数を減少させるのが一般的である。

2・7・2　コンクリートの管理

(1)　管理材齢

コンクリートの品質管理は，材齢28日ではなく，一般に3日または7日の早期強度で，材齢28日強度を推定し，管理する。

(2)　管理の方法

水セメント比により管理するときは，「洗い分析法」で水セメント比を求め，配合設計表の水セメント比と比較する。品質管理で強度に関するもの以外留意すべき点は，**骨材試験**である。

①　骨材の粒度試験は，工事の初期は1日2回とし，安定してきたとき試験回数を減少する。

②　スランプ値に変動のあるときは，骨材の粒度分布などを点検し改善する。

③　空気量に変動のあるときは，骨材の粒度を点検し，改善する。

2・8　特殊な条件をもつコンクリート

頻出レベル
低 ■■■■■■ 高

学習のポイント

特殊な条件をもつコンクリートには，寒中コンクリート，暑中コンクリート，マスコンクリートの3つがあるが，特に，寒中・暑中コンクリートの出題頻度が高いので，施工時の留意事項をよく理解する。

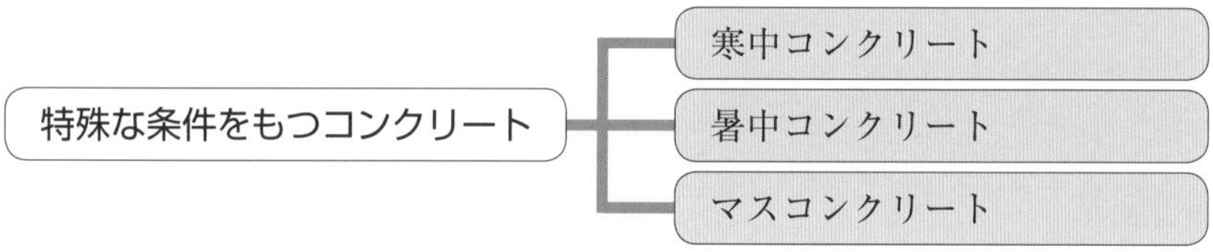

2・8・1　寒中コンクリート

(1)　寒中コンクリートの配合設計の留意点

日平均気温が4℃以下と予想されるときは，寒中コンクリートとして施工する。寒中コンクリートの配合設計には，単位水量を最小にし，−3℃以下では給熱養生として，電熱ヒーターなどで養生温度を5～20℃に保つことなどで硬化を促進する。その際の留意点は以下のとおりである。

①　材料は加熱して用いるが，セメントは直接加熱してはいけない。

②　寒中コンクリートは，普通ポルトランドセメントまたは早強ポルトランドセメントを用い，AEコンクリートとする。混合セメントは用いない。

③　単位水量，空気量は，所要のワーカビリティの得られる範囲でできるだけ少なくする。

(2)　寒中コンクリートの施工上の留意点

①　コンクリートポンプで運搬するときは，輸送パイプを保温して熱損失を少なくする。

②　打込み温度は5～20℃の範囲とし，一般に10℃を標準とする。

③ 打継目のコンクリートが凍結しているときは，あらかじめ十分に溶かす。

④ コンクリートの打込み後，初期凍結を防止するため防風する。

⑤ 所定強度 5 N/mm^2 が得られるまで 5℃ 以上を保ち，さらに，養生終了後においても 2 日間は 0℃ 以上を保つ。

⑥ 養生終了後は，急に乾燥させたり，急激に温度を低下させてはいけない。

⑦ 温度差の大きいときの型枠は，発泡スチロールなどの保温性のよいものを用いて覆う。

2・8・2 暑中コンクリート

(1) 暑中コンクリートの配合設計の留意点

日平均気温が 25℃ を超えるときは，暑中コンクリートとする。暑中コンクリートは，AE 減水剤の遅延形を用いるのが標準である。また，単位セメント量をできるだけ少なくし，単位水量はワーカビリティの得られる範囲でできるだけ少なくする。

(2) 暑中コンクリートの施工上の留意点

① 吸水の恐れのある型枠・地盤は，散水して湿潤状態にする。

② コンクリートの練始め，運搬から打込みの終了まで 1.5 時間以内とする。

③ コンクリートの**打込み温度は，**35℃ 以下とする。

④ コンクリート面の水分の蒸発を防止するため，24 時間は連続湿潤養生し，5 日間常時散水養生して乾燥を防止する。

2・8・3 マスコンクリート

(1) マスコンクリートの配合設計の留意点

マスコンクリートは，セメントの反応熱の逃げ場が少ないため，内部温度が上昇し，外部との温度差が大きくなり，温度差によるひび割れ発生の恐れがある。配合設計の留意点を下記に示す。

① セメントはフライアッシュ，中庸熱ポルトランドセメント，高炉セメントなどを用いる。

② 単位セメント量，単位水量をできるだけ少なくし，混和剤は，AE 減水剤遅延形を用いる。

(2) マスコンクリートの施工上の留意点

① 打込み温度を所定の温度以下となるように製造する。

② 打込み区画とリフト高さは，継目位置，温度ひび割れ，気象条件などを考慮して定める。

③ マスコンクリートの養生は温度ひび割れ制御を計画通りに行うための温度制御が目的である。

④ ひび割れ誘発目地は，ひび割れが発生しても構造上影響のない位置に設ける。

⑤ 温度ひび割れを防止するため，マスコンクリートの表面はスチレンボードや発泡スチロールなどで覆い，保温養生を行う。

⑥ **パイプクーリングの通水温度**が低すぎると，ひび割れの発生を助長することがあるので，コンクリートの温度と通水温度の差は 20℃ 程度以下とする。

2・9 コンクリートのひび割れ

頻出レベル
低 ■■□□□□ 高

学習のポイント

コンクリートのひび割れの発生原因には，初期ひび割れと劣化によるひび割れがある。それぞれの発生原因と防止策および補修方法を理解する。

- コンクリートのひび割れ
  - 初期ひび割れ
  - 劣化によるひび割れ

コンクリートを打設した後，初期の段階では，水和熱による**温度ひび割れ**，コンクリートの沈下が鉄筋や埋設物に拘束されることにより発生する**沈みひび割れ**，**乾燥収縮**によるひび割れ，**ブリーディング**や**コールドジョイント**などによるひび割れが発生する。

長期的には，塩害，中性化，アルカリ骨材反応，凍害，化学的腐食などによりコンクリートが劣化し，各種のひび割れが発生する。

コンクリートの劣化の原因および補修については，コンクリート構造物の項で詳述する。

2・9・1 初期ひび割れ

(1) 温度ひび割れ

セメントの水和作用に伴う発熱によってコンクリート温度が上昇し，その値は数日で最大となり，その後放熱によって外気温度まで降下する。

この過程において，① コンクリート表面と内部の温度差による拘束（内部拘束），② 温度降下する際に，地盤や既設コンクリートによって受ける拘束（外部拘束）などにより部材には，温度応力が発生する。この応力が，コンクリートの引張強度より大きくなるとひび割れが発生する。

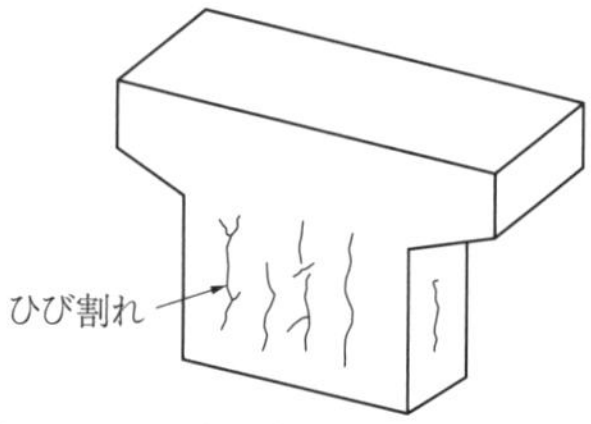

図2・22 水和熱によるひび割れ例

中庸熱ポルトランドセメントや低熱ポルトランドセメントなど，低発熱セメントを用いるのが望ましい。また，発熱量はセメント量に比例して多くなるので，単位セメント量を低減する。方法としては，粗骨材の最大寸法を大きくする。あるいは，高性能減水剤，流動化剤を使用して単位水量を低減し，単位セメント量を減じる方法もある。

(2) 沈みひび割れ

コンクリートの沈下が鉄筋や埋設物に拘束された場合に，図2・23に示すような沈みひび割れが発生することがある。発生した場合は，タンピングや再振動で処置を行う。発生後，時間をおかずに処置することが重要である。

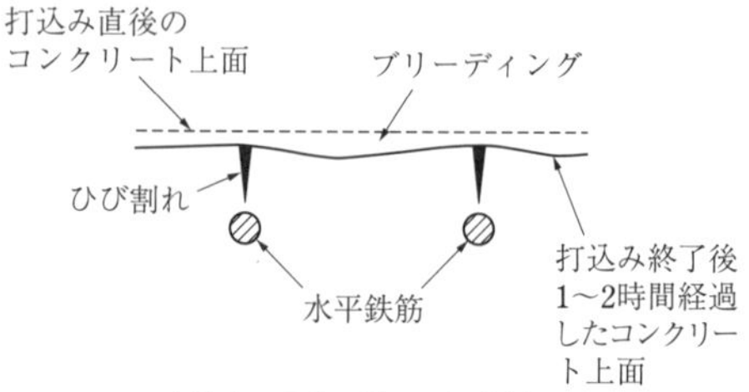

図2・23 沈みひび割れ

沈みひび割れを防止するためには，単位水量を少ない配合とすることが有効である。

(3) プラスチックひび割れ

打込み後，まだコンクリートが十分硬化していないプラスチックな状態でコンクリートの**表面が乾燥**すると，セメント分が収縮して表面に不規則なひび割れが発生することがある。

このひび割れをプラスチックひび割れと呼び，一般に夏期施工で発生しやすい。しかし，冬期施工でも養生が不適切であると発生することもある。このひび割れの特徴としては，**比較的細かく，浅いひび割れ**となる場合が多い。このひび割れの防止対策は，水分蒸発量を少なくすることである。

① 直接日光を与えない配慮や風防対策を行う。

② 表面仕上げの後，できるだけ早期に湿潤養生を開始し，通気性のないポリフィルムやブルーシートで覆う。

(4) 乾燥収縮によるひび割れ

水で飽和したコンクリートの供試体を乾燥させると $(5\sim10)\times10^{-4}$ 程度の収縮が発生する。

骨材にシルトや粘土が多量に含まれていると，乾燥によって，それらが体積変化を起こし，コンクリートにひび割れを生じさせる恐れがある。

水セメント比が同じ場合は，**単位水量が多い**ほど乾燥収縮は大きいので，一般に最大寸法の大きい粗骨材を用いることにより，所要のワーカビリティを得るために必要な単位水量を少なくし，水和熱や乾燥収縮を低減する。

(5) ブリーディングによるひび割れ

ブリーディングが大きいコンクリートの場合，ブリーディング水がコンクリート上面に浮き出てきて溜まるだけでなく，粗骨材の底部にもブリーディング水が溜まり，この部分が将来空隙となりひび割れが発生する。

耐久性の大きい欠陥の少ない良いコンクリートを製造するためには，締固めを十分行い，空気等が侵入しにくい密実なコンクリートにする必要がある。そうするためにも，水セメント比が小さく，単位水量の小さいコンクリートを用いて，ブリーディングを小さくすることが重要である。

(6) コールドジョイントによるひび割れ

コールドジョイントは設計段階で考慮する打継目とは異なり，コンクリートを打ち重ねる時間の間隔を過ぎて打設した場合に，前に打ち込まれたコンクリートの上に，後から重ねて打ち込まれたコンクリートが一体化しない状態となり，打重ね部分に不連続な面が生じることをいい，この面のコンクリートはぜい弱であり，ひび割れが生じていることが多い。

コンクリートの打重ね時間を守るとともに，下層のコンクリートが固まる前に打継ぎ，上下層が一体となるように，振動棒を 10 cm 程度下層に貫入し，しっかり締め固めることが大事である。

2・9・2 コンクリートの劣化によるひび割れ

(1) 塩 害

コンクリート中に存在する塩化物イオンの作用により鋼材が腐食膨張し，かぶり不足の箇所で鉄筋軸方向のひび割れや，鉄汁や断面欠損などの現象が発生する。コンクリート中の塩化物イオンの総量を0.3 kg/m³以下とする。また，同一水セメント比であれば，高炉セメントB種のほうが普通ポルトランドセメントより塩害防止効果がある。

(2)　中　性　化

中性化が進みかぶりの小さい鉄筋になると鋼材腐食が始まり，これにより鉄筋の軸方向のひび割れ，剥離が発生する。したがって，無筋コンクリートでは中性化によって性能は損なわれるおそれはない。土木施工管理技士の試験では，ここ数年中性化の問題が数多く出題されている。

① 塩害を受ける環境にあるコンクリート構造物では，通常の環境条件よりも中性化残りは大きく設定しておいたほうがよい。

② **中性化の進行**は，コンクリートが十分湿潤状態であるほうが遅い。

③ 配合条件が同じコンクリートを比較すると，屋外のコンクリートのほうが屋内のコンクリートよりも，中性化速度は小さい。

④ 同一単位セメント量のコンクリートでは，単位水量の多いコンクリートのほうが中性化速度は大きい。

(3)　凍　　害

コンクリート中の水分が硬化前に凍結したり，十分硬化した後で，凍結融解をくり返すことにより**微細なひび割れ**や，**スケーリング**，**ポップアウト**などが発生する。

水セメント比が大きいと凍害を受けやすいので，水セメント比は必要な品質が得られる最も小さな値を採用する。凍結融解の環境の厳しい所では，AEコンクリートを用いるのが原則である。打込み直後に凍害を受けたコンクリートは，その後養生を行っても，初期凍害を受けなかったものと比べ耐久性が劣ったものになる。

(4)　アルカリ骨材反応

コンクリートの骨材に含まれるシリカ分と，セメントなどに含まれるアルカリが反応して生成物が生じ，これが吸水膨張してコンクリートに亀甲状の膨張ひび割れ，ゲル，変色などの現象が発生する。

アルカリ骨材反応の抑制対策としては，① 無害と判定された骨材を用いる。② 高炉セメントまたはフライアッシュセメントのB種・C種を用いる。③ コンクリート中のアルカリ総量を3.0 kg/m³以下にするなどがある。

コンクリート橋・床版に塩化ナトリウムを成分とする凍結防止剤を散布すると，中に含まれる塩化物イオンによりアルカリ骨材反応を促進することがあるので注意を要する。

(5)　化学的腐食

強酸性の温泉水などによる化学的侵食はコンクリートを変色させ，体積膨張によるひび割れ，剥離を発生させる。

一般的な環境においては化学的腐食が問題となることは少なく，温泉地や酸性河川流域に建造された構造物等がその代表例となる。ただし，下水道関連施設や化学工場・食品工場等の特殊環境下にある構造物では，しばしば化学的腐食が問題となる。

2・10 鉄 筋 工

頻出レベル
低 ■■■□□□ 高

学習のポイント

鉄筋工については，その名称と配筋，加工，継手，組立・配置およびエポキシ樹脂塗装鉄筋について理解する。

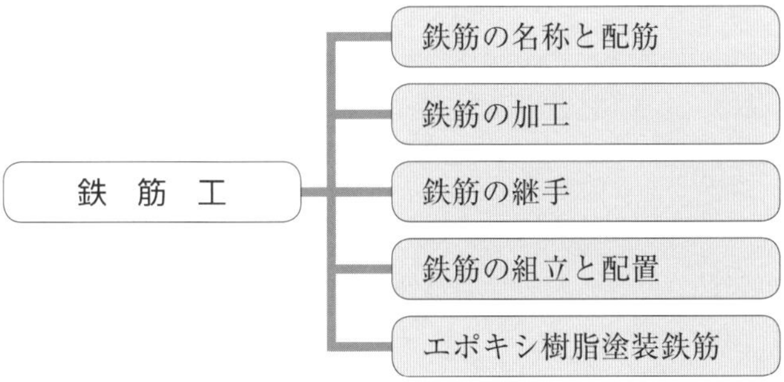

2・10・1 鉄筋の名称と配筋

(1) 鉄筋の名称

梁構造と柱構造の鉄筋の名称を図 2・24，図 2・25 に示す。梁部材は，曲げモーメントとせん断力を受けるため，**曲げモーメント**に対しては，引張鉄筋や圧縮鉄筋，また，**せん断力**に抵抗するため，スターラップや折曲げ鉄筋を用いる。

折曲げ鉄筋は，中央部で曲げモーメントに抵抗し，曲げた所でせん断力に抵抗する。スターラップは引張鉄筋と圧縮鉄筋を囲んで圧縮部に定着させる。柱は主に圧縮力に抵抗するため，コンクリートと軸方向鉄筋の両方で支持する。

地震力などの水平力は，柱に対してせん断として働くので，帯鉄筋で抵抗させる。

(2) 引張鉄筋の配置

鉄筋は，鉄筋コンクリート構造の引張力を分担し，圧縮力をコンクリートが分担する。したがって，鉄筋は引張力を受ける側に入れる。このとき，荷重が上から作用しても，構造によっては，梁の上面が引張られることがあり，この上面に配置された引張鉄筋を**負鉄筋**，梁下面に配置された引張鉄筋を**正鉄筋**ということがある（図 2・26，図

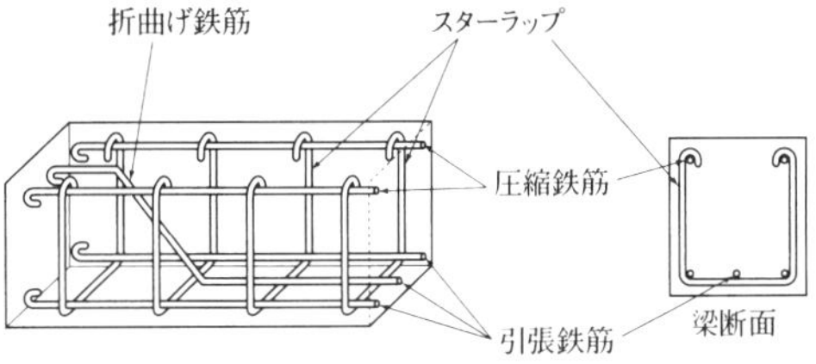

図2・24 中央断面より左側の梁の配筋

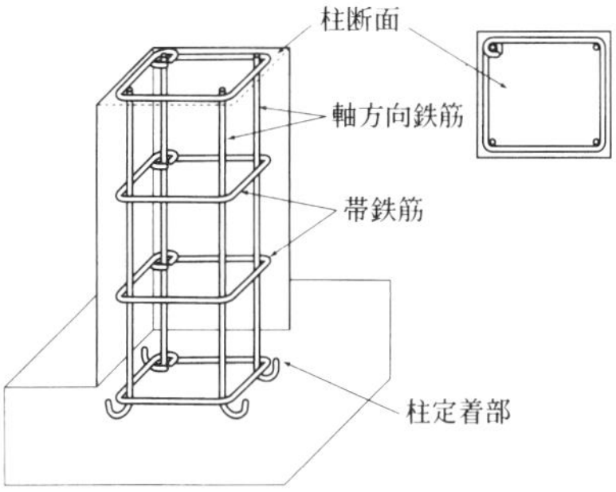

図2・25 柱の鉄筋

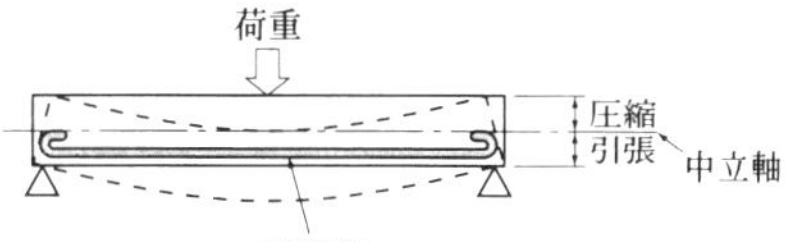

図2・26 単純梁の鉄筋

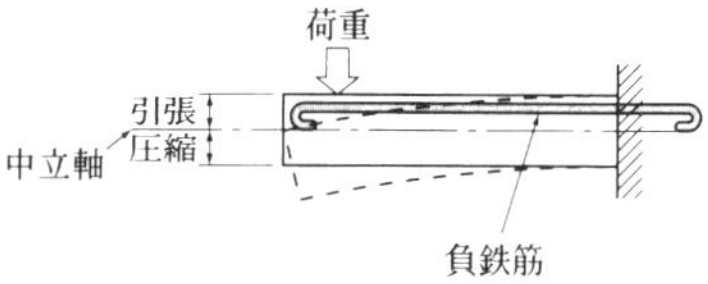

図2・27 片持梁の鉄筋

2・27)。連続梁とよう壁の配筋例を図2・28に示す。いずれも引張鉄筋は，構造が引張力を受ける側に入れる。

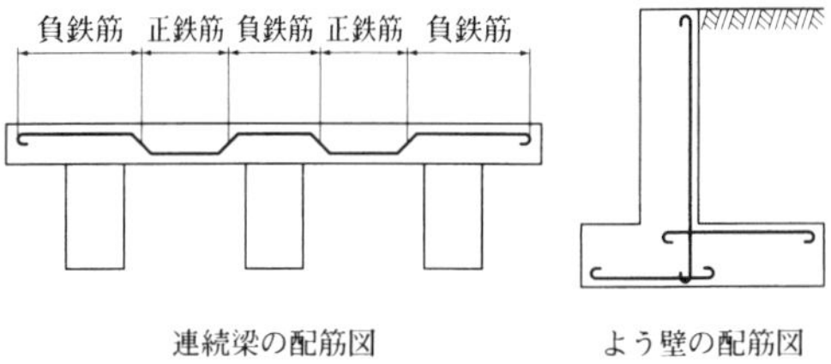

図2・28　構造物と主鉄筋の配置

2・10・2　鉄筋の加工

(1)　鉄筋の種類

鉄筋は，鉄筋とコンクリート相互の付着力を増すため，表面に凹凸を有する**異形棒鋼**(異形鉄筋)と凹凸を持たない**丸鋼**がある。縦方向に凸（リブ）を持つ異形棒鋼は剛性が異なる。

- 丸鋼は，ϕの記号で直径を表す。（例ϕ16 mm）
- 異形棒鋼は，Dの記号で直径を表す。（例D16 mm）

(2)　鉄筋の加工

① 鉄筋の加工：鉄筋は必ず常温加工とし，曲げもどして加工してはならない。

鉄筋は，曲げ戻しを行わないことを原則とするが，どうしても曲げ戻すときは，900～1000℃程度で加熱加工する。

② フックの加工：直径ϕに対し定着長は下記のとおりである。

- 半円形フックの定着長　4ϕ以上，60 mm以上。
- 鋭角フックの定着長　6ϕ以上，60 mm以上。
- 直角フックの定着長　12ϕ以上。

③ 鉄筋部材の曲げ半径：折り曲げ鉄筋とラーメン鉄筋は図2・29のように，5ϕまたは10ϕ以上の曲げ内半径とする。

④ 溶接位置と曲げ加工：鉄筋の曲げ加工は，溶接箇所から10ϕ以上離れた位置で行う。

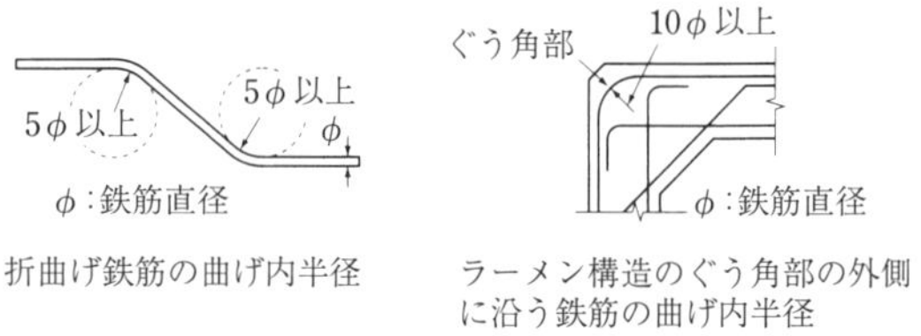

図2・29　曲げ加工

(3)　鉄筋の加工および組立の許容誤差

① スターラップ，帯鉄筋のa，bの許容誤差は±5 mm

② その他鉄筋（ϕ28，D25以下）のa，bの許容誤差は　±15 mm

③ その他鉄筋（ϕ32，D32以下）のa，bの許容誤差は　±20 mm

④ 鉄筋加工後の全長Lの許容誤差は　±20 mm

⑤ 組み立てた鉄筋の中心間隔の許容誤差は　±20 mm

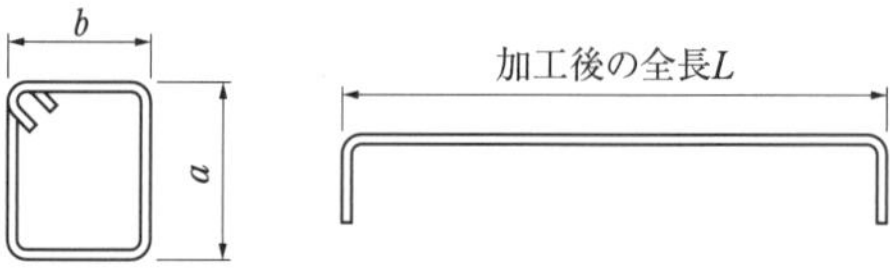

図2・30　鉄筋図

⑥　組み立てた鉄筋の有効高さの許容誤差は，設計寸法の±3%，または±30 mm のうち小さいほうの値とし，最小かぶりを確保する。

2・10・3　鉄筋の継手

鉄筋の継手は，コンクリート同様，荷重に対し弱点となるので，下記のような規定がある。

(1)　鉄筋の重ね継手

鉄筋の重ね継手は，20 ϕ 以上重ねて，0.8 mm 以上の焼なまし鉄線で数箇所緊結する。

(2)　ガス圧接継手

鉄筋のガス圧接は，接合端面を突き合わせて，圧力を加えながら，接合部を1200℃～1300℃ に加熱し，接合面を溶かすことなく赤熱状態でふくらみを作り接合する工法である。

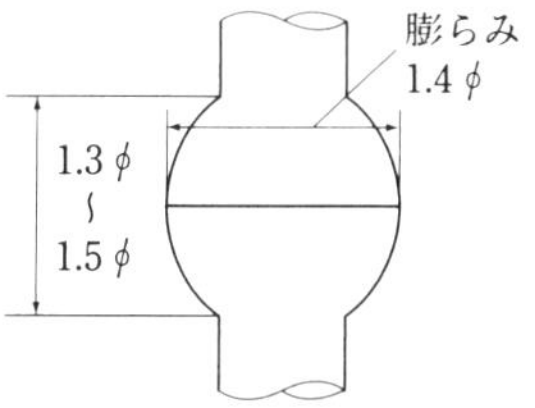

図2・31　鉄筋の圧接部

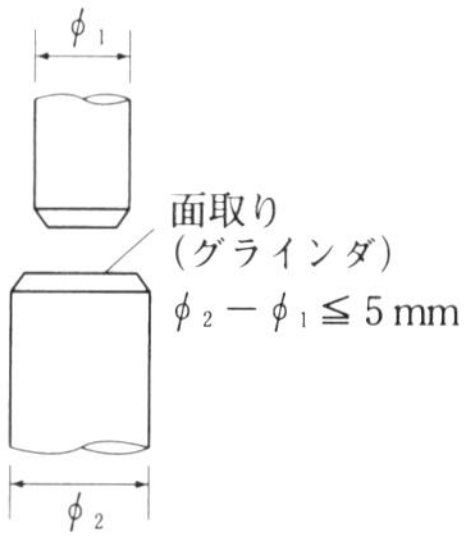

図2・32　鉄筋の圧接断面

①　**ガス圧接**は有資格者による。

②　**圧接**は，鉄筋径の1～1.5倍の縮み代を見込み，膨みは1.4倍以上とする。

③　圧接面はグラインダをかけ面取りする。

④　直径の差が5 mm を超えるものには用いない。

⑤　圧接部における**鉄筋中心軸の偏心量**は，鉄筋径（径が異なる場合は細いほうの鉄筋径）の1/5以下とする。

⑥　圧接面のふくらみの頂部からの**圧接面のずれ**は，鉄筋径（径が異なる場合は細いほうの鉄筋径）の1/4以下とする。

⑦　**鉄筋圧接部の検査**　外観検査は全数検査とし，超音波探傷検査は抜取検査とする。抜取検査のロットは，同一作業班が同一日に施工した圧接箇所とし，その大きさは200箇所程度を標準とする。サンプルの大きさは，検査ロットごとに30箇所とする。

超音波探傷試験では，発信した超音波は，欠陥がないと反射はなく，反射波の大きさが一定以下に小さい場合に合格と判定される。

(3)　ねじ節鉄筋継手

鉄筋の製造段階（熱間圧延）で，鉄筋表面の節がねじ状に形成された異形鉄筋（ネジテッコン）で，内部にねじ加工された鋼管（カプラー）によって接合する工法で，鉄筋とカプラーの隙間にグラウトを注入して固定する。

(4)　機械式継手

機械式継手には，ねじ節鉄筋継手，モルタル充塡継手，端部ねじ加工継手，鋼管圧着継手等がある。

モルタル充塡継手では，鉄筋の挿入長さが十分であることを，マーキング位置で，また，モルタルが排出口から排出していることを確認する。

2・10・4 鉄筋の組立，配置

(1) 鉄筋の組立上の留意点

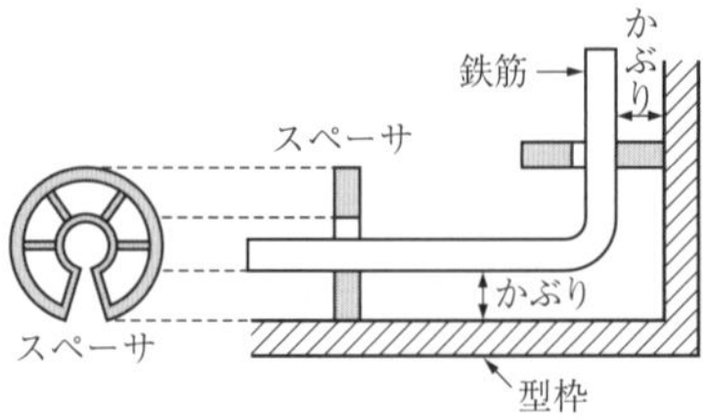

図2・33 スペーサ

コンクリートの打設時，鉄筋が移動しないよう，互いに緊結しておく必要がある。緊結には0.8 mm以上の焼鈍鉄線を用いる。

① 鉄筋の組立では，設計図に示された鉄筋のみでは組立てられないとき，必要に応じ補助鉄筋（組立鉄筋）を用いる。

② 繰返し荷重を受ける部材で，鉄筋の要所となる交点の連結に溶接を用いてはならない。焼鈍鉄線またはクリップを用いる。

③ **型枠に接するスペーサ**は，モルタルまたはコンクリート製とし，かぶりは鉄筋直径以上を確保する。

表2・7 鉄筋のかぶり C_0

	梁	柱
一般環境	3.0	3.5
腐食環境	5.0	6.0
厳しい腐食環境	6.0	7.0

単位：cm

④ プラスチック製スペーサは型枠に接しない場所に用い，**鋼製スペーサ**は，腐食環境の厳しい所や，型枠に接する場所に用いてはならない。

⑤ **スペーサの数**　スペーサは，はり，床版等で1 m^2 当たり4個以上，ウェブ，壁および柱で1 m^2 当たり2～4個程度配置する。

⑥ かぶりは，鉄筋を保護するために設ける。鉄筋のかぶりは，部材の置かれている環境によって，一般環境，腐食環境，厳しい腐食環境の3つに区分して表2・7のように示されている。

鉄筋のかぶりは，鉄筋の直径 ϕ 以上とし，最小かぶりを C_{min} とすると，$C_{min}=\alpha C_0$ で，α は，設計基準強度 f_{ck}' により定める。

$f_{ck}' \leqq 18\ \mathrm{N/mm^2}$ のとき　$\alpha=1.2$

$18 < f_{ck}' \leqq 35\ \mathrm{N/mm^2}$ のとき　$\alpha=1.0$

$f_{ck}' > 35\ \mathrm{N/mm^2}$ のとき　$\alpha=0.8$

(2) 鉄筋の配置

鉄筋は，構造物の中に多数使用されている。配筋にあたっては，互いの強度を補う配置をしなければ，荷重に対して弱点を作ってしまうので，以下のように配筋を行い強度を保つようにする。

① 鉄筋の継手位置の強度は，鉄筋の通常部の80％と弱く，**継手位置**を一列に並べて配筋しない。軸方向にずらす距離は，継手の長さに鉄筋直径の25倍か，断面高さのどちらか大きい方を加えた長さを標準とする。

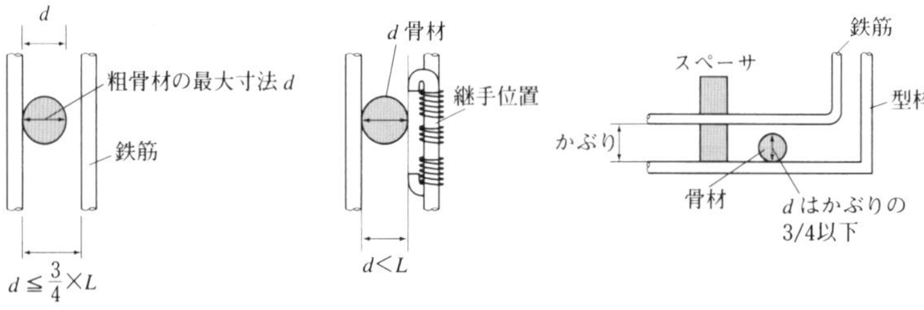

図2・34 最大粗骨材寸法 d とあき

② 鉄筋相互のあきは鉄筋径と粗骨材の最大寸法で図2・34のようになる。

- 粗骨材の最大寸法は，最小部材寸法の1/5以下で，鉄筋相互のあきおよびかぶりの3/4以下。
- 継手位置における，粗骨材の最大寸法は，鉄筋のあき以下。

③ 部材の鉄筋相互のあき

- 梁は2 cm以上，鉄筋径ϕ以上，粗骨材最大寸法dの4/3以上。
- 柱は4 cm以上，鉄筋径1.5ϕ以上。粗骨材最大寸法dの4/3以上。

2・10・5　エポキシ樹脂塗装鉄筋

近年，コンクリート中の鉄筋の腐食による鉄筋コンクリートの早期劣化を防止するため，**エポキシ樹脂塗装鉄筋**の使用が増加しつつある。特に，海洋コンクリート構造物など，外部から侵入してくる塩分から鉄筋を守るのに効果がある。

また，エポキシ樹脂塗装鉄筋は化学的に安定しているので，常温のコンクリート中では，塗膜がほかの物質により消耗あるいは変質しない。さらに，腐食電流や迷送電流も遮断することができる。

エポキシ樹脂塗装鉄筋の使用，施工にあたって留意すべき事項は，下記のとおりである。

① コンクリートとの**許容付着応力度**は，無塗装鉄筋の85%として設計する。

② 現場施工時には，塗膜に損傷がないかを目視により確認し，**1 mm^{2}以上の損傷**がある場合は，適切に補修しなければならない。

③ ガス圧接継手を用いる場合は，溶接時に有害なヒュームを発生する樹脂もあるので，圧接端面の塗膜を除去し作業時の環境を考慮する。

④ **スペーサ**は，エポキシ樹脂塗膜に損傷を与えない材料で防錆加工されたものを用いる。

⑤ 打継目が直射日光に曝される期間が累積して3ケ月以上に及ぶときは，エポキシ樹脂塗装鉄筋を紫外線劣化や飛散砂などによる物理的損傷から保護するため，シートやテープなどを施さなければならない。

⑥ 現場受入れ検査により塗膜に損傷が見つかった場合には，エポキシ樹脂塗装鉄筋に用いられている塗装との相性を考慮した塗装，ホットメルト材料，収縮材料，防食テープなどの補修材を選定しなければならない。

⑦ **コンクリートの締固め**は，1箇所当たりの振動時間は通常より短く，できるだけ内部振動機をエポキシ樹脂塗装鉄筋に接触しないように配慮し，ポリウレタンなどで内部振動機を被覆することも損傷の発生防止に効率的である。

⑧ 気温が5℃を下回る条件で曲げ加工を行わないほうがよく，やむを得ず5℃以下で加工する場合は，80°未満の範囲で鉄筋の温度を上げておく。

⑨ 曲げ加工機と鉄筋が接触する部分は，緩衝材を用いて保護する。

⑩ 組立の際に用いる鉄線は，芯線径が0.9 mm以上のビニル被覆されたものを用いる。

3. 基 礎 工

基礎工では，直接基礎の施工，既製杭の設計・施工，場所打ち杭工法の施工の特徴，ニューマチックケーソン工法の留意点，土留め工法の特徴などについて例年出題されている。

3・1 直接基礎

頻出レベル
低 ■■■■□□ 高

学習のポイント

直接基礎の基礎地盤の種類に応じた基礎底面の処理方法を理解する。

- 直接基礎
  - 直接基礎の安定・設計
  - 直接基礎の施工

3・1・1 直接基礎の設計

(1) 直接基礎の地盤

支持地盤は岩盤が最もよいが，**砂礫層や砂層，砂質土**で標準貫入試験による N 値が 30 以上あれば支持層と見なせる。ただし，支持層の厚さは，少なくとも直接基礎の幅より大きくなければならない。

粘性土層は，圧密沈下を生じ，許容変位量を超えることが多く，不動沈下するので連続基礎には不適切である。こうした**粘性土層**でも，洪積世の地盤で N 値が 20 以上のときは支持地盤として用いるが，沖積世の粘性土層は圧密沈下が大きいため，一般に支持地盤として用いない。

支持力が不足する地盤や，沖積世の地盤上に直接基礎を作るときは，地盤改良したり，不良部分をコンクリート置換する。

(2) 直接基礎の有利な深さ

地下 5 m 以上の深い位置に支持層があるときは，杭基礎を用いる方が経済的である。

また，図 3・1 のように，地盤からの深さを根入れ深さといい，根入れ深さ D_f〔m〕が直接基礎の幅 B〔m〕の 1/2 以下と比較的浅い構造を**直接基礎**という。

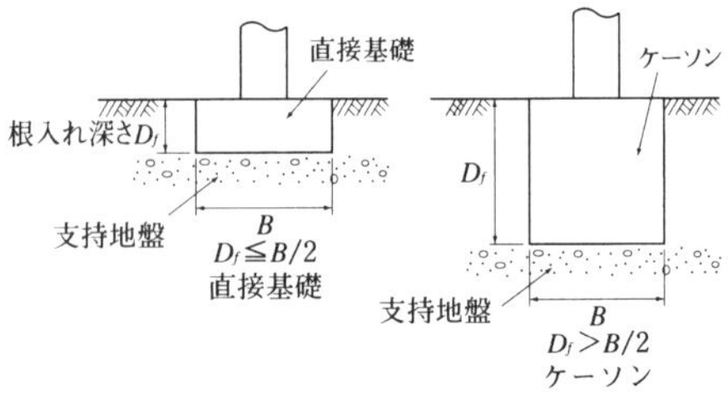

図3・1 直接基礎とケーソン

基礎地盤面の仕上げは人力によって平坦に仕上げ，支持地盤面より下を掘削して乱してはならない。

(3) 直接基礎の設計

直接基礎の底面積は，すべての鉛直荷重を支持できる広さとし，直接基礎側面の摩擦抵抗力を考慮してはならない。直接基礎は，転倒しないこと（回転力），滑動しないこと（地震力，水平力），不同沈下しないこと（地盤支持力），変形が制限以内であること（圧密沈下）の 4 つの安定条件を満たすように設計する。この他，変位を構造物の許容変位量より小さくする。

3・1・2 直接基礎の安定

直接基礎の施工上のポイントは，水平抵抗の確保にある。そのため，まず地盤の支持力を標準貫入試験により，砂地盤でN値≧30，粘性土地盤でN値≧20であることを確認する。

(1) 水平せん断抵抗力

直接基礎に作用する地震力は図3・2に示すように水平せん断力で，基礎が滑動する。この滑動力に抵抗する力は，基礎底面と地盤との摩擦力である。この摩擦力を大きくするため，普通地盤では割栗石をたたき込み，十分な摩擦力が得られるようにする。

直接基礎の底面の摩擦力だけで地震力の水平せん断力に抵抗できないとき，割栗石を貫いて，図3・3のような突起を設けて，水平せん断力に抵抗する力を発揮させる。

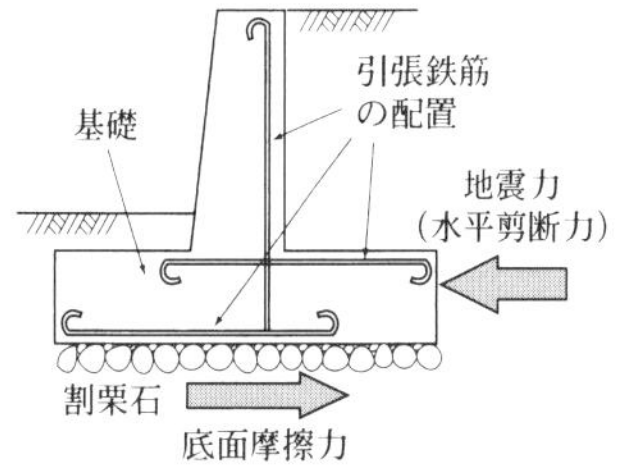

図3・2 水平力の釣合い

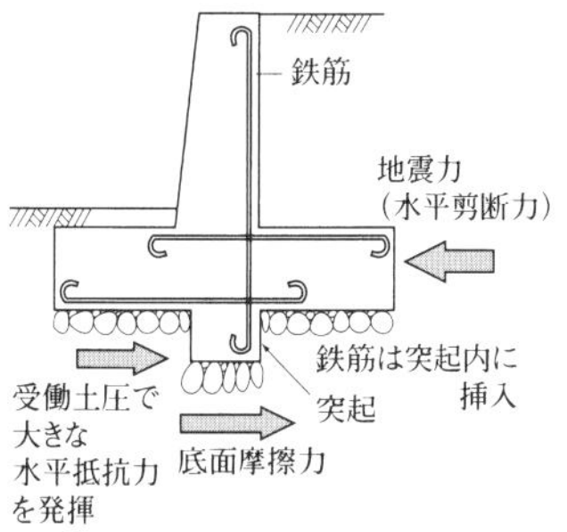

図3・3 突 起

(2) 鉛直抵抗力（沈下に対する安定）

直接基礎に作用する構造物などの鉛直荷重は，直接基礎の底面ですべて支える。このため，直接基礎の底面は，地盤が弱いときは広い面積を持たせる。安全性を確保するために，側面摩擦抵抗力は無視し，鉛直力に抵抗しないものとみなし，鉛直荷重は，すべて直接基礎底面だけで支持するものとし安定性を検討する。

(3) 回転抵抗力（転倒に対する検討）

直接基礎が回転して転倒しないためには，地震のない平常時には，図3・4のように，直接基礎にかかるすべての力の中心（合力の作用点）が基礎中心からB/6以内とし，地震時は，図3・5のように，基礎中心からB/3以内とする。

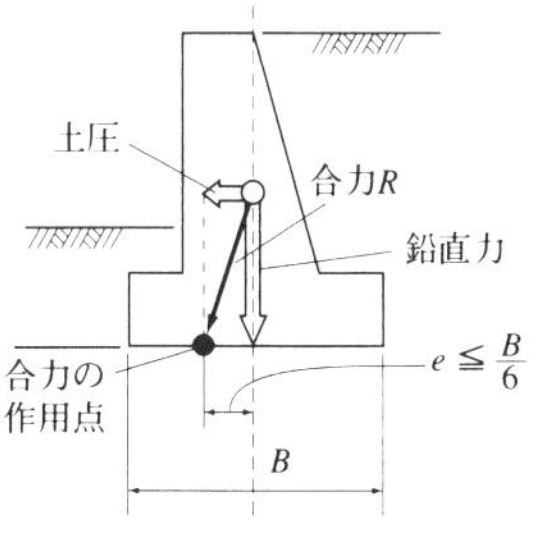

図3・4 平常時の安定

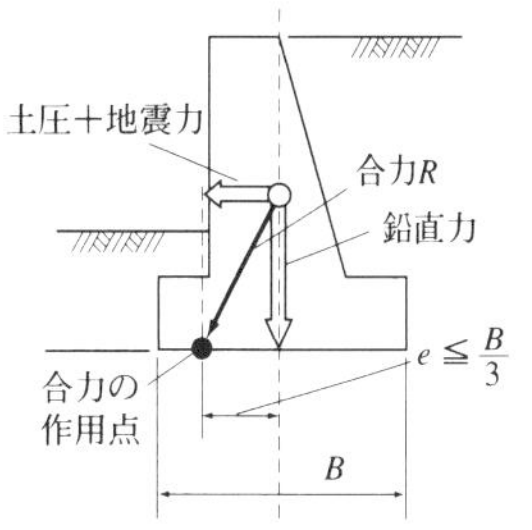

図3・5 地震時の安定

3・1・3 地盤に対応した直接基礎の施工

(1) 水平せん断力の不足する砂地盤上の直接基礎

砂地盤で水平抵抗力が不足するときは，図3・6のように，突起を設けて地震力（水平せん断力）に抵抗させ，滑動を防止する。施工手順は，①地盤掘削→②割栗石層を貫いて突起を地盤面に貫入→③均しコンクリート打設→④突起および直接基礎のコンクリートは連続打設→良質土による埋戻しとなる。

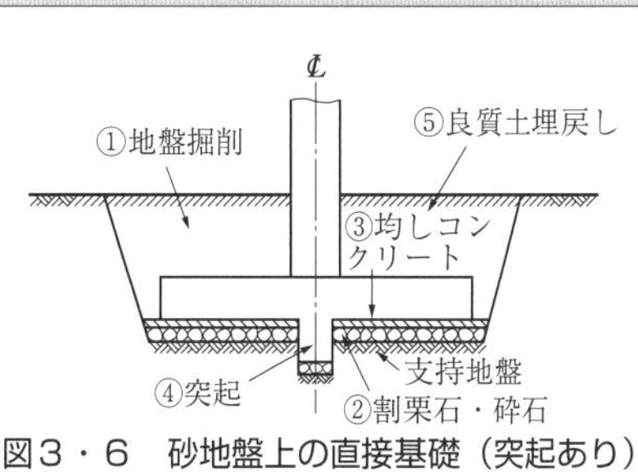

図3・6 砂地盤上の直接基礎（突起あり）

(2) 粘性土地盤上の直接基礎

N 値が 20 未満（$N<20$）の支持力の小さい粘性土地盤では，通常直接基礎を作らないが，やむを得ず直接基礎を設けるときは，基礎底面を広げるよりも，一般の良質地盤の場合と比較して，根入れ深さを大きくする工夫が必要である。

3・2 既 製 杭

頻出レベル
低 ■■■■■■ 高

学習のポイント

既製杭基礎は，工場製品の杭を打設したり埋め込んだりして，基礎を作る工法である。杭の種類，施工法を理解する。

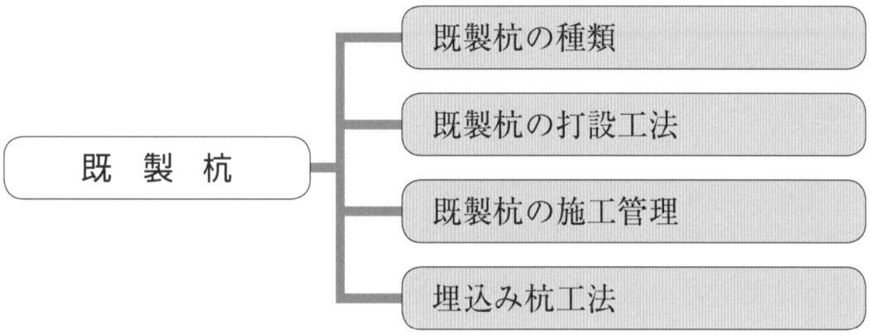

3・2・1 既製杭の種類

(1) 既製杭の分類

① **鋼杭**：H 鋼杭と鋼管杭および鋼管矢板がある。鋼管杭は大型構造物に用い，鋼管矢板は井筒状に打設し，さらに大きな構造物の基礎として用いられる。

② **RC 杭（鉄筋コンクリート杭）**：直径 50 cm 以下の小型構造物の基礎杭に用いられるプレキャスト杭（工場生産）のことをいう。

③ **PC 杭（プレストレストコンクリート杭）**：プレキャスト杭で，直径 1 m 程度あり，中型構造物に用いられる。

④ **合成杭**：RC または PC 杭の周囲を鋼管で補強したプレキャスト杭のことをいう。

(2) 既製杭の支持方法による分類

既製杭には，図 3・7 に示すように，支持層で支持する支持杭と，杭の周辺の摩擦力で支持する摩擦杭がある。

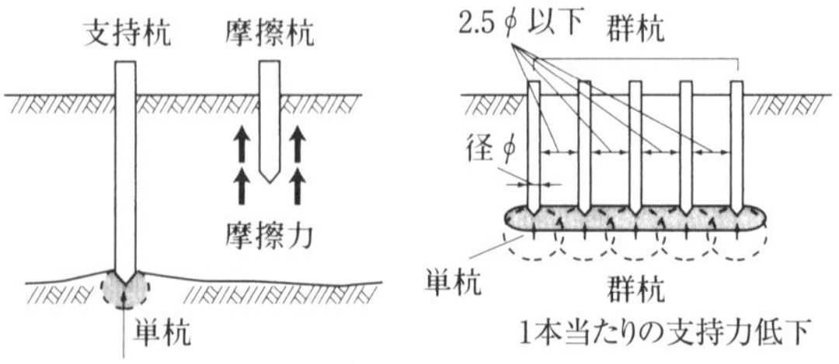

図 3・7 支持方法の種類

① 既製杭を，杭径の 2.5 倍より接近して打込むとき，群杭として評価し，単杭より 1 本当たりの支持力は小さくなる。

② 粘性土の地盤中に打ち込まれた杭は，地盤の圧密沈下に伴って図 3・8 のように，下向きに圧縮する**ネガティブフリクション**（負の摩擦力）を受けるため，杭が異常に大きな圧力を受け

て損傷することがある。

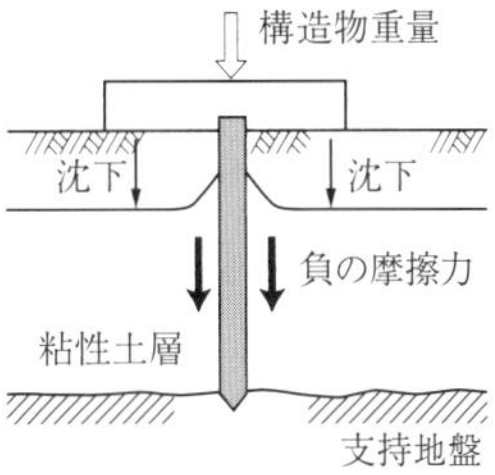

図3・8 ネガティブフリクション

(3) 打撃工法の試験杭と支持層の確認

打撃工法の**試験杭**は支持層の深さを確かめる杭で，設計で定められた杭（本杭）より1〜2 m長い杭を用いて試験打ちを行う。**貫入量**と**リバウンド量**を測定し，支持層に達したかどうかを判定する。道路橋示方書などに示される公式を用いて，杭の支持力 R_a を求め，設計支持力と比較して安全を確認する。試験杭に用いた杭は，本杭として，必要な長さに切断して用いる。なお，PC杭では，切断によって失われたプレストレスは鉄筋を用いて補強する。

(4) 他工法の支持層の確認

① **プレボーリング根固め工法**では，掘削速度を一定に保ち，オーガー駆動用電動機の電流値の変化と地盤調査データと掘削深度の関係を照らし合わせながら支持層を確認する。

② **最終打撃を行わない中掘り根固め工法**では，オーガー掘削時の電流値と土質柱状図との比較，およびオーガーにより排出された土砂の確認により支持層を確認する。

③ **バイブロハンマ工法**では，一般に試験施工時におけるバイブロハンマモータの電流値，貫入速度などから動的支持力算定式を用いて支持力を推定し，打止め位置を決定する。

(5) 鋼管杭の板厚および頭部・端部の補強

鋼管杭の板厚は設計上決まる板厚に，腐食しろや運搬・打設を考慮して決定する。また，打設時の座屈を考慮し，補強添材を取り付けたり，補強バンドを巻いたりする。

① 鋼管杭の内面は，閉鎖環境にあり酸素が供給されないことから，ほとんど腐食しないので，一般的な土壌条件では，**腐食しろ**として外面1 mmを見込む。

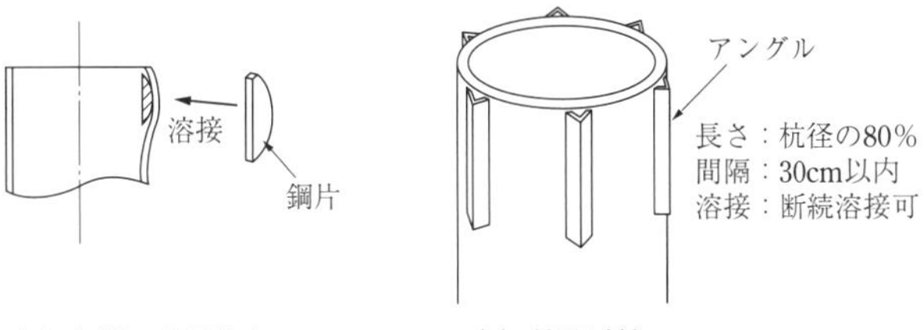

図3・9 頭部の座屈防止補強方法の例

② 打撃を伴わない**中掘り工法**では，鋼管の取扱いや運搬などを考慮して板厚径比（t/D）が1%以上かつ9 mm以上の板厚とする。

③ 打撃力によって杭頭部に座屈が生じる場合は，補強バンドではなく，図3・9に示すようなアングル材を用いた補強を行う。

④ 鋼管杭施工時の打込みに対する補強および打込み性向上のために用いる杭の**先端外面の補強バンド**の板厚は，杭打込み後の周面摩擦力の復元を考慮し6〜9 mmとする。

3・2・2 既製杭の打設工法

(1) ドロップハンマ

ドロップハンマによる杭打機は，図3・10のように，もんけんというハンマ（10〜40 kN）を高さ2 m以下にウインチ（巻上機）で引上げ，自由落下させて打込む方式である。この工法は，もんけん（荷重）を重くして，落下高さを低くして打込み，杭頭部の損傷を少なくする。

(2) ディーゼルパイルハンマ

ディーゼルパイルハンマは，図3・11のように，2サイクル機関でラム（ハンマ）を上下させ，ラムの落下する重力で空気を圧縮して高温とし，ここに燃料を噴射して爆発させる。その反動で杭を打撃する。比較的硬い地盤にも適用できるが，軟弱地盤では反動が少なく，爆発しないので用いられない。杭打ち工法では，最も一般的に用いられ，能率がよいが，騒音が90デシベル（騒音規制値85デシベル）もあり，市街地での使用が規制されている。

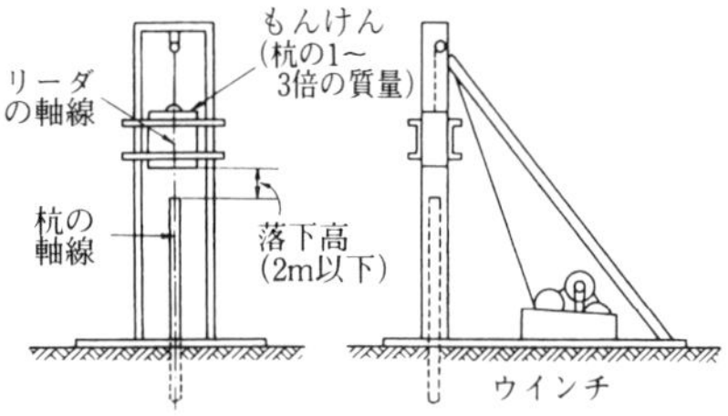

図3・10 ドロップハンマ

打撃力が大きいので，杭頭部が損傷しないように，杭とハンマの軸線を合わせ，杭頭部にクッション材として杉板などのキャップクッションをかぶせる。

N値が30以上の中間層を打抜くときは，1ランク大きな規格のハンマを使用する。

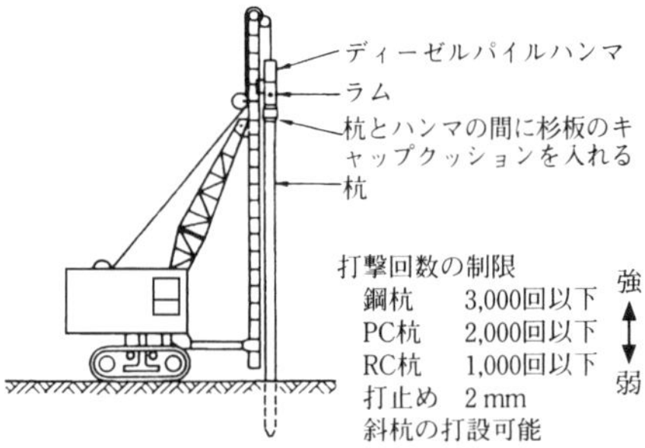

図3・11 ディーゼルパイルハンマ

(3) 油圧ハンマ

ディーゼルハンマは，油滴が飛散し公害のもとになるため，これを防止した油圧ハンマが用いられるようになった。**油圧ハンマ**は，騒音は小さいが，振動が比較的大きいので，低公害杭打機でない。硬質地盤だけでなく，軟弱地盤にも用いられる。

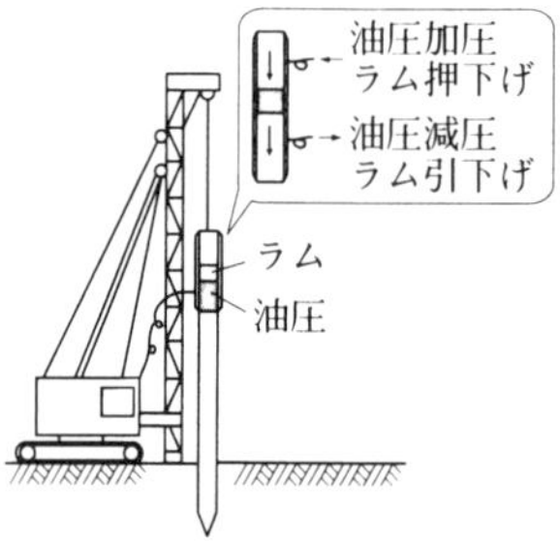

図3・12 油圧ハンマ

(4) バイブロハンマ

バイブロハンマは，図3・13のように，電動機の回転を偏心によって上下の運動に変えて杭に振動を与え，周辺の土との摩擦力を低下させ，杭の自重で挿入するものである。したがって軟弱地盤の施工に適している。

しかし，振動規制値75 dBを超えるため，公害形として市街地の施工は規制されている。

砂質土では，$N>25$，粘性土では$N>10$以上となると，杭の貫入が困難となるので，既製支持杭の施工よりも，主に仮設用土留め壁の鋼矢板の打込み，引抜きに広く使用されている。

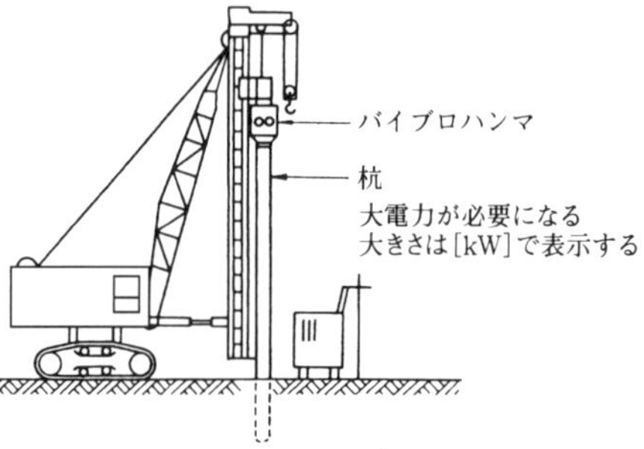

図3・13 バイブロハンマ

(5) 圧入工法

圧入工法はオイルジャッキを使用して圧入するので，騒音・振動が極めて少なく，市街地の施工に適し，主に支持力の小さい粘性土地盤に用いられる。単独での圧入工法はあまり用いられず，プレボーリング工法やジェット工法と併用される。

(6) 全体カバー方式ディーゼルパイルハンマ

全体カバー方式の杭打機は，約 30 dB 低減できるが，市町村長への工事の届出は必要である。

3・2・3 既製杭の施工管理

既製杭の杭打工法の管理は，大きく分けて建込み，現場継手，打止めの3つに分けられる。杭打機に必要な地盤の支持力は 0.1～0.2 N/mm^2 で，必要により鋼板などを敷設する。

(1) 既製杭の建込み

既製杭の建込み間隔は杭の直径の 2.5 倍以上とし，セオドライト（トランシット）2 台で，直角方向から杭の鉛直性を確認し軸線を合わせる。

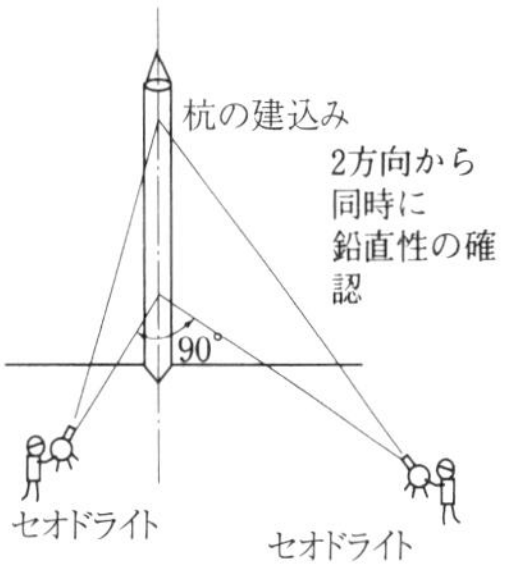

図3・14 杭の建込み

(2) 既製杭の打込み順序

既製杭の杭群の打込み順序は，既設構造物のあるときは，構造物に近い方から遠ざかる方向に打設し，ないときは，杭の配置の中央部から端部に向けて打設する。

(3) 既製杭の現場継手

① 既製杭の溶接は，全周グルーブ溶接（突合せ継手）とし，現場アーク溶接を行う。

② 溶接時の気温は，気温が 5℃ 以下では**溶接作業を中止**とするが，気温が－10℃～＋5℃ の場合で，溶接部から 10 cm 以内をすべて 36℃ 以上に予熱されていれば作業を行うことができる。

③ 溶接時の風は，溶接部が風の影響を受けないよう遮断されている場合を除き，風速 10 m/s 以上では**溶接作業を行わない**。

④ 現場溶接は，溶接施工管理技術者を常置して管理する。

⑤ **溶接工**は，6 ケ月以上の経験のある有資格者から選任し，作業は，鋼，コンクリート杭とも JIS 溶接基準に従って行う。また，必要により防風，余熱などの対策を取る。

⑥ **溶接割れ**は，継手部に水分，不純物がある時発生するので，溶接前に開先部の清掃を十分に行い，水分，泥土，さび，油脂などを完全に除去する。

⑦ **ブローホール**は，溶接ワイヤが吸湿しているときなどに発生するので，**溶接ワイヤ**の保全を完全に行い，使用の際は再乾燥する。

⑧ **アンダーカット**は，溶接電流が高すぎると発生するので，最終層の電流は，350～400 A の範囲とする。

⑨ **スラグの巻込み**は，トーチを前進法で溶接したときなどに発生するので，トーチを後退法で溶接する。

⑩ **溶接部の内部きずの検査**は，放射線透過試験・超音波探傷試験で行い，構造物の重要度，杭サイズ（大径 1,200 mm 以上，大肉厚 17 mm 以上）等の溶接条件が厳しい場合に採用する。採用の場合は，打撃杭では放射線透過試験，中掘り杭工法等では超音波探傷試験を，溶接箇所 20 箇所に 1 箇所，4 方向から 30 cm/箇所，実施する。

⑪ **現場溶接部の外観検査**は，全周にわたって実施し，目視検査の他に，浸透探傷試験（カラーチェック）で検査する。

(4) 打止め管理

打止めは，杭の根入長，支持層の状態などを総合的に判断して定めるが，1回の打撃量から**リバウンド量**を差し引いた貫入量が2〜10 mm を目安とし，2 mm 以下では打ち続けない。

3・2・4 埋込み杭工法

掘削して既製杭を埋込む工法は，主に公害を低減するために施工されるものである。代表的な工法には，**プレボーリング工法**，**中掘り工法**，**ジェット工法**などがある。掘削埋込み杭は，打込み杭に比較して支持力は小さく，支持地盤との密着性が小さいので，一般に，最終的には打撃，根固めコンクリート，根固めモルタル・セメントミルクなどの施工が必要である。

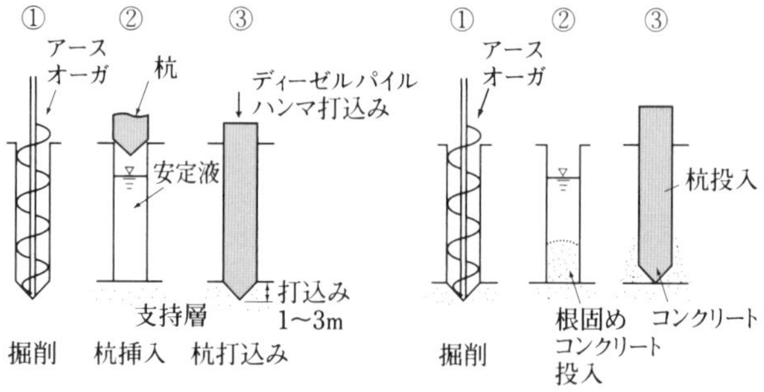

図3・15 プレボーリング工法

(1) プレボーリング工法

図3・15のプレボーリングする穴の大きさは，挿入する杭径より少し大きめとし，孔壁保護のためベントナイト溶液を用いて安定させる。杭の沈設は，孔壁を削ることのないよう確実に行い，注入した杭周固定液が杭頭部からあふれるように施工しなければならない。この工法は，最後にディーゼルパイルハンマで1〜3 m を支持地盤中に打込んで安定させるときは，騒音規制法の適用から除外されているが，振動規制法は適用されるので，市町村長への届出が必要である。掘削後，コンクリートを投入して根固める工法は届出不要である。

(2) 中掘り工法

図3・16のように，中掘り工法は大口径の既製杭の内部をアースオーガ，バケットなどを用いて掘削し，既製杭を自重で沈設して支持層に達するようにする。中掘り工法の下端は，コンクリートで根固めするか，ディーゼルパイルハンマで1〜3 m 打込むか，杭の先端からセメントミルクを噴出して，根固めする。

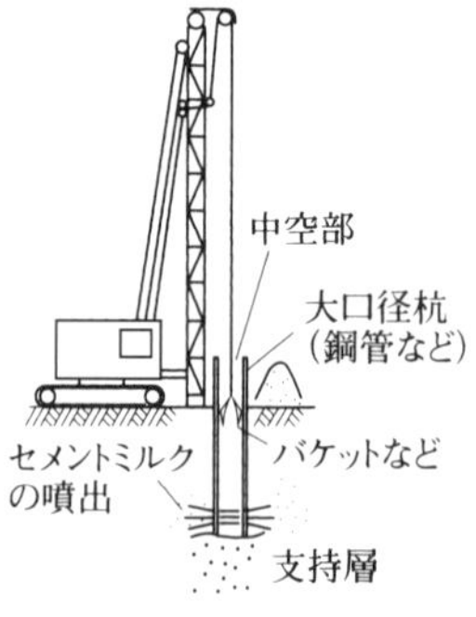

図3・16 中掘り工法

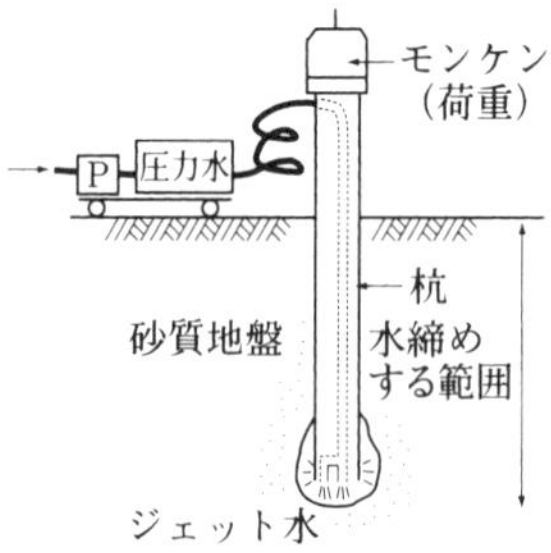

図3・17 ジェット工法

(3) ジェット工法

図3・17のジェット工法は，既製杭先端から噴出するジェット水で，砂地盤を掘削挿入し，杭頭部にもんけんを載せて貫入力を増加させる。水締めして地盤を締固め，必要により打込みやモルタルで根固めする。

3・3 場所打ち杭

頻出レベル
低 ■■■■■■ 高

学習のポイント

場所打ち杭基礎は，現地で杭穴を掘削し，鉄筋かごを建込み，コンクリートを打設して作った杭である。工法名，孔壁の保護方法，掘削方法の組合せを理解する。

- 場所打ち杭
  - 場所打ち杭の種類
  - 場所打ち杭の施工管理

3・3・1 場所打ち杭の種類

場所打ち杭とは，現場打ち鉄筋コンクリート杭のことである。既製杭と比較したとき，場所打ち杭は，掘削孔底部のスライムを完全に除去できないため，構造物が沈下する恐れがある。既製杭の場合は，打止め管理で確実に支持力が確保でき，杭自体の製品欠点はないと考えられ，信頼性・経済性・管理面などが優れているが，騒音・振動が大きく，市街地の施工に適さない。

これから，**場所打ち杭を施工するときの課題**は，①スライム（孔底泥）の完全な除去，②水中コンクリートの品質管理，③鉄筋かごとコンクリートの施工管理などである。

(1) リバース工法

リバース工法は，泥水(自然泥水）で孔壁を保護し，回転ビットで掘削する。

① リバース工法の長所：
- 低騒音・低振動である。
- 大径（3 m）で深い（70 m）場所打ち杭が可能である。
- 硬質地盤を連続掘削して掘り抜ける。
- 水上施工ができる。
- 他の工法に比較し，機械の頭高が低いので，高さの制限のある場所に適する。

表3・1 場所打ち杭工法

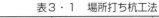

工 法	掘削方法	孔壁の保護工法
深礎工法	人力，ショベルなど	特殊山留鋼板
オールケーシング工法	ハンマグラブ	ケーシングチューブ
アースドリル工法	回転バケット	人工泥水安定液
リバース工法	回転ビット	自然泥水の圧力

② リバース工法の短所：
- 杭断面が大きくなりやすく，使用コンクリートが増す。
- 被圧地下水があると施工が困難となる。

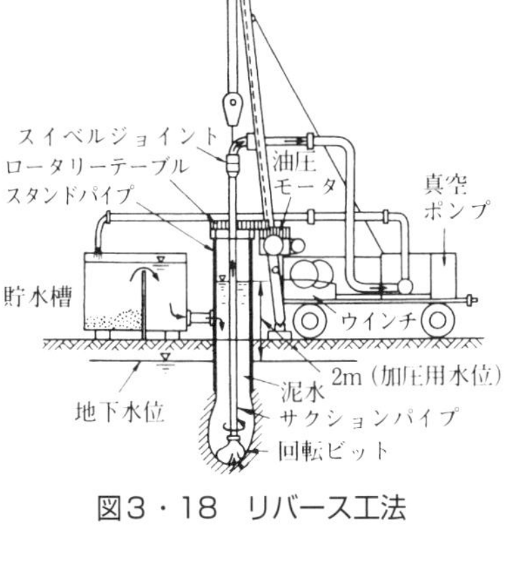

図3・18 リバース工法

(2) アースドリル工法

アースドリル工法は，ベントナイト溶液で孔壁を保護し，回転バケットで掘削する。

① アースドリル工法の長所：
- 振動・騒音が小さい。
- 小さい機械で比較的大径（2 m）の杭をつくれる。
- ベントナイト安定液（粒度の小さい粘性土水溶液で，人工泥水ともいう）と地下水と圧力差があり，孔壁は安定しやすい。

② アースドリル工法の短所：
- ベントナイト溶液の密度が大きく，回転バケットの昇降に時間を要するので，深い場所打ち杭には不経済である。
- 孔壁にマッドフィルムをつくるための安定液の比重管理が必要である。
- バケット底部の土砂取入口より大きい 12 cm 以上の礫があると，掘削が困難である。
- 安定液は，比重（密度），粘性，pH，マッドフィルムのろ過水量などを管理し，廃液とするか，再処理して使用するかを定める。

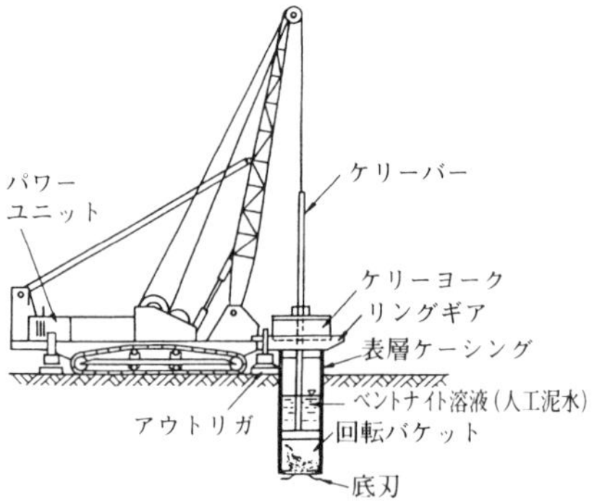

図3・19　アースドリル工法

(3) オールケーシング工法

オールケーシング工法は，ケーシングチューブで孔壁を保護し，ハンマグラブで掘削する。ハンマグラブのシェルは，土質によりその形状を選定する。

① オールケーシング工法の長所：
- 孔壁の崩壊が生じにくい。
- 周辺地盤への影響が小さい。
- 掘削残土（スライム）が比較的少ないので，一次処理のみでよい場合が多い。
- コンクリートの品質が確保しやすい。

② オールケーシング工法の短所：
- 5〜7 m 以上の細砂層では，ケーシングチューブが引抜き困難になることがある。
- 鉄筋のスペーサが十分配置されないと，ケーシングチューブ引抜き時，鉄筋かごが共上りする。
- 過掘りすると，ボイリング・ヒービングが発生しやすいので，過掘りは避ける。
- 掘削機の自重が大きく，作業時にも力が作用するので，掘削機の地盤の補強を必要とする。

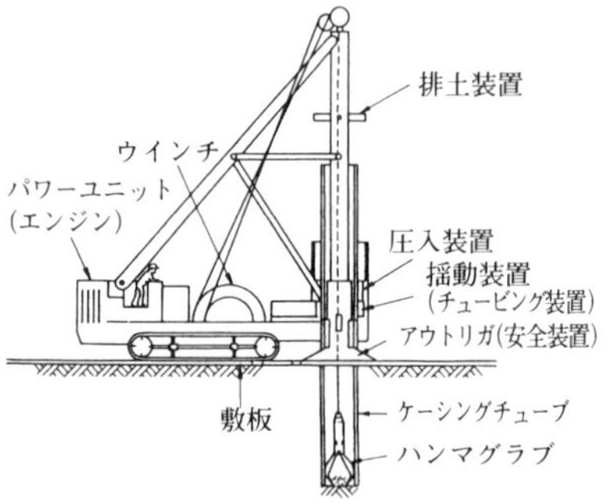

図3・20　オールケーシング工法

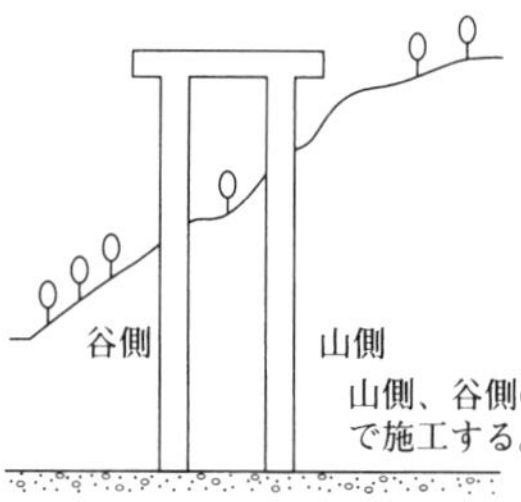

図3・21　傾斜地の深礎工法

(4) 深礎工法

深礎工法の要点は，下記のとおりである。

① 孔壁の保護は，山留め鋼板（ライナープレート）を用いる。

② 土砂の搬出用のウインチ，やぐらを用いて**人力掘削**する。

③ 地下排水は，湧水が少ないときは釜場排水とし，ポンプで揚水する。

④ 孔内に送風して換気する。

⑤ 傾斜地で複数の場所打ち杭をつくるときは，図3・21のように山側を先行させ，その後，谷側を施工する。

⑥ 人力掘削のため，湧水の多い地盤に適さない。ヒービング・ボイリングに注意し，有毒ガス，酸欠などに対して常時点検が必要である。

⑦ 地盤の支持力が平板載荷試験により直接確認ができ，しかも転石（地中の大石）を発破処理できる。

⑧ 特殊山留め鋼板（ライナープレート）は，コンクリート打設時は埋殺しする。

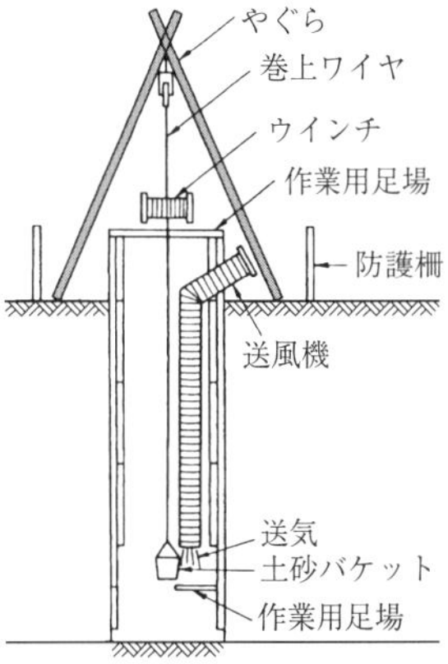

図3・22 深礎工法

3・3・2 場所打ち杭の施工管理

場所打ち杭の施工では，安定液の比重，粘土，pH，砂分率などについて，試験により品質を確認する。規定の品質以下となった**廃液**は，産業廃液物として廃棄処分する。また，一定の品質を保っているときは，pH調整などにより再生処理し再利用する。

施工管理は，鉄筋かごの構造として，かぶり，配筋，接合などについて行い，コンクリートの施工にあたり，**トレミー管**での打込み上の留意点などの知識が必要である。

(1) 場所打ち杭のかぶり

場所打ち杭の**かぶり**は施工法によって異なり，オールケーシング工法，リバース工法，アースドリル工法では15 cm，深礎工法で特殊山留鋼板を埋殺しの場合は10 cm，撤去の場合は25 cmである。

(2) 鉄筋かご

場所打ち杭の鉄筋かごは，異形棒鋼でつくられ，主鉄筋と，それを取り囲む帯鉄筋で構成される。

① **軸方向鉄筋の継手**は，道路橋示方書では，原則として**重ね継手**とすると規定され（土木施工管理技士の出題もこのとおり）ていますが，東日本・中日本・西日本の高速道路3社は，地震時にかぶりコンクリートが剥離しても，応力伝達が損なわれないよう，重ね継手は用いず，**圧接**あるいは**機械継手を標準**とすると規定しておりますので，もっぱら高速道路会社の仕事をされている方は，注意が必要です。

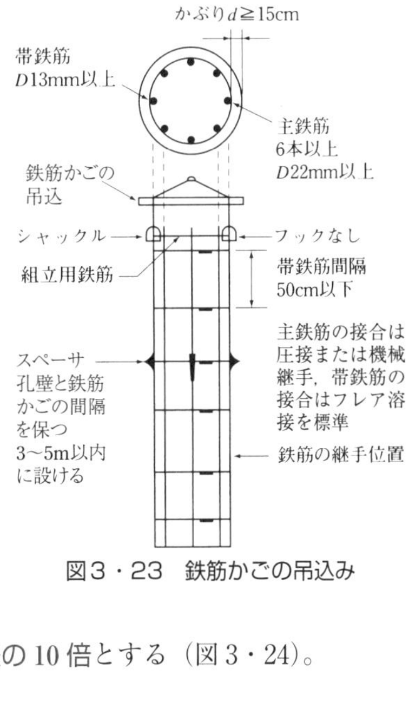

図3・23 鉄筋かごの吊込み

② **帯鉄筋の継手**は，フレア溶接とし，継手長さは，鉄筋径の10倍とする（図3・24）。

③　鉄筋かごの加工及び組立には，下記の点を配慮する。

・鉄筋かごの組立は，鉄筋かごの径が大きくなるほど変形しやすくなるので，組立用補強材は剛性の大きなものを使用する。組立用補強材は，焼なまし鉄線または金具を用いて軸方向鉄筋や帯筋に堅固に取り付ける。

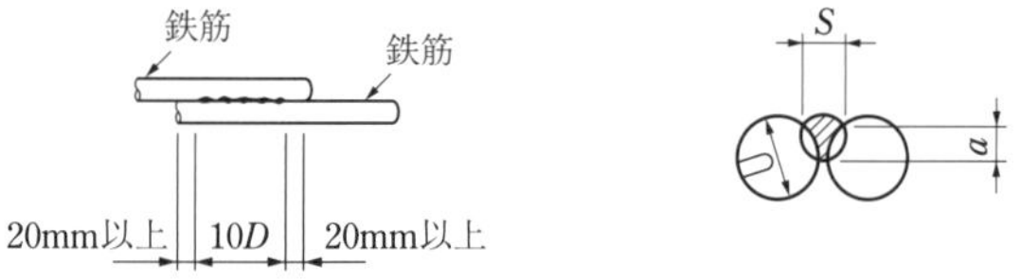

S：溶接ビードの幅：S＝0.5D
a. のど厚：
　a＝0.39D－3（10mm＜D≦22mmの場合）
D：鉄筋径（呼び径）

D	S	a
16	8.0	3.2
19	9.5	4.4
22	11.0	5.6

単位（mm）

図3・24　フレア溶接構造図

• 鉄筋かごを水平に吊り上げて移動する際は，ねじれ，たわみなどが起きやすいので，これを防ぐために吊治具を用い2～4点吊りとする。
• 鉄筋かごの主鉄筋の長さは，支持層深さの変動や掘削誤差を考慮し，原則としてラップ部分に余裕長を確保する。

(3)　スライム処理

掘削を行うと穴の底に残土が生じる。この残土と地下水が混じると，泥水状の軟らかい土となる。この土を**掘削残土（スライム）**という。

スライム上に場所打ち杭を施工した場合，地盤上にある構造物の荷重が杭にかかったとき，杭の沈下を引き起こす危険性がある。そこでスライム処理を行い，掘削残土をできる限り除去する。

スライム処理には，**一次スライム処理**と**二次スライム処理**がある。図3・25に示すとおり，一次スライム処理として，掘削完了後，鉄筋かごを吊込む前に，底ざらいバケット，スライムバケットや水中ポンプでスライムを除去する。また，鉄筋かごの吊込み後の二次スライム処理は，エアリフトポンプやサクションポンプによって吸い上げる。二次スライム処理は必ず実施する。

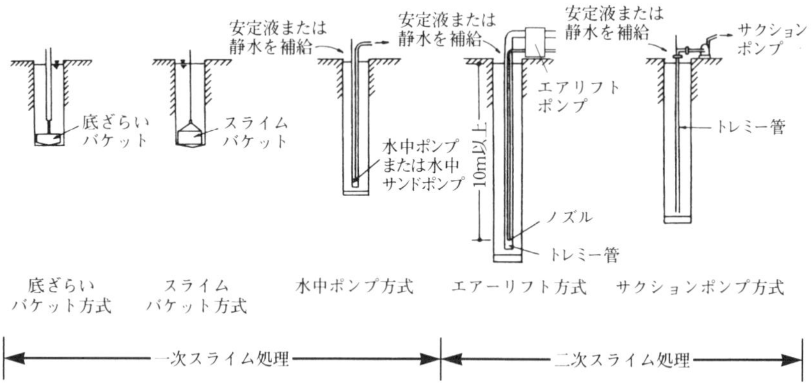

図3・25　スライム処理法

(4)　コンクリートの打込み管理

コンクリートは，スランプ値15～21 cm，セメント量350 kg/m^{3}以上，水セメント比55％以下の水中コンクリートを用い，粗骨材の最大寸法は鉄筋あきの1/2以下とする。

①　打込み前に，トレミー管にプランジャの吊込みワイヤを設置し，プランジャの上にコンクリートを乗せ，プランジャとコンクリートをトレミー管の中を降下させる。20～30 cmを一気に引上げ，プランジャを支持地盤に落下させ，コンクリートの打込みを始める。

②　鉄筋かごの共上り防止のため，鉄筋かごにスペーサを正しく取り付ける。

③ 連続打設し，トレミー管，オールケーシングチューブは，打設面より 2 m 以上もぐらせる。

④ 打上げは，予定寸法より，0.5〜1 m 高く行い，スライムで劣化している 0.5〜1 m の余盛り部分は切除する。

⑤ 場所打ち杭に用いた泥水は，そのまま下流に放流してはいけない。

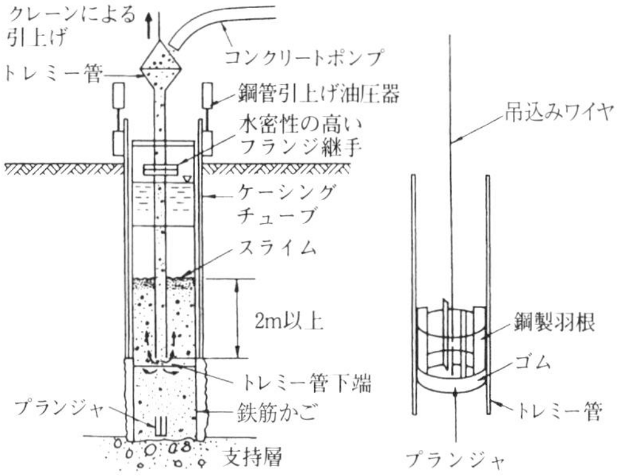

図3・26 コンクリートの打込み

(5) 支持層の確認

① アースドリル工法では，バケットにより掘削した試料の土質と深度を設計図書及び土質調査試料と対比するとともに，掘削速度，掘削抵抗の状況も参考にする。

② オールケーシング工法では，ハンマグラブで掘削した土質と，設計図書及び土質調査資料と対比して支持層の確認を行う。

③ 深礎工法では，目視で支持層の確認を行い，必要に応じて平板載荷試験を実施する。

④ リバース工法では，回転ビットで掘削した土質と，設計図書及び土質調査資料と対比して支持層の確認を行う。

(6) 掘削土の処理

① 建設汚泥を自工区で用いる場合でも，特定有害物質の含有量の確認を行う。

② 流動性を呈し**コーン指数**が概ね 200 kN/m^2 以下で，**一軸圧縮強度**が概ね 50 kN/m^2 **以下**の建設汚泥は産業廃棄物として取り扱う。

③ 建設汚泥は，粘土やシルト分が多く含まれるが，粗粒分を混合して内部摩擦角を増加させて，さらに生活環境の保全上支障のないものは盛土に使用することができる。

④ 含水比が高く，粒子の直径が 74 ミクロンを超える粒子が概ね 95% 以上含まれている掘削物は，ずり分離などを行って水分を除去し，さらに生活環境の保全上支障のないものは盛土に使用することができる。

3・4　ケーソン

頻出レベル
低 ■□□□□□ 高

学習のポイント

オープンケーソンとニューマチックケーソンの違いを理解する。

ケーソン
- オープンケーソン
- ニューマチックケーソン

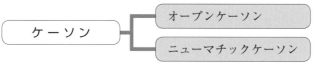

ケーソンの函体内を掘削する方法には，函体開口部からハンマグラブやバケットで開削する**オープンケーソン**と，函体最下部を密閉して圧縮空気をコンプレッサで送り，地下水を排除し，人力で掘削する**ニューマチックケーソン**とがある。

3・4・1　オープンケーソン

① オープンケーソンの刃口は，図3・27のように，先端部にフリクションカットを設けて沈設を容易にし，根入れ深さが10mに達するまでに傾斜を早期に修正し，函体の鉛直性を保つ。

② 掘削完了後は，底版コンクリートの施工後に，ケーソン底版上に湛水(水がたまること)したものは排除してはならない。

③ ケーソン内の水を排水して沈設すると，**ボイリング**や**ヒービング**を生じる恐れがあるので，ケーソン内の水位は地下水位となるよう注水する。

④ **掘削のさい，余掘は**できるだけ**避けて**，中央から端部へすりばち状に施工する。

⑤ 底版コンクリートは，水中コンクリートとする。

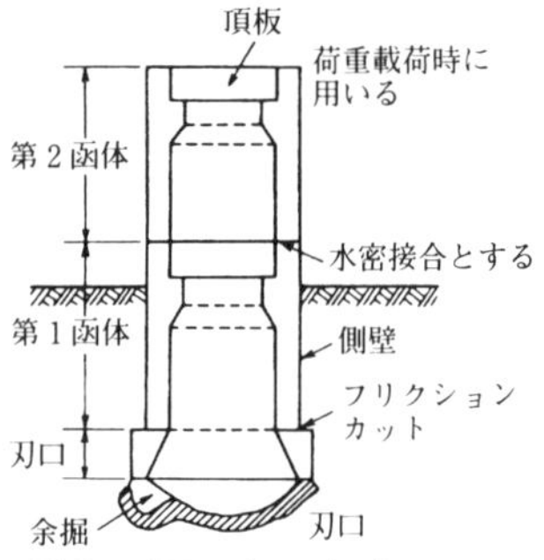

図3・27　オープンケーソン

⑥ フリクションカットにより生じた地盤との隙間は，セメントペーストなどを圧入して地盤とケーソンを一体化させる。

3・4・2　ニューマチックケーソン

(1)　ニューマチックケーソンの構造

① $0.1\ N/mm^2$ 以上の工事では**マテリアルロック**の他に**ホスピタルロック**（再圧室）を設ける。

② 作業室の広さは，作業者1人当たり $4\ m^3$ 以上の気積とし，電源は2系統以上とする。

③ 作業室の高さは1.8m以上とし，刃口と天井スラブは連続打設して施工する。

④ フリクションカットを刃口部に設ける。

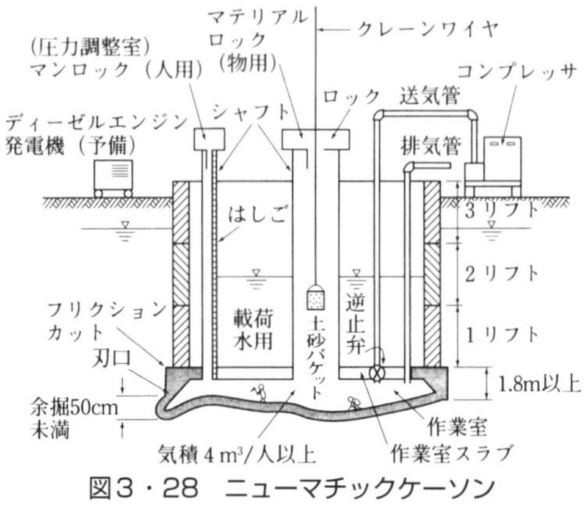

図3・28　ニューマチックケーソン

⑤ 送気管は逆止弁を設け，送気の逆流を防止する。

⑥ 作業室へのコンクリート打設中は作業室の圧力を調整するため，53 mm 以下の排気管を作業室天井に設ける。

⑦ **送気管や排気管**は，マテリアルロックのシャフトを通さないで，別経路を設ける。

⑧ 平板載荷試験を実施し，支持地盤の確認を行う。その後，コンクリートで中埋めする。

(2) ニューマチックケーソンの安全の留意点

① 高圧室内作業主任者（免許）を選任する。

② 加圧・減圧は，毎分 0.08 N/mm^2 以下とする。念のため作業者は，体を温めて作業する。また，6 ケ月に 1 回健康診断を行う。

③ 沈設は，原則としてケーソン自重，載荷荷重，摩擦軽減により行う。

④ 発破をかけたり，減圧して沈設するときは，全作業員の退避を確認した後に行う。

⑤ 函内へは 2 人以上で立入り，マッチやライターは持込まない。

⑥ 一般の地盤では，中央から端部へすりばち状に掘削し，周囲 50 cm 程度を除いて均等の深さにする。砂地盤の場合は，刃口下を掘削沈下させた後，中央部を掘削する。

⑦ 作業室の圧気圧は，可能な限り低くして作業を行う。

(3) ニューマチックケーソンの製作上の留意点

① 作業室は，木，鋼または土砂でセントル（型枠）を組み，この上に構築する。

② 作業室のセントルの解体は，コンクリート打設後 3 日を経過し，強度が 14 N/mm^2 以上になったときに行い，作業室より上部の函体部分の型枠の解体は，打設後 3 日以上経過した後で，強度が 10 N/mm^2 以上になったときに行う。

③ 中埋めコンクリートは，水の流入を防止するため 24 時間圧気養生して，コンクリートの強度を高めた後に断気（圧気を終了すること）する。

④ フリクションカットにより生じた地盤との隙間は，セメントペーストなどを圧入する。

3・5 土留め工，仮締切り工

頻出レベル
低■■■■■□高

学習のポイント

土留め工，仮締切り工の構造，主な工法の特徴，仮設構造物の規定を理解する。

土留め工，仮締切り工
- 土留め工，仮締切り工の構造
- 土留め工法の分類
- 仮設構造物の規定

3・5・1 土留め工，仮締切り工の構造

土留めは陸上に施工し，主に土圧を支える。仮締切りは河川，海などの水圧を支える。**土留め工**

は，深さ1.5 m 以上で切土面が安定しない場合に用いられる。

(1) 土留めの構造

土留め支保工には，土圧・水圧・活荷重・死荷重・衝撃荷重・温度変化による荷重が作用し，覆工板を用いて覆うとき，杭には覆工板からの鉛直荷重が作用する。部材に働く応力度を許容応力度以下となるよう設計する。一般に，仮設構造は50% の許容応力度の割増が許されているが，鋼材の降伏点応力度を超えてはならない。

水平切梁工法の構造は，図3・29のように，**土留め壁・腹起し・切梁・火打梁**などの部材で構成し，土圧などを支える。

(2) 仮締切りの構造

仮締切りの構造は，水圧に応じて定められ，一重締切りは簡易な場合に多く用いられ，二重締切りは，水深の大きい一般的な場合に用いられる。このほか，ケーソン式・堤式・コルゲートセル方式などが用いられている。

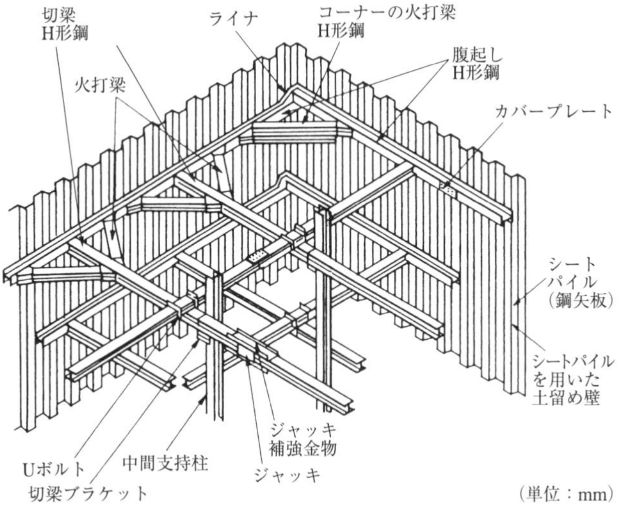

図3・29 水平切梁工法（鋼矢板工法）

3・5・2 土留め工法の分類

土留め工法は大きく，支保工のない工法と支保工のある工法に分類される。支保工のある工法は，土留め壁の違い，支保工の違いにより更に分類することができる。

① 支保工のない工法：自立土留め工法

② 土留め壁による分類：親杭横矢板工法，鋼矢板工法，地中連続壁工法

③ 支保工による分類：水平切梁工法，トレンチカット工法，アイランド工法，逆打ち工法，アンカー工法

(1) 親杭横矢板工法

親杭横矢板工法は，湧水のない5 m 未満の硬質地盤に用いる。施工場所の途中に埋設物がある場合に適用される。

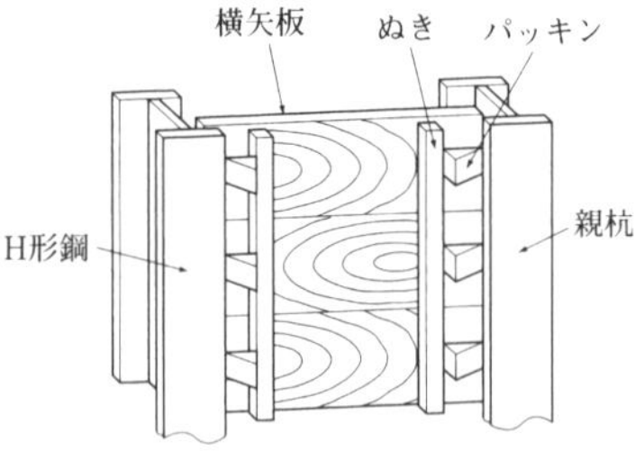

図3・30 親杭横矢板工法

(2) 鋼矢板工法

1) 鋼矢板と腹起し

図3・31に示すように，鋼矢板と腹起しを密着させるため，腹起しの背面と鋼矢板の間にコンクリートを施工する。

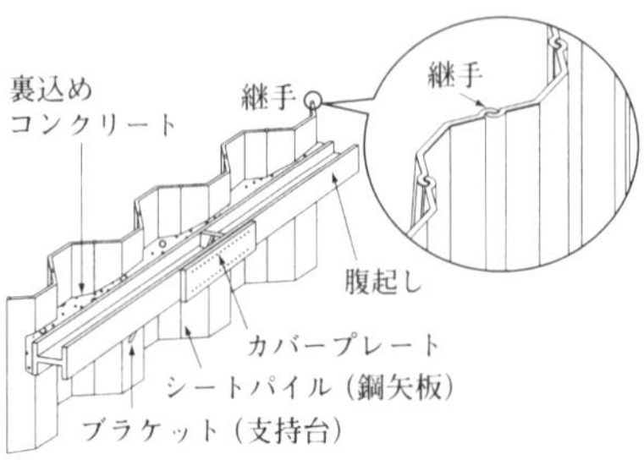

図3・31 鋼矢板工法

2) ヒービングとボイリングの現象

ヒービングは，図3・32のように，高含水比の粘性土地

盤で，鋼矢板の根入れ深さが浅いとき，鋼矢板背面の土砂の圧力により掘削底面が膨れ上がる現象で，背面地盤が沈下する。

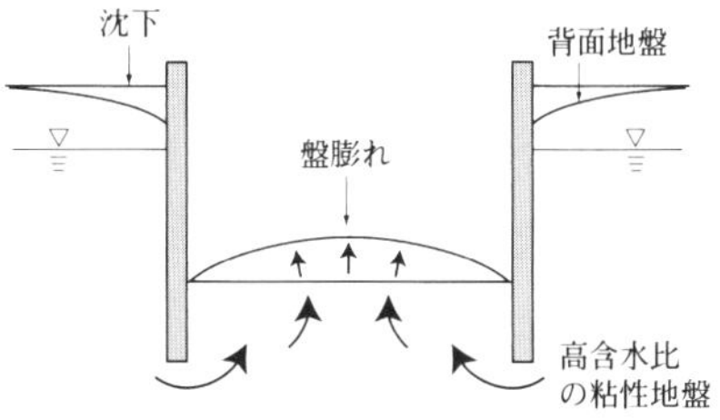

図3・32 ヒービング

ボイリングは，図3・33のように，緩い砂地盤で，地下水位が高いときや，根入れ深さが浅いとき，鋼矢板背面の土砂の圧力により，水と砂が同時に涌き出す現象で，鋼矢板背面の地盤は沈下する。

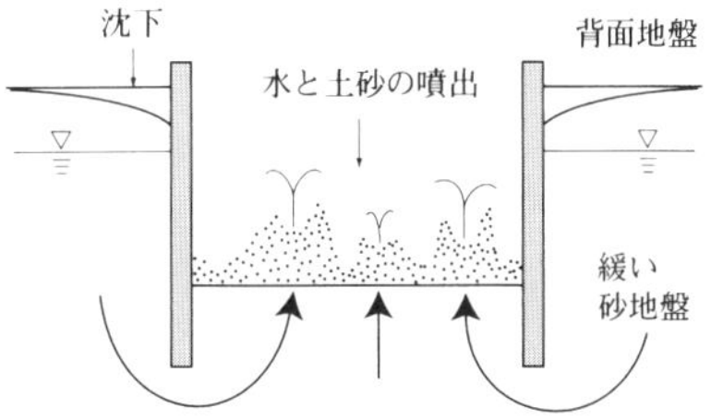

図3・33 ボイリング

土留め支保工の計測管理の結果，土留めの安全に支障が生じることが予測される場合には，次のような対策をとる。

① 土留め壁の応力度が許容値を超えると予測されるときは，切ばり，腹起しの段数を増やす。

② 盤ぶくれに対する安全性が不足すると予測されるときは，1）鋼矢板の根入れを深くする。2）背面の荷重を減らす。3）掘削底面下の地盤改良により不透水層の層厚を増加させる。

③ ボイリングに対する安定性が不足すると予測されるときは，1）鋼矢板の根入れを深くする。2）背面側の地下水位を低下させる。

3・5・3 重要な仮設構造物の規定

重要な仮設構造物としての土留め支保工の構造は，次の制限を受ける。

① **腹起し，切梁の継手**は，溶接またはあて板（添接板）を用いてボルト接合し，突合せ継手とする。

② コーナーにおける火打梁だけは，突合せができないので重ね継手とする。

③ **腹起しの第一段**は，地盤面より1m以内に設け，**第二段**は，第一段から3m以内に設ける。

また，**腹起しの部材の継手間隔**の長さは6m以上とする。**腹起しの継手位置**は，切ばりや火打ちの支点から近い箇所とする。

④ **切梁**は，鉛直方向3m以下，水平方向5m以下に設け，座屈防止のため，火打梁，中間杭を設置する。

⑤ アンカーの構造は，土留め壁を背面の地盤に定着させる目的のため，図3・35のようになっている。

アンカー工法は，切梁を用いないため作業空間が広く，力学的にも独立して安定計算が行えるので，左右両方の壁のバランスを考慮しなくてもよい長所がある。アンカーの定着部に，セメントミルクやモルタル等の固結材を注入して固定する。

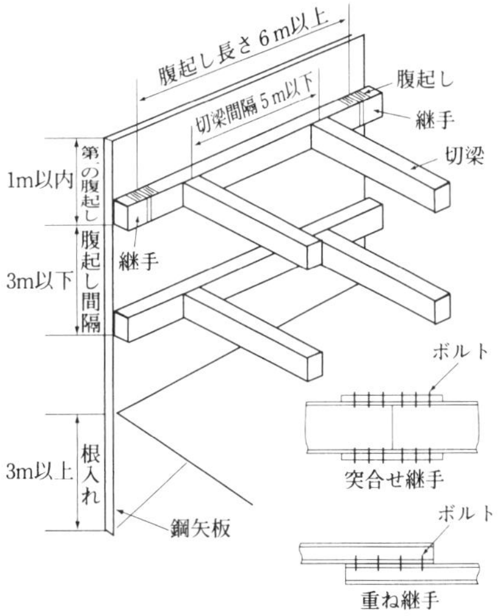

図3・34 土留め支保工

⑥　建設工事公衆災害防止対策要綱が令和元年９月に改訂され，従来の要綱では，鋼矢板や土留め杭の最小根入れや最小寸法，腹起しや切梁の最小寸法が明示されていたが，これらの基準値は削除され，設計で検討することとされた。

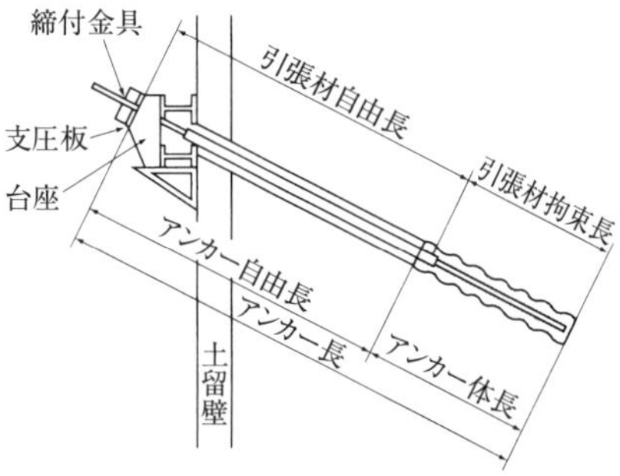

図３・35　アンカーの構造

第１編　編末確認問題

次の各問について，正しい場合は○印を，誤りの場合は×印をつけよ。（解答・解説は p.363）

□□【問 1】 土の含水比試験の結果は，湧水量や排水工法の検討に用いる。(R1*)

□□【問 2】 土の圧密試験の結果は，斜面の安定の検討に用いる。(H30*)

□□【問 3】 ポータブルコーン貫入試験の結果は，建設機械のトラフィカビリティーの判定に用いる。(R2)

□□【問 4】 基礎地盤の沈下による盛土量の増加は，変化率に含まれない。(R1)

□□【問 5】 土量の変化率 C は，地山の土量とほぐした土量の体積比で求める。(H30)

□□【問 6】 締固め土は，締固め直後は，最適含水比よりやや高い含水比で強度が最大になる。(H25)

□□【問 7】 大きな段差がある箇所でも，盛土高が低いと段差処理を省略できる。(H28)

□□【問 8】 路床に第 4 種発生土を使用する場合，セメント等による安定処理を行う。(R2)

□□【問 9】 建設発生土を工作物の埋戻しに用いる場合，圧縮性の大きいものを用いる。(H30)

□□【問10】 振動ローラは，締固めによって細粒化する岩塊の締固めに有効である。(H29)

□□【問11】 機械損料に含まれる維持修理費には，運転経費も含む。(H23)

□□【問12】 盛土の水平排水層は，透水性の良い材料で層厚 30 cm 以上で施工する。(H26)

□□【問13】 湧水が多い法面では，じゃかご，中詰めにぐり石を用いた法枠を用いる。(H27)

□□【問14】 軟弱地盤対策の固結工法には，サンドコンパクションパイル工法がある。(R2)

□□【問15】 サンドマット工法は，トラフィカビリティーの確保をはかる工法である。(R1)

□□【問16】 サンドドレーン工法は，振動により締め固めた砂杭をつくる工法である。(H30)

□□【問17】 ジオテキスタイルの現場施工では，特殊な大型機械を必要とする。(H22)

□□【問18】 ディープウエル工法は，地下水を低下させることにより，液状化の発生する可能性を軽減するものである。(H24)

□□【問19】 膨張材を用いると，アルカリシリカ反応の抑制効果が期待できる。(R1)

□□【問20】 フライアッシュは，初期強度の増進などの効果がある。(H30)

□□【問21】 再生細骨材 M は，レディーミクストコンクリートに使用できる。(R1)

□□【問22】 砂は，粘土塊量 2.0% 以上のものを用いなければならない。(R2)

□□【問23】 スランプは，運搬，打込み，締固めができる範囲で，できるだけ小さくする。(R2)

□□【問24】 AE コンクリートは，耐凍害性の改善効果が期待できる。(H28)

□□【問25】 暑中コンクリートでは，促進形の混和剤を用いる。(H27)

□□【問26】 再振動は，締固めが可能な範囲で，できるだけ遅い時期がよい。(H29)

□□【問27】 締固めの際は，棒状バイブレータを素早く引き抜く。(R2)

□□【問28】 コンクリートの打設にシュートを用いるときは，斜めシュートを用いる。(R1)

□□【問29】 混合セメント B 種を用いたコンクリートの湿潤養生期間は，普通ポルトランドセメントを用いた場合より長くする。(R2)

□□【問30】 暑中コンクリートは，最高気温が 25℃ 以上の場合に適用する。(H30)

□□【問31】 暑中コンクリートでは，減水剤，AE 減水剤等は，遅延形を用いる。(R1)

＊（R1）は令和元年度の出題問題を表し，（H30）は平成 30 年度の出題問題を表す。

□□【問 32】　マスコンクリートのパイプクーリング水は，できるだけ低温にする。(H30)

□□【問 33】　同一単位水量の AE コンクリートでは，空気量が多いほど乾燥収縮は小さい。(H24)

□□【問 34】　ガス圧接継手で直径の異なる径の鉄筋の接合は，可能である。(H29)

□□【問 35】　重ね継手を設ける場合，できるだけ同一断面に集中して配置する。(R1)

□□【問 36】　エポキシ樹脂塗装鉄筋とコンクリートの付着強度は，無塗装鉄筋と同じであるので，重ね継手の重ね長さも同じとする。(H22)

□□【問 37】　岩盤を切り込んで直接基礎を施工するとき，掘削したずりで埋め戻す。(R1)

□□【問 38】　粘性土層で直接基礎を支持させるとき，N 値 20 以上の洪積世とする。(R2)

□□【問 39】　基礎地盤が岩盤の場合は，基礎底面は平滑に仕上げる必要はない。(H30)

□□【問 40】　中掘り杭工法で，中間層が硬質な場合，拡大掘りを行う。(R2)

□□【問 41】　鋼管杭の現場溶接継手は，アーク溶接継手を原則とする。(H30)

□□【問 42】　鋼管杭の現場溶接継手は，板厚の異なる鋼管の接合には用いない。(H28)

□□【問 43】　深礎工法では，土留め材はモルタルなど注入後の撤去を原則とする。(H30)

□□【問 44】　リバース工法では，ハンマグラブにより掘削を行う。(R2)

□□【問 45】　場所打ち杭の鉄筋かごの組立は，補強材を溶接によって取り付ける。(R1)

□□【問 46】　オープンケーソンの最終沈下直前の掘削にあたっては，中央部の深掘りは避けるようにする。(H21)

□□【問 47】　作業気圧 0.3 N/mm^2 以上のニューマチックケーソンを施工するにあたっては，ホスピタルロックの設置の必要がある。(H20)

□□【問 48】　腹起し材の継手部は，切ばりや火打ちの支点から離れた箇所に設ける。(R2)

□□【問 49】　切ばりは，一般に圧縮部材として設計される。(H29)

□□【問 50】　アンカー式土留めは，定着地盤が少し弱くても施工できる。(H30)

第2編 専門土木

令和４年度の出題事項

1　鋼・コンクリート構造物　（5問）

①鋼橋の架設の留意事項　②鋼橋に用いる耐候性鋼材についての基礎知識　③鋼橋の溶接の施工の留意事項　④アルカリシリカ反応を生じたコンクリートの補修・補強対策　⑤コンクリート構造物の中性化の特徴　が出題された。

2　河川・砂防　（6問）

①河川堤防の盛土施工の基本　②河川護岸の施工　③河川堤防の開削工事　④不透過型砂防堰堤の基礎的事項　⑤渓流保全工各部の名称　⑥急傾斜地崩壊防止工の各工法の概要　が出題された。

3　道路・舗装　（6問）

①路床の安定処理の施工方法　②路盤の施工の基礎的知識　③表層・基層の施工の基礎的知識　④アスファルト舗装の補修工法　⑤排水性舗装のポーラスアスファルト混合物の施工　⑥コンクリート舗装の種類と概要　が出題された。

4　ダム・トンネル　（4問）

①ダムの基礎処理としてのグラウチングの概要　②ダムコンクリートの工法　③山岳トンネルの掘削工法の概要　④トンネルの切羽安定対策　が出題された。

5　海岸・港湾　（4問）

①海岸堤防の根固工の施工　②潜堤・人工リーフの機能・特徴　③ケーソンの施工　④防波堤の施工　が出題された。

6　鉄道・地下構造物・鋼橋塗装　（5問）

①鉄道路床の施工　②軌道の維持・管理　③営業線近接工事の保安対策　④シールド工法の施工管理　⑤鋼構造物の防食法の概要　が出題された。

7　上・下水道・薬液注入　（4問）

①上水道配水管の更新・更生工法　②下水道管渠の各更生工法の概要　③小口径管推進工法の施工　④薬液注入工法の注入効果の確認方法　が出題された。

令和４年度は例年と同じ項目が出題された。自分の専門分野をみつけ，過去問題の演習で要点を確実に覚えておく。

1. 鋼・コンクリート構造物

土木構造物の代表的な構造物である，鋼橋については鋼材の性質・接合，鋼橋の架設工法，塗装，コンクリートについては，型枠・支保工・劣化診断・補修・補強工法などがよく出題される。

1・1　鋼材の性質

頻出レベル
低■■■□□□高

学習のポイント

鋼材の試験では，試験の種類，軟鋼・鉄筋・高張力鋼の強度の求め方などを理解する。鋼材の特性・用途では，応力を受けたときの鋼材の特性などを理解する。特に，耐候性鋼材について理解が必要である。

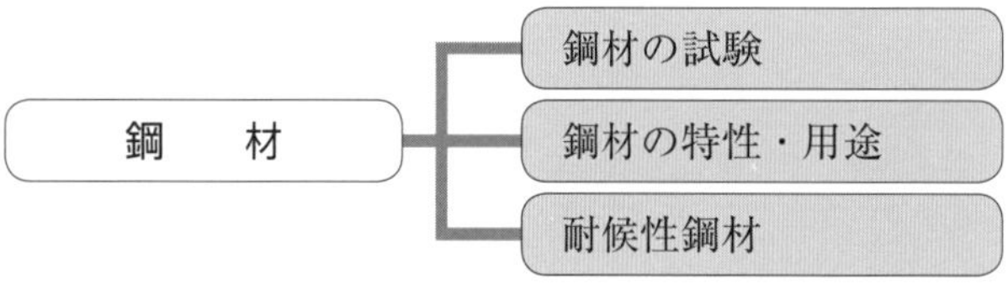

1・1・1　鋼材の規格と試験

鋼材は，その製造法や材質によってさまざまな性質があり，その性質によって用途が変わってくる。各鋼種は引張強さの違いにより，数種類ある。

(1)　引張試験

① 荷重を加えると，K点までは応力度とひずみは比例する。このときの比例定数を**ヤング率**または**弾性係数**といい，E〔N/mm²〕で表す。

② さらに荷重をかけると，伸びが急に大きくなる点Yを**上降伏点**，点Y´を**下降伏点**といい，鉄筋の規格は，上降伏点の値で強さを表示する。例えばSD 345は，上降伏点が345 N/mm²であることを表す。高強度の鋼材（硬鋼，高張力鋼）は，降伏点を明確に示さないので，応力度ひずみ曲線上において，降伏点に代えて0.2%の永久ひずみの点の応力度とする。

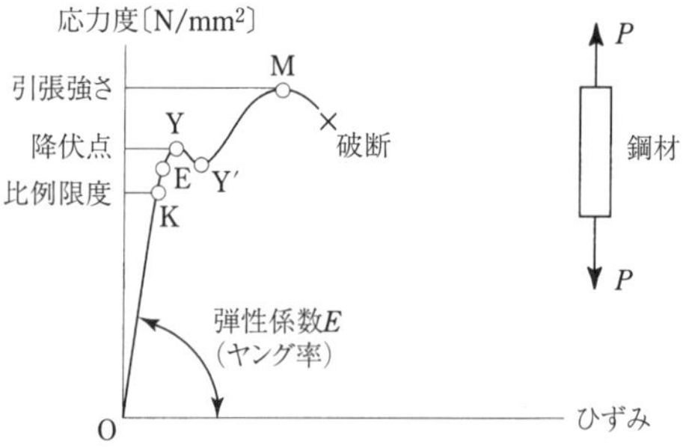

P　：鋼材の引張力〔N〕
M点：引張強さが最大の点
Y，Y′点：ひずみが急に大きくなる点
E点：引張力を除くと，ひずみがなくなり元に戻る限界点（弾性限界）
K点：ひずみと応力度が比例する限界点

図1・1　応力ひずみ曲線

③ 降伏点を超えて荷重をさらに作用させると最大応力度Mに達し，その後破断する。このとき，最大応力度Mを**引張強さ**といい，SS 400は，400 N/mm²に耐えられる鋼材を表す。

④ 鋼材を引張る速度を基準より早めると，降伏点，引張強さは大きく，伸びは小さくなる。逆

に遅らすと，伸びは大きく，強度は小さくなる。したがって，正しい速度での試験が必要である。

(2) 曲げ試験

鋼材の曲げ試験は，鋼材の表面や内部の材料欠陥の有無が容易に判断でき，材料の加工性を判断する最も簡便な方法である。

1・1・2 鋼材の性質

(1) 許容応力度

鋼材を用いて部材を設計するとき，設計荷重に対して部材に余裕を与えるため，安全係数を約1.7として鋼材の許容できる最大応力度を定める。例えば，最大降伏点応力度 240 N/mm^2 の鋼材の許容応力度は $240/1.7 = 140$ N/mm^2 となる。

(2) 延性と脆性

鋼材は一般に粘りがあるので，荷重が作用すると伸びて**延性**を示す。鋼材に含まれる炭素量が多いと，引張強さは大きくなり，余り伸びずに突発的に破断する。この性質を**脆**(ぜい)**性**という。特に溶接鋼材ではシャルピー衝撃試験により衝撃に対する強さを確認し，接合方法を検討する。鋼材に欠陥があると，**シャルピー吸収エネルギー**が著しく低下し，耐荷力が小さくなる。

(3) 高い応力度を受ける鋼材

高力ボルト，PC 鋼材などのように高い応力度を受ける鋼材は，焼入れなどにより引張強さを大きくしているので，加熱加工してはならない。また，高強度の鋼材は，高い応力状態で，応力が減少するリラクゼーションや，突然に破断する**遅れ破壊**などの現象が生じる。

(4) 繰返し応力を受ける鋼材の性質

低い応力でも，鋼材が繰返し応力を受けると，鋼材が**疲労破断**する。強度の大きい鋼材ほど，この繰返し応力による強度の低下が著しくなる。

1・1・3 耐候性鋼材

耐候性鋼材は，普通鋼材に適量の合金元素を添加することにより，鋼材表面に緻密なさび層を形成させ，これが鋼材表面を保護することで鋼材の腐食を抑制するもので，裸使用とする場合と表面処理剤を塗布する場合がある。

① 耐候性鋼材の表面の黒皮は，製作過程などにおける鋼材表面のさびむらを防ぐため，架設前に除去する。

② 耐候性鋼材の箱桁などの内面は閉鎖された空間であり，結露も生じやすく，塗替えも困難なので，耐水性に優れたタールエポキシ樹脂塗料が用いられる。

③ 耐候性鋼材の表面処理剤は，緻密なさびを速やかに形成させるために使用する。

④ 耐候性鋼橋に用いるフィラー板，添接板等は，主要構造物と同種の耐候性鋼材を使用する。

⑤ 耐候性鋼橋に用いる高力ボルトは，耐候性高力ボルトを使用する。

専門土木

1・2 鋼材の接合と加工

頻出レベル
低■■■■■■高

学習のポイント

鋼材の接合では，ボルト接合と溶接接合の留意点および，溶接の欠陥の種類と検査法，許容等を理解する。また，鋼材の加工では，その方法を整理する。

- 鋼材の接合と加工
  - ボルト接合
  - 溶接接合と欠陥
  - 鋼材の加工

1・2・1 ボルト接合

高力ボルト摩擦接合は，各材片の密着面を確保し，ボルトを締付ける。締め付ける場合，規定のボルト軸力に達するよう，回転法，トルク法，耐力点法，トルシア型高力ボルトの使用などにより管理し締め付ける。溶接と高力ボルトを併用**する場合は，**溶接を先に行う。

(1) 接触面の表面処理法

接触面の浮錆・油・泥を除去して表面処理し，接触面のすべり係数は0.4以上とする。接触面を塗装する場合は，厚膜型ジンクリッチペイントを用いる。

(2) 肌すき処理

肌すきは，テーパを付けるかフィラーを詰める。フィラーは2枚以上重ねたり，2 mm以下の厚さのものを用いてはならない。

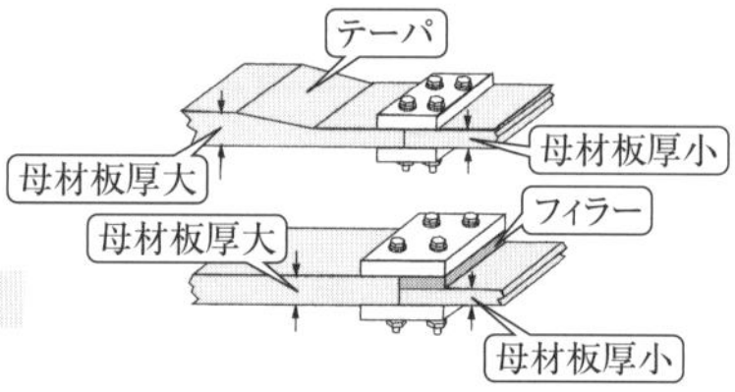

図1・2 テーパとフィラー

(3) ボルトの締付けと検査方法

① ボルトは，ボルト群の中央から端部に向けて締め付ける。

② **回転法**は，ボルト軸力による伸びを回転量で表したもので，一般に降伏点を超えるまで，軸力を与える。鋼材の伸びが大きいので，脆性破断しない F8T，B8Tなどのボルトに使用される。検査は，全数についてマーキングで検査する。

③ **トルクレンチ法**（トルク法）は，導入力を調整するため事前にキャリブレーションし，一般にボルトを締付力の60%で仮締めし，本締では所定の締付力の10%増として2度締めする。検査は，各ボルト群の全数の10%について行う。

④ **トルシア形高力ボルト**は，専用締付機を用いて締付け，検査は，全数をピンテールの破断とマーキングで確認する。

⑤ **耐力点法**は，回転法と同様，ナットの回転量により降伏点を超える付近で，応力ひずみ曲線が非線形となる点を感知して管理する。検査は，ボルト5組についての平均値が所定の軸力の範囲にあるかを調べる。

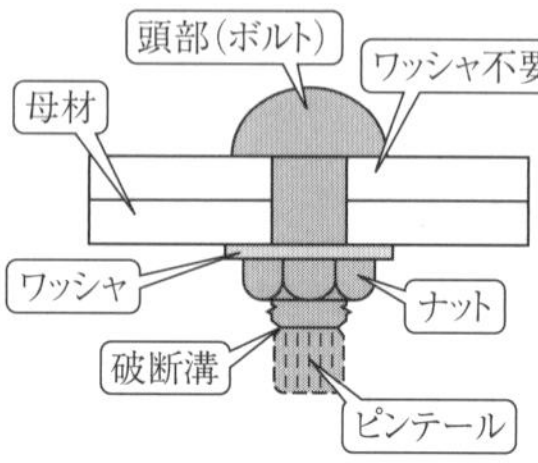

図1・3 トルシア形高力ボルト

⑥　**部材の仮組立**に使用する**仮締めボルト**と**ドリフトピン**は，架設応力に十分耐えるだけの本数を用いるものとし，本数の合計は，その個所の連結ボルト数の1/3程度を用いるのを標準とし，そのうち1/3以上をドリフトピンとする。

1・2・2　溶接接合

(1)　溶接接合の分類

溶接接合の方法は大きく分類して，**すみ肉溶接**と**突合せ溶接**（グルーブ溶接）および**圧接**がある。また，現場溶接は工場溶接より厳しく管理することが必要である。

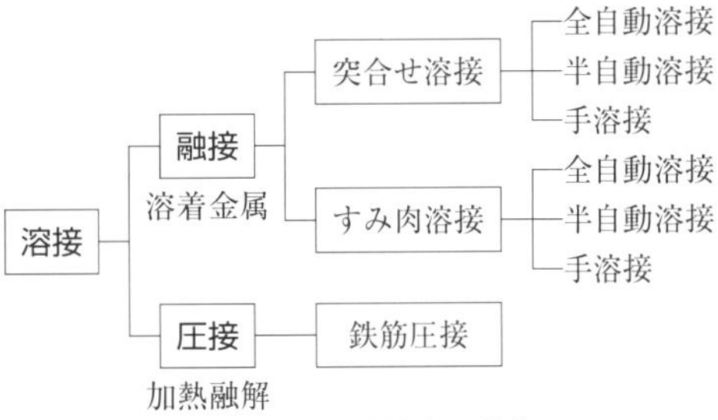

図1・4　溶接接合の分類

①　すみ肉溶接は，直角に組んだ部材と部材の接合部に溶着金属を流し込み，溶接接合する。

②　突合せ溶接（グルーブ溶接）は，溶接をする部材と部材の両方に開先（グルーブ）と呼ばれる溝（ルート間隔）をつくり，その開先に溶着金属を流し込んで溶接接合する。厚肉の部材ほど溶接量の少ない開先形状を選定し，細い溶接棒で，積層方法で溶接を行い，溶接ひずみを少なくする。

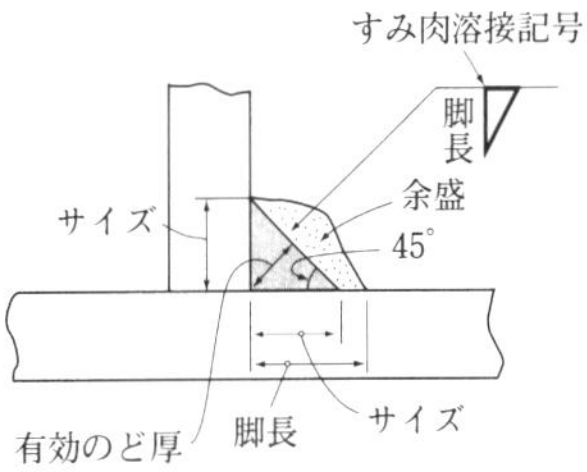

図1・5　すみ肉溶接

(2)　溶接接合の作業方法

溶接接合の作業方法は，作業者が直接行う**手溶接**と，一部機械を用いて作業者が行う**半自動溶接**，機械のみで行う**全自動溶接**の3種類の他に，スタッド専用の**アークスタッド溶接**がある。いずれの方法も有資格者が行う。溶接に必要とする電流は手溶接が最も小さく，ひび割れも生じにくい。溶接電流は，半自動，全自動，アークスタッド溶接の順に大きい。

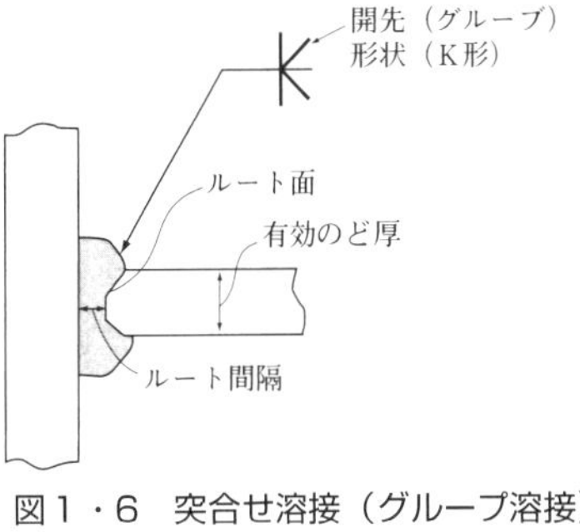

図1・6　突合せ溶接（グルーブ溶接）
K形の例

①　手溶接：手溶接は，被覆アーク溶接棒を用いて行う溶接で溶接棒の乾燥が最も大切である。手溶接は，下側から溶接する上向き溶接も可能で，入熱量が少ないので，溶接部の溶接割れや，衝撃に強い特性がある。しかし，被覆アーク溶接を橋脚部材などの大きな断面の接合に用いると，溶着金属の水素の影響により，低温割れが発生しやすい欠点があるので，必要により余熱する。

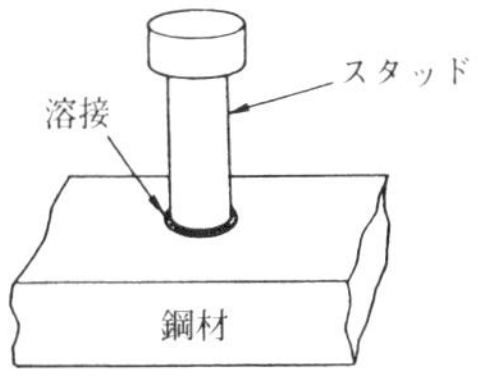

図1・7　スタッド

②　半自動溶接：溶着金属ワイヤの送出しを自動化し，溶接部を保温のためガスシールドする。上向き溶接はできないが，側面は可能である。ガスは風速2 m/sで流れるので，これ以上のときは，防風処置をする。一般に，現場継手に用いられる。

③　全自動溶接：ユニオンメルト法やサブマージアーク法ともいわれ，溶接ワイヤの送りと溶接材の移動が行えるが，一般的な機械は下向き溶接しかできない。ビー

専門土木

ドがそろい高能率。手溶接に比べ高い電流で溶接するので高温割れが発生しやすく，衝撃にも弱い。さらに湿気や錆等にも敏感なので注意が必要である。一般に環境の整った工場での部材接合に用いられる。

④　**アークスタッド溶接**：鋼桁とコンクリート床版の一体化のために取り付けるスタッドを溶接するものである。高電流（150アンペア）が流れるので，コードは太くて安全なものとする。

⑤　**エンドタブ**：溶接の始端と終端はビードが安定せず溶接欠陥となりやすいので，図1・8のように，**エンドタブ**という仮設の部材を取り付けて，溶接品質を確保する。溶接後，エンドタブは切断して除去する。

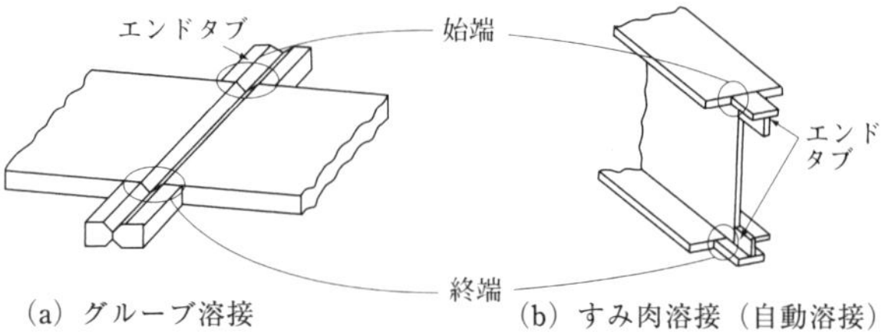

図1・8　エンドタブ

1・2・3　溶接の欠陥

(1)　溶接欠陥の種類

溶接終了後の検査には，**外観検査**と，放射線や超音波を使用して行う**内部検査**がある。

①　溶接の外観検査により調べる溶接欠陥には，図1・9に示すようなものがある。**溶接割れ**は外観検査とするが，場合により磁粉探傷法または浸透液探傷法を用いて割れを確認する。

②　溶接部の内部欠陥には，**ブローホール**（溶着金属内に空洞ができる），**スラグ**（溶接かす）**の巻込み**などがあり，放射線透過試験や超音波探傷試験などで検査する。

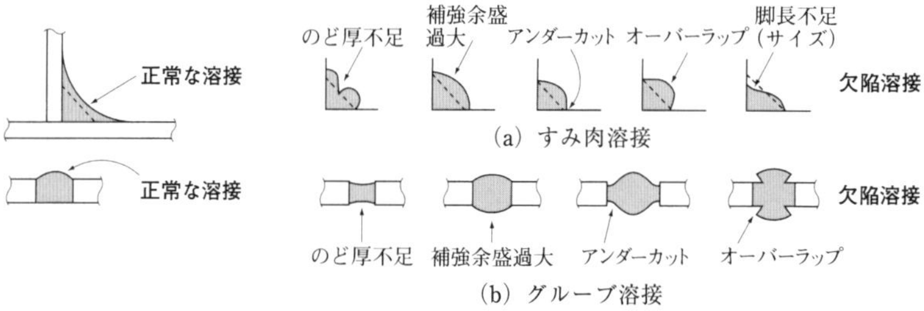

図1・9　外観検査により調べる溶接欠陥

(2)　施工上の留意点

特に湿気や気温，ごみなどに注意して作業を行う。雨天や雨上り直後，気温が5℃以下，風の強い場合は作業を中止する。十分に対策を取った場合は作業可能である。板厚の厚い場合や寒い時期の溶接は，部材を予熱してから実施する。**予熱範囲**は，溶接部から前後10 cm程度とする。

仮付溶接でも，本溶接と同等以上の技能を有する溶接工により施工を行う。仮付溶接では，脚長4 mm以上，長さ80 mm以上必要で，不良部分があるときは完全に除去して再溶接する。

(3)　外部きずの検査

溶接完了後，肉眼または適切な他の非破壊検査方法によりビード形状及び外観を検査し，継手に必要とされる溶接品質を満していることを確認する。

①　溶接割れの検査

溶接ビード及びその近傍には，いかなる場合も割れがあってはならない。

② 溶接ビード表面のピット

主要部材の突合せ継手及び断面を構成するT継手，角継手には，ビード表面にピットがあってはならない。その他のすみ肉溶接部及び部分溶け込み溶接には，1継手につき3個または継手長さ1mにつき3個まで許容する。ただし，ピットの大きさが1mm以下の場合には，3個を1個として計算する。

③ 溶接ビード表面の凹凸

溶接ビード表面の凹凸は，ビード長さ25mmの範囲における高低差で表し，3mmを超える凸凹があってはならない。

④ オーバーラップ

オーバーラップはあってはならない。

⑤ アンダーカット

アンダーカットの深さは，0.5mm以下でなければならない。

⑥ すみ肉溶接の大きさ

すみ肉溶接のサイズ及びのど厚は，指定すみ肉サイズ及びのど厚を下回ってはならない。

ただし，1溶接線の両端各50mmを除く部分では，溶接長さの10%までの範囲で，サイズ及びのど厚ともに−1.0mmの誤差を認める。

⑦ アークスタッドの検査

アークスタッドの外観検査は，全数について行い，外観検査の結果が**不合格になったスタッドジベル**は全数ハンマー打撃による曲げ検査を行う。さらに，**合格のスタッドジベル**の中から1%について抜取り曲げ検査を行う。抜取り曲げ検査の結果が不合格の場合，さらに2倍の本数について検査を行い，全数合格をもって合格とする。

(4) 内部きずの検査

完全溶込みの突合せ溶接継手の内部きずに対する検査は，溶接完了後，適切な非破壊検査方法により行い，要求される溶接品質を満足していることを確認しなければならない。

① 検査方法

非破壊検査は，放射線透過試験，超音波探傷試験による。

② 抜取り検査率

主要部材については1グループごとに1継手の抜取り検査を行う。ただし，現場溶接を行う完全溶込み突合せ溶接のうち，鋼製橋脚のはり及び柱，主げたフランジ及び腹板は，継手全長を放射線透過試験，超音波探傷試験を行う。鋼床版のデッキプレートは，継手全長を超音波探傷試験を行い，放射線透過試験は，継手の始終端で連続して50cm（2枚），中間部で1mにつき1箇所（1枚）及びワイヤ継ぎ部で1箇所（1枚）検査する。

③ 判定基準

試験で検出されたきず寸法は，設計上許容される寸法以下でなければならない。

1・2・4 鋼材の加工

鋼材の加工には，切断・孔あけ・曲げの3つがある。加工にあたっては，鋼材の寸法が工場と現場で異ならないよう，事前にテープ合せで鋼巻尺の長さを正確に合わせておく。また，加工を行う箇所に目印の線を引くことを**けがき**というが，けがく位置はポンチやタガネで印を付ける。その際，打傷は加工完了後に使用する鋼材に残らないようにする。

(1) 切　　断

切断は一般に自動ガス溶断を原則とする。自動ガス切断機による鋼材の切断面の凹凸は，50×10^{-6} m（=50 s）となり，機械加工と変わらない。ただし板厚 10 mm 以下のフィラー，ガセットプレートなどは，切断機による切断も可である。切断面は変形するので，グラインダーで仕上げる。

(2) 孔 あ け

孔あけは，高力ボルト用の孔を，同一形式の部材を重ね，大型ドリル機で一時にあける**フルサイズ工法**か，予備孔をあけ仮組立時に本孔をあける**サブサイズ工法**のいずれかで行う。板厚 16 mm 以下の二次部材は，押抜きせん断機（パンチ）で孔をあけることもできる。

(3) 冷間曲げ加工

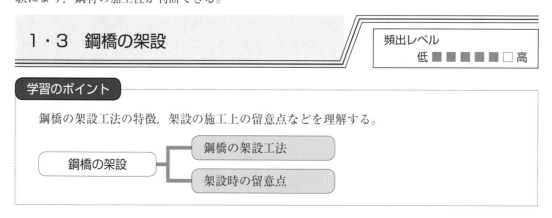

図1・10のように，板厚 t の15倍以上の曲げ半径 r とする。曲げ試験により，鋼材の加工性が判断できる。

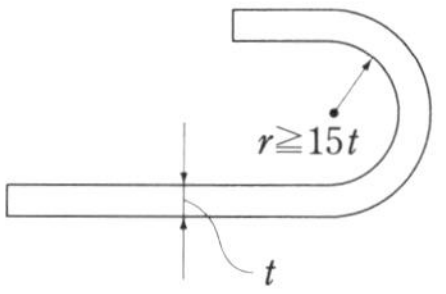

図1・10　冷間曲げ加工

1・3 鋼橋の架設

頻出レベル
低 ■■■■■□ 高

学習のポイント

鋼橋の架設工法の特徴，架設の施工上の留意点などを理解する。

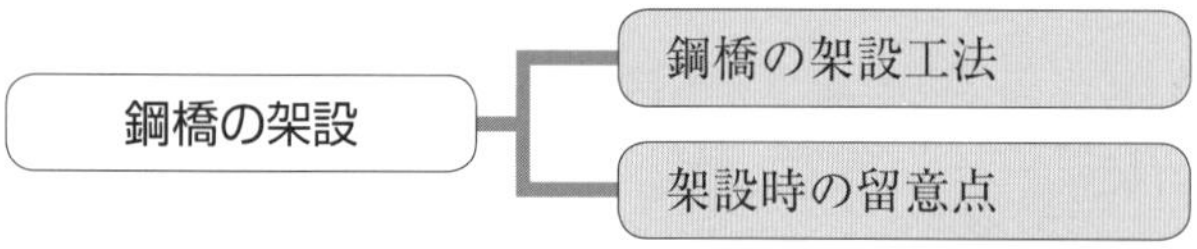

1・3・1 仮 組 立

鋼橋の仮組立は，現場に搬入して組み立てる際に，鋼板の接合部のかみ合せ不良，ボルト孔のずれ，溶接部のひずみがないなどを，事前に確認することを目的として実施する。

(1) 仮組立の手順

仮組立は，架台や支持台を設置して無応力状態で行う。組立時，橋体の支持点は補剛のある箇所とする。連続部はすべての孔の内1/3以上をボルトやドリフトピンを用いて固定する。

(2) 仮組立の検査項目

① 寸法検査：全長，支間長，キャンバー（そり），主桁のとおり，角度を検査する。

② **継手部検査**：溶接の開先部の形状，継手孔の位置ずれを検査する。パイロットホール（ボルト継手の架設用の基準孔）を確認する。

③ **溶接検査**：外観検査，放射線検査，スタッド検査で接合部を検査する。

④ **各部品検査**：伸縮継手，高欄，支承，排水路部材と位置を確認する。

1・3・2　鋼橋架設工法

架設工法は，架設する場所の地形によって選定し，主に以下の６工法がある。**橋梁下部の空間が利用できるときはベント工法が最も安全で安価である。**

(1)　ベント工法（一括架設工法）

自走式クレーンによって図１・11のように，部材の継手部に架設の支持台（ベントまたはステージング）を設置し，クレーン吊込み後，現場接合する工法で，キャンバー調整が容易である。支間が短く，鋼重の軽い場合に用い，ベント高さは30 m 程度まで可能である。

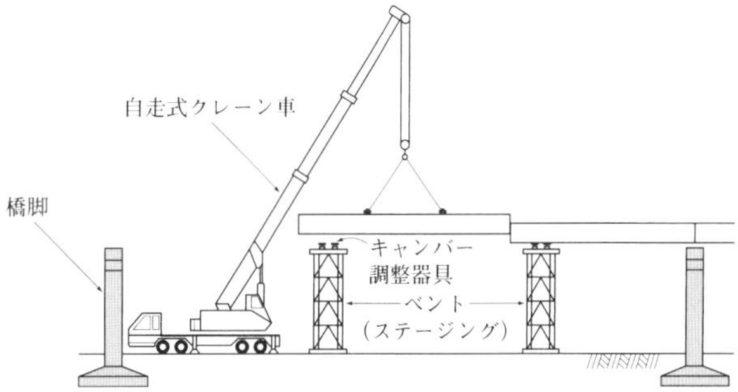

図１・11　ベント式工法の例

(2)　フローティングクレーン工法

適当な水深がある港湾，河口部に用いられる。**大ブロックを起重機船により一括架設する。**架設時と完成時の支持点が異なるため，輸送・架設時の検討を行う。

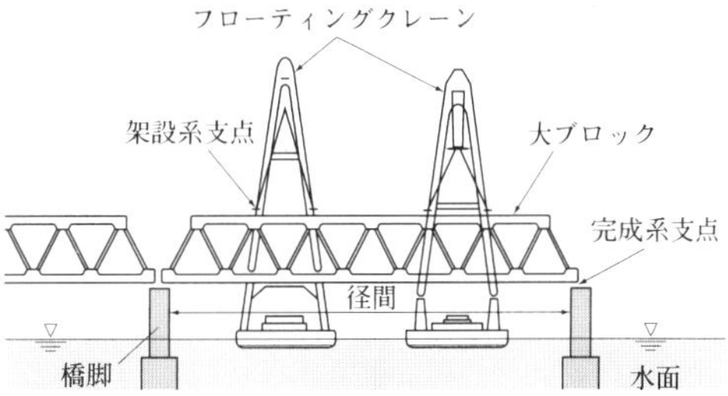

図１・12　フローティングクレーン工法

(3)　ケーブルクレーン工法（ケーブルエレクション工法）

ケーブルクレーン工法は，桁下が谷や流水部でベントが設置できないとき用い，部材の組立は対称にする。**直吊り工法**（図１・13）と**斜吊り工法**（図１・14）がある。

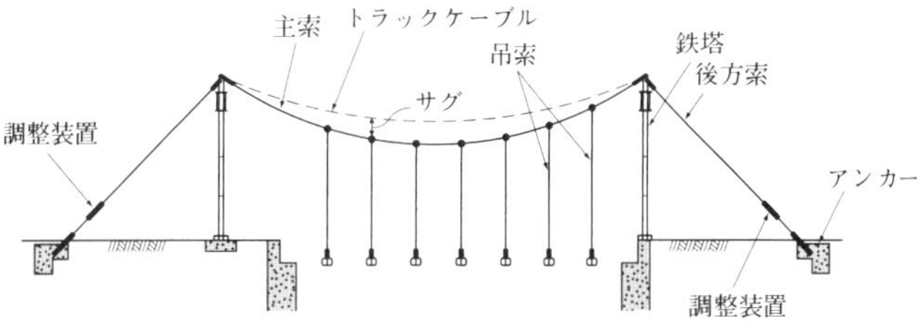

図１・13　ケーブルクレーン直吊工法

いずれの工法も主索，吊索に調整装置を付ける。**全体荷重が掛った状態で部材が閉合できるスペースが必要でキャンバー調整が難しい。**

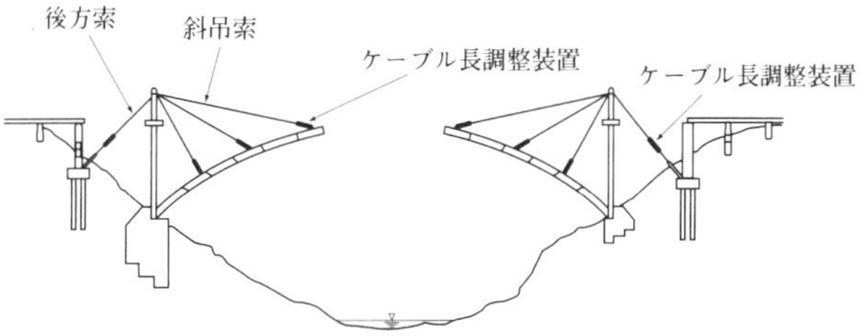

図１・14　ケーブルクレーン斜吊工法

(4)　片持式工法

橋梁下部空間を利用できないとき用いられ，図1・15のようにトラベラクレーンを用い，トラスなどの上部にレールを設け，部材を運搬し組み立てる。

架設時の応力検討を行う。この工法は継手部のボルトを本締めしながら施工するため，最終段階のキャンバーの調整が難しいので，注意が必要である。

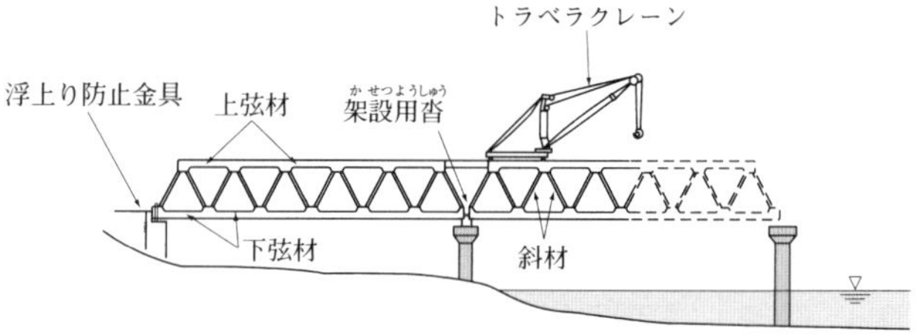

図1・15　連続トラスの片持式架設

(5)　送り出し工法

桁下空間が利用できないとき，架設現場近くで地組し，手延機と構造部を連結して，自走式，または門型クレーンで移動させる。架設時間が短い。架設時と完成時の構造が異なるので，設計時に局部応力や変形も検討する（図1・17）。

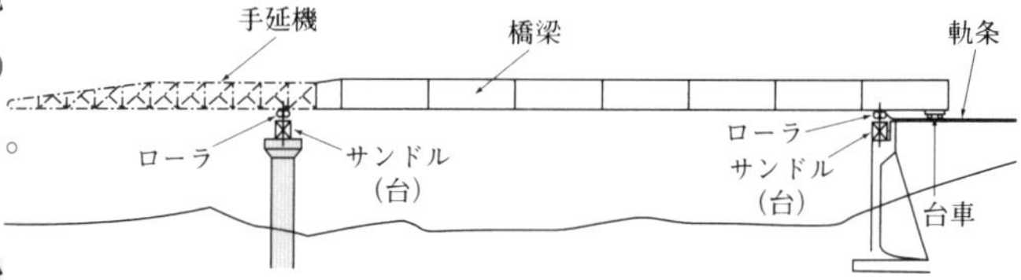

図1・16　手延機による送り出し工法

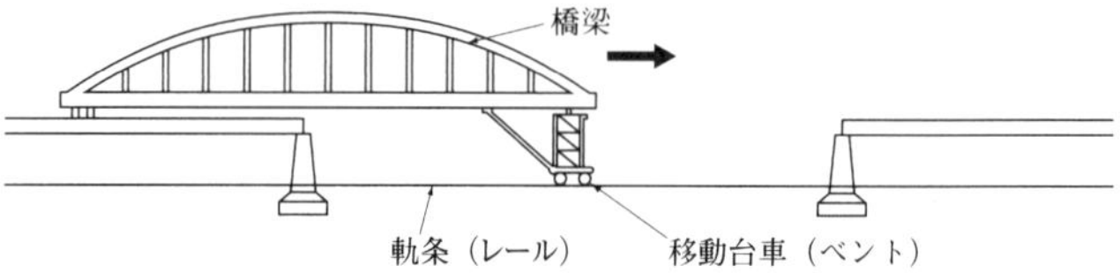

図1・17　移動ベントによる送り出し工法

(6)　架設トラス工法（架設桁工法）

ベントが使用不可の深い谷や，安定性の必要な曲線桁の架設に用いられる工法である。桁を架設した後に架設桁を撤去する工法である。（図1・18）。架設桁は，設計応力より大きな力を受けることがあるので，耐力計算を行い，橋体のキャンバーや強度を検討しておくことが必要である。

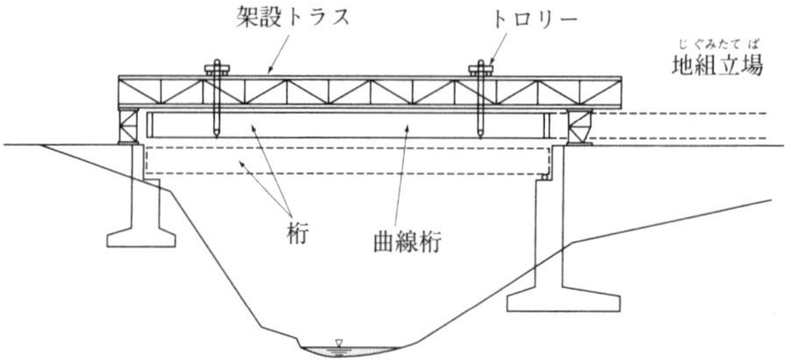

図1・18　架設トラス工法

1・3・3　架設時の留意点

組立作業は，接合部やボルト締めなどが正しく行われるよう下記の点に注意する。

① 組立部材の吊上げ時には，重心点を確認して玉掛けする。

② 吊上げ時には，半割パイプ，曲げ板などのやわらを用い，角の部分の塗膜を保護する。

③ 重量部材を吊上げるとき，フックを引っかける吊金具を構造体にあらかじめ取り付けておく。

　吊り金具は，本体自重のほかに，2点吊りの場合は50%，4点吊りの場合は100% の不均等荷重を考慮する。

④ 仮締ボルトとドリフトピンの合計は，その連結部のボルト総数の1/3以上を用い，仮締ボルトのうち，ドリフトピンは1/3以上用いる。

⑤ 組立完了後，本締めに先立ち仮組立時のキャンバーと，架設時のキャンバーの値を確認する。

⑥　**I形断面の桁を仮置き**する場合は，転倒ならびに横倒れ座屈に対して十分注意し，汚れや腐食などに対する養生として，地面より 10 cm 以上離すものとする。

1・4　塗　　装

頻出レベル
低■■■■■■高

学習のポイント

塗装の工程，塗装系の分類，素地調整，施工と管理，塗装の欠陥・劣化などの要点を理解する。

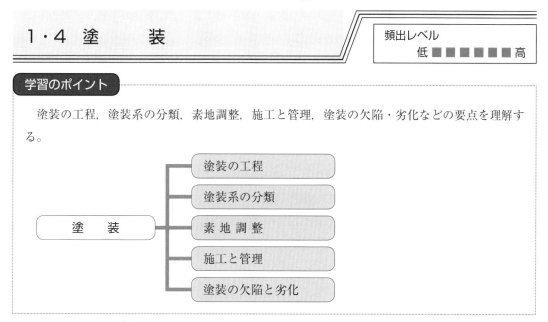

- 塗　装
  - 塗装の工程
  - 塗装系の分類
  - 素地調整
  - 施工と管理
  - 塗装の欠陥と劣化

鋼材の代表的な**防錆防食法**には，塗装，耐候性鋼材，亜鉛めっき，金属溶射等があり，防錆防食の原理は以下の通りである。

①　塗装：塗膜による大気環境遮断

②　耐候性鋼材：ちみつなさびの発生による腐食の抑制

③　亜鉛めっき：亜鉛酸化物による保護被膜及び亜鉛による犠牲防食

④　金属溶射：溶射金属の保護被膜及び溶射金属（アルミ，亜鉛等）による犠牲防食

1・4・1　塗料と塗装の工程

鋼橋塗装の目的の第 1 は防錆である。美観を考慮する場合は適当な上塗り塗膜を選定する。

塗装の作業にはプライマー・下塗り・中塗り・上塗りの 4 工程がある（図 1・19）。

塗料は，一般に固体粉末の顔料と，液体のビヒクル（展色材）及び添加材，溶材から構成され，これらの組合せにより，種々の性能の塗料がつくられる。ビヒクルに乾性油を用いた塗料は油性塗料，合成樹脂を用いたものは合成樹脂塗料と呼ばれ，樹脂の名称を取り，フタル酸樹脂塗料・塩化ゴム系塗料・ポリウレタン樹脂塗料などとも呼ばれる。

(1)　プライマー

鋼材のブラスト処理後の表面は錆が発生しやすい。**一時的防錆**を目的とした，**速乾性の塗料がプライマー**で，長ばく形エッチングプライマーや無機ジンクリッチプライマーが使用される。

(2)　下塗り塗料

下塗り塗料が要求される性能は，①**鋼材面やプライマーと密着する**，②水・酸素・塩類などの腐食物質を遮断し，**鋼材の腐食反応を抑制する**，などである。

(3)　中塗り塗料

下塗りの塗膜の上に直接上塗り塗料を塗付すると，下塗りの色が隠れず，上塗りの色がきれいに出ない。また下塗り塗装から現場の上塗りまで時間の経過があるので，上塗り塗料が密着せずはく離することがある。このため，上塗り塗料に近い色で密着性のよい塗料を使用する。

(4)　上塗り塗料

上塗り塗料の主たる目的は，着色と水・空気の浸透を防止することで，耐水性と耐候性が要求される。主な上塗り塗料としては，次のようなものがある。

① 長油系フタル酸樹脂塗料：最も一般的で，はけ塗り作業が容易である。

② シリコンアルキド樹脂塗料：長油系フタル酸樹脂塗料に比較し，耐候性に優れる。

③ 塩化ゴム系塗料：低温でもよく乾燥し，塗膜間の密着は良好だがはけ塗りが難しい。耐水性や耐薬品性に優れており，やや厳しい環境に適用される。

④ ポリウレタン樹脂塗料：耐候性・耐水性・耐薬品性に優れており，厳しい環境に適用される。

⑤ ふっ素樹脂塗料：耐候性・耐水性・耐薬品性・耐熱性に優れ，塗膜の硬度も高い。耐候性はポリウレタン樹脂塗料より優れている。

1・4・2　塗装系の分類

(1)　外面塗装系

一般的には工場で下塗り，架設・床版の完了後に現場で中塗り，上塗りとしている。これに対し長大橋などのように大ブロックで架設したりする場合，工場で上塗りまで施すことがある。

(2)　内面塗装系

箱桁，鋼製橋脚の内面は，結露や漏水を受けるが，塗替が困難なので，耐水性の優れたタールエポキシ樹脂塗料が用いられる。

(3)　鋼床版桁用塗装

鋼床版の裏面は，グースアスファルト舗装時に180℃ の高温を受けるため，耐熱性に優れた無機ジンクリッチペイント・エポキシ・ポリウレタン・ふっ素などの樹脂塗料を用いる。

(4)　継手部塗装

継手部は，素地調整が困難なため，防錆性を高めるため，下塗り回数を増やして，膜厚を大きくしておく。一般に鉛系錆止めペイントは，下塗りを1回増やして密着性を高める。

(5)　劣化しやすい部位の塗装

下フランジ下面，鋭いエッジのある部分は，塗膜が劣化しやすいので，下塗りを1回増す。

(6)　耐候性鋼用表面処理剤

初期の赤さび，流れさびを抑制し，大気腐食に対し保護性を有するさび層を人工的に早期に形成させるため塗布する表面処理剤のこと。

1・4・3　素 地 調 整

素地調整（ケレン）は，鋼材の黒皮を除去し，鋼材表面を50S以下の凹凸となるように適度の粗面にして清浄することである。素地調整後，早期に塗料を塗付して錆を防止する。

(1)　素地調整の方法

鋼板の黒皮を製鉄所において除去するブラストを**原板ブラスト**という。製品になってから現場でブラストすることを**製品ブラスト**という。

(2)　素地調整の道具

乾燥したサンド（砂の粒子などの研掃材）を吹付けるサンドブラストを用いる。他にショット（鋼球），グリッド（鋼砕粒）なども用いるが，いずれも研掃材の粒子が小さくなるので，粉末化したものは取除き，必要な粒度を保つよう補充する。研掃材によるブラストは複雑な組立部材にも適し，動力工具によるブラストは平面的な個所に適する。

1・4・4　塗装施工と管理

(1)　塗り重ね間隔

塗膜は大気中に暴露されると乾燥硬化し，塗り重ねる塗料との密着度が低下するので極力短時間に塗り重ねる。フタル酸樹脂の場合の乾燥過程と塗り重ねの可否を表1・1に示す。

表1・1　乾燥過程と塗り重ねの可否

乾燥過程	乾燥過程の具体的判定法	塗り重ねの可否
指触乾燥	塗面に指先をそっと触れてみて，指先が汚れないときは，指触乾燥の状態になっているものとする。	不可
半硬化乾燥	塗面を指先で静かにそっとすってみて，塗面に擦りあとがつかないときは，半硬化乾燥の状態になっているものとする。	不可
硬化乾燥	塗面を指で強く圧したとき，指紋によるへこみがつかず，塗膜の動きが感じられず，また，塗面を指先で急速に繰り返してこすってみて，塗面に擦りあとがつかないときは，硬化乾燥の状態になっているものとする。	可

(2)　気 象 条 件

①　気温：気温が低いと乾燥が遅くなり，じんあいや腐食性物の付着あるいは気象の急変などの影響を受けやすくなる。また，塗料の粘度が増大して作業性も悪くなる。気温の高いときは乾燥が早くなり，二液形塗料では可使時間が短くなる。炎天下で塗付面の温度が極端に高い場合は，塗膜にあわが生じるので塗付作業は避けた方がよい。

一般に，塗付作業の気温は，鉛系錆止めペイントで5℃以上，エポキシ樹脂塗料で10℃以上，塩化ゴム系・ふっ素樹脂・ポリウレタン樹脂塗料で0℃以上とされている。

②　湿度：湿度が高いと，大気中の水分が塗膜面に凝縮し白化現象を生じることがあるので，相対湿度85%以上のときは塗付作業を行ってはならない。

③　強風：風の強いときは，未乾燥塗膜に砂塵やほこりが付着したり，海の近くでは海塩粒子の飛来量が多くなるので，作業には十分注意することが必要がある。

(3)　溶接部の塗装

①　水素ぶくれ：溶接直後に塗装すると，溶接部に溶解した水素が，後日ビード表面に放出され水素ぶくれが生じる。溶接直後に塗装せず，水素が十分放出されてから塗装することで防げる。

②　アルカリぶくれ：溶接部には，溶接棒の被覆剤によってアルカリ性物質が付着するので，油

性系塗料の場合，塗膜がアルカリぶくれを生じることがある。このため，溶接部をブラスト処理し，アルカリ物質を除去するか，リン酸溶液（5～10%）で中和乾燥後塗装する。

1・4・5　鋼橋塗装の塗膜欠陥とその原因および防止策

鋼橋塗装の塗膜欠陥とその原因および防止策は，表1・2のとおりである。

表1・2　鋼橋塗装の塗膜欠陥とその原因および防止策

塗膜欠陥	塗膜状態	原　因	防　止　策
はけ目	はけ目が線状に残っている。	塗料の流動性が不足している。はけが不適当。	稀釈率を上げる。はけを変えてみる。
ながれ（だれ）	塗料がたれ下がった状態になっている。	稀釈しすぎか，厚く塗りすぎる。塗料粘度が不適当。はけ返しが不十分。	稀釈率を下げる。厚塗りせず，2層に分けて塗布する。
し　わ（ちぢみ）	塗膜にしわができる。	下塗りが未乾燥か，厚塗りで表面が上乾きしている。	下塗りがよく乾いてから塗る。厚塗りをやめる。
白　化（ブラッシング）	表面が荒れて，光沢がなく白っぽくなっている。	塗膜の溶剤が急激に揮発した。乾燥しないうちに結露した。	リターダシンナーを用いる。結露が予想される場合は，塗付作業を避ける。
はじき	塗付面に塗料がなじまないで付着しない部分が生じたり，局部的に塗膜が薄くなっている。	塗付面に油脂類や水分が付着している。先に塗った塗膜表面に油性分が多い。	塗付面を清掃する。はけ使いを十分に行う。
にじみ	塗り重ね時に，下塗りが上塗りに浸透して色相が変わっている。	下塗り塗膜を上塗りの溶剤が侵し，下塗り塗膜の色が上ににじみ出ている。	にじまない塗料を使う。下塗りがよく乾燥してから塗る。

1・4・6　鋼橋の塗膜劣化

① **チェッキング**：塗膜の表面に生じる比較的軽度な割れで，塗膜内部のひずみによって生じ，目視でやっとわかる程度のものである。

② **クラッキング**：塗膜の内部深く，または鋼材面まで達する割れで，塗膜内部のひずみによって生じ，目視で判断可能なものである。

③ **チョーキング**：塗膜の表面が粉化して次第に消耗していくもので，紫外線などによって塗膜表面が分解して生じ，耐久性が低下するものである。

④ **はがれ**：塗膜と鋼材面，または塗膜と塗膜間の付着力が低下したとき生じ，結露の生じやすい下フランジ下面などに多く見られる。

1・5　鉄筋コンクリート構造物

頻出レベル
低■■■■■■高

学習のポイント

鉄筋コンクリート床版の品質，配筋，打込み，コンクリートの劣化原因と耐久性，補修・補強法や非破壊検査法を理解する。

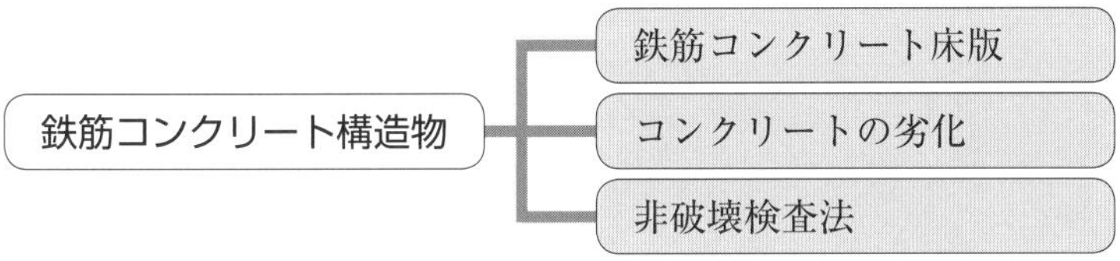

1・5・1　床版コンクリートの品質

① 鋼桁と床版のコンクリートの合成作用を考慮しない設計を行う床版のコンクリートの設計基準強度 σ_{ck} は，24 N/mm^2 以上とする。鋼桁と床版のコンクリートの合成作用を考慮する設計を行う床版のコンクリートの設計基準強度 σ_{ck} は，床版にプレストレスを与えない場合に 27 N/mm^2 以上，プレストレスを与える場合に 30 N/mm^2 以上とする。

② コンクリートは，コンクリートポンプにより輸送1時間以内に打設する。

③ 所要の品質が得られる範囲で，セメント量をできるだけ少なくする。

④ コンクリートは，気温や天候により，硬化や水密性が変化してしまうため，原則として雨天または強風時，気温が氷点下になるときには鉄筋コンクリート床版の施工を行わない。

⑤ 暑中コンクリートの打設温度は30℃ 以下とし，やむを得ない場合でも35℃ 以下とする。

⑥ コンクリートの品質確認のため，打込み後3日または7日目で強度試験を行うか，または洗い分析試験を行う。

⑦ レディーミクストコンクリートの強度検査は，28日の材齢による圧縮試験を行い，3回のうちどの回も設計基準強度の85% 以上とし，3回の平均は設計基準強度以上とする。

1・5・2　床版コンクリートの打込み

鋼橋は，形状により単純桁橋・連続桁橋・曲線桁橋に分類される。均質にコンクリートを打込むために，それぞれの構造に合った施工法を取らなければならない。

(1)　床版の仕上り高

床版の仕上り高は，計画高，主桁のたわみ量，支保工の沈下量を考慮して定める。

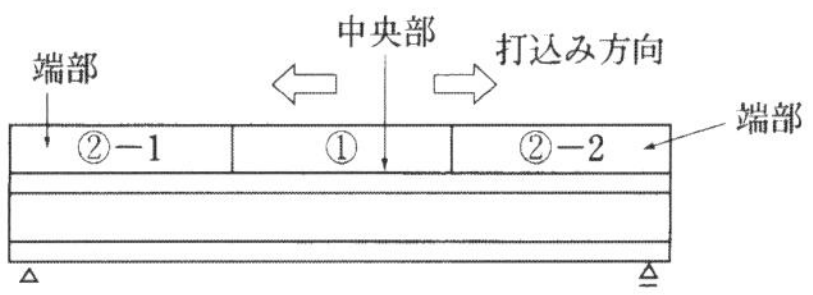

図1・19　単純桁橋の打込み順序

(2)　防水層の設置

コンクリートの打込みに先立ち，合成桁や連続桁の中間支点付近の床版には防水層を設ける。防水層は，粘着性の高いアスファルト混合物が用いられる。

(3)　単純桁橋の打込み

① 打込みは，ひび割れを防止するため，変形量の大きい中央部から端部に向かって施工する（図1・19）。

② 締固め振動機は，鉄筋に触れないようにする。

③ **支間が短い場合**には，固定支承側から可動支承側に向かって片押しで施工することもある。

④ **打継目**は，橋軸方向と直角方向に主応力が作用するので，原則として橋軸方向に打継目をつくらず，橋軸直角方向の打継目もできるだけ少なくし連続打設する。また，打継目はせん断力の小さな位置で圧縮力に対し直角に設ける。鉛直打継目においては，締固めた後，固まり始める前に再振動をかける。

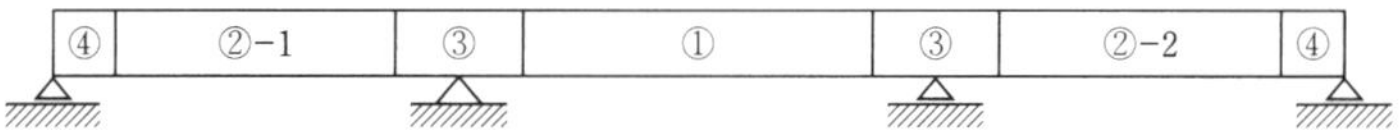

図1・20　連続桁橋の打込み順序

(4)　連続桁橋の打込み

連続桁の場合，図1・20の③の部分に負の曲げモーメントが生じるので，まず変形の大きい支間の中央部①を打設し，次に端部スパンの中央部②-1，2を打設する。その後，中間支点上③，続いて端支点上④を打設する。

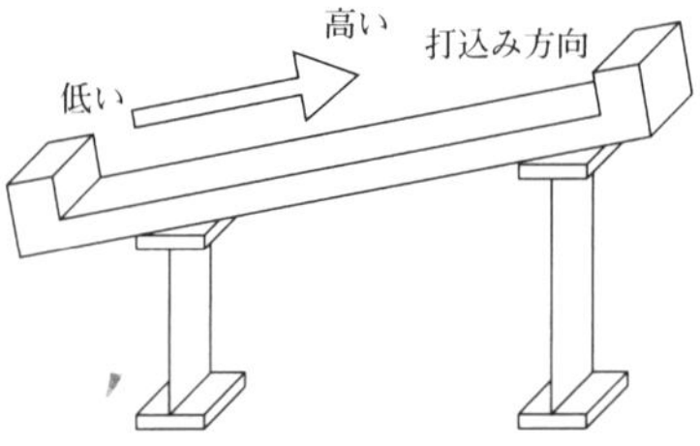

図1・21　曲線桁の打込み方

(5)　曲線桁橋の打込み

曲線桁は，橋自体がカーブしているため，床版が傾斜している。コンクリートは，低いほうから高いほうに向かって打設する。

1・5・3　床版コンクリートの配筋

配筋の留意点は下記のとおりである。

① **スペーサ**は1 m^2 当り4個以上用い，**かぶり**を確保する。

② スペーサは，コンクリートまたはモルタル製とする。

③ 鉄筋の有効高さは，設計値±1 cm以内とし，所要の**かぶり**を鉄筋の直径以上に確保する。

④ 鉄筋間隔の誤差は，設計値の±2 cm以内とする。

⑤ **鉄筋の継手位置**は，継手の長さに鉄筋直径の25倍か，断面高さのどちらか大きい方を加えた長さをずらして配置する。

⑥ **鉄筋の重ね長さ**は，鉄筋の直径の20倍以上とする。

⑦ **鉄筋と鉄筋の交点**は，0.8 mm以上の焼なまし線，またはクリップで緊結する。

1・5・4　コンクリートの劣化原因と耐久性照査および抑制対策

コンクリートの劣化の主な原因としては，中性化，塩害，アルカリシリカ反応，凍害，化学的腐食などがあげられる。

(1)　中　性　化

中性化は，大気中の二酸化炭素がコンクリート内に侵入し，炭酸化反応を起こすことによって，細孔溶液のPHが低下する現象で，これにより，コンクリート内部の鋼材が腐食する可能性が発生する。鋼材腐食の進行により，ひび割れの発生，かぶりの剥離，剥落，鋼材の断面欠損による耐荷力の低下等，構造物あるいは部材の性能低下が生じる。

中性化深さの照査は，一般的に供用期間（年）の平方根に比例すると考えて行う。

コンクリートにフェノールフタレイン1% 溶液を噴霧し，紅色に変色しない箇所が中性化した部分と判断できる。

同一の水セメント比のコンクリートでは，混合セメントを用いたほうが，普通ポルトランドセメントを用いるよりも，水酸化カルシウム生成量が減少し，中性化速度が大きくなる場合がある。

(2)　塩　　害

塩害とは，コンクリート中の鋼材の腐食が塩化物イオンの存在により促進され，腐食生成物の体積膨張がコンクリートにひび割れや剥離を引き起こしたり，鋼材の断面減少を伴うことにより，構造物の性能が低下し，所定の機能を果すことができなくなる現象である。

このような劣化を促進する塩化物イオンは，海水や凍結防止剤のように構造物の外部環境から供給される場合と，コンクリート製造時に材料から供給される場合とがある。

レディーミクストコンクリートの塩化物イオンの含有量を0.3 kg/m^3 以下とする。

塩化物イオンの含有量は，フレッシュコンクリート中の塩化物イオン濃度と，配合設計に用いた単位水量の積として求める。レディーミクストコンクリートの塩化物含有量の検査は工場出荷時に行うことができる。

(3)　アルカリ骨材反応

セメントに含まれているアルカリは，セメントの水和反応の過程でコンクリートの空隙内の水溶液に溶け出し，水酸化アルカリを主成分とする，強アルカリ性（PH＝13）を呈する。アルカリシリカ反応性鉱物を含有する骨材（反応性骨材）は，コンクリート中の高いアルカリ性を示す水溶液と反応して，コンクリートに異常な膨張およびそれに伴うひび割れを発生することがある。これが**アルカリ骨材反応**と呼ばれる現象である。

アルカリ骨材反応の抑制対策としては，骨材の反応性試験（化学法，モルタルバー法）で無害と確認された骨材を使用するか，コンクリート中のアルカリ総量が酸化ナトリウム換算で3.0 kg/m^3 以下であれば照査を省略できる。

(4)　凍　　害

凍害とは，コンクリート中の水分が0℃ 以下になった時の凍結膨張によって発生するものであり，長年にわたる凍結と融解の繰返しによってコンクリートが徐々に劣化する現象である。凍害を受けたコンクリート構造物では，コンクリート表面にスケーリング，微細ひび割れおよびポップアウトなどの形で劣化が顕著化するのが一般的である。コンクリートの凍害に対する照査は，凍結融解試験によるコンクリートの相対動弾性係数や質量減少率を指標として行うことができる。

コンクリートの耐凍害性は，コンクリートの品質のほか，コンクリートの飽和度にも左右される。対策としては，AEコンクリートとし単位水量を減少させる。また，水セメント比が大きいと凍害を受けやすいので，必要な品質が得られる最も小さな値を採用する。

(5) 化学的腐食

コンクリートが外部からの化学作用を受け，その結果として，セメント硬化体を構成する水和生成物が変質あるいは分解して結合能力を失っていく劣化現象を総称して化学的腐食という。**化学的腐食**を及ぼす要因は，酸類，アルカリ類，塩類，油類，腐食性ガスなど多岐にわたり，その結果として生じる劣化状況も一様ではない。

基本的な対策としては，かぶりを大きくすることと，密実なコンクリートとすることである。

(6) 水セメント比の最大値と最小かぶりの標準値

一般的な環境下において建設される通常のコンクリート構造物は，表1・3に示すコンクリートの水セメント比とかぶりを満足し，ひび割れ幅の限界値を満足している場合は，耐久性照査に合格しているものとしてよい。

専門土木

表1・3 耐久性[1]を満足する構造物の最小かぶりと最大水セメント比

	W/C[2]の最大値(%)	かぶり c の最小値(mm)	施工誤差 Δce(mm)
柱	50	45	15
はり	50	40	10
スラブ	50	35	5
橋脚	55	55	15

1) 設計耐用年数100年を想定。
2) 普通ポルトランドセメントを使用。

1・5・5 コンクリート構造物の非破壊検査

コンクリート構造物の劣化診断などに用いられる，検査項目と非破壊試験の検査方法を表1・4に示す。

表1・4 非破壊検査項目と検査方法

検査項目	検査法
強度・弾性係数	反発度法，衝撃弾性波法，超音波法，引抜法
ひび割れ	超音波法，AE法，X線透過法，打音法
空隙・はく離	衝撃弾性波法，超音波法，打音法，赤外線法（サーモグラフィ法），電磁波レーダ法，X線透過法
鉄筋腐食	自然電位法（電気化学的方法），X線透過法
鉄筋かぶり・径	電磁誘導法，電磁波レーダ法，X線透過法

(1) 非破壊検査法

① **反発度法**：ばねまたは振り子の力を利用したテストハンマでコンクリート表面を打撃し，反発程度から硬度を測定し，コンクリート強度を推定する。

② **赤外線法**：コンクリート表面から放射される赤外線を放射温度計で測定し，その強さの分布を映像化する。ひび割れ，はく離，空隙があれば熱伝導率が異なる。

③ **X線透過法**：X線で透過像を撮影する。鉄筋の位置，径，かぶり，コンクリートの空隙等コンクリート内部の変状状態がほぼ原寸大でわかる。厚さ400 mm程度までが一般的な利用範囲である。

④ **電磁誘導法**：コイルに交流電流を流し，交番磁界を発生させ，コンクリート中に渦電流を発生させて磁性体である鉄筋を検知する。コンクリート中の鉄筋の平面的な位置，径，かぶりを検知する。鉄筋が密になると測定が難しい。

⑤ **自然電位法**：鉄筋が腐食しているときは，鉄イオンが周辺コンクリート中に溶け出ていく酸化反応を生じている。腐食箇所は鉄原子が電子を失い，電位は卑側（－側）に変化するので，これを検出して鉄筋の腐食状況を調べる。

⑥ **分極抵抗法**：鋼材の腐食速度を推定する手法で，近年，塩害などによるコンクリート構造物の鋼材腐食を対象とした非破壊検査手法として利用が増えているが，手法としてはまだ十分に確立されていない。

専門土木

(2) 反発度法（テストハンマ，リバウンドハンマ）による測定法

① 検査前に専用アンビルでハンマの精度を確認する。

② 測定場所は 20×20 cm 以上の平滑面を選ぶ。

③ 測定点は出隅から 3 cm 以上内側の場所で各測定点間の距離は 3 cm 以上離す。

④ 測定面は，平滑にする。コンクリート表面上に仕上げ層や塗装などが施されている場合は，これを除去し，コンクリート表面を露出し，平滑にする。

⑤ 測定面に垂直に打点する。

⑥ コンクリート表面が濡れている，または湿っている場合は，同じコンクリートを気乾状態で測定した場合と比較すると，反発が小さくなる。濡れていたり，湿っている場合は測定を避ける。

1・5・6 コンクリートの補修・補強

各種要因により性能低下したコンクリート構造物に対する補修・補強は，期待する効果や劣化程度に応じて多種多様な工法が提案されており，そのすべてを紹介するのは紙面の都合上不可能である。そこで，ここ数年の間に試験に出題された，代表的工法に限定して紹介する。

(1) コンクリート機造物の劣化機構に対する補修工法

① **中性化**：劣化の程度に応じて表面被覆（表面からの CO_2，H_2O，O_2 などの腐食性物質の浸入防止），含浸材塗布（限界値を超えたアルカリ濃度低下部に含浸し，鉄筋の不動態被覆の再生），再アルカリ化（限界値を超えたアルカリ濃度低下部のアルカリ性回復），断面修復などの補修を行う。

② **塩　害**：劣化の程度に応じて表面被覆（表面からの Cl^-，O_2 などの腐食性物質の浸入防止），電気防食（鉄筋腐食の進行の大幅な低減），電気化学的脱塩（限界値を超えた塩化物イオン量の低減），断面修復などの補修を行う。塩害により劣化が進行したコンクリートを FRP 接着工法で補修するのも一つの方法である。

③ **アルカリ骨材反応**：劣化の程度に応じて表面被覆（表面からの水分の浸入防止，および剥離防止），拘束（FRP，鋼板巻立て，RC 巻立てなど），含浸材塗布（コンクリート中の水分の蒸発が可能な含浸処理）などの補修を行う。アルカリ骨材反応が発生したコンクリート構造物の

膨張対策として用いる補修材料（表面被覆材）に要求される性能は下記のとおりである。
（イ）　ひび割れ追従性（コンクリートの劣化因子の遮断）
（ロ）　遮水性（ひび割れ劣化の緩和には外部からの水の浸入を遮断するのが最良の方法）
（ハ）　コンクリートとの付着性（素地調整に続きコンクリート表面に含浸性のあるプライマーを塗布し付着性を確保する。）

④　**凍　害**：劣化の程度に応じて**表面被覆・表面含浸処理**（表面からの水分の浸入防止），**ひび割れ補修**（ひび割れからの水分の浸入防止），**断面修復**（スクーリングやポップアウト部の除去と鉄筋の防食を目的とした断面修復）などの補修を行う。

⑤　**化学的腐食**：劣化の程度に応じた**表面被覆**（表面からの腐食性物質の浸入防止），**ひび割れ補修**（ひび割れからの腐食性物質の浸入防止），**断面修復**（劣化部分の除去と鉄筋の防食を目的とした断面修復）などの補修を行う。

(2)　コンクリート構造物の主な補強工法

①　**外ケーブル工法**：防錆されたPC鋼材の緊張材を既設コンクリート橋の外部側面に配置して，油圧ジャッキなどで緊張力を与えることで，既設コンクリート桁にプレストレスを導入し，耐力の向上を図る。

②　**FRP巻立て工法**：シート状に編まれたカーボンやガラス繊維を既設の鉄筋コンクリート柱や橋脚等に巻き付け，上からエポキシ樹脂等を含浸させて硬化させ，既設部材との一体化をはかり，必要な性能の向上を図る。

③　**鋼板巻立て工法**：コンクリート部材の外面に鋼板で巻立て，鉄筋量を補う工法をいう。コンクリートと鋼板の隙間とひび割れ部にエポキシ樹脂を圧入することで，曲げとせん断耐力の回復を図る。橋梁の床版，主桁，橋脚の耐震補強に幅広く利用されている。

④　**RC巻立て工法**：既設のRC橋脚にコンクリートを巻き立てて補強する工法をいう。既設部材の周囲に鉄筋を配置し，コンクリートを打ち足し，断面を増加させることにより必要な性能の向上を図る。

⑤　**床版の上面増厚工法**：増厚工法を実施する場合，新旧コンクリートの一体化を図ることが重要である。既設コンクリートの表面をショットブラストにより切削し，エポキシ樹脂を塗布して高強度コンクリートを打ち足すことで密着性を向上させ，耐震性を改善する。下地が湿潤状態だとエポキシ樹脂は接着不良を起こし，膨れ，剥離が発生する。**下地は十分に乾燥させる。**

⑥　**床版の下面吹き付け工法**：下面吹き付け工法として超速硬化セメントモルタルを用いる場合は，乾燥吹付け装置を用いて施工する。

⑦　**連続繊維シート工法**：連続繊維シートを既設コンクリート面に接着する工法で，使用する材料は，繊維シートの他，プライマー，不陸修正材，含浸接着樹脂などで，エポキシ樹脂の施工に適した環境条件は，気温5℃以上，湿度85％以下である。

シートの重ね継手長は，200 mm程度とする。繊維シートは，赤外線や窒素により劣化しないものを使用する。

2. 河川・砂防

河川では，堤防，護岸の施工上の留意点の他，軟弱地盤上の堤防，柔構造樋門，床固工の設計など。

砂防では，砂防えん堤の施工上の留意点，地すべり防止対策，急傾斜地崩壊防止対策などがよく出題される。

2・1 堤　　防

頻出レベル
低■■■■■■高

学習のポイント

堤防断面の各部名称を把握し，築堤材料と築堤地盤，築堤工事の留意事項を理解する。

- 堤　防
  - 堤 防 断 面
  - 築堤材料と築堤地盤
  - 築 堤 工 事

2・1・1 堤防断面

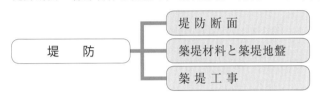

堤防断面は，洪水の氾濫を防止するために必要な高さがあり，通常予想される外力に対して安定した堤防となるよう断面を決定する。

堤防に盛土する高さは，計画高水位に余裕高および余盛りを加える。余盛りは，堤体・基礎地盤の圧密沈下，天端の風雨などによる損傷など将来の沈下を考慮してあらかじめ盛上げておくもので，のり面や小段も余盛りを行う。

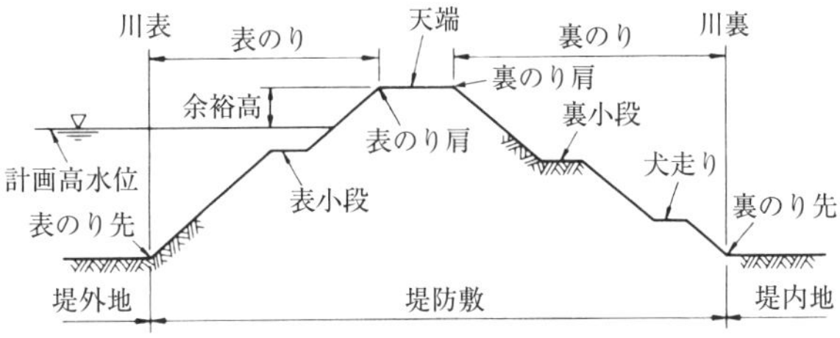

図2・1　堤防断面の名称

(1)　堤防の高さ

計画高水位に余裕高を加えた高さ以上とする。

(2)　堤防の余裕高

計画高水流量に応じ，表2・1の高さ以上とする。ただし，地形によってはこの限りではない。なお，重要な背後地の河川，流出土砂の多い河川，波浪を考慮する必要のある河川，河川の湾曲部などにおいては，表2・1の数値により大きくする。

表2・1 堤防の余裕高

計画高水流量（単位 m^3/s）	余裕高（単位 m）
200 未満	0.6
200 以上　500 未満	0.8
500 〃　2 000 〃	1.0
2 000 〃　5 000 〃	1.2
5 000 〃　10 000 〃	1.5
10 000 〃	2.0

表2・2 堤防の天端幅

計画高水流量（単位 m^3/s）	天端幅（単位 m）
500 未満	3
500 以上　2 000 未満	4
2 000 〃　5 000 〃	5
5 000 〃　10 000 〃	6
10 000 〃	7

(3) 堤防の天端幅

堤防の高さと堤内地盤高との差が 60 cm 未満である区間を除き，計画高水流量に応じ表2・2の値以上とする。堤内地盤高が計画高水位より高く，治水上の支障がない場合は，計画高水流量にかかわらず 3 m 以上とすることができる。支川で 2 本の川の影響を受ける場合は，本川と同一とする。

(4) 堤防の小段

小段は図2・2を標準として設ける。

① **川表**は，堤防直高が 6 m 以上の場合は，天端から 3～5 m 下がるごとに小段を設ける。

② **川裏**は，堤防直高が 4 m 以上の場合は，天端から 2～3 m 下がるごとに設ける。

③ **小段の幅**は 3 m 以上とする。

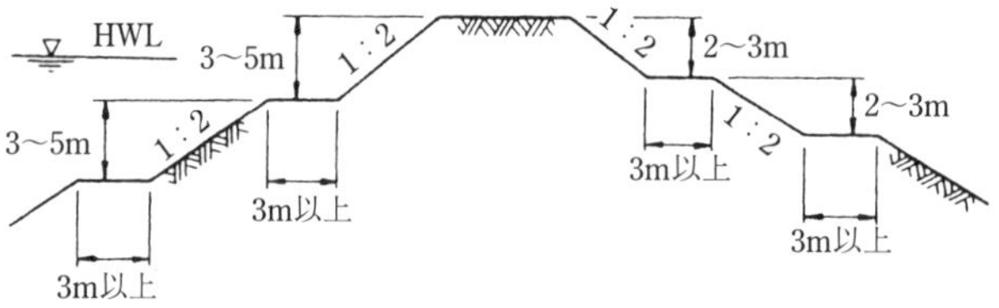

図2・2 堤防小段の標準的な配置

2・1・2 築堤材料と築堤地盤

一般には，高水敷の土を 1～2.5 m 程度掘削して用いたり，河床掘削の土を用いる。これは，築堤が河道改修に関連して行われることが多いからである。堤防は地震などで破壊しても復旧が簡単でなければならないので，土堤が多く用いられる。

築堤材料としての土砂は，①のり面のすべりが起こりにくい，②透水係数が小さい（細粒土），③掘削・運搬・締固めなどの施工が容易，④内部摩擦角が大きい，⑤乾燥による亀裂が少ない，⑥草や木の根を含まないなどの条件を満足するものがよいとされている。

築堤の基礎は，堤体重量に対し十分な支持力をもち，不透水性であることが望ましい。しかし，このような条件を満足しない地盤の上に築堤する場合も多い。

築堤の液状化被害を軽減する**対策**としては，堤体の川表側に遮水壁タイプの固結方法を用い，川裏側にドレーンを設置する方法が一般的に用いられる。

2・1・3　築堤工事

堤防を築造する工事には，①新しく堤防を築造する，②河幅を拡大するため，現堤防の背後に新堤防を築造する（**引堤**という），③現堤防の断面を大きくするなどの場合がある。

引堤工事では，現堤防を壊して，その土で新堤を築くことは，災害のもとになるので，安易に行ってはならない。新堤防が安定するまで，普通 3 年は新旧併存させる。腹付けの場合は，普通安定しているのり面を生かし，川幅を狭くしないためにも裏腹付けとする。

(1)　準　備　工

築造箇所の地盤中にある雑草や木の根などの有機物を取り除く。腹付けをする場合は，図 2・3 のような段切を行う。工事道路，排水施設なども準備する。

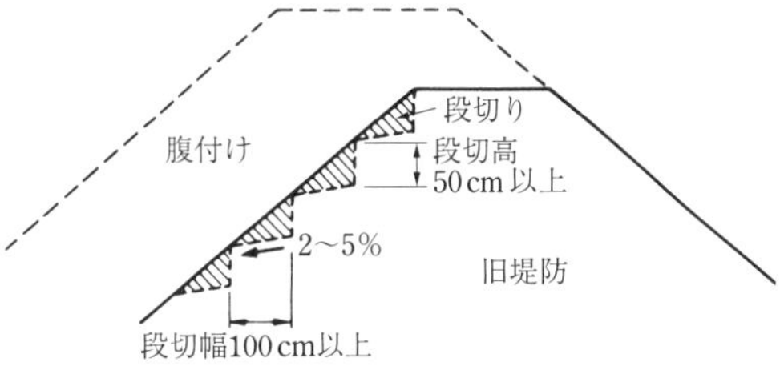

図2・3　腹付けと段切り

(2)　施工断面と余盛り

基礎地盤の圧密沈下と堤体自重による圧縮に対し余盛りを行う。余盛りは天端だけでなく，のり面，小段にも行う。**余盛り高さ**は各種条件により異なるが，新堤で一般に堤高の 5〜10% とすることが多い。

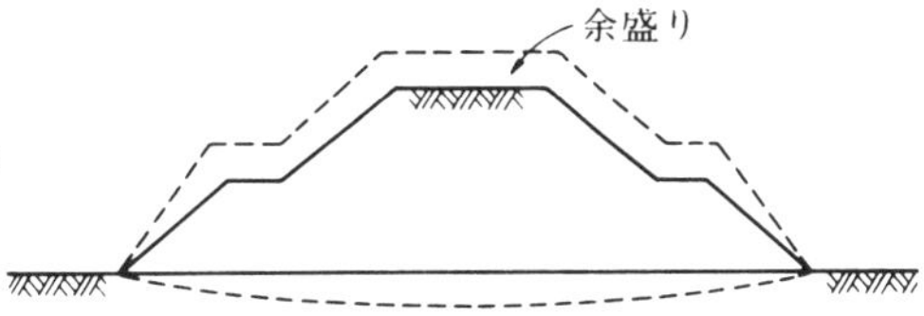

図2・4　余盛り

(3)　盛土，締固め

盛土材は，表のり面に不透水性の土，裏のり先に透水性の大きな砂礫を入れる。砂礫堤の場合は，表面に粘性土を置き，共付けにより表面保護を行う。**堤防**は道路などの盛土，締固めと異なり，強度を強く，透水性を小さくしなければならない。**築堤土の敷均し**は，30 cm 程度の厚さとし，ブルドーザ，タイヤローラなどで所定密度まで十分に転圧する。堤体の施工中は，堤体の横断方向に 4〜5% 程度の勾配を設けながら施工する。

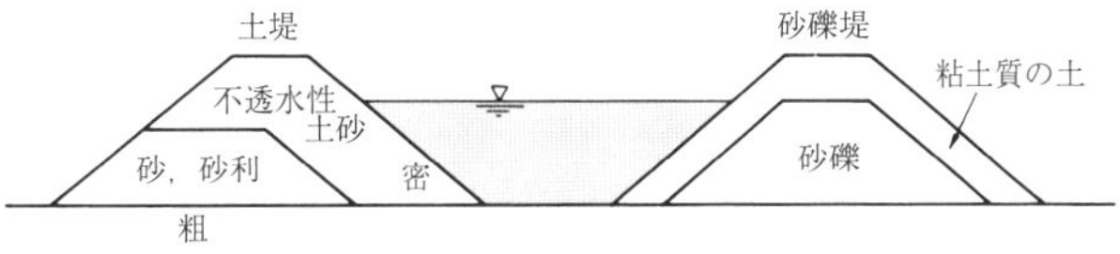

図2・5　盛土材

堤防の締固めは，堤防法線に平行に行うことが望ましいとされ，締固め幅が重複されるように施工する。

(4)　築　　立

のり切り・天端均し・突固め，のり面の土羽打ちなどを含めた築堤作業を総称して**築立**（つきたて）という。築立は上流より下流に，河川堤防法線に平行に行う。堤防のり面は堤防法線と直角に行う。

2・2　護　　岸

頻出レベル
低■■■■■■高

学習のポイント

護岸の各部名称や役割を把握し，のり覆工，基礎工，のり留め工，根固工の目的や施工上の留意点を理解する。

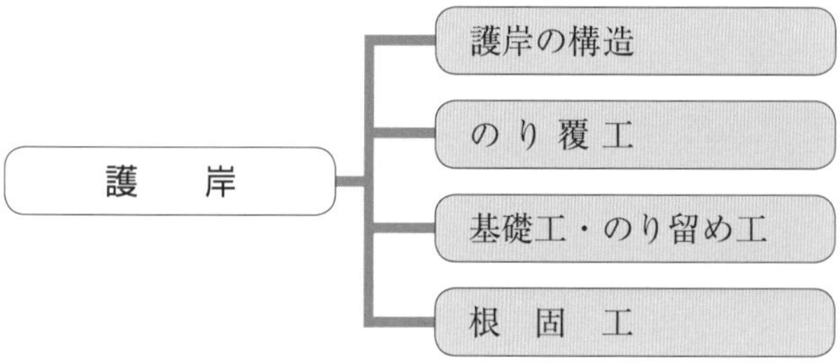

護岸には，高水時の表のりを保護する**高水護岸**と，低水路を維持する**低水護岸**とがある。

護岸は，河川または堤防の浸食や洗掘を防ぐために，直接河岸や堤防を被覆する工作物で，のり覆工・のり留め土（基礎工）・根固工で構成され，根固工とのり留めは縁を切っておく。

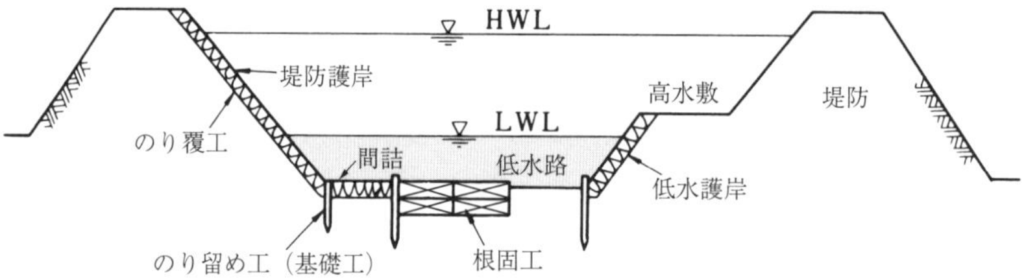

図2・6　護岸の種類

2・2・1　護岸の構造・設計

(1)　低水護岸

低水護岸は，河流の中心を安定させる目的がある。低水護岸の施工順序は，基礎工→根固め工→巻止め工（または帯工）→のり覆工→天端保護工とする。天端保護工は，のり覆工・巻止め工が裏側から洗掘されないよう設置される。

(2)　護岸の高さ

原則として計画高水位までとする。ただし，遊水地や川幅の広い箇所，河口付近など波浪の起こる箇所および急流河川は必要に応じ堤防天端までとする。低水護岸は，必要な高さとする。

(3)　護岸の根入れ

一般に**根入れ深さは，**計画河床または現状河床のいずれか低い方の河床から定めるが，中小河川では0.5～1 m 程度，大河川では1 m 以上とする。特に水衝部深掘れが予想される場合，せき止めの下流，捷水路，放水路などで洗掘が予想される場合，一般の所より深くする。

(4) 護岸ののり勾配とのり覆工の高さ

のり勾配は，のり覆工自身の安定性，将来の維持上から考えて，できるだけ緩やかにするのが望ましい。**のり覆工の高さ**は，改修済みの大河川では計画水深の 35〜60% 程度の高さとし，河川勾配 1/400 以上ならば計画高水位まで，1/200 以上の場合は堤防天端まで必要とする。

(5) 護岸ののり線

流向をできるだけなめらかにする。また，**表面には適当な凹凸を付け，抵抗を大きくする。**

(6) その他の注意

① **のり覆工**は，温度変化による伸縮を考慮し適当な間隙で絶縁し，**のり留め工とも絶縁する。**

② 護岸の上・下端は，コンクリートなど小口止めを設け，じゃ籠工などで，今までの河岸になじみよくする。

③ **石張り（積み）工の張り石**は，その石の重量を 2 つの石に等分布させるように谷積みを原則とする。**目地**は，生物に優しい構造となるよう深目地とする。

2・2・2 のり覆工の施工

(1) のり覆工の種類

① **柳枝工**：のり面上に水平に柳そだを並べ，柳杭で止めて，杭間に柳枝の柵を縦横に設け，その間に砂利を詰める。これは，緩流河川堤防ののり覆工に用いられる。

② **石積み工・石張り工**：**のり勾配が 1 割より急なときは石積み，緩いときは石張りを行う。**モルタル・コンクリートの使用有無で，練石積み・練石張り・空石積み・空石張りに分けられる。

③ **石詰めのり枠工**：のり面上に鉄筋コンクリート材の長方形枠を組み，中に敷コンクリートを打設した上に割石を敷くもので，のり勾配 1：2 以下の緩い勾配に用いられる。

④ **コンクリート張り工**：のり面に玉石または砂利を 10〜15 cm の厚さに敷き，その上に 10〜15 cm 厚のコンクリートを打設しのり覆工を行う。**表面を突起をもった面に仕上げる。**

⑤ **コンクリートブロック工**：コンクリートブロック張りは，土砂の流失が起こっても，ブロックが沈下して空洞が大きくなることを防ぎ，修理も容易である。

⑥ **じゃ籠工**：円筒形のじゃ籠をのり勾配の方向に並べ，先端を河床に延ばして，根固めとのり留めを兼ねさせる。1 本の大きさは径 50〜90 cm，長さ 10 m 以下である。

(2) のり覆工の選定

のり覆工は主に河川の勾配，護岸ののり勾配，河床材料，流勢などを考慮して決定する。

① **緩流部**：芝付工・柳枝工・じゃ籠工・空石張り工・コンクリート張り工の各々軽易な工法。

② **中流部**：じゃ籠工・石張り工・コンクリート張り工

③ **急流部**：高度の練石張り工・コンクリート張り工

2・2・3 基礎工・のり留め工

基礎工およびのり留め工は，のり覆工を支持し，護岸脚部の洗掘を防止するもので，基礎工が破壊されてのり覆工が壊れる例が多い。のり留め工は，基礎とは異なり直接支持するものではなく脚部の保護が目的である。のり覆工・のり留め工および基礎工・根固工は必ず絶縁する。

(1) 基礎工の種類

コンクリート基礎は，練石積み，コンクリートブロック積み，コンクリートのり枠などに用いる。簡易なのり覆工の基礎には，止め杭1本土台，片はしご土台，はしご土台などの土台工を用いる。

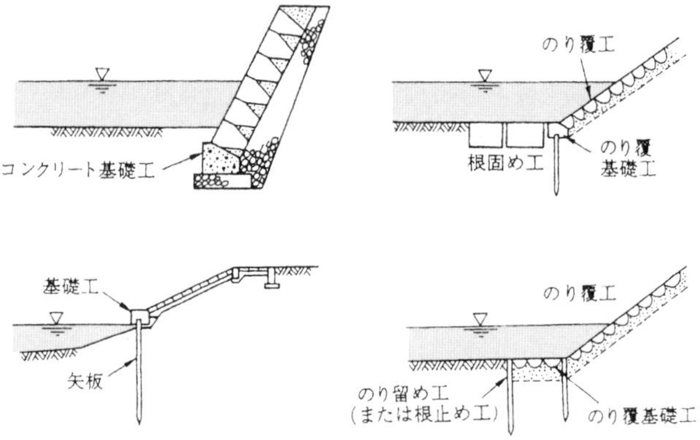

図2・7 基礎工（のり留め工）

(2) 基礎工の高さ

基礎工の天端は，計画河床または現河床の低い方より0.5～1m程度埋込む。

(3) のり留め工の種類

適当な間隔に杭打ちし，それにそだ，松板などで柵をつくるさく工，杭を連結して打ち込んでつくる詰杭工，各種矢板を使用してつくる矢板工，片合掌枠などを使用する枠工などがある。

(4) のり留め工の高さ

のり留め工の高さは，平均低水位以下とし，根入れはできるだけ深いのが望ましい。

2・2・4 根固工

根固工は，基礎工またはのり留め工の前面に配置し，洗掘の防止を目的とし，屈とう性をもつことが必要である。洪水中の洗掘および将来の河床低下を考慮して低く設置する。

(1) 根固工の構造

① **高さ・幅・厚さ**：根固工の上端の高さは，計画河床高（平均低水位以下か現河床高が計画河床高より低い場合は現河床高）以下とする。

② **屈とう性**：根固工に要求される性能として屈とう性がある。河床の変動に対応してなじむことで，単体として剛性であっても，組み合わせたとき屈とう性が大きくなるような構造にする。

③ **粗度性**：洗掘を減じるため，根固工に粗度を与え，出水時の流勢・流量を減じる。

④ **重量**：根固めが流出したり移動したりすることのないよう，適当な重量が構造上要求される。

(2) 根固工の種類

① **捨石**：護岸のり先に捨石するもので，コンクリートブロックを用いることもある。

② **沈床工**：そだ沈床・木工沈床・コンクリート単床などが用いられる。

③ **鉄筋籠工**：鉄筋籠に玉石を詰めたもので，応急工事に適するが耐久性に乏しい。

④ **杭打ち工**：緩流部に用いられる工法で，そだ沈床を敷いてその上に数列の平行杭を打込む。

⑤ **コンクリートブロック根固工**：コンクリートブロックの組合せでできた根固めで，適当な屈とう性と粗度をもっている。

(3) その他留意事項

① 水深が深い場合などの木工沈床の各段の重ね合せ幅は，下段沈床幅の1/2以上とするのが望

ましい。また，積み重ねは3～4段が一般的である。

② **根固工の施工**は，工事の難易性からも，一般に上流より下流に向かって進めるのが望ましい。

③ 水深が深くなると，**異形コンクリートブロックの施工**は平積みより乱積のほうが易しく，乱積み根固工の空隙率は，通常50～60%である。

2・3 樋門・樋管，水門，せき

頻出レベル
低■■□□□□高

学習のポイント

樋門・樋管・水門・せき・仮締切りの工法の概要と施工上の留意事項を理解する。

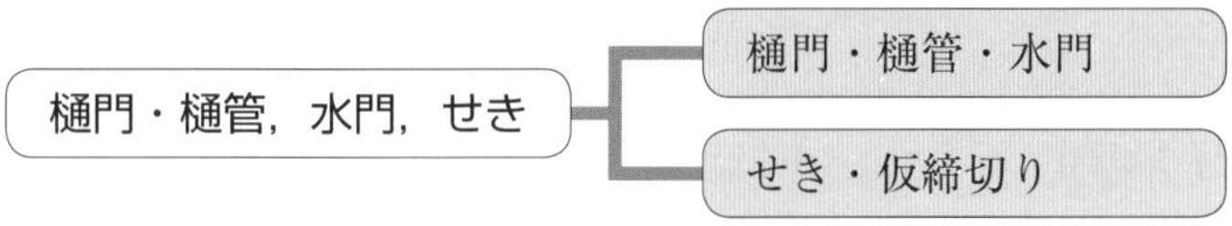

(1) 樋門・樋管

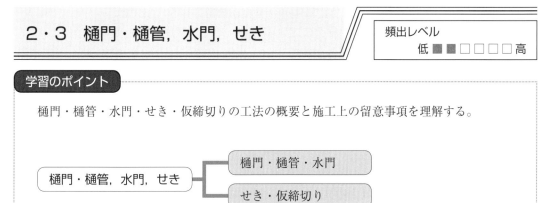

樋門・樋管は，用水・排水・取水のため堤防を横切り，堤防の下に暗きょで設ける。用水時期には取水し，河床の低い時期に排水し，洪水時には扉を閉じて洪水を防御する工作物で，**通水断面の大きいものを樋門**，**小さいものを樋管**という。樋門などを施工するとき，既設堤防の開削が必要なら出水時期をさけ，やむを得ず出水時期に開削する場合は，鋼矢板二重壁などの仮締切りを行う。

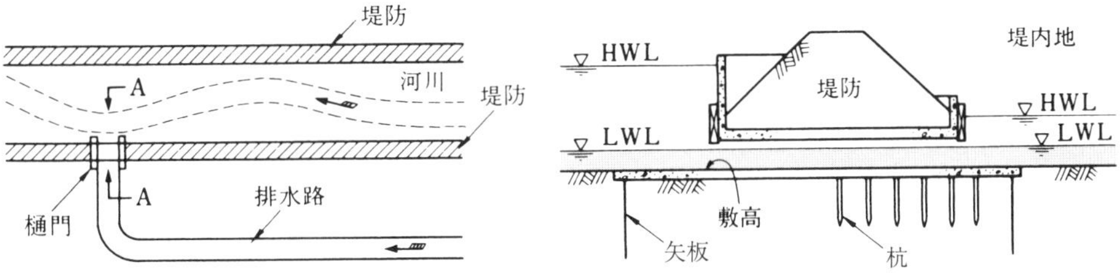

(a) 平面図　(b) 断面図

図2・8 樋門・樋管の構造

① 樋門本体の不同沈下対策として，残留沈下量の一部に対応するキャンバー盛土を行い，函体を上げ越して設置することが有効である。

② 樋門本体の不同沈下対策としての可とう性継手は，樋門の構造形式や地盤の残留沈下を考慮し，中央部を避けて設ける。

③ 地盤沈下により，函体底版下に空洞が発生した場合の対策は，グラウトが有効であることから，底版にグラウトホールを設置することが望ましい。

④ 柔構造樋門の基礎には，浮き直接基礎，浮き固化改良体基礎および浮き杭基礎がある。

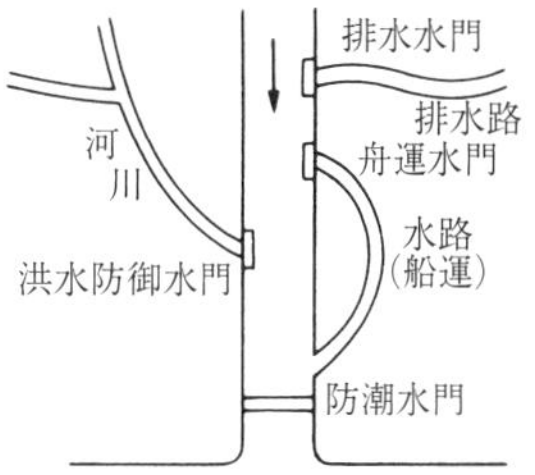

図2・9 用途別の水門

(2)　水門の概設

水門は，図2・9に示すように，洪水防御，排水または船運のため，堤防を横切ってつくる工作物である。**水門**は上部が開放されているのに対し，**樋門・樋管**は暗きょである。水門は設置目的に応じて計画するが，高水時の流水の疎通に支障を与えないことが大切である。径間長などはせきの基準により，断面・敷高については，樋門・樋管の規定が準用される。

(3)　せ　　き

せきは，灌漑（かんがい），上水，発電の取水，船運，流量調節のため，河川を横断して設けられ，河水をせき上げる工作物である。設置目的により，取水ぜき・分水ぜき・防潮ぜきに，構造別には固定ぜき・可動ぜきに分類される。

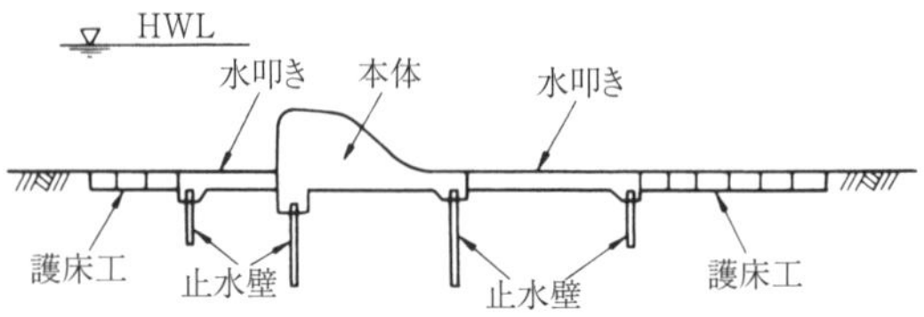

図2・10　固定ぜきの構成と各部の名称

(4)　仮締切り

一般に水中に施工される構造物の基礎などは，施工を確実にするため，ドライワークが必要である。仮締切りは，一時的に水を遮断する目的でつくられる仮設構造物である。

出水時に堤防を開削して工事をするときの仮締切りは，上下流の既設堤防と同じ高さや強度を有することが求められる。設計時は，転倒，支持力，滑動，沈下，変位，使用材料の強度および止水性の検討を行う。計画時には次のことに留意する。

①　流れに対抗して築造するので，根入れ部の洗掘を考慮する。

②　流心が移動するため，周囲に洗掘などの影響が生ずる可能性がある。

③　河幅が狭くなるため，洪水期の許容流量が減少する。原則，洪水時の施工は許可されない。

④　過去10年間の既往最高水位を許容洪水量とする。

⑤　玉石や沈床などの障害物を考慮する。

仮締切りの施工法としては，一重矢板式，二重矢板式，セル式，土堤式などが用いられる。**二重矢板式，セル式の中詰土**は，良質な砂質土を使用する。

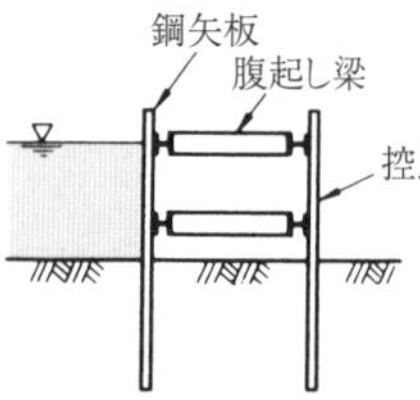

図2・11
一重矢板式仮締切り

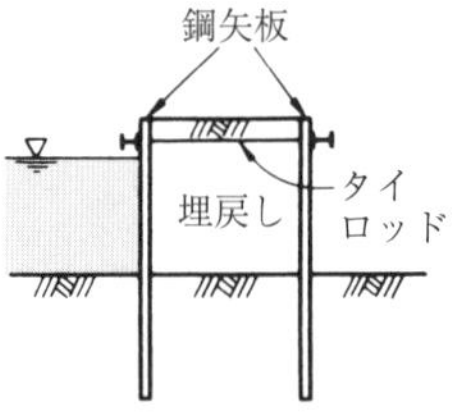

図2・12
二重矢板式仮締切り

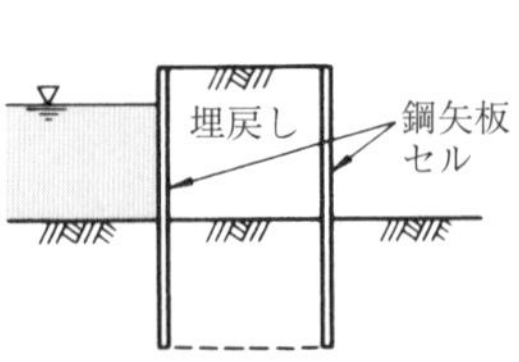

図2・13
鋼矢板セル式仮締切り

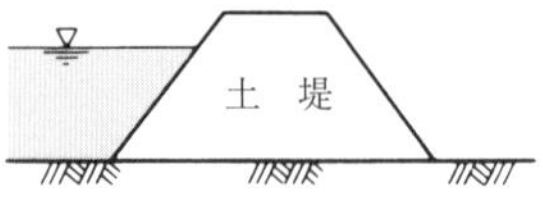

図2・14　土堤式仮締切り

2・4 砂防えん堤

頻出レベル
低 ■■■■■■ 高

学習のポイント

砂防えん堤各部の名称と機能および施工上の留意点などを理解する。

砂防えん堤
- 砂防えん堤の構造
- 砂防えん堤の施工

砂防えん堤は，河道の縦浸食および横浸食の防止，流下土砂礫の貯蔵と調節，渓流勾配を緩和し流水による押送力を弱める，堆積土砂により山脚の固定と地すべり防止を目的として設置する。

(1) 位置の選定

砂防えん堤を計画するとき，支渓の合流点の下流部にえん堤の位置を選定すると，両方の渓流の基礎えん堤として役立つ。また，渓床および両岸に岩盤が存在することが望ましい。

(2) 基 礎 地 盤

えん堤計画にあたって，基礎の地質を調査する。えん堤高が 15 m 以上の場合は岩盤調査も実施する。岩盤調査では，支持力，透水性，断層の有無，走向節理などを調べる。**えん堤築造箇所の渓床が硬岩のとき**は，基礎根入れは浅くてよい。**軟岩，ひび割れの多いとき**は 2～3 m の根入れが必要である。**転石の多い渓床**では根入れ 2 m 以上とし，のり先保護のため，前底部に水叩きまたは副えん堤を設ける。

2・4・1 砂防えん堤の構造

最近の砂防えん堤は，コンクリートの重力式やアーチ式および鋼製が多い。

天端には水通しを付け流心を固定する。施工中の排水と堆積土砂の土圧軽減のため，堤体に水抜きを付ける。下流側には水叩きと側壁を設け，落下する水や砂礫による洗掘と浸食を防ぐ。**水叩き先端**は低い副えん堤または床固めとする。

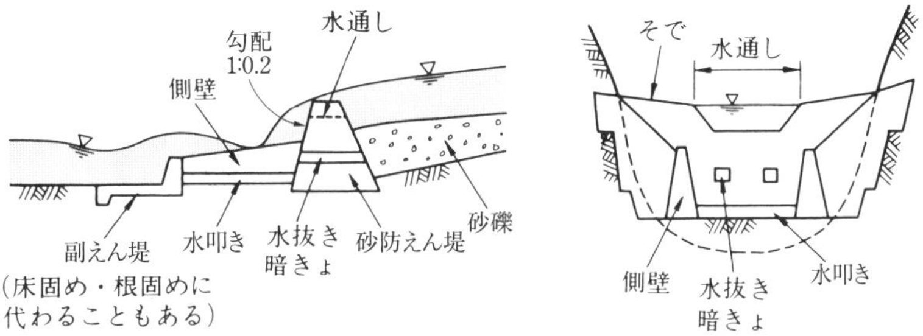

図2・15 砂防えん堤の構造

① **水通し**：えん堤の水通しは，対象流量を流しうる十分な断面とする。**対象流量**は，降雨量の年超過確率 1/100 程度，または既往最大の大きい方を採用する。**水通しの幅**は現渓床幅を考慮して決めるが，最小幅は 3 m とし，高さは，計画水位の上に余裕高を加えたものとする。

② **砂防えん堤の下流のり面**：えん堤越流部における**下流のり勾配**は，一般には 1：0.2 とする。

③ **基礎**：えん堤の基礎は，所要の支持力，せん断摩擦抵抗力を持ち，浸透水などにより破壊さ

れないようにする。必要に応じ，止水壁・遮水壁などにより補強する。

④　**そで**：えん堤のそでは洪水を越流させないことを原則とし，十分強固なものとする。そでの天端には，土石流対策えん堤では渓床勾配程度，その他えん堤では上流の計画堆砂勾配と同程度以上の勾配を付ける。屈曲部に築造するえん堤の凹岸のそでの高さは，凸岸のそれより高くする。

⑤　**水抜き暗渠**：えん堤には，施工中の流水を切替えたり，堆砂後の浸透水を抜くため，必要に応じ水抜き暗渠を設ける。その大きさ，数，形および位置は洪水流量，流砂量などで決定する。

⑥　**前庭保護工**：えん堤の前庭部は，落下水によって洗掘を受けることが多いので，前庭保護は重要な項目である。前庭保護工には，副えん堤工と水叩き工がある。

⑦　**間詰め**：基礎およびそでのはめ込み部分の余掘り部は，間詰めによって保護する。

⑧　**側壁護岸**：えん堤前庭部の両岸には，必要に応じて側壁護岸を設ける。

⑨　**流木止め**：流木の流下の恐れがある場合には，必要に応じて流木止めを設ける。

2・4・2　砂防えん堤の施工

砂礫堆石上に砂防えん堤を施工する順序を図2・16に示す。①本えん堤基礎部，②副えん堤，③側壁護岸，④水叩き，⑤本えん堤上部の順に施工する。

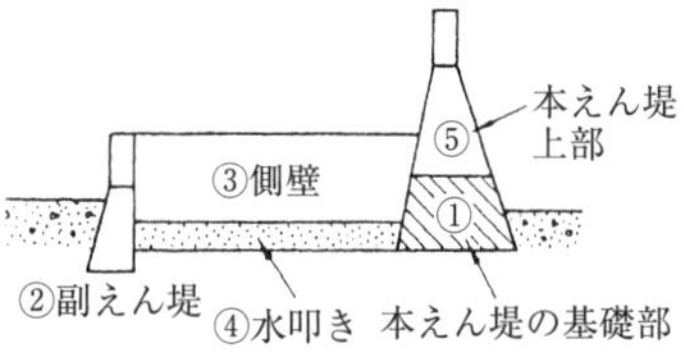

図2・16　砂防えん堤の施工順序

(1)　掘削，基礎処理工

①　**基礎掘削は**，施工中の出水により埋没しないよう，渇水期に行う。両岸の掘削は1段ごとに行い，コンクリート打設後，次の掘削を行う。

②　掘削は，施工前にボーリング試験をした場合を除き，順次露出する岩盤，地質に応じて，必要最小限行う。**基礎地盤中に大転石**があり，発破を使用しないで取り除くことが困難なとき，2/3以上が地下にもぐっていると予想される場合は取り除く必要はない。

③　掘削において，火薬類を使用する場合は，原則として基礎岩盤を緩めないよう，使用量を制限する。設計の基礎高近くの掘削には，火薬類を使用しないものとし大発破は避ける。

④　**岩盤掘削の深度は**，岩盤の状態に応じて定めるが，**普通**1m以上とする。

⑤　掘削が設計基礎地盤近くまで進行したら，人力またはさく岩機によって掘削を行う。ただし，設計掘削面よりも深く掘った場合，埋戻しによる設計掘削線合わせは必要ない。

⑥　掘削土石はえん堤上流の流出の恐れのない箇所に処理し，下流部流路内に捨ててはならない。なお，掘削土石は，できるだけ骨材または中埋め石に利用するのがよい。

⑦　従来砂防えん堤は，貯水を目的としないため基礎処理を必要としなかったが，近年砂防えん堤も大型化し，貯水池的性格も合わせ持つのも出てきた。その場合は基礎処理を行う。

(2)　水叩き工

水叩きは，基礎地質が悪いとき，下流のり先の洗掘を防止するものである。原則としてコンクリート構造物とする。**水叩きの長さは**，水通し天端から水叩き天端までの直高に対し，低いえん堤で2倍，高いえん堤で1.5倍**位を取る。**

(3)　コンクリートの打設

① 打込み設備は，運搬車・ケーブルクレーン・コンクリートポンプなどを用いる。

② 打設前に岩盤および新旧打継目を完全に清掃しておく。また，コンクリートと岩盤の接着をよくするため，厚さ2 cm 程度のモルタルを敷く。新旧コンクリートの打継面では厚さ1.5 cm を標準とする。

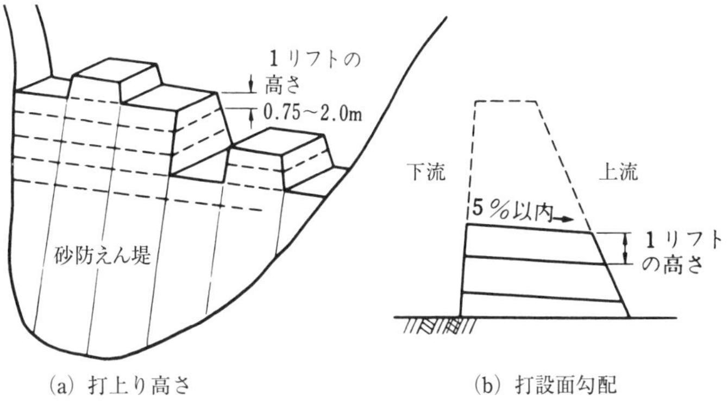

図2・17　砂防えん堤

③ コンクリートの1回の打上り高さ（1リフトの高さ）は，コンクリートの硬化熱の発散，ひび割れを考慮し，通常0.75～2 m 程度を標準とする。

(4)　索道設置のアンカー

材料運搬に用いる索道を設置する際のアンカーは，既存の樹林を利用することなく，コンクリート等で製作する。

2・5　渓流保全工

頻出レベル
低 ■■■■□□ 高

学習のポイント

流路工，床固め工，護岸工，帯工の設置目的および施工上の留意点を理解する。

- 渓流保全工
  - 流路工・床固め工
  - 護岸工・帯工

2・5・1　流　路　工

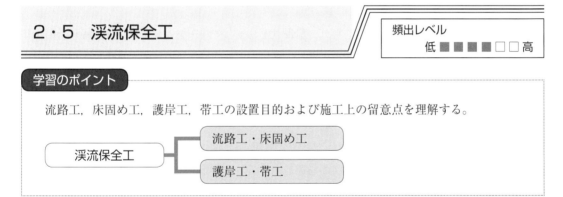

流路工は，砂礫の堆積地帯，扇状地などで洪水時に流水の縦横浸食により土砂が生産されるような場合，これを防止する目的で，両岸に護岸を施工し，一定の流路を設けるものである。

一般に床固め工と護岸工を併用して計画され，渓流の下流部に設ける場合が多い。

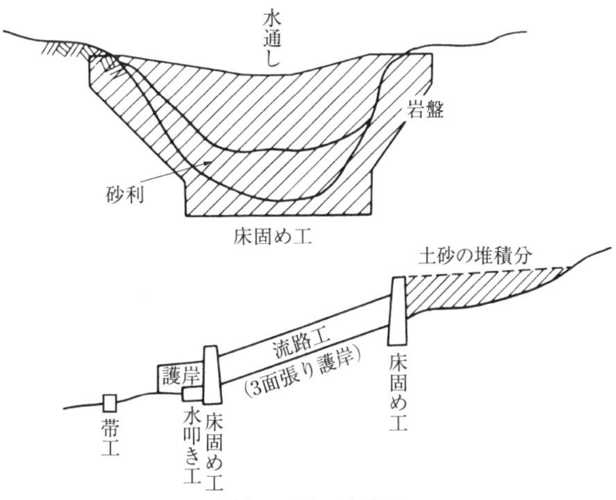

図2・18　流路工

(1)　計　　画

① 砂防えん堤と流路工を直結する場合は，副えん堤より下流でなじみよく付設する。

② 底張り部の末端処理として，3面張り流路工から2面張り流路工に移行する部分では，流速の差により2面張り流路工の上流端付近の護岸基礎部分に洗掘が生じる恐れがあり，護岸工，減勢工を考慮する。

③ **流路工**においては，掘込み式を原則とし，**築堤工**はできるだけ行わない。

④ 流路工の計画断面は，現河道幅を十分考慮し，現状より河幅が狭小にならないようにする。

(2) 着手時期

上流の砂防工事が計画流出土砂量に対し，原則として50% 以上完了したら流路工を実施する。このように，流路工は上流からの土砂の流下を十分防止する設備ができた後着手する。

(3) 施　　工

① 流路工の最上流端に床固め工を施工する場合は強固な岩盤にはめ込む。また地盤が強固でない場合は，上流に護岸を設ける。

② 流路工内に転石があると，洗掘され護岸破壊の原因となるので，流路工施工前に処理する。

③ 最下流端は下流の流路となじませて取付ける。また，下流部ほど勾配を緩くする。

④ 施工は一般に，上流から下流に向かって工事をするのが原則である。

2・5・2 床固め工

床固め工は流路工の一部として用いられ，縦浸食を防止して渓床を安定させ，渓床堆積物の再移動，渓岸の決壊，崩壊などの防止を図ると共に，護岸などの基礎保護の目的で施工する。

したがって，床固め工は，渓床低下の恐れがある箇所，渓流の幅員が広く乱流の著しい箇所，支渓が合流する場合は合流点下流，工作物の基礎保護の目的のときはその工作物の下流，渓流の決壊，崩壊および地すべりなどの箇所はその下流に設置する。

(1) 計　　画

① 渓流の屈曲部においては，屈曲区間を避け，その下流に計画する。

② **床固め工の方向**は，原則として計画箇所下流部の流心線と直角とする。

(2) 施　　工

① 床固め工のそでが上流護岸より突き出していると，そで裏に渦流が生じ護岸工基礎が洗掘されたり，洪水時に水制作用をして，下流の護岸が破損する恐れがあるので，床固め工の上流護岸は床固め工の水通しに取付けるよう施工しなければならない。

② 流路工の護岸が破壊されても，その拡大を防止できるように，**床固め工のそで**は十分地山にはめ込んで，護岸とは絶縁して施工する。

③ 床固め工の高さは通常5 m以下とし，水叩きおよび垂直壁を設けても落差3.5～4.5 mが限度である。高さが5 m以上必要な場合は，階段状に計画するのがよい。

④ 渓床勾配は，流量すなわち流速と水深と渓床の抵抗力によって定まるので，床固め工の上流渓床の計画勾配はこれを考慮して，浸食と堆積の起こらない，流路に適合したものを決める。

　階段状床固め工群においては，**基礎**は下流床固め工の計画渓床勾配線以下に根入れする。

⑤ 階段状床固め工群施工区間においては，渓床勾配の屈折と曲線部の洗掘によって起こる渓床

勾配の局部的変動に注意しなければならない。

2・5・3 護　岸　工

水流あるいは流路の湾曲によって，水衝部，凹部渓岸山腹が崩壊の恐れがある渓流下流部の土砂堆積地，耕地および住宅地などで，渓流が決壊する恐れがある場合などに，護岸工を施工する。

(1) 計　　画

① 一般に渓流においては，コンクリート護岸工，コンクリートブロック護岸工または石積護岸工を計画し，ただし練積みとする。空積み護岸は一般に渓流には不適当である。

② 護岸工の天端高は計画高水位に余裕高を加えた高さとするのが原則である。**曲線部の外カーブ側**は流れの遠心力によって水位上昇が考えられるので，内側より天端高を高くする。

(2) 施　　工

① 護岸工の床掘中，大きな転石があったときは取除くか，破壊する。

② 護岸工の床掘中，涌水がある場合は直接涌水を処理すると共に，護岸工の裏込礫を増加する。

③ 護岸の基礎地盤が細粒の土砂である場合は，はしご土台などの基礎工を設置する。

④ 護岸背面が盛土のときは，掘込み式護岸とする。

2・5・4 帯　　工

帯工は，その帯工の上流にある床固工の基礎の洗掘や，床固工の間隔が広い区間における縦侵食を防止するために設置する。先端は渓床高とし落差を与えない。

2・6 山腹工・地すべり防止工

頻出レベル
低■■■■□□高

学習のポイント

山腹工および地すべり防止工の各種工法の内容と設置目的，施工上の留意点を理解する。

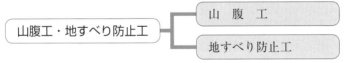

山腹工・地すべり防止工
- 山　腹　工
- 地すべり防止工

2・6・1 山　腹　工

山腹工は，下記の工種の組合せで，現地に合ったものを施工する。

① **谷止め工**：谷止め工は，崩壊地内の浸食渓に計画し，その位置は保安対象山腹の直下流部とし，材料により，石積谷止め工，張芝谷止め工，編みさく谷止め工，じゃ籠谷止め工がある。

② **のり切り工**：崩壊地斜面の急な部分および起伏の多い斜面で行われ，のり切りして斜面の土砂をその安息角まで切取ることをいう。

③ **土留め工**：土留め工は，斜面長が長い，のり切り土量が多い，他の工作物の基礎となる箇所

に設ける。構造はコンクリート擁壁などで作られる。基礎は堅固な地山でなければならない。

④　**水路工**：水路工は，断面長が長い，斜面に起伏がある，崩壊周辺から水が集まる，暗渠工によって集水された水を表流水とする必要がある場合などに，設置される。

位置は斜面の凹地で最も効果的に集排水できる位置を選定し，断面は集水される最大流量を安全に流すことができるよう余裕をもたせる。水路は原則として20〜30 m間隔に帯工を設け，水路工の末端部は，土留め工または谷止め工などで固定する。

⑤　**暗きょ工**：地下水が多く，再崩壊の恐れの多い箇所やのり切り土砂を大量に堆積せざるを得ない箇所に計画する。

工法には，そだ暗きょ工・じゃ籠暗きょ工・石礫暗きょ工などがある（図2・19）。

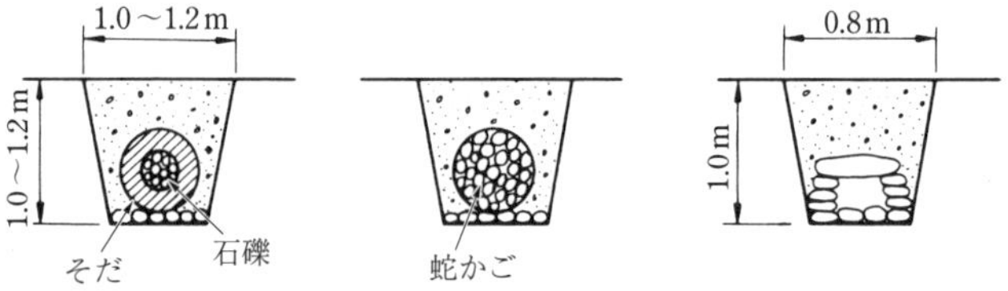

(a) そだ暗きょ工　(b) 蛇かご暗きょ工　(c) 石礫暗きょ工

図2・19　暗きょ工

⑥　**さく工**：山腹斜面の表土の流出の恐れのある箇所で，かつ植生導入が可能な箇所において計画する。図2・20に示すように，さく工の高さは50 cmを標準とする。

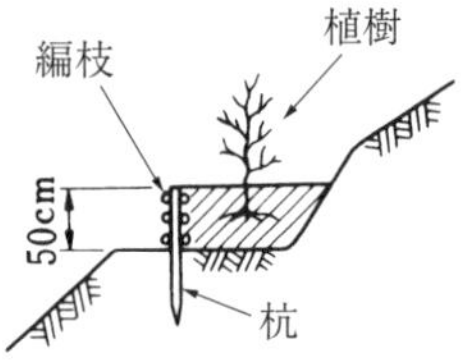

図2・20　さく工

⑦　**積み苗工**：積み苗工は，地山が露出した雨の少ない乾燥の激しい箇所に計画する。配置は，直高1.5 m程度ごとに水平階段を切り付けて，積み苗するのを標準とする。

⑧　**筋工**：比較的表土の深い地味良好な箇所または崩壊地の地山部に，雨水の分散，山腹斜面の浸食防止，植生の早期導入などを図るために設けられる（図2・21）。

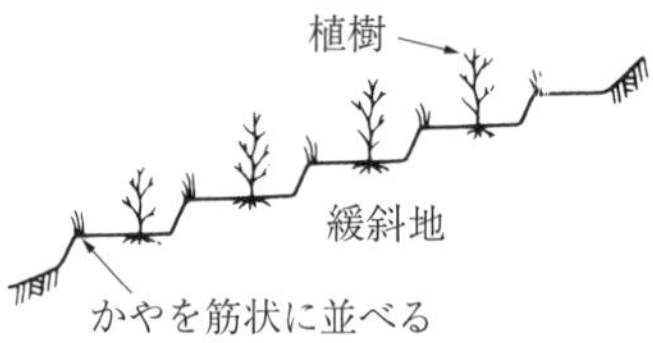

図2・21　筋工

⑨　**そだ伏せ工**：土質が軽くそのまま放置しておいては，雨・凍土・霜柱・風などによって，浸食の恐れのある場合や，斜面に植生のため種子をまいたとき，種子の流出や乾燥などを防ぐために計画する（図2・22）。

⑩　**種まき工**：斜面長が短く，かつ緩やかで，土地条件の良好な箇所に単独または他工法と併用し，早期に緑化することを目的として計画する。

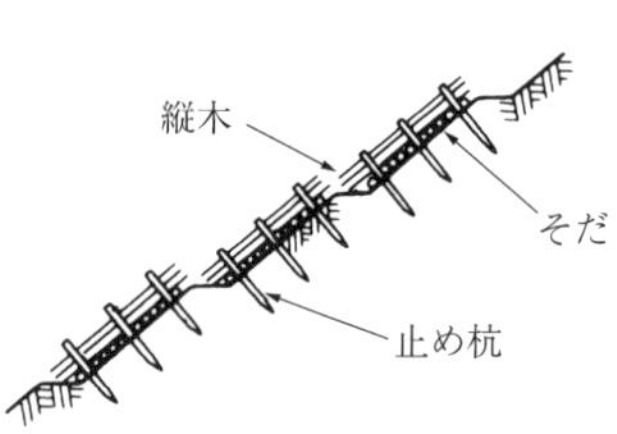

図2・22　そだ伏せ工

⑪　**植栽工**：はげた赤土の所や崩壊地を早急に緑化することを目的とし，土壌条件の悪い箇所では，原則として2〜4種類組み合わせて植樹する。

植栽本数は，土砂堆積地区では1 haあたり3,000〜5,000本，地山露出地区では1 ha当たり8,000〜12,000本とし，施肥をする。

2・6・2 地すべり防止工

地すべり防止工は，地すべりによる災害を防止し，または軽減することを目的として施工される。

地すべりは種々の原因によって生じるので，防止工法もその原因によって異なり，**抑制工法**と**抑止工法**を組み合わせて計画する。

抑制工は地すべり発生地の自然条件を変え，地すべり運動を止めるか，やわらげることを目的とする。**抑止工**は構造物自体の抑止力により，地すべり運動を停止させる。

① 地すべり発生機構，特に，降水(融雪水)，地下水と地すべり運動との関連性，地形，地質，地すべり規模およびその運動形態，地すべり速度などを考慮してそれに適応した工法を選ぶ。

② 工法の主体は抑制工とし，抑止工は直接人家，施設などを守るために計画する。

③ 地すべり運動が活発に続いている場合は，原則として抑止工は用いず，抑制工の先行によって，運動を軽減してから実施する。

④ 工法は，通常数種の組合せによって地すべりの安全を図るもので，適切な組合せを計画する。

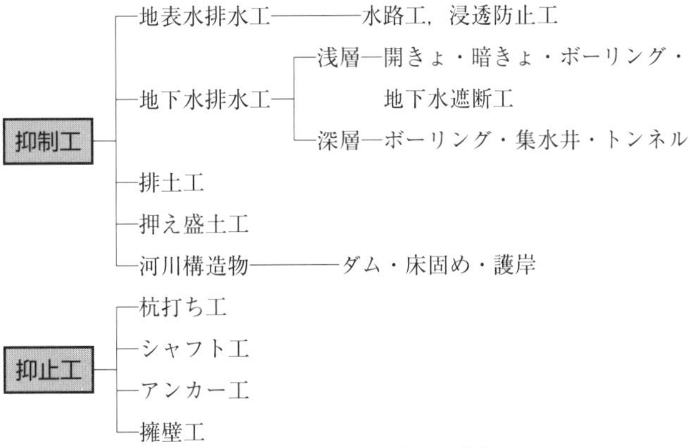

図2・23 地すべり防止工の分類

(1) 地表水排水工

降水の浸透や涌水・沼・水路などからの再浸透によって地すべりが誘発されるのを防止するため地表水排水工を計画する。水路工としては，コンクリートU字溝，半割ヒューム管による排水路を設け，地すべり地域内の降水を速やかに集水して地域外に排除するため，水路網を計画する。

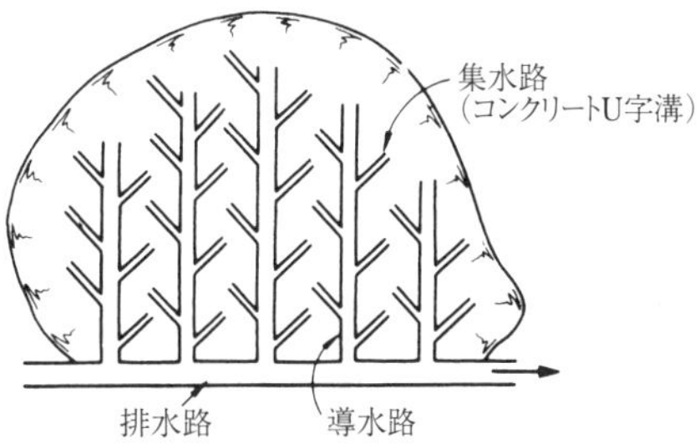

図2・24 水路網

亀裂の発生箇所に対しては，粘土・セメントの填充，ビニールシートの被覆などによる浸透防止工を計画する。沼・水路などの漏水防止工として，不透水性の材料による被覆，沼の開削，水路の付替えの改良などを計画する。

(2) 地下水排除工

地下水排除工は，地すべり地域内に流入する地下水および地域内にある地下水を排除する。本工法による，**地下水位の計画低下高**は，**地すべり 20 m 程度の場合**は，横ボーリングで 3 m，集水井では 5 m，排水トンネルで 5〜8 m を標準とする。

① **暗きょ工**：地表から 3 m 位までに分布する地下水を排除すると共に，降水による浸入水を速やかに排除するために計画する。透水係数が小さい土層中の地下水排除に積極的に利用する。

② **明暗きょ工**：浅層地下水は，地表水同様，地表の凹部，谷部に集まりやすいので，このよう

な場所に暗きょ工と地表水排水工と一致した構造のものを計画する。

③　**横ボーリング工**：地形的に明暗きょでは施工しにくく，横ボーリングが可能な場合に延長20～50 m のボーリングを計画する。ボーリング機械によって横穴を掘り，地下水を集める。

④　**集水井工**：深さ 30 m 以内の基盤付近で地下水を集水しようとする場合，または横ボーリングが長くなりすぎる場合に計画する。位置はすべり面より上部で安全を考慮して決定する。

⑤　**排水トンネル工**：地すべり厚が大きく，地下水が深部にあり，排水量が相当多く，集水井工や横ボーリング工では施工しにくい場合には，排水トンネル工を計画する。

(3)　排土工（切土工）

排土工は，地すべり地のすべり力の低減を目的に計画する。排土工によって，地すべり背後の斜面に新たに地すべり発生の可能性がある場合は，行ってはならない。また，地すべり土砂を排除する場合は，必ず斜面上部から排土する。

(4)　押え盛土工

押え盛土工は，地すべり抑制工として効果的であり，地すべり末端部に空地のある場合に行う。

(5)　杭 打 ち 工

杭打ち工は，杭のせん断抵抗によって地すべり力に抵抗させるものであるから，基礎を強固にし，移動土塊に対して十分抵抗できるような地点に施工する。**杭打ち工の位置**は，地すべりブロックの中央部より下部のすべり面が水平になろうとする箇所で，かつすべり厚が大きい所に計画する。

杭の基礎部の根入れ長さは，杭に加わる土圧による基礎部破壊を起こさないように決定し，せん断杭の場合は，原則として杭の全長の 1/4～1/3 とする。

(6)　シャフト工

シャフト工は径 1.5～2.5 m の井戸を掘り，そこを鉄筋コンクリートで充填してシャフトを作る工法で，基礎地盤が良好で，地すべり層の厚さが 20 m 程度以下の場合に計画する。

(7)　擁　壁　工

擁壁工は，地すべり末端の小崩壊を防止したり，押え盛土工の基礎工として計画する。また斜面の崩壊を直接抑止することができない場合，斜面下部（脚部）より離して擁壁を設置し，崩壊土砂を擁壁でしゃ断する**待受け擁壁**を計画する。

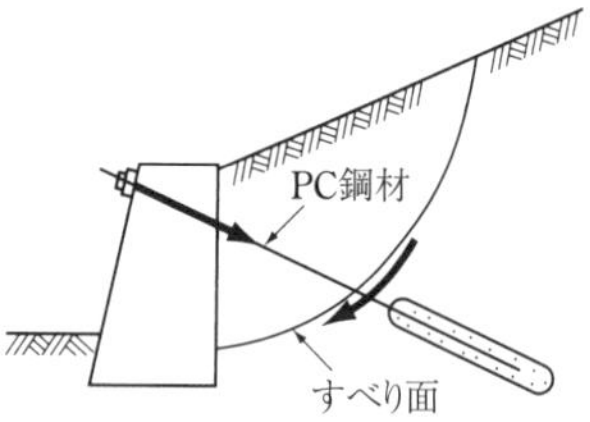

図2・25　グラウンドアンカー工法

(8)　グラウンドアンカー工法

地すべり末端部に擁壁を設け，図 2・25 に示すアンカーによって地すべり土塊を安定させる工法をいう。アンカーの定着長は，地盤とグラウトの間およびテンドンとグラウトの間の付着長については比較を行い，そのうち長い方を採用する。

3. 道路・舗装

車道の施工に関し，路床，路盤の施工方法，アスファルト舗装の施工上の留意点，補修，コンクリート舗装の締固め，仕上げなどの施工方法，補修に関する問題が出題され，近年は排水舗装の問題も出題されている。

3・1 アスファルト舗装

頻出レベル
低 ■■■■■■ 高

学習のポイント

路床・路盤，基層・表層，継目の仕様と施工上の留意点，特殊な舗装の名称と使用目的，補修方法および施工機械を理解する。

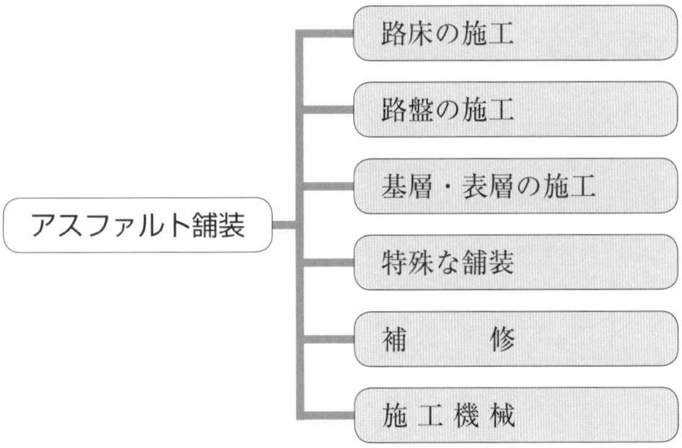

3・1・1 路床の施工

(1) 路床の施工

破砕岩や岩塊・玉石などの多く混じった土砂は，敷均し，締固め作業が困難ではあるが，盛土としてできあがった場合は，安定性が高いので，利用するのがよい。

切土路床が粘性土や高含水比土の場合，施工に際してこねかえしや過転圧にならないようにする。

路床構築後に上層の施工まで相当の期間がある場合は，構築路床面の保護を行うとともに降雨による軟弱化や流出の防止などに配慮する。また，盛土路床施工後の降雨対策として，縁部に仮排水溝を設けておくことが望ましい。

(2) 路床の安定処理

路床の設計 CBR が 3 未満の場合，通常，安定処理をするか，良質土で置き換える。

路床の安定処理を行う際，対象が砂質系材料の場合は瀝青材料およびセメントが，粘性土の場合は石灰が一般的に有効である。

路床の安定処理をする場合は，安定処理材を均一に散布するとともに，ロードスタビライザなどの混合機を用いて所定の深さまで，十分に混合する。

安定処理に粒状の生石灰を用いる場合には，1回目の混合が終了したのち仮転圧して放置し，生石灰の消化をまってから再び混合する。ただし，粉状の生石灰（0～5 mm）を使用した場合は1回の混合で済ませてもよい。

セメントを使用した安定処理土は，六価クロムの溶出量が土壌の汚染に係る環境基準に適合していることを確認する。

(3)　道路路床のプルーフローリング試験

追加転圧用の荷重車にタイヤローラを使用する場合は，規定の総重量およびタイヤ空気圧について事前に確認して使用する。

ベンケルマンビームにより測定されたたわみ量が，路床の許容量を超過している場合については，不良箇所を取り除き良質な材料で置換するか，掘削した材料を乾燥した後，再度締め固める。

乾燥している路床には，試験開始の半日前に散水して，路床を湿潤な状態にして試験を行う。

3・1・2　路盤の施工

(1)　路盤の築造工法の分類

路盤は，**下層路盤**と**上層路盤**に分けて施工され，上層は下層より良質の材料で築造する。その築造方法は表3・1のように分類される。

特に**粒状路盤工法**と**粒度調整工法**の区分に注意する。

表3・1　路盤改良工法

工法名	下層路盤	上層路盤
粒状路盤工法	○	×
粒度調整工法	×	○
セメント安定処理工法	○	○
石灰安定処理工法	○	○
瀝青安定処理工法	×	○
セメント瀝青安定処理工法	×	○

(2)　下層路盤の品質規格

下層路盤の処理工法には，粒状路盤工法，セメント・石灰安定処理工法がある。表3・2に品質規格を示す。

表3・2　下層路盤の品質規格

工法	材料の規格
粒状路盤	修正 CBR　20% 以上 PI（塑性指数）6 以下
セメント安定処理	修正 CBR　10% 以上 PI　9 以下
石灰安定処理	修正 CBR　10% 以上 PI　6～18

① **修正 CBR**：路盤材料を試験室で CBR 試験を行い，修正 CBR を求める。大きいほど良質の材料である。

② **PI（塑性指数）**：液性限界 W_L，塑性限界 W_P の各含水比を求め，$PI = W_L - W_P$ を求める。PI は小さいほど安定性がある。

③ **粒状路盤材**：現場近くで経済的に入手できるもので，粒径は最大粒径 50 mm 以下とするが，下層路盤の1層の仕上り厚さの 1/2 以下で 100 mm まで許容してよい。

④ セメント安定処理における一軸圧縮強度（7日養生）は 0.98 MPa 以上とする。

⑤ 石灰安定処理における一軸圧縮強度（10 日養生）は 0.7 MPa 以上とする。

(3)　下層路盤の粒状路盤工法

1層の仕上り厚 20 cm 以下，敷均しはモータグレーダにより行い，転圧は 10～12 t のロードローラと 8～20 t のタイヤローラまたは振動ローラを用いる。最適含水比で転圧するため場合によっては，少量の石灰またはセメントを粒状材料に散布混合することがある。

(4) 下層路盤のセメント安定処理工法，石灰安定処理工法

1層の仕上り厚さ15〜30 cmとし，路上混合方式による。在来砂利層をモータグレーダのスカリファイアでかき起し，散水調整後，セメントまたは石灰を路上に散布して，スタビライザで混合する。混合後モータグレーダで粗均しを行い，タイヤローラで軽く締め，舗装用のマカダムローラまたはタイヤローラで締固める。締固め後，必要に応じアスファルト乳剤を散布する。

石灰安定処理剤の含水比は，**最適含水比よりやや湿潤側**で施工する。施工目地は，石灰の路床混合方式のときは，早期に前日の施工端部を乱してから打継ぐものとする。セメントによるときは，早期に垂直に切り取って打継ぐものとする。

(5) 上層路盤の品質規格

上層路盤の築造工法とその品質規格を表3・5に示す。**上層路盤材**は，数種類の材料を用い，**プラントで混合する。**修正CBR，PIの各値を満足しない材料でも，所定の強度があれば使用可能である。**骨材の最大粒径は40 mm**以下で，かつ1層の仕上り厚さの1/2以下とする。骨材の粒度分布がなめらかなほど，安定材添加量も少なくなる。

(6) 上層路盤の粒度調整工法

1層の仕上り厚は，15 cm以下とするが，**振動ローラによるときは20 cm**以下とする。粒度調整材料が雨により含水比が高いときは，晴天を待って乾燥させ，含水比を適正にして締め固める。

上層路盤の粒度調整工法では，水を含むと泥濘化することがあるので，75 μm ふるい通過量は，締固めが行える範囲で少ないものがよい。

(7) 上層路盤のセメント安定処理工法，石灰安定処理工法

普通ポルトランドセメントまたは高炉セメントとクラッシャランを用いる。粘土塊は不可である。**1層の仕上り厚**は10〜20 cmを標準とする。**振動ローラを用いたときは25 cm**を上限としてよい。石灰安定処理のときは，最適含水比よりやや湿潤状態として締固める。石灰安定処理は地盤沈下する恐れのある場所には適さないので，瀝青安定処理工法を用いる。

表3・3 上層路盤の品質規格

工法	品質規格
粒度調整	修正CBR 80％以上，PI 4以下
セメント安定処理	修正CBR 20％以上，PI 9以下 一軸圧縮強さ（7日養生）2.9 MPa以上
石灰安定処理	修正CBR 20％以上，PI 6〜18 一軸圧縮強さ（10日養生）0.98 MPa以上
瀝青安定処理	PI 9以下，安定度3.43 kN以上
セメント瀝青安定処理	PI 9以下，一軸圧縮強さ1.5〜2.9 MPa

転圧直後一方通行を開放するときは，路盤の含水比を一定にするため，シールコートを散布する。横施工目地は，セメント安定処理の場合，強度の発現を待たずに施工端部を垂直に切取り打継ぐ。石灰安定処理は端部を乱して打継ぐ。縦施工目地は，仕上り厚に等しい型枠を用い，型枠を取去って打継ぐ。

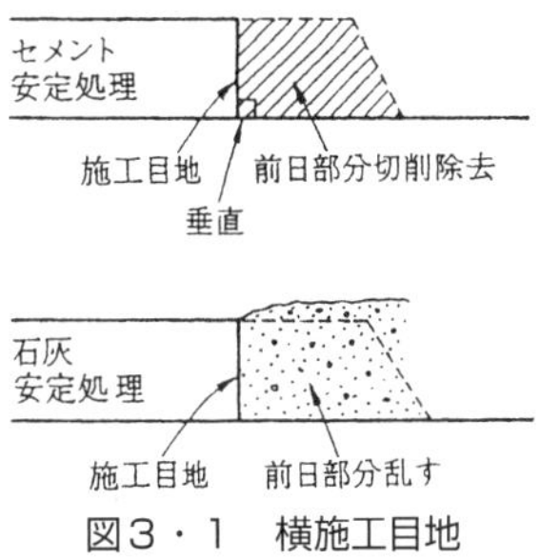

図3・1 横施工目地

(8) 上層路盤の瀝青処理工法

地盤沈下が予想されるときに使用され，**1層の仕上げ厚**は10 cm以下とする。急速施工を要するときは，**シックリフト工法**を用い10 cm以上とすることができる。

敷均しはアスファルトフィニッシャを用いる。**シックリフト工法**では，敷均し温度は110℃以上とし，路肩部はローラで締固める前にタンパで締固める。瀝青安定処理材料は，基層・表層に比較してアスファルトが少ないので，均一性確保のため，基層・表層のアスファルト混合物より混合時間を長くする。

(9)　上層路盤のセメント瀝青安定処理

既設のアスファルト舗装を現地で破砕し，セメントまたはアスファルト乳剤を路上混合して，新たな上層路盤を作る工法で，一般に**路上再生路盤工法**ともいわれる。

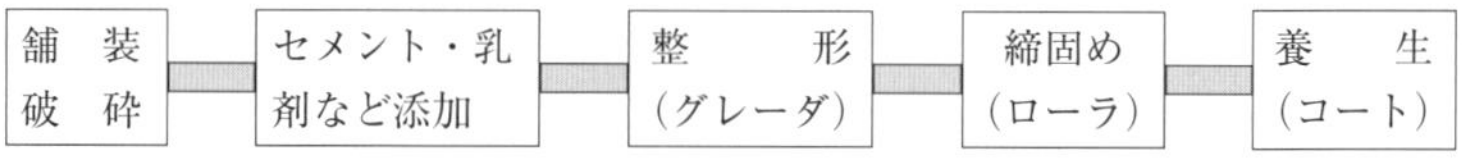

図3・2　セメント・瀝青安定処理の施工手順

(10)　プライムコートとシールコート

プライムコートは瀝青安定処理路盤を除く路盤に対し，表3・4の目的で施工する。**シールコート**は既舗装上に瀝青材を散布し，さらに骨材を散布して1層に仕上げる。水密性の増加，老化防止，すべり止め，およびひび割れの目つぶしなどに適用する。

表3・4　プライムコートの目的と施工上の留意点

目　　的	路盤表面部に浸透し，その部分を安定させ，路盤とアスファルト混合物のなじみをよくする。 降雨による路盤の洗掘または表面水の浸透などを防止する。 路盤からの水分の蒸発を遮断する。
施工上の留意点	材料は，一般的にアスファルト乳剤（PK-3）を用い，1～2 l/m^2 を標準に散布する。 寒冷期には，養生期間の短縮のため，加温して散布することがある。 コート後，一時的に交通開放する場合には，砂を散布し，瀝青材料の車輪への付着を防止する。余剰の砂は，基層の施工前に掃き取る。 瀝青材料が路盤に浸透しないで，厚い被膜をつくったり養生が不十分な場合には，上層の施工時にブリーディングを起こしたり，層間でずれて基層にひび割れを生じることがあるので，所定量と均一性に注意する。

3・1・3　基層，表層の施工

(1)　タックコート

タックコートの目的と施工上の留意点を表3・5に示す。

表3・5　タックコートの目的と施工上の留意点

目　　的	中間層や基層と，その上に舗設するアスファルト混合物との付着や継目部の付着をよくするために行う。
施工上の留意点	材料は，一般的にアスファルト乳剤（PK-4）を用い，0.3～0.6 l/m^2 を標準に均等に散布する。 寒冷期には，養生時間の短縮のため，加温して散布したり，ロードヒータにて加熱したり，所定量を2回に分けて散布する方法をとることがある。 散布後は，異物の付着に注意して，水分がなくなってからなるべく早く基層や表層などを舗設する。

(2)　敷　均　し

敷均しは一般にアスファルトフィニッシャで行う。狭溢部や構造物周りなどは，人力で行う。人力敷均しは，機械のときに比べ余盛りを多くする。**混合物の温度**は，アスファルトの粘度にもよるが，一般に110～140℃とする。作業中に降雨があったときは，速やかに作業を中止する。すでに敷均した混合物は締め固めて仕上げる。5℃以下で作業するとき，5℃以上でも強風のときは，寒冷期の舗装に準じ作業する。混合物の到着が遅れるときは，ホッパ内の混合物は敷均し，仕上げて待つ。

表３・６　作業別転圧機械

作　　業	転　圧　機　械
初　転　圧	10～12 t ロードローラで2回（1往復）
2 次 転 圧	8～20 t タイヤローラまたは 6～10 t 振動ローラ
仕上げ転圧	タイヤローラあるいは ロードローラで2回（1往復）

（注）2次転圧に振動ローラを用いた場合には，仕上げ転圧にタイヤローラを用いるとよい。

寒冷期のアスファルト舗装の舗設に用いられる**中温化技術**とは，製造時に発泡剤および発泡強化剤などを添加し，製造および施工温度を30℃程度低減可能な技術で，これ以上混合物温度が低下した場合は，良好な施工性は得られない。

(3)　締　固　め

締固め作業は一般に，継手転圧→初転圧→2次転圧→仕上げ転圧の順序で行う。

表３・７　締固め作業の留意事項

作　　業	施　工　上　の　留　意　点
初　転　圧	混合物は，ヘアクラックが生じない限り，110～140℃のできるだけ高い温度で行う。 少量の水，切削油乳剤の希釈液，軽油などを噴霧すると，ローラへの混合物の付着防止に役立つ。 転圧初期の温度が高すぎたり，粒度，アスファルト量が適切でない場合は，混合物の落ち着きがわるくなる。
2 次 転 圧	2次転圧の終了温度は，一般的に70～90℃である。 タイヤローラは，交通荷重に似た締固め作用があり，また，深さ方向に均一に締め固められるため，重交通道路，摩耗を受ける地域，寒冷期の施工などによい。
仕上げ転圧	仕上げ転圧は，不陸の修正やローラマークを消すために行う。 仕上げたばかりの舗装の上に，長時間ローラを停止させない。
共　　通	ローラの適切な転圧速度は，以下のとおりである。 ロードローラ：2～ 3 km/h　振動ローラ：3～ 6 km/h　タイヤローラ：6～10 km/h ローラは，駆動輪を先（フィニッシャ側），案内輪を後にして初転圧する。 横断勾配の低いほうから高いほうへ，適切な速度で等速で締固め作業を行う。縦断勾配が大きな場合（7%以上）も同様に行う。 ヘアクラックの誘発は，ローラの線圧（タイヤローラの場合は空気圧）が大きい，転圧時の混合物の温度が高い，転圧速度が速い，必要以上に転圧を繰り返すなどによることが多い。 振動ローラによる転圧では，転圧速度が速すぎると不陸や小波が発生したり，遅すぎると過転圧になることがある。

(4)　交通開放

舗装温度がおおむね50℃以下になったら行う。冷却期間が確保できないときは，舗装冷却機械などを用いたり，舗装時間帯の調整を行う。

3・1・4　継目の施工

継目の方向により**横継目**と**縦継目**がある。

横継目は，施工の終了時などに道路の横断方向に設ける継目で，**縦継目**は，数車線に分割して施工する場合に，道路中心線に平行に設ける継目である。

継目の施工は，継目や構造物との境界面をよく清掃後，タックコートを行い，混合物との付着をよくする。**継目**はいかなる場合も，上層と下層を重ねない。

(1) 横 継 目

横継目は，走行方向に直角に設ける。施工時は型枠を使用して所定の高さに仕上げる。

(2) 縦 継 目

表層に**縦継目**を設けるときは，レーンマークに合せて計画し，上・下層の車輪の走行位置の真下には設けない。打足しは，既設舗装に5 cm 程度，新しい混合物を重ねて敷均し，ローラの駆動輪を15 cm 程度かけて転圧する。2レーン同時施工時はホットジョイントとする。

3・1・5 特殊な舗装

表3・8 特殊な各舗装工法の概要

工法名称	概 要
半たわみ性舗装	浸透用セメントミルクを開粒度アスファルト混合物の表面間隙中に浸透させたもので，剛性とたわみ性を合わせ持った舗装をいう。アスファルト混合物の表面温度が50℃ 以下になったら注入する。耐波動性，耐油性，耐熱性，明色性に優れ，トンネル，交差点，バスターミナル，料金所，工場などに用いる。
グース アスファルト舗装	高温時の混合物の流動性を利用して流込み，フィニッシャやコテで敷均しを行う。防水性やたわみ性に優れ，鋼床版の舗装に用いる。
ロールド アスファルト舗装	アスファルト，石粉，砂からなるサンドアスファルトモルタル中に，比較的単粒度の砕石を一定量混入した舗装をいう。すべり抵抗，水密性，耐摩耗性，耐久性に優れ，積雪寒冷地域や山岳部の道路に用いる。
排水性舗装	車道路面の水を路盤側へ浸透・排水する排水性舗装アスファルトで高速道路の表層・基層に用いる。路盤以下への水の浸透はない。水はね防止，ハイドロプレーニング防止，夜間・雨天の視認性向上の必要箇所へ用いる。
明色舗装	表層に光線反射率の大きい明色骨材を使用して，路面の明るさや光の再帰性を向上させたものである。トンネル内・交差点・路肩・側帯部などに用いる。
着色舗装	加熱アスファルト混合物に顔料を混入したものと，着色骨材を混入したものがある。景観を重視した箇所や通学路，交差点，バスレーンに用いる。
すべり止め舗装	すべり抵抗を高めた舗装で，硬質骨材を路面に接着した工法や安全溝を路面に付けたグルービング工法があり，急坂部・曲線部・踏切などに用いる。
保水性舗装	保水機能を有する表層や表・基層に保水された水分が蒸発する際の気化熱により路面上の温度上昇を抑える舗装である。
フルデプス アスファルト舗装	路床から上の全層に，加熱アスファルト混合物および瀝青安定処理路盤材を用いた工法で，舗装厚さを薄くでき，シックリフト工法併用で工期短縮ができる。厚さ制限がある，地下埋設物が浅い，地下水位が高い所に使用する。
サンドイッチ舗装	軟弱な路床に遮断層，粒状路盤層，貧配合コンクリートまたはセメント安定処理層を設け，この上に舗装する。路床のCBRが3未満の地盤に用いる。
コンポジット舗装	セメント系の版の上に，アスファルト混合物による表層や基層・表層を設けた舗装で，セメント系の版には，セメントコンクリート，連続鉄筋コンクリート，転圧コンクリート，半たわみ性舗装などがある。耐久性と走行性，維持修繕の容易性に優れている。

(1) 透水性舗装と排水性舗装の違い

透水性舗装は，雨水を積極的に地中に浸透させることを目的とし，表層の下に浸透層を設ける。歩道，遊歩道，駐車場や公園等で利用する。

排水性舗装は，表層の下に遮水層を設けて，路面に滞留する雨水を積極的に道路の両側にある側溝等の排水溝造物へ排水する舗装で，高速道路や幹線道路の車道で採用されている。

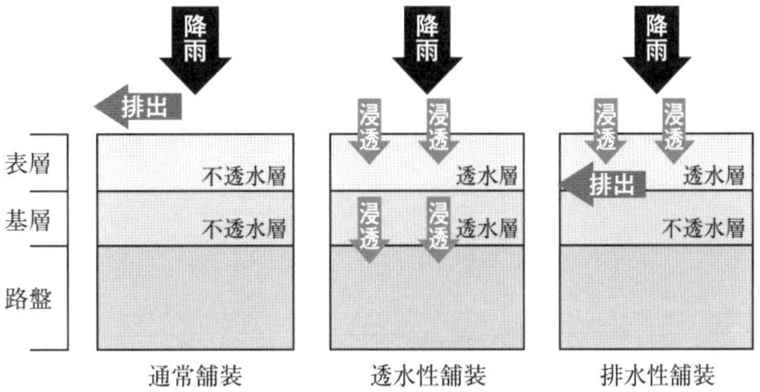

図３・３ 透水性と排水性舗装の概念

3・1・6 補　　修

補修には**維持**と**修繕**という２つの概念がある。表３・９に維持・補修工法の概要を示す。

表３・９ 維持・補修工法とその概要

工法名称	概要
打換え工法	既設舗装部の打換えで，路床を含む場合もある。
局部打換え工法	局部的に破損が著しく，他の工法では補修できない部分に適用する。
線状打換え工法	線状に破損した部分に適用し，瀝青安定処理層を含めた加熱アスファルト混合層を打ち換える。
路上再生路盤工法	既設のアスファルト混合層を現位置で破砕し，同時にこれをセメントアスファルト乳剤などの添加材と混合し，締め固めて安定処理した路盤を新たにつくるものである。 施工手順は，添加材散布→破砕混合（乳剤または水散布）→整形→締固め→養生の順で行われる。 この工法は，路上破砕混合機およびモータグレーダ（整形），タイヤローラ，ロードローラ（締固め）により施工する。
表層・基層打換え工法	既設舗装の表層または基層までを打ち換えるもので，特に，切削して既設層を撤去する場合を，切削オーバレイ工法という。
オーバレイ工法	既設舗装上に厚さ３cm 以上の加熱アスファルト混合層を施工する。
路上表層再生工法	現位置で既設の表層を加熱・かきほぐしを行い，これに必要に応じてアスファルト混合物や添加材を加えて敷均し，締め固めて表層を再生する工法。
薄層オーバレイ工法	既設舗装上に厚さ３cm 未満の加熱アスファルト混合層を施工する。
わだち部 オーバレイ工法	既設舗装のおもに摩耗によって生じたわだちを，加熱アスファルト混合物で補修する工法で，流動によって生じたわだちには適さない。オーバレイのレベリング工として行われることも多い（レベリングは T_A には換算しない）。
切削工法	路面の不陸修正のために，凸部等を切削除去する工法をいう。
シール材注入工法	比較的幅の広い目地に注入目地材を充塡する工法をいう。
表面処理工法	既設舗装上に，加熱アスファルト混合物以外の材料で，厚さ３cm 未満の封かん層を設ける工法で，シールコートやスラリーシール，樹脂系表面処理などの工法がある。
パッチングおよび段差すり付け工法	道路の局部的な小穴（ポットホール），くぼみ，段差などを応急的に充塡する工法で，運搬や舗装に便利な，常温アスファルト混合物が使用される。

流動によるわだち掘れが大きい場合は，その原因となっている舗装部を除去する線状打換え工法を選定する。

ひび割れの程度が大きい場合は，路床・路盤の破損の可能性が高いので，オーバレイ工法より打換え工法を選定する。

シール材注入工法では，シール材としてポリマー改質アスファルトやブローンアスファルトの加熱タイプや，樹脂系材料，アスファルト乳剤などの常温タイプを用いる。

3・1・7　施工機械

アスファルトの舗装機械の選定にあたっては，施工規模，施工速度，材料の供給能力，他の機械の施工能力などを勘案して決定する。表3・10に，主なアスファルト舗装用機械を示す。

① **路上混合機械**：普通スタビライザを使用する。規模が小さいときや狭隘部ではバックホウを用いる。

表3・10　主なアスファルト舗装用機械

使用目的	機 械 名 称
路 上 混 合	スタビライザ，バックホウ
掘削・積込み	バックホウ，トラクタショベル，ホイールローダ
整　　　形	モータグレーダ，ブルドーザ
散　　　布	安定材散布機，エンジンスプレーヤ，アスファルトディストリビュータ
敷　均　し	モータグレーダ，ブルドーザ，ベースペーバ，アスファルトフィニッシャ
締　固　め	ロードローラ，タイヤローラ，振動ローラ，散水車

② **掘削・積込み・整形機械**：路床整形には，モータグレーダやブルドーザを，路盤整形には主にモータグレーダを用いる。

③ **散布機械**：散布は施工面積や規模に応じて，機械または人力で行う。アスファルトディストリビュータは大規模のとき，エンジンスプレーヤは小規模のときに適している。

④ **敷均し機械**：路床土や路盤材にはモータグレーダ，瀝青安定処理材や加熱アスファルト混合物は，アスファルトフィニッシャの使用が一般的である。アスファルトフィニッシャは，材料を積載したダンプトラックを進行方向に押しながら敷均しを行う。

⑤ **締固め機械**：舗装用の締固め機械を分類すると図3・4のようになる。

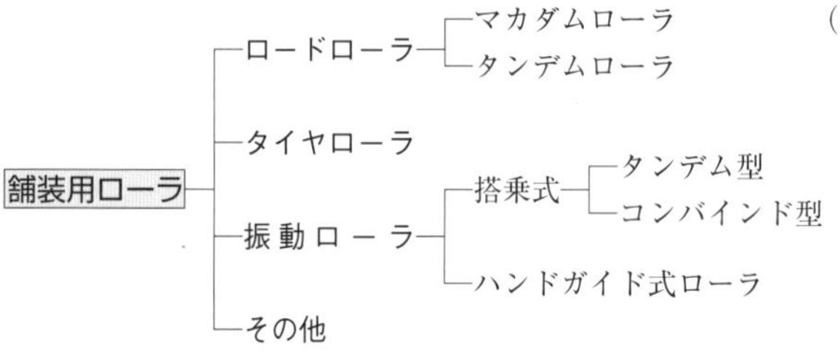

(注) ① ロードローラは，前後輪とも鉄輪
② タンデム型振動ローラは，前後輪とも鉄輪
③ コンバインド型振動ローラは，前輪がタイヤ，後輪が鉄輪
④ タンデム型振動ローラは，無振動で使用すれば，ロードローラの代替にできる。
⑤ 路床の転圧で，こね返しによる強度低下のおそれがある場合には，ブルドーザを代替できる。

図3・4　舗装用ローラの分類

3・2　コンクリート舗装

頻出レベル
低 ■■■■■■ 高

学習のポイント

コンクリート舗装の設計，分類，施工・養生，補修の留意点を理解する。

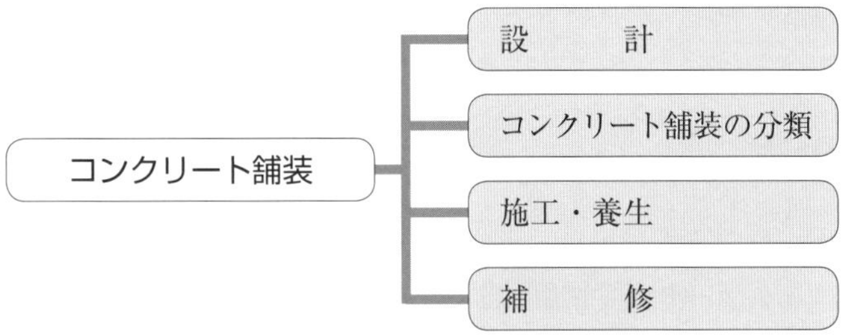

3・2・1　設　　計

(1)　路　　床

設計支持力係数が 2 MPa/cm 以下，設計 CBR が 3 未満の場合には，路床の改良を行う。路床支持力は平板載荷試験，路床土の強度特性は CBR 試験により判定し，路盤厚さを決定する。

(2)　路　　盤

路盤の厚さが 30 cm 以上の場合は上層と下層に分ける。**1 日の交通 1000 台以上で上層路盤に粒状材料を用いる場合**は，原則として**上層路盤とコンクリート版の間に，**アスファルト中間層を設ける。アスファルト中間層により，路盤の耐水性や耐久性が改善されると共に，平担性を高め，コンクリート版の厚さの均一性を保持し，長期間交通荷重に対し安定性が図れる。

(3)　コンクリート版

コンクリート版の設計基準曲げ強度は，4.4 MPa（28 日材齢）とし，普通コンクリート版の厚さは，交通量の区分に応じて 15～30 cm で決定する。

コンクリート版には，原則として鉄網および縁部補強鉄筋を用い，標準的な鉄筋量は，3 kg/m^2 とし，D 6 mm の異形棒鋼を使用する。**鉄網の埋込み位置**は，表面からコンクリート版の厚さの約 1/3 の位置とする。

(4)　目　　地

膨張・収縮・そりなどによる応力を軽減するため目地を設ける。目地の種類は，位置や目的，構造によって，図 3・5 のように分類できる。

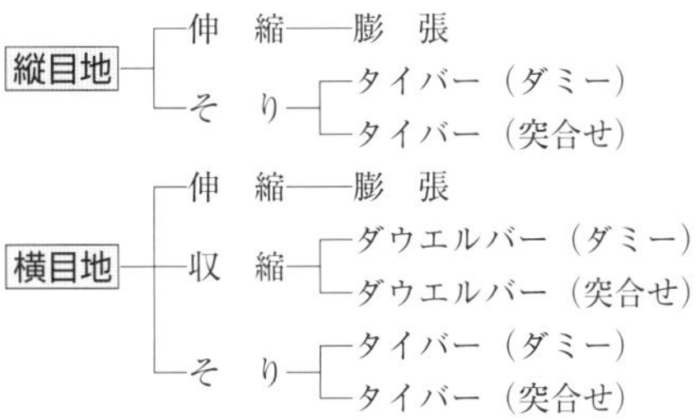

図3・5　目地の分類

① **ダミー目地**：ダミー目地には，所定の形状に切断できる範囲内で，できる限り早い時期に，カッタを用いて溝を切る**カッタ目地**と，コンクリートがまだ固まらないうちに，振動目地切り機械で目地材を挿

入する**打込み目地**がある。

② **ダウエルバー**：横膨張目地（1日の終了時），横収縮目地（8～10 m 間隔）を横断して用いる丸鋼で，荷重伝達を図り，収縮に追随できるよう片側に瀝青材料などを塗布し，伸縮できるようにしたもの。横膨張目地に用いるダウエルバーは，版の膨張を吸収できるように片側にキャップをかぶせる。

③ **タイバー**：ダミー目地，突合せ目地などを横断して，版に挿入した異形棒鋼で，目地の開きやくい違いを防ぐ。

3・2・2 コンクリート舗装の分類

(1) ポーラスコンクリート舗装

高い空隙率を確保したポーラスコンクリート版を使用することにより，排水性や透水性などの機能を持たせた舗装である。

(2) コンポジット舗装

表層または表層及び基層にアスファルト混合物を用い，直下の層にセメント系の版を用いた舗装であり，良好な走行性を備え，通常のアスファルト舗装より長い寿命が期待できる。

(3) プレキャストコンクリート舗装

あらかじめ工場で製作しておいたコンクリート版を路盤上に敷設し，必要に応じて相互の版をバーなどで結合して築造する舗装で，施工後早期に交通開放ができるため修繕工事に適している。

(4) 薄層コンクリート舗装

既設の舗装の上に薄層のコンクリートを舗設し，騒音低減，すべり抵抗性機能の回復，道路橋コンクリート床版などの剛性の増加などに用いられる舗装である。

(5) 転圧コンクリート版

単位水量の少ない硬練りコンクリートを，アスファルト舗装用の舗設機械を使用して敷き均し，ローラによって締め固める。

(6) 連続鉄筋コンクリート版

横方向鉄筋上に縦方向鉄筋を連続的に設置し，コンクリートを打設し，振動締固めによって締め固める。

(7) 普通コンクリート版

フレッシュコンクリートを振動締固めによってコンクリート版とするもので，版と版の間の荷重伝達を図るバーを用いて目地を設置する。

3・2・3 施　　工

(1) 運　　搬

コンクリートの運搬は，機械舗設ではスランプ5未満であり，ダンプトラックを使い，簡易な舗設機械および人力舗設や踏掛版などの特殊な区間の舗設で，スランプ5 cm 以上の場合には，アジテータトラックで運搬するのが一般的である。

運搬時間の限度は，通常**練混ぜ終了から舗設開始まで**を，ダンプトラックで1時間，アジテータトラックの場合で1.5時間とする。

(2)　鉄網および縁部補強鉄筋

鉄網および縁部補強鉄筋は，仮置きやメッシュカートに載せておき，下層コンクリートの敷均し後，その上に順次人力で設置する。鉄網は版の上部1/3の深さの位置に設置する。

鉄網の継手はすべて**重ね継手**とし，重ね代は20 cm程度で，焼なまし鉄線で結束する。縁部補強鉄筋は，鉄筋径の30倍以上の重ね継手とし，焼なまし鉄線で2箇所以上結束する。

(3)　締固め

材料分離を防止するため小分けして荷卸し，下層および上部コンクリートの全層を1層で締固めることを原則とする。締固めは，一般にコンクリートフィニッシャで行う。

(4)　表面仕上げ

表面仕上げは①荒仕上げ→②平担仕上げ→③粗面仕上げの順で行う。荒仕げはフィニッシャのフィニッシングスクリードで行う。荒仕上げは，後工程に大きな影響を与えるので，所定の高さで均一な仕上げ面にする。平担仕上げは，レベリングフィニッシャ（縦型）等の表面仕上げ機械を用いて施工する。粗面仕上げは，粗面仕上げ機械または人力で行う。路面の横断方向に浅い溝をつけて，表面を粗面にするグルービングも粗面仕上げの一つである。

(5)　目地

目地付近のコンクリートは，版の他の部分と同じ強度でなければならず，目地付近にモルタルを集めて，コテ仕上げを容易にするなどの行為をしてはならない。

3・2・4　養生

(1)　初期養生

表面仕上げ終了直後から，コンクリート表面を荒さないで養生作業ができるまでの間の養生を初期養生といい，初期養生終了後に，カッター目地を早期に施工する。

養生効果は，初期養生よりも後期養生の方が大きいので，コンクリートの表面を荒さない程度になったら，直ちに後期養生に移る。

初期養生は，コンクリートの硬化作用を十分に行わせ，乾燥などによるひび割れを発生させないよう，適当な温度で，十分な湿潤状態を保つことが重要である。

初期養生として通常行われている方法に，**三角屋根養生**と**膜養生**がある。膜養生は，表面に膜養生剤を散布して膜を作り，水分の蒸発を防ぐ工法で，通常は三角屋根工法と併用する。

小規模工事では，膜養生剤の散布回数と散布量を増して，三角屋根養生を省略することができる。膜養生は，施工能力が著しく高く，初期養生から**後期養生**まで一貫して適用できる。

(2)　後期養生

初期養生に引続いて，水分の蒸発や急激な温度変化などを防ぎ，コンクリートの硬化作用を促進させるために行う。通常は，スポンジ・麻布・むしろなどでコンクリート表面をすき間なく覆って完全に湿潤状態になるよう，散水車などで散水する。

表3・11　養生期間

試験による場合	現場養生を行った供試体の曲げ強度 3.5 MPa 以上	
試験によらない場合	普通ポルトランドセメント	2週間
	早強ポルトランドセメント	1週間
	中庸熱ポルトランドセメント フライアッシュセメント	3週間

型枠を取外したコンクリート版側面も同様に養生する。養生期間を表3・11に示す。

3・2・5　コンクリート舗装の補修

コンクリート舗装の補修は，被損の程度に応じて施工するが，留意点は下記のとおりである。

① **オーバーレイ工法**：コンクリートによるオーバーレイ工法で，超早強セメントを用いた場合は膜養生を行い，水分の蒸発を防ぐ必要がある。オーバーレイ工法では，その目地は既設コンクリート舗装の目地位置に合わせ，切断深さはオーバーレイ厚さとする。コンクリート舗装版上のアスファルト混合物によるオーバーレイ工法では，オーバーレイ厚の最小厚は8cmとすることが望ましい。

② **打換え工法**：打換え工法では，既設の路側構造物と打換えコンクリート版との間に瀝青系目地板などを用いて縁を切り，自由縁部とする。

③ **隅角部の局部打換え**：隅角部の局部打換えでは，ひび割れの外側をコンクリートカッターで2〜3cmの深さに切り，カッター線が交わる角の部分は，応力集中を軽減させるために丸味を付けておく。また，ブレーカなどを用いてひび割れを含む方形部分のコンクリートを取除き，旧コンクリートの打断面は鉛直になるようにする。

④ **横断方向のひび割れに対する局部打換え**：コンクリート版の横断方向のひび割れに対する局部打換えでは，**ひび割れが目地から3m以上の位置**に生じた場合，そのひび割れ部を**収縮目地に置き換える**ように施工する。

⑤ **バーステッチ工法**：ひび割れが生じたコンクリート版を鉄筋等を用いて連結し，ひび割れ部の荷重伝達を確保する。

4. ダム・トンネル

コンクリートダムおよびフィルダムの施工に関する問題，ダム工事の涌水処理，グラウチングの種類・目的・施工法に関する問題，地山とトンネルの挙動，トンネル掘削工法の特徴，NATM 工法，支保工に関する問題が出題される。

4・1　ダムの分類

頻出レベル
低■□□□□□高

学習のポイント

堤体材料によって大別される，コンクリートダムおよびフィルダムについて，ダムの種類や特徴を理解する。

- ダムの分類
  - コンクリートダム
  - フィルダム

ダムは堤体材料によって，**コンクリートダム**と**フィルダム**に大別される。

コンクリートダムは，構造により**重力ダム**と**アーチダム**に，フィルダムは遮水方法の違いにより，**均一型**，**ゾーン型**，**表面遮水壁型**に分類される。

- ダム
  - コンクリートダム
    - 重力ダム
      - 重力ダム
      - 中空重力ダム
      - バットレスダム
    - アーチダム
      - 薄肉アーチダム（アーチダム）
      - 重力ダム
  - フィルダム
    - 均一型（アースダム）
    - ゾーン型
    - 表面遮水壁型

図4・1　ダムの種類

(1)　重力ダム

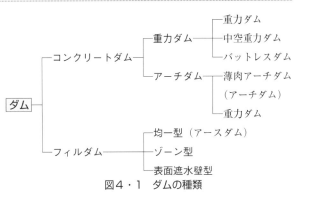

堤体自重により，水圧などの外力を支えるもので，断面は上流面が鉛直に近い三角形である。コンクリートダムの中では，本体，基礎岩盤に発生する応力が最も小さく，大容量の洪水吐きを堤体下流面に容易に設けられる。堤体の安定条件は，堤体上流部に鉛直引張応力が生じないこと，堤体と基礎岩盤の接触面および岩盤内で，せん断力に対し安全なこと，コンクリートの許容応力度を超えないことなどである。

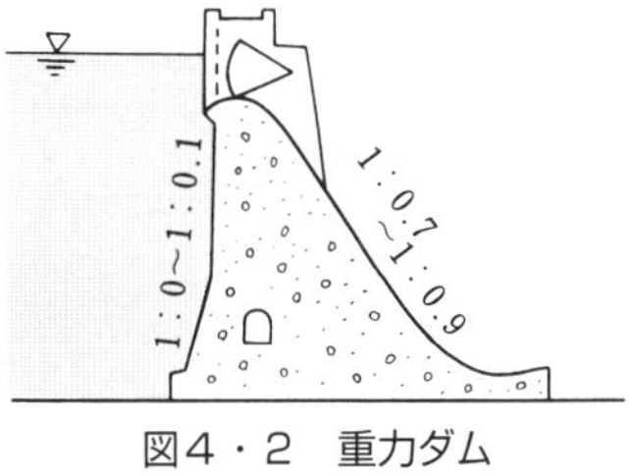

図4・2　重力ダム

(2)　アーチダム

水圧などの外力を堤体のアーチ作用によって両岸に伝え，基礎岩盤のせん断抵抗で支えるもので，断面，平面形状共上流に凸な曲線である。重力ダムよりコンクリートの使用量は少ないが，基礎岩盤への応力は大きく，ダム高によらず一定のため，河床部から標高部まで堅硬な岩盤が必要である。

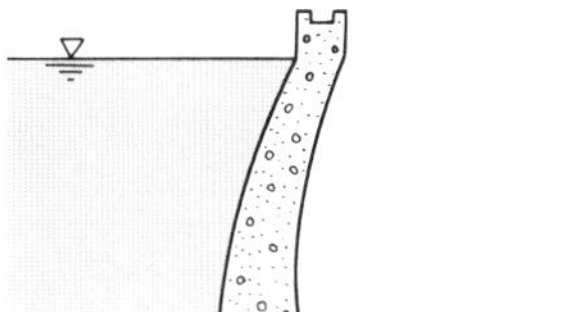

図4・3　アーチダム

(3)　フィルダム

コンクリートダムに比較し，基礎地盤に作用する応力が小さく，堤体は基礎の軽微な変形には順応できるので，ほとんどの地盤に建設可能である。堤体に洪水吐きなどの放流設備を設ける。フィルダムは基本的要件として，浸透性に対して安定であること，滑りに対して安定であることが求められる。

① **均一型**：主として細粒の不透水性材料により構成され，下流側にドレーンを配置する例が多い。単純なので，施工しやすいが，施工中の間隙水圧が消散しにくく，また材料のせん断強度が小さいので，堤高の低い（30 m 以下）場合に採用されることが多い。

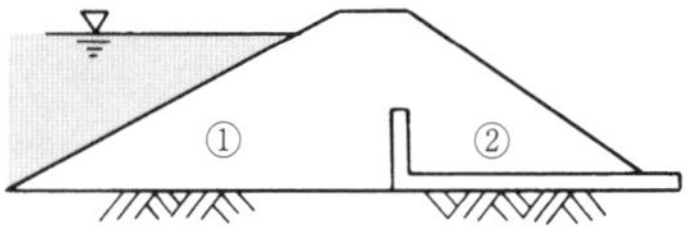

① 土質材料
② ドレーン

図4・4　均一型

② **ゾーン型**：ダムは，遮水ゾーン・透水ゾーン・半透水ゾーンで構成される。遮水ゾーンの位置で，中央コア型と傾斜コア型がある。

ダム地点の地形，地質，得られる材料に応じて，最適設計ができるので，適用範囲が広く，大規模なフィルダムに採用される。

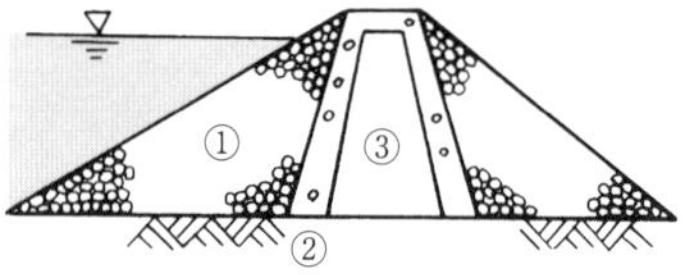

① 透 水 性 材 料　　③遮　水　材　料
② 半透水性材料

図4・5　ゾーン型

③ **表面遮水壁型**：透水ゾーンの上流面に，アスファルト・コンクリート・鉄筋コンクリートなどで遮水壁を作る工法である。

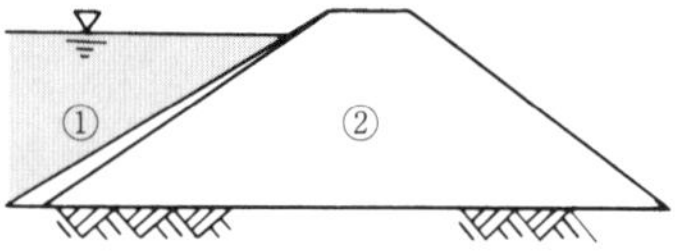

① 人工遮水壁　　② 透水性材料

図4・6　表面遮水壁型

④ **CSG 工法**：(Cemented Sand and Gravel）は，ダム工事におけるコスト縮減を目的として開発された工法で，現場掘削土にセメントを混合したCSGを用いてダム堤体を構築し，その全面を1～2 mのコンクリートで被覆して，ダム本体とする工法である。

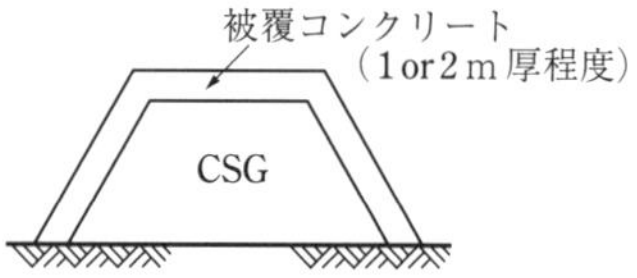

図4・7　CSG ダム

4・2　コンクリートダムの施工設備

頻出レベル
低 ■□□□□□ 高

学習のポイント

骨材・コンクリートの製造設備，コンクリートの運搬設備，冷却・濁水処理設備，グラウチング設備等について，その概要を理解する。

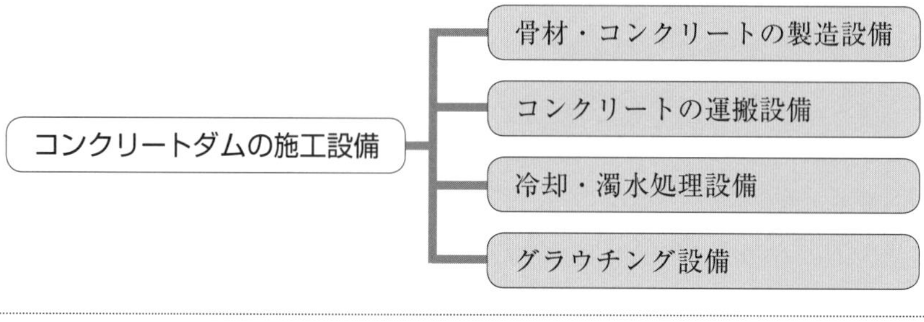

4・2・1　骨材・コンクリート製造設備

骨材は，河川砂利または原石山より原石を採取する。原石山の掘削には，ベンチカット工法・グロリホール工法・坑道発破工法などがある。一般的には，**ベンチ高 10〜15 m 程度のベンチカット方式が主流を占める。**

採取した原石の破砕・選別・洗浄などを行い，所定の粒土と品質の骨材を生産する。**能力**は，**月最大打設量**に見合う生産量を検討して決める。

① **破砕設備**：一般に，1 次破砕設備にはジョークラッシャが，2 次・3 次破砕設備には主としてコーンクラッシャを使用する。

② **ふるい分け設備**：骨材のふるい分けには，振動ふるいが使用され，傾斜型（大粒径用）と水平型（中，小粒径用）がある。

③ **洗浄設備**：洗浄は骨材に混入している粘土や有害鉱物を除去するため，ふるい分け時に圧力水を噴射して行う。

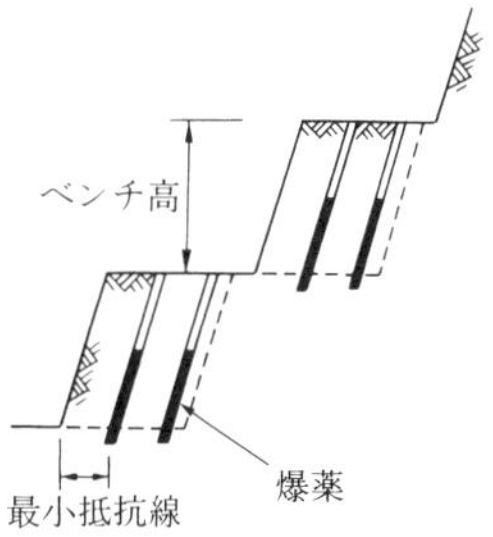

図4・8　ベンチカット工法

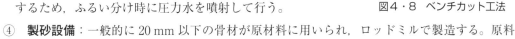

④ **製砂設備**：一般的に 20 mm 以下の骨材が原材料に用いられ，ロッドミルで製造する。原料の均一供給のため原石ビン（0.5〜1 日分）を設置する。

セメントを貯蔵するサイロは，鋼製の円筒形サイロを標準とし，容量は，**工事最盛期における日平均使用量の 2〜5 日分とする。**

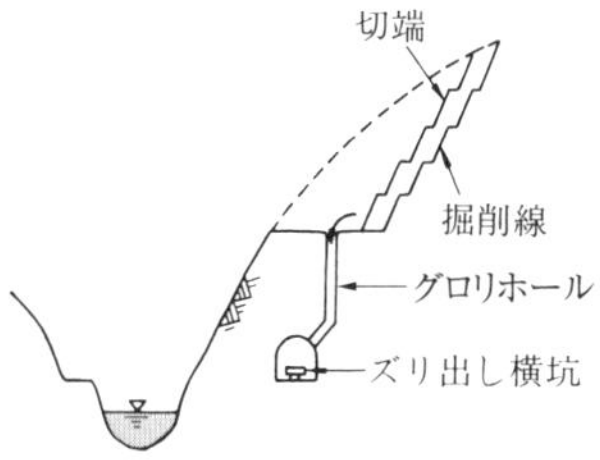

図4・9　グロリホール工法

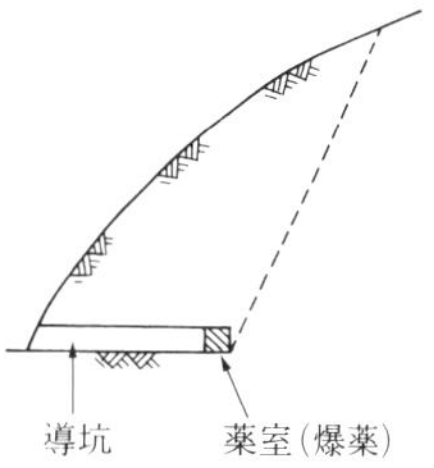

図4・10　坑道発破工法

コンクリート製造のバッチャープラントの容量は，月最大打設量を基本に，作業日当たり稼動時間，コンクリートの運搬設備の最大打設能力を基に決め，ミキサの容量で表す。ミキサには傾胴式と 2 軸強制練りがある。

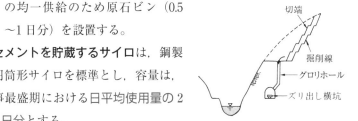

4・2・2　コンクリートの運搬設備

(1)　従来工法

ケーブルクレーンやジブクレーン，タワークレーンなどにより，バケットを運搬する方法。

① **バンカー線（コンクリート運搬線）**：コンクリートをダム軸またはケーブル方向と直角に設置されたバンカー線により，クレーンの吊り込み位置まで運搬する。

② **ケーブルクレーン**：固定式，走行式（片側走行式，両側走行式），軌索式などがある。

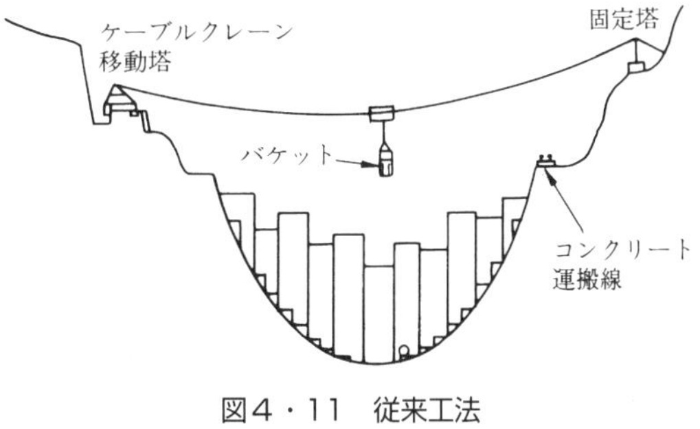

図4・11　従来工法

③ **ジブクレーン**：ダム軸に平行に設置したトレッスルガータ上を，ジブクレーンが走行しながらコンクリートを打設する。設置や移設は時間がかかるが，環境保全上のメリットは大きい。

専門土木

④ **タワークレーン**：旋回部がタワーの上にある固定式のシブクレーンで，中小規模ダムの主運搬設備として使用され，最近は大規模ダムでも数基設置，使用される。洪水対策が必要である。

(2) RCD工法

固定式ケーブルクレーン，インクライン，ダンプ，ベルコンによる直送が一般的である。

4・2・3 冷却・濁水処理設備

温度応力によるコンクリートのひび割れ防止のため，**プレクーリング**または**パイプクーリング**を行う。冷凍機の能力の単位には，冷凍トン（RT）が使われる。1 RT とは0℃ の水 1 t を 24 時間で0℃ の氷に冷却する能力である。

濁水処理は SS 処理とアルカリ排水の pH 調整を行うもので，沈殿池方式と機械処理がある。

4・2・4 グラウチング設備

(1) プラント

中央プラント方式と分散プラント方式があり，中央プラント方式は一定濃度（通常 W/C＝1）のグラウトまたは各注入現場で必要とする濃度のグラウトを製造し，各注入プラントへ供給する方式である。プラントの仮設も大きくなるので，一般に大規模工事に用いられる。分散プラント方式は，グラウト注入ポンプ・ミキサ・計量器などを 1 組とし数箇所に分散して設置する方式である。

(2) ボーリングマシン

ロータリーボーリングマシンとパーカッションボーリングマシンの 2 種類がある。**ロータリーボーリングマシン**は，削孔深度が 15 m 以上と深い削孔に適し，スペースが狭くてもよいが削孔速度が遅くコストも高い。主にカーテングラウチングや急勾配箇所のコンソリデーショングラウチングやブランケットグラウチングの削孔に用いられる。削孔径は 66 mm，46 mm の 2 種類がある。

パーカッションボーリングマシンは，削孔速度が早いが，岩粉発生が多いので岩盤条件に制約がある。削孔限界も 15 m と浅いため，主に硬岩を基礎とするダムのコンソリデーショグラウチングやブランケットグラウチングに用いる。削孔径は 65 mm が一般的である。

4・3 基礎掘削とグラウチング

頻出レベル
低 ■■■■□□ 高

学習のポイント

基礎掘削については，その種類と施工方法，グラウチングについては，分類とそれぞれの施工目的・範囲・時期等を理解する。

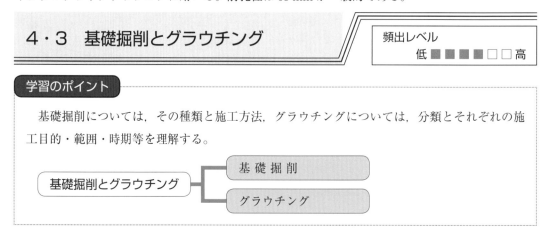

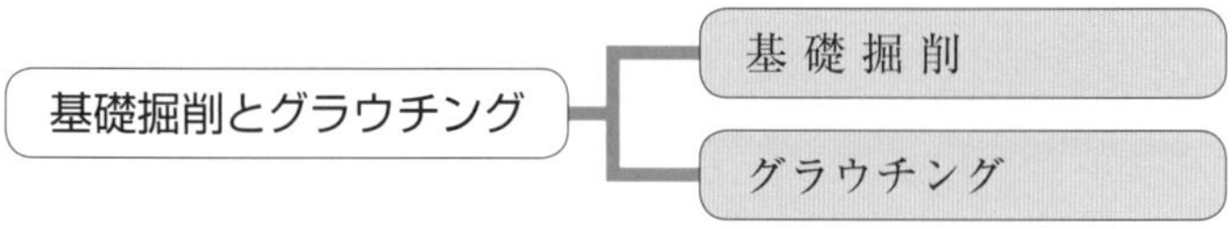

(1) 基礎掘削

① **表土掘削**：粗掘削の前に行う草木の伐採・抜根・腐食土・転石の処理をいう。

② **粗掘削**：土石，風化岩の機械掘削および中硬岩の火薬掘削をいい，一般にベンチカット工法が採用され，岩盤の損傷が少なく，ずり処理が容易である。本体工事までの間の風化・緩み防止のため，必要に応じカバーロックを残すか，モルタルまたはコンクリート吹付をする。

掘削計画面から3m付近の粗掘削は，小ベンチ発破工法やプレスリッティング工法（主発破部より先に外周孔を発破することによって設計外周面にクラックをつくっておき，主爆破地域を残壁より隔離する工法）などにより施工し，基礎地盤への損傷を少なくするよう配慮する。

③ **仕上げ掘削**：計画掘削面付近に達すると，基礎岩盤への衝撃を軽減し，緩みを防ぐため，小型ブレーカ，ピックハンマー，バールなどを用いた人力による仕上げ掘削を行う。厚さは50cm位が一般的である。粗掘削とは切り離して施工する。

④ **掘削線の変更**：掘削計画面より早く所要の強度の地盤が現れた場合に掘削を終了し，逆に予期しない断層や弱層などが現れた場合には，掘削線の変更や基礎処理を施さなければならない。

(2) コンソリデーショングラウチング

① **施工目的・施工範囲**：

(イ) **遮水性の改良目的**・動水勾配が大きい基礎排水孔から堤敷上流端までの浸透路長が短い部分の遮水性の改良。

(ロ) **弱部の補強目的**　不均一な変形を生じるおそれのある，断層，破砕帯，強風化岩，変質帯等の弱部を補強。

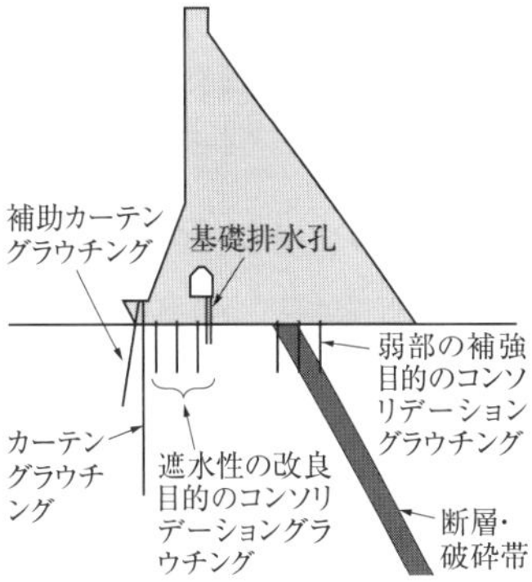

図4・12　コンソリデーショングラウチングの施工範囲の例

② **改良目標値**：重力式コンクリートダムでは，5～10Lu程度である。アーチ式コンクリートダムでは2～5Lu程度である。（**Lu：ルジオン値**　岩盤の透水性を評価するもので，1N/mm^{2}の注入圧力のもとで孔長1mに付き1分間に注入される水のl数で定義される。）

③ **施工時期**：岩盤が良好でリークの恐れがないときは，仕上げ掘削を残し直接岩盤面より施工する。リークの発生や岩盤に変位の発生の恐れのあるときは，本体コンクリートを数リフト打設した後に施工する。

④ **注入圧力**：一般には0.3～0.5N/mm^2。アーチ式コンクリートダムの2次コンソリデーショングラウチングでは0.5～1N/mm^{2}として用いる。

⑤ **孔の配置**：一般的には格子状とし，孔間隔は5mのことが多い。

(3) ブランケットグラウチング

① **施工目的・施工範囲**：動水勾配が大きいコア着岩部付近の割れ目を閉塞するとともに，遮水性を改良することを目的とし，コア着岩部全域に施工する。

② **改良目標値**：コンソリデーショングラウチングと同じく，5～10Lu程度である。

③ **施工時期**：本体の盛立て前に，地盤から直接施工する。

④ **注入圧力**：0.2～0.5N/mm^{2}で施工することが多い。軟岩のとき0.1～0.2N/mm^{2}とする。

⑤　**孔配置**：コンソリデーショングラウチングに比べ，やや**間隔**を詰め2.5～3 mで施工する。

(4)　カーテングラウチング

①　**施工目的・施工範囲**：浸透路長の短い部分と貯水池外への水みちを形成するおそれのある高透水部の遮水性の改良を目的とし，地盤に応じた範囲に施工する。

②　**改良目標値**：コンクリートダムでは1～2 Lu，フィルダムでは2～5 Lu程度である。

③　**施工時期**：堤体がある程度立上り，上載荷重として効果が発揮できる時期に施工する。

④　**施工位置**：コンクリートダムでは，堤体上流側のフーチングまたは通廊内から施工し，フィルダムでは，通廊側から施工するのが原則である。

⑤　**注入圧力**：第1ステージ（1ステージ：通常5 m）では，0.3～0.5 N/mm^{2}程度としステージが深くなるにつれて増圧する。一般的には，2 N/mm^{2}程度を最大とする。

⑥　**孔配置および深さ**：**単列配置**と**複数列配置**の2種類があり，中央内挿法で施工する。一般孔の施工深さは，ダム高程度を基準に決定する。

(5)　コンタクトグラウチング

①　**施工目的・施工範囲**：コンクリートの硬化収縮等により堤体と基礎地盤の境界付近に生ずる間隙に対し，コンクリートの水和熱がある程度収まった段階で実施するグラウチングで，重力式コンクリートダムのアバット部における急勾配法面や，ロックフィルダムの監査廊周りなどで実施する。

(6)　グラウチングの注入方式

グラウチングの注入方式は，孔壁の崩壊によるジャーミングの少ないステージ方式のほうが，**パッカー方式**より標準的に採用されている。

①　**ステージ方式**：ある深さまでせん孔し，そのステージまでの注入を行い，さらにその孔を深くせん孔して次のステージの注入を行い，最終ステージまでこの操作を繰り返す。

②　**パッカー方式**：注入孔の全長を一度に削孔し，その後パッカーを使用しながら区間長5 m程度のステージに分割し，最深部のステージから順次上のステージに向かって注入する。

4・4　コンクリートダムの施工

頻出レベル
低■■■■■■高

学習のポイント

コンクリートダムでは，打込み前の処理方法，従来工法による打設方法とコンクリートの打設およびRCD工法について，その施工上の留意点を理解する。

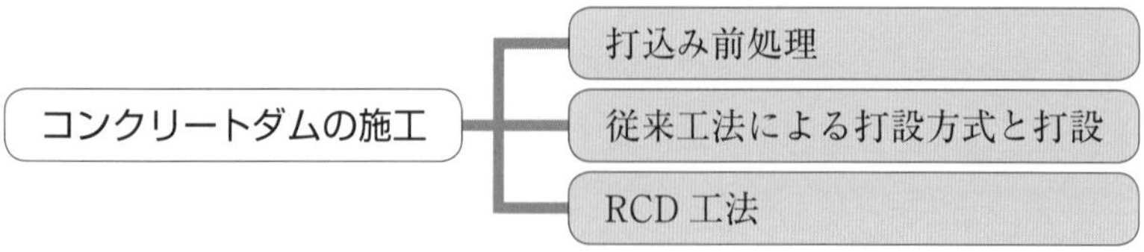

4・4・1　打込み前処理

① **着岩面の処理**：吹付けモルタルの除去，風化岩の掘削，浮石の除去，亀裂の充填，断層などにコンクリートによる置換を行う。打込み前に岩盤上に2 cm厚程度のモルタルを塗込む。

② **水平打継目の処理**：ブリーディングによるレイタンスは，ウォータージェットを用いグリーンカットを行う。実施時期は，夏はコンクリート打設後6～12時間後，冬は12～24時間後とする。コンクリート打込み前，1.5 cm程度のモルタルを塗込む。

4・4・2　従来工法による打設方式とコンクリートの打設

(1)　打設方式

縦横の継目で分割した打設方法を**ブロック方式**（柱状方式），横継目のみの場合を**レヤー方式**と呼ぶ。

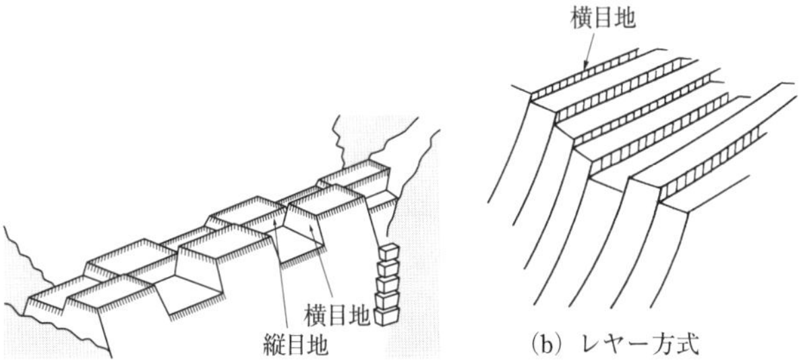

図4・13　打設方式

(2)　リフト厚

一般的に1.5～2 mとする。ただし，着岩部や長期間打止めておいたコンクリート上に打継ぐ場合は，温度ひび割れを防止するため，0.75～1 mのリフトを数リフト打設する。

(3)　隣接ブロックのリフト差

上・下流方向では4リフト以内，ダム軸方向で8リフト以内が標準である。

図4・14　隣接ブロックリフト差

(4)　ブロックの施工順序

打設ブロックを増やし施工能率を上げるため，交互に凹凸させて均等に打上げて行くが，洪水時に，基礎岩盤上を洪水が流下しないよう，河床部を幾分低くし，斜面部の打設を先行する。

(5)　標準打設間隔

標準リフトの場合は5日間隔（中4日），ハーフリフトの場合は3日間隔とするのが一般的である。

(6)　コンクリートの打設

コンクリートの**1リフト厚**は，1.5～2 m程度。まき出し厚は締固め後0.5 mの厚さを目標とする。

(7)　締固め

コンクリートの**締固め**は，内部振動機を用い，鉛直に差込み，その先端が下層のコンクリートに10 cm程度入るようにする。振動機の引抜きはゆっくり行い，穴を残さないようにする。

(8)　養生

コンクリートの表面は，打設後，シートで覆ったり，散水して乾燥を防止すると共に，硬化後は，散水・湛水などによって湿潤状態に保つ。打設温度が25℃を超えるときは，コンクリート材料をプレクーリングしたり，夜間打設などを行い，打設温度をできるだけ低くする。

4・4・3 RCD工法

RCD 工法は，コンクリートダムの施工の合理化を図るため，貧配合，硬練り（スランプ 0）のコンクリート（RCD 用コンクリート）を，ダンプトラック，またはダンプトラックと固定ケーブルクレーン，インクライン，ベルトコンベアなどを併用して運搬し，ブルドーザで敷均した後，振動ローラで締固めを行う工法である。堤体の水平面全体をレヤーで打設するので，**全面レヤー方式（面状方式）**と呼ばれる。

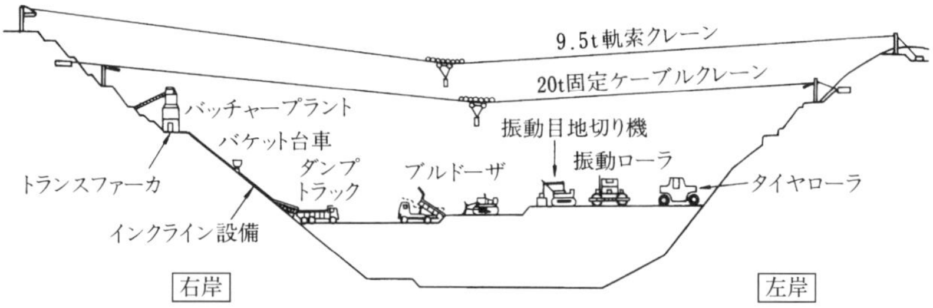

図4・15 RCD 工法施工要領図（T ダム）

① RCD 用コンクリートの敷均しは，骨材の分離防止とブル転圧効果の増大を図るため，数回にわたり薄く敷均す薄層敷均し方法により行う。

② 堤体の収縮継目のうち，縦継目は設けない。横継目は，振動目地切り機を用いて作成する。

③ **締固め**は，自走式振動ローラを使用する。外部コンクリートは，従来工法と同様である。

④ **リフト厚**は一般に 0.5～0.75 m としているが，0.75～1 m とすることもある。

⑤ **温度規制**は，必要によりプレクーリングで行い，パイプクーリングは行わない。

⑥ 水平打継目のグリーンカットは，モータスウィーパなどの自走式機械を用い施工性を高める。

⑦ コンシステンシーの管理は，通常のスランプの測定ができないので，VC 試験による。

RCD 工法は，ダムサイトの谷形状が V 字と急峻なとき，埋設物が多いとき，ダムの規模が小さいときなどは，十分な施工面積が確保できず，特徴を生かせない。また，RCD 用コンクリートは，打設中の降雨の影響が従来配合のものより大きいため，2 mm/h の降雨量で打設禁止にする。

⑧ **練混ぜから締固めまでの許容時間**は，ダムコンクリートの材料や，配合，気温や湿度などによって異なるが，夏期では 3 時間程度，冬期では 4 時間程度を標準とする。

⑨ **横継目の設置間隔**は 15 m 程度とする。

4・5 フィルダム

頻出レベル
低 ■■□□□□ 高

学習のポイント

フィルダムの材料，基礎と着岩部の施工，盛立ての施工上の留意点について理解する。

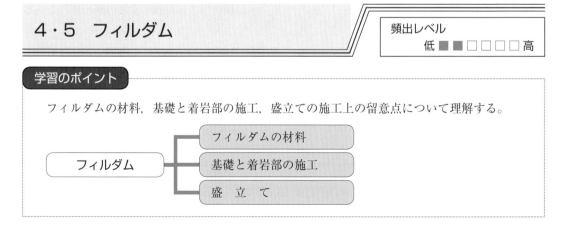

フィルダム
- フィルダムの材料
- 基礎と着岩部の施工
- 盛 立 て

4・5・1　フィルダムの材料特性

(1)　遮水材料

遮水材料としての土質材料は，所要の透水係数とせん断強さを有し，締固めが容易で，転圧後の圧密沈下量が少なく，有機物を有害量含んではならない。粘土＋シルトの細粒分を 10〜20% 程度含み，かつ礫分を 50% 程度含む，塑性指数の高い材料は，このような性質を持つ。

(2)　半透水材料

① **フィルタ材**：遮水ゾーンからの浸透水のみを排出させ，透水材料中の細粒分の流出を防ぐ。その粒度はフィルタ基準で定められ，$D_{15}/d_{15}>5$（透水側），$D_{15}/d_{85}<5$（パイピング側），ただし，D はフィルタ材，d はコア材で添字はその粒径以下の重量百分率を表す。

② **トランジション材**：遮水ゾーンと透水ゾーンの間で，剛性や透水性の急変緩和が目的である。

(3)　透水性材料

堅硬かつ耐久的で，所要のせん断強さと排水性を持つものをいう。ロック材のせん断強度は，岩石が硬いもの，大小粒径が入り混りかみ合せのよいもの，密度が大きく施工されたものほど大きい。

専門土木

4・5・2　フィルダムの基礎と着岩部の施工

(1)　遮水ゾーンの基礎と着岩部の施工

支持力と不透水性から岩盤まで掘削するのが一般的である。盛立て材料と密着を図るため平滑に仕上げる。不同沈下によるクラックの恐れもあり，掘削面の急変や急勾配を避ける。涌水があるときは，状況に応じた処理が必要となる。盛立てに先立ち，着岩面は，清掃，オープンジョイント，クラック処理，通廊などのコンクリート面のチッピング，岩盤，コンクリート面の散水処理を行う。掘削終了後，**盛立てまでの風化対策**として，コンクリートまたはモルタル吹付けやカバーロックなどが必要になる。

岩盤やコンクリートの接触面では，基礎とのなじみ，岩盤の保護または，沈下や地震時の変形の吸収を目的とし，塑性の高い細粒材料を盛り立てる。着岩部は，クレイスラリー，着岩材（凹部処理，コンタクトレイ，着岩コア）および中間材の順に施工する。

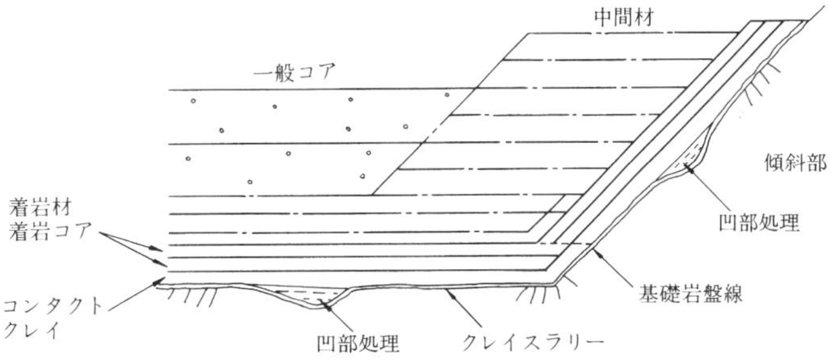

図4・16　着岩部概要図

(2)　半透水ゾーンの基礎

遮水ゾーンに隣接する部分は，遮水ゾーンと同程度の岩盤までの掘削が要求される。

(3)　透水ゾーンの基礎

ロック材と同程度のせん断強度を有し，浸透流によるパイピングに対し安全であること，および堤体に悪影響を与えるような変形の恐れがないことが要求される。

4・5・3　盛立て

(1)　遮水ゾーンの盛立て

① **まき出し**：適切な間隔で連続的にダンプし，所定厚（20～30 cm）にブルドーザで，ダム軸方向に均等に水平にまき出す。まき出し時，すでに締固めた層（平滑ローラ使用）の表層は，レーキ，スカリファイアでかき起し，次層をまき出す。既締固め層の表面が極度に乾燥あるいは湿潤のときは，この部分を取除き，散水またはばっ気した後，次層をまき出す。

② **締固め**：試験盛立てなどで決定された施工方法（材種，転圧回数，速度）にしたがい，ダム軸方向に転圧を行う。同一リフトでの転圧は，ローラ走行の列と列間を20～30 cm重復させる。

③ **降雨時の処理**：降雨が予想される場合，盛立て面は平滑ローラで仮転圧するか，シートで覆って雨水の浸透を防ぐ。この場合上・下流方向に4～5%の勾配をつけておく。

④ **越冬処理**：冬期間長期に盛立てを中断する場合，コアの凍結防止および融雪時の水の浸入を防ぐ必要がある。保護材やシートでカバーする。

(2)　半透水ゾーンの盛立て

① **まき出し**：ブルドーザを用い，所定厚（30～40 cm）で，材料が分離しないよう均等に敷均す。既転圧面が平滑のとき，レーキドーザを用いて表面をかき起してから次層を盛立てる。

② **締固め**：主として振動ローラを用い，ダム軸に平行に重復転圧する。

(3)　透水ゾーンの盛立て

① **まき出し**：材料を0.5～2 mの層状にまき出し，転圧機械で締固める薄層転圧工法が一般的で，次層とのかみ合せをよくするため，リッパなどでかき起しを行う。

② **締固め**：比較的大型の振動ローラで転圧する。未転圧部分がないよう重復転圧を原則とする。

4・6　トンネル掘削

頻出レベル
低■■■□□□高

学習のポイント

掘削工法，ずり積込機とずり運搬方法，換気方法，地山の挙動の観察・計測などの内容を理解する。

トンネル掘削
- 掘削工法
- ずり積込機とずり運搬方法
- 換気方式
- 地山の挙動の観察・計測

4・6・1　掘削工法

現在，一般に採用されているトンネル掘削工法は，**全断面工法・導坑先進工法・ベンチカット工法**などに大別される。掘削工法の決定にあたっては，断面の大きさ，形状，地山条件，工区延長，工期，立地条件などを総合的に検討し，最も経済性・安全性に富む工法を選定する。

(1)　全断面掘削工法

全断面掘削工法はトンネルの全断面を一度に掘削する工法である。

岩盤が良好で，涌水がなく，切羽を次の爆破まで鉛直に保てる軟岩で，断面が30〜40 m^{2}以下の中小トンネルに用いる。

切羽が1箇所なので作業管理は容易だが，地山の変化への適応性が低く，段取替えが難しい。

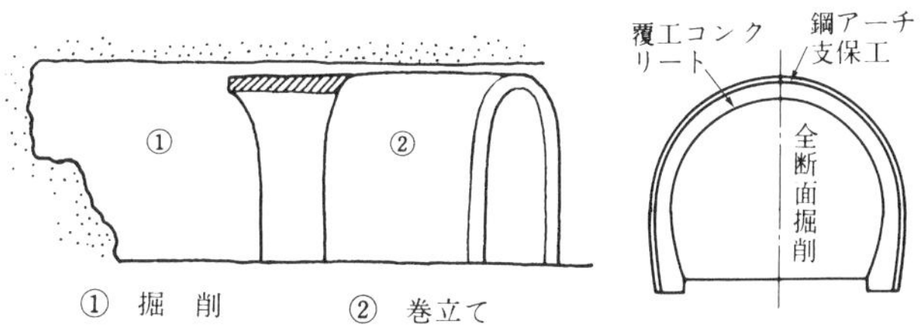

図4・17　全断面掘削工法

(2)　導坑先進掘削工法

地山が軟弱で，トンネル断面を区分して掘削するとき，先進掘削する部分を**導坑**という。導坑は地質，涌水を調査すると共に，材料の排入，ずりの排出にも利用する。掘削の位置により名称が付けられている。下半部に設けるときは涌水処理に，上半部に設けるときは通風に利用できる。側壁導坑先進は，大断面で地山の支持力が不足するとき，土かぶりの小さい区間で地表沈下を極力抑える場合に用いられる。

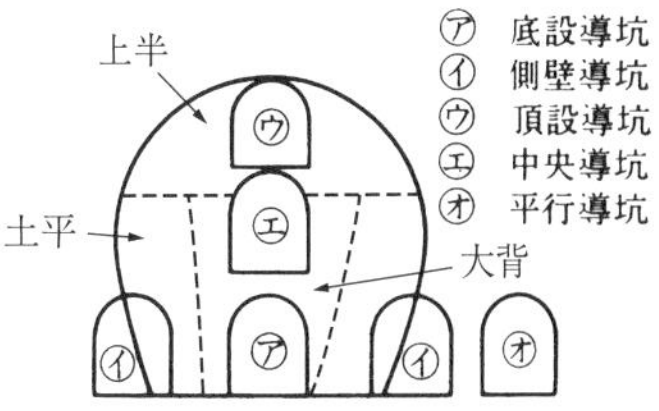

図4・18　導坑の種類

1)　底設導坑先進上部半断面掘削工法

底設導坑を先進し，上半・大背・土平の順に掘削する。地質変化が多いとき，不時の涌水が予想されるときに適する。ずり出し，コンクリートの運搬が競合する，作業箇所が多いなど，管理上の欠点はあるが，内空断面幅5 m程度のトンネルに最も適した工法である。

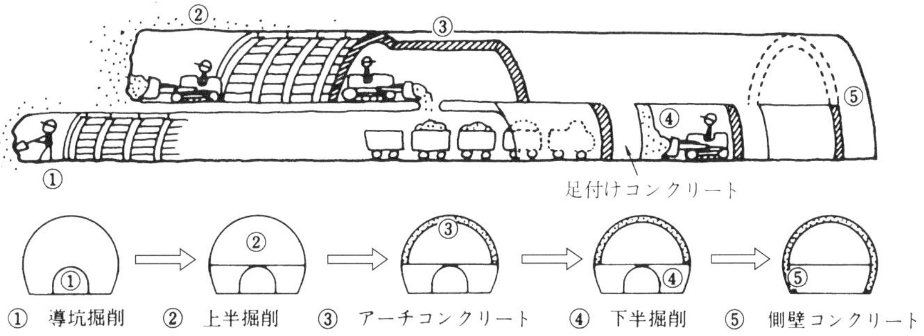

図4・19　底設導坑先進上部半断面掘削工法

2)　側壁導坑先進上部半断面掘削工法

軟弱地盤のトンネル掘削工法で，断面の幅10 m位が有効である。トンネルの両側壁部に先進導坑を掘削し，側壁コンクリート打設後，上半・大背を掘削する。側壁コンクリートを上半支保工の基礎とすることができる。反面，導坑を２本掘るので，地山が緩みやすく，経済的でない。

(3)　ベンチカット工法

一般に，上半・下半が伴進するものをいうが，３段以上に分割する多段ベンチカット工法もある。周囲の地山を安定させるためには，ベンチの長さを極力短くするのが望ましい。

1)　多段ベンチカット工法

通常のベンチカット工法では切羽が自立しない場合に用いられる。

2)　ショートベンチカット工法

この工法は全断面掘削工法と上部半断面先進掘削工法との中間で，膨張性地質のように全断面を急いで覆工する場合，上半の掘削に近接して下部半断面を掘削し，支保工の脚部を継ぎたしてから全断面を同時に覆工する。上半のずりを一度下部に落として処理し，その後下部の掘削をするので能率が悪く，脚部の支保工の足付けを行うので，上半支保工が緩んでさらに地山の緩みを誘発する難点がある。地山の悪い場合は，ベンチをさらに短くしミニベンチカット工法を用いる。

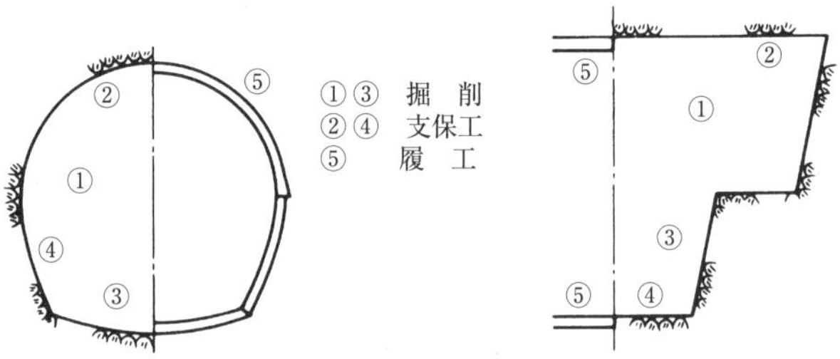

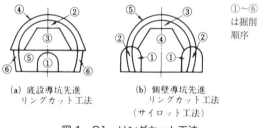

図4・20　ショートベンチカット工法

3)　リングカット工法

導坑の位置により底設導坑先進リングカット工法と側壁導坑先進リングカット工法（サイロット工法）がある。上半をリング状に掘削し，支保工と覆工の施工後中央部を掘削する。土かぶりの小さい場所や軟弱地盤に用いる。上半の切羽が自立不可のとき，支保工の建込み部分だけリング状に堀り，中心部を残し切羽を緩めないようにする方法で，断層地帯の突破に用いる。

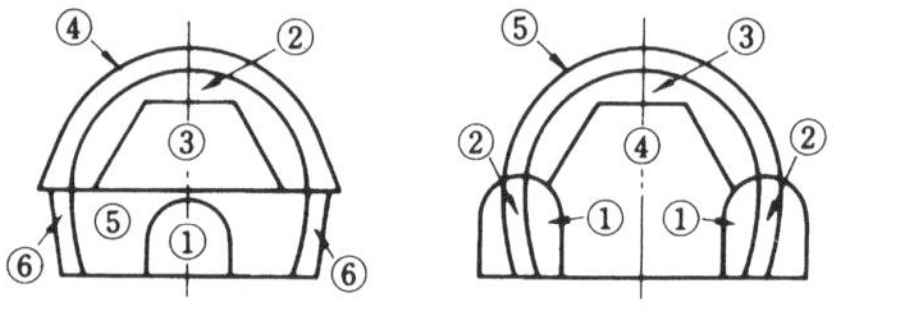

(a) 底設導坑先進リングカット工法　(b) 側壁導坑先進リングカット工法（サイロット工法）

図4・21　リングカット工法

4・6・2　ずり積込み機とずり運搬方法

(1)　ずり積込み機

動力で分類すると圧縮空気・電気・ディーゼル駆動があり，走行方式ではレール・クローラ・ホイール方式，積込方法ではオーバショット・サイドダンプ・フロントエンド式に分かれる。

(2)　ずり運搬方式

① **レール方式**：ずりトロを多数連結し機関車でけん引する。ずりトロには固定形とサイドダンプ形がある。大量輸送用はバンカートレーン・エプロントレーン・シャトルカーがある。
機関車には，バッテリ型とディーゼル型がある。ディーゼルは排気ガスが出るため，空気の汚染防止が問題になる。

② **タイヤ式**：ダンプトラックなどを使用し，ずり積みからずり捨てまで一貫してできるので作

業効率がよい。地質が悪いときや作業空間が狭いときは不適である。切羽の進行と共に運搬距離が長くなり，バック走行が長くなるので能率が低下する。方向転回手段の採用が必要となる。また，ダンプトラック使用のときは換気を考慮する。ずり捨て時，ずりさん橋の下にずりびんを設置する。

4・6・3　換気方式

送気式・排気式，これらを組合せた3方式がある。送風機の配置方法から**集中式**と**直列式**に分かれるが，**一般には排気式の直列方式が多い**。直列式は工区が長いとき，送風機を数台接続する。この場合，軟質ビニル管の使用は避ける。有害ガス・可燃ガスが出るときは，ガス検定器を用い換気の強化，火気禁止，入坑禁止の処置をする。**坑内換気量**は，3 m^3/min·人で計算する。

専門土木

4・6・4　トンネル工事の測量および地山の挙動の観察・計測

(1)　トンネル工事の測量

水準測量により，国家水準点を坑外基準点に移設し，**両坑口の相対的な高さ**を直接測量により求める。基準点は，両坑口および作業坑口付近に設置し，この基準点に方位座標を決定する。

坑内測点（ダボ）は，爆砕振動により基準点としての機能が損なわれる場合があるので堅固に設置し，日時を決めて常に変位に対する照査を担当者を変えて行う。

坑内掘削時の管理測量に**レーザービーム**を使用する場合は，測量間隔を100 m以内とする。

(2)　地山の挙動

一般に**土かぶりの小さいトンネル**では，土かぶりの大きいトンネルに比べトンネルに作用する土圧が小さいため，**内空変位よりも天端沈下が顕著に現れる場合が多い**。

山はねは，トンネルの土かぶりが比較的大きく，地山応力が高い場合で，かつ岩盤が均質で節理などが少ない地山で起こりやすい。

(3)　観察・計測

都市部における施工では，トンネル自体の安定性だけでなく，地表面沈下，近接構造物の挙動，地下水変動等，周辺環境に与える影響を把握できる観察・計測を行う。

地下水位の変動を測定する場合は，地下水位観測孔として既設の井戸を用いることもある。

地表面沈下測定や地中変位測定等の計測は，トンネル掘削開始と同時に測定を開始する。

掘削に伴う**トンネル周辺地山の挙動**は，**一般に掘削直前から直後にかけての変化が大きく切羽から離れるに従って変化が小さくなるので**，**内空変位測定**および**天端沈下測定**等の**計測頻度**は，初期**段階では概ね1～2回/日程度が標準であり**，変位が収束に向かうに従い，また切羽から離れるに従い順次減少させるのが一般的である。

内空変位測定および天端沈下量の測定は，地山条件や施工の段階に応じて行い，**測定間隔**は**坑口付近や土かぶりの小さい区間では狭くする**。

坑外から実施される地表面沈下測定の間隔は一般に横断方向で3～5 mである。トンネル断面の中心に近いほど測定間隔を小さくし，その結果を掘削影響範囲の検討などに使用する。

地中変位測定は，坑内における周辺地山の半径方向の変位を計測するものであり，その結果を緩み領域の把握やロックボルト長の妥当性の検討に活用する。

4・7　支保工・覆工・補助工法

頻出レベル
低■■■■■■高

学習のポイント

支保工，覆工，補助工法について，各工法の名称，施工の要点を理解する。

支保工・覆工・補助工法
- 支　保　工
- 覆　　　工
- 補 助 工 法

4・7・1　支　保　工

掘削に伴い地山を安定させるため，速やかに支保工を施工する。施工順序は，地山が良好なとき，吹付けコンクリート，ロックボルト，地山が悪いときは，1次吹付けコンクリート，鋼製支保工，2次吹付けコンクリート，ロックボルトなどの例がある。

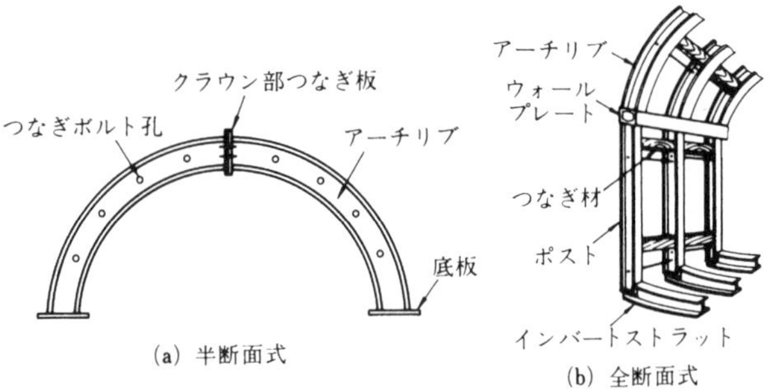

図4・22　鋼アーチ支保工の主要部材の構成

(1)　鋼アーチ支保工

H形鋼や鋼管をトンネルの形に合せて曲げ，トンネル内に一定間隔に建込み，相互間に矢板を掛けて地山を支える方式の支保工で，地山とのすき間にはくさびを打込んで土圧を均等に支保工に伝える。側圧により変形があるときは，脚部に変形防止のストラットを入れる。

① **継手板・底板**：部材の端部は接合用に継手板，または荷重支持のため底板を取付ける。継手はプレートによる突合せ継手で，ボルト2〜4本で接合する。

② **内ばり・つなぎボルト**：建込んだ支保工相互間の連結と転倒防止用に，内ばりとつなぎボルトを用いる。内ばりはトンネル軸方向に掛る外力から，つなぎボルトは外力により発生する引張力から変形やねじれを防ぐ。内ばりは松丸太を用いるが，覆工のとき取除く。

③ **矢板**：地山のはだ落ちを防止し，荷重を支保工に伝達するもので，普通は厚さ3〜4 cmの木矢板を用いる。荷重が大きい場合は，矢木・鋼矢板・古レールを用いる。

④ **加工**：曲げ加工は，冷間加工により行うのが基本である。

⑤ **部材の選定と建込み間隔**：支保工は，土荷重，巻厚を考慮し十分な強度を有するものを選ぶ。建込み間隔は荷重で変化するが，標準は1.2 mである。沈下対策は，支保工脚部にウイングリ

ブを取付けたり，根固めコンクリートを施工する。

(2) ロックボルト工

脱落しそうな岩塊を，緩んでいない地山にロックボルトを用いて締め付けるもので，締め付けられた岩塊は相互一体となってアーチ作用をなすものと考えられる。

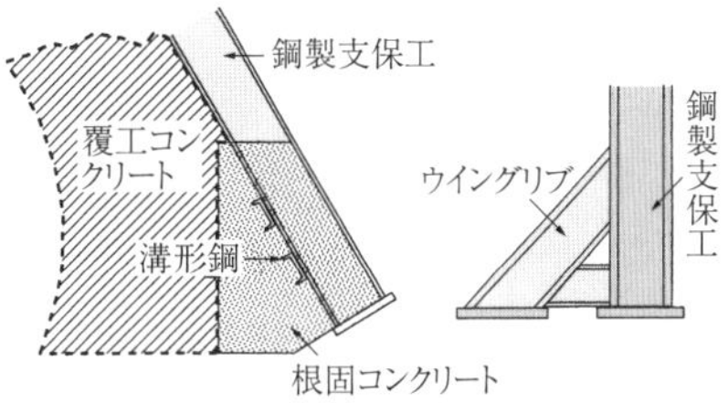

図4・23 支保工沈下防止対策

ロックボルトの穿孔機械には，ドリフタ・レッグハンマー・エアオーガなどが使用される。

(3) 吹付けコンクリート

吹付け方式は，コンクリートの練混ぜ方式，圧送方式により，**乾式**（図4・24）と**湿式**に分けられる。乾式はセメント，骨材の空練りしたものに急結剤を加え，圧縮空気で圧送し，ノズルで圧力水を加えて吹付ける方式。湿式は，セメント・骨材・水を練混ぜたコンクリートを圧縮空気またはポンプで圧送し，ノズル部で急結剤を加えて吹付ける。乾式に比べ，コンクリートの品質管理は容易だが長距離圧送には不適である。

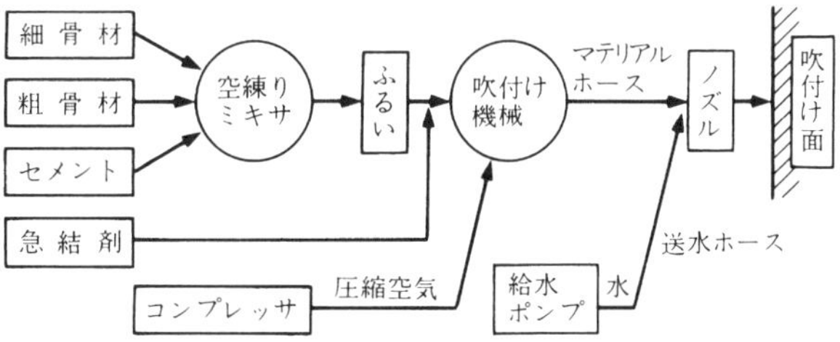

図4・24 乾式吹付け方式の系統図

ロボットによる施工は，ノズルの微妙な操作ができず，はね返り量が多いなどの欠点もあるが，作業員の安全衛生上もよく，大断面でも足場が不要，ずり出し前に吹付けが可能などの長所がある。**吹付け作業**では，吹付け面に対するノズル方向は直角がよく，普通，ノズルと吹付面との距離は1m位が適当といわれている。

吹き付けコンクリートは，初期強度が長期強度より重要なので，適切な試験方法を選定して強度を確認するのが望ましい。

(4) NATM（ナトム）工法

NATM（New Austrian Tunneling Method）は，軟弱な地質，膨張性の地質に対して最も優れた工法として一般に用いられる。在来のトンネル工法が剛性の高い支保工によって土圧に抵抗するのに対し，許す限り剛性の低い支保工を用い，計測によって地山と支保工との平衡状態を監視しながら最大限まで地山自身の支持力を発揮させる工法である。

① **ロックボルト**と**薄肉吹付けコンクリート**を主とした**支保工**を用い，内空の変形をある程度許す工法。
② 掘削後早期に吹付け，初期変形を抑制する。
③ パターンボルティングによりトンネル周辺に岩盤アーチを形成させ，地山の支持力を利用。
④ 施工中に土圧・変形の計測を行い，設計の適正化および施工管理を実施する。
⑤ 2次（最終）覆工は将来の維持管理および止水の目的が大きく，力学的には補助的な役割。

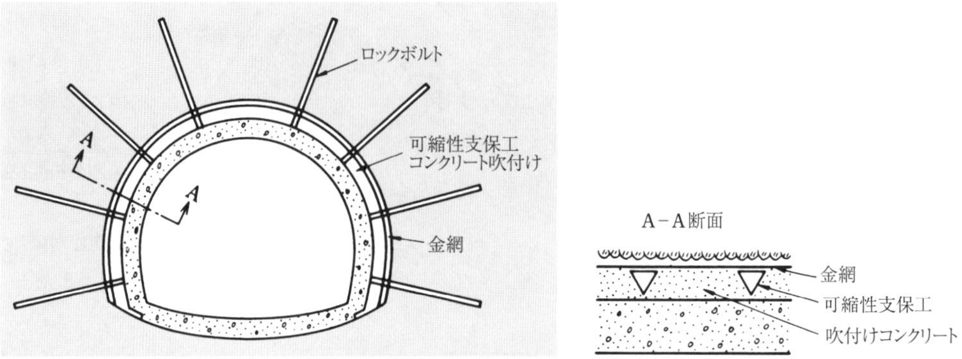

図4・25 NATMの一例

4・7・2 覆　　工

(1) 覆　　工

覆工は，トンネルの長期間の安全性を確保するため，施工するのが普通である。覆工は，地盤が膨張性のときや大断面トンネルでは，**インバート**先打ち方式で早期に閉合する。覆工コンクリートの強度は，無筋コンクリートで 16〜21 N/mm^2，鉄筋コンクリートで 21〜24 N/mm^2 程度とすることが多い。覆工の巻厚は，内空断面の大きさに応じ 20〜40 cm の設計巻厚を用いているのが一般的である（抗口，地山の不安定な場合を除く）。

覆工コンクリートは，地山との一体化をはかるため，原則として地山の変位の収束後にコンクリートを打設する。施工時期を判断する際に変位計測結果を利用する。

覆工の形状としては，アーチ形とするのが普通であるが，地質が軟弱な場合はインバートを設け，円形に近い閉合断面にする。

坑口付近とか，土被りが浅く偏圧を受ける場合，これに抵抗させるため，図4・26のように抱きコンクリートを施工する。

覆工の設計巻厚は，支保工に鋼アーチ支保工を用いた場合，表4・1の値を標準としている。

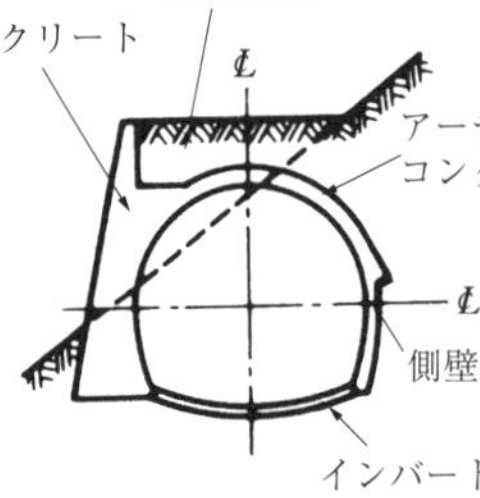

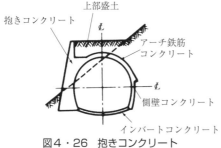

図4・26 抱きコンクリート

表4・1 設計巻厚の標準

内空断面の幅（m）	コンクリート覆工の設計巻厚（cm）
2	20〜30
5	30〜50
10	40〜70

(2) 型　　枠

トンネルの覆工に用いられる**型枠**は，**移動式**と**組立式**に大別される。**移動式**はセントルとメタルフォームまたはスキンプレートを一体化したもので，伸縮自在な**テレスコピック形**と，**ノンテレスコピック形**がある。ノンテレスコピック形とは，型枠1セット分が一体となって，それに移動装置が固定した形式のもので，1区間のコンクリート打設が終了し，所要の養生期間が過ぎてから取外し，次の打設位置に移動する形式のスチールフォームである。

テレスコピック形とは，数セットの型枠と1セットずつ移動する装着トラベラとを組合せたスチールフォームで，1区画のコンクリート打設中にすでに固まった部分のフォームを取外して，その先へ移動し，連続してコンクリートの打設ができる形のものである。

型枠の長さは，アーチ部で9〜15 mのものが多く，側壁部では6〜9 mのものが使われ，打込みを確認する窓をできるだけ多く設ける。

組立式型枠は，セントルと鋼製パネル・つま板を1打設ごとに組立・解体するもので，特に坑口付近，急曲線や拡幅部などで使用される。

(3)　コンクリート打設

覆工コンクリートの打設は，コンクリートポンプまたは**アジテータ付きプレーサ**を使用するのが一般的である。

- 打設機械
  - ポンプ式
    - ピストン式
    - スクィーズ式
  - 空気圧送式
    - プレーサ
    - アジテータ付きプレーサ

図4・27　コンクリート打設機械

天端コンクリートの打込みに使用する**吹上げ口**は，2箇所設ける。10.5 mのセントルの場合，通常ラップ側，妻側とも端から1.5 m位の所に設ける。

覆工コンクリートの養生では，坑内換気設備の大型化による換気の強化や貫通後の外気の通風，冬期の温度低下などの影響を考慮し，覆工コンクリートに散水，シート，ジェットヒータなどの付加的な養生対策を講じる。

コンクリートは**練混ぜ後打設終了までの時間**は，外気温が25℃を超えるときは1.5時間，25℃以下のときは2時間を超えないよう注意する。

コンクリートは次のことに注意して打設する。

①　機械打設の場合，吐出し口をまだ固らないコンクリートの中に埋込みながら打設する。

②　型枠に偏圧がかからないよう，左右同高を保ちながら打設する。

③　1区画は連続して打設する。

(4)　グラウト工

覆工は，特にアーチクラウン部と地山の間は，どんなに注意深く施工しても空隙を生ずるのが常態と考えなければならない。グラウトの注入を効果的に行うため，できるだけ早期に行うのが望ましい。なお，圧力トンネルの場合は，必ず裏込め注入を行わなければならない。

注入材料としては，一般にモルタルが用いられる。モルタルは注入作業中の分離，特に固形物の沈殿が少なく，体積収縮が少ないものがよい。強度は注入後の状態で1 N/mm^{2}程度が期待できればよい。

注入測定のため，0.1 N/mm^{2}以上の精度を持った圧力計を必ず取付けなければならない。

4・7・3　補助工法

ロックボルト，吹付けコンクリート，鋼製支保工などの支保パターンでは対処できない場合に，切羽の安定性・トンネルの安全性確保，周辺環境の保全のため，地山条件の改善を図る目的で適用される工法を補助工法という。

おもな工法としては，フォアポーリング，鏡止めボルト，鏡吹付けコンクリート，水抜き工，水抜きボーリング，ウェルポイント，ディープウエル，注入，パイプルーフ，長尺鋼管フォアパイリング，遮断壁などがある。

(1)　パイプルーフ工法

パイプ（鋼管）を本体構造物の外周に沿って等間隔にアーチ状または水平に打設し，ルーフや壁を作り，天端部の安定性確保や地表面沈下対策などを目的とする補助工法である。

(2)　充てん式フォアポーリング工法

従来のフォアポーリングに中空ボルトを用い，ウレタン系注入材を注入する工法で，確実なボルトの定着と，ボルト周辺地山の改良によって，切羽の安定確保や，天端部の肌落ち防止，地山の剝落防止などを目的とする補助工法である。

(3)　水抜きボーリングおよび水抜き坑

水抜きボーリングは坑内からのボーリングを利用して水を抜き，水圧・地下水を下げる方法で，涌水量が多い場合，小断面の坑道を先進させて，あらかじめ水を抜く水抜き坑と併用されることがある。涌水量の多い被圧帯水層が広範囲に及ぶ場合，複数の水抜き坑が必要になる。

(4)　注 入 工 法

セメントミルク・硅酸ソーダなどの液体を地盤中で固化させ，地盤の透水性を減少させることによりトンネル内の湧水を減少させる工法である。注入方法としては，地表から行う場合と坑内から行う場合がある。

注入材料は，懸濁型・半懸濁型・溶液型のタイプがある。土粒子の間隙が大きく浸透しやすい場合，岩盤の亀裂等へ脈状に注入する場合および粒子が極めて細かい粘性土層の圧密を目的とする場合は，懸濁型や半懸濁型を使用し，通常の土粒子の間隙へ浸透させる場合は溶液型を使用する。

(5)　凍 結 工 法

ルーズな含水層などを凍結させて涌水を止め，かつその力学的強度を増して施工を容易にする工法である。地下水流の速い地質や凍結用パイプの埋込みが困難な場合は適用できない。

5. 海岸・港湾

海岸では海岸堤防の各部の名称と機能，施工法，海岸の浸食対策が多く出題されている。
港湾では防波堤や係留施設の施工および浚渫船による施工が出題されている。

5・1 海岸堤防

頻出レベル
低 ■■■■□□ 高

学習のポイント

緩傾斜堤など堤防施工の留意点，浸食対策としての離岸堤，潜堤，養浜，人工リーフなどの機能，施工手順を理解する。

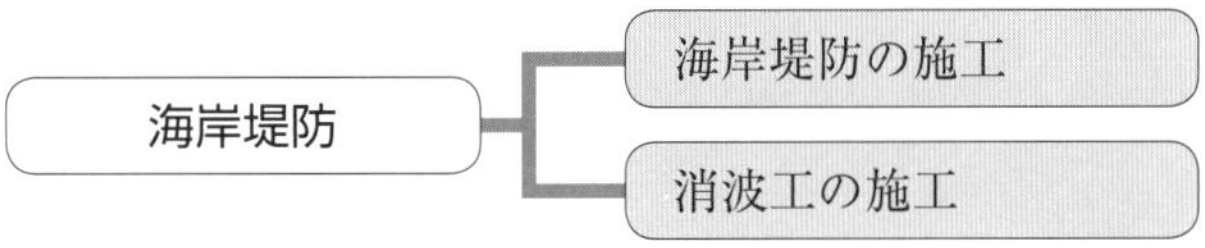

堤防の設計では，波の形状が複雑なので，便宜上，**有義波**というもので扱う。有義波は，図5・1に示すように，施工地点近くで，ある時間内に通過した波数を観測し，波高の大きいものから順に並べ替え，高い方から1/3を取出し，平均した波高 $H_{1/3}$ で表す。

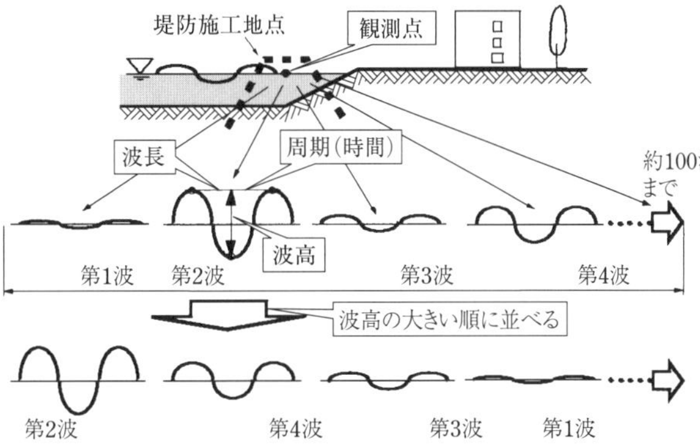

図5・1 有義波

5・1・1 海岸堤防の種類

海岸堤防は図5・2に示すように堤体，これを被覆する各被覆工，これを支える基礎工や浸透防止の止水工，洗掘防止の根固め工などがある。

海岸堤防の形式は，図5・3に示すように，傾斜型，直立型および混成型に分類される。

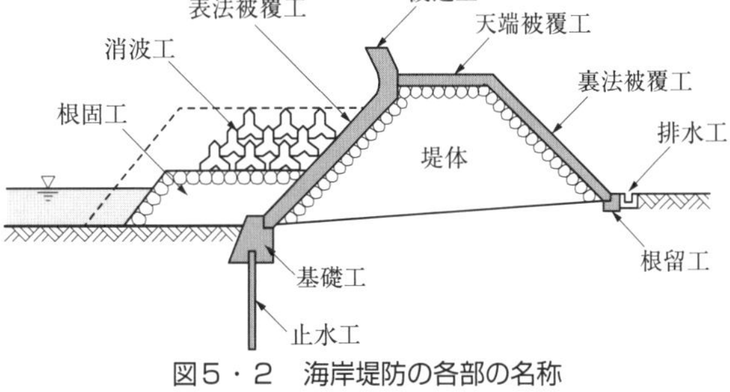

図5・2 海岸堤防の各部の名称

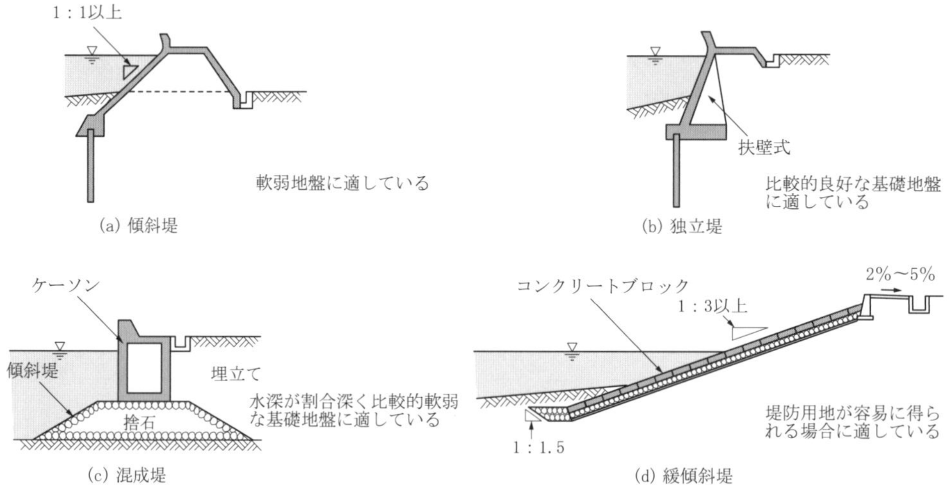

図5・3　海岸堤防の種類

5・1・2　海岸堤防の施工

(1)　堤　　体

堤体は，海岸堤防の主体をなし，波力・水圧や自重も含めた作用力を基礎地盤に伝え，海水などの透水を防止するものである。

① 堤体に使用する**盛土材料**は，原則として多少粘土を含む砂質または砂礫質を用い，よく締固める。海岸の砂を用いるときには，水締めなどを行い十分締固める。

② 盛土は通常，日時の経過とともに収縮や圧密により沈下するので，盛土材質や基礎地盤の地質により余盛りを行う。厚さ 30 cm の層状に入念に締め固める。

③ 重要な堤防では，一定間隔にコンクリート壁やコンクリート矢板により原地盤以下に根入れした隔壁を設け，全崩壊を防止する。工事起終点には小口止め工を施す。

(2)　基　礎　工

基礎工は，表法被覆工などの上部構造物を支え，沈下・滑動・波の洗掘に対して十分な安全性が要求される。基礎工には，杭基礎・場所打ちコンクリート基礎・コンクリートブロック基礎・捨て石基礎などがある。

① 基礎地盤の透水性が大きい場合には矢板やコンクリートで止水工を設ける。

② **伸縮目地の間隔**は，表法被覆の伸縮目地間隔と一致させる。

③ 堤体土砂の吸出し防止のために，表法被覆工との継目には継鉄筋と止水板を用いる。

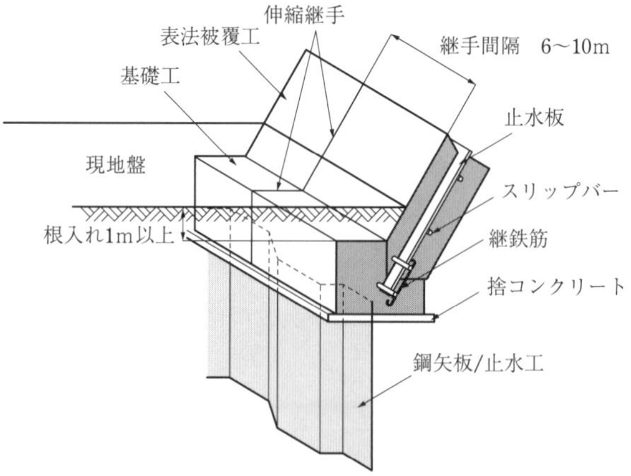

図5・4　傾斜堤の基礎工

④　**基礎工天端**は1m以上の根入れとする。波の影響が少ない場合，0.5m程度でよい。

⑤　基礎工の高さと幅は1m以上とする。

(3)　表法被覆工

表法被覆工は，堤体土砂を保護するとともに堤体の一部となって高潮や波などの侵入を阻止する堤防の主要部である。よく用いられる傾斜型のコンクリート被覆式の施工上の留意点は次のとおりである。

①　**最小コンクリート厚**は50cmとする。

②　**伸縮目地**は，図5・5に示すように6〜10mごとに設け，止水板などを用いて水密性を持たせ，スリップバーなどにより食違いを防止し，堤体土砂の吸出しや強度の維持に十分配慮する。

③　施工継手は，設計図書に明示し，その場所以外での施工継手をつくらないようにする。

④　施工継手は，法面に対して直角に打止め，継手鉄筋を挿入し，表面は粗面状態とする。

⑤　**表法被覆工の基層（裏込め）**は厚さ30cm以上で，雑石または栗石を敷き，これに目潰し均しコンクリートを打って，設計被覆工厚のコンクリートを打設する。

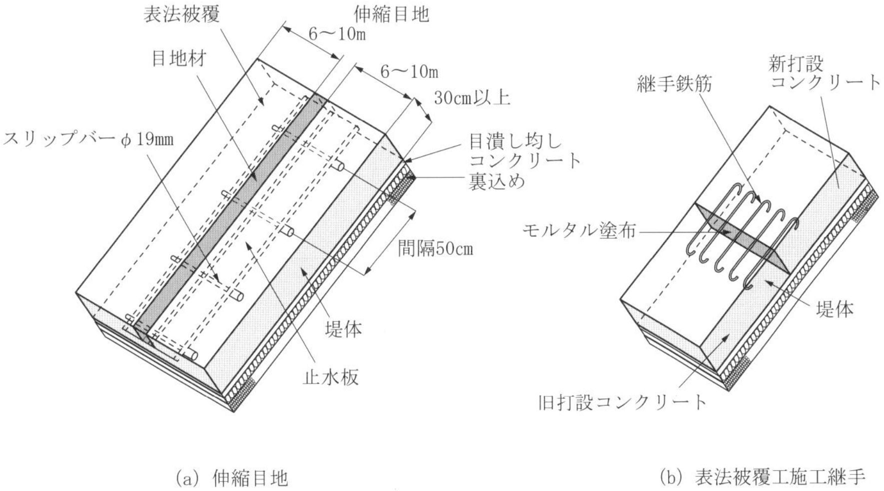

(a) 伸縮目地　　(b) 表法被覆工施工継手

図5・5　伸縮目地と施工継手

(4)　波　返　工

波返工は，波やしぶきが堤内へ流入することを制限するため設ける。表法被覆工を延長して造る。

①　**波返工の高さ**は，堤防天端より1m以下とする。

②　**波返工の天端幅**は50cm以上とする。表法被覆工との接続は，なめらかに続く曲線とし，伸縮目地は表法被覆工の目地と一致させる。

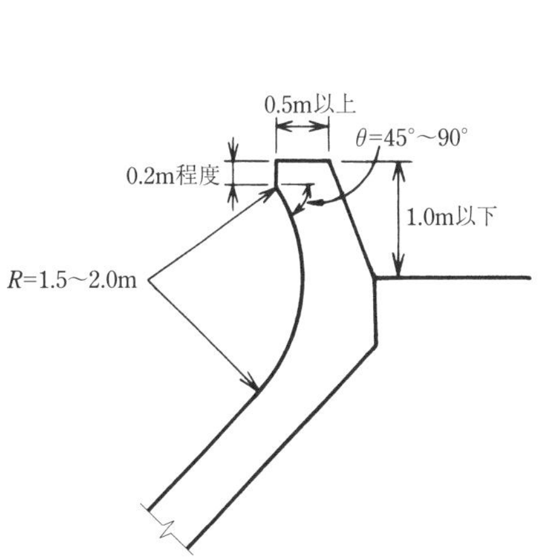

図5・6　波返工の構造

(5)　天端被覆工と裏法被覆工

天端被覆工と裏法被覆工は，越波により堤体土砂の流出破壊を防止するために施工する。施工は，堤体盛土の収縮沈下をまってから行うか，接点を鉛直に施工し変位に適応できる構造とする。**天端被覆工**は陸方向へ 2〜5% の排水片勾配を付ける。天端被覆工の伸縮目地間隔は，3〜5 m に入れる。**裏法被覆工**のコンクリート被覆の厚さは 20 cm 程度とする。堤体盛土の変位に追従できるように裏法被覆・根留・排水溝は互いに分離しておく。

(6)　根　固　工

根固工は，表法被覆工や基礎工を，波浪による洗掘から防止するために設ける。

① **根固工**は，基礎工などと絶縁した構造とする。

② 根固工には，図5・7に示すように，同重量の捨石，中詰め捨石，異形ブロックなどの構造形がある。

③ 異形ブロックなど空隙の大きな構造の場合は，その下部に空隙の小さな捨石層などを設ける。

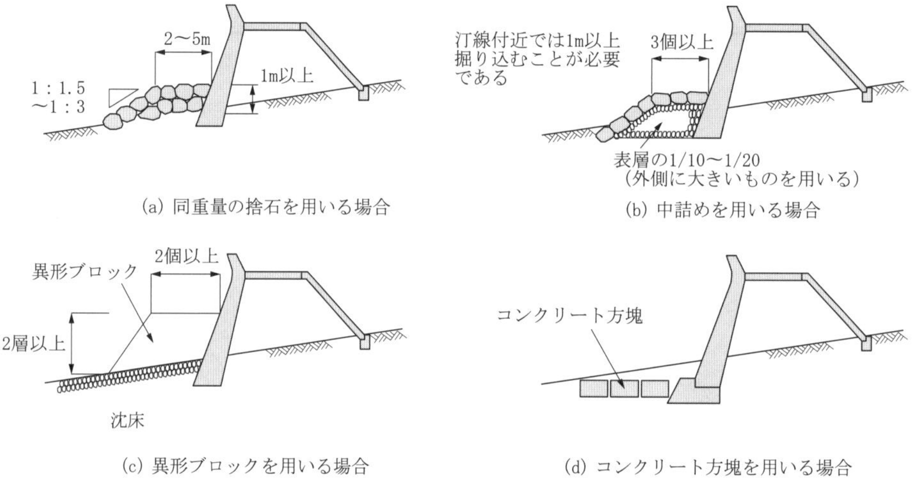

図5・7　根固工の種類と施工上の留意点

5・1・3　緩傾斜堤の施工

緩傾斜堤は，図5・8に示すように2t以上のコンクリートブロックなどを表法面に用いて3割より緩い勾配で堤に生じる反射波を小さくして浸食を防止する。

① 基礎工は，表法被覆工をそのまま根入れさせ，捨石や雑石により被覆工の沈下を防ぐ。

② **裏込め**は，50 cm 以上の厚さとし，吸出し防止のため，上層から下層にむけ粒径を徐々に小さくしてかみ合わせをよくする。吸出し防止に，裏込め工の下層に吸出し防止材を入れる。

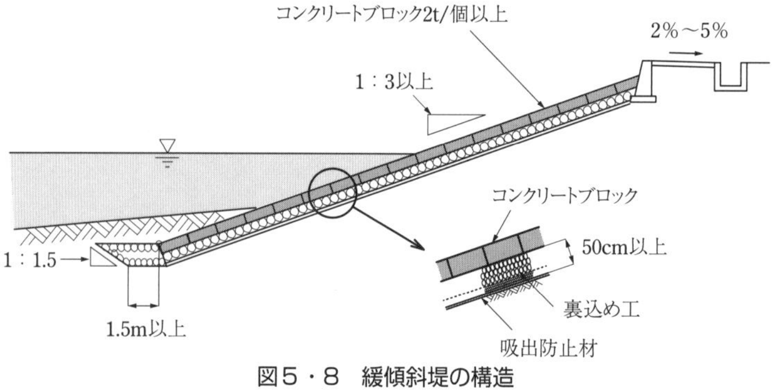

図5・8　緩傾斜堤の構造

5・1・4　消波工の施工

消波工は，波の打上げ高や越流量を減じ，大きな波力を減衰させる目的がある。

① 適度の大きさと空隙（空隙率 50〜60%）を持ち，空隙に水量が蓄えられ，波のエネルギーを吸収できるようにする。異形ブロック積みは積み方によって空隙率が小さくなるので注意する必要がある。

② 表面粗度が大きく，波力に対して安定である必要がある。

③ **堤防天端高**（波返し工ならその天端）は，消波工天端高より 0.5〜1 m 程度高所に設置する。

④ **消波工の天端幅**は図 5・9 に示すように，通常ブロック 2 個以上とする。波高や周期が大きい場合や水深が大きいところでは 3〜5 個以上とする。

⑤ 消波工の水面からの天端高さは，1 m 以上とする。

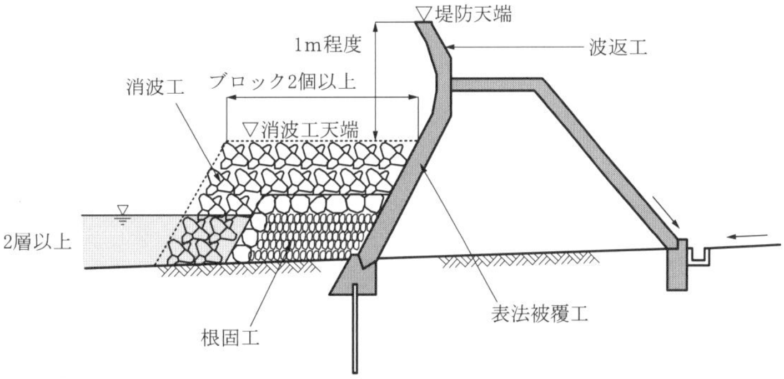

図5・9　消波工

5・2　浸食対策工

頻出レベル
低■■■□□□高

学習のポイント

離岸堤，潜堤，養浜，人工リーフなどの機能，施工手順を整理する。

- 浸食対策工
  - 潜堤，人工リーフ
  - 養浜の施工

5・2・1　突　堤　工

突堤は，図 5・10 に示すように海岸線から沖方面に突きだして設けられ，沿岸漂砂を捉え汀線を前進させる。供給土砂量 Q1 より沿岸漂砂量 Q2 が上回ると海岸後退が生じるので突堤を設ける。

(1)　突堤の型式と選定

突堤の型式には，海岸堤防と同様に直立型・傾斜型・混成型があり，平面的には直線型・T 型・L 型がある。

突堤の下手側に浸食，また突堤に沿って強い流れが生じ突堤の両サイドや先端の洗掘，さらに突堤の先端部が沿岸流によって洗掘の恐れがあるとき，透過式を用いる。逆の場合では不透過式でよ

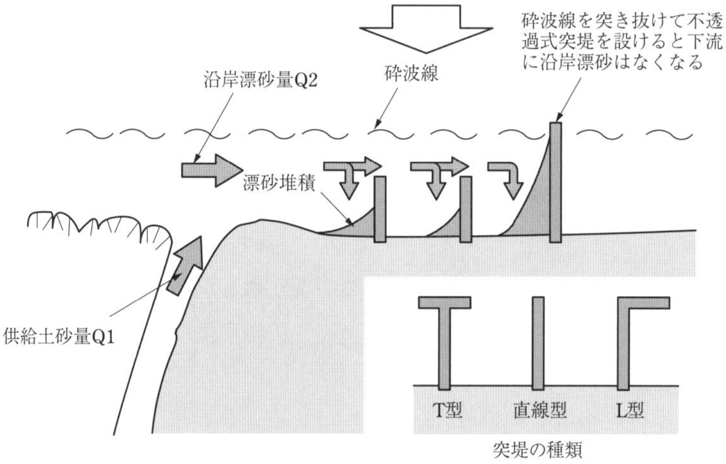

図5・10　突堤

い。透過式には，捨石・捨てブロック式が，不透過式には，コンクリートブロック積式が用いられる。**突堤の設置方向**は，汀線に直角とする。

(2)　突堤の施工手順

突堤の施工手順は，漂砂下手側より着手して，対象地域への土砂供給を過度に減少させないようにする。

5・2・2　離　岸　堤

離岸堤は，汀線から離れた位置に，汀線にほぼ平行に捨石またはブロックによる透過型堤体を設ける。海岸に直接当たる波力を弱め，離岸堤内に入射する波を回折させトンボロ現象を引き起こし漂砂を堆積させる。

(1)　離岸堤の選択

①　漂砂の卓越方向が変化し，**岸沖の漂砂移動が多いとき**には，突堤工よりも離岸堤を選択する。

②　**護岸と離岸堤を新設する場合**には，護岸工を施工する前に離岸堤を施工する。

(2)　離岸堤の施工手順

①　**施工手順**は，図5・11のように浸食区域の下手から着手し，順次上手側へと行う。

②　土砂の供給源である**河口では，**もっとも離れた下手側から施工する。

(3)　離岸堤の開口部

開口部や堤端部は，施工前よりも波浪が集中するので洗掘されやすいため，計画の一基分はまとめて施工する。開口部は，低い捨石層で被覆する。**開口部の間隔**は堤長に対して1/2程度とする。

(4)　離岸堤の沈下対策

離岸堤を砕破帯付近に設置すると沈下しやすい。沈下対策としては，捨石工が優れている。マットやシート類は破損しやすい。波浪の強い荒天時には一気に沈下することがあるので，補強や嵩上げが可能な対策や余盛りなども検討する。

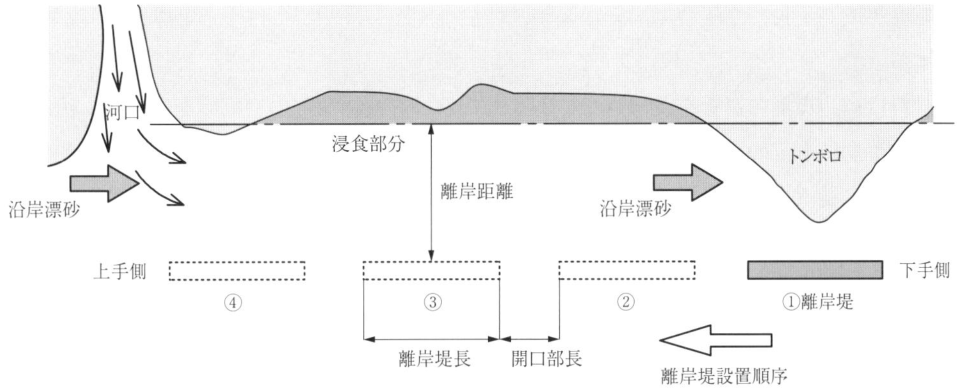

図5・11 離岸堤の施工手順

5・2・3 潜堤・人工リーフ

従来の海岸堤防は，短期間に整備が可能な直立護岸と消波工による整備がされていたが，今後は，潜堤や人工リーフと傾斜護岸などを組み合せた面的防護方式の採用が進むと考えられる。

(1) 人工リーフ（幅広潜堤）の構造と機能

人工リーフとは自然の珊瑚礁の機能を模して，海岸から少し沖の海底に海岸線とほぼ平行に築いた人工的な暗礁（幅広潜堤）で，マウンド状に積み上げた自然石または砕石と，表面の吸い出し防止材により構成される。その波浪減衰は，幅広の浅水域における砕波や，砕波後の波が進行する際のエネルギー逸散により生じる。

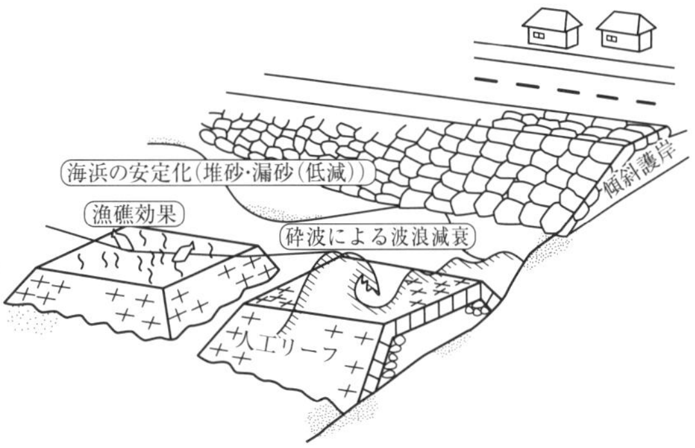

図5・12 人工リーフ（幅広潜堤）

(2) 人工リーフの効果

① **海岸保全**：護岸への打ち上げ高・越波量の低減，海浜の安定化（沿岸漂砂量の低減，堆砂，流出防止）などがある。

② **海岸利用・環境改善**：海域利用のための静穏域の確保，岸向きの流れを利用した水質の改善，魚礁効果（水産生物の着生機能）などがある。

(3) 養　　浜

海浜に人工的に砂を供給することを**養浜**といい，造られた海浜を**人工海浜**という。養浜の目的は，①海浜のもつ優れた消波効果および侵食された砂浜の回復による防災機能の向上，②海水浴等の海洋性レクリエーションの場の確保などである。養浜材料は，現地の砂と同等の粒径または**若干大きめ**を基本とする。施工に当たっては，投入の際の飛散，工事中の濁りなどに注意する。

① **海浜の安定性からは粒径の粗い砂，浄化機能には細かい砂等を用いる。**

② **粒径の粗い砂は汀線付近にとどまり汀線を前進させることができるが**，前浜の勾配が急になる。

③ **細かい砂は沖合に流出し**，勾配が緩やかになり沖合の海底面に堆積する。

④　粒度組成が不均一な場合は，細かい砂は沖合へ流出し，粗い砂はうちあげられてバームを形成する。

⑤　材料は周辺環境に影響を及ぼさないよう，ごみ，有機物などの有害物を含まず，汚濁の発生，生物の生息，海浜の海水浄化機能，海浜利用に影響のないものを用いる。

⑥　継続的に養浜を行い海浜の安定を保つ場合には，海浜維持に必要な量を経済的に供給できることが重要である。

5・3　防 波 堤

頻出レベル
低 ■■■■■■ 高

学習のポイント

防波堤の種類と特徴，ケーソン式混成堤の施工手順，施工の留意点を整理する。

- 防波堤
  - 防波堤の種類と特徴
  - ケーソン式混成堤

5・3・1　防波堤の種類と特徴

防波堤は，構造形式により，次のように分類されている。

(1)　傾 斜 堤

傾斜堤は，図5・13に示すように波があまり大きくなく比較的水深の浅い軟弱地盤の小規模な防波堤に向いている。

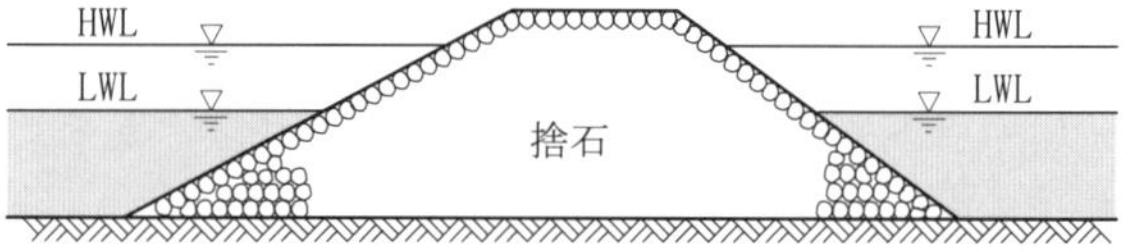

図5・13　傾斜堤（捨石式）

①　長所：海底地盤の凹凸には無関係に施工可能である。底面積が広くなるので軟弱地盤でも可能である。波の洗掘に対して順応性がある。施工設備が簡素で工程が単純で補修が比較的簡単である。反射波が少ない。

②　短所：多量の材料が必要で維持補修費がかかる。広い敷地が必要である。一般に堤体透過する波や漂砂が多い。

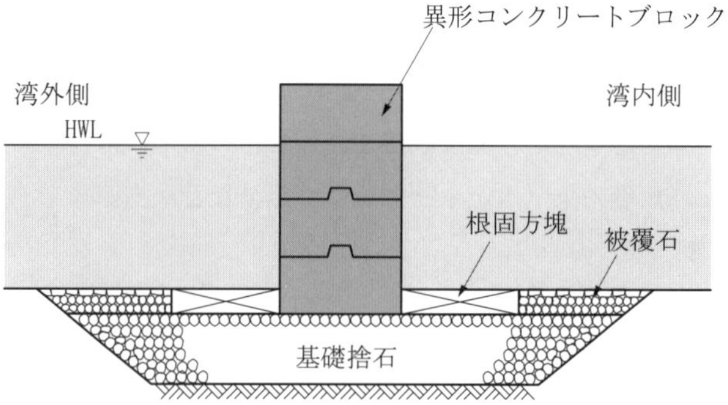

図5・14　直立堤（コンクリートブロック式）

(2)　直 立 堤

直立堤は，図5・14に示すように，地盤が硬く波による洗掘の恐れがない場所に適する。

①　長所：使用材料が比較的少ない。敷地は比較的狭くてよい。堤体を透過する波と漂砂を防止する。

② 短所：底面の地盤反力が大きい。波の洗掘の恐れが高いので堅固な支持地盤が必要である。反射波が多い。

(3) 混 成 堤

混成堤は，傾斜堤と直立堤の特徴を持ち，水深の深い比較的軟弱な地盤に適している。

① 長所：水深が大きい箇所で比較的軟弱地盤にも適する。捨石部と直立部の高さ比率を変えることで経済的な断面となる。堤体を透過する波や漂砂が少ない。

② 短所：直立部と捨石部の境界で波力集中が生じ洗掘を生じやすい。高マウンドになると，波が砕けるときの衝撃的波力が直立部に作用する恐れがある。

(4) 消波ブロック被覆堤

図 5・15 に示すように，混成堤や直立堤の波到来面に**消波ブロック**で堤体天端まで被覆するもので，既設防波堤の補強に用いることもある。

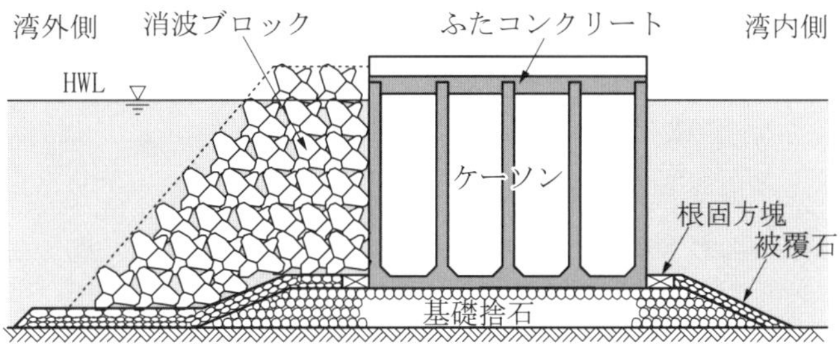

図5・15　消波ブロック被覆堤の特徴

① 長所：直立堤に加わる波圧を大幅に小さくできるので反射波が小さくなる。

② 短所：消波工の天端が低いと波圧増大となることがある。

5・3・2　防波堤の施工

混成堤の一般的**施工手順**は，基礎工→本体工→根固工→上部工の手順である。図 5・16 にケーソン式混成堤の施工手順を示す。他の防波堤の施工は必ずしもこの順序とはならない。

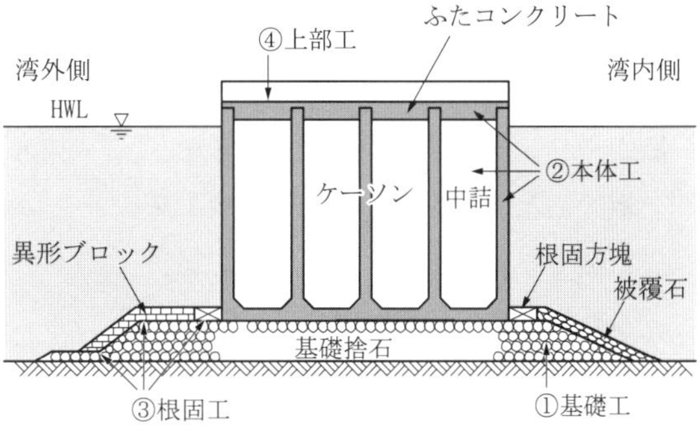

図5・16　ケーソン式混成堤の施工手順

(1) 基礎工の施工

① 岩盤の場合には袋詰めコンクリートなどによって不陸整正を行い，支持力が十分な場合は床掘りを行わずに捨石基礎を行う。

② 軟弱地盤の場合は，海底の軟弱土を浚渫除去し良質土砂により置換する。置換材料は計画断面量の 30% 増とする。

③ 海底地盤の支持力が十分な場合の床掘の深さは 0.5～1.0 m である。

④ 基礎捨石は図 5・16 のように，1 個 100～500 kg 程度の割栗りで築造し，これを 1 個 1000 kg 程度の石で被覆石として被覆する。さらに外海側ではコンクリートブロックによる被覆工を施す。**捨込み**は投入海域を示す旗やブイなどをもとに中心部から周辺部へ向って行う。

⑤ 石の種類は扁平細長でなく，風化凍壊の恐れがないものを用いるのがよい。

⑥ 捨石堤の**法面仕上げ（荒均し）**は±30 cm 程度に仕上げ，**本体構造の基礎仕上げ（本均し）**

は±5 cm である。

⑦　捨石部肩幅は，波の荒い港外側は 5 m 以上，港内側は港外側の 2/3 程度とする。

⑧　捨石部の法勾配は，港外側で 1：2～1：3 程度，港内側で 1：1.5～1：2 程度とする。

⑨　法尻部の洗掘には，洗掘防止マットを海底地盤上に敷き，被覆石を敷く。

(2)　本 体 工

①　傾斜堤（捨石堤や捨ブロック堤）

a. 本体捨石の設計数量の 20～30% 増しで現場搬入する。表面には小さい石での目潰しはしない。

b. 砕波を受ける堤体表面は法面部と頂面部の石をよくかみ合わせること。

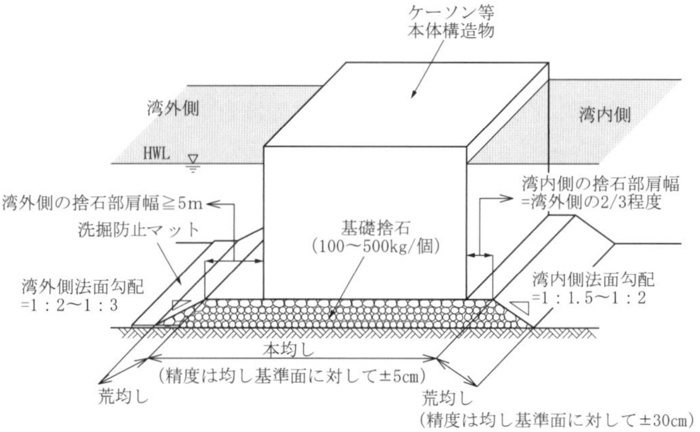

図5・17　基礎捨石

②　コンクリートブロック堤

a. ブロックの積み方は水平と傾斜積みがあるが，施工しやすい水平積みとする。

b. 水平積みの場合，堤防法線と直角な断面の縦目地は通さないで千鳥配置とする。ブロック相互に凹凸のほぞを設ける。

(3)　ケーソン堤の施工手順

①　**ケーソン製作・進水**：ドライドッグなどで製造後進水させ水上輸送を行う。

②　**仮置き**：仮置きは，ケーソン据付け前に仮置くことで，仮置き場は波やうねりの影響が少なく，航行船舶の支障のない場所に捨石で基礎を造り置く。仮置き場に**沈設**する場合，**隔壁間の水位差は 1 m 以内とする。**

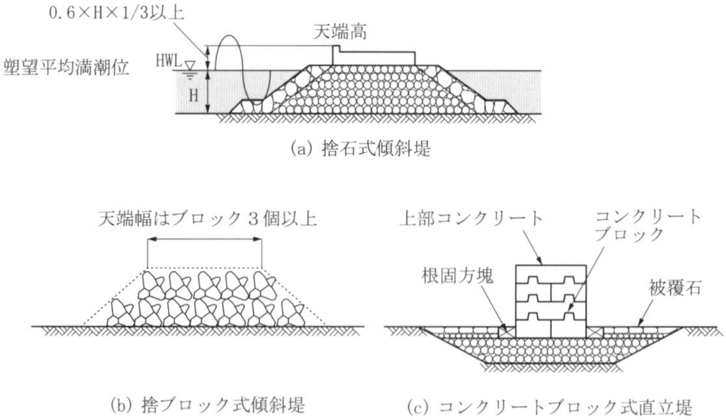

図5・18　傾斜堤とコンクリートブロック式直立堤

③　**曳航・回航**：ケーソンの据付け時期が近づいたら現場まで曳航（回航）する。曳航とは港内

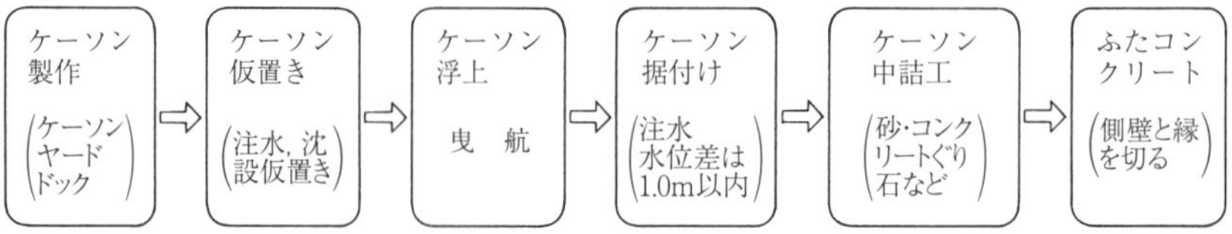

図5・19　ケーソン堤施工順序

およびその付近の近距離運搬，回航は他港への運搬である。曳船先端とケーソン後端間の距離は 200 m 以内とする。長距離曳航の場合には，ケーソンに大回しするワイヤーは**ケーソンの吃水以下で，浮心付近の高さに 2 重回し**する。

④ 据付け：既設のケーソンがない場合ケーソンの四隅に錨を配置し，ウインチで調整して位置や方向を定める。既設ケーソンがある場合は，起重機船を既設ケーソンに接岸し，船のウインチを用いて行う。注水は函体が基礎マウンド上に達する直前に一たん中止し，位置を確認・修正後，いっきに注水して着底させる。隔室間の水位差は 1 m 以内とする。

⑤ 中詰め：中詰めは本体据付け後，速やかに行い，波浪に対して安定化を急ぐ。**中詰め材料**には，**砂・砂利・割石・コンクリートと水中コンクリート**などが併用される。各材量の単位体積質量など試験に合格したものを用いること。ただし中詰めコンクリートの材質は貧配合でよい。

中詰め時の隔壁間の**充填量の差**は 1.0 m 以内で行うこと。

⑥ ふたコンクリート：中詰め投入後，直ちにふたコンクリートを施工すること。ふたはケーソン側壁に剛結してはならない。目地コンクリートの充てんが未完であると，越波時に砂が流出して災害となるので入念に施工すること。ふたコンクリートの**厚さは通常 30 cm 以上，波の荒いところでは 50 cm 以上**とする。

⑦ 根固め工：根固めブロックの据付けは，ケーソン据付け後速やかに行う。根固め方塊の寸法は，港外側で 20～30 t 以上，厚さ 1.5 m としている。また，方塊は波高 5 m 程度以上で 30 t/個，4 m 以下で 10～20 t/個以上のブロックとする。

⑧ 上部コンクリート：ふたコンクリート施工後，速やかに施工し，法線方向に 10～20 m 間隔で目地を入れる。**厚さは波高 2 m 以上で 1 m 以上，波高 2 m 未満で 50 cm 以上とする**。上部コンクリート継目には鉄筋や形鋼を入れるなどとし，本体と一体化させる。

5・4 係留施設

頻出レベル
低 ■■■□□□ 高

学習のポイント

係船岸の構造と特徴を把握し，係船岸の施工順序と施工上の留意点を理解する。

係留施設
- 係留施設の分類と特徴
- 係船岸の種類と施工の留意点

係留施設は，船の荷役（にやく），乗客の乗降，船舶の停泊などの目的で船を接岸または停泊して留置する施設である。係留施設には，船舶が陸域部に接岸するための接岸施設と，沖合の海域に停泊するための沖がかり施設がある。接岸施設はその形状によって，係船岸（岸壁）・物揚場（4.5 m 以下の係船岸），桟橋，浮桟橋などに分類される。

沖がかり施設は，その形状によって，係船浮標とドルフィンに分類される。係船浮標は文字どおり係船するための浮標（ブイ）である。ドルフィンは係船杭とも呼ばれ，陸から離れた海底に杭などを打ち込んで作る係留施設であり，タンカーの係留などに使用されることが多い。

表5・1　係留施設の分類

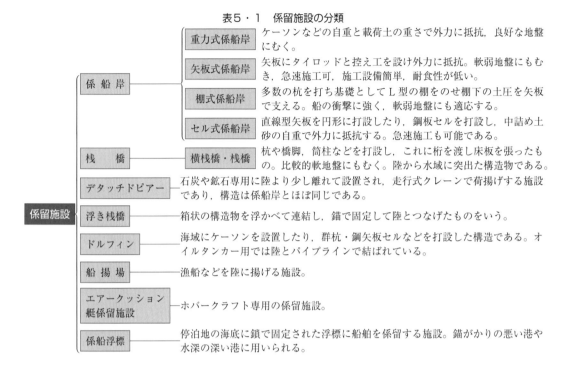

			説明
係留施設	係船岸	重力式係船岸	ケーソンなどの自重と載荷土の重さで外力に抵抗，良好な地盤にむく。
		矢板式係船岸	矢板にタイロッドと控え工を設け外力に抵抗。軟弱地盤にもむき，急速施工可，施工設備簡単，耐食性が低い。
		棚式係船岸	多数の杭を打ち基礎としてL型の棚をのせ棚下の土圧を矢板で支える。船の衝撃に強く，軟弱地盤にも適応する。
		セル式係船岸	直線型矢板を円形に打設したり，鋼板セルを打設し，中詰め土砂の自重で外力に抵抗する。急速施工も可能である。
	桟　橋	横桟橋・桟橋	杭や橋脚，筒柱などを打設し，これに桁を渡し床板を張ったもの。比較的軟地盤にもむく。陸から水域に突出た構造物である。
	デタッチドピアー		石炭や鉱石専用に陸より少し離れて設置され，走行式クレーンで荷揚げする施設であり，構造は係船岸とほぼ同じである。
	浮き桟橋		箱状の構造物を浮かべて連結し，錨で固定して陸とつなげたものをいう。
	ドルフィン		海域にケーソンを設置したり，群杭・鋼矢板セルなどを打設した構造である。オイルタンカー用では陸とパイプラインで結ばれている。
	船 揚 場		漁船などを陸に揚げる施設。
	エアークッション艇係留施設		ホバークラフト専用の係留施設。
	係船浮標		停泊地の海底に鎖で固定された浮標に船舶を係留する施設。錨がかりの悪い港や水深の深い港に用いられる。

5・4・1　重力式係船岸の施工

重力式係船岸は，土圧や水圧などの外力を壁体自重と摩擦力によって抵抗するものである。構造物は，プレキャストコンクリートか場所打ちコンクリートで，場所打ちコンクリート式は，基礎に岩盤が露出していて特別な基礎処理が必要でない場所に用いられる。地震に対して弱く，水深が深いと不経済となる。図5・20に示すL形ブロックの場合の施工上の留意点を述べる。

① 床掘はグラブ船で行い，その精度は床掘底面±0.3 m，斜面は内側0.3 m，外側2 mとし，はずれた場合は埋戻しなどの手直しを要する。

② L型ブロックの据付けは，極力目地幅を狭くし裏込め材の吸いだしを押さえる。吸いだし防止には図5・21に示すように防砂板を用いる。

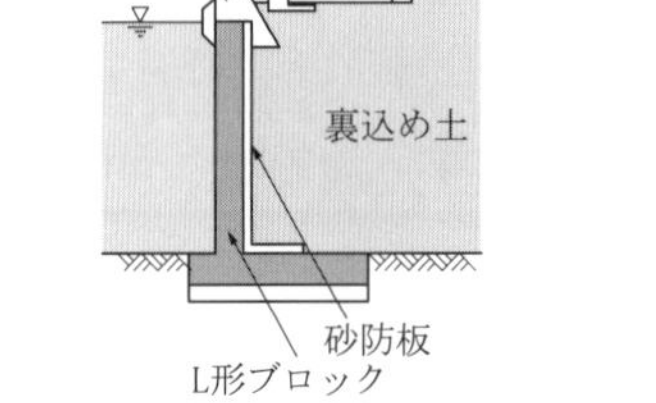

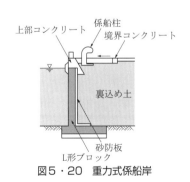

図5・20　重力式係船岸

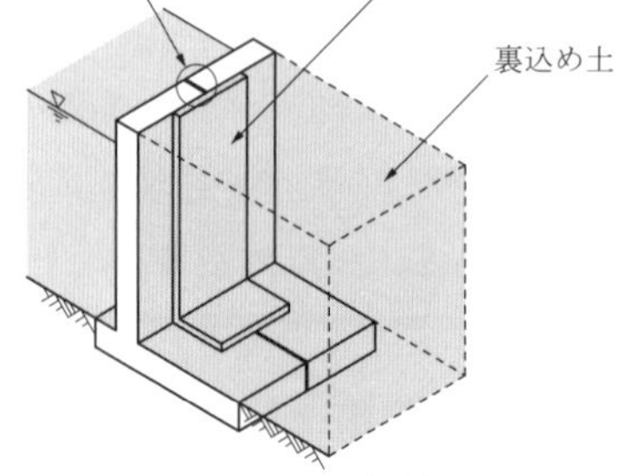

図5・21　防砂板

5・4・2　矢板式係船岸の施工

矢板式係船岸は，図5・22に示すように岸壁の前面に鋼矢板または鋼管矢板を打込み，控え工にタイロッドで固定する方式である。水深が浅い場合は鋼矢板，深い場合は鋼管矢板が用いられる。基礎工事としての水中工事は必要でないので急速工事が可能である。裏込めおよび控え工がないと波浪に弱いので，鋼矢板の場合手戻り防止対策が必要である。

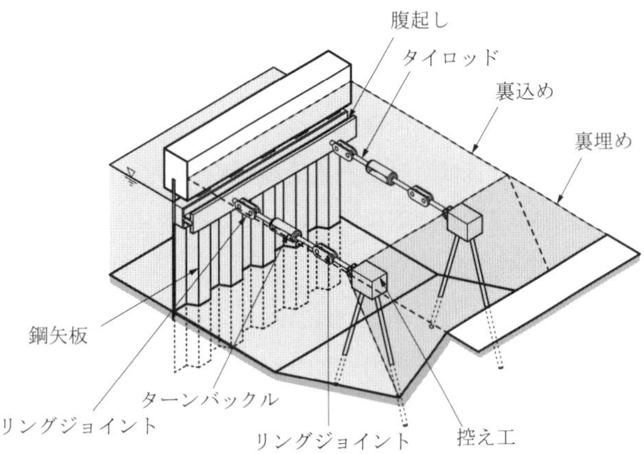

図5・22　矢板式係船岸

① **鋼矢板打設工**：鋼矢板の打込み方法には，1枚ずつ建込み打込んでいく単独打ちと，10～15枚を同時に建込み，両端の鋼矢板を所定の根入れの半分打ち込んだ後，間の鋼矢板を順次少しずつ往復打ちするびょうぶ打ちがある。施工位置の波浪状態で施工法を選定する。

② **控え工**：控え工は，矢板を腹起しを介しタイロッドで水平方向に張力を与え土圧を支える。

③ **腹起し**：矢板にできるだけ密着して，溝形鋼またはH形鋼などを水平に配置し，控え工からのボルトを締めて矢板のはらみを防止する。

④ **タイロッド**：タイロッドは，ロッド，リングジョイント，ターンバックルなどで構成され，腹起しを介して矢板を保持する。タイロッドは矢板法線（ほうせん）に対して直角に水平または所定の勾配（傾斜では両端にテーパワッシャを用いる）で取り付ける。

リングジョイントは，裏込め土の沈下などでロッドに曲げが生じないように上下に可動可能なように取り付ける。取付け位置は，矢板側および控え工側の2箇所とする。

⑤ **裏込め工・裏埋め工**：裏込め工は，矢板やタイロッド周辺に土砂を何層かに分けて行う。裏込めの捨て込みで生じた矢板の湾曲はタイロッドの締め付けで調整してはならない。**裏込めの時期**は，タイロッド取付け後に控え工付近から始め，その後矢板背面を施工する。裏埋め工は，背後の埋め戻しで，裏込め工の後に行う。

⑥ **前面浚渫**：タイロッドの取り付けが完了してから行うこと。

⑦ **上部コンクリート工**：上部コンクリート工は，前面浚渫や裏込めが完了し，地盤が安定して矢板の変位が収まった段階で行う。目地間隔は10～20m間隔とし，その位置は矢板の継ぎ手部は避け漏水を防止する。

5・4・3　その他の係船岸の施工

(1)　セル式係船岸

セル式係船岸には，直線矢板を用いる鋼矢板セル工法と鋼板を溶接して円筒状にした鋼板セル工法がある。円形セルの間は，アークで連結する。近年はいずれの工法も，陸上ヤードで一体物として組立て，大型起重機船で施工位置まで運搬し，多数のバイブロハンマーを同時に運転し，セル本体およびアークを打設する方法が主流である。

中詰めは，良質な土砂で，十分な密度をもつものを，セルおよびアーク打設後待機していたガット船，リクレーマ船でただちに投入し，安定を図る。

上部工支持杭は，当然中詰め締固め後に行うが，セル背面の裏込め土砂によりセルが押し出され変位する可能性があるので，裏込め施工後に打込むことが望ましい。

(2) 桟橋式係船岸

桟橋式係船岸は，図5・23に示すように，陸から海側に造られ，杭の支持力により床版を支える型式である。杭の種類には，コンクリート杭，鋼管杭，PC杭がある。

桟橋直下の斜面は，海上施工の場合，斜面の掘削→杭打込み→被覆張石の順で行う。

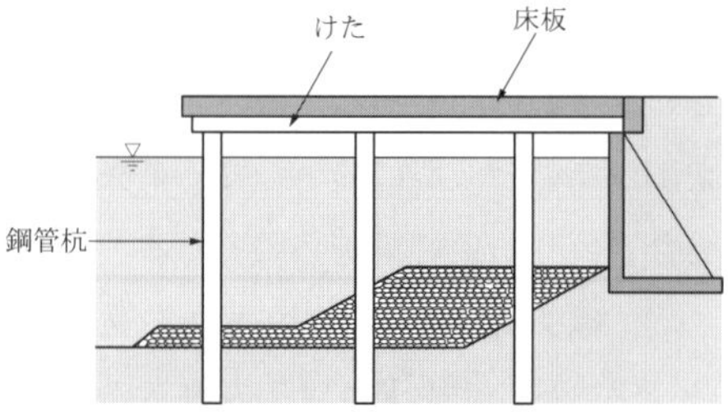

図5・23 桟橋式係船岸

5・5 浚渫工

頻出レベル
低 ■■■■■■ 高

学習のポイント

浚渫船の種類と特徴，浚渫船の適用土質などを理解する。

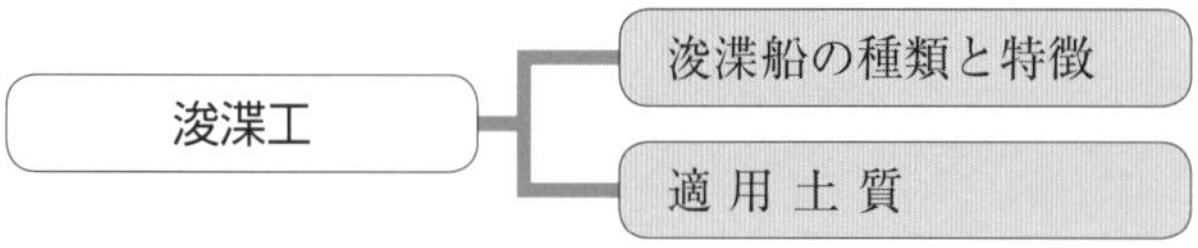

浚渫は，港湾の改修や維持のために，航路や泊地の堆積土砂を掘削することや港湾構造物の施工に伴って軟弱地盤を掘削することである。掘削の工法は土質や土量・工期・気象・海象・地理的条件などによって最適なものを選択する。

5・5・1 浚渫船の種類と選定

浚渫の工法は，前処理を，重錘式や衝撃式などの砕岩船を用いた砕岩浚渫，火薬を用いた発破浚渫の後，浚渫船で処理をするものと，最初から浚渫船で行う一般浚渫がある。表5・2に一般浚渫の分類を示す。

表5・2 浚渫船の分類

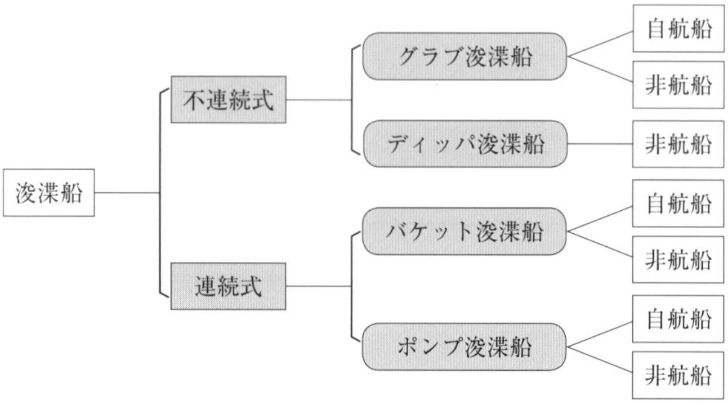

(1)　グラブ船による浚渫

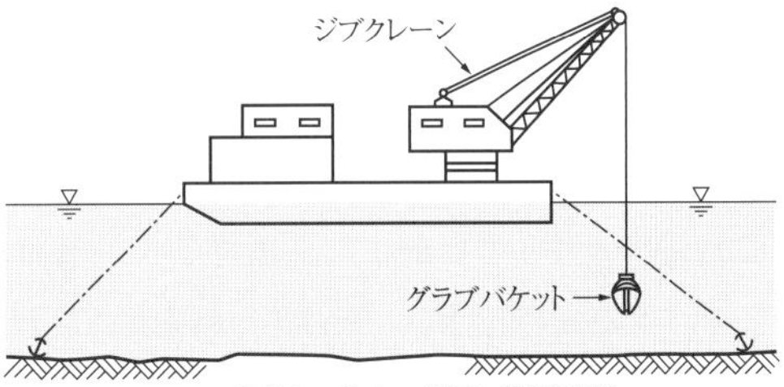

図5・24　グラブ浚渫船

グラブ浚渫船は，グラブバケットを用いて海底土砂をつかみ，台船に横付けした土運船に積込み曳船で土捨て場まで運んで処理する非航式（図5・24）と，掘った土砂を自船のホッパーに蓄え，自力で土捨てを行う自航式がある。

グラブバケットの種類は，浚渫する土質に合わせ，軟らかい土の場合は平爪，硬い土質には，食い込ませることのできる爪付きのものなどを用いる。グラブ船は中小規模の浚渫に適し，浚渫深度や土質の制約も少なく，岸壁前の狭い場所でも施工が可能である。

浚渫では，延長方向は約50 m程度に分割し，船幅だけ浚渫する。**浚渫方向**は，潮流の上流から下流に向けて行い，浚渫の後戻りを防止する。

一般に浚渫では，水中であることや，工法上の理由から掘跡に高低差や幅誤差が生じるので，一定の余掘りを確保して施工する。一般に余掘りの大きさは，厚さ0.5〜0.6 m，幅4 m程度である。

(2)　バケット船による浚渫

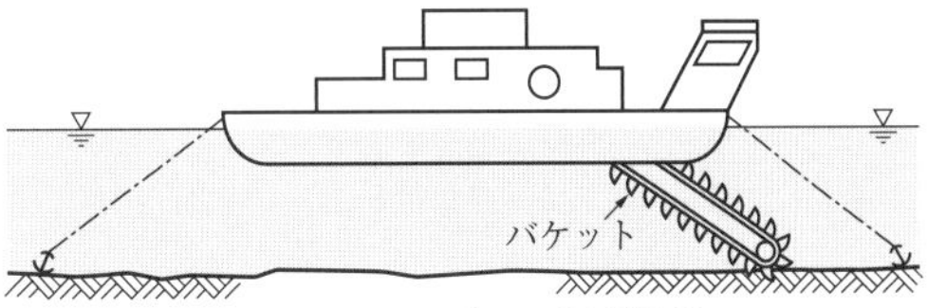

図5・25　バケット浚渫船

バケット浚渫船は，図5・25に示すように，船体中央に鋼製バケットをたくさん付けたラダーを，海底に下ろし，これを回転させて海底の土砂を連続的にすくい上げる。仕上げ面は比較的平坦である。バケット浚渫船は，比較的作業能力が大きく，大規模広範囲の浚渫に適する。バケット船には，自航式と非航式がある。全国の保有台数は少ない。

(3)　ディッパ船による浚渫

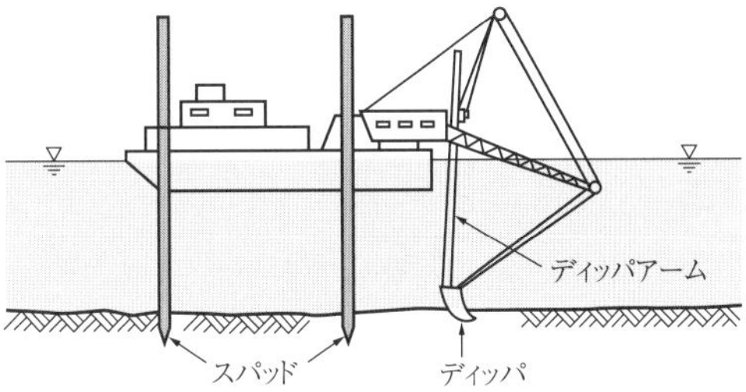

図5・26　ディッパ浚渫船

ディッパ浚渫船は，図5・26に示すように，台船上にパワーショベルを取り付け，三本のスパッドで船体を固定し，ディッパアームで浚渫する。浚渫船の中で最も強い掘削力を有する。土丹や砂岩など硬質土に用いられる。作業船は7〜15 m，厚さは4〜5 m程度である。

(4)　ポンプ浚渫船による浚渫

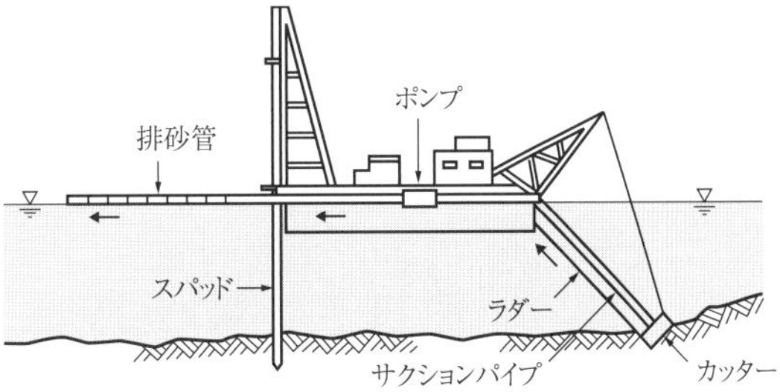

図5・27　非航式ポンプ船

ポンプ浚渫船は，一般に図5・27に示すように水底土砂を砕き吸い込みやすくするために，吸入管の先端にカッターを備えたものと，ないものがあり，ラダーにはわせて配管した吸入管（サクションパイプ）により海底土砂を海水ごと渦巻きポンプの吸引力で吸い込み，排砂管路を用いて遠距離へ配送するものである。大量の浚渫や埋立てによく用いられる。

ポンプ船の大きさは，ポンプの出力で呼ばれる。ポンプ船の施工能力は，土質・N値・配送距離別に算定する。

ホッパー付きの自航ポンプ浚渫船は，特にこれをドラグサクション浚渫船という。

排砂管の太さはポンプ出力，排送距離などにより，効率が最もよくなるように選択する。

1）管内流速の低下で土砂の詰まる恐れがある場合の処置

① 排砂管の径を小さくし流速を増加させる。

② ポンプの回転数を増す。

③ ブースタポンプ（補助ポンプ）を使用する。

2）排砂管内の流量が増加し，モータが焼けそうな場合の処置

① ポンプの回転数を減じる。

② 排砂管に絞り板を挿入して流れ抵抗を増す。

③ インペラ（ポンプ羽根の直径）を小さくし周速を低下させる。

(5) バックホウ浚渫船

かき込み型（油圧ショベル型）掘削機を搭載した硬土用浚渫船で，小規模工事に使用される。

5・5・2 事前調査

浚渫工事を施工する場合には，土質・水質調査および深浅測量を事前に行い十分な準備を行う。

(1) 土質調査

土質調査は，海底土砂の硬さや粒度などをあらかじめ測定し，適切な工法の選定から仕上げ法面勾配の決定など細部にわたり利用される。よく用いられる土質調査には，標準貫入試験，粒度分析，比重試験がある。

(2) 有害物質調査・水質調査・磁気探査

浚渫土砂の発生土を海洋に投入処理する場合には，「廃棄物の排出海域および排出方法に関する基準」に従うこと。水銀・カドミウム・PCBを含む有害海底土砂は海洋投棄を禁止している。

浚渫前に磁気探査を必ず行い，基準の磁気反応がでた場合には，潜水探査を行う。爆発物を発見した場合は，すぐに撤去せずその位置を標識で明示し，ただちに発注者や港長に報告する。

また，水質調査は，浚渫工事の前と工事中で行い，海洋汚濁の原因が浚渫によるものか，予め存在していたものかを判定できるようにする。

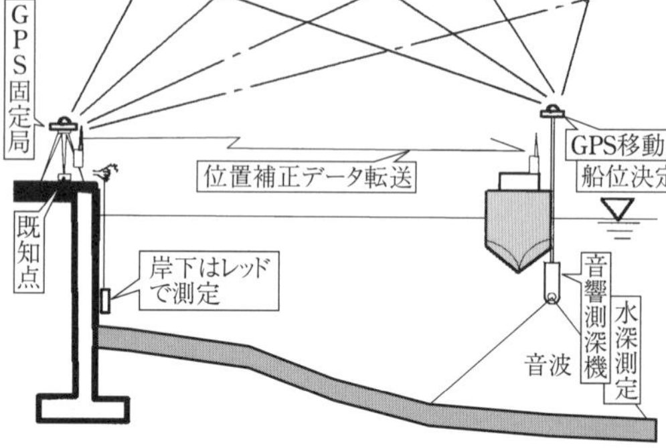

図5・28　深浅測量

(3) 深浅測量

深浅測量は，図5・28に示すように測深と

同時にその位置を測定する測量である。測深は，水深が深い場合，音響測深機（単一断面が得られるシングルビーム式と3次元画像が得られるマルチファンビームがある）がよく用いられ，浅い海や構造物前面などはレッド（錘付き目盛綱）やスタッフが用いられる。また，位置の測定は，トータルステーションやGNSS（全世界的衛星測位システム）など用いて行う。浚渫時の**深浅測量の測線間隔**は，区分，地盤，土質などの条件によって異なる。一般的には，浚渫前は5～10 m程度，平坦な場所では50 m以下に広げてもよい。

深浅測量は工事発注の事前測量，施工中の管理測量，竣工時の確認測量，供用開始前の水路部との共同の測量に分けられる。

6. 鉄道・地下構造物

鉄道では盛土の施工，路盤の施工法，営業線近接工事の安全対策が重要である。地下構造物に関する問題は，シールド工法および開削工法，土留め支保工に関する出題が大部分である。

6・1　盛土・路盤工

頻出レベル
低 ■■■■■■ 高

学習のポイント

盛土施工の留意点，路盤の種類と施工法，軌道の維持管理について基本事項を整理する。

盛土・路盤工
- 施工の留意点
- 軌道の維持管理

6・1・1 盛 土 工

鉄道の盛土は軌道構造および保守上の観点から沈下に対する制限が厳しい。盛土は，図6・1に示すように，施工基面から３ｍまでの範囲を上部盛土（ただし路盤は除く），それ以下を下部盛土と区分している。上部盛土は列車荷重による影響が大きいため路床ともいう。

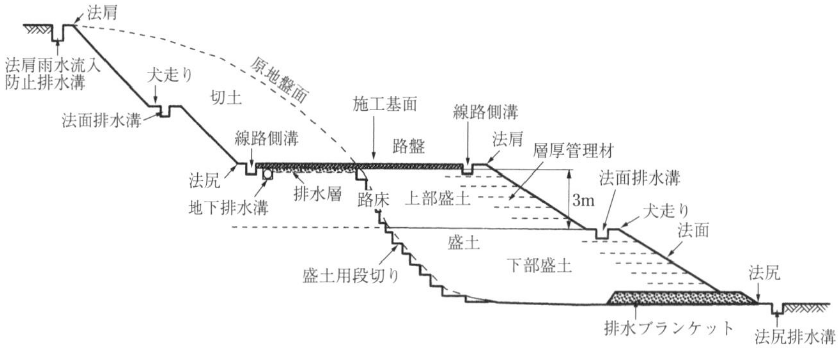

図6・1　切土・盛土の施工

(1)　盛土施工上の留意点

① 支持地盤上の草木，雑物等は盛土施工前に取り除く。冬期は雪，氷，凍土等を取り除いてから施工する。

② 地盤に帯水，湧水等がある場合は排水ブランケット，側溝などで排水処理を行う。

③ 地盤が傾斜している場合はすべり破壊防止のため段切をして盛土する。

④ 運搬車両の走行路を固定すると，盛土体の締固めが不均一になる。運搬車両の走行路は適宜変更する。

⑤ 大きな岩塊や発生コンクリート塊等を混入させると転圧施工が困難となるので混入させない。

特に，路盤面より1 m以内は注意する。

⑥　毎日の作業終了時に降雨の際の**排水対策**として盛土表面に4〜5%程度の横断勾配をつける。

⑦　盛土の施工完了後，路盤工事開始までの間，粘性土地盤で6ヶ月程度以上，それ以外の地盤で3ヶ月程度以上，放置期間をおく。

⑧　盛土には仕上がり厚さ1層（30 cm）ごとに盛土の両側に幅2 mで盛土延長方向に層厚管理材を敷設することを標準とする。層厚管理材は合成高分子材の不織布系，ネット・グッリド系がある。

⑨　**路床の仕上がり精度**は設計高に対して**コンクリート路盤**は±15 mm以内，**有道床アスファルト路盤**は＋15〜－50 mm以内，**砕石路盤**は＋30〜－50 mmを標準とする。

⑩　締固めの程度は土構造物全体系の要求性能を区分するランク別に管理する。

表6・1　盛土施工の要求性能

	性能ランクⅠ	性能ランクⅡ	性能ランクⅢ
上部盛土	締固め密度比の平均値 95%以上（下限値92%）かつK_{30}値の平均値110MN/m^{3}以上（下限値70MN/m^3）など（試験盛土から決める値もある）	締固め密度比の平均値 90%以上（下限値87%）かつK_{30}値の平均値70MN/m^{3}以上（下限値50MN/m^3）	締固め密度比90%以上かつK_{30}値70MN/m^{3}以上
下部盛土	締固め密度比の平均値 礫の場合90%以上（下限値87%） 砂の場合95%以上（下限値92%）	締固め密度比の平均値 90%以上（下限値87%）	締固め密度比90%以上，または空気間隙率Vuで管理する。細粒分50%以上：Vu≦10%，細粒分20〜50%：Vu≦15%

6・1・2　路盤の施工

(1)　路盤の構造

①　路盤の種類には**コンクリート路盤，アスファルト路盤，砕石路盤**等がある。

軌道により対応する路盤の種類を表6・2に示す。

表6・2　路盤の種類

軌道の種類	路盤の種類[1)]	説明
省力化軌道	コンクリート路盤 （コンクリート路盤）	スラブ軌道を支持
	省力化軌道用アスファルト路盤 （アスファルト路盤）	短い軌道や枕木直接支持
有道床軌道	有道床軌道用アスファルト路盤 （強化路盤）	重要度の高い線区に使用
	砕石路盤（土路盤）	一般的な線区に使用

1)（　）内は，以前の名称。

②　各種路盤の構造を図6・2に示す。素地・切土路床の場合は，排水層を設ける。

③　**砕石路盤の敷均し**は，モーターグレーダまたは人力で行い，1層の仕上り厚は15 cm以下とする。

④　砕石路盤の仕上り精度は，設計高に対して±25 mm以内とする。

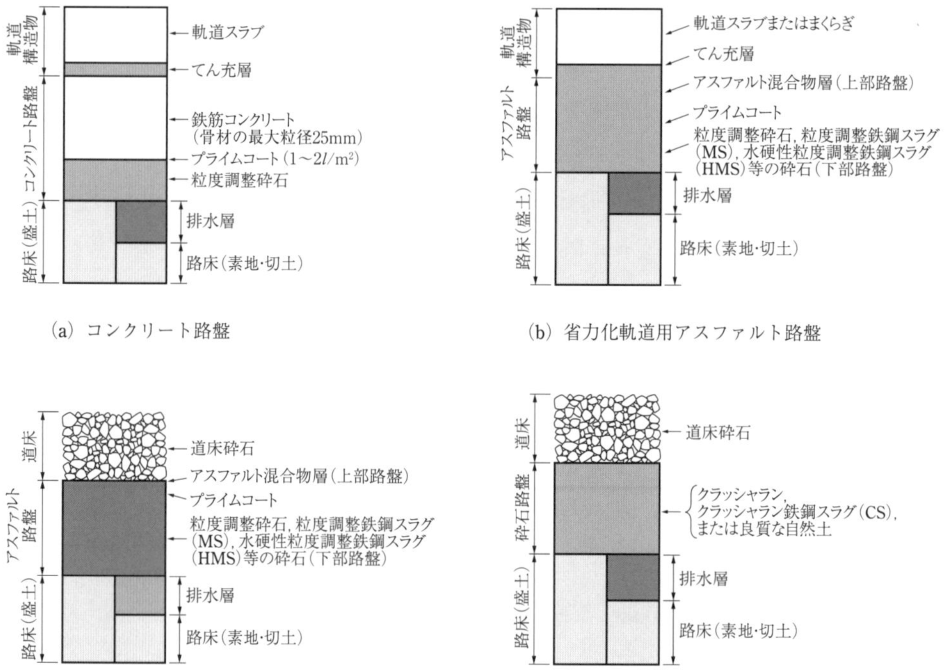

（a）コンクリート路盤　（b）省力化軌道用アスファルト路盤

（c）有道床軌道用アスファルト路盤　（d）砕石路盤

図6・2　鉄道路盤の構造

(2)　軌道構造

① 有道床軌道の構造を図6・2(c)，(d)に示す。

② 直線部を図6・3(a)に示す。曲線部では図6・3(b)に示すように，**カント**や**スラック**をつける。カントやスラック量は曲線半径が小さいほど大きくなる。

③ 有道床軌道の軌道狂いは，マルチプルタイタンパでの道床突き固めで整正する。

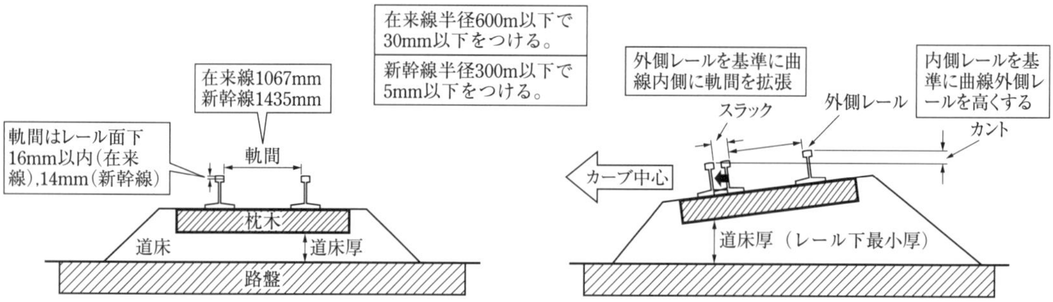

（a）直線区間　（b）曲線区間

図6・3　軌道構造

6・2　営業線近接工事

頻出レベル
低■■■■■■高

学習のポイント

営業線近接工事の保安対策，線路閉鎖工事の安全管理について整理する。

- 営業線近接工事
  - 保安対策
  - 線路閉鎖工事

6・2・1　営業線近接工事

営業線に近接して工事を施工する場合は，工事に伴う事故防止のため，営業線工事保安関係標準示方書で営業線からの距離が定められている。

(1)　営業線近接工事の適用範囲

営業線近接工事の適用範囲は，図6・4に示すように定められている。しかし，長いブームをもつクレーンの使用や火薬を用いての爆破工事で，岩石の飛散，クレーンの転倒で列車建築限界あるいは電線に支障などの恐れを考慮に入れ，実情に応じて適用範囲を拡幅する必要がある。

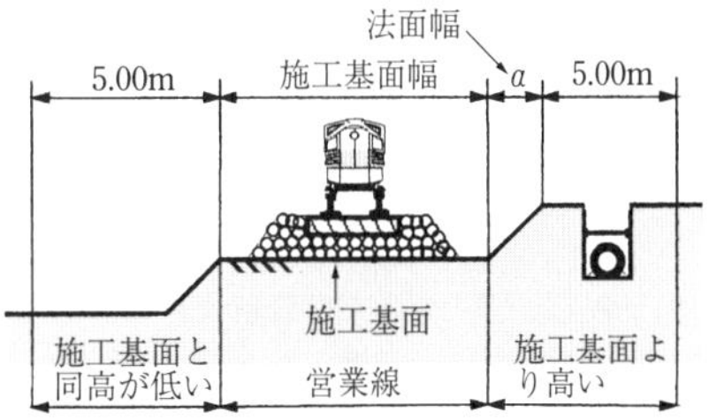

図6・4　営業線近接工事の適用範囲

(2)　営業線近接工事の事故防止体制

営業線近接工事請負者は，事故防止体制を，図6・5に示す例のように定める必要がある。

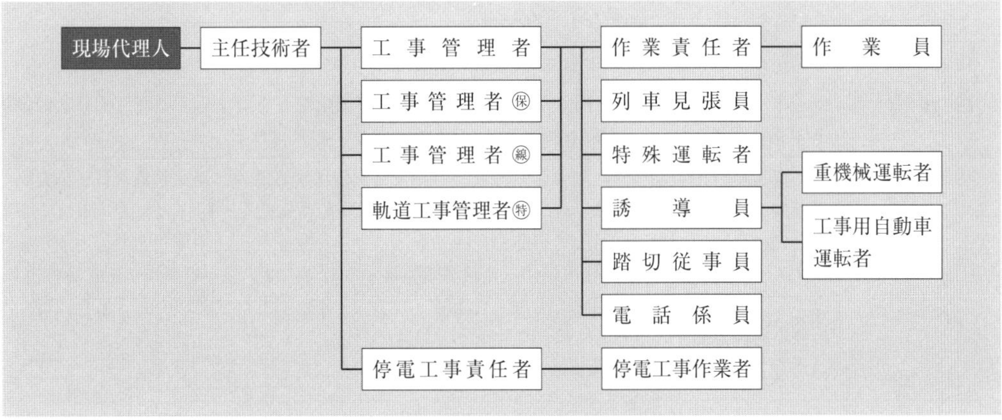

図6・5　請負者の事故防止体制の例

(3)　各職務内容と注意点

① 兼務の規定：

(a) 現場代理人と主任技術者を兼務するときは，その旨監督員に申し出る。

(b) **主任技術者と工事管理者を兼務する場合**には，その旨監督員に書面で届け出る。この場合，同時に現場代理人は兼務できない。

② 安全管理体制の配置者の職務：各役職と職務内容を表6・3に示す。

表6・3　安全管理体制の役職と職務内容

役　職	職　務　内　容
現場代理人	現場に駐在し，契約の解除，代金の受領など以外の権限を有する。
主任技術者	工事の技術的事項を管理する。
工事管理者	事故防止について，工事管理者㊙と打合わせ列車の運転状況を確認し，これを各管理者，作業者に周知徹底させる。施工の指揮および施工管理をする。
工事管理者㊙	事故防止などの保安業務を行い，列車待避の位置，合図方法の徹底と事故防止計画を作成し，監督と打合せ，次の作業を実施する。① 保安要員の配置と列車防後訓練の計画実施　② 点呼の立会並びに保安要員に対する列車などの運転状況，列車見張の方法および事故防止の注意事項の周知徹底　③ 標識や掲示類の整備をする。
工事管理者㊫	線路交換，橋梁の架替えなどの線路閉鎖工事において，駅長らとの打合せ，トロリーの責任者となる。
停電工事責任者	電力の送電を停止（き電停止）して工事を行うときの保線区との打合せを行う。
軌道工事管理者㊕	事前に保線区と打合せ，トロリーの指揮者としてトロリーの使用申込書の作成と駅長との打合せを行う。工事管理者は軌道工事管理者を兼任できる。 ① 工事用踏切並びに諸設備の機能点検および試験の立会。 ② 工事管理者㊙に対する工事専用踏切の取扱い方の指導。 ③ 機材の整理状態および安全設備等の点検。 ④ 保安要員の配置状況および注意事項の励行の確認。
列車見張員	工事管理者㊙の指定した位置での列車などの進来・通過を監視し，列車などが所定の位置に接近したときに，作業員や重機械誘導員に列車接近の合図をし，列車乗務員に待避完了の合図を行う。列車運行に乱れのあるときは，増員して安全を確保する。なお，接触事故を防止するため，作業員の歩行は，施工基面上を列車に向かって歩かせる。 　**TC型無線式列車接近警報装置**：本装置は，軌道回路で列車接近を検知したら，「上り接近」「下り接近」「上り下り接近」などの音声で列車接近をアナウンスするもので，見張員や作業員全員に携帯させ，安全確認の支援を行う。
線閉責任者	線路閉鎖工事において，輸送指令などと作業実施についての報告，連絡などを行う。
特殊運転者	軌道モータカーの運転資格「特殊運転者（MC）資格認定証」を有するもので，監督者の指示を守り安全運転を行い，使用前後で保守用車の点検をする。
踏切従事員	踏切や工事用踏切などで，列車や通行者などの安全を確保するため，踏切警備員資格認定証を持ち，次のことを実施する。① 工事のため，踏切保安設備機能を一時停止して列車監視する場合には，踏切通行者に対して機能停止中であることの注意を与え，列車などの接近注意を喚起する。② 保守用車等の使用に伴って踏切り監視する場合には，保守用車などを常時監視し，その接近に対して踏切通行者に注意を喚起する。③ 事故発生または恐れのある場合には，至急列車防護処置をとるとともに関係箇所に連絡する。
電話係員	指定された電話機付近に定位し，呼び出しがあった場合には直ちに関係者に連絡する。
重機械運転者	運転開始前に各機能を点検し，機能および作業場所などの状態を確認し，重機械誘導員の誘導に従い，安全に運転する。重機械運転者資格認定証を有すること。

③ 施工の安全対策：列車の運転保安に関する工事の施工では，当日の列車運転状況を確認し，次の各項について留意する。

(a) **保守用車**の使用は監督員らと打合せ，元請負人は保守用車責任者として，工事管理者㊙を配置する。監督員不在のときは使用できない。

(b)　トロリーの使用は監督員らと打合せ，元請負人は，工事管理者(線)，軌道工事管理者(特)をトロリー責任者として配置する。

(c)　軌道用諸車の使用は監督員と打合せ，使用責任者は工事管理者となり，使用に先立って列車見張員を配置する。工事管理者不在のときは，諸車の使用はできない。**遮断機，工事用重機や軌道用諸車の鍵**は，工事管理者または軌道工事管理者が保管する。

(d)　工事用材料の積み卸しは監督員などの指示により行い，工事管理者は事前に現場を点検する。道床バラスト散布では，元請負人は工事管理者(線)を作業責任者として配置する。

(e)　クレーンや重機械を使用する工事，または列車の振動・風圧などによって，**列車乗務員に不安を与える恐れのある工事**では，列車の接近から通過まで，一時施工を中止する。

(f)　列車防護用具などの携帯，工事管理者(保)らは，時計，時刻表，信号旗，信号炎管などの列車防護用具などを役目ごとに規定されたものを携帯する。

(g)　**作業表示標**は，工事前に列車進行方向の左側，乗務員の見やすい位置に建植する。測量などで1日500 m以上移動する場合や駅構内などでは標示を省略できる。

(h)　架空線のシールドは，架空線が交流・直流にかかわらず，関係者で協議して行う。

④　**異常時の処置**：事故発生またはその恐れがある場合に，列車を停止させたり，徐行させたりするときには，直ちに列車防護の手配をとる。手配は列車運転手に通告，速やかに駅長や関係者に通報する。図6・6に，信号機使用可と使用不可の場合の列車防護の手続きを示す。

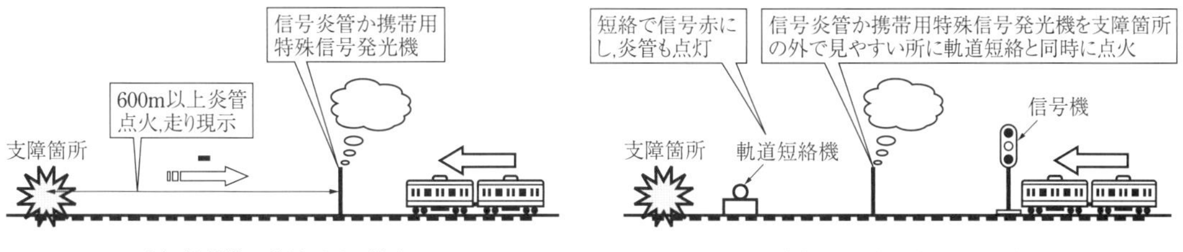

(a) 信号機の使用不可の場合　　(b) 信号機の使用可の場合

図6・6　列車防護方法の例

6・2・2　線路閉鎖工事

線路閉鎖工事は，工事中，定めた区間に列車を侵入させない保安処置をとった工事をいう。線路閉鎖工事を行えるのは区長とする。

(1)　線路閉鎖工事の種類

①　敷設したままの状態で行う，レールのくせ直し，およびすり減ったレール上に鋼材を溶着させる盛金または溶接。

②　レールの交換・振替または転換，レール交換を伴うレール間隔の調整。

③　同時に連続して行う枕木交換。

④　レールを撤去して行う枕木交換。

⑤　橋梁の交換およびこう上，こう下げ。

⑥　線路内および線路に近接して高い足場の架設や撤去，または，鉄塔・電柱などの立替え。

⑦　線路付近での火薬類使用の発破作業。

⑧　一時建築限界を支障とする工事や作業。

(2)　工事監督者の業務と留意点

工事管理者(線)が，線路閉鎖工事の工事監督者となる場合は，あらかじめ線路閉鎖通告書を作成し，関係保線区長などと打合せを行い，承認を受けた上，駅長などに提出する。線路閉鎖工事を行うにあたり，工事監督者の業務と留意事項は次のようである。

①　施工計画は間合い，工事量などを検討し無理のないものとする。

②　監督者との段取り，作業終了時の確認方法などの打合せを行う。

③　作業員を作業開始1時間前に招集し，列車の運行状態，作業分担と方法，作業時間などを全員に徹底させる。

④　準備作業は監督者の指示に従い，やり過ぎのないように厳重に監視する。やり過ぎを発見したときには，手戻りとなってもよいので計画の状態に復元する。

⑤　こう上などの作業は，所定の列車が通過した後に監督者が駅長に工事着手通告を確認してから工事に着手する。

⑥　5分前までに予定の工事を終了，線路を復旧させ，現場の点検をして，列車運行に支障がないことを確認できたら直ちにその旨を駅長に通告する。

⑦　線閉責任者は，作業時間帯終了予定時刻の10分前までに線路閉鎖工事等を終了させた後，施設指令員に連絡し，指示を受ける。

⑧　き電停止を伴う工事または線路閉鎖工事が解除されても，作業員と工事管理者または軌道工事管理者(特)は現場に残り，初列車運行状況を看視し，異常のないことを確認後現場を去る。

⑨　トロリーの使用では，指揮者不在や，35/1000を超える急勾配では使用しない。

⑩　トロリーは，使用する線路に適したブレーキ装置を備えたものとする。

⑪　指揮者は，トロリー使用前に点検をする。カギの保管は監督員の指示による。

6・3　地下構造物の開削工事

頻出レベル
低■■□□□□高

学習のポイント

開削工法の種類と概要，土留め支保工は土工の説明とあわせて整理する。

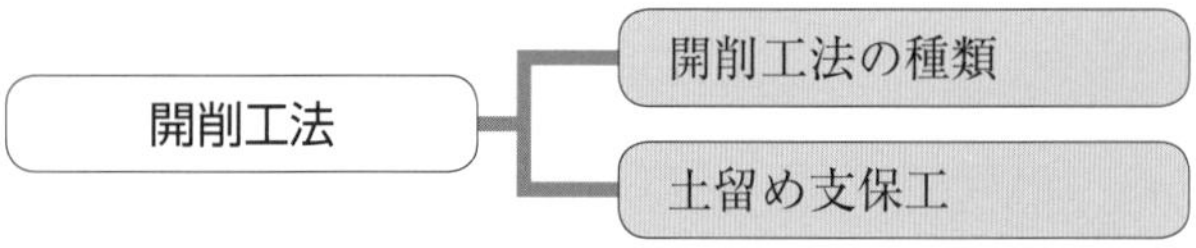

6・3・1　開削工法の種類

開削工法は，地下鉄工事などで地表面から掘削し，所定の位置に構造物を築造し，構造物自体が築造されたあとで，地表面まで埋め戻す工法である。築造する構造物が地表面から浅く，周辺の条件が整えば，最も経済的な工法である。

(1) 開削工法の種類

開削工法には，土留め工なしで行う素掘式開削工法と土留め工を用いる全断面掘削工法，さらに図６・７に示すように，部分掘削工法であるアイランド工法やトレンチ工法がある。一般的には全断面掘削工法がよく用いられる。

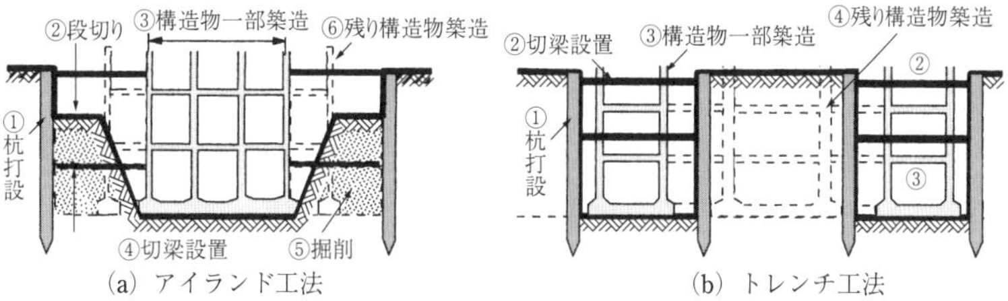

図６・７ 部分掘削工法

(2) 全断面掘削工法の手順

親杭横矢板工法による全断面掘削の手順は，次のようである（図６・８）。

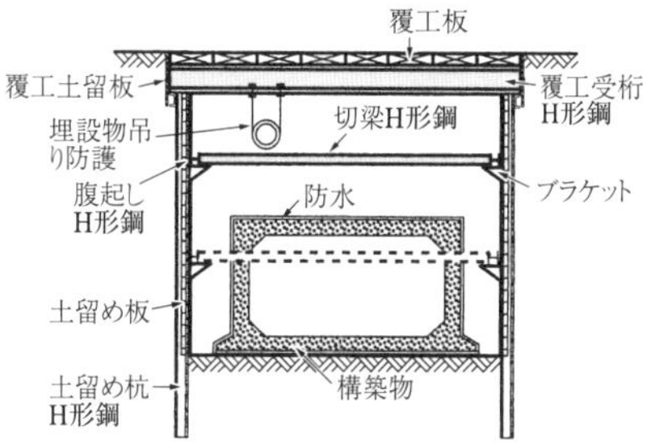

図６・８ 全断面掘削工法

① **杭打ち**：土留め工と路面荷重支持の目的でＨ形鋼を打設する。

② **路面覆工**：路面交通の開放のため，杭頭部に覆工受桁を渡し覆工板を敷く準備をする。

③ **埋設物防護**：覆工板下を掘削していき，水道管などの既設物を桁に吊っていく。

④ **土留め支保工**：土留め支保工は，土留め板を土留め杭間に挿入していき，掘削深さが増すたびに，切梁で開削幅を確保し，腹起しで土留め杭の開削部への膨らみを押さえる構成となっている。

⑤ **掘削**：掘削深さを増すごとに，腹起しを入れて切梁を挿入する。

⑥ **構築**：構造物を築造する。

⑦ **防水**：構造物の外周にアスファルトなどで防水処理を施す。

⑧ **埋戻し**：良質土砂で左右均等に埋め戻し，埋設物にも変位のないように留意し，何層かに分けて締固め埋め戻す。

⑨ **路面覆工**：埋戻し完了後，覆工板を撤去し杭を抜く。路面の仮復旧をする。路床の安定を待って道路の本復旧をする。

(3) 開削工法の特徴

① **長　所**：開削工法は，比較的浅い構造物の築造には，施工設備や工法が簡単で経済的である。利用目的によって複雑な形状の築造ができる。

② **短　所**：開削工法は，地下深度が大きくなると，掘削量や土留め工が大きくなり，工期もかかりシールド工法と比較し不経済である。また，路面覆工の時間を用すること，路面の走行性能が低下することがある。

6・3・2　土留め支保工

掘削予定箇所の地盤が軟弱である。掘削深さが1.5 m を超え，切取り面にその箇所の土質に見合った勾配を保って掘削ができない。周辺構造物があるため，掘削箇所の土質に見合った勾配を保つことができない。掘削深さが4 m を超える場合，周辺地域への影響が大きいことが予想される場合などは，地盤の掘削に際して，掘削面の崩壊を防ぐため仮設土留め工を施工する。

土留め工には，**親杭横矢板工法**，**鋼矢板工法**，**地中連続壁工法**などがある。 隣地に適する地盤があれば，**アースアンカー工法**などを用いることもある。

(1)　親杭横矢板工法（一般に深さ3 m までは自立式，3 m を超えると切梁式）

親杭横矢板工法は，図6・9に示すようにH形鋼を1〜2 m 程度の間隔で打ち込み，杭間に矢板をはめ込み土圧を支える工法である。

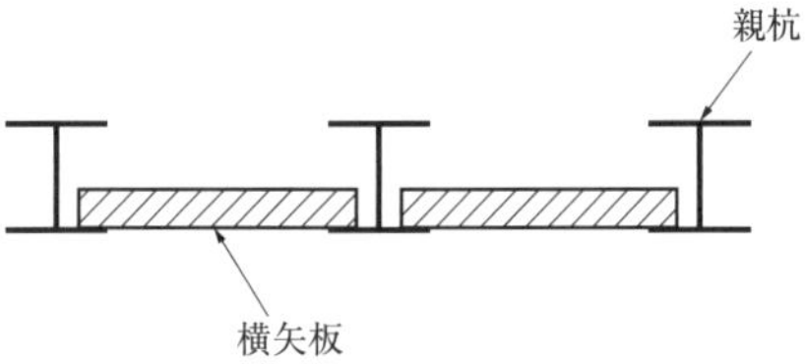

図6・9　親杭横矢板工法（断面図）

① 適用する地盤等

(a) 比較的良好な粘性土およびローム層を掘削する場合

(b) 良好な砂質地盤で地下水位が低い場合（地下水位が床付面程度かそれ以下）

(c) (a)〜(b)以外の地盤でも掘削深さが4〜5 m 以内で，ポンプ排水が可能な場合（切梁式）

② 長所・短所

長所：・施工が容易で工費が比較的安い。
・地中にある小規模な埋設物は，親杭間隔を変更することによって対処可能である。
・親杭は繰り返し使用可能である。

短所：・相互の親杭間を後施工で，木製の横矢板をはめ込むため，遮水性に劣る。

(2)　鋼矢板工法（切梁式）

鋼矢板工法は，図6・10に示すように鋼矢板を打ち込み，支保工として切梁，腹起しを設置する工法である。

打込み工法では，騒音・振動が発生するので，近年，騒音・振動の少ない圧入による方法がとられている。また，オーガー，ウォータージェットの併用により適用地盤も拡大してきている。

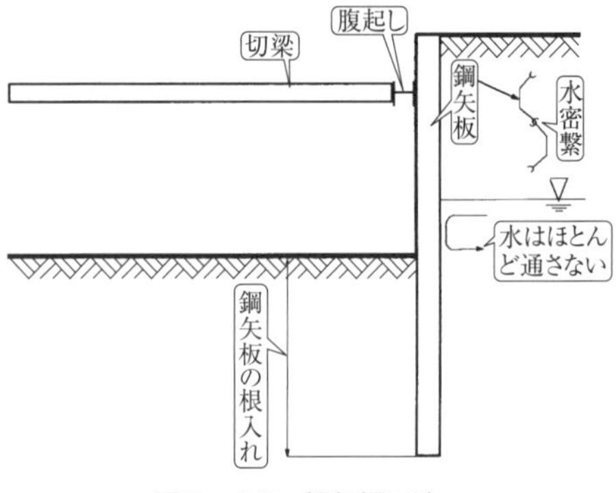

図6・10　鋼矢板工法

① 適用する地盤等

(a) 地下水位が高く，親杭横矢板工法では排水処理が不可能な場合

(b) 軟弱地盤で，掘削深さが4〜5 m を超える場合

(c) その他，近接構造物があり，鋼矢板を用いた方が安全な場合

② 長所・短所

長所：・施工が比較的容易で，鋼管矢板，地中連続壁工法に比べ工費が安い。
・遮水性が高い。
・鋼矢板は，引き抜いて繰り返し使用が可能である。

短所：・長尺の打込みは，鉛直精度の確保が難しくセクションが離脱しやすい。

・たわみ性が大きい。

継手部の現場溶接は，図6・11に示す例のように，開先溶接（突合せ溶接）のうえ，継手と中央部に補強板をあてがい溶接する。

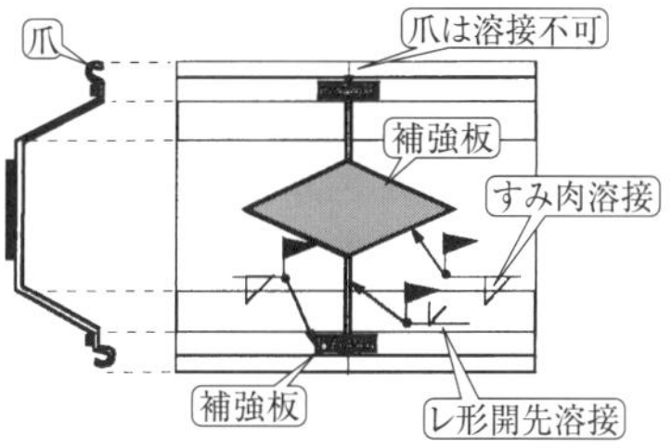

図6・11　鋼矢板継手例

(3)　地中連続壁工法

地中連続壁は，図6・12に示すように，場所打ち杭の施工と同じように土中に掘削・鉄筋建込み・コンクリート打設を壁状に行い連続させて土留め構造物を作るものである。

地中連続壁では，一度にコンクリートを打込む構築単位を**エレメント**という。エレメントには，先行エレメントと後行エレメントがある。分けて施工することにより，鉄筋籠の自重による建込み時の変形を押さえ，建込みのクレーンも普通型を用いることができる。

各エレメントの掘削は掘削機械長（1ガットという）の長さずつ数回に分けて行われる。

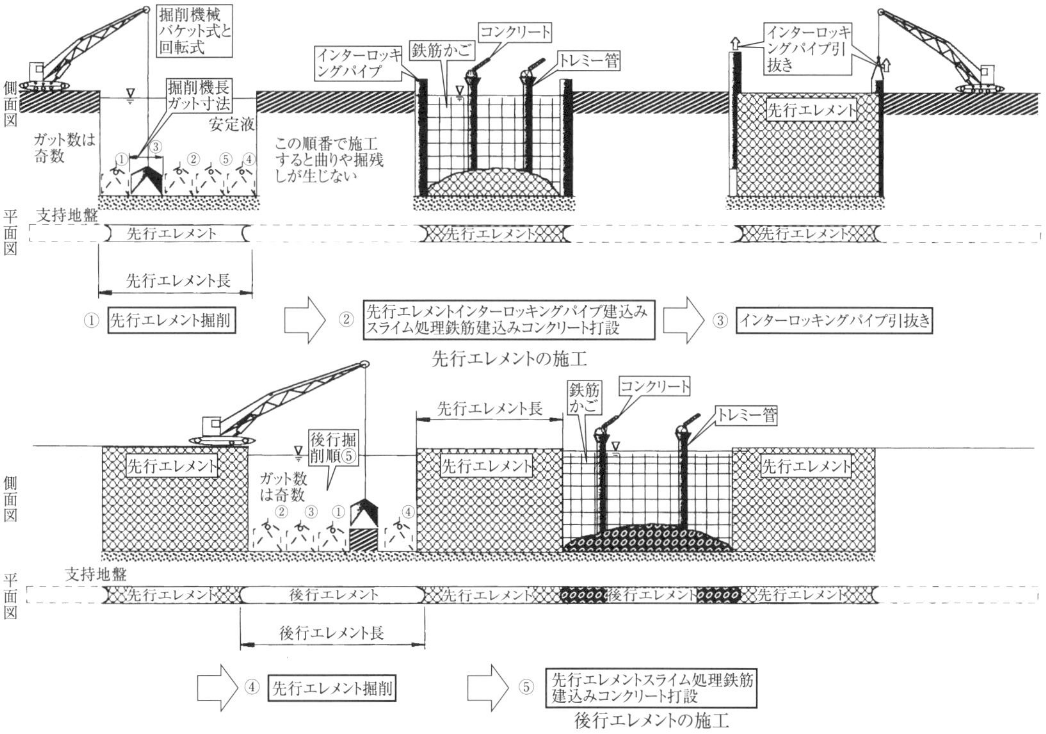

図6・12　地中連続壁工法

(4)　グラウンドアンカー工法

グラウンドアンカー工法は，図6・13に示すように，鋼矢板工法の切梁，腹起しの代わりに，支保工としてグラウンドアンカーを地山に打ち込む工法である。掘削内部に支保工がないため，構造物の施工性がよい。ただし，周辺構造物がある場合には施工できない。

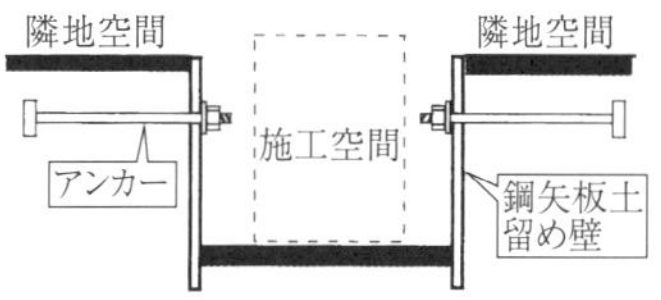

図6・13　グラウンドアンカー工法

6・4 シールド工法

頻出レベル
低■■■■■■高

学習のポイント

シールド工法の施工方式と特徴，シールド機の挙動・修正などを理解する。

- シールド工法
  - シールド工法の施工法と特徴
  - シールド工事の施工

6・4・1 シールド工法の特徴

シールド工法は，図6・14に示す，シールド機という鋼製の円筒型の枠で地山崩壊を防ぎながらジャッキで推進させ，図6・15に示すセグメント（鋼殻）により一次覆工し，トンネルとして構築するものである。この工法は，開削工法が困難な**都市の地下工事や深い場所の施工に適している。**シールド機など機材搬入や土砂の搬出のために立坑が必要となる。路面交通を気にせずに施工でき，騒音・振動が少ない。川底や他の構造物との交差も可能である。しかし，土かぶりが浅いと，地上で地盤沈下を引き起こすこともある。また，急勾配や急カーブの施工が困難である。さらに，周辺井戸の汚染や水涸れなどにも注意が必要である。

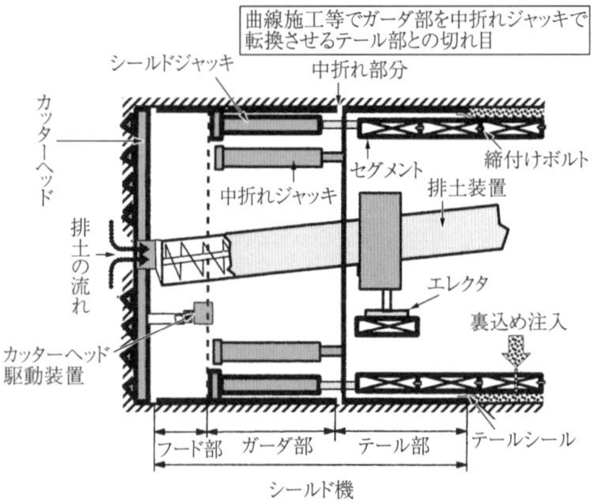

図6・14 シールド機

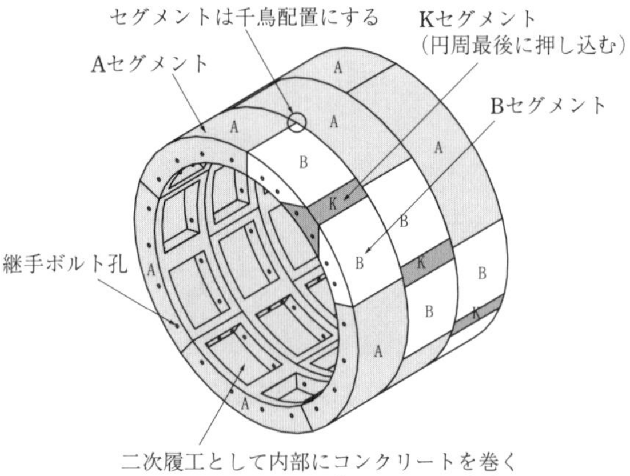

図6・15 セグメントの組立方

6・4・2 シールド工法の施工法

(1) シールド工法の施工方式

① 圧気式シールド：切羽に働く地下水圧に対抗し，空気圧（圧気）を加えることによって，湧水を防止しながら，掘進する工法である。切羽に圧気を掛けるため，鉄分地層を通過する空気により，ビル地下室などに酸素欠乏空気が流入することもあるので注意が必要である。**圧気**は地下深いシールドほど高い圧力が必要で，一般には**シールド機上端から直径の2/3の位置の地**

下水圧に等しい圧力が必要である。

透水性の低いシルトや粘土には効果的である。砂質土や砂れきの場合には，補助工法を用いないと湧水を止めることはできない。

② ブラインド式シールド：この工法は，シールド機前面の隔壁に3個程度の開口部を設け，シールド前進に伴い，開口部から土砂が流入する方式である。圧入するので地盤の隆起を生じることがあるので注意が必要である。

③ 土圧式シールド：この工法は，シールド工法の中で最も環境に与える影響が少ない工法である。掘削した土砂をカッターチャンバ内に充満させ，シールド推進力により加圧し，切羽土圧と均衡させながら掘進して，スクリューコンベアで排土する工法である。

④ 泥水加圧式シールド：泥水加圧式シールドは，図6・16に示すように，加圧泥水により切羽の崩壊や湧水を阻止する工法である。泥水となった掘削土を泥水配水管で排出し，静水と泥を地上で分離し，静水を再度カッター前面に圧送する。この工法は，主に軟弱な滞水地盤に適用される。

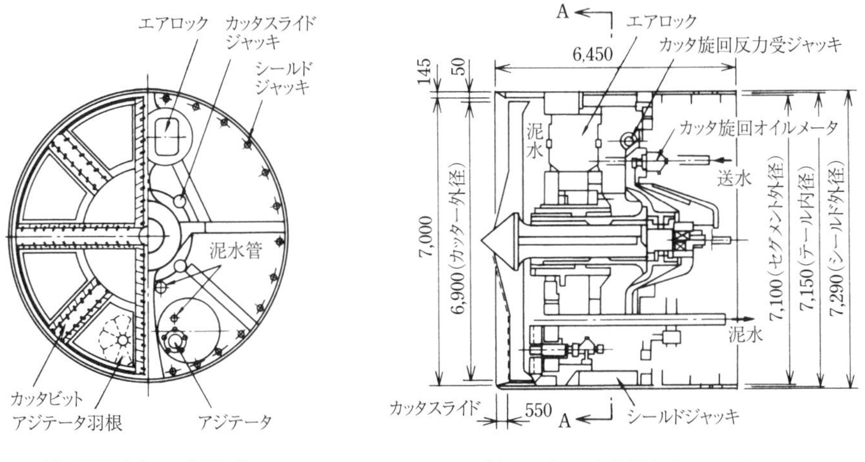

(a) 正面囲（A－A断面図）　(b) アジテータ旋回オイルモータ

図6・16 泥水加圧シールドの例

(2) シールドの推進

シールドの推進は，シールドジャッキの適正な使用によって行う。シールドの推進には以下の点に留意する。

① セグメントの影響を考慮して，ジャッキは多数使用して，1本当たりの使用推力を減らす。

② 急激な蛇行修正をしない。

③ 砂れき層での推進は，周辺抵抗が大きくなるので，ジャッキ数は多めにする。

(3) シールドマシンの挙動と修正

① ローリング：ローリングは，図6・17(a)に示すように，シールド機が円筒状に回転することで，回転カッターをシールドローリングの方向と同一方向へ回転させて修正を行う。

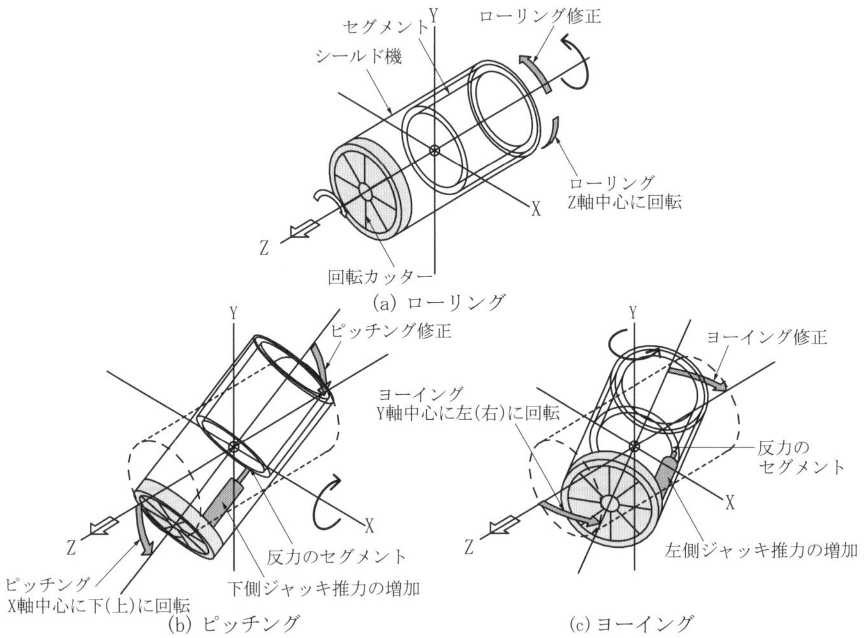

図6・17　シールド機の挙動と修正

②　ピッチングとヨーイング：ピッチングは図(b)に示すように，進行方向上下に動き，ヨーイングは図(c)のように左右に動くことである。これらの修正は，回転方向と反対側のジャッキ本数を増やし，増加推力をかけることにより修正が可能である。

(4)　セグメントの組立

セグメントは，鋼製セグメント，鋳鉄セグメント，鉄筋コンクリートセグメント，合成セグメントがある。エレクタを用いて組立て図6・18に示すように，隣と合わせてボルトでとめる。最後にエレクタとスライドジャックを用い，Kセグメントを上部に押し込み組立てる。つなぎ方は千鳥配列とする。推進の影響がなくなった時点で再度ボルトの締付けを行う。

(5)　裏込め注入

セグメントの外径は，シールド機外径よりも小さいため空隙ができ，これを**余掘り**という。余掘りは，完全にコンクリートで詰めておかないと地山の沈下が生じる。裏込め注入はシールドの推進と同時または直後に行う。裏込め注入は，セグメントの注入孔より行うが，下方より上方に向かいグラウトし空隙がないように施工する。

(6)　2 次 覆 工

2次覆工は，1次覆工であるセグメントのボルトの再締付けや防水などが終了したら行う。2次覆工は，無筋または鉄筋コンクリートの場所打ちでスライディングフォームを用いる。

6・4・3　シールド工法の補助工法

シールド工法では，切羽からの湧水崩落などの原因で地上面の沈下などが予想される。これらに対処するために，圧気工法，地下水位低下法，薬液注入法，凍結工法などが用いられる。

7. 上下水道・薬液注入

上下水道管の種類と上下水道管施工上の留意点，および小口径管推進工法の分類などが重要である。薬液注入工法の選定および施工時の留意事項について出題される。

7・1 上 水 道

頻出レベル
低 ■■■■■■ 高

学習のポイント

配水管の種類および布設における施工の留意点を理解する。

- 上 水 道
  - 配水施設
  - 配水管の施工上の留意点

7・1・1 上水道施設の構成

水道施設には，水道の原水を取る**取水施設**，原水を一時ためて置く**貯水施設**，原水を浄水施設に送る**導水施設**，水質基準に合うように水をきれいにする**浄水施設**，必要量の浄水を配水施設に送る**送水施設**，必要量の浄水を一定圧力以上で配る**配水施設**がある。また，各家庭に水を供給する**給水設備**がある。図7・1に水道施設の配置について示す。

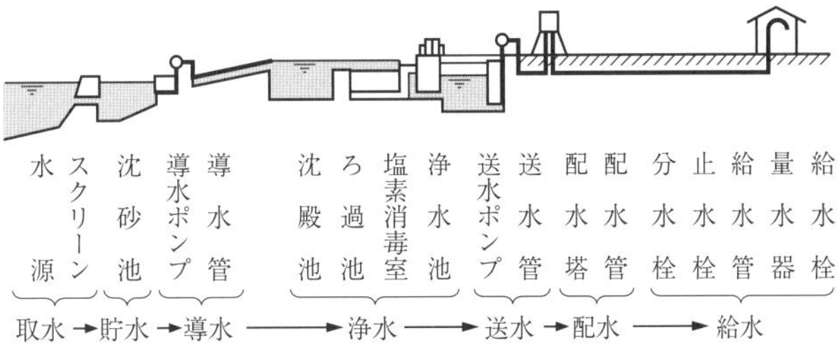

図7・1 上水道施設の配置

7・1・2 配 水 施 設

(1) 配 水 施 設

配水施設は，給水区域の中央に位置し，かつ高所を選んで設置することが望ましい。配水管は給水区域内で水圧が均等になるように，また，管内水が停滞しないように，網目式に配置する。行止まり式の配水管は設けない。やむを得ない場合は末端に消火栓を設ける。有効水圧が平時火災時で1.5 MPa以上とする。維持修繕が不便なので，配水本管には給水管は取り付けず，配水支管に取り付ける。区域の異なる配水本管は互いに接続し，消火活動や破損事故に備えておく。

(2) 配水管の種類

配水管には，鋳鉄管・ダクタイル鋳鉄管・鋼管または硬質塩化ビニル管が用いられる。表7・1に配水管の種類と特徴を示す。この他にもステンレス鋼管・ポリエチレン管などもある。ダクタイル鋳鉄管の継手の種類には，メカニカル継手・タイトン継手，大口径管にはU形継手などがある。給水管には，鋳鉄管・亜鉛メッキ鋼管・銅管・ステンレス鋼管・ポリエチレン管および塩化ビニル管などを用い，管径は13～25 mmの小口径管が多い。

表7・1 配水管の種類と特徴

管種	特徴
鋳鉄管	強度が大で，耐食性がある。 長年月では管内面に錆こぶが出る。
ダクタイル鋳鉄管	上記のほか強靱性に富む。
鋼管	軽く，引張強さ・たわみ性が大きく，溶接が可能である。 塗覆装（ライニング）管が用いられる。
水道用硬質塩化ビニル管	耐食性が大で，価格が安い。電食の恐れがない。内面粗度が変化しない。衝撃・熱・紫外線に弱い。

7・1・3 配水管の施工上の留意点

(1) 配水管の埋設位置

① **配水本管の埋設位置と深さ**：配水本管は，道路の中央よりに，配水支管は歩道または車道の片側よりに敷設する。道路法施行令により，**配水本管の土かぶり**は1.2 m以上，やむを得ないときには0.6 m以上とする。幅員の小さい道路では，常に車両のわだち下になりやすい位置は避ける。歩道に敷設する配水支管の土かぶりは，0.9 m程度を標準とし，やむを得ない場合は，0.5 m以上とする。図7・2に示すように，配水管を**他の埋設物と接近する場合**には0.3 m以上あける。

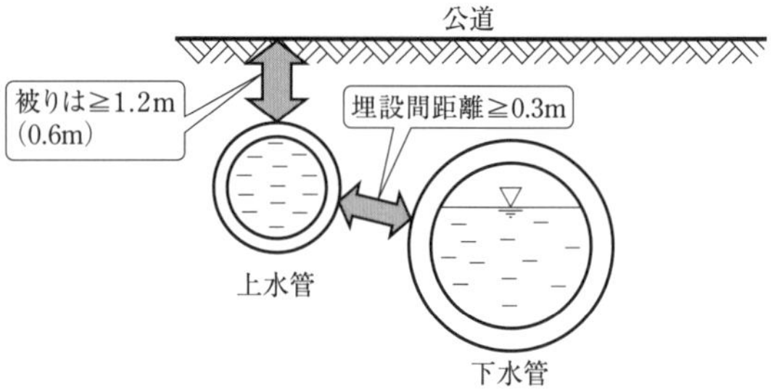

図7・2 配水管埋設位置

② **配水管の誤認防止**：埋設管には，企業名，布設年次，業種別名などを明示するテープを貼る。ダクタイル鋳鉄管は，受口部に鋳出してある表示記号のうち，管径，年号の記号を上にくるように埋設する。

(2) 配管

① **管据付け**：管据付けは，受口を上流に向け，下流から上流に施工する。のみ込み寸法線に受口を合わせて管が波打たないように施工する。

管を掘削溝内に吊り降ろす場合は，溝内の吊り降ろし場所から作業員を一時避難させて，上部よりロープなどで誘導して所定の位置に降ろす。

直管を用いて継手部を少しずつ曲げていく施工は禁止する。管のはずれを起こす原因となる。

メカニカル継手の標準タイプであるK形ダクタイル鋳鉄管の接合におけるボルトの締付けは，全周囲を均等に締付け，片締めにならないように押輪と受口端の間隔が等しくなるように締め付けていく。また，押輪と受口にはゴム輪も含め，十分な潤滑剤を塗布しておく。

完成管路の水圧試験は，低いほうから徐々に充水し確認しながら行う。

曲管やT字管などの異形管は，直管と比較し管内に不均衡な水圧を受け，移動し漏水を招くことがあるので，コンクリートで巻立てたブロック防護を原則とする。

水道橋の管には，橋の可動部に伸縮継手を設ける。

② **管支承**：支承には，小口径管用に平底支承，管厚の薄い鋼管，大口径鋳鉄管用で地質のよい所にむく円弧支承，軟弱地盤で用いる松矢板敷均し支承がある。

硬質塩化ビニル管の埋設基礎は，管断面方向の応力を分散させるため，掘削溝底に10 cm以上の砂または良質土を敷く。

ダクタイル鋳鉄管の基礎は，原則として平底溝で特別な基礎は不要である。鋼管も普通土であれば基礎は不要であるが，硬い岩盤や玉石などを含有する地盤では，管断面方向の応力緩和のためサンドベッドを用いることもある。

③ **弁の設置**：減圧弁は，水圧の異なる配水区域を結ぶ連絡管に設ける。

制水弁は分岐管，本管の分岐点下流側に設ける。その間隔は200～1000 mである。

空気弁は，橋梁添架架管のように上越部が凸となるので，最も高い位置に空気弁を設ける。

④ **消火栓の設置**：消火栓は道路交差点，分岐点，その他道路沿線に100～200 m間隔に設置する。管の行止まり末端部にも設置する。管径が300 mm以上では双口消火栓とする。

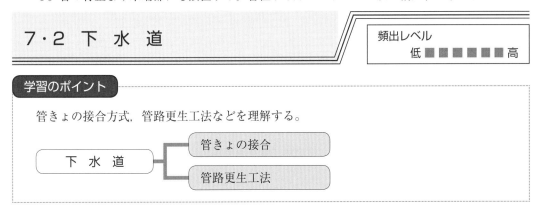

7・2 下 水 道

頻出レベル
低 ■■■■■■ 高

学習のポイント

管きょの接合方式，管路更生工法などを理解する。

下 水 道
- 管きょの接合
- 管路更生工法

7・2・1 下水道施設の構成

下水道は，降雨を集めて河川などに排除することと，生活や生産活動に伴って発生した汚水を下水処理場で効率的に処理し，安全な水質となったときに河川などに放流する施設である。

下水処理場は，流入下水→［沈砂池］→［ポンプ設備］→［最初沈殿池］→［反応タンク］→［最終沈殿池］→［高度処理施設］→［消毒施設］→放流水，の順で処理する。ポンプ設備があるのは，ポンプ設備で揚水し，あとは自然流下で放流水まで流れる。反応タンクでは活性汚泥により分解される。

(1) 下水道方式

① **下水道の方式**：雨水，汚水1本の管で集水する**合流式**と，2本の管で分別集水する**分流式**の2つがある。表7・2にその比較を示す。合流式では，計画汚水量の3倍を超えると，途中の雨水吐室から河川などに放流され水質汚濁で問題があるので，近年の建設ではほとんど分流式

表7・2　合流式と分流式の比較

	分　流　式	合　流　式
建　設　費	既設の配水施設があれば安い。	完全な分流式の新設より安い。
施工の難易	埋設管が2条のため困難が多い。	分流式に比べ容易である。
管渠の埋設深さ	流速を得るために勾配を大きくとるため，深くなり中間にポンプ場を必要とする。	分流式よりも浅くてよい。
終末処理場	規模が小さくてすみ，水質・水量の変化が少ない。処理が安定している。	規模が大で降雨時には水質・水量の変化が大きく，処理が不安定である。
管 内 洗 浄	上流部では沈殿物が生じるためフラッシュが必要である。	雨天時には自然にフラッシュされる。
土 砂 流 入	少ない。	多い。
排水設備の接続	煩雑で誤りを生じやすい。	容易である。
放流先の汚濁	汚水による汚濁がなくなるが，初期は降雨により汚濁物質が流出する。	降雨量が多くなれば汚水が希釈流出する。

である。合流式は，降り始めの雨水を一時貯留し，その後処理をする改善策を行っている。

② 管きょ接合：**下水管きょ**は，下流に行くに従って管径を太くする。人孔は，管径，方向，勾配を変えたり，合流させたりする場合に設ける。管をつなぐ方法には，図7・3に示すように，**水面接合・管頂接合，管中心接合・管底接合・段差接合（階段接合）**などがある。

一般には，流水の効率を考慮に入れ，水理学的に有利な水面接合か管頂接合を行う。

2本の管が合流する場合には，60°以下の互いに流れを阻害しない角度で合流させる。**マンホールの間隔**は，径300 mm以下で50 m以下，1000 mmの直径で100 m以下とする。マンホールのふたは，車道で鋼製，その他はコンクリート製とする。

③ 伏越し：下水道管を水路などの移設不能な構造物を横断して通す場合，図7・4に示すように，下部に水路を設ける。これを**伏越し**という。

(a) 横断する個所の上下流に，鉛直に伏越し室を設ける。

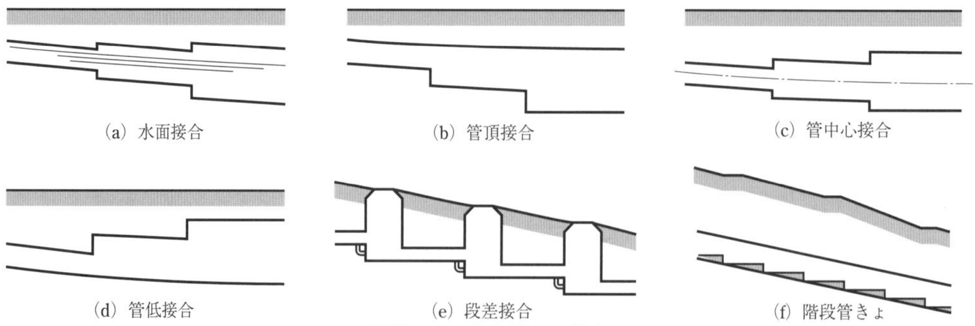

図7・3　主な管きょ接合

表７・３　管きょ接合の特徴

接合方法	特　　　徴
水面接合	上下流管きょ内の水位面を水理計算により合わせ，最も合理的であるが計算が煩雑である。
管頂接合	上下流管きょ内の管頂高を一致させる。流水は円滑となるが，下流側管きょの掘削土量がかさむ。
管中心接合	上下流管きょの中心線を一致させる。水面接合と管頂接合の中間的なものである。
管底接合	上下流管きょの底部の高さを一致させる。下流側の掘削深さは増加しないので工費が節減できる。上流部で動水勾配線が管頂より上がるなど水理条件が悪くなる。また，2本の管きょが合流する場合，乱流や過流などで流下能力の低下が生じる。
段差接合	地表の勾配が急なところでは，管径の変化の有無にかかわらず，流速が大きくなりすぎるのを防ぐため，マンホールを介して，段差接合にする。空気巻きこみを防ぐため，段差は1.5 m以内とする。管きょの段差が60 cm以上になるときは副管付きマンホールを用いる。（階段接合という場合もある）
階段管きょ	地表の勾配が急なところで，大口径管きょの場合，管渠底部に階段をつける。階段高は0.3 m以内とする。

(b)　上下流の伏越し室には，ゲートまたは角落しなどの水位調節施設を設け，下部には0.5 m程度の泥だめを設ける。

(c)　伏越し管は，清掃のため必ず複数管設置する。

(d)　**伏越し管内**は，管径を細くし，上流管の流速の20～30%増とする。

(e)　河底伏越しの場合，計画河床高または，現在の最深部より1.5 m以上の土かぶりを取る。

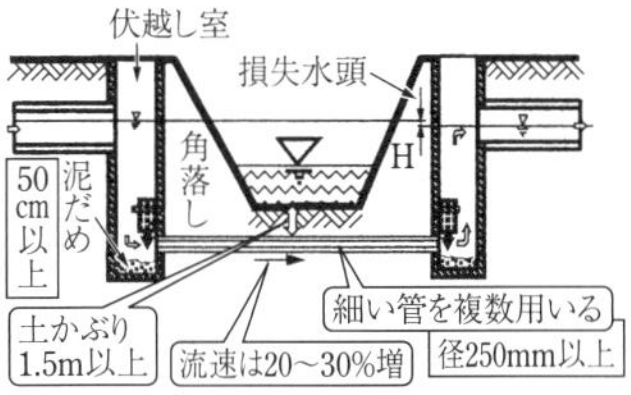

図７・４　伏越し管

7・2・2　管きょの施工

(1)　管きょの種類と基礎の選定

管きょには，**剛性管きょ**と**可とう性管きょ**がある。管きょの種類および基礎地盤と基礎工の関係を表７・４に示す。

表7・4 管きょの種類と基礎工の種類

地盤＼管種	剛性管		可とう性管	
	鉄筋コンクリート管	陶管	硬質塩化ビニル管・強化プラスチック複合管	ダクタイル鋳鉄管・鋼管
硬質土 硬質粘土・礫混じり土・礫混じり砂 普通土 砂・ローム・砂質粘土	砂基礎 砕石基礎 枕土台基礎	砂基礎 砕石基礎 枕土台基礎	砂基礎 砕石基礎	砂基礎
軟弱土 シルト・有機質土	はしご胴木基礎 コンクリート基礎	砕石基礎 コンクリート基礎	砂基礎 ベットシート基礎 ソイルセメント基礎 砕石基礎	砕石基礎
極軟弱土 非常にゆるいシルトおよび有機質土	はしご胴木基礎 鳥居基礎 コンクリート基礎	鉄筋コンクリート基礎	ベットシート基礎 ソイルセメント基礎 はしご胴木基礎 鳥居基礎 布基礎	砂基礎 はしご胴木基礎 布基礎

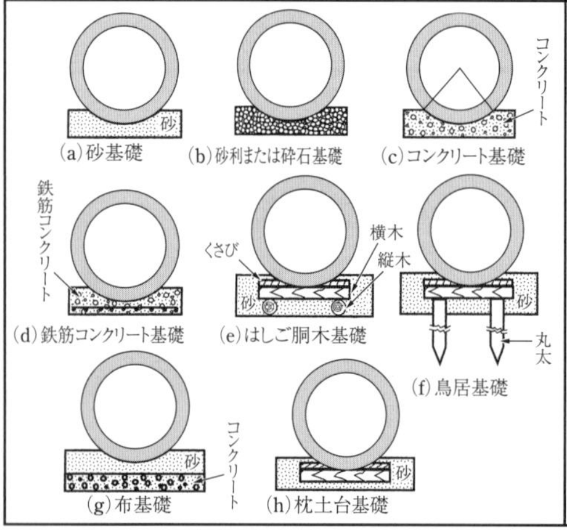

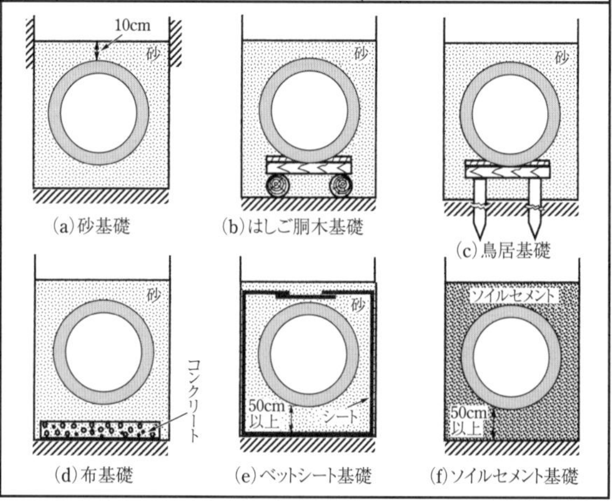

(2) 鉄筋コンクリート管きょの継手

継手には，継手部強度は高いが湧水処理が困難な所にはむかないカラー継手，施工性がよくゴムリングを用いるソケット継手，大きい口径に使えるが継手部が弱いいんろう継手がある。

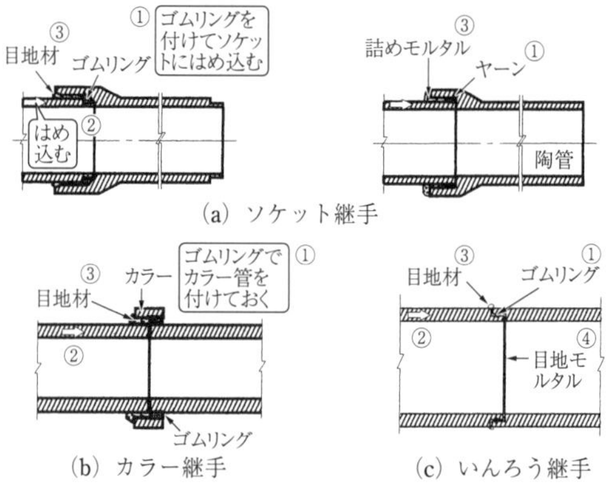

図7・5 管の継手の種類

(3) 雨水ますと汚水ます

汚水ますは，公道と私道の境界に設け，底にはコンクリートでインバートを設ける。雨水ますは30 m 間隔に設け，土砂を含んだ雨水を一時滞留させ 15 cm 以上の泥だめを設け，土砂による下水管の摩耗を減少させるため，砂を沈下させる。

(4) 取付け管

取付け管は，ますと下水本管を直角に 10% 以上の勾配で，下水本管の管頂に取り付ける。

7・2・3 管路更生工法

管路更生工法とは，経年変化による老朽化が進んだ既設管きょを，道路等を掘削せずに非開削で改築・補修するものである。

(1)　工法の分類

現在，一般的に国内で用いられている更生工法は，更生管の形成方法によって大きく図7・6のように分類されている。また，管きょの更生後の機能によって自立管・二層構造管・複合管の3つに大別されている。

① **自立管**：既設管の強度を期待せず，更生管自らの強度で外力に抵抗する構造の管。新管と同等以上の耐荷能力および耐久性を有するもの。

② **二層構造管**：既設管が残存強度を有し，更生管と二層構造で外力を分担するために構築されるもの。

③ **単独管**：自立管や二層構造管で既設管と一体構造とならない更生管に対する総称。

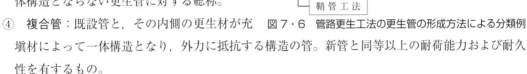

④ **複合管**：既設管と，その内側の更生材が充塡材によって一体構造となり，外力に抵抗する構造の管。新管と同等以上の耐荷能力および耐久性を有するもの。

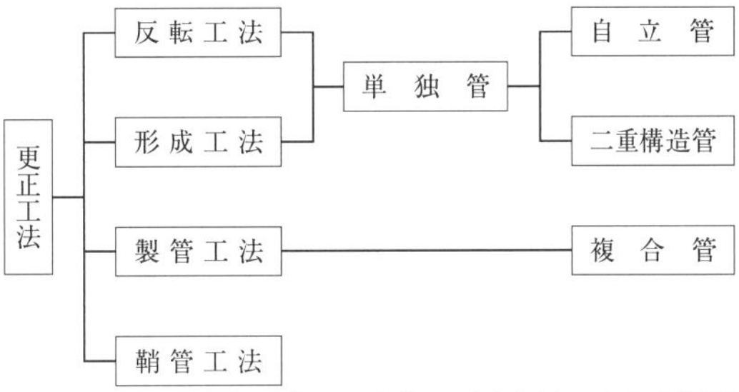

図7・6　管路更生工法の更生管の形成方法による分類例

(2)　更生工法の概要

① **反転工法**：熱または光等で硬化する樹脂を含浸させた材料を，既設のマンホールから既設管内に加圧反転させながら挿入し，既設管内で加圧状態のまま樹脂が硬化することで，管を構築するもの。反転挿入には，水圧や空気圧等によるものがあり，硬化方法も温水・蒸気・光等がある。既設管の形状を維持する断面を更生するもので，目地ずれやたるみ等を改善する効果は期待できない。

② **形成工法**：樹脂を含浸させたライナーや，硬化性の連続パイプを既設管内に引込み，水圧または空気圧等で拡張・圧着させた後に硬化させることで，管を構築するもの。形成工法には，更生材を既設管内径まで加圧拡張したまま温水・蒸気・光等で圧着硬化する工法や，加圧拡張したまま冷却固化する工法がある。既設管の形状を維持する断面を更生するもので，目地ずれやたるみ等を改善する効果は期待できない。

③ **製管工法**：既設管内に硬質塩化ビニル材等をはめ合わせながら製管し，既設管との間隙にモルタル等を充塡することで管を構築するもの。流下量が少量であれば，下水を流下させながら施工することも可能である。

多少の目地ずれ等は，更生管径がサイズダウンすることにより対応できるが，不陸・蛇行がある場合には，原則として既設管の形状どおりに更生されることになる。

④ **鞘管工法**：既設管内径より小さな外径で製作された管きょ（新管）を，推進もしくは搬送組み立てによって既設管内に敷設し，隙間に充塡材を注入することで管を構築する

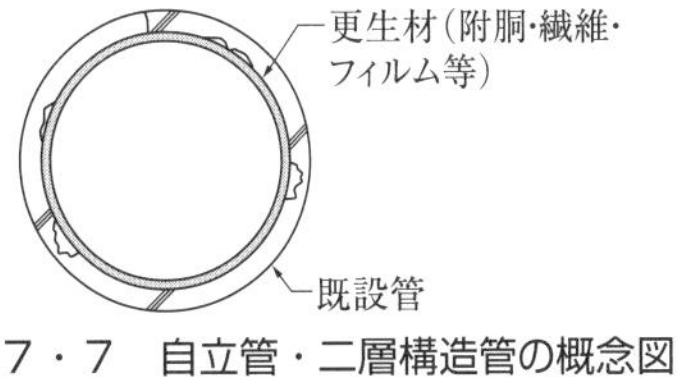

図7・7　自立管・二層構造管の概念図

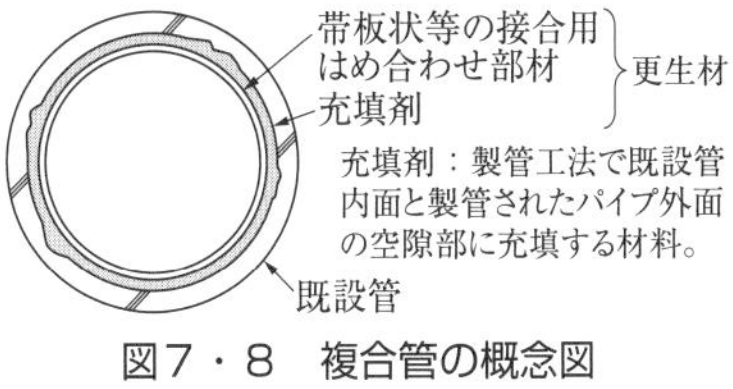

図7・8　複合管の概念図

もの。更生管が工場製品のため，仕上がり後の信頼性は高いものとなる。

断面形状が維持されており，物理的に管きょが挿入できる程度の破損であれば，更生可能となる。

7・3　推進工法

頻出レベル
低■■■■■■高

学習のポイント

小口径管推進工法の種類および特徴，推進工法の適用土質などを理解する。

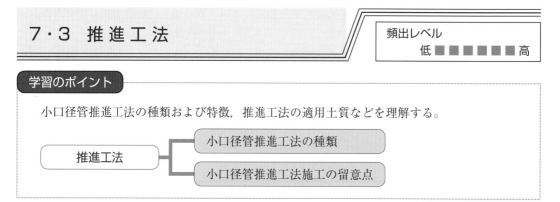

- 推進工法
  - 小口径管推進工法の種類
  - 小口径管推進工法施工の留意点

7・3・1　推進工法の分類

推進工法は，開削工法では困難な軌道や道路などを横断する場合に用いられる。

- 推進工法
  - **刃口推進工法**（2000 mm～700 mm の管径が多い）
    - **刃口推進工法**（元押し）…圧入ジャッキを立坑のみで施工する。
    - **中押し推進工法**…圧入ジャッキを管の途中にも数個設けて施工する。元押し装置と中押し装置を交互に作動させ小さい摩擦力で1スパンの推進長を延ばすことができる。
    - **セミシールド工法**…管の先端にカッター付きシールドを付けて施工する。長距離掘削に向き，土質制限はない。
    - **けん引工法**…到達坑まで水平ボーリングでPCワイヤを通し，管をけん引した後，管内土を排土する。けん引工法は土かぶりの少ない長方形管に用いられ，50 m 程度までが限度である。
  - **小口径管推進工法**…700～250 mm までの管径が多く，下水道管を直接推進する1工程式と誘導管の先端にオーガーなどの先導体を付け，遠隔操作で掘削ずり出し圧入する2工程式がある。刃口推進工法では施工不可能な小口径管の推進に開発されたものをいう。

図7・9　推進工法の種類

7・3・2　小口径管推進工法

(1)　小口径管推進工法の種類

小口径管とは，おおむね 250 mm～700 mm 程度の管をさす。この工法には推進管種で分類すると，高耐荷力方式・低耐荷力方式・鋼製さや管方式の3種類である。

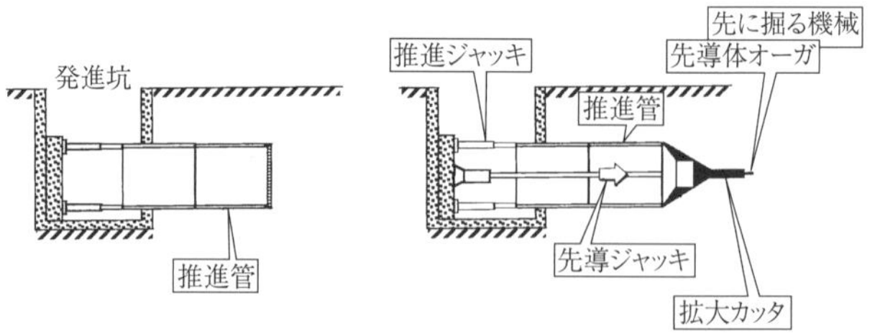

(a) 1工程式　　(b) 2工程式

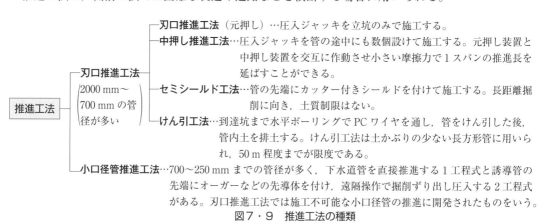

図7・10　1工程式と2工程式の例

また，各方式には図7・10に示す例のように，一度に埋設管を入れるか二段階で入れるかにより，**1工程式**と**2工程式**がある。

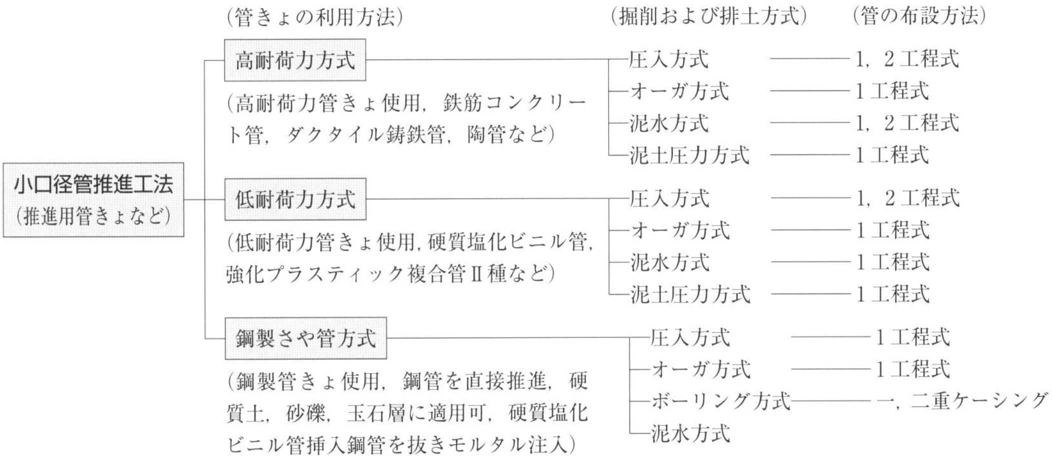

図7・11　小口径管推進工法の種類

① **高耐荷力方式**：高耐荷力管きょ（鉄筋コンクリート管など）を用いて，推進方向の推進力に対して，直接管に負荷して推進する施工方式である。

② **低耐荷力方式**：低耐荷力管きょ（硬質塩化ビニル管など）を用いて，先導体の推進に必要な推進力の先端抵抗力を推進ロッドに伝達させ，発進坑を反力として推進力にする方式である。

③ **鋼製さや管方式**：鋼製さや管方式は，鋼製管に直接推進力を伝達し推進するもので，この管をさや管として用い，さや管内に硬質鉛管ビニル管などの本管を設置する方式である。

小口径管推進工法の種類を次ページの図7・11に示す。

① **圧入方式**：**1工程式**は，鋼管をさや管として圧入し，鋼管内部にRC管を挿入して油圧ジャッキなどで圧入しずり出しはしないで，施工後鋼管を抜き取る。粘性土やシルト質土に適する。**2工程式**は，まず誘導管を圧入，次にスクリューオーガーを用いて掘削後推進する。先導体の誘導管の圧入は途中で休まず一気に行う。

② **オーガ方式**：1工程式は，推進管の先頭に先導体であるオーガヘッドを付け，一気に推進する。土質は粘性土から比較的硬質地盤にも適応可能である。2工程式は，誘導管を到達孔まで推進させ次工程で本管と入れ替えるため，推進管を推進ジャッキで圧入する。誘導管は，一気に推進させる。鋼管さや管式は，鋼管をさや管にしオーガヘッドで推進する。

③ **ボーリング方式**：1重ケーシング式は，鋼管の特殊刃先を回転し掘削圧入する。このため，コンクリートや鋼矢板でも貫通可能である。圧入後掘削孔内の鋼管と硬質塩化ビニル管を入れ替える。二重ケーシング式は，鋼管をさや管として，スクリュー式内管をセットし，外管を推進し，掘削後，鋼管と硬質塩化ビニル管を入れ替える。どちらにも管周にモルタルを裏込める。

④ **泥水方式**：1工程式は，小口径推進管の先端に泥水先導体を接続し，一気に掘削する。透水性の高い砂質土では薬液注入などの補助工法を要する。2工程式では，先導体だけで到達坑まで推進し，次に誘導管の後に小口径管を取り付けて油圧ジャッキで推進する。

⑤ **泥土圧方式**：1工程式のみである。小口径管の先端に泥土圧式先導体を接続し，セメントなどの添加剤を加えて流動化させてスクリューコンベアで排土する。

⑥　**水圧バランス方式**：1工程式は，切羽土圧と水圧をバランスさせてオーガで掘削し，泥水を排泥ポンプで地上に送る。2工程式では，先導体のカッタで切羽土圧と水圧をバランスさせ，掘削排泥後，拡大カッタで切り広げる工法である。

⑦　**さや管方式**：1工程式のみである。鋼管にアースオーガを先導体として付け，鋼管の中に硬質塩化ビニル管を挿入しておき，鋼管を抜きながらモルタルを注入する。

表7・5　高耐荷力方式のN値と適用方式

土質分類	土質性状（N値）	圧入方式		オーガ方式		泥水方式		泥土圧方式
		1工程式	2工程式	1工程式	2工程式	1工程式	2工程式	1工程式
粘性土質	$1<N\leqq 20$	○	○	○	○	○	○	○
	$20<N\leqq 50$	△	×	○	○	○	○	○

○：一般的に適用できる。　△：適用にあたっては検討を要する。
×：一般的に適用できない。

(2)　小口径管推進工法の適用

小口径管推進工法の高耐荷力方式の粘性土地盤のN値と適用方式の関係を表7・5に示す。ボーリング方式はN値にかかわらず施工可能である。

(3)　小口径推進工法施工上の留意点

①　蛇行の修正は，先導体の角度を変える。

②　支圧壁の加圧面が推進方向に直角になるようにする。

③　測量の回数を増すことで蛇行の早期発見をする。

④　**先導体**は，土の抵抗の弱い方向に曲がるので，地層が変化している所では注意する。

⑤　圧入方式では一気に圧入する。途中で静止させると管周囲の摩擦抵抗が増え圧入できなくなる。

7・4　薬液注入工法

頻出レベル
低■■■■■■高

学習のポイント

注入方式と施工の留意点を理解する。

薬液注入工法
- 注入方式
- 施工の留意点

7・4・1　薬液注入工法の概要

薬液注入工法は，地盤の強度増加，止水性の向上，圧密防止，間隙水圧の低下などを目的に，地盤を改良するための補助工法の１つである。

(1)　注入機構

砂質系の軟弱地盤に薬液注入管をボーリングした後に挿入し，注入管側壁にあけた小孔（ストレーナ）から水ガラス系の注入剤（主剤）とセメントや石膏，亜硫酸水素ナトリウムなどの助剤を地中に浸透注入して改良する。

① **砂質地盤**では，土の間隙に薬液を浸透させる浸透注入が基本となる。空隙の大きい礫や玉石層などでは，最初に粗詰めが必要になることもある。

② **粘性土地盤**では，薬液の割裂脈により加圧し，原地盤を脱水・圧密させる割裂注入が基本となる。粘性土地盤における注入は，割裂脈が計画範囲内にとどまるように検討しなければならない。

(2)　注入薬液

注入薬液は，表7・6に示すように，水ガラス系薬液が**主剤**として用いられ，助剤（**硬化剤**）として，溶液型と懸濁型に大別され，主剤（A液）と助剤（B液：硬化剤）との組合せで用いる。

地下水のアルカリ汚染の問題で，使用する薬液は，水ガラス系薬液（主剤がけい酸ナトリウムである薬液）で劇物または弗素化合物を含まないものが使用されている。

表7・6　薬　　　液

主剤：A液	助剤：B液（硬化剤）			
水ガラス系薬液	溶液型	砂質土地盤の浸透注入	無機系	亜硫酸ナトリウム・アルミン酸ナトリウムなど
			有機系	炭酸水系ナトリウム＋エチレングリコールジアセテートなど
	懸濁液型	粘性土地盤の割裂注入 礫層の充てん注入・浸透注入	無機系	セメント・ベントナイトなど

(3)　薬液注入工法の用語

① **注入率**：設計地盤体積に対する注入材料の体積率をいい，試験などで最適な率を定める。

② **注入速度**：1注入孔における毎分当たりの注入量をいい，土質などにより，最適な注入速度を定める。

③ **サンドゲル**：注入材を砂に浸透させて固化したものである。

④ **ホモゲル**：注入材だけが固化したもので，改良効果がない状態といえる。

⑤ **1ショット**：A液とB液とを混合して固化反応がスタート状態で，1本の管で送り出す方法で，ゲルタイムが数十分程度の緩結型薬液を用いる。

⑥ **1.5ショット**：A液とB液とを2本の管で送り，管頭部に取り付けたY字管で混合させ，1本の管で注入する方法で，ゲルタイムが数分程度の急結型薬液を用いる。

⑦ **2ショット**：A液とB液とを2本の管で改良地盤に送り，地盤中で混合反応させる方法で，ゲルタイムが数秒程度の瞬結型薬液を用いる。

⑧ **割裂注入**：粘性土のように透水係数の小さい地盤は，隅々まで薬液が浸透せず，地盤の圧力に弱い部分を薬液が流れ，血管状にホモゲルとなったものをいう。注入地盤の改善効果が低い。

⑨ **ゲルタイム**：A液とB液とを混合した時点から注入材が流動性を失い，粘性が急激に増大するまでの時間をいう。

⑩ **ステップ長**：鉛直方向の注入口間隔をいう。

⑪ **その他**：**ストレーナー**とは小穴のことをいい，**パッカー**とはふたのことをいう。

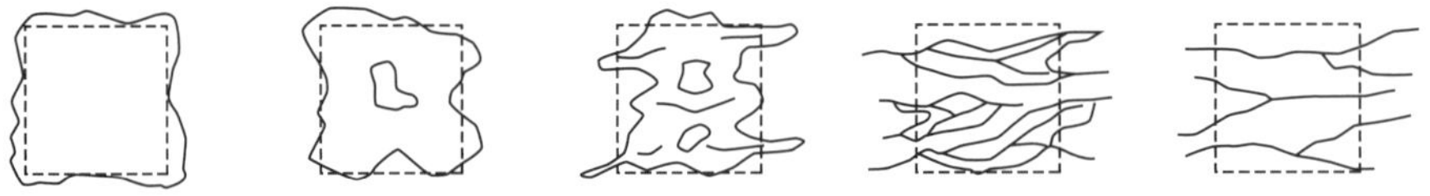

(a) 均質な一体固化　(b) 浸透固結物が卓越した部分固化　(c) 浸透部分固化　(d) 脈状固結が卓越した部分固化　(d) 脈状固結物の分布化

図7・12 注入形態

1) 点線囲みは，注入計画範囲を示す。

7・4・2 薬液注入方式

注入方式は，地盤条件に合わせて注入範囲や注入量・注入材料・注入方式を選定することが大切である。

(1) 単管ロッド注入方式

単管ロッド注入方式は，ボーリング後，そのロッドに注入合流装置を付け，孔の深部から地表へと**ステップアップで施工**する。一般に，セメント系懸濁型注入材料を用い，1.5ショットで注入する。簡単で安価であるが，パッカー機能がないため，注入管と地山とのすき間からリーク（噴出）することがある。また，亀裂や地層の境界などの脆弱な部分で，計画注入範

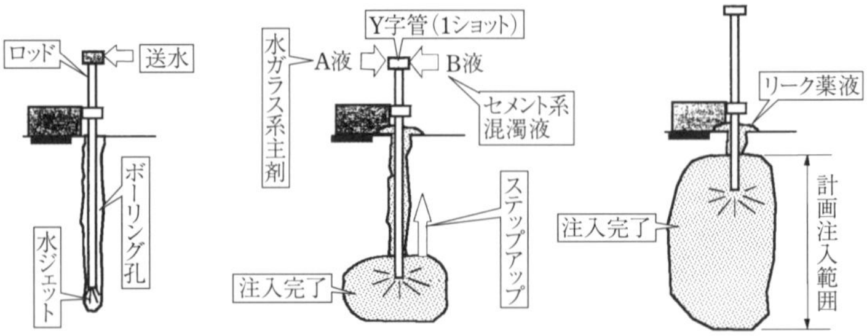

図7・13 単管ロッド注入方式

囲外への逸走が生じるので，現在，あまり利用されていない。

(2)　二重管ダブルパッカー注入方式

二重管ダブルパッカー注入方式は，外管と注入本体である内管よりなる二重の注入管を用いる工法の総称である。施工手順は，まず，地盤を直径約 100 mm のケーシングパイプを用いて削孔する。次に，ケーシング内に注入用外管を挿入し，ケーシングを引抜き，外管周囲をセメント＋ベントナイト液でシールを行う。先端付近にダブルパッカーを装着した内管を，外管のスリーブゴム弁のある所定の位置に挿入し，管の外で混合した注入材（1 ショット）を圧送し，スリーブゴム弁を開いて注入する。

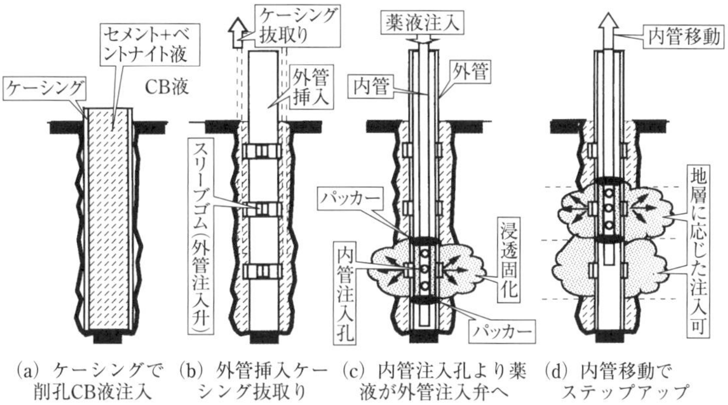

図7・14　二重管ダブルパッカー注入方式

この注入方式は，注入精度が高く，低い圧力で注入できるので，重要な構造物の基礎地盤の改良に用いられている。また，スリーブゴム弁から特定の地層への注入が可能となる。工期が長くかかり，工費も高いが，信頼性が高いので，よく用いられている。

(3)　二重管ストレーナー注入工法（単相式）

この工法では，まず，二重管ロッドを用い，削孔水で注入予定深度まで掘削をする。削孔完了後，水を瞬結性薬液に切り替え，図 7・15(b)のように，2 ショットによりロッドの吹出し口で混合注入を行う。削孔の底から地表に向かったステップアップ施工となる。

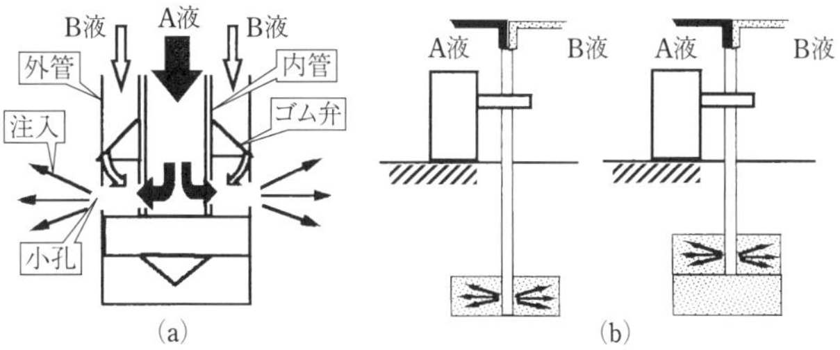

図7・15　二重管ストレーナー注入工法（単相式）

単相式は，所定の注入範囲外への拡散を防止し，限定部分への注入を目的とした，ゲルタイムの短い方式である。締まり具合の弱い地盤や土かぶりの浅いところでの注入に適する。ステップ長は 25 cm または 50 cm が一般的である。

(4)　二重管ストレーナー注入工法（複相式）

二重管ロッドを用い，一次注入で地盤の粗間隙を瞬結型で充填し，二次注入として緩結材を注入して均質な固定をつくる。よく締まった砂層や比較的粘性土を含む砂層に適する。

7・4・3 薬液注入の施工

(1) 薬液注入の留意点

① **注入**は，構造物に近いところから次第に離れていく方向に向かって行う。

② 注入材は，質のよい水道水で混ぜ合わせる。

③ 注入圧力は，地盤の噴発（**リーク**）が生じないように，最大圧力を調節する。

④ 注入施工時には，現場注入試験でゲルタイムを，施工開始前，午前中，午後の3回以上確認する。

⑤ **水ガラス系薬液**は，薬液の流出，盗難等の事態が生じないように，厳正に管理する。

⑥ ストレーナーの配置は，注入孔の多いほど1孔当りの注入量が少なく，信頼性が向上する。

(2) 水質監視

① 水ガラス系注入材はアルカリ性が高い。地下水などの水質基準は水ガラス無機系を用いた場合，水素イオン濃度 pH 8.6 以下とする。水ガラス有機系を用いた場合には，pH 8.6 以下で同時に過マンガン酸カリウムの消費量 10 ppm 以下とする。

② **水質監視用観測井（採取点）**は，注入個所からおおむね半径 10 m 以内に数カ所設ける。既存の井戸でもよい。深さは薬液注入深度下端より深くする。

③ **採水回数**は以下の通りとする。

- **工事着手前** 1回
- **工事中** 毎日1回以上
- **工事終了後** (イ) 2週間を経過するまで毎日1回以上。（当該地域における地下水の状況に著しい変化がないと認められる場合で，調査回数を減じても監視の目的を十分に達成されると判断されるときは，週1回以上。）
  (ロ) 2週間経週後，半年を経過するまでの間にあっては，月2回以上。

(3) 薬液注入効果の確認の種類と方法

① **掘削による視認および色素判別法**：視認による方法は定量的な数値は求められないが，その出来具合を見ることができる。また，試験体にフェノールフタレイン液を散布することによって，薬液の存在している部分が反応して赤色に変色するのを利用して，薬液の浸透状況を判定できる。

② **透水性の判定**：地盤の改良度を判定するために透水試験を実施する。現場透水試験を実施する場合は，あらかじめ現地で事前の数値を求めて，注入後の数値と比較する。薬液注入による地盤の改良度は，透水係数にして 10^{-4}～10^{-5}cm/s のオーダーである。

③ **強度の確認**：改良強度の確認も，サンプリングが難しい場合が多く，原位置での試験が多く，中でも標準貫入試験を実施することが多い。

④ **薬液の浸透状況の確認**：薬液が地盤にどのように入っているかをチェックする方法は，何通りかの方法が試みられており，中でも，電気抵抗測定法と中性子水分計法の2種類が実施工で採用されている。

第２編　編末確認問題

次の各問について，正しい場合は○印を，誤りの場合は×印をつけよ。（解答・解説は p.364）

□□【問 1】 耐候性鋼橋に用いるフィラー板は，普通鋼材を用いてもよい。(R2)

□□【問 2】 エンドタブは，エンドタブ取付け範囲の母材を小さくしておく方法がある。(H30)

□□【問 3】 ボルト軸力の導入は，ナットを回して行うのを原則とする。(R2)

□□【問 4】 箱形断面の桁は，つり金具や補強材は一般に現場で取り付ける。(R1)

□□【問 5】 型枠に接するスペーサは，鉄筋と同等の鋼製スペーサを使用する。(H26)

□□【問 6】 プレストレッシング時の支保工は，堅固な構造とする。(H23)

□□【問 7】 高炉セメントＢ種の使用は，アルカリシリカ反応の抑制効果がある。(R1)

□□【問 8】 電気防食工法は，電気化学的補修工法である。(R1)

□□【問 9】 築堤盛土の締固めは，堤防横断方向に行う。(H30)

□□【問 10】 根固工は，河床変化に追随できる屈とう性構造とする。(R1)

□□【問 11】 低水路部の一連区間の掘削では，下流から上流に向かって掘削する。(R1)

□□【問 12】 帯工は，床固め工間隔が大きい場合，計画河床を維持するために設ける。(H30)

□□【問 13】 樋門本体の可とう継手は，堤体断面の中央部に設ける。(H28)

□□【問 14】 砂防えん堤の基礎地盤の掘削は，岩盤基礎で 0.5 m 以上とする。(H29)

□□【問 15】 地すべり抑止工の杭の配列は，地すべり運動方向に直角に配列する。(H28)

□□【問 16】 重力式コンクリート擁壁の水抜き孔は，水平に設置する。(R1)

□□【問 17】 路床土の安定処理材料として，一般に粘性土に対し石灰が適している。(R1)

□□【問 18】 下層路盤の路上混合方式による安定処理工法は，一層の仕上り厚を 15～30 cm を標準とする。(R2)

□□【問 19】 道路の排水性舗装に使用するタックコートは，アスファルト乳剤（PK-3）を使用する。(R1)

□□【問 20】 アスファルト舗装の施工の継目は，上下層で重ならないようにする。(R2)

□□【問 21】 コンクリート版舗装の表面は，ほうきやはけを用い，細かい粗面にする。(H30)

□□【問 22】 仕上げ転圧に，混合物の飛散防止の効果を期待し，振動ローラを用いる。(H30)

□□【問 23】 グースアスファルト舗装は，コンクリート床版上の橋面舗装に用いる。(H28)

□□【問 24】 打換え工法で表層を施工する場合，面積をまとめてから施工するとよい。(R2)

□□【問 25】 コンクリートダムの外部コンクリートは，水密性，すりへり抵抗性，凍結融解作用に対する抵抗性が要求される。(R2)

□□【問 26】 フィルダムの遮水ゾーンの基礎掘削は，所要のせん断強度のところまで行う。(R1)

□□【問 27】 RCD 工法のコンクリートの練混ぜから締固めの許容時間は，夏期で５時間。(H30)

□□【問 28】 トンネルの全断面工法は，地山条件の変化に対する順応性が高い。(R2)

□□【問 29】 トンネルの覆工コンクリートの打設は，内空変位の収束後に行う。(R1)

□□【問 30】 覆工コンクリートの型枠の取外しは，自重などに耐えられる強度になったら行う。(H30)

＊（R1）は令和元年度の出題問題を表し，（H30）は平成 30 年度の出題問題を表す。

専門土木

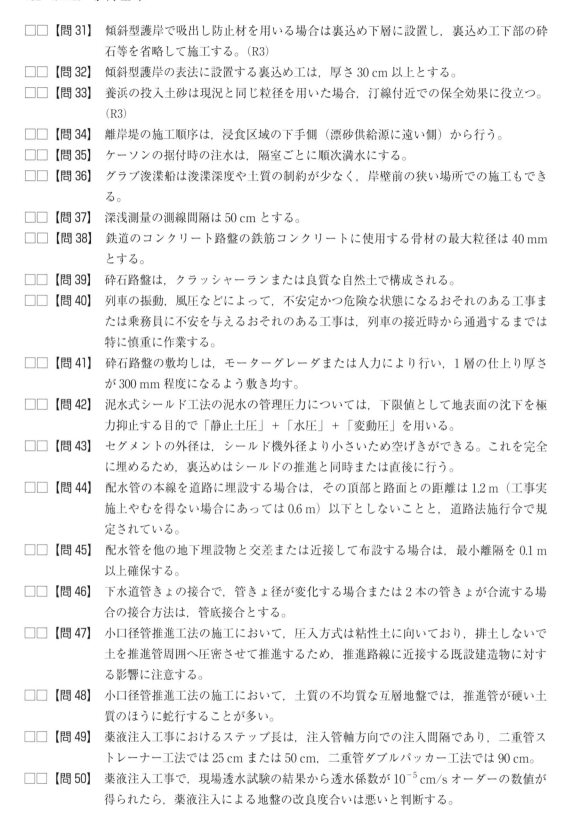

□□【問 31】 傾斜型護岸で吸出し防止材を用いる場合は裏込め下層に設置し，裏込め工下部の砕石等を省略して施工する。(R3)

□□【問 32】 傾斜型護岸の表法に設置する裏込め工は，厚さ 30 cm 以上とする。

□□【問 33】 養浜の投入土砂は現況と同じ粒径を用いた場合，汀線付近での保全効果に役立つ。(R3)

□□【問 34】 離岸堤の施工順序は，浸食区域の下手側（漂砂供給源に遠い側）から行う。

□□【問 35】 ケーソンの据付時の注水は，隔室ごとに順次満水にする。

□□【問 36】 グラブ浚渫船は浚渫深度や土質の制約が少なく，岸壁前の狭い場所での施工もできる。

□□【問 37】 深浅測量の測線間隔は 50 cm とする。

□□【問 38】 鉄道のコンクリート路盤の鉄筋コンクリートに使用する骨材の最大粒径は 40 mm とする。

□□【問 39】 砕石路盤は，クラッシャーランまたは良質な自然土で構成される。

□□【問 40】 列車の振動，風圧などによって，不安定かつ危険な状態になるおそれのある工事または乗務員に不安を与えるおそれのある工事は，列車の接近時から通過するまでは特に慎重に作業する。

□□【問 41】 砕石路盤の敷均しは，モーターグレーダまたは人力により行い，1 層の仕上り厚さが 300 mm 程度になるよう敷き均す。

□□【問 42】 泥水式シールド工法の泥水の管理圧力については，下限値として地表面の沈下を極力抑止する目的で「静止土圧」+「水圧」+「変動圧」を用いる。

□□【問 43】 セグメントの外径は，シールド機外径より小さいため空げきができる。これを完全に埋めるため，裏込めはシールドの推進と同時または直後に行う。

□□【問 44】 配水管の本線を道路に埋設する場合は，その頂部と路面との距離は 1.2 m（工事実施上やむを得ない場合にあっては 0.6 m）以下としないことと，道路法施行令で規定されている。

□□【問 45】 配水管を他の地下埋設物と交差または近接して布設する場合は，最小離隔を 0.1 m 以上確保する。

□□【問 46】 下水道管きょの接合で，管きょ径が変化する場合または 2 本の管きょが合流する場合の接合方法は，管底接合とする。

□□【問 47】 小口径管推進工法の施工において，圧入方式は粘性土に向いており，排土しないで土を推進管周囲へ圧密させて推進するため，推進路線に近接する既設建造物に対する影響に注意する。

□□【問 48】 小口径管推進工法の施工において，土質の不均質な互層地盤では，推進管が硬い土質のほうに蛇行することが多い。

□□【問 49】 薬液注入工事におけるステップ長は，注入管軸方向での注入間隔であり，二重管ストレーナー工法では 25 cm または 50 cm，二重管ダブルパッカー工法では 90 cm。

□□【問 50】 薬液注入工事で，現場透水試験の結果から透水係数が 10^{-5} cm/s オーダーの数値が得られたら，薬液注入による地盤の改良度合いは悪いと判断する。

専門土木

第3編　土木法規

令和４年度の出題事項

1　労働関係（労働基準法，労働安全衛生法）（４問）

①就業規則の記載事項　②労働時間，休憩の規定　③作業主任者の選任が必要な作業　④コンクリート造工作物の解体作業の危険防止の事項　が出題された。

例年と同じく，労働基準法と労働安全衛生法から２問ずつで，基礎知識があれば解答できる内容である。

2　国土交通省関係（建設業法，道路法，道路交通法，河川法，建築基準法，火薬類取締法）（５問）

①元請負人の義務　②火薬類の取扱い規定　③道路占用工事の掘削の規定　④河川管理者の許可の必要な行為　⑤工事現場の仮設建築物に建築基準法が適用される事項　が出題された。

例年と同じく基本的な問題で，過去問題の演習で解答できる内容である。

3　環境・港湾関係（騒音規制法，振動規制法，港則法）（３問）

①騒音規制法の特定建設作業　②振動規制法の特定建設作業　③船舶の入出港・停泊の規定　が出題された。

例年と同じく基本的な問題で，過去問題の演習で解答できる内容である。

1. 労働基準法

労働基準法は，労働者が人たるに値する生活を営むために必要な最低限の労働条件の基準を定めたものである。出題傾向としては，「労働契約」，「労働時間など」，「年少者」について重点的に出題されている。

1・1 労働契約

頻出レベル
低■■□□□□高

学習のポイント

使用者と労働者のそれぞれの立場について，労働条件と解雇に関する基本的な事項を理解する。

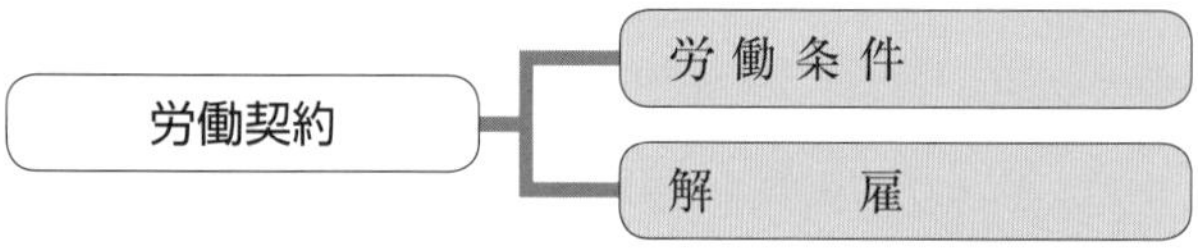

1・1・1 労働条件

(1) 使用者・労働者，労働者名簿，記録の保存

① この法律で**使用者**とは，事業主または事業の経営担当者，その他その事業の労働者に関する事項について，事業主のために行為をするすべての者をいう。

② この法律で**労働者**とは，職業の種類を問わず，事業または事務所に使用される者で，賃金を支払われる者をいう。

③ 使用者は，各事業ごとに労働者名簿を，各労働者（日日雇い入れられる者を除く）について調整し，労働者の氏名，生年月日，履歴，その他省令で定める事項を記入しなければならない。

④ 使用者は，労働者名簿，賃金台帳および雇入，解雇，災害補償，賃金，その他労働関係に関する重要な書類を3年間保存しなければならない。

(2) 違反の契約

この法律で定める**基準に達しない労働条件**を定める労働契約は，その部分については無効とする。

(3) 契約期間

労働契約は，期間の定めのないものを除き，一定の事業の完了に必要な期間を定めるもののほかは，3年（専門的知識などを有する者との労働契約，または満60才以上の労働者との間に締結される労働契約にあっては，5年）を超える期間について締結してはならない。

(4) 労働条件の明示

使用者は，労働契約の締結に際し，労働者に対して明示しなければならない条件は，下記の①～⑤の事項とする。

① 労働契約の期間に関する事項

② 就業の場所および従事すべき業務に関する事項
③ 始業および終業の時刻，所定の労働時間を超える労働の有無，休憩時間，休日，休暇並びに労働者を2組以上に分けて就業させる場合における就業時転換に関する事項
④ 賃金の決定，計算および支払の方法，賃金の締切りおよび支払の時期に関する事項
⑤ 退職に関する事項（解雇の事由を含む）

(5) 賠償予定の禁止

使用者は，労働契約の不履行について違約金を定め，または損害賠償額を予定する契約をしてはならない。

(6) 前借金相殺の禁止

使用者は，前借金その他労働することを条件とする前貸の債権と賃金を相殺してはならない。

(7) 金品の返還

使用者は，労働者の死亡または退職の場合において，**権利者の請求があった場合**には，7日以内に賃金を支払い，積立金など労働者の権利に属する金品を返還しなければならない。

1・1・2 解 雇

(1) 解 雇

解雇は，客観的に合理的な理由を欠き，社会通念上相当であると認められない場合は，その権利を濫用したものとして，無効とする（この条項は，労働基準法から，平成20年3月施行の労働契約法へ移行）。

(2) 解雇の制限

使用者は，労働者が業務上負傷し，または疾病にかかり療養のため休業する時期およびその後30日間は，解雇してはならない。ただし，次の場合などは，この限りでない。

① 天変事変，その他やむを得ない事由のために事業の継続が不可能になった場合，または労働者の事情に基づいて解雇する場合。
② 療養開始後3年経過しても完治しない場合，平均賃金の1200日分を支払えば解雇することができる。

(3) 解雇の予告

使用者は，**労働者を解雇しようとする場合**においては，少なくとも30日前にその予告をしなければならない。30日前に予告をしない場合は，30日以上の平均賃金を支払わなければならない。ただし，天災事変その他やむを得ない事由のために事業の継続が不可能となった場合または労働者の責に帰すべき事由に基いて解雇する場合は，この限りでない。

また，「解雇の予告」の規定は，①～④に該当する労働者には適用しない。ただし，①に該当するものが，1箇月を超えて引き続き使用される場合，②，③に該当する者が所定の期間を超えて引き続き使用される場合，さらに④に該当する者が14日を超えて引き続き使用される場合においては適用される。

① 日日雇い入れられる者

② 2箇月以内の期間を定めて使用される者

③ 季節的業務に4箇月以内の期間を定めて使用される者

④ 試みの使用期間中の者

1・2　賃金・労働時間・災害補償

頻出レベル
低■■■■■■高

学習のポイント

賃金の支払方法や労働時間，休日，休憩時間等に関する基本的事項および災害時の補償の内容について理解する。

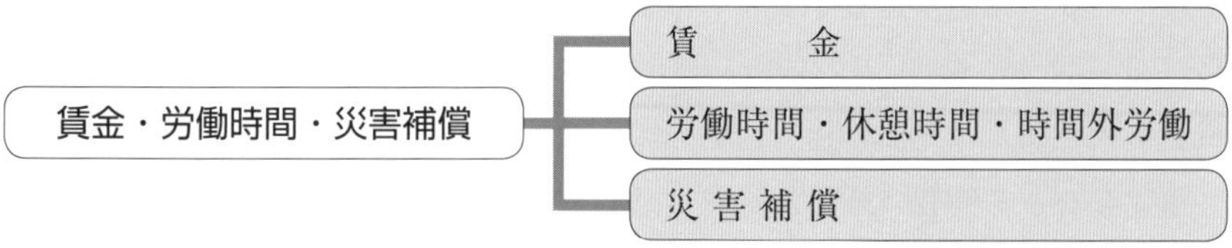

1・2・1　賃　　金

(1)　賃金の支払

賃金は，**①通貨で，②直接労働者に，③その全額を支払わなければならない。**ただし，法令もしくは労働協約に別段の定めがある場合などは，通貨以外のもので支払うことができる。また，労働組合，労働組合のないときは労働者の過半数を代表する者との書面による協定がある場合においては，賃金の一部を控除して支払うことができる。

また，賃金は，**④毎月一回以上，⑤一定の期日を定めて支払わなければならない。**

(2)　非 常 時 払

使用者は，労働者が出産，疾病，災害，その他の法令で定める非常の場合の費用に充てるために請求する場合は，支払期日前であっても，既往の労働に対する賃金を支払わなければならない。

(3)　休 業 手 当

使用者の責に帰すべき事由による休業の場合は，使用者は，その労働者の休業期間中，平均賃金の100分の60以上の手当を支払わなければならない。

(4)　最 低 賃 金

賃金の最低基準に関しては，最低賃金法の定めるところによる。

(5)　平 均 賃 金

使用者は，労働者の平均賃金については，算定事由の発生した日以前3箇月間に支払われた賃金の総額から，算定期間中に臨時に支払われた賃金（私傷病手当，加療見舞金，退職手当等），3箇月を超える期間ごとに支払われる賃金（賞与等一時金），通貨以外のもので支払われた賃金で一定の範囲に属さないものを控除した金額を，その期間の総日数で除した金額として算定する。

1・2・2　労働時間・休憩・時間外・休日

(1)　労働時間

使用者は，労働者に，休憩時間を除き，1週間について40時間，1週間の各日について8時間を超えて労働させてはならない。

(2)　災害などによる臨時の必要がある場合の時間外労働など

災害その他避けることのできない事由によって，臨時に必要がある場合には，使用者は，行政官庁の許可を受けて，労働時間を延長し，または休日に労働させることができる。ただし，事態急迫のために許可を受ける暇のない場合は，事後に遅滞なく届け出なければならない。

(3)　休　　憩

① 使用者は，**労働時間が6時間を超える場合**は少なくとも45分，**8時間を超える場合**は少なくとも1時間の休憩時間を労働時間の途中に与えなければならない。

② 休憩時間は，一斉に与えなければならない。

(4)　休　　日

使用者は，労働者に対して，少なくとも毎週1回の休日を与えなければならない。ただし，4週間を通じ4日以上の休日を与える使用者については適用しない。

(5)　時間外および休日の労働

使用者は，労働者の過半数で組織する労働組合，組合のない場合は，労働者の過半数を代表する者との書面による協定をし，これを行政官庁に届け出た場所においては，その協定に従い労働時間を延長し，または休日に労働させることができる。ただし，健康上特に有害な業務の労働時間の延長は，1日について2時間を超えてはならない。有害な業務は，次のとおりである。

① 坑内における業務　② 著しく暑熱な場所または著しく寒冷な場所における業務

③ じんあいまたは粉末が著しく飛散する場所における業務　④ 異常気圧下における業務

⑤ さく岩機・びょう打ち機などの使用によって身体に著しく振動を与える業務

⑥ 重量物の取扱いなど重激なる業務　⑦ 強烈な騒音を発する場所における業務

(6)　坑内労働の時間計算

坑内労働については，労働者が坑口に入った時刻から坑口を出た時刻までの時間を休憩時間を含め労働時間とみなす。ただし，上記「(3) 休憩」の②の規定は適用しない。

(7)　年次有給休暇

使用者は，その雇入れの日から起算して6ヶ月以上継続して勤務し，全労働日の8割以上出勤した労働者に対して，原則として最低10日間の**有給休暇**を与えなければならない。

1・2・3　災害補償

① 労働者が業務上負傷して治った場合において，その身体に障害が残ったときは，使用者は障害の程度に応じて，障害補償を行う。

② 療養補償を受ける労働者が，療養開始後3年を経過しても治らない場合は，会社が平均賃金

の1200日分の打切補償を行えば，以後の補償は行わなくてよい。

③　請負の場合は，元請が災害補償を行わないといけないが，書面による契約で下請に補償を引き受けさせたときは，その下請が災害補償を行う。ただし，重復して補償を引き受けさせることはできない。

1・3　年少者・女性・就業規則

頻出レベル
低■■■■■□高

学習のポイント

年少者および女性の労働者に対する就業制限の内容および全体の就業規則について理解する。

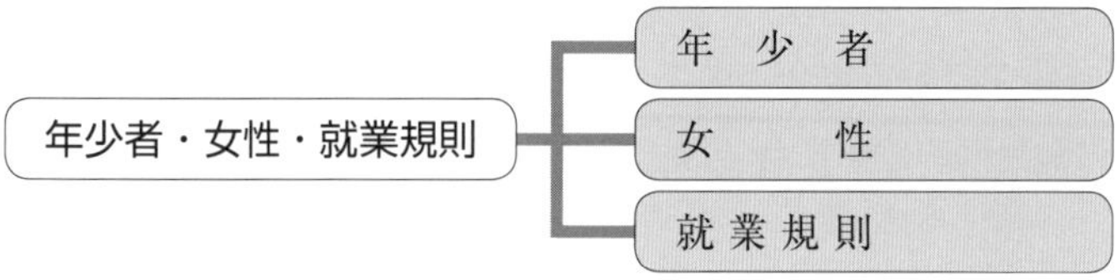

1・3・1　年少者

(1)　未成年者の労働契約

①　**契約の締結**：親権者または後見人は，未成年者に代って労働契約を締結してはならない。

②　**契約の解除**：親権者もしくは後見人または行政官庁は，労働契約が未成年者に不利であると認める場合には，将来に向ってこれを解除することができる。

③　**賃金の支払**：未成年者は，独立して賃金を請求することができる。親権者または後見人は，未成年者の賃金を代って受け取ってはならない。

(2)　未成年者の就業制限

①　**深夜業・坑内労働の禁止**　使用者は，満18才に満たない者を午後10時から午前5時までの間は使用してはならない。

ただし，交替制によって使用する満16才以上の男性については，この限りでない。

使用者は，満18才未満の者を坑内で労働させてはならない。なお，満18才以上の女性の坑内業務については，施工管理その他の技術的指導監督業務を除き就業させてはならない。

②　**重量物を取り扱う業務**　年少者または女性には，表1・1に示す重量以上の重量物を扱う業務に就かせてはならない。

③　**年少者の就業制限の業務の範囲**　満18才に満たない者を就かせてはならない危険有害業務を表1・2に示す。

表1・1　年少者重量物取り扱い業務

年齢	性別	重量（kg）	
		断続作業の場合	継続作業の場合
満16歳未満	女	12以上	8以上
	男	15以上	10以上
満16歳以上満18歳未満	女	25以上	15以上
	男	30以上	20以上
満18歳以上	女	30以上	20以上

表1・2　年少者の就業制限業務（抜粋）

就業禁止の業務
1. クレーン・デリックまたは揚貨装置の運転の業務
2. 積載能力2t以上の人荷共用または荷物用のエレベータおよび高さ15m以上のコンクリート用エレベータの運転の業務
3. 動力による軌条運輸機関，乗合自動車，積載能力2t以上の貨物自動車の運転業務
4. 巻上機・運搬機・索道の運転業務
5. クレーン・デリックまたは揚貨装置の玉掛けの業務（補助作業は除く）
6. 動力による土木建築用機械の運転業務
7. 軌道内であって，ずい道内，見透し距離400m以下，車両の通行頻繁の場所における単独業務
8. 土砂崩壊のおそれのある場所，または深さ5m以上の地穴における業務
9. 高さ5m以上で墜落のおそれのある場所の業務
10. 足場の組立・解体・変更の業務（地上または床上の補助作業は除く）
11. 火薬・爆薬・火工品を取り扱う業務で，爆発のおそれのあるもの
12. 土石などのじんあいまたは粉末が著しく飛散する場所での業務
13. 異常気圧下における業務
14. さく岩機・びょう打ち機などの使用によって身体に著しい振動を受ける業務
15. 強烈な騒音を発する場所の業務
16. 軌道車両の入替え・連結・解放の業務
17. 胸高直径35cm以上の立木の伐採の業務

1・3・2　女　　性

妊産婦や満18歳以上の女性などには，母体の保護の観点から就業場所や業務などについて，制限が定められている。

① 妊娠中の女性および坑内で行われる業務に従事しない旨を使用者に申し出た産後1年を経過しない女性を，坑内で行われるすべての業務に就かせてはならない。

② 満18歳以上の女性を坑内で行われる人力による掘削の業務に就かせてはならない。

③ 妊産婦（妊婦中の女性および産後1年を経過しない女性）等の就業制限は，表1・3に示すとおりである。

④ 使用者は，6週間以内に出産する予定の女性，産後8週間を経過しない女性を就業させてはならない。

1・3・3　就業規則

(1)　作成および届出の義務

常時10人以上の労働者を使用する使用者は，次に掲げる事項について就業規則を作成し，行政官庁に届け出る必要がある。次に掲げる事項を変更した場合も，同様とする。

絶対的記載事項　必ず定めなければならない事項。

① 始業および終業の時刻，休憩時間，休日，休暇並びに労働者を2組以上に分けて交替に就業させる場合の就業時転換に関する事項

② 賃金（臨時の賃金などは除く）の決定，計算および支払の時期並びに昇給に関する事項

③ 退職に関する事項（解雇の事由を含む）

表1・3 女性労働基準規則（抜粋）

妊産婦等の就業制限の業務の範囲	就業制限の内容		
	妊娠中	産後1年以内	その他の女性
1. 重量物取扱い業務に掲げる重量以上の重量物を取り扱う業務	×	×	×
2. 鉛・水銀・クロム・砒素・黄りん・弗素・塩素・シアン化水素・アニリン，その他，これに準ずる有害物のガス・蒸気または粉じんを発散する場所における業務	×	×	×
3. さく岩機・びょう打ち機等，身体に著しい振動を与える機械・器具を用いて行う業務	×	×	○
4. ボイラーの取扱い，溶接の業務	×	△	○
5. つり上げ荷重が5t以上のクレーン・デリックの業務	×	△	○
6. 運転中の原動機，動力伝導装置の掃除，給油・検査・修理の業務	×	△	○
7. クレーン・デリックの玉掛けの業務（2人以上の者によって行う玉掛けの業務における補助作業の業務を除く。）	×	△	○
8. 動力による駆動される土木建築用機械または船舶荷扱用機械の運転の業務	×	△	○
9. 足場の組立・解体または変更の業務（地上または床上における補助作業の業務を除く。）	×	△	○
10. 胸高直径が35cm以上の立木の伐採の業務	×	△	○
11. 著しく暑熱・寒冷な場所における業務	×	△	○
12. 異常気圧下における業務	×	△	○
13. 土砂が崩壊するおそれのある場所，または，深さが5m以上の地穴における業務	×	○	○
14. 高さが5m以上の場所で，墜落により労働者が危害を受けるおそれのあるところにおける業務	×	○	○

×：妊産婦，または，その他の女性に就かせてはならない業務
△：産後1年を経過しない女性が従事しない旨の申し出があった場合，従事させてはならない業務
○：妊娠中以外で，満18歳以上の女性に就かせてもさしつかえない業務

相対的記載事項 制度として実施するのであれば，定めなければならない事項。

① 退職手当の定めが適用される労働者の範囲，手当の決定，支払方法，時期などに関する事項

② その他，臨時の賃金・最低賃金額の定め，労働者に食費・作業用品などの負担の定め，安全・衛生の定め，職業訓練・災害補償などの定めおよび表彰・制裁その他の定めに関する事項

(2) 作成の手続き

使用者は，就業規則の作成または変更に対して，当該事業場に，労働者の過半数で組織する労働組合がある場合は，その労働組合，過半数で組織する組合がない場合は，労働者の過半数を代表する者の意見を聴かねばならない。

(3) 労働契約との関係

労働契約と就業規則との関係は，労働契約法第12条の定めるところによる。

第12条（就業規則違反の労働契約）

就業規則で定める**基準に達しない労働条件を定める労働契約**は，その部分については無効とする。

2. 労働安全衛生法

職場における労働者の安全と健康を確保するとともに，快適な職場環境の形成を促進することを目的としている。「安全衛生管理体制」と「計画の届出」に関する規定が，主に出題されている。

2・1 安全衛生管理体制

頻出レベル
低 ■■■■■■ 高

学習のポイント

工事現場における労働災害を防止するための組織，統括安全衛生責任者，元方安全衛生管理者，安全衛生責任者の選任，職務，資格を理解するとともに作業主任者を選任する業務を把握する。

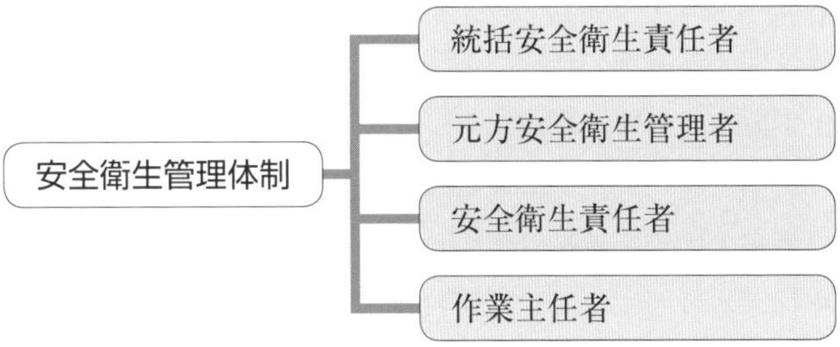

労働災害を防止するためには，組織として防止対策を行う安全衛生管理体制が必要不可欠となる。法律（労働安全衛生法）においても，図2・1に示すように安全衛生管理組織を確立するように定めている。図2・1(c)において，ずい道，圧気工法および人口が集中している地域内で道路上（鉄道の軌道上）または道路(軌道)に隣接した場所で行う橋梁工事では30人以上で同様の体制を組む。

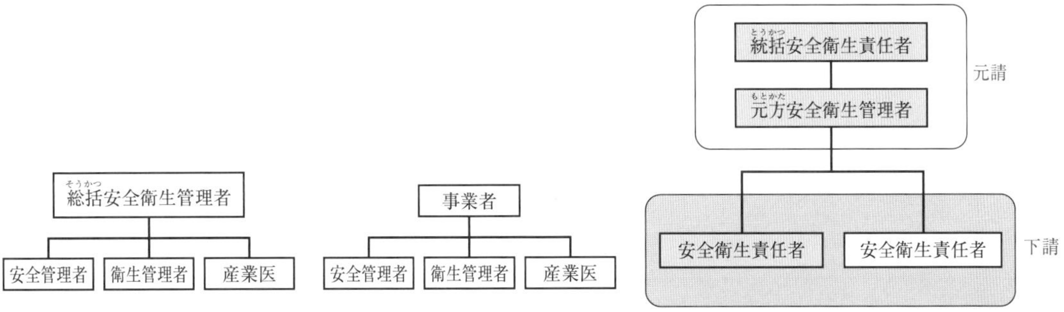

(a) 単一企業100人以上の事業場　(b) 単一企業50人以上の事業場　(c) 元請・下請合わせて常時50人以上の事業場

図2・1　安全衛生管理体制

2・1・1 統括安全衛生責任者（特定元方事業者）

(1) 選　　任

建設業や造船業（特定事業）では，元方事業者（元請すなわち請負契約のうちで最も先次の請負契約の注文者をいう。建設業においては，特定元方事業者という。）および下請事業者の多数の労働者が，同一場所で混在して作業が行われる。この混在作業から発生する労働災害を防止するため，すべての労働者数が常時50人以上（ずい道，橋梁（作業場所が狭いことなどにより安全作業が損なわれる場所）または圧気工法による作業を行う仕事は，常時30人以上）従事する場合には，**特定元方事業者**は，統括安全衛生責任者を選任し，その者に元方安全衛生管理者の指揮をさせるとともに，⑵の職務を統括管理しなければならない。

(2)　職　　務

①　協議組織の設置および運営を行うこと。

②　作業間の連絡および調整を行うこと。

③　作業場所を巡視すること（毎作業日に少なくとも1回行う）。

④　関係請負人が行う労働者の安全，または衛生のための教育に対する指導および援助を行うこと。

⑤　仕事を行う場所が仕事ごとに異なることを常態とする業種の特定元方事業者にあっては，仕事の工程，機械・設備などの配置に関する計画の作成，およびその他の講ずべき措置の指導。

⑥　①～⑤のほか，労働災害を防止するため必要な事項

(3)　資　　格

混在する当該事業場において，その事業の実施を統括管理する者をもって充てなければならない。すなわち，事業所長または代行業務を行える者とする。したがって，所長との兼務は可能である。

2・1・2　元方安全衛生管理者

(1)　選　　任

2・1・1の規定により統括安全衛生責任者を選任した特定元方事業者は，以下に述べる有資格者のうちから，その事業場に専属の元方安全衛生管理者を選任しなければならない。

(2)　職　　務

2・1・1の（2）の①～⑥までの事項のうち技術的事項を管理させなければならない。

(3)　資　　格

①　大学・高専の理科系卒業後，3年以上安全衛生の実務経験者

②　高校の理科系卒業後，5年以上安全衛生の実務経験者

③　①～②のほか，厚生労働大臣の定める者

2・1・3　安全衛生責任者

統括安全衛生責任者を選任すべき事業者以外の請負人（下請関係者）で，当該仕事を自ら行うものは，安全衛生責任者を選任し，その者の職務として統括安全衛生責任者との連絡，連絡事項の関係者への連絡，連絡事項の実施管理，作業の工程計画などとの調整および当該請負人の労働者やそれ以外の者が行う作業によって生ずる労働災害に係る危険の有無の確認等々の事項を行わせなければならない。

2・1・4　作業主任者

事業者は，作業主任者を選任したときは，当該作業主任者の氏名およびその者に行わせる事項を作業場の見やすい箇所に掲示するなどにより，関係労働者に周知させなければならない。また，労働災害を防止するための管理を必要とする一定の作業については，表2・1から，当該作業区分に応じて作業主任者を選任しなければならない。

作業主任者の選任を要する作業を表2・1に示す。**作業主任者の主な業務**は次のとおりである。

① 作業の方法を決定し，作業を直接指揮すること。

② 材料の欠陥，器具・工具・墜落制止用器具・保護帽などを点検し，不良品を取除くこと。

③ 墜落制止用器具や保護帽の使用状況を監視すること。

表2・1　作業主任者一覧表

1	高圧室内作業主任者（免許）	高圧室内作業（大気圧を越える気圧下またはシャフト内部の作業に限る）
2	ガス溶接作業主任者（免許）	アセチレン溶接装置またはガス集合溶接装置を用いて行う金属の溶接，溶断または加熱の作業
3	コンクリート破砕器作業主任者（講習）	コンクリート破砕器を用いて行う破砕の作業
4	地山の掘削作業主任者（講習）	掘削面の高さが2m以上となる掘削（ずい道およびたて坑以外の坑の掘削を除く）の作業
5	土止め支保工作業主任者（講習）	土止め支保工の切ばりまたは腹起しの取付けまたは取外しの作業
6	ずい道等の掘削等作業主任者（講習）	ずい道などの掘削の作業またはこれに伴うずり積み，ずい道支保工の組立て，ロックボルトの取付けもしくはコンクリートなどの吹付けの作業
7	ずい道等の覆工作業主任者（講習）	ずい道等の覆工の作業
8	型枠支保工組立て等作業主任者（講習）	型枠支保工（支柱，はり，つなぎ，筋かいなどの部材により構成され，建設物におけるスラブ，けたなどのコンクリートの打設に用いる型枠を支持する仮設の設備をいう）の組立てまたは変更の作業
9	足場の組立て等作業主任者（講習）	つり足場，張出し足場または高さが5m以上の構造の足場の組立て，解体または変更の作業（ゴンドラのつり足場は除く）
10	鋼橋架設等作業主任者（講習）	橋梁の上部構造であって，金属製の部材により構成されるもの（その高さが5m以上であるものまたは当該上部構造のうち橋梁の支間が30m以上である部分に限る）の架設，解体または変更の作業
11	コンクリート造の工作物の解体等作業主任者（講習）	コンクリート造りの工作物（その高さが5m以上であるものに限る）の解体または破壊の作業
12	コンクリート橋架設等作業主任者（講習）	橋梁の上部構造であって，コンクリート造りのもの（その高さが5m以上であるものまたは当該上部構造のうち橋梁の支間が30m以上である部分に限る）の架設または変更の作業
13	酸素欠乏危険作業主任者（講習）	酸素欠乏危険場所における作業

（免許）：免許を受けた者　　（講習）：技能講習の修了者

2・2　計画の届出・車両系機械の安全対策

頻出レベル
低■■□□□□高

学習のポイント

工事の内容によって14日前までに届け出る工事，30日前までに届け出る工事について，その条件と届出先を把握する。また，車両系建設機械の安全対策を理解する。

計画の届出・車両系機械の安全対策
- 計画の届出
- 車両系建設機械の安全対策

2・2・1　計画の届出

(1)　14日前または30日前までに労働基準監督署長に届出の必要な仕事

事業者は，政令で定める次の仕事を開始しようとするときは，開始の14日前（①～⑥）または30日前（⑦，⑧）までに，所定の様式に従い労働基準監督署長に届け出なければならない。

① 高さ31mを超える建築物・工作物（橋梁を除く）の建設，改造，解体または破壊（以下「建設等」という）の仕事

② 最大支間50m以上の橋梁の建設等の仕事

③ 最大支間30m以上50m未満の橋梁の上部構造の建設等の仕事（人口集中地域）

④ ずい道などの建設等の仕事（内部に労働者が立ち入らないものを除く）

⑤ 掘削の高さまたは深さが10m以上である地山の掘削の作業（掘削機械を用いる作業で，掘削面の下方に労働者が立ち入らないものは除く）を行う仕事

⑥ 圧気工法による作業を行う仕事

⑦ 足場で高さ10m以上で60日間以上設置されるものは，30日前に労働基準監督署長へ届け出る。

⑧ 高さ3.5m以上の型枠支保工の設置は30日前に労働基準監督署長へ届け出る。

(2)　30日前までに厚生労働大臣に届出の必要な仕事

事業者は，政令で定める次の仕事を開始しようとするときは，開始の30日前までに，所定の様式に従い厚生労働大臣に届け出なければならない。

① 高さが300m以上の塔の建設の仕事

② 堤高（基礎地盤から堤頂までの高をいう）が150m以上のダムの建設の仕事

③ 最大支間500m（つり橋にあっては，1,000m）以上の橋梁の建設の仕事

④ 長さが3,000m以上のずい道の建設の工事

⑤ 長さが1,000m以上3,000m未満のずい道などの建設の仕事で，深さが50m以上のたて坑（通路として使用されるものに限る）の掘削を伴う工事

⑥ ゲージ圧が0.3MPa以上の圧気工法による作業を行う仕事

2・2・2 車両系機械の安全対策

事業者は，車両系機械を用いて作業を行うときは，次の事項を守らなければならない。

① 岩石の落下などにより労働者に危険が生ずる恐れのある場所でブルドーザなどの車両系建設機械（以下「機械」という）を使用するときは，堅固なヘッドガードを備えること。

② 機械には，前照燈を備えなければならない。ただし，作業を安全に行うために必要な照度が保持されている場所においてはこの限りでない。

③ 機械の運行の経路および作業の方法について作業計画を定め，関係労働者にあらかじめ周知させること。

④ 機械（最高速度が毎時 10 km 以下のものを除く）を用いて作業を行うときは，地形，地質の状態に応じた機械の適正な制限速度を定め，それにより作業を行うこと。

⑤ 路肩，傾斜地などで機械を用いて作業を行うときは，機械の転倒または転落により危険が生ずる恐れのあるときは，誘導員を配置し，一定の合図を定め，その者に誘導させること。

⑥ 運転中の機械に接触することにより危険が生ずる恐れのある箇所に，労働者を立ち入らせてはならない。ただし，誘導員に誘導させるときは，この限りでない。

⑦ 運転位置から離れる場合は，バケット，ジッパーなどの作業装置を地上におろすこと。また，原動機を止めブレーキをかけるなど機械の逸走を防止する措置をとること。

⑧ 車両を用いて作業を行うときは，乗車席以外の箇所に労働者を乗せてはならない。

⑨ 機械を，パワーショベルによる荷のつり上げ，クラムシェルによる労働者の昇降など，機械の主たる用途以外に使用してはならない。すなわち，バケットの爪で荷の吊り上げを行う作業などに使用してはならない。ただし，作業の性質上やむを得ないときなどは，アーム，バケットなどの金具その他のつり上げ用の器具を取り付けて使用するときは適用除外とする。

⑩ 機械の修理またはアタッチメントの装着および取りはずしの作業を行うときは，当該作業を指揮する者を定め，その者に作業の手順を決定させ作業を指揮させねばならない。

⑪ 機械を移送するため自走またはけん引により貨物自動車などに積卸しを行う場合において，使用する道板は，十分な長さ，幅および強度を有するものを用い，適当なこう配で取付けなければならない。

⑫ 機械は，1年以内ごとに1回，定期に，特定自主検査を実施し，検査結果などの記録は3年間保存しなければならない。

⑬ 機械を用いて作業を行うときは，その日の作業を開始する前に，ブレーキおよびクラッチの機能について点検を行わなければならない。

⑭ 明り掘削作業を行う場合は，掘削機械，積込機械および運搬機械の使用によるガス導管，地中電線路，その他地下にある工作物の損壊により労働者に危険を及ぼすおそれのあるときは，これらの機械を使用してはならない。

また，明り掘削作業を行う場合において，運搬機械などが労働者の作業場所に後進して接近するとき，または転落するおそれのあるときは，誘導者を配置し，その者にこれらの機械を誘導させなければならない。

土木法規

3. 建設業法

建設工事の適正な施工を確保し，発注者および下請の建設業者を保護するとともに建設業の健全な発達を促進し，公共の福祉の増進に寄与することを目的とする。「建設業の許可」「元請負人の義務」「主任技術者・監理技術者」に関する規定が主に出題されている。

3・1　建設業の許可と請負契約

頻出レベル
低■■□□□□高

学習のポイント

建設業の許可の条件，許可者，請負契約および元請負人の義務，施工体制台帳の作成などを理解する。

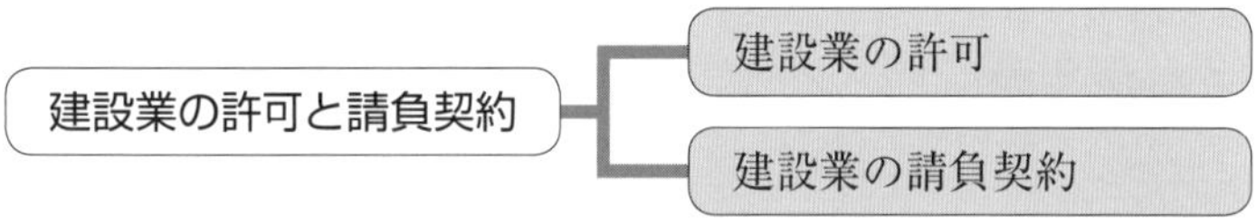

3・1・1　許　　可

(1)　大臣許可・知事許可

①　**2つ以上の都道府県に営業所**を設けて営業しようとする場合は，国土交通大臣の許可

②　**1つの都道府県**の区域内にのみ営業所を設けて営業をしようとする場合は，その都道府県知事の許可

③　ただし，政令で定める軽微な建設工事のみを請け負う者は，建設業の許可を受けなくても営業を行うことができる。軽微な建設工事とは次のとおりである。

- 工事1件の請負代金が1,500万円未満の建築一式工事
- 延べ面積が150 m^2 未満の木造住宅工事
- 工事1件の請負代金が500万円未満の建築一式工事以外の建設工事

(2)　特定建設業の許可・一般建設業の許可

①　**特定建設業の許可**　発注者から直接請負う1件の建設工事につき，その工事の全部または一部を，下請代金額（下請契約が2件以上あるときは，下請代金の総額）が4,000万円（建築一式工事については6,000万円）以上の下請契約を締結して施工しようとする者が受けるもの

②　**一般建設業の許可**　上記①以外の者が受けるもの

③　なお，建設業全29業種のうち，施工技術の総合性，施工技術の普及状況，国家資格制度の普及状況などを考慮して，土木工事業，建築工事業，電気工事業，管工事業，鋼構造物工事業，舗装工事業，造園工事業の7業種を指定建設業という。

表3・1　建設業の許可基準

	一般建設業	特定建設業（指定建設業以外）	特定建設業（指定建設業）
①経営業務の管理責任者の設置	常勤役員（業務を執行する社員，取締役またはこれに準ずる者）などのうち1人が許可を受けようとする建設業に関し5年以上経営業務の管理責任者としての経験を有する者であること		
②営業所ごとの専任技術者の設置	許可を受けようとする建設業に係る建設工事に関し以下の要件を満たす技術者を営業所ごとに置いていること		
	①許可を受けようとする建設工事に係る建設工事に関し ・高校卒業後5年以上の実務経験者 ・大学・高専卒業後3年以上の実務経験者 在学中は国土交通省令で定める学科（土木工学など）を修めたもの ②許可を受けようとする建設工事に係る建設工事に関し ・10年以上の実務経験を有する者 ③国土交通大臣が①または②と同等以上の能力を有すると認めた者（1・2級土木施工管理技士など）	①国土交通大臣が指定する国家資格者（1級土木施工管理技士など） ②左記①，②または③の要件を満たす者で，元請として請負金額が4,500万円以上の工事で2年以上指導監督的な実務経験を有する者 ③国土交通大臣が①または②と同等以上の能力を有すると認めた者	①国土交通大臣が指定する国家資格者（1級土木施工管理技士など） ②国土交通大臣が①と同等以上の能力を有すると認めた者
③誠実性	役員などが請負契約に関して不正または不誠実な行為をする恐れが明らかな者でないこと		
④財産的基礎	請負契約を履行するに足りる財産的基礎または金銭的信用を有していること	発注者との間の請負契約で，その請負代金額が8,000万円以上であるものを履行することに足りる財産的基礎を有していること	

3・1・2　建設業の請負契約

(1)　通　則

① 不当な使用資材などの購入強制の禁止

注文者は，請負契約の締結後，自己の取引上の地位を不当に利用して，その建設工事に使用する資材・機械などの購入先を指定し，これらを請負人に購入させてはならない。

② 一括下請の禁止

建設業者は，その請負った建設工事を，いかなる方法をもってするかを問わず，一括して他人に請け負わせてはならない。また，建設業を営む者は，建設業者からその請け負った建設工事を一括して請け負ってはならない。

ただし，元請負人があらかじめ発注者から書面による承諾を得ている場合は，例外的に一括下請負が認められているが，次の工事については，一括下請が全面的に禁止されている。

- 多数の者が利用する施設（共同住宅など）または工作物に関する重要な建設工事および公共工事

(2)　元請負人の義務

①　下請負人の意見の聴取

元請負人は，その請け負った建設工事を施工するために必要な，工程の細目，作業方法などを定めるときは，あらかじめ，下請負人の意見を聞かなければならない。

②　下請代金の支払

元請負人は，請負代金の出来形部分に対する支払または工事完成後における支払を注文者から受けたときは，その支払の対象になった建設工事を施工した下請負人に対して，その施工部分に相当する下請代金を，**注文人から支払を受けた日から**1ヵ月以内で，かつ，できる限り短い期間内に支払わなければならない。

また，元請負人は，**注文者から前払を受けたときは，**下請負人に対して，資材の購入，労働者の募集，その他の建設工事の着手に必要な費用を前払金として支払わなければならない。

③　検査および引渡し

元請負人は，**下請負人からその請け負った建設工事が完成した旨の通知を受けたとき**は，その通知を受けた日から20日以内で，かつ，できる限り短い期間内に，その完成を確認するための検査を行い，検査によって建設工事の完成を確認した後，下請負人が申し出たときは，直ちに，その建設工事の目的物の引渡しを受けなければならない。

④　下請負人に対する特定建設業者の指導など

発注者から直接建設工事を請け負った特定建設業者は，その建設工事の下請人が，建設工事の施工に関して，建設業法，建築基準法，労働基準法，労働安全衛生法などの規定などで定めるものに違反しないように指導しなければならない。

(3)　施工体制台帳の作成など

①　施工体制台帳の作成と取扱い

発注者から直接工事を請け負った建設業者は，公共工事においては下請契約の金額にかかわらず，民間工事においては下請負契約の総額が4,000万円（建築一式工事は6,000万円）以上のものについては，施工体制台帳の作成などを行わなければならない。

施工体制台帳は，**下請人**（2次，3次下請などを含め，当該工事の施工にあたるすべての下請負人をいう）の名称，当該下請負人に係わる建設工事の内容および工期などを記載したもので，現場ごとに備え置かねばならない。

また，前述の建設工事の**下請負人**は，その請け負った建設工事を別の建設業者に請け負わせたときは，再下請通知を元請である特定建設業者に行わなければならない。

さらに，元請である**特定建設業者**は，各下請負人の施工分担関係を表示した施工体系図を作成し，これを当該工事現場の見やすい場所に掲げなければならない。

なお，当該建設工事の発注者から請求のあったときは，当該建設工事の施工体制台帳をその発注者の閲覧に供しなければならない。

②　施工体制台帳の保存

施工体制台帳のうち監理技術者の氏名，下請負人の名称，下請工事の内容，主任技術者の氏名など，一定の事項が記載された部分は，営業に関する事項を記載した帳簿の添付書類として，工事目的物を引き渡したときから5年間，担当営業所に保存しなければならない。

③ 公共工事における施工体制台帳と施工体系図の取扱い

公共工事（国・特殊法人など・地方公共団体が発注する建設工事）においては，施工体制台帳を現場に備え置くだけでなく，発注者にその写しを提出しなければならない。

また，発注者から，施工技術者の設置状況などの施工体制が台帳に合致しているかどうかの点検を求められた場合に拒否できない。

さらに施工体系図の掲示場所が，工事関係者が見やすい場所および公衆が見やすい場所となっている。

3・2 技術者制度

頻出レベル
低■■■■□□高

学習のポイント

建設工事を施工するときに配置する主任技術者・監理技術者，現場代理人などの配置条件，業務内容，資格などを理解する。

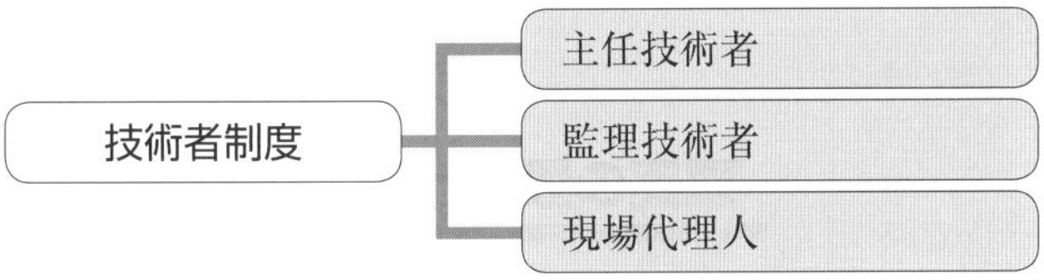

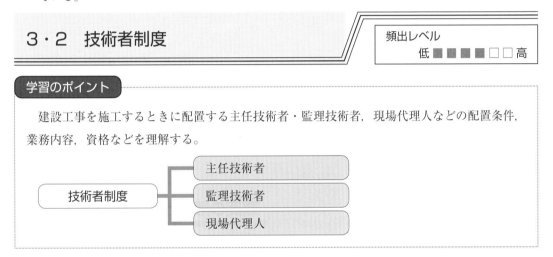

3・2・1 主任技術者および監理技術者の設置など

(1) 主任技術者

建設業者は，その請け負った建設工事を施工するとき，当該工事現場における工事の施工の技術上の管理をつかさどる者として，一定の資格（表3・2参照）を有する主任技術者を置かなければならない。この規定は，元請負人・下請負人の区別を問わず適用する。また，主任技術者の資格条件は，表3・1の一般建設業の許可基準と同じである。

(2) 監理技術者

発注者から直接建設工事を請け負った特定建設業者は，下請契約の請負代金の額が総額で4,000万円（建築一式工事の場合は，6,000万円）以上となる工事において，工事の施工の技術上の管理をつかさどる者として，一定の資格（表3・2参照）を有する監理技術者を置かなければならない。当該（2）の工事現場では，下請業者には主任技術者が，元請業者には監理技術者が置かれて，下請業者には，監理技術者の配置は義務付けられていない。また，監理技術者の資格条件は，表3・1の特定建設業の許可基準と同じである。

(3) 専任の主任技術者または監理技術者を必要とする工事

公共性のある施設もしくは工作物または多数の者が利用する施設もしくは工作物に関する重要な

建設工事で**政令で定めるもの**で，工事1件の請負代金額が3,500万円（建築一式工事は7,000万円）以上のものについては，工事現場ごとに専任の主任技術者または監理技術者を置かなければならない。技術者の現場専任制度は，元請工事，下請工事にかかわらず適用される。

政令で定める重要な建設工事は，次の①～③のいずれかに該当する建設工事である。

①　国または地方公共団体が注文者である施設または工作物に関する建設工事

②　鉄道，道路，橋，上下水道，電気・ガス事業などの施設または工作物に関する建設工事

③　学校，図書館，病院，集会場，ホテル，共同住宅などの施設または工作物に関する建設工事

なお，密接な関連のある2つ以上の建設工事を同一業者が同一場所または近接した場所において施工する場合に限り，同一の専任の主任技術者がこれらの工事を管理することができる。

さらに専任の監理技術者は，監理技術者資格者証の交付を受けた者であって，国土交通大臣の登

表3・2　技術者の区分

技術者の区分	資　格
主任技術者	①許可を受けようとする建設業に関わる工事に関する指定学科を修め，大学（短大などを含む）を卒業し3年以上，高校については卒業後5年以上の実務経験を有する者 ②許可を受けようとする建設業に関わる工事に関し10年以上の実務経験を有する者 ③国土交通大臣が認定した国家試験などに合格した者
監理技術者	①国家試験などで国土交通大臣が定めたものに合格した者 ②主任技術者となれる資格を有する者（上記，①，②および③に該当する者）で，4,500万円以上の元請工事に関し，2年以上直接指導監督した実務経験を有する者 ③国土交通大臣が①および②と同等以上の能力があると認定した者

（注）指定建設業の監理技術者の資格要件は，
①1級土木施工管理技士，1級建設機械施工技士
②技術士のうち国土交通大臣の定めた部門に合格した者
③国土交通大臣が①～②と同等以上の能力があると認定した者

表3・3　技術者の設置を必要とする工事

区　分	建設工事の内容	専任を要する工事
主任技術者を設置する建設工事現場	①下請の建設工事現場 ②下請に発注する金額が合計で4,000万円（建築一式工事は6,000万円）未満の建設工事現場 ③土木一式工事，建築一式工事について，これらの工事を請け負った者が一式工事を構成する各工事（例えば，土木一式については，とび・土工・コンクリート工事，石工事など）を施工するときは，各工事の現場 ④付帯工事の建設現場	国，地方公共団体が発注する工事，鉄道，道路，ダムなどの公共性のある工事ならびに学校，病院などの工事で1件3,500万円（建築一式工事は7,000万円）以上のもの
監理技術者を設置する建設工事現場	下請契約の請負代金の額が合計4,000万円（建築一式工事は6,000万円）以上の工事を下請に発注する建設工事現場	同上
監理技術者資格者証の交付を受けてる監理技術者を設置しなければならない建設工事現場	国，地方公共団体その他公共法人などが発注する建設工事で，監理技術者の設置を義務づけられている建設工事現場	同上

録を受けたもののうちから選任しなければならない。また，**発注者から請求のあったとき**は，資格者証を提示しなければならない。資格者証の有効期間は５年とする。

(4) 主任技術者および監理技術者の職務など

主任技術者および監理技術者は，工事現場における建設工事を適正に実施するため，当該工事の施工計画の作成，工程管理・品質管理その他の技術上の管理および施工に従事する者の技術上の指導監督の職務を誠実に行わなければならない。

(5) 現場代理人と主任（監理）技術者との兼務

標準約款では，現場代理人，主任（監理）技術者および専門技術者は，これを兼ねることができると定めている。

(6) 現場代理人の権限

標準約款では，**現場代理人**は，この契約履行に関し，その運営，取締りを行うほか，この契約に基づく請負者の一切の権限を行使することができると定めている。（但し，請負代金額の変更，請求および受領などの権限は除く。）**発注者との連絡体制が確保されるとの要件**のもとに，現場代理人の常駐義務はなくなった。

4. 道路関係法

試験にでる道路関係法令は，道路法，車両制限令（道路法）および道路交通法である。「道路の占用の許可」，「工事実施の方法に関する基準」，「通行の禁止または制限」ならびに「車両の幅などの最高限度」に関する規定が重点的に出題されている。

4・1　道路の管理

頻出レベル
低■■■□□□高

学習のポイント

道路の種類と管理者の関係，占用のときの届出，工事実施に関する基準などを理解する。

- 道路の管理
  - 道路の種類と道路管理者
  - 道路の占用
  - 工事実施の方法に関する基準

4・1・1　道路の種類と道路管理者

(1)　道路の種類

道路法上の**道路は，高速自動車国道，一般国道，都道府県道，市町村道の4種類**に区分される。

(2)　道路管理者

規制数量以上の重量の運搬，道路の工事，道路の占用などを実施する場合はあらかじめ道路の管理者の許可を必要とする。**道路管理者**は次のように区分されている。

① 指定区間内の国道については，国土交通大臣
② 指定区間外の国道については，都道府県知事または指定市の市長
③ 都道府県道については，都道府県知事または指定市の市長
④ 市町村道については，市町村長

4・1・2　道路の占用

(1)　道路占用の許可

道路に下記の工作物，物件または施設を設け，継続して道路を使用しようとする場合は，1か月前までに工事の計画書を道路管理者に提出し許可を受けなければならない。

① 電柱，電話，郵便差出箱，広告塔，水管，下水道管，ガス管その他これらに類する物件
② 鉄道，軌道，歩廊，雪よけ，露店，商品置場その他これらに類する施設
③ 上記以外，道路の構造または交通に支障を及ぼすおそれのある看板，標識，旗ざお，アーチなどの工作物，工事用板囲，足場，諸所その他の工事用施設および工事用材料

(2)　道路占用許可申請

道路の占用許可を受けようとする者は，占用の目的・期間・場所，工作物・物件または施設の構造，工事実施の方法・時期，道路の復旧方法を記載した申請書をあらかじめ道路管理者に提出する。

なお，上記の規定による許可に係る行為が**道路交通法**（道路の使用許可に関する規定）**の規定の適用を受けるもの**である場合は，警察署長の許可を受けなければならない。許可申請は，警察署長から道路管理者へ送付してもらうことができる。また，その逆もできる。

道路占用者が，電線・上水道などの施設を道路に設け，継続して道路を使用する場合は，あらためて道路管理者の許可を受ける必要がある。

(3)　占用のために掘削した土砂の埋戻しの方法

① 各層（層の厚さは，原則として 0.3 m（路床部は 0.2 m）以下とする）ごとにランマーその他の締固め機械，器具で確実に締め固めを行うこと。

② 仮設の土留工のくい，矢板などを引き抜く場合は，下部を良質材で埋め戻して徐々に引き抜く。ただし，やむを得ない事情がある場合は，くい，矢板などを残置することができる。

4・1・3　工事実施の方法に関する基準

① 占用物件の保持に支障を及ぼさないために必要な措置を講ずること。

② **道路を掘削する場合**においては，溝掘，つぼ掘または推進工法その他これに準ずる方法によるものとし，えぐり堀の方法によらないこと。

③ 原則として，道路の片側は常に通行できるようにし，路面の排水を防げない措置をとること。

④ **工事現場には，**さくまたは覆いを設け，夜間は赤色灯または黄色灯を点灯し，その他道路の交通の危険防止のために必要な措置をとること。

⑤ 湧水，溜り水により，土砂の流出または地盤のゆるみを生ずる恐れのある場合には，これを防止するため必要な措置を講じ，また，これら水を路面，道路に排水しないこと。

⑥ わき水，たまり水の排出は，道路の排水施設を利用する。

⑦ **掘削面積**は原則として，当日中に復旧可能な範囲とすること。

4・2　車両制限

頻出レベル
低■■■□□□高

学習のポイント

車両についての制限として，道路法や車両制限令で定めている，幅，長さ，重量などおよび積載物について理解する。

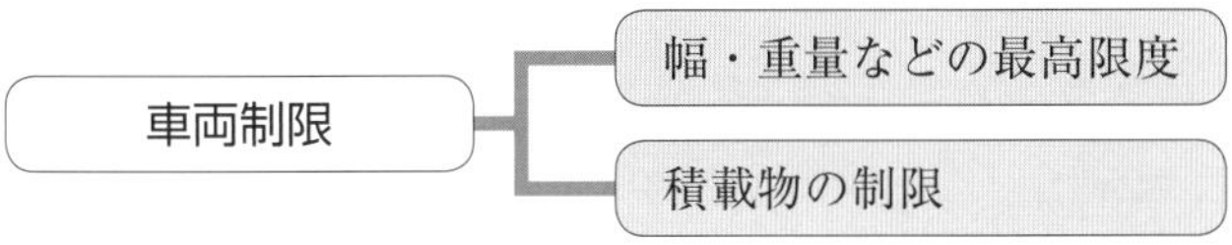

車両についての制限は，道路法に定めるもののほか，車両制限令で定めている。

車両とは，自動車，原動機付自動車，軽車両およびトロリーバス（道路交通法の車両の規定）をいい，他の車両をけん引している場合にあっては，当該けん引されている車両も含む。

(1)　車両の幅などの最高限度

道路の構造を保全し，交通の危険を防止するため，道路との関係において必要とされる車両についての制限を設ける。

① **幅**　2.5 m

② **長さ**　12 m

③ **重量**

- **総重量**：高速自動車道または道路管理者が指定した道路を通行する車両は 25 t，**その他の道路**を通行する車両は 20 t
- **軸重**：10 t
- **輪荷重**：5 t

④ **高さ**　道路管理者が指定した道路を通行する車両は，4.1 m，**その他の道路**を通行する車両は 3.8 m

⑤ **最小回転半径**　車両の最外側のわだちについて，12 m

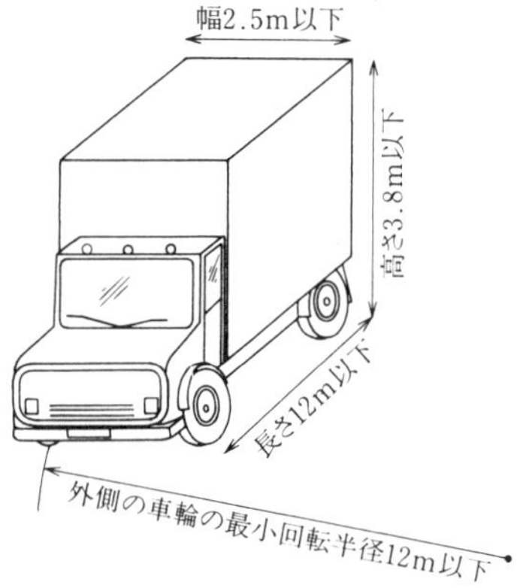

図4・1　一般道路を通行する車両の車両制限

(2)　カタピラを有する自動車の制限

カタピラを有する自動車が舗装道路を通行することができるのは，次に該当する場合である。

①　その自動車のカタピラの構造が道路の路面を損傷する恐れのない場合

②　除雪のために使用される場合

③　カタピラが，路面を損傷しないように路面について必要な措置がとられている場合

(3)　道路管理者を異にする２つ以上の道路を通行する場合の許可

政令では，２つ以上の道路の通行許可について，**２つ以上の道路の全部または一部が市町村道以外の道路**であるときは，当該市町村道以外の道路管理者のいずれかから許可を受ける必要がある。

また，**２つ以上の道路がすべて市町村道の場合**は，各々の道路管理者の許可を受ける必要がある。

(4)　車両・積載物の制限

図4・2に示す大きさ，積載方法の制限を超えて車両を運転してはならない。貨物が分割できないものであるため制限規定を超える場合，出発地警察署長が支障がないと認め許可したときは，この限りでない。出発地警察署長から許可証の交付を受けた運転者は，運転中は許可証を携帯しなければならない。

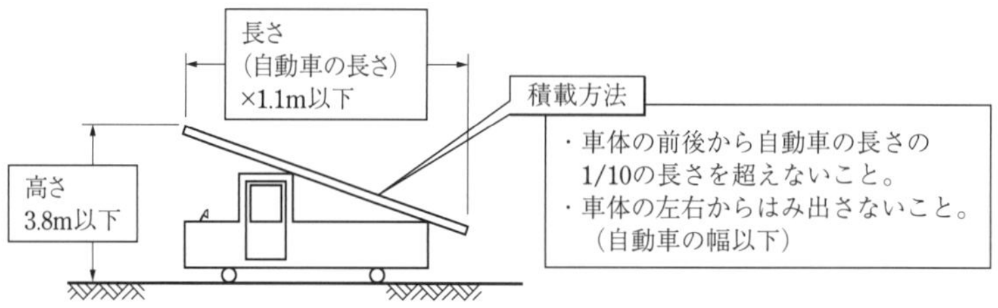

図4・2　積載物の制限

5. 河　川　法

河川は，公共用物であって，その保全，利用その他の管理を適正に行う必要がある。したがって，河川区域内の土地における行為の許可に関する出題が大半を占めている。

5・1　河川の管理

頻出レベル
低 ■■■□□□ 高

学習のポイント

河川の分類と河川管理者，河川区域と河川保全区域の区別，行為の許可・規制，流水の占用などの条件を理解する。

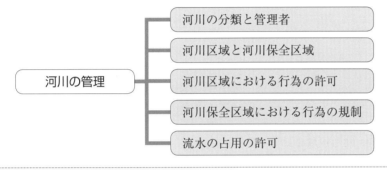

- 河川の管理
  - 河川の分類と管理者
  - 河川区域と河川保全区域
  - 河川区域における行為の許可
  - 河川保全区域における行為の規制
  - 流水の占用の許可

5・1・1　河川の分類と河川管理者

(1)　1 級 河 川

国土保全上または国民経済上特に重要な水系で，政令で指定したものに係る河川について国土交通大臣が指定した区間をいう。

1 級河川の河川管理者は国土交通大臣であるが，大臣が指定した区間については，都道府県知事または政令指定都市の長が管理の一部を行うことができる。なお，**1 級水系においては，**2 級河川はあり得ない。また，反対に**2 級水系においては，**1 級河川はありえない。

(2)　2 級 河 川

1 級河川以外の水系の河川を，**2 級河川**といい，**河川管理者**は，都道府県知事であるが，公共の利害に重要な関係があるとして都道府県知事が指定した区間については政令指定都市の長が河川管理者となる。

(3)　準 用 河 川

1 級河川，2 級河川以外の河川を**準用河川**といい，**河川管理者**は，市町村長である。2 級河川に関する法律を準用する。

(4)　普 通 河 川

1 級河川，2 級河川，準用河川以外の河川をいい，市町村長が条例に基づき管理する。ただし，河川法の適用は受けない。

(5)　河川整備基本方針

河川整備基本方針は，計画高水流量その他当該河川の河川工事の維持についての基本となるべき方針に関する事項を定めたものである。

(6)　洪水時などにおける緊急措置

河川管理者は，洪水により危険が切迫した緊急時には，事前に所有者の承認を得なくとも，水防活動の現場において必要な土地や資機材を使用することができる。

5・1・2　河川区域・河川保全区域

河川法が全面的に**適用される河川の範囲**は，縦断的には，1級河川，2級河川または準用河川に指定された区間となるが，横断的には図5・1に掲げる**河川区域**がその範囲となる。

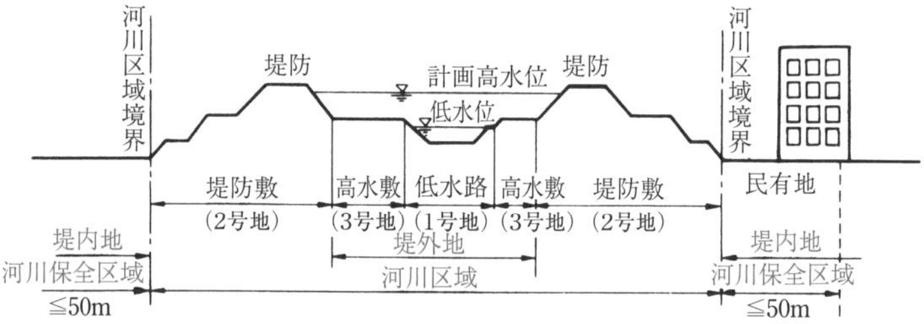

図5・1　標準的な河川断面図

① 河川の流水が継続して存在する土地および地形，草木の生茂の状況により流水が継続して存在する土地に類する区域（1号区域または1号地という。以下同じ）

② 河川管理施設の敷地である土地の区域（2号区域）

③ 堤外の土地（3号区域）3号地は，1号地と一体として管理を行う必要があるものとして河川管理者が指定した区域に限る。高水敷や遊水地内の土地などが該当する。

5・1・3　河川区域における行為の許可

(1)　土地の占用の許可（法第24条）

河川管理者以外の者が管理する土地（民有地）を除き，**河川区域内の土地を占用しようとする者**は，河川管理者の許可を受けなければならない。

① 占用許可の対象となる土地は，河川管理者が所有する土地すなわち**官（国）有地**のみである。したがって，民有地の占用は許可を必要としない。ただし，民有地であっても後述する工作物の設置（法第26条）や土地の形状の変更（法第27条）が伴う場合は，それぞれの規定による許可が必要となる。

② **占用の範囲**は，地表面だけでなく，上空や地下にも及ぶ。したがって，上空に電線やつり橋を設ける場合，地下にサイホンやトンネルを設ける場合も土地の占用許可が必要となる。また，河川区域内の土地（官有地）における仮設桟橋，工事用道路，作業員の駐車場などを設ける場合も同様に占用許可が必要である。

(2)　土石などの採取の許可（法第25条）

河川管理者以外の者が管理する土地（民有地）を除き，河川区域内の土地において土石や砂および政令で指定した竹木，あし，かや，埋れ木，笹，じゅん菜のほか，これらに類する河川の産出物を採取しようとする者は，河川管理者の許可を受けなければならない。

① 土石などの採取の許可は，法第24条と同様，官有地が対象となる。**民有地における**土石などの採取は許可の対象外であるが，掘削を伴う行為は掘削の許可（法第27条）が必要となる。

② 河川工事以外の工事で発生した土砂などを他の工事に使用したり，他に搬出する場合は，この規定の許可が必要である。

③ 特例として，河川工事または河川維持のため現場付近で行う土石などの採取，または同一河川内の使用は河川の管理行為そのものであるとみなし，許可を必要としない。しかし，遠方に搬出する場合や他の河川の河川工事で使用する場合や他の河川から採取する場合は，許可が必要となる。

④ 砂金・砂鉄は，河川産出物であるが，鉱業法によって，河川法第25条の許可対象外である。

(3) 工作物の新築などの許可（法第26条）

河川区域内の土地において**工作物を新築**，**改築または除去**しようとする者，および河口附近の海面において河川の流水を貯留または停滞させるための工作物を新築，改築または除去しようとする者も，河川管理者の許可を受けなければならない。

① 官有地，民有地を問わず，河川区域内の一切の土地が対象となる。

② 地表面だけでなく，上空や地下に設ける電線やサイホンなどの工作物も対象となる。

③ 新築だけでなく，改築や除去にも，また一時的な仮設道路，仮設桟橋などの仮設工作物にも適用される。

④ 特例として，河川工事をするための資機材運搬施設，河川区域内に設けざるを得ない足場，板がこい，標識などの工作物は，河川工事と一体をなすものとして，本条が適用されず許可を必要としない。しかし，必ずしも河川区域内に設ける必要のない現場事務所，資材倉庫，作業員の駐車場などは，河川工事であっても許可を受ける必要がある。

(4) 土地の掘削などの許可（法第27条）

河川区域内の土地において**土地の掘削，盛土，切土，その他土地の形状を変更する行為**，または**竹木の栽植もしくは伐採**をしようとする者は，河川管理者の許可を受けなければならない。

ただし，次に掲げる行為は，軽易な行為とされ許可を必要としない。

① 河川管理施設から10m以上離れた土地における耕うん（農耕）

② 許可を受けて設置された取水・排水施設の機能を維持するための土砂の排除

③ 治水上または利水上の現有機能を確保する必要があるとして，河川管理者が指定した区域以外の土地における竹木の伐採

この規定は，次のような特徴をもっている。

① 官有地，民有地を問わず，河川区域内の一切の土地が対象となる。

② 工作物の新築などの許可（法第26条）を得て土地の掘削などを行う場合に，あらためて本条の許可を取る必要はない。

③ 河川工事または河川維持のために行う土石などの採取のための土地の掘削については，前述

の土石などの採取の解釈と同じである。すなわち，河川工事または河川維持のため現場付近で土石を採取する場合は，採取に伴う土石の掘削の許可は必要としない。しかし，土石の採取を目的としない掘削は，河川工事であっても許可が必要となる。

5・1・4　河川保全区域における行為の規制

河川保全区域とは，河岸または堤防の河川管理施設を保全するため，支障を及ぼすおそれがある行為を規制するために指定された区域をいい，原則として堤防などから50 m以内の区域とされている。

(1)　河川管理者の許可を必要とする行為

① 土地の掘削，盛土または切土その他土地の形状を変更する行為

② 工作物の新築または改築（コンクリート造，石造，レンガ造などの堅固なもの，および貯水池，水槽，井戸，水路など水が浸透するおそれのあるもの）

(2)　河川管理者の許可を必要としない行為

① 耕うん

② 地表から高さ3m以内の盛土（20 m以上堤防に沿う盛土を除く）

③ 地表から深さ1 m以内の掘削または切土

④ (1) に掲げる以外の工作物の新築または改築

⑤ 河川管理者が保全上の影響が少ないと認めて指定した行為

ただし，②～⑤までの行為で**河川管理施設の敷地から5 m以内の土地におけるもの**は許可が必要となる。

5・1・5　流水の占用の許可（法第23条）

河川の流水を占用しようとする者は，河川管理者の許可を受けなければならない。

流水の占用とは，河川の流水を排他的に継続して使用することをいう。**一般的に流水の占用とは，**特定の者が水を利用する目的として，かんがい用水，上工業用水，発電などの取水がこれにあたる。したがって，一時的に現場練りコンクリートなどに使う少量の水を河川から取水する場合は，流水の占用の許可を受ける必要はない。また，竹木の流送や舟，いかだの通航は，別の法令で規制しており，本条の許可の対象になっていない。

土木法規

6. 建築基準法

建築物の敷地，構造，設備および用途に関する最低の基準を定めている。したがって，これらの基準に関する諸規定と，特に仮設建築物に対する制限緩和の規定が重点に出題されている。

6・1 建築の手続き，単体規定

頻出レベル
低■□□□□□高

学習のポイント

建築の各種手続きおよび，単体規定の内容を理解する。

- 建築の手続き，単体規定
  - 建築の手続き
  - 単体規定

6・1・1 建築の手続き

(1) 建築の申請と確認

建築の計画が，建築基準法令の規定に適合しているかどうかを建築の着工前に，都道府県か市町村の**建築主事**に**確認申請書**を提出して確認を受け，確認済証の交付を受けること。

(2) 建築物の完了検査

建築主は，建築確認を受けなければならない建築物の工事を完了させたときは，その旨を工事完了の日から 4 日以内に建築主事に到着するよう申請しなければならない。**建築主事**は申請を受理した日から 7 日以内に，規定に適合しているかどうかを検査をしなければならない。

(3) 建築物の建築または除去工事の届出

建築主が建築物を建築しようとする場合，または除却の工事を施工する者が建築物を除却しようとする場合には，これらの者は，建築主事を経由して，その旨を都道府県知事に届け出なければならない。ただし，床面積が 10 m^2 以内である場合は，この限りでない。

(4) 建築物の設計および工事監理

一定規模以上の**建築物の設計と工事監理は**，その構造と規模などに応じて一級建築士または二級建築士でなければ行ってはならない。

6・1・2 単体規定

(1) 敷地の衛生および安全

① 建築物の敷地は，当該敷地に接する道路の境より高くなければならない。また，建築物の地盤面は，これに接する周囲の土地より高くなければならない。

② 湿潤な土地，出水の恐れの多い土地，ごみなどにより埋立てられた土地などに建築物を建築

する場合は，盛土，地盤改良，その他衛生上または安全上必要な措置を講じなければならない。

(2)　構 造 耐 力

建築物は，自重，積載荷重，積雪荷重，風圧，水圧，地震その他の震動および衝撃に対して安全な構造でなければならない。

(3)　電気設備と避雷設備

建築物の電気設備は，法令などで定める安全および防火に関する工法によって設けること。また，高さ 20 m を超える建築物には，避雷設備を設けなければならない。

6・2　集団規定・仮設建築物

頻出レベル
低■■■■■□高

学習のポイント

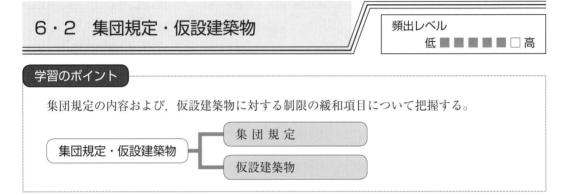

集団規定の内容および，仮設建築物に対する制限の緩和項目について把握する。

- 集団規定・仮設建築物
  - 集 団 規 定
  - 仮設建築物

6・2・1　集 団 規 定

集団規定とは，都市計画区域内などの建築物または建築物の敷地に限って適用され，市街地における建築のルールを定めているものである。

(1)　道路の定義と接道義務

道路とは，道路法，都市計画法などによる道路で幅員 4 m 以上のものをいう。**建築物の敷地**は，道路（自動車専用道は除く）に 2 m 以上接しなければならない。

(2)　道路内の建築制限

建築物（敷地を造成するための擁壁を含む）は，道路内または道路に突き出して造成してはならない。

(3)　容積率と建ぺい率

容積率とは，建築物の延べ面積（同一敷地内に 2 つ以上の建築物がある場合には，その延べ床面積の合計）の敷地面積に対する割合をいう。

建ぺい率とは，建築物の建築面積（同一敷地内に 2 つ以上の建築物がある場合は，その建築面積の合計）の敷地面積に対する割合をいう。

(4)　防火地域内の建築物

防火地域内においては，原則として，階数が 3 以上か延べ面積が 100 m^2 を超える建築物は耐火建築物とし，その他は耐火建築物または準耐火建築物としなければならない。

(5)　準防火地域内の建築物

準防火地域内においては，原則として，地階を除く 4 階以上か延べ面積が 1,500 m^2 を超える建築物は耐火建築物とし，3 階以下または延べ面積 1,500 m^2 以下の建築物は階数，延べ面積に応じて耐火建築物，準耐火建築物または定められた技術的基準に適合した建築物としなければならない。

(6)　防火地域，準防火地域内の建築物の屋根

防火地域または準防火地域内の建築物の屋根の構造は，市街地における火災を想定した火の粉による火災の発生を防止するために，政令で定める技術的基準に適合するものでなければならない。すなわち，当該地区における**建築物の屋根**は，不燃材料で造るか葺（ふ）かなければならない。

6・2・2　仮設建築物に対する制限の緩和

建設工事現場に設ける現場事務所・下小屋・材料置場などの仮設建築物，非常災害が発生したさい緊急に設置する仮設建築物については，建築基準法が適用されない規定と適用される規定がある。

(1)　建築基準法が適用されない主な規定

① 建築確認申請の手続
② 建築工事完了届・検査および建築物の着工・除却届の提出
③ 建築物の敷地（道・地盤より高いこと，湿潤な土地などの盛土など）の衛生，安全の規定
④ 高さ 20 m を超える建築物への避雷設備
⑤ 建築物の敷地は道路に 2 m 以上接すること
⑥ 用途地域ごとの制限
⑦ 容積率，建ぺい率
⑧ 第 1 種低層住居専用地域などの建築物の高さ
⑨ 防火地域または準防火地域内の屋根の構造（延べ面積が 50 m^2 以内）

(2)　建築基準法が適用される主な規定

① 建築士による一定の規模以上の建築物の設計および工事監理
② 建築物は，自重，積載荷重，積雪，風圧，地震などに対する安全な構造とする
③ 居室の採光および換気のための窓の設置
④ 地階における住宅などの居室の防湿措置
⑤ 電気設備の安全および防火
⑥ 防火地域または準防火地域内の屋根の構造（延べ面積が 50 m^2 を超えるもの）は，不燃材料で造るか葺くなど

土木法規

7. 火薬類取締法

火薬類の製造，販売，貯蔵，運搬，消費その他の取扱いについて定めている。このうち，建設業に関係する貯蔵，消費などの火薬類の取扱いに関する遵守規定が主として出題されている。

7・1　火薬類の貯蔵・運搬

頻出レベル
低■□□□□□高

学習のポイント

火薬類の貯蔵・運搬についての留意事項および各種届出事項を把握する。

- 火薬類の貯蔵・運搬
  - 火薬類の貯蔵
  - 火薬類の運搬

7・1・1　火薬類の貯蔵

(1)　火薬類の貯蔵および火薬庫

① **火薬類**は火薬庫において貯蔵しなければならない。ただし，経済産業省令で定める数量以下の火薬類についてはこの限りでない。

② **火薬庫を設置，移転またはその構造を変更しようとする者**は，経済産業省令で定めるところにより，都道府県知事の許可を受けなければならない。

また，許可を受けようとする者は，火薬庫設置等許可申請書に設計明細書を添えて，火薬庫を設置する場所または所在地を管轄する都道府県知事に提出しなければならない。

③ 火薬庫および火薬類の種類ごとに最大貯蔵量が定められている。**2級火薬庫の最大貯蔵量**は，火薬で20 t，爆薬で10 t，工業雷管および電気雷管で1,000万個と規定されている。

(2)　火薬庫外に貯蔵できる火薬類

土木事業その他で，火薬類を火薬庫外の安全な場所に貯蔵できる量は，6ヵ月以内に完了する事業については，火薬：25 kg以下，爆薬：15 kg以下，工業・電気雷管：300箇以下，その他の事業については，火薬：10 kg以下，爆薬；5 kg以下，工業・電気雷管：100箇以下である。

(3)　火薬類貯蔵上の取扱い

① **火薬庫の境界内**には，必要がある者のほかは立ち入らないこと。

② **火薬庫内**では，荷造り，荷解きまたは開函しないこと。ただし，ファイバ板箱などは認める。

③ **火薬庫内に入る場合**には，鉄類またはそれらを使用した器具および携帯電灯以外の灯火は持ち込まないこと。また，安全な履物を使用し，土足は禁止。搬出入装置のあるものは認める。

④ 火薬庫内では，換気に注意するとともに，温度変化を少なくし，特に無煙火薬またはダイナマイトを貯蔵する場合は，最高最低寒暖計を備え，夏期または冬期における影響を小さくする。

⑤ **火薬類を収納した容器包装**は，火薬庫内壁から 30 cm 以上隔て，枕木を置いて平積みとし，かつ高さは 1.8 m 以下（搬入装置を使用して貯蔵する場合は，4 m 以下）とする。

⑥ 火薬庫から火薬類を出すときは，古いものを先に，製造後 1 年以上経過したものは注意が必要である。

7・1・2 火薬類の運搬

火薬類を**陸上運搬**しようとする荷送人は，出発地を管轄する都道府県公安委員会に届け出て，運搬証明書の交付を受けること。ただし，1 回の運搬量が火薬で 200 kg，爆薬で 100 kg，工業・電気雷管で 40,000 個以下の場合は，この限りでない。

7・2 火薬類の取扱いに関する規定

頻出レベル
低 ■■■■■□ 高

学習のポイント

火薬類の取扱いに関する一般的事項と，消費場所における技術上の基準を把握する。

火薬類の取扱い
- 一般事項
- 消費場所における技術上の基準

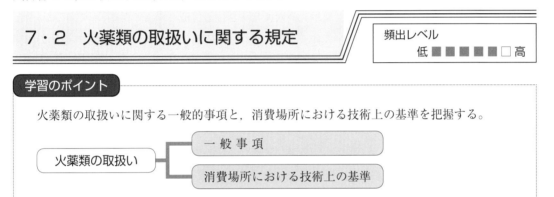

7・2・1 火薬類の取扱い事項一般

① **18 才未満の者**は，いかなる場合も火薬類の取扱いをしてはならない。

② 火薬類を輸入しようとする者は，輸入地を管轄する都道府県知事の許可を受けなければならない。また，火薬類を輸入したときは，遅滞なくその旨を都道府県知事に届け出ること。

③ 火薬庫の所有者もしくは占有者または一定量以上（火薬または爆薬を 1 か月 25 kg 以上）の火薬類を消費する者は，火薬類取扱保安責任者の免状を有する者のうちから，火薬類取扱保安責任者および火薬類取扱副保安責任者（以下「火薬類」を略す）を選任し，都道府県知事に届けでなければならない。

ただし，1 か月に 1 t 以上消費する者は，甲種取扱保安責任者免状を有する者のうちから，取扱保安責任者を，また，乙種または甲種の免状を有する者のうちから，取扱副保安責任者を選任しなければならない。1 か月に 25 kg 以上 1 t 未満消費する者は，乙種または甲種の免状を有する者のうちから，取扱保安責任者または取扱副保安責任者を選任しなければならない。

④ **火薬類**は，他の物と混包し，または火薬類でないようにみせかけて，これを所有し，運搬し，もしくは託送してはならない。

⑤ 火薬類を取り扱う者は，火薬類，譲渡許可証，または運搬証明書を**喪失**または**盗取された場合**は，遅滞なくその旨を警察官または海上保安官に届け出なければならない。

7・2・2　消費場所における技術上の基準

(1)　火薬類取扱所

火薬類の消費場所において，火薬類の管理および発破の準備（薬包に工業雷管もしくは電気雷管を取り付け，または，これらを取り付けた薬包を取り扱う作業を除く）をする所であり，1つの消費場所について1箇所設けなければならない。ただし，1日の火薬類消費見込量が，火薬または爆薬にあって25 kg以下，工業雷管または電気雷管にあっては250個以下，導爆線にあっては500 m以下の消費場所では設ける必要がない。火薬類取扱所に関する規定は，次のとおりである。

① 取扱所には**建物**を設け，その**構造**は，平家建の鉄筋コンクリート造り，コンクリートブロック造りまたはこれと同等程度に盗難および火災を防ぎ得る構造とすること。

② 建物の屋根の外面は，金属板，スレート板，かわらその他の不燃物質を使用し，**建物の内面**は，板張りとし，床面にはできるだけ鉄類を使わないこと。

③ 建物の入口の扉は，その外面に厚さ2 mm以上の鉄板を張ったものとし，かつ，錠（なんきん錠およびえび錠を除く）を使用するなどの盗難防止の措置を講ずること。

④ 暖房の設備を設ける場所には，温水，蒸気または熱気以外のものを使用しないこと。

⑤ 取扱所内には見やすい所に取扱いに必要な法規および心得を掲示し，周囲に適当な境界さくを設け，かつ，「火薬」「立入禁止」「火気厳禁」などの警戒札を立てること。

⑥ 所内において**存置することのできる火薬類の数量**は，1日の消費見込量以下とする。

⑦ 取扱所には，帳簿を備え，責任者を定めて，火薬類の受払いおよび残数量をその都度明確に記録させること。なお，帳簿の保存期間は記載の日から2年とする。

(2)　火　工　所

消費場所において，薬包に工業雷管もしくは電気雷管を取り付け，またはこれらを取り付けた薬包を取り扱う作業をするために設ける。さらに，前項で述べた取扱所を設ける必要がない場合には，火工所において火薬類の管理および発破の準備を行うことができる。この場合においては，当該火工所は1つの消費場所について1か所とする。

① 火工所を設置する場合には，前項（1）の④，⑤，⑦の規定を準用する。

② 火工所に**火薬類を存置する場合**には，見張人を常時配置すること。

③ 火工所内の**照明設備**は，所内と完全に隔離した電灯とし，所内部に電導線を表さないこと。

(3)　消費場所における一般事項

① 火薬類を爆発または燃焼させようとする者（以下「**消費者**」）は，消費地を管轄する都道府県知事の許可を受けること。

(4)　消費場所における火薬類の取扱い

① 火薬類を**収納する容器**は，木その他電気不良導体で作った丈夫な構造のものとし，内面には鉄類を表さないこと。

② 火薬類を運搬するときは，衝撃などに対して安全であること。また，背負袋，背負箱を使用。

③ 電気雷管を運搬するときは，脚線が裸出しないようにし，乾電池その他電路の裸出している

電気器具を携行せず，電灯線その他漏電のおそれのあるものにできるだけ接近しないこと。

④　**凍結したダイナマイト**などは50℃以下の温湯を外槽に使用した融解器，または30℃以下に保った室内に置き融解すること。ただし，裸火，ストーブその他の高熱源を接近させないこと。

⑤　固化したダイナマイトなどは，もみほぐすこと。

⑥　電気雷管は，できるだけ導通試験または抵抗の試験をして使用すること。

⑦　1日に消費場所に持ち込めることのできる火薬類の数量は，1日の消費見込量以下とする。

⑧　消費場所においては，やむをえない場合を除き，火薬類取扱所，火工所または発破場所以外の場所に火薬類を存置しないこと。

⑨　火薬類消費計画書に火薬類を取扱う必要のある者として記載されている者が火薬類を取扱う場合には，腕章を付けるなど他の者と容易に識別できる措置をとること。

(5)　発破作業の一般事項

①　発破場所に携行する火薬類の数量は，当該作業に使用する消費見込量を超えないこと。

②　発破母線は，点火するまでは点火器に接続する側の端を短絡させておき，発破母線の電気雷管の脚線に接続する側は，短絡を防ぐために心線を長短不揃にしておく。

③　装てんが終了し，**火薬類が残った場合**には，直ちに始めの火薬類取扱所または火工所に返送すること。

④　火薬類を装てんする場合には，発破孔に砂その他の発火性または引火性のない込物を使用し，摩擦，衝撃，静電などに対して安全な装てん機，または装てん具を使用すること。

⑤　発破に際しては，あらかじめ定めた危険区域への通路に見張人を配置し，その内部に関係人のほかは立ち入らないような措置を講ずること。

(6)　不発時の措置

①　電気雷管によった場合には，発破母線を点火器から取り外し，その端を短絡させておき，かつ，再点火ができないように措置を講ずること。

②　①の措置後5分以上経過した後でなければ，装てん場所へ接近してはならない。導火線発破の場合は，点火後15分以上経過した後でなければならない。

(7)　廃棄に関する一般事項

①　火薬類の廃棄の許可を受けようとする者は，火薬類廃棄許可申請書を廃棄地を管轄する都道府県知事（廃棄地を管轄する都道府県知事がないときは，その住所を管轄する都道府県知事）に提出すること。

②　火薬または爆薬は，少量ずつ爆発または焼却すること。

③　凍結したダイナマイトは，完全に融解した後，燃焼処置するか，または500g以下を順次に爆発処理すること。

④　工業雷管，電気雷管または信号雷管は，孔を掘って入れ，工業雷管，電気雷管または導火管付き雷管を使用して爆発処理すること。

⑤　導火線は，燃焼するか，湿潤状態として分解処理すること。

⑥　導爆線は，工業雷管，電気雷管などを使用して爆発処理すること。

8. 騒音・振動規制法

工場および事業場における事業活動並びに建設工事に伴って発生する騒音・振動について必要な規制を定めている。出題の傾向としては，特定建設作業に関する作業名とこれらの規制基準の問題が大半を占めている。

8・1　特定建設作業

頻出レベル
低■■■■■■高

学習のポイント

特定建設作業の地域の指定，実施の届出，種類，規制基準，適用が除外される作業，騒音・振動の測定，改善勧告および改善命令などの内容を理解する。

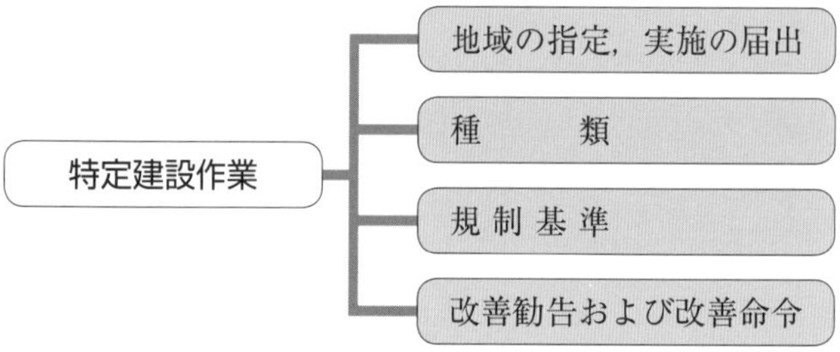

特定建設作業とは，建設工事として行われる作業のうち，著しい騒音・振動を発生する作業であって政令で定めるものをいう。表8・1，表8・2を参照のこと。

〔注〕騒音規制法および振動規制法で定める共通の事項については，以下（騒・振）と掲示する。

8・1・1　地域の指定（騒音・振動）

都道府県知事及び**指定都市の長**は，住民が集合している地域，病院または学校の周辺の地域その他の騒音・振動を防止することにより，住民の生活を保全する必要があると認める地域を，特定建設作業に伴って発生する騒音・振動について規制する地域として指定しなければならない。

(1)　第1号区域

①　良好な住居の環境を保全するため，特に静穏の保持を必要とする区域であること。

②　住居の用に供されているため，静穏の保持を必要とする区域であること。

③　住居の用に併せて商業，工業などの用に供されている区域であって，相当数の住居が集合しているため，騒音・振動の発生を防止する必要がある区域であること。

④　学校，保養所，病院および診療所（ただし，患者の収容設備を有するもの），図書館並びに特別養護老人ホームの敷地の周囲おおむね80mの区域内であること。

(2)　第2号区域

指定された地域のうち，上記に掲げる区域以外の区域

8・1・2 特定建設作業の実施の届出（騒音・振動）

指定地域内において特定建設作業を伴う建設工事を施工しようとする者は，作業開始日の7日前までに市町村長に届出なければならない。ただし，災害その他非常の事態の発生により特定建設作業を緊急に行う必要がある場合は，この限りでない。この場合，施工する者は速やかに必要事項を市町村長に届け出なければならない。届出の際提出する書類は，次のとおりである。

① 氏名または名称および住所ならびに法人にあっては，その代表者の氏名
② 建設工事の目的に係る施設または工作物の種類
③ 特定建設作業の場所および実施の期間
④ 騒音（振動）の防止の方法

表8・1 特定建設作業騒音の規制基準

<table>
<tr><th rowspan="2">特定建設作業の種類</th><th colspan="5">種類に対応する規制基準</th><th rowspan="2">適用除外</th></tr>
<tr><th>騒音の大きさ</th><th>夜間または深夜作業の禁止時間帯</th><th>1日の作業時間の制限</th><th>作業期間の制限</th><th>作業禁止日</th></tr>
<tr><td>1. くい打機（除くもんけん），くい抜機，くい打くい抜機（圧入式を除く）</td><td rowspan="8">敷地の境界線において85デシベルを超えてはならない</td><td rowspan="8">1号区域は午後7時から翌日の午前7時まで
2号区域では午後10時から翌日の午前6時まで</td><td rowspan="8">1号区域は1日につき10時間を超えてはならない
2号区域では1日につき14時間を超えてはならない</td><td rowspan="8">同一場所においては連続6日を超えてはならない</td><td rowspan="8">日曜日またはその他の休日</td><td>くい打機をアースオーガと併用する作業</td></tr>
<tr><td>2. びょう打機</td><td></td></tr>
<tr><td>3. さく岩機</td><td>1日50 m以上にわたり移動する作業</td></tr>
<tr><td>4. 空気圧縮機（電動機以外の原動機使用のものであって，定格出力15 kW以上のもの）</td><td>さく岩機の動力として使用する作業</td></tr>
<tr><td>5. コンクリートプラント（混練容量0.45 m³以上のもの），アスファルトプラント（混練重量200 kg以上のもの）</td><td>モルタル製造用コンクリートプラントを設けて行う作業</td></tr>
<tr><td>6. バックホウ（原動機の定格出力80 kW以上のもの）</td><td rowspan="3">一定の限度を超える大きさの騒音を発生しないものとして環境大臣が指定するもの</td></tr>
<tr><td>7. トラクターショベル（原動機の定格出力70 kW以上のもの）</td></tr>
<tr><td>8. ブルドーザ（原動機の定格出力40 kW以上のもの）</td></tr>
</table>

⑤ その他環境省令で定める事項

8・1・3 特定建設作業の規制基準

(1) 騒音の規制基準

政令で定める作業は，表8・1（前ページ）に掲げる作業とする。ただし，**当該作業がその作業を開始した日に終わるものを除く。**

(2) 振動の規制基準

政令で定める作業は，表8・2に掲げる作業とする。ただし，**当該作業がその作業を開始した日に終るものは除く。**

表8・2 特定建設作業振動の規制基準

<table>
<tr><th rowspan="2">特定建設作業の種類</th><th colspan="5">規制基準</th><th rowspan="2">適用除外</th></tr>
<tr><th>振動の大きさ</th><th>夜間作業の禁止時間帯</th><th>1日の作業時間の制限</th><th>作業期間の制限</th><th>作業禁止日</th></tr>
<tr><td>くい打機（もんけんおよび圧入式を除く）
くい抜機（油圧式を除く）
くい打くい抜機（圧入式を除く）</td><td rowspan="4">敷地の境界線において75デシベルを超えてはならない</td><td rowspan="4">1号区域は午後7時から翌日の午前7時まで

2号区域は午後10時から翌日の午前6時まで</td><td rowspan="4">1号区域は1日につき10時間を超えてはならない

2号区域は1日につき14時間を超えてはならない</td><td rowspan="4">同一場所においては連続6日を超えてはならない</td><td rowspan="4">日曜日またはその他の休日</td><td></td></tr>
<tr><td>鋼球</td><td></td></tr>
<tr><td>舗装版破砕機</td><td rowspan="2">1日50m以上にわたり移動する作業</td></tr>
<tr><td>ブレーカー（手持ち式を除く）</td></tr>
</table>

(3) 規制基準の適用が除外される特定建設作業（騒音・振動）

災害その他非常事態の発生により特定建設作業を緊急に行う必要がある場合，人の生命または身体に対する危険を防止するため特に特定建設作業を行う必要がある場合には，上記表8・1および表8・2の規制基準のうち，**騒音・振動の大きさを除く規制は適用除外となる。**

8・1・4 騒音・振動の測定

① 市町村長は，指定地区について，騒音・振動の大きさを測定するものとする。

② 振動の測定は，計測法第71条の条件に合格した振動レベル計を用い，鉛直方向について行うものとする。また，振動ピックアップの設置場所は，緩衝物がなく，かつ，十分に踏み固めた堅い場所，傾斜および凹凸のない水平面を確保できる場所並びに温度，電気，磁気など外囲条件の影響を受けない場所とする。

8・1・5 改善勧告および改善命令（騒音・振動）

① **市町村長は**，指定地域内で行われる特定建設作業に伴って発生する騒音・振動が法の規制基

準をオーバーし，周辺住民の生活環境を著しく損ねていると認められるときは，その事態を除去するために，必要な限度において，騒音・振動の防止方法を改善し，または特定建設作業の作業時間を変更するよう勧告することができる。

② 市町村長は，勧告を受けた者がその勧告に従わず特定建設作業を継続している場合には，期限を定めて，騒音・振動の防止の改善，または作業時間の変更を命じることができる。

〔注〕騒音・振動の防止とは，消音装置の取付けなどの具体的対策のことで，工事の中止までは含まれていない。

③ 市町村長は，公共性のある施設，工作物に関する建設工事として行われる特定建設作業については，前記の勧告または命令を行うにあたり，工事の遅れなどによって地域住民の生活に大きな影響を与えることが考えられるような場合は，その工事の円滑な実施について特に配慮しなければならない。

④ **市町村長は**，この法律の施行に必要な限度において，政令で定めるところにより，特定建設作業を伴う建設工事を施工する者に対し，特定建設作業の状況その他必要な事項の報告を求め，またはその職員に，建設工事の場所に立ち入り検査させることができる。

9. 港 則 法

港内における船舶交通の安全および港内の整とんを図ることを目的としている。したがって，出題傾向をみると，航路および航法に関する問題および港長への届出，許可，「海上衝突予防法」などの問題が大半を占めている。

9・1 航路および航法

頻出レベル
低■■□□□□高

学習のポイント

特定港における航路・航法に関する決まりを理解する。

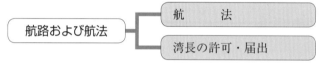

- 航路および航法
  - 航　法
  - 湾長の許可・届出

9・1・1 航　路

(1) 特定港における出入・通過

雑種船以外の船舶は，**特定港に出入**し，または特定港を通過するときは，国土交通省令で定める航路によらなければならない。ただし，海難を避けようとする場合，その他やむを得ない事情がある場合は，この限りでない。

〔注1〕雑種船とは，汽艇，はしけ，端舟その他のもので，ろ（櫓）・かい（櫂）のみをもって運転し，または主としてろ・かいで運転する小型の船舶をいう。

〔注2〕特定港とは，きっ水（喫水）の深い船舶が出入できる港または外国航船が常時出入する港であって，政令で定めるものをいう。

(2) 航路内における投びょうなどの制限

船舶は，航路内においては，①～④の場合を除いては，投びょう，またはえい航している船舶を放してはならない。

① 海難を避けようとするとき。

② 運転の自由を失ったとき。

③ 人命または急迫した危険のある船舶を救助しようとするとき。

④ 港長の許可を受けて，工事または作業に従事するとき。

9・1・2 航　法

(1) 航路内の航法

① 船舶が航路外から航路に入り，または航路から航路外に出ようとする場合は，航路を航行する他の船舶の進路を避けなければならない。

② 船舶は，航路内においては，並列して航行してはならない。

③ 船舶は，航路内において，他の船舶と行き会うときは，右側を航行しなければならない。

④ 船舶は，航路内においては，他の船舶を追い越してはならない。

(2) 防波堤入口付近の航行

汽船が港の防波堤の入口または入口付近で他の汽船と出会う恐れのあるときは，**入港する汽船**は，防波堤の外で出航する汽船の進路を避けなければならない。

(3) 速力の制限

船舶は，港内および港の境界付近においては，他の船舶に危険を及ぼさないような速力で航行しなければならない。

(4) 防波堤・埠頭などを見て航行する場合

船舶は，防波堤，埠頭その他の工作物の突端または停泊船舶を**右げんに見て航行するとき**は，できだけこれに近寄り，**左げんに見て航行するとき**は，できるだけこれから遠ざかって航行しなければならない。

(5) 雑種船の航行

雑種船は，港内においては，雑種船以外の船舶の進路を避けなければならない。

9・2 港長の許可・届出・指定

頻出レベル
低■■■■□□高

学習のポイント

特定港における入出港および特定港内における船舶の修繕，けい船，けい留，危険物，工事などに関する港長への届出，港長の許可などの区別をよく理解する。

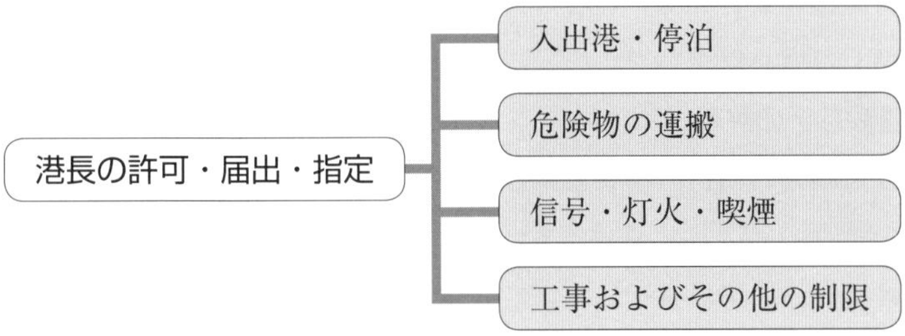

9・2・1 入出港および停泊

(1) 入出港の届出

船舶は，**特定港に入出港しようとするとき**は，国土交通省令で定めるところにより，港長に届け出なければならない。なお，工事の施工に着手する際，工事施工法などとともに事前に船舶の入出港の許可を併せて受けておけば，その都度届け出る必要はない。

(2) 停　　泊

① 特定港内に停泊する船舶は，トン数または積荷の種類によって定められている区域内に停泊

しなければならない。

② 国土交通省令で定める船舶が，同じく省令で定められた**特定港内のけい留施設以外に停泊**しようとするときは，港長からびょう泊すべき場所の指定を受けなければならない。

(3) 修繕およびけい船

① 特定港内において船舶（雑種船を除く）の**修繕またはけい船しようとする者**は，その旨を港長に届け出なければならない。

② 特定港内において，**修繕またはけい船中の船舶**は，港長の指定する場所に停泊しなければならない。

(4) けい留などの制限

雑種船およびいかだは，港内においては，みだりにけい船浮標，他の船舶にけい留し，または他の船舶の交通の妨げとなる恐れのある場所に停泊，停留させてはならない。

(5) 停泊の制限

船舶は，港内において次の場所にみだりにびょう泊または停留してはならない。

① 埠頭，さん橋，岸壁，けい船浮標およびドック付近

② 河川，運河その他狭い水路および船だまりの入口付近

9・2・2 危険物の運搬

(1) 危険物を積載した船舶の入港

爆発物その他の**危険物**（当該船舶の使用に供するものを除く。以下同じ）**を積載した船舶**が特定港に入港しようとするときは，港の境界外で港長の指揮を受けなければならない。

(2) 危険物を積載した船舶の停泊・停留

危険物を積載した船舶は，特定港においては，びょう地の指定を受けるべき場合を除き，港長の指定した場所に停泊または停留しなければならない。

(3) 危険物の積込・荷卸・運搬などの許可

① 船舶は，特定港において**危険物の積込**，**積替または荷卸**をするには，港長の許可を受けなければならない。

② 船舶は，特定港内または特定港の境界付近において**危険物を運搬**しようとするときは，港長の許可を受けなければならない。

9・2・3 信号・灯火・喫煙の制限など

(1) 汽笛および私設信号

① 船舶は，港内において，みだりに汽笛またはサイレンを吹き鳴らしてはならない。

② 特定港内において使用すべき**私設信号を定めようとする者**は，港長の許可を受けねばならない。

(2) 灯火の制限

港内または港の境界付近において，船舶交通の妨げとなる恐れのある強力な灯火をみだりに使用

してはならない。

(3) 喫煙の制限

何人も港内においては，相当の注意をしないで，油送船の附近で喫煙し，または火気を取り扱ってはならない。

9・2・4 工事およびその他の制限

(1) 港内における工事などの許可

① **特定港内または特定港の境界付近で工事または作業をしようとする者**は，港長の許可を受けなければならない。

② 特定港内において**竹木材を船舶から水上に卸そうとする者**，および特定港内において，**いかだをけい留または運行しようとする者**は，港長の許可を受けなければならない。

表9・1 港長の許可・届出・指定・指揮を受ける事項

区分	場所および対象となる行為など
港長の許可	特定港内において，危険物の積込，積替または荷卸するとき
	特定港内・特定港の境界付近において，危険物を運搬しようとするとき
	特定港内において，使用する私設信号を定めようとする者
	特定港内・特定港の境界付近において，工事または作業をしようとする者
	特定港内において，竹木材を船舶から水上に降そうとする者
	特定港内において，いかだをけい留，または運航しようとする者
港長に届出	特定港に入港または出港しようとするとき
	特定港内において，船舶（雑種船以外）を修繕またはけい船しようとする者
港長の指定	特定港内において，けい留施設以外にけい留して停泊するときのびょう泊すべき場所
	特定港内において，修繕中またはけい船中の船舶の停泊すべき場所
	特定港において，危険物を積載した船舶の停泊または停留すべき場所
港長の指揮	爆発物その他の危険物を積載した船舶が入港しようとするときは，特定港の境界外で指揮を受ける

(2) 船舶交通の制限など

① 特定港内の国土交通省令で定める水路を航行する船舶は，港長が信号所において交通整理のため行う信号に従わなければならない。

② 港長は，船舶交通の安全のため必要があると認めるときは，特定港内において航路または区域を指定して船舶の交通を制限しまたは禁止することができる。

(3) 水路の保全（廃棄物などの投棄禁止）

何人も，港内または港の境界外1万m以内の水面においては，みだりに，バラスト，廃油，石炭がら，ごみその他これに類する廃物を捨ててはならない。また，港内または港の境界附近において，石炭，石など散乱する恐れのあるものを船舶に積み，または船舶から降そうとする者は，これらのものが水面に脱落するのを防ぐための措置を講じなければならない。

土木法規

第3編 編末確認問題

次の各問について，正しい場合は○印を，誤りの場合は×印をつけよ。（解答・解説は p.365）

□□【問 1】 使用者は，労働者に1週間に48時間を超えて労働させてはならない。（H30）

□□【問 2】 使用者は，使用者の責に帰すべき休業の場合，労働者に平均賃金の60% 以上の手当を支払う。（R1）

□□【問 3】 労働契約は，6年を超える期間について締結してはならない。（H29）

□□【問 4】 満18歳に満たないものをクレーンの玉掛けの業務に就かせてはならない。（H28）

□□【問 5】 コンクリートの破砕作業は作業主任者の選任を必要としない。（H30）

□□【問 6】 高さが4 m の足場の解体作業は，作業主任者の選任を必要とする。（H29）

□□【問 7】 堤高が150 m のダム建設工事は，厚生労働大臣に届け出る。（R1）

□□【問 8】 事業者は，器具，工具等を上げ，下げするときは，つり網，つり袋を使用させる。（H30）

□□【問 9】 主任技術者，監理技術者は，現場代理人を兼ねることができない。（R1）

□□【問 10】 施工に従事する者は，主任技術者または監理技術者の指導に従う。（H29）

□□【問 11】 特定建設業者は，下請契約の金額にかかわらず，監理技術者を配置する。（R2）

□□【問 12】 特殊な車両の通行許可証は，当該車両の通行中は事務所に保管する。（H30）

□□【問 13】 道路管理者以外の者が，歩道切下げを行う場合は，道路管理者の承認を必要としない。（H26）

□□【問 14】 河川区域内の土地に工作物の新築について河川管理者の許可を受けている場合，その工作物を施工するための土地の掘削に関しても新たに許可を受けなければならない。（R2）

□□【問 15】 河川区域内に仮設の材料置場を設けるときは，河川管理者の許可が必要である。（H30）

□□【問 16】 仮設建築物でも，建築確認申請の手続きの規定は適用される。（R1）

□□【問 17】 仮設建築物でも，建築物の敷地は，道路に2 m 以上接しなければならない。（R2）

□□【問 18】 火薬類が残った場合は，火薬類取扱所又は火工所に返送する。（H30）

□□【問 19】 火薬類取扱所の建物内面は板張りとし，床面は鉄類を表す。（R2）

□□【問 20】 圧入式くい打ちくい抜き機の作業は，特定建設作業に該当する。（R1）

□□【問 21】 特定建設作業を行う者は，7日前までに市町村長に届け出る。（R2）

□□【問 22】 振動規制基準は，敷地の境界線において，75 dB を超えないことである。（H27）

□□【問 23】 特定建設作業を実施する際，市町村長に届ける事項に，特記仕様書が該当する。（H29）

□□【問 24】 入港する汽船は，防波堤の外で，出港する汽船の進路を避ける。（H29）

□□【問 25】 船舶は，特定港に入出港するときは，港長の許可を受ける。（H28）

＊（R1）は令和元年度の出題問題を表し，（H30）は平成30年度の出題問題を表す。

第4編 共通工学

令和4年度の出題事項

1　測量，設計図書，機械・電気（4問）

①TSでの測量方法　②公共工事標準請負契約約款から受注者の規定　③ボックスカルバートの配筋図の読み方　④工事現場における電気設備の基本的考え方が出題された。

いずれも工事施工に際し覚えておくべき基本的事項である。

1. 測　　量

水準測量の野帳計算について熟知しておくこと。トータルステーション（TS）に関する問題がほぼ毎年出題されている。

1・1 測角・測距

頻出レベル
低 ■■■■■□ 高

学習のポイント

TS による測量方法と観測上の留意点を整理する。

- 測角・測距
  - 測量器械の種類
  - TS による測量方法

1・1・1 測量器械の種類

おもな測量器械とその概要を，表1・1に示す。

表1・1 おもな測量器械

測量器械	器械の内容	測定結果
セオドライト	角度を専門に測定する。従来のトランシットのこと。	水平角，鉛直角
トータルステーション（TS）	角度の測定とレーザーまたは赤外線による光波測距儀も備えている。最近では，近距離なら観測点に鏡不要，視準するだけで測距可能である。距離と角度から自動的に座標を標示する。	水平角，鉛直角，斜距離，水平距離，鉛直距離，三次元座標値表示
レベル	高さを，人の目で読むティルティングレベル，内蔵するコンペンセンタによって自動的に水平な視準線を得ることのできる自動レベル，バーコード標尺に照準すれば，データを画像処理で電子的に読込み測定する電子レベルなどで観測する。	高低差，スタジアによる簡易距離
GNSS	2点間に設置したGPS受信機で，4つ以上の専用衛星からの電波を同時受信して2点の位置を演算処理で定める。	2点間の三次元座標標示，座標がわかれば，角度・距離は計算で求まる。

1・1・2 トータルステーション（TS）による観測

(1) TS による観測

① TS は，デジタルセオドライトと光波測距儀を一体化したもので，測角と測距を同時に行うことができ，水平角観測，鉛直角観測および距離測定を1視準で同時に行うことを原則とする。

② 観測した斜距離と鉛直角により，観測点と視準点の水平距離および高低差が算出できる。

③ 水平距離は，気象補正，傾斜補正，投影補正，縮尺補正などを行った値を表示する。

気象補正のため，気温・気圧などの気象測定を距離測定の観測開始直前か終了直後に行う。

④ TS による観測では，座標値をもつ標杭などを基準として，すでに計算された座標値をもつ点を設置することができる。

⑤ TS での観測値の記録は，データコレクタを用いるものとするが，データコレクタを用いない場合には，観測手簿に記載する。

⑥ TS では，水平角観測の必要対回数に合わせ取得された鉛直角観測値および処理測定値はすべて採用し，その平均値を用いることができる。

⑦ 水平角観測において，対回内の観測方向数は，5 方向以下とする。

⑧ 鉛直角観測は，1 視準 1 読定，望遠鏡正および反の観測 1 対回とする。

1・1・3　TS による観測の誤差

(1)　TS の水平軸，鉛直軸，視準軸

TS には，水平軸，鉛直軸，視準軸の 3 つの軸がある。

水平軸は，TS 本体の水平線で鉛直軸と直角に交わっている。鉛直軸は，機械の中心を通る線で観測時には地上と鉛直になる。視準軸は望遠鏡の中心の軸で，望遠鏡を覗く視線と並行な関係にある。

① **鉛直軸誤差**：鉛直軸誤差は，TS の鉛直軸が鉛直線の方向と一致していないために水平角の測定に生じる誤差である。**鉛直軸誤差の完全消去はできない。**

② **水平軸誤差**：水平軸誤差は，水平軸が鉛直軸に対して直交していないために水平角測定に生じる誤差である。水平軸誤差は，正位と反位では水平軸の傾きは逆となり，**正位・反位の観測値を平均することにより水平軸誤差は消去される。**

③ **視準軸誤差**：視準軸誤差は，視準軸と望遠鏡の視準線が一致していないために水平角測定に生じる誤差である。**正位・反位の観測値を平均することにより視準軸誤差は消去される。**

④ **外心誤差**：外心誤差は，望遠鏡（視準軸）が回転軸の中心からずれているために水平角測定に生じる誤差である。望遠鏡の**正位・反位の観測値を平均することにより誤差は消去される。**

⑤ **偏心誤差**：偏心誤差は，目盛板の中心と鉛直軸がずれているために水平角測定に生じる誤差で，**正位・反位の観測値を平均することにより消去される。**

⑥ **目盛誤差**：目盛誤差は，目盛板の目盛が正しく刻まれていない場合に水平角測定に生じる誤差である。**対回観測をすることで軽減できるが，誤差の完全消去はできない。**

(2)　距離観測の誤差

気象誤差：TS での距離測定は，器械から放たれた光がプリズムにより反射されて器械にもどる時間と光の速度を基に計算される。光の速度は，空気中を進むため気象条件（気温・気圧・湿度）に影響され誤差を生じる。誤差は，光が長く空気中を進めば大きくなるため，測定距離に比例する。

気温・気圧の測定は，原則として TS を設置した測点で行う。ただし，反射鏡を設置した測点が 400 m 以上離れている場合は，反射鏡を設置した測点の気象も測定する。

気象の測定は，距離測定の開始直前または終了直後に行う。

共通工学

1・2 水準測量

頻出レベル
低■□□□□□高

学習のポイント

水準測量の野帳計算などの計算ができるようにする。

水準測量 ― 水準測量の計算

1・2・1 直接水準測量

水準測量には，**水準儀（レベル）**の水平な視準線を用いて，測点上に鉛直に立てられた標尺の読みの差から，直接未知点の高さを求める**直接水準測量**と図1・1に示すように，TSやセオドライトなどを用いて鉛直角を測定し計算で間接的に高さを求める**間接水準測量**がある。

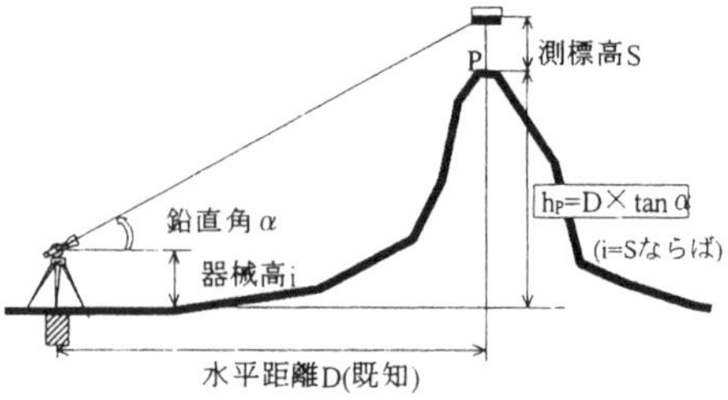

図1・1 間接水準測量の例

(1) 直接水準測量

直接水準測量は，図1・2に示すように，水準儀の水平な視準線を用いて，測点上に鉛直に立てられた標尺の読みの差から測点間の高低差を算出し，既知点の標高に加え，未知点の標高を求めるものである。

未知標高(HB)＝既知点標高(HA)＋(後視BS －前視FS)

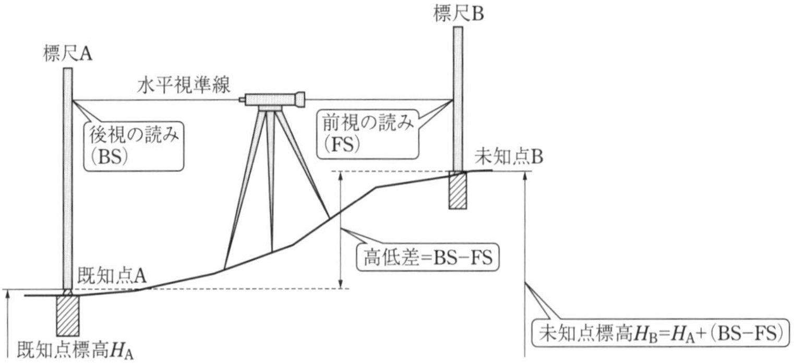

図1・2 直接水準測量の計算

(2) 野帳の計算

観測野帳には基準点（BM）の設置などに用いられる**昇降式**と，高精度を要求されないが，点数の多い場合用に，据替えの回数が少なくて済む**器高式**がある。図1・3にその例を示す。鉛直角から計算する間接水準測量より精度が高い。

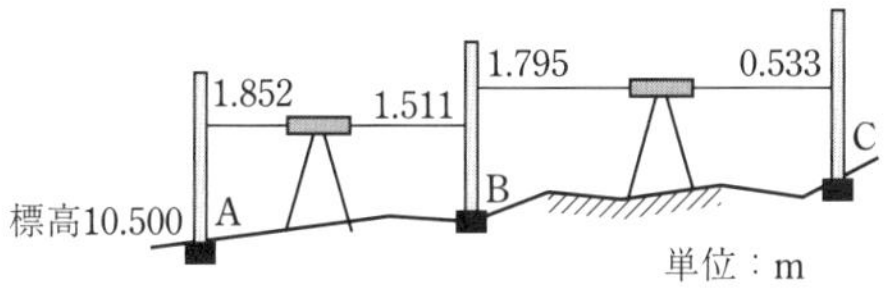

測点	後視(BS)	前視(FS)	高低差		標高
			昇	降	
A	1.852				10.500
B	1.795	1.511	0.341		10.841
C		0.533	1.262		12.103
計	3.647	2.044	1.603		

12.103
−10.500
1.603

㊥(BS−FS)=3.647−2.044=1.603

必ず野帳の計算チェックをすること。

(a) 昇降式野帳

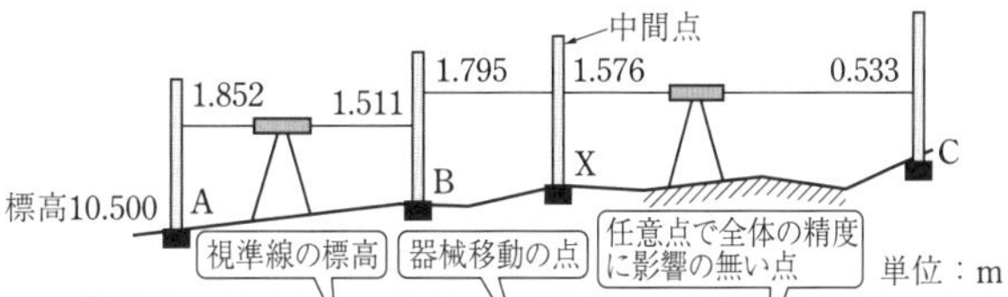

測点	後視	器械高(H)	前視		標高
			移器点(TP)	中間点(IP)	
A	1.852	12.352			10.500
B	1.795	12.636	1.511		10.841
X				1.576	11.060
C			0.533		12.103
計	3.647		2.044		

(b) 器高式野帳

図1・3　水準測量野帳例

1・3　測量基準点

頻出レベル
低■□□□□□高

学習のポイント

測量基準点の種類と概要を理解する。

測量基準点 ―― 測量基準点の種類と概要

① **標高の基準**：日本における高さの基準は，東京湾平均海面（TP）である。

② **平面直角座標系**：地球を平面としてとらえ，位置を示す。全国を 19 の座標系に区分し，それぞれに座標原点（X = 0.000 m，Y = 0.000 m）および標高を定めている。北南方向が X 軸，東西方向が Y 軸となる。

③ **基本三角点（国家三角点）**：すべての測量の基準となる点で，一等から四等まである。

④ **基本水準点（国家水準点）**：基本測量によって設けられ，国道，主要道路上に一定の割合で設置されている。

⑤ **電子基準点**：国土地理院が設置している GNNS の連続観測点。GPS 衛星から 24 時間，測位信号を受信して，全国の地殻変動を調べるために位置座標が追跡されている。

⑥ **ジオイド面**：平均海面に相当する面を陸地内部まで延長した仮想の地表面である。GNNS 測量の標高を求めるときなどに使用する。

⑦ **GNSS 測量**：

ⓐ **スタティック法**　GNSS 受信機を複数の観測点に据え，GPS 衛星のみでは 4 個以上（GPS と GLONASS の組合せでは 5 個以上）からの電波を 1 ～ 2 時間ほど連続して受信して基線ベクトル（観測点の相対位置）を求める方法で，高精度の測量ができる。

ⓑ **キネマティック法**　GNSS 受信機の 1 台を固定局（固定点）として，他の 1 台を移動局として，移動しながら順次観測する方法である。

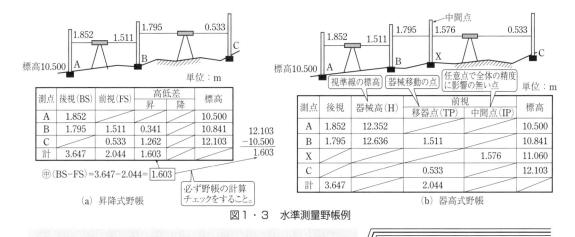

共通工学

2. 設 計 図 書

契約に必要な法的に拘束力を有する設計図書の種類を知り，公共工事標準請負契約約款に定められている規定を判断できるようにする。

2・1　公共工事標準請負契約約款

頻出レベル
低 ■■■■■■ 高

学習のポイント

設計図書の種類と内容，請負契約約款の規定について整理する。

- 公共工事標準請負契約約款
  - 設計図書の種類
  - 公共工事標準請負契約約款の規定

2・1・1　設計図書の分類

公共工事標準請負契約約款は，発注者と受注者（請負者）が対等の立場で契約を履行することを目標として定めたもので，法的に拘束力のある設計図書の一つである。**発注者**と**受注者**の権利と義務が定められている。この法のもとに契約は交わされる。

(1)　法的拘束力

①　法的拘束力を有する書類

a　**契約書**　工期，請負代金，目的構造物の３つの事項が記載されている。

b　**仕様書**　仕様書は一般的な部分の仕上げの材質や形状寸法などを示した標準仕様書と，標準仕様書になじまない特定部の仕上げの仕様を示した特記仕様書がある。工事は，特記仕様書が優先する。仕様書には，数量内訳書も含む。

c　**設計図**　設計図は，一定の技術指針に基づいて図示されたもので，概略設計図も含む。施工図や原寸図などの，製作施工に関するものは含まない。

d　**現場説明書**　契約書や仕様書では表現できない，現場固有の説明を書面にまとめたもの。

e　**現場説明に対する質問回答書**　現場説明書では詳細が不明確な部分を受注者が発注者に対して行った質問に書面で回答したものである。入札者の質問に対する発注者の回答書は，入札者全員に対する回答である。請負契約は一度締結すると変更は難しいので調査を行い，質問を十分行い，書面で十分な回答を得ておく必要がある。

②　法的拘束力を有しない書類

請負代金内訳書や実施工程表などはいずれも発注者に提出して承認を受けなければならないが，受注者および発注者は互に法的な拘束力は発生しない。法的に拘束力を受けない書類は，内容の変更をすることができ，次のような種類がある。

a. 請負代金内訳書 b. 実施工程表・工事打合せ書 c. 施工図・原寸図 d. 施工計画書
e. 安全管理計画書・建設機械使用実績報告書 f. 実行予算書

2・1・2 公共工事標準請負契約約款の規定

(1) 施工管理規定

① **監督員**：発注者は監督員を置き，受注者の指示，立会い，検査などの監督員権限を受注者に通知する。受注者は，請求，通知，報告，承諾について，監督員を通じて書面にて実施する。

② **現場代理人と主任技術者などとの兼務**：受注者は，現場代理人，主任技術者，監理技術者などを置き，その氏名を発注者に通知する。**現場代理人と主任技術者，監理技術者または専門技術者とは兼任することができる。**主任技術者は工事の施工上の管理を行う。

③ **現場代理人の権限**：**現場代理人**は，工事現場の運営，取り締まりを行う他，請負代金の変更，請求および受領ならびに契約解除に係るものを除き，**この契約に関する請負人の一切の権限を**行使することができる。**平成22年の改訂で現場の常駐義務はなくなった。**

④ **施工方法などの決定**：受注者は，仮設，施工方法など，工事目的物を完成するために必要な一切の手段について，契約書および設計図書に特別の定め（**指定仮設，指定工法**）がある場合を除いて，自らの責任で実施することができる。

⑤ **受注者の報告**：受注者は，設計図書の定めにより，契約の履行計画および履行状況を発注者に報告しなければならない。このためには，仮設，工法などの施工計画書などの形で報告する。

⑥ **工事材料の品質**：工事材料は，設計図書に定める品質とするが，設計図書に定められていない場合，工事材料はJISなどの定めている同等の品質とする。

⑦ **材料検査**：工事材料は現場で監督員の検査を受けて使用する。**一度検査で合格になったものは現場外へ搬出してはならない。**しかし，不合格品は速やかに現場外に搬出する。不要となった材料（支給品）は発注者に返還すること（図2・1）。

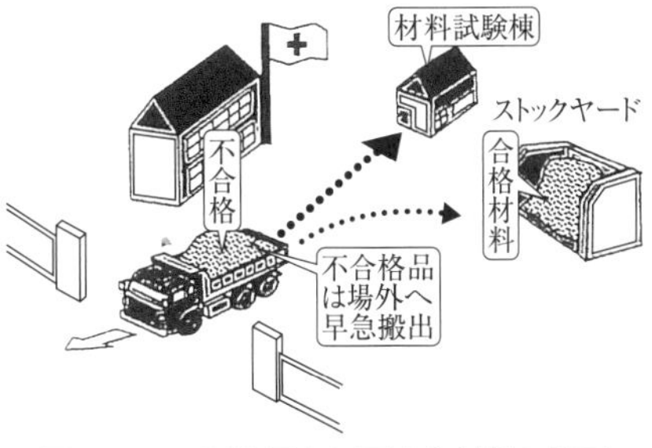

図2・1 設計図書に不適合材料の処置

⑧ **見本検査**：**工事写真記録の整備**は，**受注者の負担**とする。

⑨ **破壊検査の費用負担**：監督員の検査要求に従わないで施工した場合や監督員が必要と認めたときは，**受注者の費用**で，最小限破壊して検査をすることができる。

⑩ **不的確な支給材料**：発注者の支給材料や貸与品が使用に不適当で，工期もしくは請負代金の変更が生じたときは，**必要な経費は発注者が負担する。**

⑪ **不的確な施工**：設計図書に対して，不的確の構造物について，監督員の改造請求があった場合，発注者は損害金を徴収して工期を延長できる。

⑫ **一括下請けの禁止**：受注者は，あらかじめ発注者の書面による承諾のない限り，**請負った工事を一括して下請けさせてはならない。**

⑬　**特許権**：特許権は，発注者が指定した場合は発注者の責任において，受注者が自ら使用する場合は受注者の責任において使用する。発注者，受注者共に知らずに第三者の特許を無断で使用したときは，発注者の責任となる。

(2)　契約変更の規定

①　**設計図書と現場の不一致**：設計図書と現場が不一致の場合，受注者は発注者監督員に書面により通知し，その確認の請求をする。発注者は受注者の立会の上調査し，必要なら発注者の費用負担で設計図書を変更する。

②　**請負代金の変更**：物価の変動に伴う請負代金の変更は，発注者と受注者が協議して行われるが，一定期間内に調整できないときには，発注者が決定して受注者に通知する。

③　**天災・不可抗力による損害**：天災・不可抗力により工事を中止する場合には，その費用は発注者が負担する。天候不良や関連工事の調整など受注者の責に帰せない工事延長が生じた場合でも，受注者は工期の延長を発注者に無償で請求できる。

④　**発注者による工期短縮**：発注者の特別な理由で工期を短縮するときは，その短縮に要する費用は，発注者の負担とする。

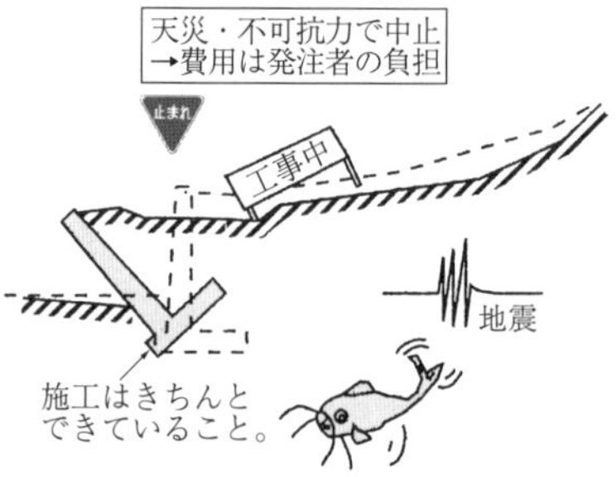

図2・2　工事中止の費用負担

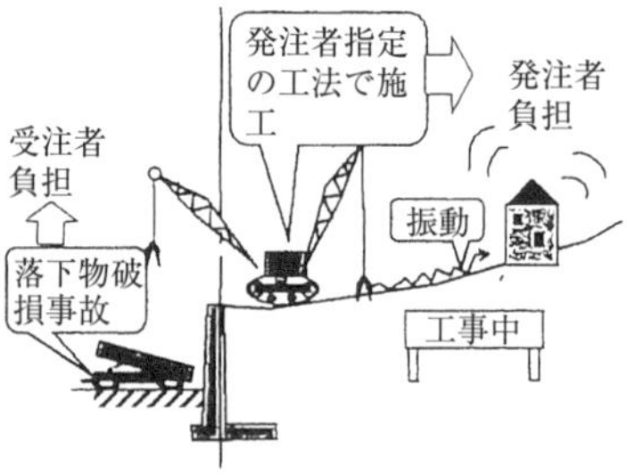

図2・3　第三者への損害負担

(3)　損害の規定

①　**臨機の措置**：災害防止のため受注者が行う緊急を要する措置で，通常の管理に必要な経費の範囲を超える場合には，発注者の負担とする。

②　**一般的損害**：一般的な損害が生じたときには，受注者が負担をする。ただし，支給材料の欠陥や指定工法に誤りなどがある場合など，発注者の責に期するときには，発注者の負担とする。

③　**通常避けることのできない損害**：工事に伴う通常避けることが困難な騒音，振動，電波障害，地盤沈下，井戸水の涸渇などの損害は，発注者の負担とする。

④　**天災・不可抗力による損害負担**：暴風，洪水，地震などによる工事目的物，仮設物，搬入材

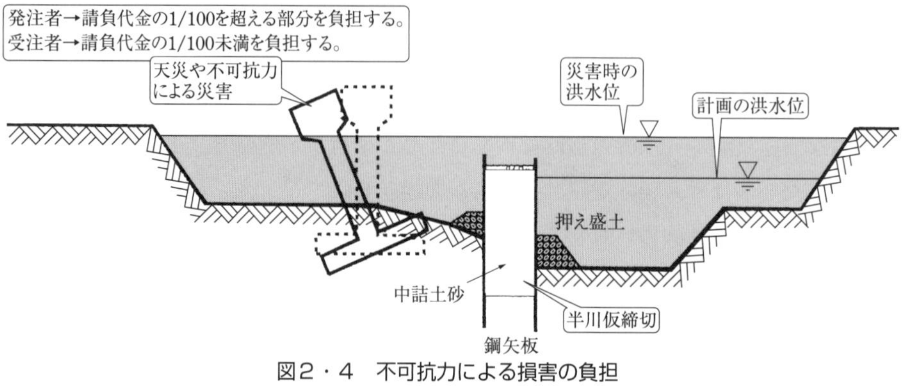

図2・4　不可抗力による損害の負担

料，器具，後片づけなどの**損害の合計額**のうち，請負代金の 1/100 を超える部分のすべてを発注者が負担する。また，受注者は請負代金の 1/100 未満の額を負担する。

⑤ かし担保：設計通り工事をしても，構造的に思わぬひび割れなどが発生する場合がある。こうした工事での欠陥を瑕疵（かし）という。受注者は木造で 1 年，鉄筋コンクリートで 2 年間，「かし」について補修する義務がある。これを**かし担保**という。「かし」が故意による場合や**請負人があらかじめ承知していた場合**には，10 年まで延長となる。

⑥ 設計図書に定められていない保険：受注者は工事材料などについて，設計図書に定められていない保険を付した場合は，遅滞なくその旨発注者に通知しなければならない。

(4) 請負代金の支払い規定

工事目的物の完成検査に合格して受注者の請求に基づき行われる。

① 完成検査：工事目的物の**完成検査**は，受注者が工事完了を発注者に通知したとき，通知を受けた日から 20 日以内に行い，結果を通知しなければならない。

② 請負代金の請求：完成検査に合格後，受注者は請負代金を請求でき，発注者は請求を受けてから 40 日以内に支払いをする。

③ 部分使用：発注者の都合で，工事目的物の全部または一部を完成前に使用することができる。発注者は使用に係る部分ついて，善良に管理する義務があり，使用により損害を及ぼしたときには，受注者に賠償しなければならない。

④ 前払金：受注者は，保証事業会社と保証契約を締結して，発注者に請負代金の前払いを請求できる。発注者は請求を受けた日から 14 日以内に前払金を支払う。ただし，**前払金の使途制限**があり，受領した前払金の使途は，工事を行うのに直接必要な経費に限定される。

(5) 公共工事の入札および契約の適正化の促進に関する法律

国，特殊法人などおよび地方公共団体が行う公共工事の入札・契約の適正化を促進し，公共工事に対する国民の信頼の確保と建設業の健全な発達を図る。

① 入札・契約適正化の基本：

a 入札・契約の過程，内容の透明性の確保

b 入札・契約参加者の公正な競争の促進

c 不正行為の排除の徹底

d 公共工事の適正な施工の確保

② すべての発注者に対する義務付け措置：

a 毎年度の発注見通しの公表 発注者は，毎年度，発注見通し（発注工事名，入札時期など）を公表しなければならない。

b 入札・契約に係る情報の公表 発注者は，入札・契約の過程（入札参加者の資格，入札者・入札金額，落札者・落札金額など）および契約の内容（契約の相手方，契約金額など）を公表しなければならない。

c 不正行為などに対する措置 発注者は，談合があると疑うに足りる事実を認めた場合には，公正取引委員会に対し通知しなければならない。発注者は，一括下請負などがあると

疑うに足りる事実を認めた場合には，建設業許可行政庁などに対し通知しなければならない。

d　施工体制の適正化　一括下請負（丸投げ）は全面的に禁止する。受注者は，発注者に対し施工体制台帳を提出しなければならないものとし，発注者は施工体制の状況を点検しなければならない。

2・2　設計図の読み方

頻出レベル
低 ■■■■■■ 高

学習のポイント

設計図に表記されている材料記号と寸法表示の仕方を理解し，設計図を読めるようにする。

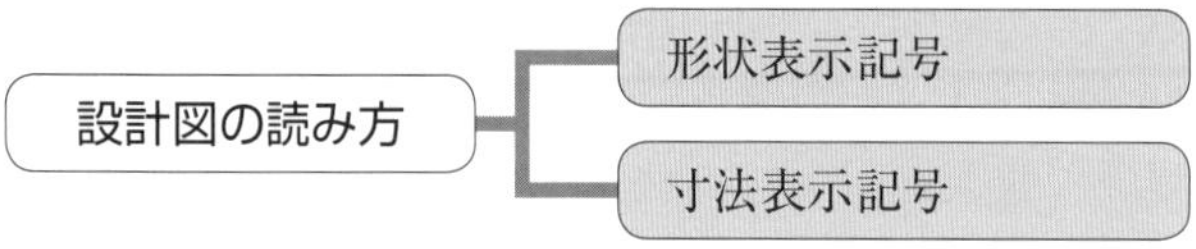

(1)　形状表示記号

形状表示記号には，材料記号，境界記号，盛土・切土記号，溶接記号などがある。

①　材料記号：材料記号を図2・5に示す。

図2・5　材料記号

②　境界の表示：境界の表示を図2・6に示す。

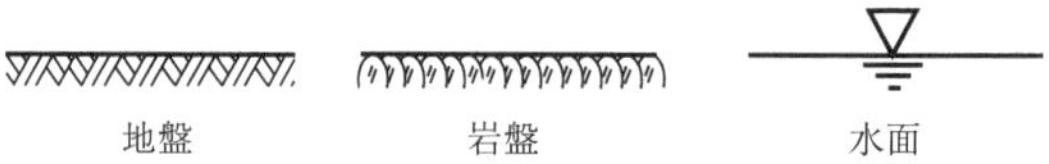

図2・6　境界の表示

③　切土・盛土の記号：切土・盛土の記号を図2・7に示す。

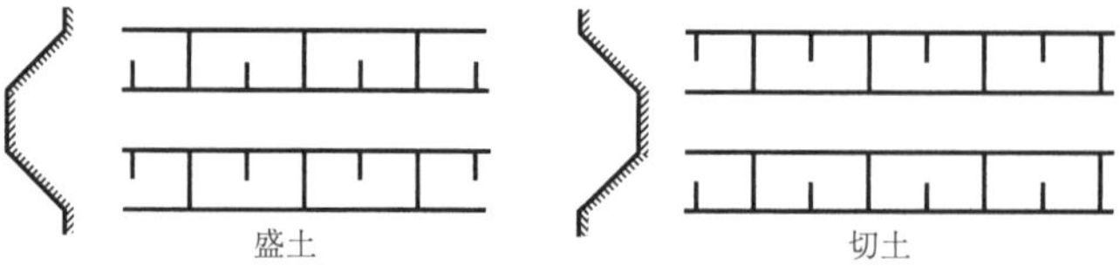

図2・7　切土・盛土の記号

④　溶接の記号：溶接記号の表現方法を図2・8に示す。溶接には，主としてすみ肉溶接と開先溶接がある。

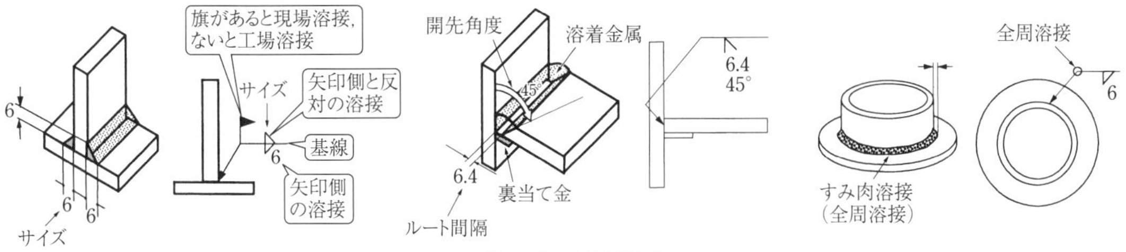

図2・8 溶接記号

(2) 鋼材の種類と寸法記号

表2・1 鋼材の種類と寸法記号

鋼材の種類		断面図	表示方法	表示例	意 味
棒鋼	普通丸鋼	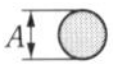	φA—L	25－φ22－2,300	長さ 2,300 mm，直径 22 mm の普通丸鋼 25 本
	異形棒鋼		DA—L	25－D22－2,300	長さ 2,300 mm，直径 22 mm の異形棒鋼 25 本
形鋼	等辺山形鋼	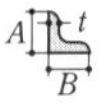	∟ A×B×t－L	3－L90×90×10－2,000	短辺長辺がともに 90 mm，厚さ 10 mm，長さ 2,000 mm の等辺山形鋼 3 本
	不等辺不等厚山形鋼	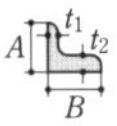	∟ A×B×t_1×t_2－L	3－L90×120×10×16－2,000	短辺 90 mm 厚さ 10 mm，長辺 120 mm 厚さ 16 mm，長さ 2,000 mm の不等辺不等厚山形鋼 3 本
	溝形鋼	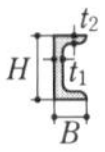	[H×B×t_1×t_2－L	3－[200×80×7.5×11－3,000	長さ 3,000 mm，高さ 200 mm，幅 80 mm，ウエブ厚さ 7.5 mm，フランジ厚さ 11 mm の溝形鋼 3 本
	H 形鋼	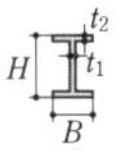	H H×B×t_1×t_2－L	3－H500×200×10×16－3,000	長さ 3,000 mm，高さ 500 mm，幅 200 mm，ウエブ厚さ 10 mm，フランジ厚さ 16 mm の H 形鋼 3 本
	I 形鋼	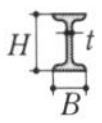	I H×B×t－L	3－I500×200×10－2,000	長さ 2,000 mm，高さ 500 mm，幅 200 mm，ウエブ厚さ 10 mm の I 形鋼 3 本
	角鋼	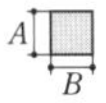	□ A－L	3－□50－2,000	長さ 2,000 mm，一辺 50 mm の角鋼 3 本
	平鋼	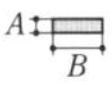	▭ B×A－L	3－▭500×20－2,000	長さ 2,000 mm，幅 500 mm，厚さ 20 mm の平鋼 3 本
鋼板	鋼板	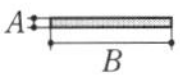	PL×B×A×L	3－PL500×20×2,000	長さ 2,000 mm，幅 500 mm，厚さ 20 mm の鋼板 3 本
鋼管	鋼管		φ×A×t—L	φ600×9－8,000	長さ 8,000 mm，外径 600 mm，厚さ 9 mm の鋼管

(3)　土積曲線の見方

図2・9は，工事起点No.0から工事終点No.5（工事区間延長500 m）の道路改良工事の**土積曲線**（マスカーブ）を示したものである。この図を参考に，土積曲線の見方を説明する。

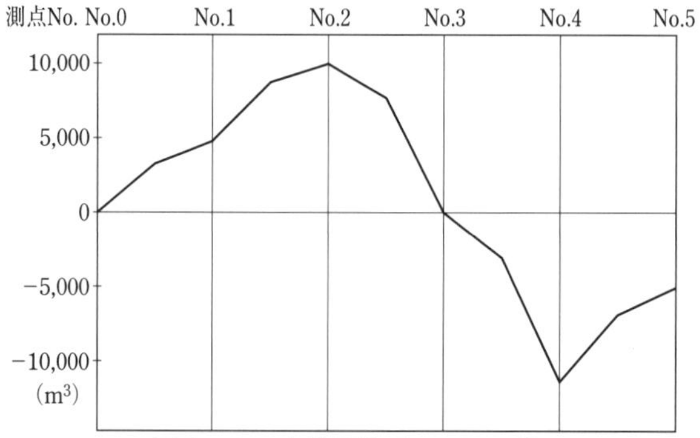

図2・9　土積曲線（マスカーブ）

① No.0からNo.2の区間は曲線が**上昇勾配**であり，土積が漸増しているので**切土区間**である。

② No.2からNo.4の区間が**下降勾配**であり，**盛土区間**である。これより，切土区間はNo.0〜No.2⇒200 m，No.4〜No.5⇒100 mの300 m，盛土区間はNo.2〜No.4⇒200 mで，切土区間が100 m長い。

③ No.3の位置で，土積量が0になっているので，No.0からNo.3では，切土量と盛土量が均衡している。

④ No.5の位置で，土積量はマイナスになっているので，当該工事区間では，土が不足している。

(4)　コンクリート擁壁の種類

コンクリート擁壁の種類を図2・10に示す。

(5)　道路橋の構造名称

道路橋の構造名称を図2・11に示す。

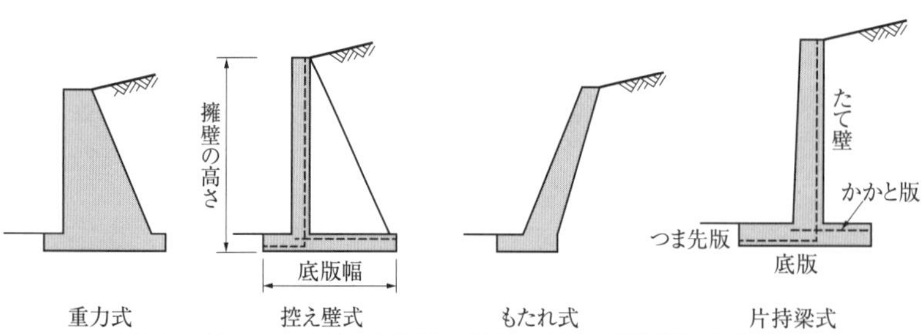

図2・10　コンクリート擁壁の種類（点線：引張側の主鉄筋）

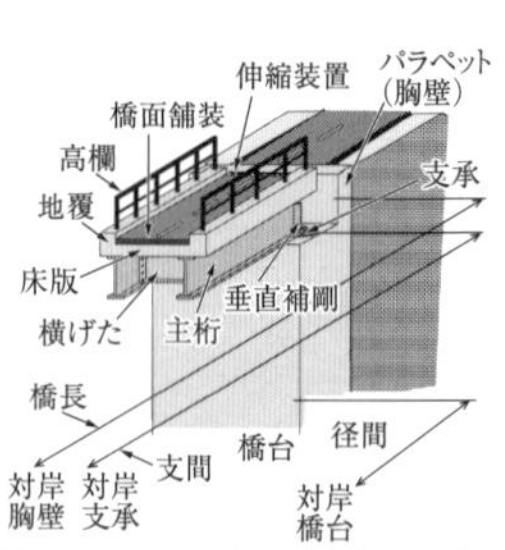

図2・11　道路橋単純ばりの構造

3. 機械・電気

建設機械の名称と性能表示法について知り，その動力源の種類について特性を理解しておく。建設機械と適応作業の選択ができるようにしておく

3・1 機　　械

頻出レベル
低■■■■□□高

学習のポイント

建設機械を動かしている原動機の種類と特性，規格の表示方法を理解する。

- 建設機械
  - 原動機の種類
  - 規格の表示方法

3・1・1 建設機械の比較

建設機械原動機には内燃機関と電動機関がある。ここでは内燃機関や駆動装置などの比較をする。

(1) 内燃機関の比較

① ガソリン機関とディーゼル機関の比較：各機関の性能について，表3・1に示す。ディーゼル機関の方が圧縮比が大きい分，強固に造られており高価である。しかし，熱効率が高く経済的である。**大型・中型**にディーゼル機関が，**小型機械**にガソリン機関が用いられる。ディーゼル機関は圧縮による自己着火であり，ガソリンより揮発性が低い軽油を使用しているため火災の危険性も低い。

表3・1　ディーゼルエンジンとガソリンエンジンの性能の比較

項目＼原動機の種類	ディーゼルエンジン	ガソリンエンジン
使用燃料	軽　油	ガソリン
点火方式	圧縮による自己着火	電気火花着火
圧縮比	1：15～20	1：5～10
熱効率	30～40％	25～30％
燃料消費率	220～300 g/kW・h	270～380 g/kW・h
馬力当りの機関重量	大きい	小さい
馬力当りの価格	高　い	安　い
運転経費	安　い	高　い
火災に対する危険度	少ない	多　い
故障	少ない	多　い

② 4サイクル機関と2サイクル機関の比較：4サイクル機関は，熱効率が高く燃料消費量が低く，シリンダーの寿命が長い。騒音も低く排気ガスの汚れも少ない。また，高速機関性能も高い。しかし，2サイクル機関と比較し，同一出力を出すためには，大きなシリンダー容積が必要であり，重量が大きく，構造も複雑となる。表3・2に4サイクル機関と2サイクル機関の比較を示す。

(2)　駆動装置などの比較

①　クローラ式とホイール式の比較：走行装置のクローラ式（履帯式）は，軟弱地盤に適するが，機動性は低く作業速度や作業距離は小さい。牽引力は大きい。表3・3に比較を示す。

②　油圧式と機械式の比較：作業機械の駆動方式は，油圧式では強い掘削力を持ち，機械式では衝撃力を発揮する。油圧式は簡単な構造で保守性に優れているが効率が悪い。**中小建設機械**には油圧式が，**大型機械**には機械式が用いられる。

表3・2　4サイクルエンジンと2サイクルエンジンンの性能の比較

項目＼原動機の種類	4サイクルエンジン	2サイクルエンジン
熱効率	高い	低い
燃料消費量	少ない	多い
同容積シリンダの出力	小さい	大きい
構造	複雑で容積が大きい	簡単で取扱いが容易
シリンダの寿命	長い	短い
重量（出力当り）	重い	軽い
騒音	低い	高い
高速機関性能	高い	低い

表3・3　クローラ式とホイール式の比較

項目＼走行装置	クローラ式	ホイール式
土質の影響	少ない	多い
軟弱地盤での作業	適する	不適
不整地での作業	易	難
牽引力	大きい	小さい
登坂力	大きい	小さい
足まわりの保守	難	易
作業距離	短距離	長距離
作業速度	比較的低速	比較的高速
機動性	小	大
連続重負荷作業	易	難

表3・4　油圧式と機械式の比較

項目	油圧式	機械式
機構	比較的簡単	複雑
重量	軽い	重い
作業性	強い掘削力	衝撃力を利用できる
伝導効率	やや悪い	良い
操作性	容易	操作力やや大
保守性	点検箇所が少ない	保守に手間がかかる
汎用性	比較的専用機化している	広い用途に使用できる

3・1・2　建設機械の規格・性能

建設機械の性能表示方法は，車両の質量によるもの，積載量によるものなどがある。詳しくは表3・5に示す。

表３・５　建設機械の規格

機械名	性能表示法	機械名	性能表示法
バックホウ	機械式バケット平積み容量［m^3］ 油圧式バケット山積み容量［m^3］	ポンプ浚渫船	主ポンプ出力［kW］
パワーショベル		自走式スクレーパ	ボウル容量［m^3］
クラムシェル	バケット平積み容量［m^3］	ダンプトラック	最大積載量［t］
ドラグライン	バケット平積み容量［m^3］	タンピングローラ	質量［t］
トラクタショベル	バケット山積み容量［m^3］	モータグレーダ	ブレード長［m］
ブルドーザ	質量［t］	コンクリートプラント	製造能力［m^3/h］
ロードローラ	質量［t］	ディーゼルハンマ	呼称ハンマ質量［t］
タイヤローラ	質量［t］	振動杭打機	動力［kW］
振動ローラ	質量［t］	アスファルトフィニッシャ	施工幅［m］
スクレープドーザ	質量［t］	クレーン	吊上げ荷重［N］回転力［N・m］

3・2　電　　気

頻出レベル
低■■□□□□高

学習のポイント

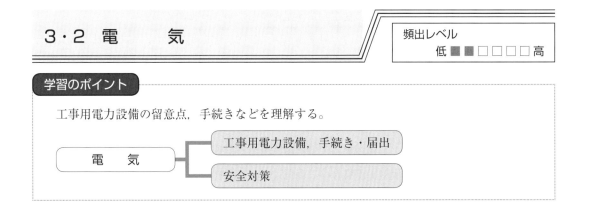

工事用電力設備の留意点，手続きなどを理解する。

電　気
- 工事用電力設備，手続き・届出
- 安全対策

3・2・1　電力設備

建設工事現場で使用される電気設備は，電気事業法で定められた区分でいう電気工作物（電気設備）で，一般用電気工作物（受電電圧 600 V 以下）と事業用電気工作物のなかの自家用電気工作物に分けられる。一般用電気工作物は，電力会社と契約する電力が 50 kW 未満の低圧受電（一般には 200 V 以下）の設備や，出力 10 kW 未満（風力および太陽熱発電設備においては 20 kW 未満）の発電設備であり，電力会社には設備保安のための調査義務がある。

自家用電気工作物は，電力会社と高圧受電で契約する場合，または，発電所を有する場合である。自家用電気工作物の施設管理責任者は，電気主任技術者の有資格者を選任し，工作物の設置・運用を行わなければならない。

現場内に自家用受変電設備を設け，一般に 6 kV の高圧で受電したものを 100 V，200 V，400 V（大型機械）に変圧して負荷に電力を供給する。この場合，引込口付近に設けた高圧負荷開閉器の電源側接続点を責任分界点とし，ここから現場内の施設を自家用電気工作物という。

交流の周波数は，関西 60 Hz，関東 50 Hz であるが，関東の 50 Hz で用いていた誘導電動機を関西で用いると，約 1.2 倍の回転数となるので注意が必要である。

3・2・2　手続き・届出

① 電力会社から受電する電圧が，600 V を超える場合の電気工作物の工事に当たっては，工事の保安を監督させるために，電気事業法により，電気主任技術者を選任する。

② 出力 10 kW 以上の発電機を工事現場で使用するときは，自家用電気工作物として，電気主任技術者の選任届等を，使用する場所を所管する経済産業局産業保安監督部長へ提出する。600 V 以下 10 kW 未満の工事用発電機は一般工作物となり，手続きは不要である。

3・2・3　工事用電力設備

① 工事現場に自家用受変電設備を設置する場合は，経済性および保安上から，できるだけ**負荷の中心近く**となる位置がよい。

② 契約電力は，負荷設備と受電設備の値(あたい)のうち，いずれか小さいものとすると経済的である。

③ 電気設備の容量は，工事途中に受電容量不足を生じないように決める。

④ 工事現場で高圧で受電し，現場内の自家用電気工作物に配電する場合，電力会社との責任分界点近くに，保護施設を備えた受電設備を設置する。

⑤ 仮設の配線または移動電線を通路面において使用してはならない。ただし，当該配線または移動電線の上を車輛その他のものが通過すること等による絶縁被覆の損傷のおそれのない状態で使用するときは，この限りでない。

⑥ 対地電圧が 150 V を超える移動式の電動機械器具または湿潤している場所で用いる水中ポンプやバイブレータなどを使用する場合は，漏電による感電防止のため，**感電防止用漏電遮断装置**を接続する。導電体に囲まれた場所で著しく狭い所，または，高さ 2 m 以上の場所で導電性の高い接地物に接触するおそれのある所において交流アーク溶接作業を行うときは，自動電撃防止装置を取り付ける。

第４編　編末確認問題

次の各問について，正しい場合は○印を，誤りの場合は×印をつけよ。(解答・解説は p.365)

□□【問 1】 TS は，デジタルセオドライトと光波測距儀を一体化したもので，測角と測距を同時に行うことができる。

□□【問 2】 TS での鉛直角観測は，1 視準 1 読定，望遠鏡正および反の観測 1 対回とする。

□□【問 3】 TS は，気象補正，傾斜補正，投影補正，縮尺補正などを行った角度を表示する。

□□【問 4】 気温・気圧の測定は，原則として TS（測距部）を設置した測点で行う。

□□【問 5】 公共測量に用いる平面直角座標系の Y 軸は，原点において子午線に一致するじくとし，真北に向かう値を正とする。

□□【問 6】 水準測量による地盤高は，未知標高(HB)＝既知点標高(HA)＋(後視 BS －前視 FS)で計算する。

□□【問 7】 電子基準点は，GPS 観測で得られる基準点で，GNSS（衛星測位システム）を用いた盛土の締固め管理に用いられる。

□□【問 8】 日本における高さの基準は，大阪湾平均海面（OP）である。

□□【問 9】 設計図書とは，図面，仕様書，現場説明書および質問回答書である。

□□【問 10】 受注者は，工事を契約工期内に検査を含め，完了させなければならない。

□□【問 11】 受注者は，設計図書と工事現場が一致しない事実を発見したときは，その旨を直ちに監督員に口頭で確認しなければならない。

□□【問 12】 検査を受けた工事材料は，勝手に現場から搬出入してはならない。

□□【問 13】 公共工事においては，下請契約 3000 万円以上のものは施工体制台帳を作成する。

□□【問 14】 25-φ22-2,300 は，長さ 2,300 mm，直径 22 mm の異形棒鋼 25 本である。

□□【問 15】 現場代理人と主任技術者，監理技術者または専門技術者とは兼任することができる。

□□【問 16】 工事は標準仕様書が優先する。

□□【問 17】 クローラ式（履帯式）は，軟弱地盤に適し，機動性は高く，作業速度も速い。

□□【問 18】 建設機械では，一般に負荷に対する即応性，燃料消費率，耐久性および保全性などが良好であるため，ガソリンエンジンの使用がほとんどである。

□□【問 19】 建設機械に対する排出ガス規制として，公道を走行しない建設機械などの特定特殊自動車を対象とした排出ガス規制（オフロード法）がある。

□□【問 20】 タイヤローラは，タイヤの空気圧を変え輪荷重を調整し，バラストを付加して接地圧を増加させることにより，締固め効果を大きくすることができる。

□□【問 21】 クレーン機能付き油圧ショベルを小型移動式クレーンとして使用する場合，車両系建設機械の運転技能講習修了者を，運転者として従事させることができる。

□□【問 22】 工事現場に自家用受変電設備を設置する場合は，敷地の隅に置く。

□□【問 23】 関西から関東へ三相誘導電動機を移設すると，回転数は上がる。

□□【問 24】 バイブレータを使用するときの漏電による感電防止のため，自動電撃防止装置を取り付ける。

□□【問 25】 導電性の高い接地物に接触するおそれのある所において交流アーク溶接作業を行うときは，自動電撃防止装置を取り付ける。

第 5 編 施工管理法
（基礎知識）

令和 4 年度の出題事項

1　施工計画　（1 問）

①施工計画の立案の基本的事項　が出題された。

2　工程管理　（1 問）

①ネットワークの計算　が出題された。

ネットワークの計算は，毎年出題されている。

3　安全管理　（7 問）

①元方事業者が講ずべき措置　②保護具の使用規定　③労働災害防止対策　④足場・作業床の組立等の規定　⑤墜落防止のための安全ネットの使用上の留意点　⑥明り掘削における事業者の遵守規定　⑦コンクリート構造物の解体方法と安全対策　が出題された。

4　品質管理　（3 問）

①アスファルト舗装の品質管理　②路床・路盤の試験方法の概要　③レミコンの受入検査項目と管理値　が出題された。

5　環境保全，建設リサイクル　（4 問）

①騒音・振動対策　②土壌汚染対策　③建設リサイクル法の概要　④産業廃棄物の処分の規定　が出題された。

施工管理（基礎知識）の問題は，前年度と同じく，施工管理法の基本的事項からの出題で，過去問題の演習で解答できる内容である。

1. 施工計画

施工計画は，設計図書や仕様書に基づき，目的の構造物を完成させるため，経済的で安全な施工方法や手順を検討するもので，施工計画立案時の留意点，各種届出，施工体制台帳，事前調査項目などがよく出題されている。

1・1　施工計画の立案

頻出レベル
低 ■■■■■■ 高

学習のポイント

施工計画の立案の手順とその内容，事前調査項目，関係機関への届出内容，施工体制台帳の整備，図書の保存，および施工計画を立案するにあたっての各種速度の内容を理解する。

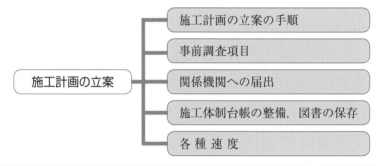

施工計画の立案
- 施工計画の立案の手順
- 事前調査項目
- 関係機関への届出
- 施工体制台帳の整備，図書の保存
- 各 種 速 度

1・1・1　施工計画の立案の手順と内容

施工計画の立案の手順と内容をまとめると，図1・1のとおりとなるが，実際には試行錯誤を繰返しながら立案されるものである。施工計画の立案に際して，検討ならびに留意すべき基本事項は下記のとおりである。

(1)　施工計画決定の検討事項

①契約および現場の条件，②基本工程計画，③施工法と施工順序，④仮設備計画，⑤材料・労務・機械の調達，使用計画，⑥現場管理計画

(2)　基本方針決定の留意事項

① 基本方針の決定には，従来の方法にとらわれず，新しい方法や改良を試みることが大切である。

② 過去の経験や技術にとらわれると，計画はこそくで過小となりやすく，理論と新工法を主としたものは，過大な計画となりやすいので，よく検討する。

③ 重要な工事の**施工計画の検討**は，現場代理人・主任技術者のみによることなく，関係組織を活用して，全社的な高度の技術レベルで検討することが望ましい。必要な場合は，他の研究機関，専門業者の力をかりることも大切である。

④ 施工業者は，**発注者から示された約定工程**が最適工程であるとは限らないのでよく検討する

必要がある。また，施工計画は，経済的な工程を求めるばかりでなく，安全と品質も考慮する。

⑤ **施工計画**は，いくつかの代案も比較検討して，最適計画を探求する必要がある。

⑥ 施工計画の策定にあたっては，発注者とよく協議すること。

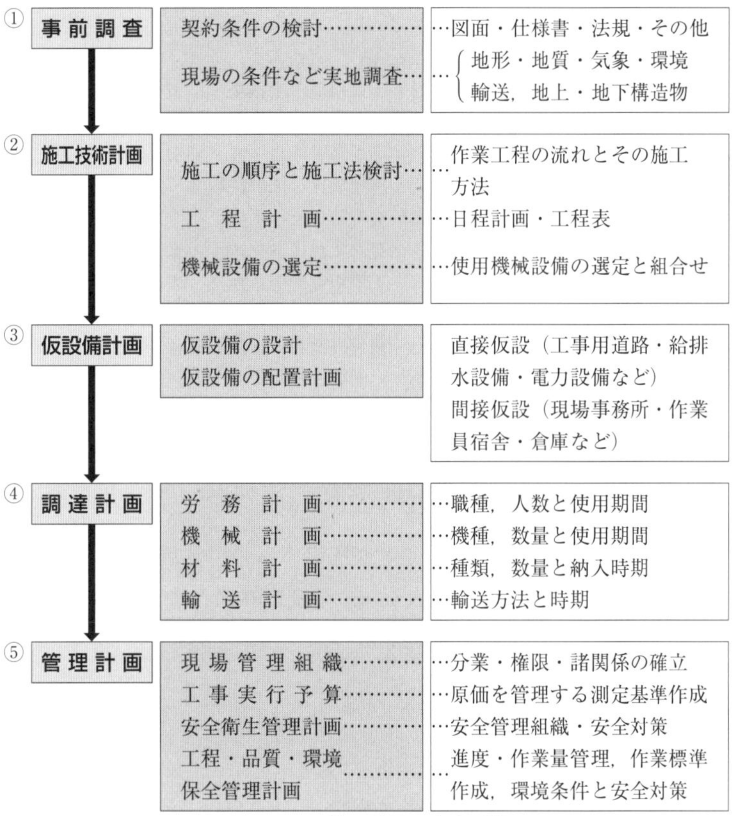

図 1・1 施工計画の立案手順

1・1・2 事前調査項目

施工計画を作成するための**事前調査**には，契約した契約書および設計図書を事前調査する契約条件の調査と，現場において地形の測量などを行う現場条件の調査がある。

(1) 契約条件の調査

設計図書・仕様書・内訳書・請負契約書などから，構造物の機能や質的，量的に要求されている事項を調査することである。また，制限事項があればそれも調べる。

表 1・1 契約条件の調査項目

事業損失，不可抗力による損害に対する取扱い方法
工事中止に基づく損害に対する取扱い方法
資材，労務費の変動に基づく変更の取扱い方法
かし担保の範囲等
工事代金の支払い条件
数量の増減による変更の取扱い方法
図面と現場との相違点および数量の違算の有無
図面，仕様書，施工管理基準などによる規格値や基準値

(2) 現場条件の調査

施工現場で，施工に関するすべての現場条件を調査し，その現場に適合した，最も経済的な施工計画を立案しなければならない。

表1・2 現場条件の調査項目

項 目	内 容
地 形	工事用地・土捨場・民家・道路
地 質	土質・地層・地下水
水文・気象	降雨・雪・風・波・洪水・潮位
用地・権利	用地境界・未解決用地・水利権・漁業権
公 害	騒音防止・振動防止・作業時間制限・地盤沈下
輸 送	道路状況・トンネル・橋梁
電力・水	工事用電力引込地点・取水場所
建 物	事務所・宿舎・機械修理工場・病院
労 働 力	地元労働者・季節労働者・賃金
物 価	地元調達材料価格・取扱商店

1・1・3 工事施工に伴う関係機関への届出

建設工事の着手に際し，施工者が提出する届出書類と提出先の一例を示す。

表1・3 建設工事に伴う届出等書類と提出先例

届出等書類	提 出 先
道路使用許可申請書	所轄警察署長
道路占用願	道路管理者
特殊車両通行許可願	道路管理者
特定建設作業届	市町村長
労働保険の保険関係成立届	労働基準監督署長または公共職業安定所長
電気設備設置届	所轄消防長または消防署長
圧縮アセチレンガス（規定数量以上）貯蔵	所轄消防長または消防署長
電気主任技術者選任届	産業保安監督部長

1・1・4 施工体制台帳の整備・図書の保存

(1) 施工体制台帳の整備

元請業者は，下請・孫請の体制を明確にするため，次のように施工体制台帳の整備が義務づけられている。

① 公共工事については，発注者から直接工事を請負った建設業者は**下請負金額にかかわらず**，施工体制台帳および施工体系図を作成する。

② **施工体制台帳**は，工事現場に備えるとともに，その写しを発注者に提出しなければならない。

③ **施工体系図**は，二次下請以降を含む工事に関わるすべての業者名，工事内容，工期等の表示とともに，各下請負人の分担が明らかになるように樹状図により作成し，工事現場の見やすいところ（公共工事の場合は，公衆の見やすい場所）に掲示しなければならない。

④ **下請負人**は，再下請負通知書に記載されている事項に変更があったときは，遅滞なく，変更年月日を付記して元請事業者に通知しなければならない。

⑤ 発注者から工事現場の施工体制が施工体制台帳の記載と合致しているかどうかの点検を求められたときは，これを受けることを拒んではならない。

施工管理法

(2)　営業に関する図書の保存

構造計算書偽造事件により失われた建設物の安全に対する国民の信頼を回復するため，建築士法・建設業法の一部が改訂された。

これを受け，建設業法施行規則が改訂され，新たに下記の**「営業に関する図書」の保存**が義務づけられた。

①　完成図（工事目的物の完成時の状況を表した図）

②　発注者との打合せ記録（工事内容に関するものであって，当事者間で相互に交付されたものに限る。）

③　施工体系図

保存義務の対象者は，元請責任の徹底の観点から，発注者から直接工事を請け負う元請業者（③施工体系図については，省令上の作成義務のある工事のみを対象とする。）

保存期間は，かし担保責任期間（10年）を踏まえて10年とする。

1・1・5　各種速度

(1)　採算速度

施工計画の立案に際し，施工速度が問題になる。工事原価が施工量の変動に伴い変動するのは当然であるが，これらの**工事総原価** y には，施工量の増減によって影響のない**固定原価** F と，施工量によって変動する**変動原価** V_x がある。その関係を図1・2に示す。図において，

- **固定原価** F　コンクリート打設機械損料のように，1日の打設量の増減とは無関係に要する費用。
- **変動原価** V_x　骨材・セメントなどの材料費のように，施工量の増減に比例して要する費用。
- **損益分岐点**　原価曲線 $y=F+V_x$ と $y=x$ との交点Pは**損益分岐点**と呼ばれ，収支が釣り合う。そのときの出来高を x_p とすれば，出来高が x_p を超えれば利益，未満のときは損失になる。
- **$y=x$**　工事総原価 y と施工出来高 x とが常に等しいことを示す線である。$y=x$ の線上では収入と支出が等しく，黒字にも赤字にもならない。

採算が取れるよう工事を進めるためには，この損益分岐点の施工出来高 x_p を超える施工出来高を上げなければならない。x_p を超える施工出来高を上げるときの工程速度を**採算速度**という。

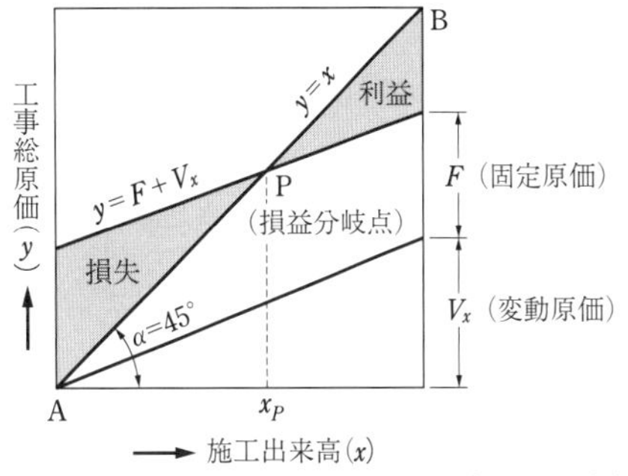

図1・2　施工出来高と工事総原価との関係図表（利益図表）

(2)　工程速度

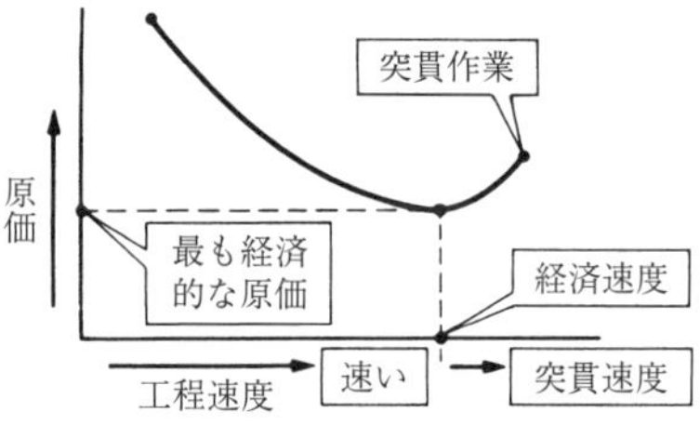

図１・３　工程速度と原価の関係

工程の計画および管理にとって重要なことは工程速度である。一般に施工を速めて出来高を上げると，単位当りの原価は安くなるが，施工をさらに速めて**突貫作業**をすると，逆に単位当りの原価は高くなる。

単位当りの**原価が最も安くなる工程速度**を経済速度という。**経済速度より速い速度で作業すること**を突貫作業という。また，経済速度より遅い工程でも，固定原価が高くなり不経済となる。

(3)　平均施工量

日程計画を立てるにあたっては，１日平均施工量を次式により算定する。

- １日平均施工量＝1 時間平均施工量×1 日平均作業時間

①　**1 時間平均施工量**：建設機械１台当り，または作業者１人当りの１時間の施工量は，工程計画・工事費見積・機械の組合せなど施工計画の基本事項として重要である。1 時間平均施工量は，作業条件・作業環境・地理的条件・季節などにより非常に影響を受けるので，慎重な考慮が必要である。人力施工については，施工歩掛りを用いる。

表１・４　機械の作業時間の構成

運転員拘束時間				
運転時間		日常整備時間	休　止　時　間	
実作業運転時間	その他運転時間	修理時間	休憩時間	その他休車時間

②　**1 日平均作業時間**：1 日平均作業時間は，季節や工事の条件により異なるが，一般の工事については 8～10 時間である。

トンネル工事では 2 交代 16 時間や，ときには 3 交代で 24 時間作業を計画する。建設機械による 1 日平均作業時間は，1 日当り運転時間であり，機械運転員の拘束時間から機械の休止時間と日常整備および修理の時間を差し引いたものである。次式の**運転時間率**は，現地の状況，施工機械の良否などによって異なる。

- 運転時間率＝$\dfrac{1\text{日当り運転時間}}{1\text{日当り運転員の拘束時間}}$

ブルドーザ・ショベル系掘削機・ダンプトラックなどの主要機械については，一般に 0.35～0.85 で，標準は 0.7 といわれているが，これを 0.7 以上になるよう，機械管理，現場段取を行う。

(4)　建設機械の施工速度

①　**最大施工速度**：建設機械が 1 時間当り処理できる施工量（土量のとき：m^3/h）のことを**施工速度**といい，1 時間当りに処理できる理論的な最大施工量を**標準施工速度**

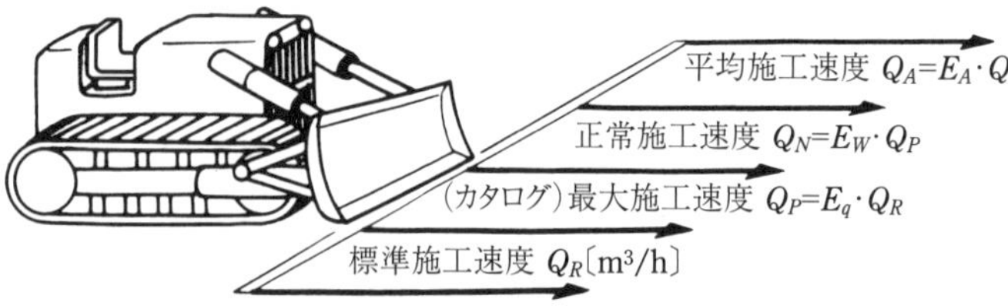

図１・４　各種施工速度の関係

Q_R（m^3/h），実際に理想的な状態で処理できる最大の施工量を**最大施工速度** Q_P（m^3/h）という。作業効率を E_q とすれば，

$$Q_P = E_q \cdot Q_R$$

この最大施工速度 Q_P（m^3/h）は**公称能力**（カタログの記載能力）といい，極めて好条件の下に処理できる量である。

② **正常施工速度**：実際の作業には，機械の調整，日常整備，燃料補給などの作業上どうしても除くことができない損失時間がある。これを**正常損失時間**という。また，最大施工速度から正常損失時間を引いて求めた実際に作業できる施工速度を，**正常施工速度**という。正常損失時間を t_R で表し，実作業時間を t_N で表せば，正常作業時間効率 E_W は $E_W = t_N/(t_N + t_R)$ となる。

したがって，正常施工速度 Q_N は，最大施工速度 Q_P に，E_W を乗じて求められる。

$$Q_N = E_W,\ Q_P$$

③ **平均施工速度**：正常施工速度による工事の進行は，非常な好条件の下では数日間続けることができるかもしれない。しかし，このような施工速度は，工事の見積や工程計画の基準にはならない。そこで，正常損出時間および偶発損失時間を考えたときの施工速度を**平均施工速度**という。

偶発損失時間とは，着工時，工事終末期の不可避な遅滞（準備，跡片付けなど），機械の故障，施工段取りや材料不足による待機，地質不良・設計変更・災害事故・悪天候などによる時間損失である。この偶発損失時間を t_C で表せば，このときの偶発作業時間効率 E_C は，

$$E_C = (t_N + t_R)/(t_N + t_R + t_C)$$

で表される。また，平均作業時間効率 E_A は，前記の正常作業時間効率 E_W と偶発作業時間効率 E_C との積で表され，$E_A = E_W \times E_C$ の値は 0.6〜0.8 を取る。

平均施工速度 Q_A は，最大施工速度 Q_P に，この平均作業時間効率 E_A を乗じて求める。

$$Q_A = E_W \cdot E_C \cdot Q_P = E_A \cdot Q_P$$

(5)　施工計画の基礎となる施工速度

前項のように施工速度には各種のものがあるが，施工計画においては表1・5のように使い分ける。土工の場合，建設機械は掘削機械を**主機械**とし，施工能力は最小にする。運搬機械，敷均し機械，締固め機械などを**従機械**として，施工能力は主機械の能力より大きいものを選定する。

表１・５　施工速度と施工計画の関係

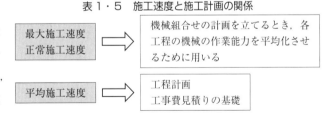

最大施工速度 正常施工速度	⇨ 機械組合せの計画を立てるとき，各工程の機械の作業能力を平均化させるために用いる
平均施工速度	⇨ 工程計画 工事費見積りの基礎

1・2　仮設備の施工計画

頻出レベル
低■■■□□□高

学習のポイント

仮設備計画の立案の要点，仮設備の内容，特に土留め工について要点を把握する。

- 施工計画の立案
  - 仮設備立案の要点
  - 仮設備の内容
  - 土留め工

1・2・1　仮設備計画立案の要点

仮設備は，工事目的物を作るための手段として一時的に設備されるもので，工事完了後は撤去されるものである。特に工事において**重要な仮設備**については，発注者が本工事として取扱う場合がある。このような仮設備を指定仮設備といい，変更契約の対象となる。これに対し，請負者にまかせられたものを**任意仮設備**といい，変更契約の対象とならない。

段取り八分といわれるように，工事を能率よく施工するためには，合理的な仮設備が極めて大切である。仮設備計画を立てるにあたって，特に留意しなければいけない事項は下記のとおりである。

①　仮設備計画には，仮設備の設置・維持・撤去，跡片付け工事まで含まれる。

②　仮設備が適性であるためには，むだ・むり・むらのない，必要最小限の設備とする。

③　仮設備の配置計画にあたっては，地形その他の現場条件を勘案し，作業の効率化を図る。

④　仮設備はややもすると手を抜いたり，おろそかにされやすく，事故の原因になり，かえって多くの費用を必要とする場合がある。使用目的・使用期間などに応じて，その構造を設計し，労働安全衛生規則などの基準に合致するよう計画しなければならない。

⑤　**仮設構造物の安全率**は，使用期間が短いもの，長期にわたるもの，重要度の高いものなどがあるが，その使用条件に応じて，安全率を割り引くことが認められている。

⑥　仮設工事に**使用する材料**は，一般の市販品を使用し，可能な限り規格を統一して他工事でも転用できるような計画にする。

1・2・2　仮設備の内容

仮設備には，工事に直接関係する直接仮設備（取付け道路・プラント・電力・給水など）と間接仮設備（宿舎・作業所・倉庫など）がある。

仮設備の内容は，工事の種類・規模などによってそれぞれ異なるが，一般的なものを上げれば表1・6のとおりである。

表1・6 仮設備の内容

設　備	内　容
締切り設備	土砂締切り，矢板締切り
荷役設備	走行クレーン，ホッパ，仮設さん橋
運搬設備	工事用軌道，工事用道路，ケーブルクレーン
プラント設備	コンクリートプラント，骨材プラント
給水設備	取水設備，給水管
排水設備	排水ポンプ設備，排水溝
給気設備	コンプレッサ設備，給気管，圧気設備
換気設備	換気扇，風管
電気設備	受変電設備，高圧・低圧幹線，照明，通信
安全設備	安全対策設備，公害防止設備
仮設建物設備	事務所，宿舎，倉庫
加工設備	修理工場，鉄筋加工所，材料置場
その他	調査試験，その他分類しにくい設備

1・2・3 土留め工

土留め工は，掘削のり面の崩壊や周辺地盤の変状，沈下などを防止するために設けられるもので，構築物の深さ・規模，地質，地下水，周辺の状態，施工環境などによって種々な方法がある。

最近は公害問題などから，市街地では無騒音・無振動の工法が採用され，アースオーガーなどにより掘削した後に杭を埋込む工法や，地中連続壁が多く採用されている。

一般に採用されている使用材料による**土留め壁の種類**は，**矢板（木材）工法・親杭横矢板工法・鋼矢板（鋼管矢板）工法・コンクリート地中壁工法**などがあり，表1・7に概要を示す。

表1・7 使用材料による土留め工の種類

名　称	形　状	適用条件	特　徴
矢板（木材）工法		●ごく簡単な土留め ●トレンチ工法	●工費が安い ●強度が弱い
親杭横矢板工法	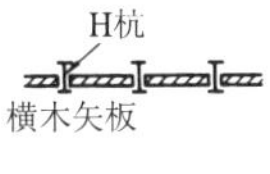	●地下水位が低く湧水のない場合 ●普通地盤（ボイリング・ヒービングのおそれがない場合） ●路面荷重の支持も可能	●工費が比較的安い ●障害物があっても施工可能 ●周辺地盤を乱す危険があるので土留めは密着させる必要あり
鋼矢板工法		●地下水位が高い砂質地盤に適する ●土留めと止水の役割を果たす ●ヒービング・ボイリングが起きる軟弱地盤に適する	●材料の反復使用可能 ●埋設物があると連続的に不可能 ●玉石やかたい地盤に不適，騒音が出る
コンクリート地中連続壁工法		●路面荷重の支持と土留め，止水もできる ●無騒音・無振動で施工 ●周辺地盤沈下防止や，掘削が深い場合	●本体構造として利用可能 ●長さ・厚さが比較的自由 ●仮土留めとした場合は工費が高い ●柱列式はたがいに密着する必要がある

(1)　親杭横矢板工法

I形鋼，H形鋼などを親杭として1〜2m間隔に打設し，掘削しつつ親杭の間に木製の横矢板を差込む。

腹起し，切梁は木材，またはI形・L形・H形の鋼材を使用する。切梁は圧縮材として働くので，継手のない物を用いるのが原則である。座屈防止のため，腹起しとの接点は火打ち梁で補強し，切梁交差部や中間杭との接点はUボルトなどで締付け座屈長さを短くする。

継手をする場合は腹起し，中間支柱は切梁の拘束点近くとし，突合せで添え継板ボルト締めとする。

この工法は，杭打ちが連続的でないので進行速度が速く，他の工法に比べて経済的なので，工事規模の大小を問わず広く使用されている。

(2)　鋼矢板工法

鋼矢板にはU形・Z形・H形などがあるが，一般にはU形が多く使用されている。鋼管矢板は軟弱地盤や大水深で大きな強度を必要とする場合に使用されている。鋼矢板の打込みは打撃式・振動式・ジェット式・圧入式などがあるが，市街地では騒音・振動問題から圧入式が用いられる。

(3)　コンクリート地中連続壁工法

この工法は，所定の深さまで溝または穴を掘削し，その中に鉄筋コンクリートの壁体を築造するもので，掘削中の壁面崩壊防止のため，ベントナイト泥水などを使用する。大別すると柱と柱を組合せた柱列杭式工法と，直接壁状のユニットを掘削，連続させた地中連続壁工法がある。

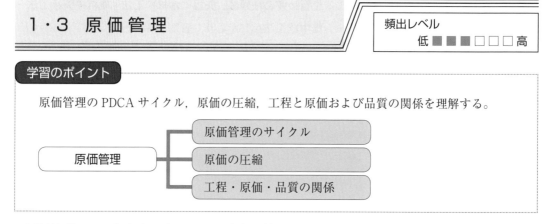

1・3　原価管理

頻出レベル
低■■■□□□高

学習のポイント

原価管理のPDCAサイクル，原価の圧縮，工程と原価および品質の関係を理解する。

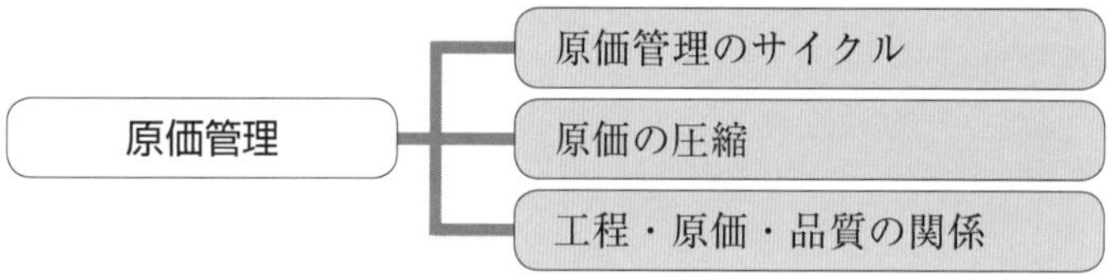

原価管理では，計画（Plan）において実行予算を作り，実行予算と実施原価（Do）の差異を見い出して分析（Check）し，分析結果に基づき計画修正などのフィードバック（Act）を行う。これにより原価を低減することが原価管理の目的である。原価管理のPDCAサイクルを図1・5に示す。

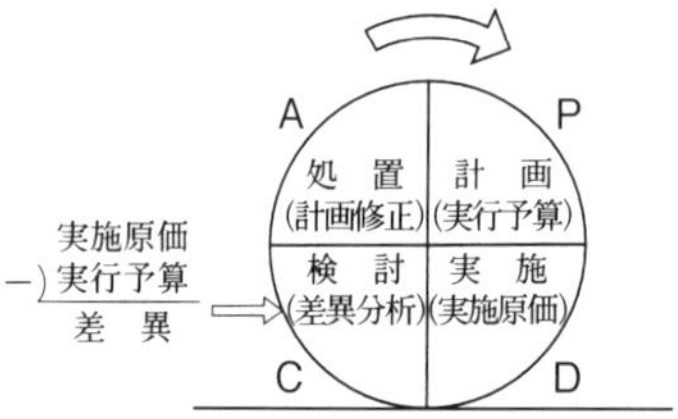

図1・5　原価管理のサイクル

(1)　原価管理の資料の整理

原価管理データは，原価の発生日，発生原価などを整理分類して，評価を加えて保存する。このとき，①工種別分類（現場），②要素別分類（本社経理）の2つの系統に分けて整理しておくと，後の同種工事にデータとして役立つ。こうした資料は，設計図書と現場の不一致などにより生じる工事の一時中断や，物価の変動により生じる損害を最小限に抑制することに役立つ。

また，経営管理者に提出することにより，経営効率の増進の資料にもなる。

(2)　原価の圧縮

① **原価の圧縮**は，原価比率が高い項目を優先し，その中で低減の容易な項目から順次実施する。

② 損失費用項目を洗い出し，その項目を重点的に改善する。

③ 実行予算より実施原価が超過する傾向にあるものは，購入単価，運搬費用などの原因となりうる要素を調査し，改善する。

(3)　工程と原価および品質の関係

工程管理において，**工程・原価・品質**の一般的な関係は，図1・6に示すような相関関係がある。

工程と原価の関係は，施工を早くして施工出来高が上ると，原価は安くなり，曲線は左から右さがりになるが，さらに施工を進めていくと突貫工事となるため，ある点からは逆に右上りとなり，a曲線のようになる。

また，**品質と原価の関係**は，品質の良くないものは安くできるが，品質を良くすると原価も高くなり，b曲線のようになる。

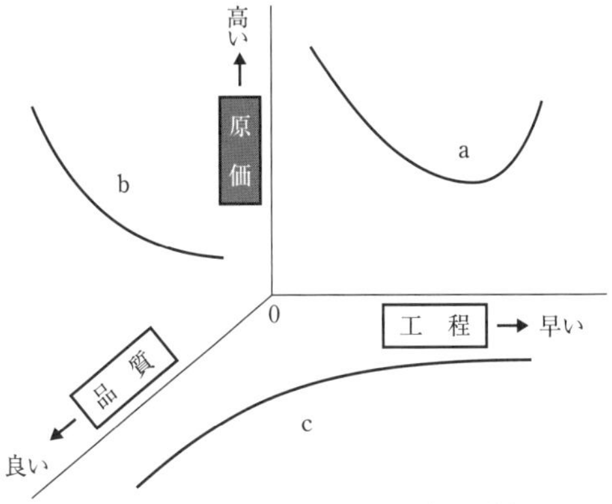

図1・6　工程・原価・品質の関係

工程と品質の関係は，品質の良い物を施工すれば，工程（施工速度）は遅くなり，品質を落せば工程は速くなり，c曲線となる。

2. 建設機械

代表的な建設機械には，ショベル系掘削機，ブルドーザ・クレーンなどの運搬機械，締固め機，舗装機械，杭の施工機械などがあるが，最近は建設機械の選定および環境問題が出題されている。

2・1　建設機械の分類と選定

頻出レベル
低 ■■■■□□ 高

学習のポイント

ディーゼル機関，ガソリン機関，電気，クローラ式とホイール式の特徴および，建設機械を選定する際の留意事項を把握する。

- 建設機械
  - 建設機械の分類
  - 建設機械の選定

2・1・1　建設機械の分類

建設機械を分類すると図2・1のとおりである。

〔工事の種類〕〔作業〕〔代表的な建設機械〕

- 建設機械
  - 土工工事
    - 掘　削（パワーショベル）
    - 積込み（トラクタショベル）
    - 運　搬（ブルドーザ・クレーン）
    - 敷均し（グレーダ）
    - 締固め（タイヤローラ）
  - 基礎工事
    - 既製杭打設（ディーゼルハンマ）
    - 場所打ち杭打設（リバース）
    - 地盤改良
  - 舗装工事
    - アスファルト舗装（アスファルトフィニッシャ）
    - コンクリート舗装（コンクリートフィニッシャ）
  - トンネル工事
    - 岩石掘削
    - 爆破掘削
    - 機械掘削
    - シールド
  - 海　工　事
    - 各種作業船
  - 各種工事
    - 空気圧縮機
    - 排水用ポンプ
    - コンクリート・アスファルト機械
    - コンベヤ

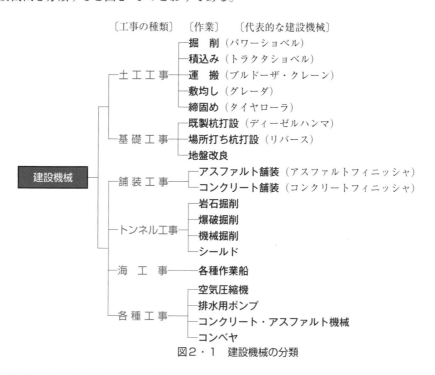

図2・1　建設機械の分類

建設機械の主な動力源は次の3種類である。

① **ディーゼル機関**：あらゆる大きさの建設機械に利用されるが，排気ガスと音の問題がある。

② **ガソリン機関**：小型建設機械に利用される。

③ **電気**：クレーン・送風機などに利用され，騒音が小さいのが特徴である。

走行装置（**足まわり**）は，構造によって**クローラ式**と**ホイール式**に区別される。クローラ式は，履帯式とも呼ばれ，接地圧が小さく軟弱地盤でも走行できる。ホイール式は車輪式とも呼ばれ，接地圧は大きいが，機動性に富んでいる。タイヤは 18−25−16−PR などと表し，18 はタイヤの幅（インチ），25 はリムの直径（インチ），16 はタイヤ材料，PR は強さを表す。

2・1・2 建設機械の選定

建設機械の選定にあたって，留意すべき事項は次のとおりである。

① 建設機械の選定は，作業の種類，工事規模，土質条件，運搬距離などの現場条件のほか，建設機械の普及度や作業中の安全性を確保できる機械であることなども考慮する。

② 建設機械は，機種・性能により適用範囲が異なり，同じ機能をもつ機械でも現場条件により施工能力が違うので，その機械の最大能率を発揮できるよう選定する。

③ 組合せ建設機械は，最小の作業能力の建設機械で決定されるので，各建設機械の作業能力に大きな格差を生じないよう規格と台数を決定する。

④ **組合せ建設機械の選択**では，主機械の能力を最大限発揮させるため作業体系を並列化し，従作業の施工能力を主作業の施工能力と同等，あるいは幾分高めにする。

2・2 土 工 機 械

頻出レベル
低 ■■□□□□ 高

学習のポイント

掘削機械，積込機械，運搬機械，敷均し機械，締固め機械の主なものの名称，作業用途，作業条件などを理解する。

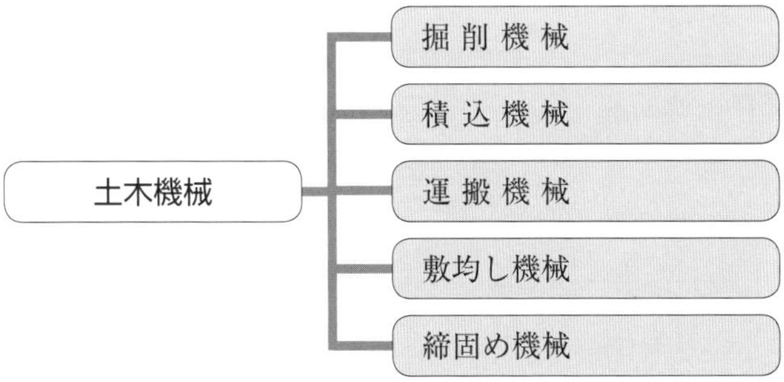

2・2・1 掘 削 機 械

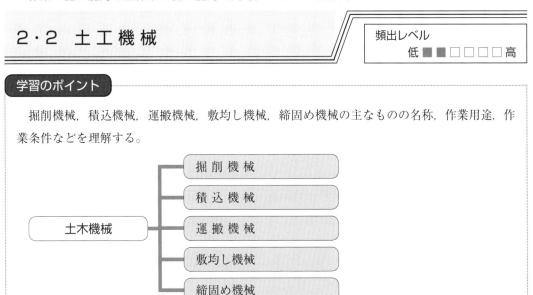

掘削用機械は，ショベル系本体に各種のアタッチメントを取り付けるショベル系掘削機と，掘削と同時に運搬作業も行うトラクタ系掘削機，多数のバケットを連続して回転させるトレンチャなどの連続式バケット掘削機に分類される。

ショベル系掘削機は，構造的には上部旋回体（原動機，ウインチなど），下部構造（足まわり），フロントアタッチメントの３つの部分からなる。また，上部旋回体は下部構造に対し360° 旋回できる。掘削機のバケットを地中に入れたまま車体を後退させ掘削をしてはならない。バケットの刃先は十分に尖らしておき，土のくい込みをよくし，能率を向上させる。フロントアタッチメントの種類を図２・３に示す。

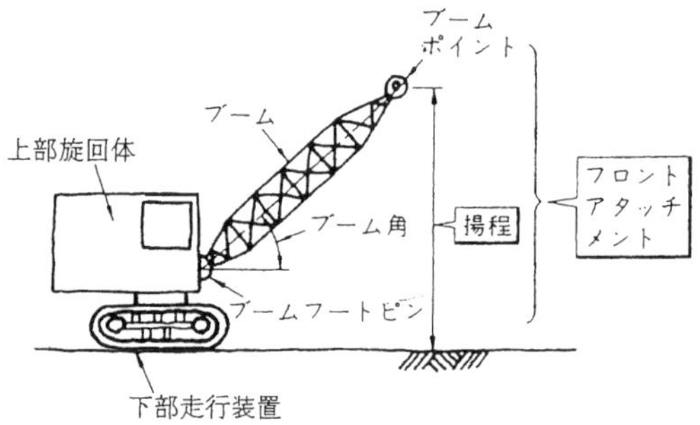

図２・２　ショベル系掘削機の本体

連続バケット掘削機には，掘削用のバケットをホイールに付けたホイールバケット形と，はしご状に付けたラダー形の２種類がある。また，大規模工事によく使用されるバケットホイールエキスカベータや溝掘り専用のトレンチャもある。

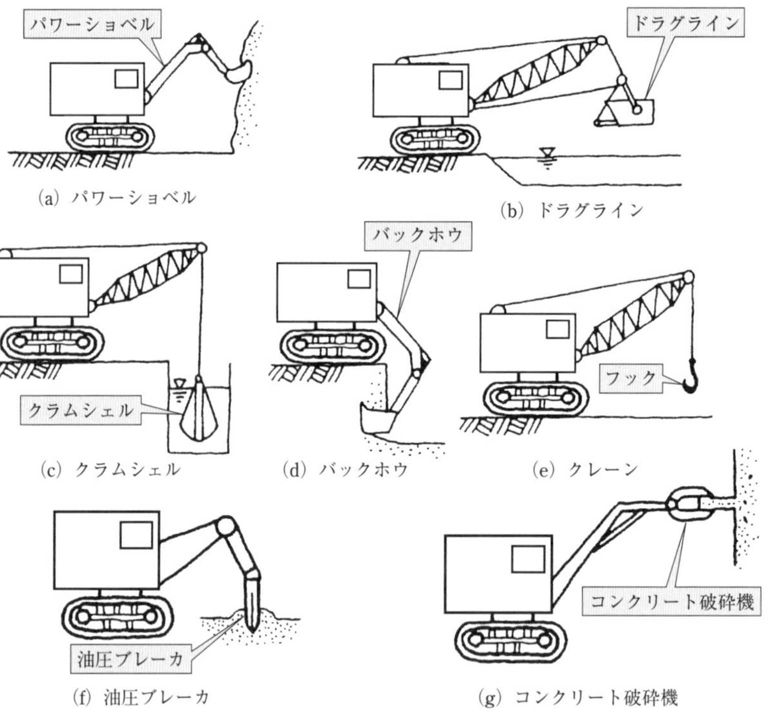

図２・３　フロントアタッチメントの種類

2・2・2　積込機械

積込機械は，本来の積込作業の他に，材料運搬，溝掘りなどの作業に使用される。

① **クローラ式（履帯式）トラクタショベル**：ブルドーザを基礎にしたものが多く，ブレードに代りバケットを取付けたものをいう。掘削力は劣るが，接地圧が低く軟弱地盤などでも走行性はよい。

② **ホイール式（車輪式）トラクタショベル**：走行速度が速く，機動性に富む。舗装道路でも路

面を傷付けることなく，自由に作業ができる。

③ **ずり積み機**：トンネル工事で，ずりをトロなどに積込む作業で使用する。走行方式で分類すれば，レール式とクローラ式およびホイール式になる。

2・2・3 運搬機械

(1) ブルドーザ

ショベル系掘削機と共に，建設機械の中心をなす。強力なけん引力によって，伐開除根作業，掘削・押土・集土・敷均し・締固めの各作業に使用される。一方，岩石の破砕作業などにも使用され，極めて利用範囲が広い。また，機械の大きさは車両総重量で表す。種類は下記のとおりである。

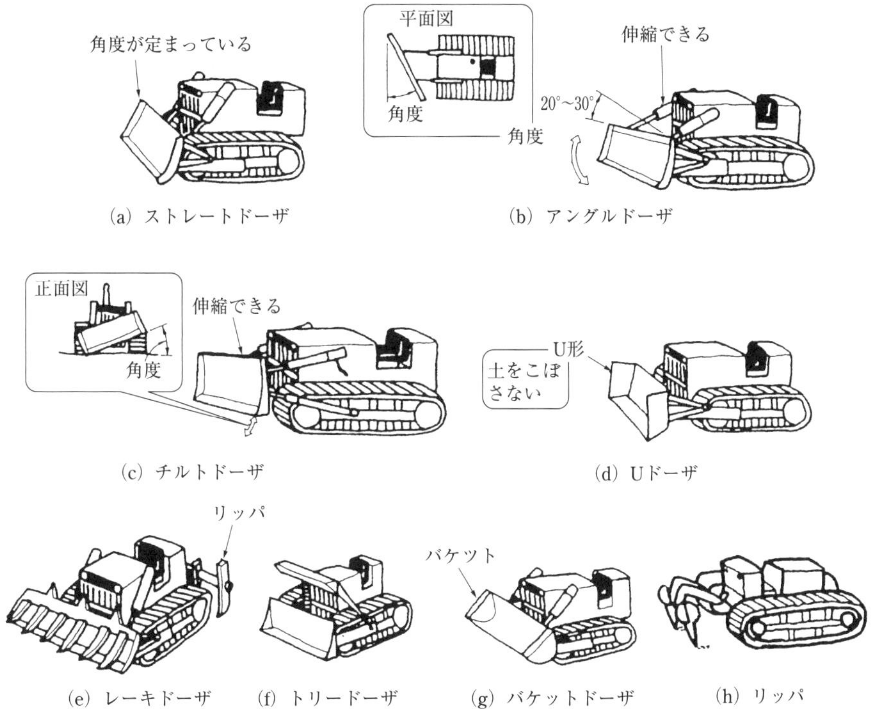

図2・4 ブルドーザの種類

① **ストレートドーザ**：進行方向に向かって，排土板（ブレード）を直角に取付けたもの。重掘削に適する。

② **アングルドーザ**：ブレード面が 20～30° 傾けて取付けられたもの。斜面掘削整地に用いられ，土砂の横方向の送りもできる。重掘削には適しない。

③ **リッパ**：トラクタの後方に付けて岩盤の掘削に用いる。

④ **チルトドーザ**：走行路面に対し，ブレードの左右の高さを変えて取付けたもの。溝掘り，切削，硬い土の掘削に用いる。

⑤ **U ドーザ**：ブレードをU型にし，土がこぼれないようにしたもの。土運搬の効率が上がる。

⑥　**トリードーザ**：立木の倒木，抜根用に用いる。

⑦　**バケットドーザ**：土砂の積込み，運搬に用いる。

⑧　**レーキドーザ**：伐開，岩石掘起こしに用いられる。

(2)　用語の説明

①　**最大けん引力**：ブルドーザの性能を表す重要な要素で，最大けん引力＝接地圧×車両重量。

②　**運転整備重量**：定められた仕様通りの装置をし，規定量の油，冷却水を入れ，燃料を満たんにして，オペレータ（55 kg）が１人乗った時の重量。

③　**接地圧**：$\text{平均接地圧 (kPa/m}^2) = \dfrac{\text{運転整備重量}}{\text{総接地面積}} = \dfrac{\text{全重量 (kN)}}{2 \times \text{履帯幅 (m)} \times \text{接地長 (m)}}$

④　**けん引出力**：車両のけん引力と移動速度を乗じた値で，１回の掘削押土を求める要素であるが，実作業では変動量が大きい。

(3)　スクレーパ

スクレーパは，掘削・積込み・運搬・まき出し・敷均しの各作業を１サイクルで行うことができ，しかも高速で多量に運ぶことができる。

種類としては，被けん引式と自走式（モータースクレーパ）がある。

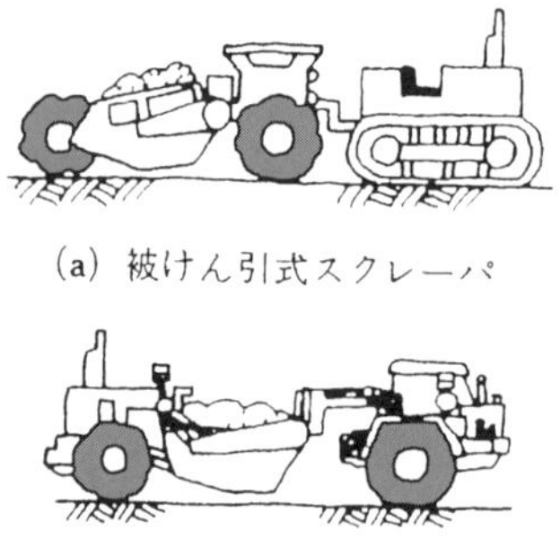

(a) 被けん引式スクレーパ

(b) 自走式スクレーパ

図２・５　スクレーパの種類

(4)　スクレープドーザ

スクレーパとブルドーザの両者の特徴を備えたもので，自走式とけん引式とがあり，前後に移動して作業ができる。狭い場所の敷均しに適している。

その大きさは，質量（t）で表す。

(5)　バケットホイールエキスカベータ

掘削用バケットを車輪に付けたバケットホイールエキスカベータは，大造成地の掘削機として使用する。

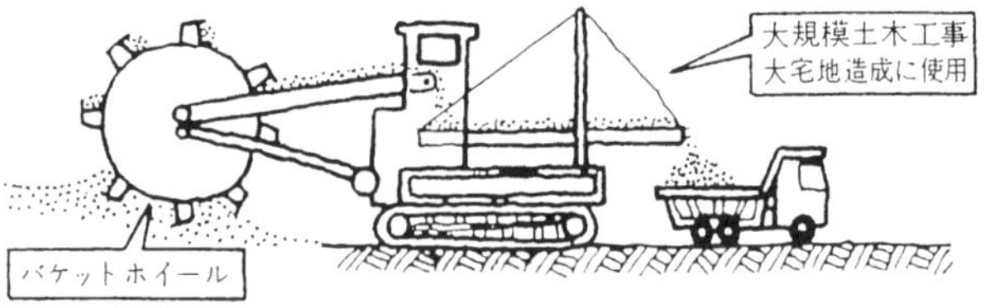

図２・６　バケットホイールエキスカベータ

(6)　ダンプトラック

ダンプトラックは，地形や天候に影響されず使用できる。普通ダンプトラックと重ダンプトラックとがあり，ダンプする方向によって，リヤーダンプ・サイドダンプ・ボトムダンプ・リフトダンプがある。ダンプトラックの大きさは，最大積載量で示すのが一般的である。

(7)　クレーン

クレーンには，自走式・軌道式・デリック式・タワー式などがあり，各々特徴を持っているので，作業内容に適した機種を選定する。**クレーンは，作業半径が大のとき，吊下げ荷重が小になる。**

①　**クローラクレーン**：ショベル系掘削機のアタッチメントを，クレーン用のブームに交換したもので，接地圧が低く，作業条件の悪い所でも作業できる。

②　**トラッククレーン**：ゴムタイヤなので高速移動ができ，機動性に富む。図２・７のように，

アウトリガ（車体安定用の足）で安定を図る。

③ **ケーブルクレーン**：2つの支柱間に架設したワイヤーを軌道とし，これにトロリーを走行させ運搬作業を行う。

④ **ジブクレーン**：組立・解体が容易で，大型から小型まで種類が豊富である。

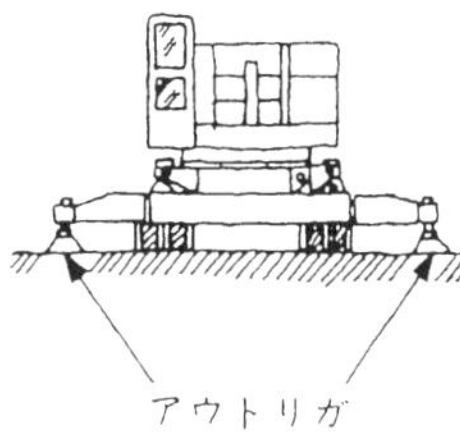

図2・7 アウトリガ

⑤ **デリッククレーン**：荷重容量・作業半径に優れ，経済性にも富む。

⑥ **タワークレーン**：高層建築物などの施工によく使用され，広い作業範囲を持ち高能率である。

2・2・4 敷均し機械

敷均し機械の中心はグレーダである。他の建設機械との違いは，長い軸距を持ち，作業装置がほぼ中央にあることである。前輪は左右に傾斜（リーニング装置）し，後輪はタンデムドライブ機構にして前後で揺動させる。大きさはブレードの長さで表す。モータグレーダは，自走移動のとき，ブレードを車輪外に出してはならない。

(1) モータグレーダの分類と構造

① **ブレードの長さによる分類**：3.7 m 級が大形，3.1 m 級が中形，2.5 m 級が小形に分類される。

② **作業動力の伝達方式による分類**：機械式と油圧式。

③ **駆動方式による分類**：後軸駆動前輪かじ取り方式と，前後輪駆動前後輪かじ取り方式がある。

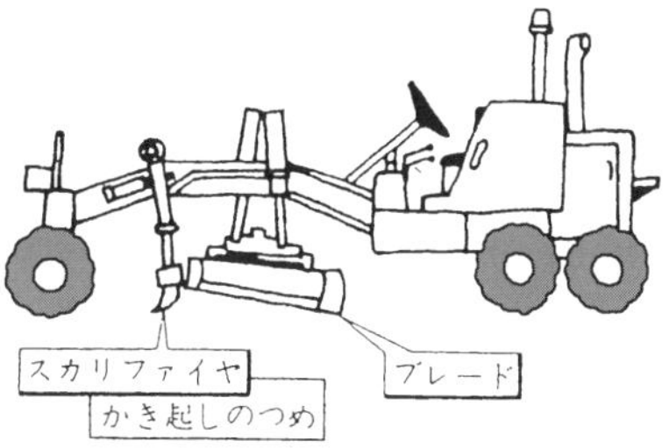

図2・8 モータグレーダの構造

(2) 構造の特徴と作業方法

① **リーニング装置**：前輪を左右に傾斜させることにより，作業中の直進性と旋回性をよくする。

② **ブレード線圧**：ブレード荷重をブレード幅で除した値（kN/m）

③ **スカリファイヤ荷重**：スカリファイヤを路面に押下げ，前輪が浮上するときにスカリファイヤにかかる荷重をいう。車両重量の 37% 程度である。

④ **ショルダリーチ姿勢**：ブレードを横に大きく突出した形で，路肩などに近寄れないときに行う。

⑤ **バックカット姿勢**：ブレードをグレーダの側上方に伸ばした形で，グレーダのある位置より上方ののり切りなどに用いる。

⑥ 地面の平滑仕上げ，敷均し整形，除雪などの作業に用いる。

2・2・5 締固め機械

材料を締固める目的は，土，コンクリート，アスファルトなどの強度を増加させ，安定な状態にすることである。ローラは質量（t）で表し，線圧は駆動輪が大きく案内輪の方が小さい。10～12 t のローラとは，10 t のローラに 2 t の質量（バラストという：水）を積込み，ローラの自重を 12 t までできることを示している。

(1)　締固め機械の種類

静的重力によるもの，動的重力によるもの，衝撃的重力によるものに大別される（図２・９）。

(2)　ロードローラ

① **マカダムローラ**：３個のローラを自動三輪車のように配置したもので，重量の加減ができる。案内軸は（１輪側）は駆動輪より線圧は低い。よって，アスファルト混合物を転圧施工するときは，線圧の大きい駆動軸を前にして初転圧する。

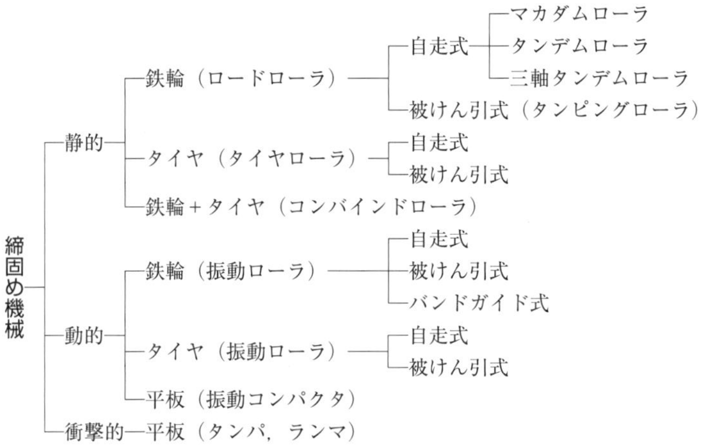

図２・９　締固め機械の種類

② **タンデムローラ**：車輪の配置が自転車のように前後（タンデム）になっている。マカダムローラより線圧が小さい。また，前後軸を独立して操向できる。アスファルト舗装の仕上げに用いる。

③ **三軸タンデムローラ**：全軸が自由に固定解放でき，平担性を高めた転圧ができる。

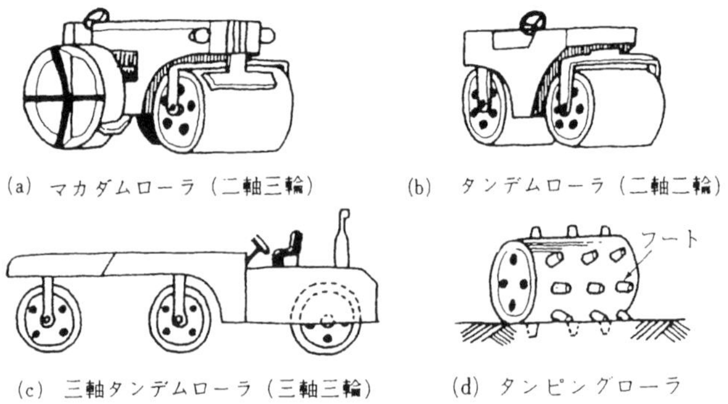

図２・10　ロードローラ

④ **タンピングローラ**：硬い粘土の締固めに用いる。シープスフート形，テーパフート形がある。

(3)　タイヤローラ・振動ローラ

タイヤローラは，空気圧の調節により，線圧の調節が出来，さらにバラストを加えて線圧を上げることもできる。したがって，空気圧を下げて比較的軟弱な粘土から空気圧を上げて砕石までの転圧に適する。

振動ローラは，ローラの自重不足を，振動力で補おうとする小型の機械である。砂利や砂質土の締固めに適する。

(4)　振動コンパクタ・タンパ・ランマ

振動コンパクタは，平板の上に直接起振機を取付けたもので，狭い場所で使用する。

タンパ・ランマは機械自体が飛び上ることによって，衝撃荷重を増加させて締固める。機構的にどちらも同じもので，砂質土に適し，軟い土には不向きである。

(5)　湿地ブルドーザ

鋭敏比の高い高含水比の軟弱粘性土地盤の締固めに用いられる。

2・2・6 土木機械のまとめ

土運搬作業に使用される機械は，運搬距離や運搬道路の条件によって違ってくる。表2・1に運搬距離と適用機械の標準を示す。

締固めをするとき，土質に応じた締固め機械を使用する。表2・2にその関係を示す。

表2・1 運搬距離と建設機械の関係

運搬機械の種類	適応する運搬距離
ブルドーザ	60 m 以下
スクレープドーザ	40～250 m
被けん引式スクレーパ	60～400 m
自走式スクレーパ	200～1,200 m
ショベル系掘削機 トラクタショベル ｝＋ダンプトラック	100 m 以上

（注1） 特殊な場合，トラクタショベルを100 m以下の掘削運搬に使用することがある。
（注2） 運搬距離が60～100 mの場合は現場条件に応じて，ブルドーザおよびダンプトラックなどを比較して使用するものとする。

表2・2 締固め機械と土質

締固め機械	土質
タンピングローラ	かたい粘土
ロードローラ	玉石～砂質土
タイヤローラ	れき質土～粘質土
振動ローラ	玉石～砂質土
振動コンパクタ	れき質土～砂質土
ランマ	れき質土～砂質土
ブルドーザ	玉石～砂質土
湿地ブルドーザ	やわらかい粘土

2・3 舗装用機械

頻出レベル
低■□□□□□高

学習のポイント

アスファルト舗装用機械とコンクリート舗装用機械の名称と特徴を把握する。

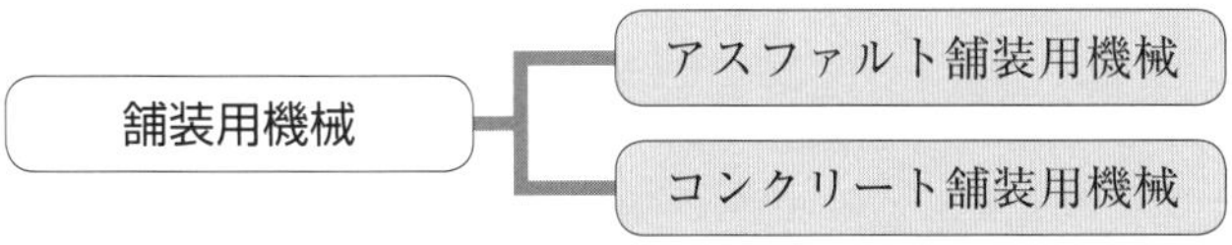

2・3・1 アスファルト舗装用機械

(1) アスファルトプラント

アスファルト混合材（合材）を製造する設備全般を**アスファルトプラント**という。製造工程において，骨材の供給，加熱，乾燥，ふるい分け，計量混合を一貫して行う。製造方式には，1バッチごとに材料を計量練上げる**バッチ式**と，連続的に容積計量を行う**連続式**とがある。アスファルトプラントの大きさは，強制混合能力（合材生産量）t/hで表す。小型25 t/h，中型30～70 t/h，大型70 t/h以上である。混合時間は40～50秒と，コンクリートのそれより短い。

(2) アスファルトフィニッシャ

アスファルトプラントから運搬されたアスファルト合材を路盤上に広げ，決められた厚さに敷均す作業を1工程で行う機械で，履帯（クローラ）式とタイヤ式がある。

(3)　アスファルトスプレッダ

小規模の舗装工事の敷均し作業に用いられる。

(4)　アスファルトスプレヤ，アスファルトディストリビュータ

主に人力によりけん引され，ノズルチップから散布するものをアスファルトスプレヤ，加熱用バーナ，アスファルトタンクを走行装置に付けて圧力散布する機械をアスファルトディストリビュータという。

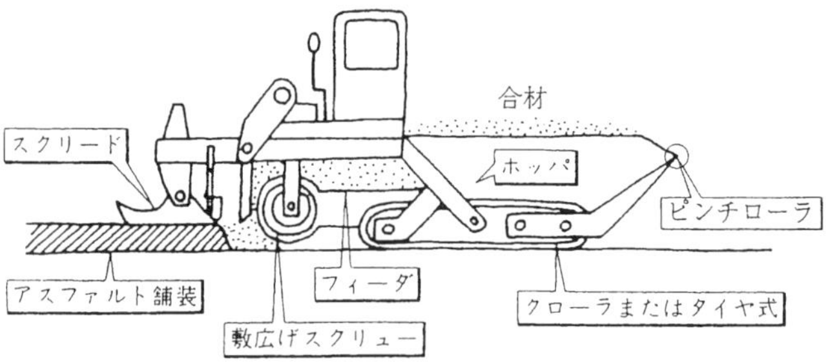

図2・11　アスファルトフィニッシャ

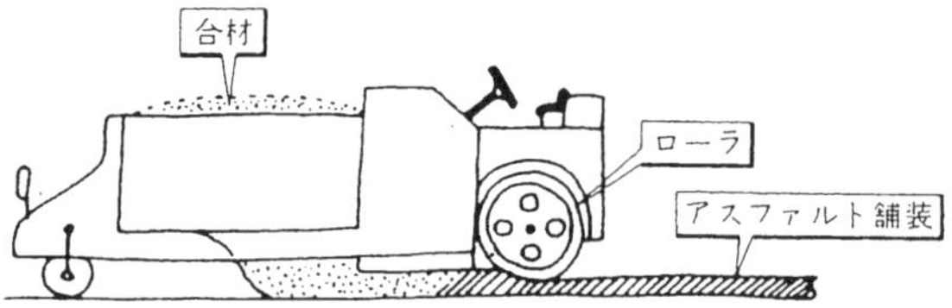

図2・12　アスファルトスプレッダ

2・3・2　コンクリート舗装用機械

セットホームタイプでは，敷均し・切均し・締固め，仕上げの各作業を一度に行うコンクリートフィニッシャと，敷均しと切均し作業を主に行うコンクリートスプレッダとに大別される。

(1)　コンクリートフィニッシャ

コンクリートフィニッシャは，コンクリート舗装の敷均し・切均し・締固め・荒仕上げの各作業を順次行う機械である。

(2)　コンクリートスプレッダ

舗装路盤上に落とされたコンクリートを，型枠のすみずみまで均一に敷均していく機械である。

(3)　スリップフォームペーバ

コンクリートフィニッシャはレールの設置など，施工上の作業が複雑である。これを簡素化するため路盤上をラインセンサーに従って直接移動できるスリップフォームペーバが開発され，大型工事に用いられる傾向がある。

(4)　セットホーム方式

舗装幅に合わせて路盤上の型枠レール上を走行し作業する。普通コンクリート版の施工に用いる。

施工管理法

3. 工程管理

工程管理は，工事着手から完了まで，日程はもちろん，施工状況をあらゆる角度から検討し，機械・労働力・資材などを最も効率的に活用することで，試験では，工程曲線の計画と管理，ネットワーク手法の基本などがよく出題される。

3・1 工程計画

頻出レベル
低■■■■■■高

学習のポイント

工程計画立案の目的，手順，留意事項，工程管理のサイクル，作業量の管理法，作業量の見積方法などを理解する。

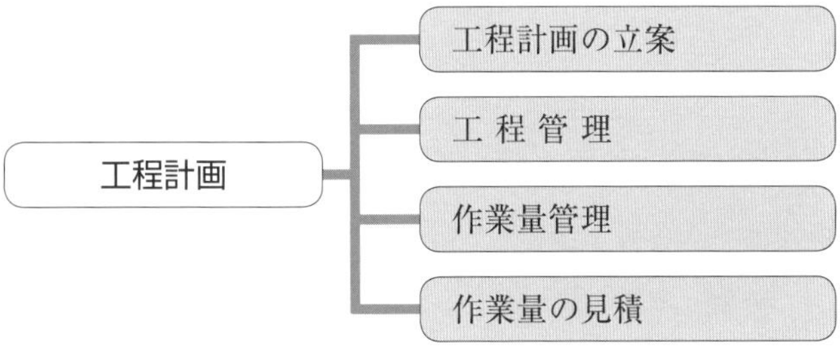
工程計画
工程計画の立案
工 程 管 理
作業量管理
作業量の見積

3・1・1 工程計画の立案

工程計画の立案は図3・1のような手順で行う。この際下記の点に注意する。

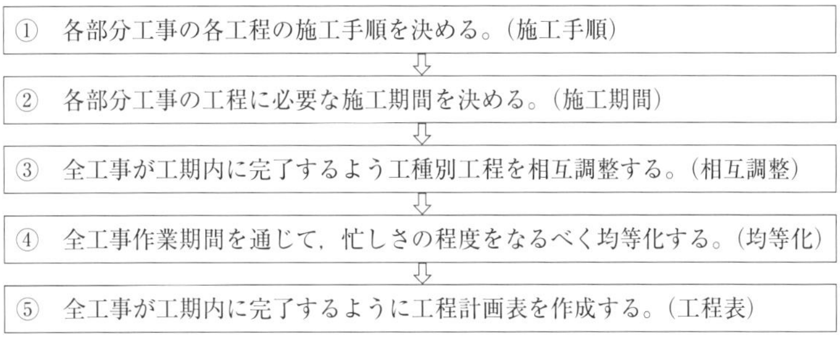
① 各部分工事の各工程の施工手順を決める。(施工手順)
② 各部分工事の工程に必要な施工期間を決める。(施工期間)
③ 全工事が工期内に完了するよう工種別工程を相互調整する。(相互調整)
④ 全工事作業期間を通じて，忙しさの程度をなるべく均等化する。(均等化)
⑤ 全工事が工期内に完了するように工程計画表を作成する。(工程表)

図3・1 工程計画の作成手順

① 約定工程は必ず再検討し，合理的な工程・工期とする。
② 仮設備は必要最小限とし，構造計算で安全を確認する。
③ 材料待ち，段取り待ちのないよう損失時間を最小にする。
④ 型枠支保工などは反復使用（転用）し，合理的な計画とする。
⑤ 全工程を通じて，忙しさを平均化して工程を合理化する。
⑥ 建設機械の組合せは，最大施工速度または正常施工速度で行う。
⑦ 土工の工程計画は，平均施工速度で行う。
⑧ 工事は最適速度で経済速度となり，この経済速度で施工量を最大限に増大させる。
⑨ フォローアップは早期に行い，原価の急増する突貫工事をできるだけ実施しないようにする。

⑩　フォローアップにより工期を短縮すると突貫工事となり，図3・2のように間接費は直線的に安く，直接費は急激に高くなり，全体として総建設費は急増する。

⑪　**工程の施工速度**は，図3・3のように，損益分岐点にあたる**採算速度以上とし**，変動原価は出来高に比例させる。

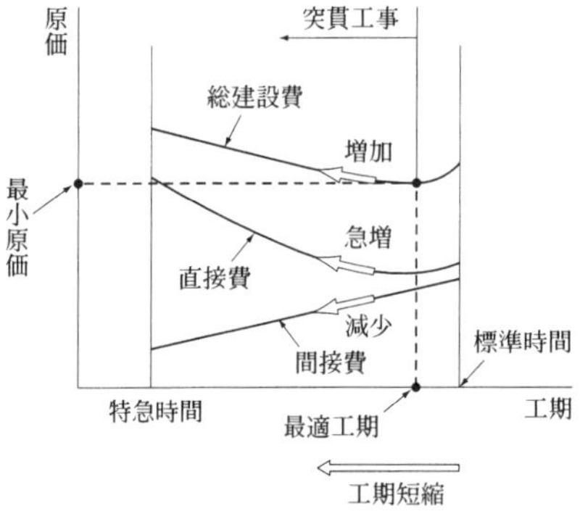

図3・2　CPM図

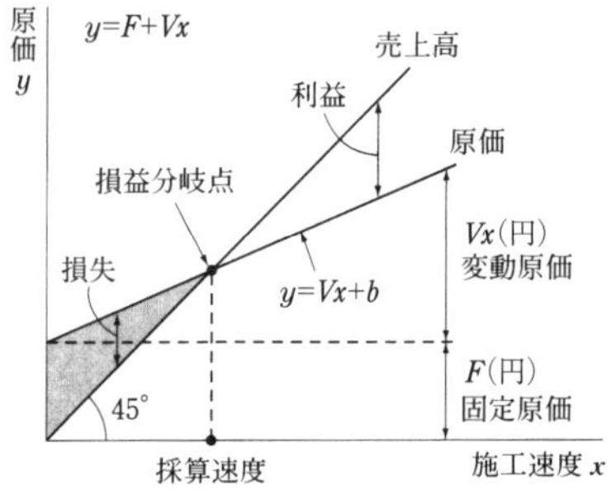

図3・3　採算速度

3・1・2　工程管理

工程管理とは，時間を基準として経済性・安全性を確保し，所要の品質を作りあげることである。一般に，工程管理は施工管理の基準となるもので，安全管理・品質管理・原価管理も同時に含まれた総合的な管理手段である。**工程管理**は図3・4に示すような**PDCAサイクル**に基づき，次の手順で行う。

①計画（Plan）：工程表を作成→**②実施**（Do）：実施し実績を上げる。→**③検討**（Check）：工程表の計画と実施の差異（遅れ）を算出→**④処置**（Act）：差異のあるとき，工程を短縮（フォローアップ）するため工程表を修正する。

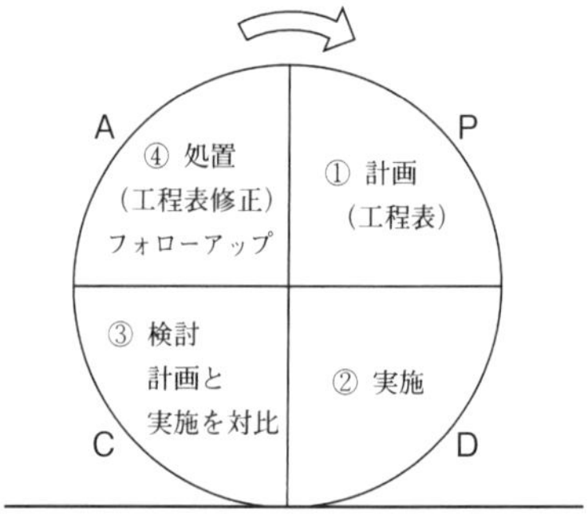

図3・4　工程管理のサイクル

この作業を繰り返し，常時工程管理を行う。

工程管理は，施工計画を立案し，計画を施工の面で実施する**統制機構**と，施工途中で計画と実績を評価し，欠陥や不具合があれば処置を行う**改善機構**に大別できる。

3・1・3　作業量管理

(1)　稼動率の向上

稼動率向上のために，悪天候・悪地質・天災など不可抗力的要因，災害事故や段取違いによるむだ，機械の故障，作業員が病気となる要因などの排除に努める。

(2)　作業効率の向上

作業時間の効率は作業時間効率で表す。作業量能率は，標準作業量と実作業量の割合である。

①　作業時間効率向上のため，指示の遅れによる手待ち時間の排除，組合せ機械の適正化，オペレータの訓練，労働意欲の向上などを考慮する。

② 作業量能力向上のため，施工環境の維持，施工段取の適正化，施工法と地質・地形の適正化，作業員の訓練，機械管理の適正化などを考慮する。

3・1・4　作業量の見積

（1） 作業可能日数の算定

作業の可能日数は，天候，定休日やその他の作業不可能な日数を，カレンダーによる日数から差引いて求める。1日当りの作業時間は，法律の規制などを調べ，事前に把握する。また，実際の作業量も，地形・地質によって大きく変わるので，十分に現地調査を行い，1日当りどれぐらいの量が施工できるか，作業能率や作業効率を正確に見積ることが大切である。工事に必要な所要日数は，全工事量を1日平均施工量で割って求める。その関係を次式に示す。

$$作業可能日数 \geqq 所要作業日数 = \frac{全工事量}{1日平均施工量}$$

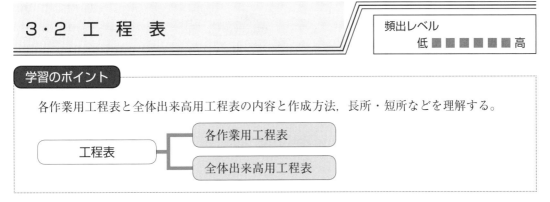

3・2　工　程　表

頻出レベル
低 ■■■■■■ 高

学習のポイント

各作業用工程表と全体出来高用工程表の内容と作成方法，長所・短所などを理解する。

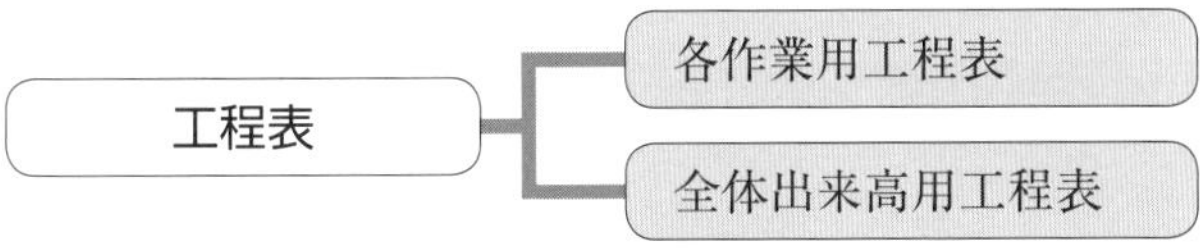

工程表は，時間を基軸に，平均施工速度を基本として工事の進捗を表示したものである。作業の流れや手順を示したり，時間ごとの出来高を確認するために用いられる。工程表の工程を管理することで，工事の無駄を除き，経済的な効果を上げられる。**工程表**は，各作業用と，全体出来高用に分類される。

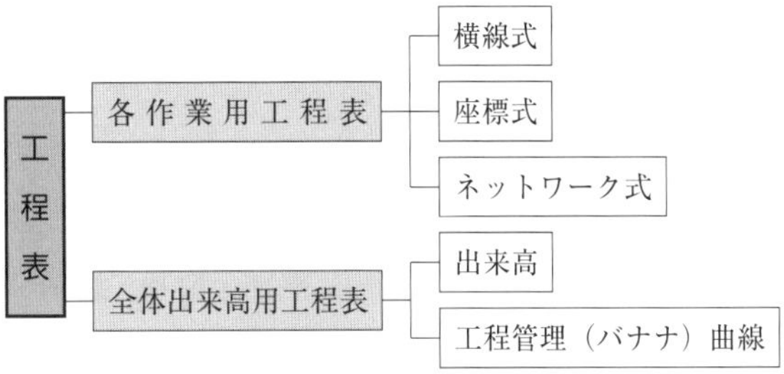

図3・5　工程表の分類

各作業用工程表では，作業の手順や作業の相互関係，各作業の完成率などを求めることができるが，作業量を工事全体の立場から把握することができない。一方，全体出来高用工程表は全体の進み具合を把握することはできるが，各作業の完成率や各作業の手順，相互関係はわからない。そこで，**工程管理**には，工事規模により各作業工程表と全体出来高用工程表とを1種ずつ組合せ，2枚1組として用いるのがよい。

3・2・1　各作業用工程表

(1)　横線式工程表

横線式工程表は，縦軸に工種，横軸方向に棒状に進捗状況を表現した各作業用工程表である。

① **ガントチャート工程表**：
縦軸に工種，横軸に完成率を取って描いたもので，各工種の完成率だけがわかる。

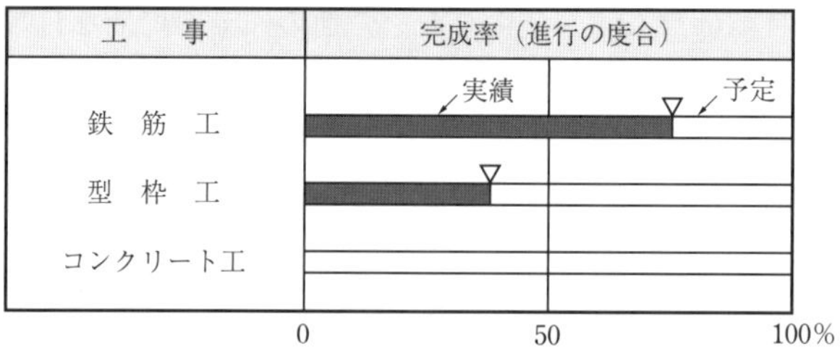

図3・6　ガントチャート工程表作成手順

② **バーチャート工程表**：
ガンチャートの横軸の完成率を工期に置換えているので，各作業の工期が明確に解る。ただし，作業の相互の関係が漠然としている。また，工期に影響する作業は不明である。

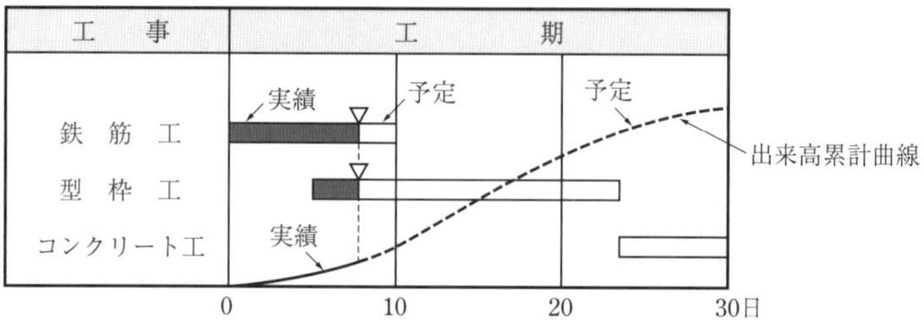

図3・7　バーチャート工程表と出来高累計曲線

一般にバーチャート工程表は出来高累計曲線工程表と組合せて利用される。工程表の作成も容易で，中小規模の工程表として用いる。

(2)　座標式工程表

縦軸と横軸をグラフとして表示する各作業用工程表で，**グラフ式**と**斜線式**がある。斜線式工程表を単に座標式工程表ということがある。

① **グラフ式工程表**：各作業の完成率を縦軸とし，横軸を工期として，図3・8のグラフのようにした各作業用の工程表である。バーチャートより更に単純で，工種の少ない小規模工事の工程管理に用いる。

② **斜線式工程表**：区間の定められているトンネル工事，道路工事などの工種の少ない線上構造物の施工に用いる。横軸に距離を取り，縦軸に工期を取った座標により表現することから，**座標式工程表**ということもある。

例えば図3・9において，斜線の勾配が緩いほど作業の進度が速く，急なほど作業の進度が遅いことを示している。また，インバートコンクリート工のグラフのように勾配が逆の場合は，終点側から出発点側に向けて作業をしていることを示している。

(3)　ネットワーク式工程表

各作業用工程表の1種で，各作業の開始と完了を1つの要素として，この要素を網の目状（ネットワーク）にまとめたものである。工程表の作成は熟練を要するが，弾力的に表現できる。

① **各作業要素の表示**：図3・10のように，出発点の**イベント**○（結合点），**矢線**（アロー），終点のイベント○で表現し，矢線上に作業名，矢線下に作業日数（**デュアレーション**）を書き入

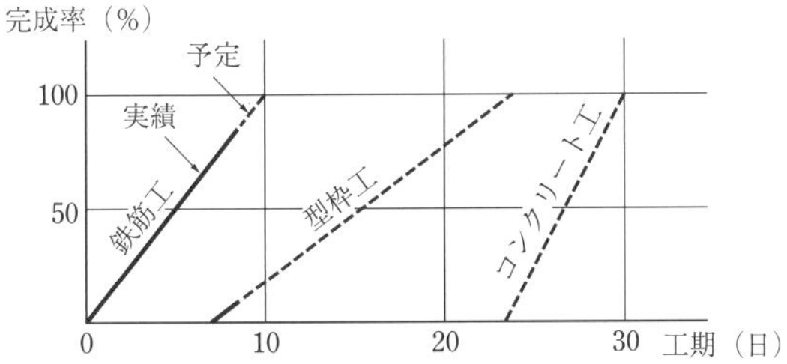

図3・8 グラフ式工程表

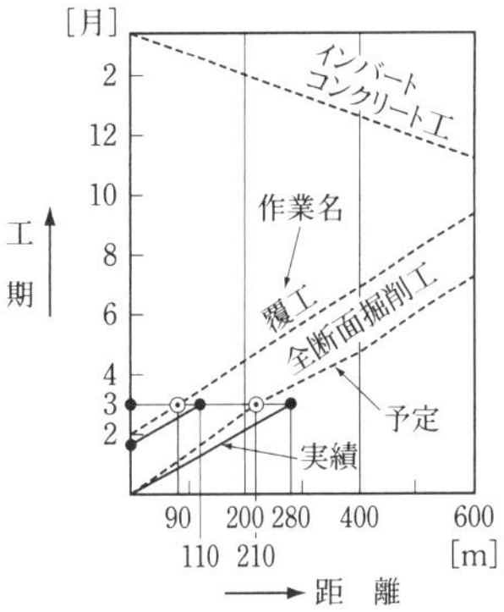

図3・9 斜線式工程表

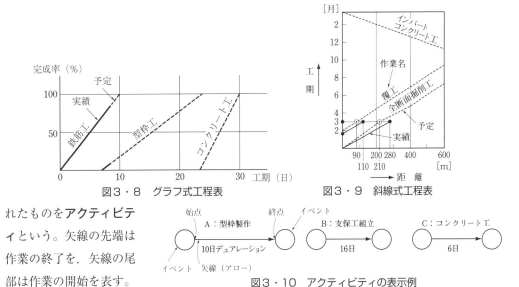

れたものを**アクティビティ**という。矢線の先端は作業の終了を，矢線の尾部は作業の開始を表す。

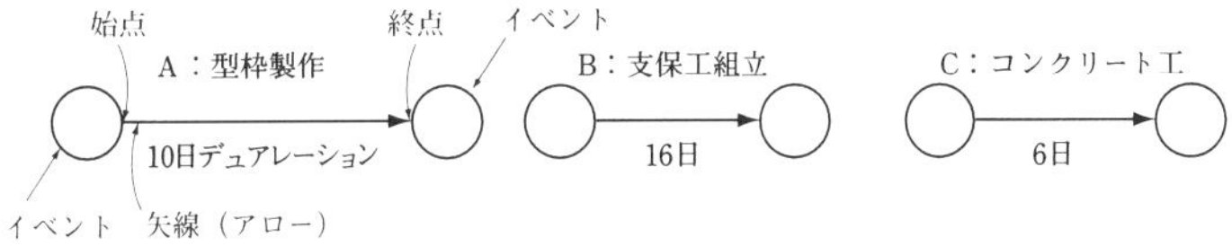

図3・10 アクティビティの表示例

② **ネットワークの作成**：型枠を製作し，支保工組立を行い，コンクリートを打設するまでのネットワークを表してみる。

施工手順から先行作業，後続作業，同時に行える並行作業の3つの作業の相互関係を明確にし，作業A，B，Cの各アクティビティを結び付ける。図3・10の場合，作業A「型枠製作」と作業B「支保工組立」は同時に並行して行えるが，作業C「コンクリート工」は，型枠製作と支保工の組立が完了しなければ打込めない。したがって，作業A，Bは並行作業，作業Cは，作業A，Bの後続作業という。図3・11(a)のように，作業A，B，Cを順に並べ，イベントを重ねてまとめると図3・11(b)のようになる。**イベント番号**は矢印の方向に向かって順次1，2，3のように大きくなるよう記入する。

③ **ネットワーク式工程表の作成**：図3・11のイベントをまとめた図を，コンピュータ処理するとき，作業Aは1―2，作業Bが1―2，作業Cは2―3と表され，作業AとBの区別ができなくなる。このため，区別できない並行作業のある場合は，擬似（ダミー）の作業（作業日数0日）を用いてイベント数を増す。図3・12のように並行作業に**ダミー（擬似矢線）**を挿入して，ネットワーク式工程表を完成させる。このとき，矢線の長さを作業日数に比例して表す必要はない。

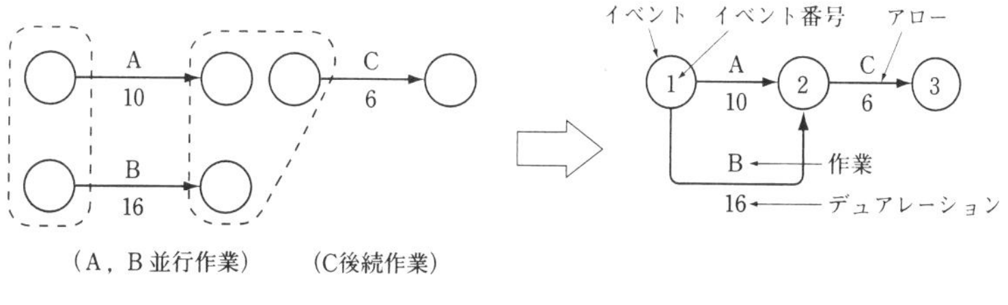

(a) 作業順に並べる　　(b) イベントをまとめた図

図3・11 ネットワーク作成の手順図

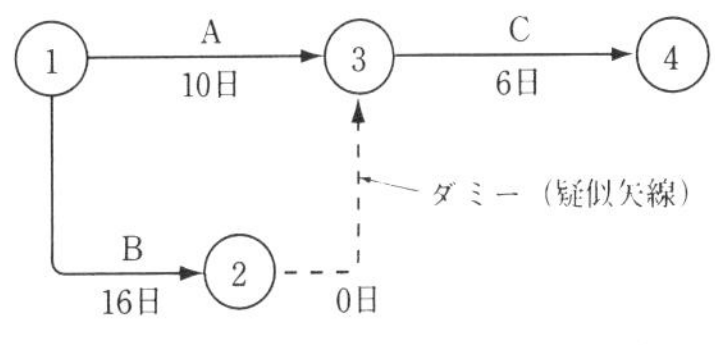

図3・12 ネットワーク式工程表

ここで，作業Aは1―3，作業Bは1―2，作業Cは3―4，ダミーは2―3として，各作業を表現できる。これでネットワーク工程表が完成する。

図３・12において，始点のイベント①から終点イベント④までを結ぶ経路を**パス**という。図３・12では２本のパスⅠ，Ⅱがある。パスⅠは①→③→④で10＋6＝16日，パスⅡは①→②→③→④で16＋0＋6＝22日かかり，パスⅡが**最長経路**となる。これを**クリティカルパス**という。

パスⅡ－パスⅠ＝22－16＝6日となり，パスⅠには6日間の**余裕（フロート）**があるという。

ネットワーク式工程表は，各作業の順序がパスとして明確に解るため，複雑な工事や工期の厳しい工事に用いられる。工期，作業の相互の関係や，余裕のない作業（クリティカルパス）を明確にすることができ，重点管理すべき作業を明確にすることができる。また，横線式工程表と比較し，弾力的な表示ができるが，作成には熟練を要し，コンピュータ処理の経費がかかる。

３・２・２　全体出来高用工程表

(1)　出来高累計曲線工程表

全体出来高用工程表の１種で，縦軸に工事全体の出来高（出費金額の百分率）(%)，横軸に工期（%）を取り，曲線で出来高を表す。作業全体から見ると，工期を初期・中期・終期の３期に分け，初期は段取，準備で出来高が抑えられ，中期は出来高が伸び，終期は仕上げ，撤去で出来高が抑えられる。

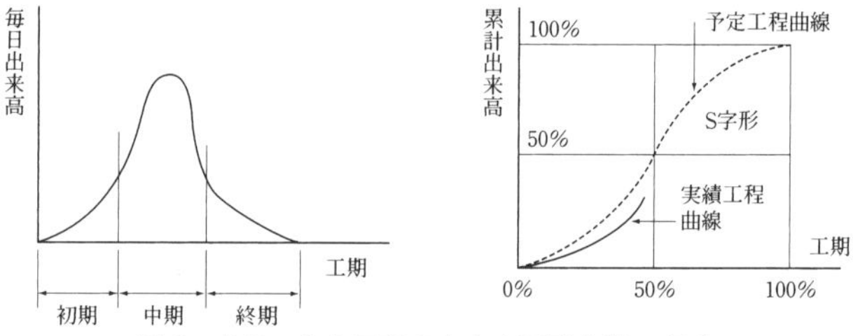

図３・13　土木工事の出来高累計曲線工程表

土木工事では図３・13のように吊鐘状となるのが望ましい。この出来高を工期全体に累計して表すと，理想的な予定工程曲線はＳ字形となる。

(2)　工程管理曲線工程表

① **工程管理曲線工程表**：工程管理曲線工程表は，全体出来高用工程表の一種で，縦軸に累計出来高（%），横軸に工期（%）を取る。経済的にかつ工期通りに工事を完了できる累計出来高の許容範囲を示したものである。

図３・14のように，上方許容限界線と下方許容限界線との範囲内にあるとき，おおむね工期，品質および経済性が確保されている。

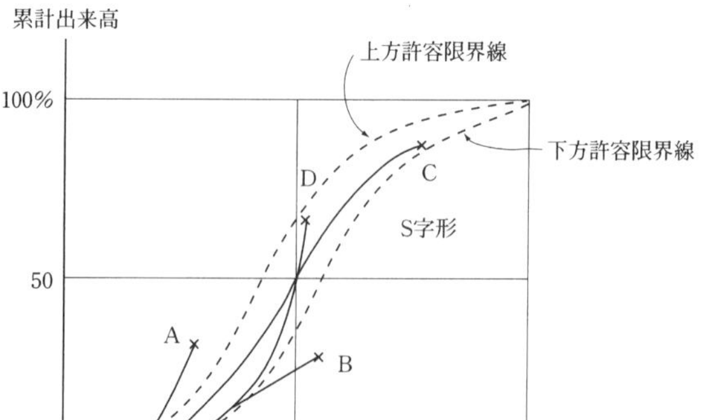

図３・14　工程管理曲線工程表

工程管理曲線はバナナの形から連想して**バナナ曲線**ともいわれている。

② **工程管理曲線の読み方**：図３・14の工程管理曲線工程表に示した，A，B，C，Dの点に工

程がある場合には，工事には次の問題がある。

ⓐ　A点は，上方許容限界線を超えていて，工程にむり，むだが発生しており，非常に不経済である。工程を早急に見直し，施工速度を適正化する。

ⓑ　B点は，下方許容限界線を下回っていて，工程を元に戻す必要がある。本体工事の日程短縮のため，突貫工事を行う。

ⓒ　C点は，工期の終期にきて下方許容限界線に近づいており，各作業の見直し，突貫作業の準備をしておく。

ⓓ　D点は，中期において，出来高が必要以上に伸びており，工事量の平均化がくずれ，むり，むだが発生している。中期の急激な出来高を緩やかなものとする。

3・2・3　工程表の総まとめ

主な工程表の特徴の比較を表3・1に，工程表の長所，短所を表3・2に示す。

表3・1　工程表別の特徴

表　示	ガントチャート	バーチャート	ネットワーク	曲　線　式
作業の手順	不　明	漠　然	**判　明**	不　明
作業に必要な日数	不　明	**判　明**	**判　明**	不　明
作業進行の度合	**判　明**	漠　然	**判　明**	**判　明**
工期に影響する作業	不　明	不　明	**判　明**	不　明
図表の作成	**容　易**	**容　易**	複　雑	やや難しい
短期工事・単純工事	**向**	**向**	不　向	**向**

3・3　ネットワークの作成と利用

頻出レベル
低 ■■■■■■ 高

学習のポイント

ネットワークの作成法，クリティカルパス，最早開始時刻，最遅完了時刻，余裕等の用語の内容および求め方を把握する。

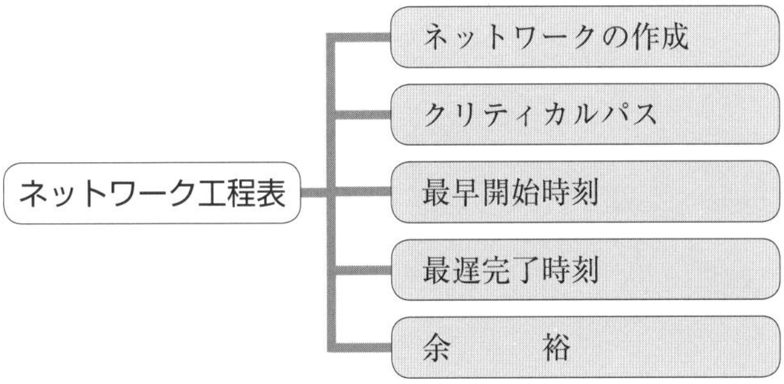

3・3・1　ネットワークの作成

場所打杭をつくる工程をネットワークにしてみる。

(1)　作業手順表の作成

1) 場所打杭をつくる作業群は，次のとおりである。

①A：準備工（5日），②B：地盤掘削工（4日），③C：鉄筋籠工（6日），
④D：コンクリート工（1日）

表3・2　作業手順表

先行作業	作業名	作業日数（日）	後続作業
——	A：準備工	5	B，C
A	B：地盤掘削工	4	D
A	C：鉄筋籠工	6	D
B，C	D：コンクリート工	1	——

2) 作業の順序は，まず準備工を行い，その後地盤掘削工と鉄筋籠工を並行して行う。地盤掘削工と鉄筋籠工が共に終了してから，掘削孔に鉄筋籠を投入し，コンクリートを打設する。表3・2に作業手順と作業日数を示す。

(2)　ネットワークの作成

表3・2からネットワーク作成の手順を示すと次のようになる。

①　最初の作業Aを表示。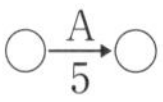

②　作業Aの後続作業B，Cは並行作業として表示する。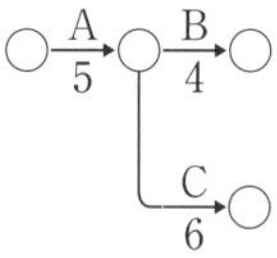

③　作業B，作業Cの後続作業を表示。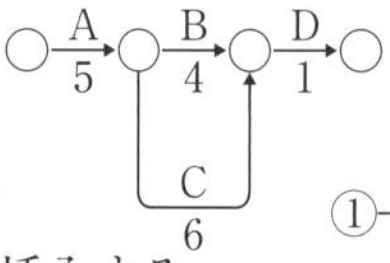

④　作業B，作業Cが並行作業で正しい表示になっていないので，ダミーを挿入する。そして，順位イベントの番号を記入する。

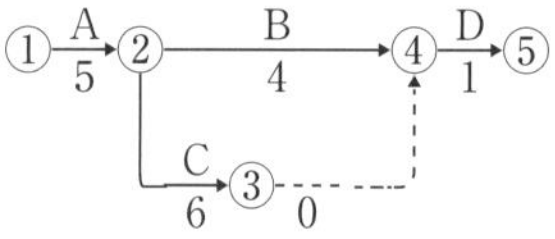

3・3・2　クリティカルパス

作業開始の**アクティビティ**から作業終了のアクティビティまでの作業経路を**パス**といい，パスの所要日数は，パス上のアクティビティの作業日数を累計して求める。この**最長所要日数のパスがクリティカルパス（最長経路）**で，この所要日数が工期になる。

(1)　クリティカルパスの求め方

図3・15のクリティカルパスを求める。

⓪～⑦までのパスは5つ。

パス1　⓪ $\xrightarrow[1]{A}$ ① $\xrightarrow[3]{B}$ ② $\xrightarrow[8]{E}$ ④ $\xrightarrow[6]{H}$ ⑥ $\xrightarrow[1]{J}$ ⑦ ＝19日

パス2　⓪ $\xrightarrow[1]{A}$ ① $\xrightarrow[3]{B}$ ② $\xrightarrow[5]{D}$ ③ $\xrightarrow[4]{F}$ ④ $\xrightarrow[6]{H}$ ⑥ $\xrightarrow[1]{J}$ ⑦ ＝20日

パス3　⓪ $\xrightarrow[1]{A}$ ① $\xrightarrow[3]{B}$ ② $\xrightarrow[5]{D}$ ③ $\xrightarrow[3]{G}$ ⑤ $\xrightarrow[2]{I}$ ⑥ $\xrightarrow[1]{J}$ ⑦ ＝15日

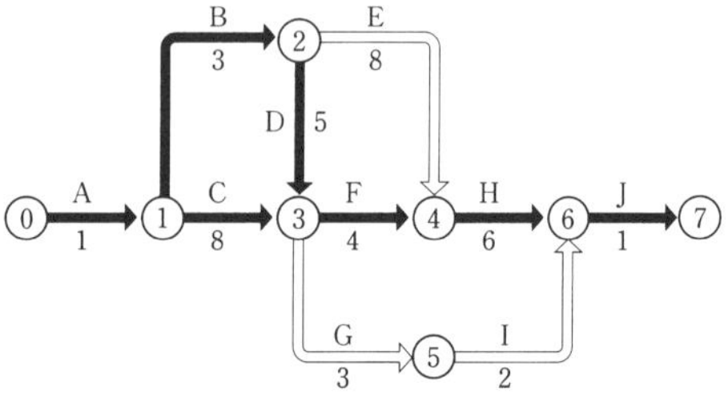

図3・15　ネットワーク

パス4　⓪$\xrightarrow[1]{A}$①$\xrightarrow[8]{C}$③$\xrightarrow[4]{F}$④$\xrightarrow[6]{H}$⑥$\xrightarrow[1]{J}$⑦＝20日

パス5　⓪$\xrightarrow[1]{A}$①$\xrightarrow[8]{C}$③$\xrightarrow[3]{G}$⑤$\xrightarrow[2]{I}$⑥$\xrightarrow[1]{J}$⑦＝15日

以上から，クリテカルパスはパス2と4で，その工期は20日となる。したがって，パス2と4上の各作業が**重点管理作業**である。

(2)　余裕作業

クリティカルパスを基準にすると，各パスの**余裕日数（フロート）**は，次のようになる。

図3・15のネットワークについては，工期20日を基準とすると，

パス1は，所要日数19日，余裕日数20－19＝1日。パス2，4はクリティカルパスで0日。

パス3，5は所要日数15日，余裕日数20－15＝5日。

このように，クリティカルパスは，余裕日数のないパスで，その経路上の作業はすべて余裕日数のない重点管理作業となる。

3・3・3　最早開始時刻の計算

材料や作業員がいつ必要になるかを明確にすることで，工事の調達計画は立案できる。各作業を最も早く行える日程（時刻）を定める必要がある。この時刻を**最早開始時刻**という。

(1)　最早開始時刻の計算

最早開始時刻は，次の作業が最も早く開始できる時刻で，本書では○で表示する。図3・16のように，コンクリート工を開始する時刻は，掘削工，鉄筋籠工の並行作業が共に終了した後になる点に注意が必要である。

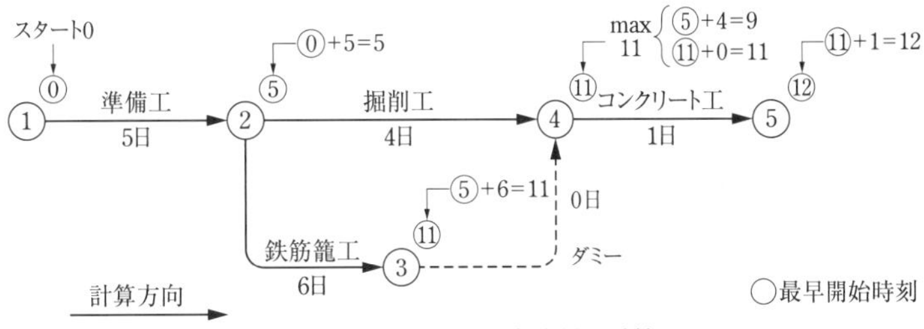

図3・16　最早開始時刻の計算

準備工は，最早開始時刻0（出発点）から始まり，5日間を加えてイベント②に矢線が流入する。このときイベント②に流入する矢線は①→②の1本だけなので，最早結合時刻⑤を最早開始時刻とする。この5日以降が，掘削工と鉄筋籠工の作業の開始できる時刻になる。

イベント③については，鉄筋籠工を最早開始時刻⑤から始めて，6日間作業するので，最早結合点時刻は⑤＋6＝11日になる。このとき，矢線は②→③1本なので，最早結合時刻11日が最早開始時刻となる。イベント④については，掘削工を最早開始時刻⑤から始めて4日間作業すると，最早結合点時刻は⑤＋4＝9日となる。一方，ダミー③→④も1つの作業と考え，最早開始時⑪日から0日作業すると，ダミーの最早結合点時刻は⑪＋0＝11日となる。イベント④には2つの矢線②→④，③→④が流入しているので，最早結合点時刻が9日と11日の2つある。最早結合点時刻の最大値を**最早開始時刻**という。したがってイベント④の最早開始時刻は⑪となる。

イベント⑤については，コンクリート工を最早開始時刻から始めて1日間作業すると⑪＋1＝12

日となり，流入する矢線が④→⑤の1本だけなので，最早結合点時刻12日が最早開始時刻⑫となる。イベントに流入する矢線が複数あるとき，最早開始時刻は，流入した最早結合点時刻のうち，最大の値をとる。矢線が1本しか流入してないときは，流入した最早結合点時刻が最早開始時刻と等しくなる。そして，最終イベント⑤の最早開始時刻は，ちょうど工期になる。

3・3・4　最遅完了時刻の計算

土木工事で最も注意すべきことは，約定された工期までに工事を完了させることである。ネットワークはそのために用いる。各作業が何日から始められるかよりも，遅くても何日までに完了しておかなければならないかを理解することが大事である。この遅くても完了すべき時刻を最遅完了時刻という。最遅完了時刻は，工期に間に合うぎりぎりの時刻のことである。

最終イベントの最遅完了時刻は工期に等しく，順次，イベント番号の大きい方から小さい方に向けて所要日数を差引いて計算する。

複数の矢線が流出しているイベントでは，複数の矢線の最遅結合点時刻を求め，その中の最小値を最遅完了時刻とする。最遅完了時刻を，本書では右肩に□で表記する。図3・17において，最遅完了時刻の計算をイベント⑤，④～①の順に行う。

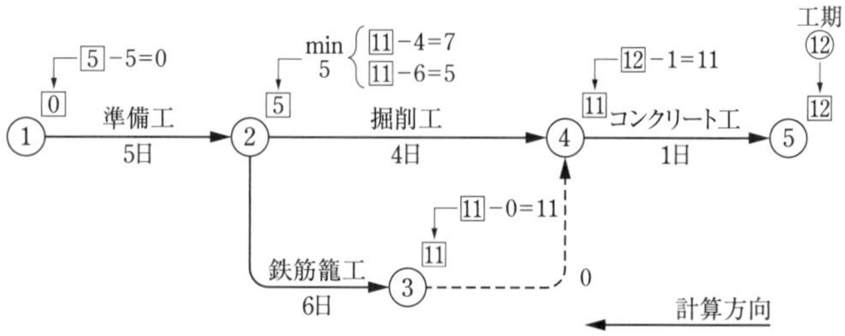

図3・17　最遅完了時刻の計算

イベント⑤最遅完了時刻　工期12を記入→$\boxed{12}$

イベント④最遅完了時刻　$\boxed{12}-1=\rightarrow\boxed{11}$

イベント③最遅完了時刻　$\boxed{11}-0=11\rightarrow\boxed{11}$

イベント②最遅結合点時刻　$\boxed{11}-4=7$，または$\boxed{11}-6=5$,

したがって最小値$\boxed{5}$を最遅完了時刻とする。イベント①最遅完了時刻　$\boxed{5}-5=0\rightarrow\boxed{0}$

イベント①の最遅完了時刻が0にならなければ，計算ミスがある。

3・3・5　余裕の計算

ネットワークにおける各作業には，余裕日数（フロート）のあるものと，まったく余裕のない作業がある。作業の余裕には，遅れても他の作業にまったく関係しない**自由な余裕**（**フリーフロート**，FFと表記）と，その次に行う作業に受渡すことのできる**干渉余裕**（**インターフェアリングフロート**，IFと表記）とがある。また，FFとIFの和を**総余裕**（**トータルフロート**，TFと表記）といい，FF，IF，TFの間には，TF＝FF＋IFの関係が成り立つ。

TF＝$\boxed{14}$－(⑨＋2)＝[3]　最早開始時刻で始め最遅完了時刻で終わるときの余裕

FF＝⑬－(⑨＋2)＝(2)　最早開始時刻で始め次の作業を最早開始時刻で始めるときの余裕

IF＝$\boxed{14}$－⑬＝〈1〉　次の作業を最早開始時刻で始めるまでの余裕

図3・18　作業Kの余裕計算

4. 安全管理

安全管理では，管理体制，足場構造の安全規定，クレーンの安全対策，車両系建設機械の作業と危険防止対策，掘削工事の災害防止対策，職業性疾病の予防，酸素欠乏症など防止関係規定などがよく出題される。

4・1　現場の安全管理

頻出レベル
低 ■■■■■■ 高

学習のポイント

労働災害の発生状況，安全衛生管理体制，作業主任者の選任を要する作業，元方事業者が講ずべき措置，労働者の健康管理の内容などを理解する。

- 職場の安全管理
  - 労働災害発生状況
  - 労働安全衛生管理

4・1・1　労働災害発生状況

建設業の労働災害による死亡者は平成 20 年以前の 450 名余りに比較すると若干減少傾向にはあるが，平成 30 年においても，なお 309 名の尊い命が失なわれている。その内，土木工事における死亡者は，平成 29 年度，30 年度でも 36%～38% を占めている。

表 4・1 に建設業における死亡災害の工事の種類および土木工事については，災害の主な種類別発生状況を示す。(出典：建設業労働災害防止協会)

土木工事における死亡災害の発生原因は手すり先行足場の採用により死亡者の絶対数は減ったとはいえ，墜落が 1 番で全体の 27～28% を占めている。

これに，**建設機械等**による災害および**飛来・落下**を加えたものが建設業の 3 大災害といわれていたが，近年では，建設業でも**交通事故**による死亡者も増加しており，年によっては，発生原因の 2～3 位になっている。

表 4・1　建設業における死亡災害数

工事＼年度		H 27 年	H 28 年	H 29 年	H 30 年	R 1 年
土木工事	墜落	19	26	35	30	23
	飛来落下	20	13	9	12	10
	土砂崩壊	7	9	9	7	18
	自動車等	9	18	22	15	12
	建設機械等	28	16	24	24	17
	その他	24	18	24	23	10
	計	107	100	123	111	90
建築工事		149	140	137	139	125
合　計		256	240	260	250	215

4・1・2　労働安全衛生管理

(1)　安全衛生管理体制

労働災害を防止するためには組織として防止対策を行う安全管理体制が必要不可欠となる。法律（労働安全衛生法）においても，図4・1に示すように安全衛生管理組織を確立するように定めている。図4・1(c)において，ずい道，圧気工法および人口が集中している地域内で道路上（鉄道の軌道上）または道路（軌道）に隣接した場所で行う橋梁工事では30人以上で同様の体制を組む。

衛生管理者の職務は，総括安全衛生管理者の業務のうち衛生に関する技術的事項について管理することである。

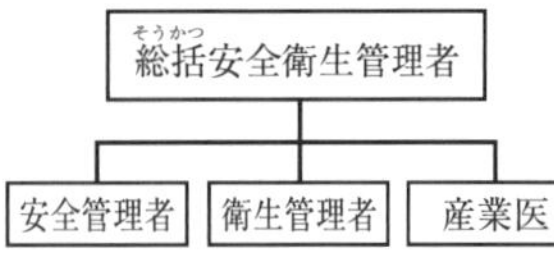

(a) 単一企業100人以上の事業場

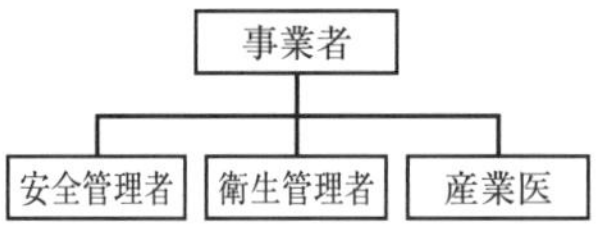

(b) 単一企業50人以上の事業場

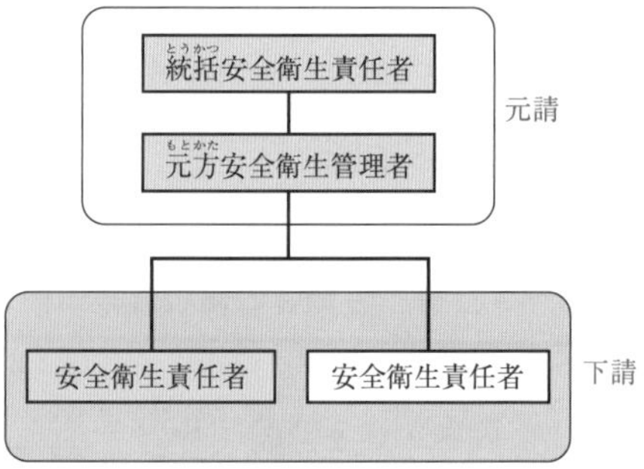

(c) 元請・下請合わせて常時50人以上の事業場

図4・1　安全衛生管理体制

(2)　元方事業者が講ずべき措置

特定元方事業者は，その労働者および関係請負人の労働者の作業が同一の場所において行われることによって生ずる労働災害を防止するため，次の事項に関する必要な措置を講じなければならない。

① 協議組織の設置および運営を行うこと。

② 作業間の連絡および調整を行うこと。

③ 作業場所を巡視すること。（毎日1回以上）

④ 関係請負人が行う労働者への安全または衛生のための教育に対する指導および援助を行うこと。（**関係請負人の労働者への教育は**関係請負人が行う。）

(3)　作業主任者の選任

事業者は労働災害防止のため，特殊な経験を必要とする作業，および何人かで共同して行う作業では，作業員の指揮などを行う**作業主任者**を選任しなければならない。作業主任者は，作業の区分に応じて労働局長の免許を有する者か，労働局長またはその指定する者が行う技能講習を修了した者の中から選任しなければならない。

作業主任者の選任を要する作業を表4・2に示す。**作業主任者の主な業務**は次のとおりである。

① 作業の方法を決定し，作業を直接指揮すること。

② 材料の欠陥，器具・工具・墜落制止用器具・保護帽などを点検し，不良品を取除くこと。

③ 墜落制止用器具など，保護帽の使用状況を監視すること。

(4)　安全衛生教育

従業員の知識・技能の欠陥によって起こる災害を防止するため，事業者は作業員に対して，次のような場合には，**安全衛生教育を実施**することが義務付けられている。

表4・2 作業主任者の選任を必要とする作業

名　称	選任すべき作業
高圧室内作業主任者（免）	高圧室内作業
ガス溶接作業主任者（免）	アセチレンなどを用いて行う金属の溶接・溶断・加熱作業
コンクリート破砕器作業主任者（技）	コンクリート破砕器を用いて行う破砕作業
地山掘削作業主任者（技）	掘削面の高さが2m以上となる地山掘削作業
土止め支保工作業主任者（技）	土止め支保工の切梁・腹起しの取付け・取外し作業
型枠支保工の組立等作業主任者（技）	型枠支保工の組立解体作業
足場の組立等作業主任者（技）	つり足場，張出し足場または高さ5m以上の構造の足場の組立解体作業
鉄骨の組立等作業主任者（技）	建築物の骨組み，または塔であって，橋梁の上部構造で金属製の部材により構成される5m以上のものの組立解体作業
酸素欠乏危険作業主任者（技）	酸素欠乏危険場所における作業
ずい道等の掘削等作業主任者（技）	ずい道などの掘削作業またはこれに伴うずり積み，ずい道支保工の組立，ロックボルトの取付け，もしくはコンクリートの吹付作業
ずい道等の覆工作業主任者（技）	ずい道などの覆工作業
コンクリート造の工作物の解体等作業主任者（技）	その高さが5m以上のコンクリート造の工作物の解体または破壊の作業
コンクリート橋架設等作業主任者（技）	上部構造の高さが5m以上のものまたは支間が30m以上であるコンクリート造の橋梁の架設解体または変更の作業
鋼橋架設等作業主任者（技）	上部構造の高さが5m以上のものまたは支間が30m以上である金属製の部材により構成される橋梁の架設，解体または変更の作業

注.（免）免許を受けた者（技）技能講習を修了した者

① 作業員を雇い入れたとき（新規雇入時教育）

② 作業内容を変更したとき（新規雇入時教育の準用）

③ 厚生労働省令で定める危険または有害な業務につかせるとき

④ 新任の職長，その他作業員を直接指導または監督するようになったとき（職長教育）

(5) 労働者の健康管理

① 常時使用する労働者を雇用するときは，当該労働者に対して既往歴等の調査や自覚症状等の有無などの項目について，医師による健康診断を行う。

② **常時使用する労働者**に対しては，1年以内ごとに1回，定期に医師による健康診断を行う。

③ **高圧室内業務**および**潜水業務**に**常時従事する労働者**に対し，一般の労働者の健康診断項目に加え，医師による特別の項目について，半年以内ごとに1回診断を実施する。

④ **さく岩機の使用**業務や**坑内業務**など特定業務に常時従事する労働者に対し，当該業務への配置替えの際，および半年以内ごとに1回，定期に医師による健康診断を実施する。

施工管理法

(6)　異常気象時の安全対策

① 気象情報の収集は，テレビ，ラジオ，インターネットを常備し，常に入手に努める。

② 天気予報等であらかじめ異常気象が予想される場合は，作業の中止を含めて作業予定を検討する。

③ 警報および注意報が解除され，中止前の作業を再開する場合には，工事現場に危険がないか入念に点検し，安全を確認後作業に入る。

④ 大雨により流出のおそれのある物件は，安全な場所に移動する等，流出防止の措置を講ずる。

4・2　足場の組立・解体の安全対策

頻出レベル
低 ■■■■■□ 高

学習のポイント

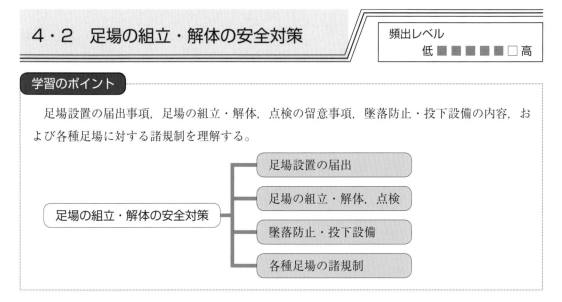

足場設置の届出事項，足場の組立・解体，点検の留意事項，墜落防止・投下設備の内容，および各種足場に対する諸規制を理解する。

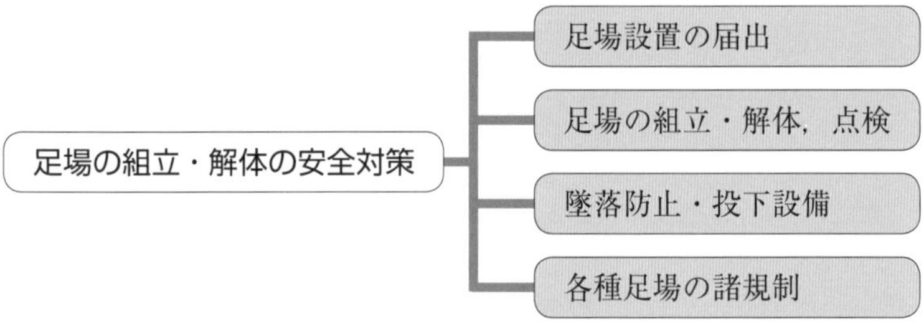

使用材料別では足場丸太と鋼管に分類され，構造的には**支柱式足場**と**つり足場**に大きく分類される。表4・3に構造的にみた足場の分類を示す。

4・2・1　足場設置の届出

(1)　届出を必要とする「わく組足場」

足場の高さが10m以上で，かつ，組立開始から解体までの期間が60日以上のものを設置し，移転し，またはこれらの主要構造部を変更するときは，所轄労働基準監督署長に，その主旨内容を30日前までに正副2部提出しなければならない。

ここで，注意しなければならないのは「足場の高さ」とは，図4・2に示す枠組足場では地上よりの高さ9.4mでなく，足場設置の最下端より最上段の水平部材（一般的には手すりになる）上端までの高さ11.1mである。また，足場の高さが一律でない場合，最も高くなる高さが対象になる。枠組足場以外の足場では，作業床の高さまでをいう。

(2)　届出書類の内容

① 届書（建設物の設置，移転，変更届）

② 足場の計画概要（工程表，足場の部材明細書）

③ 足場の種類と構造

④ 組立図及び配置図

⑤ 計画参画者の資格及び経歴の証明

表4・3 足場の分類表

- 足場
  - 支柱式足場
    - 本足場
    - 一側足場
      - 片足場
      - 抱き足場
    - たな足場
    - 張出し足場
    - 脚立足場・うま足場
  - つり足場
    - 本つり足場
    - つりげた足場
  - 特殊足場
    - ローリングタワー
    - 機械式足場

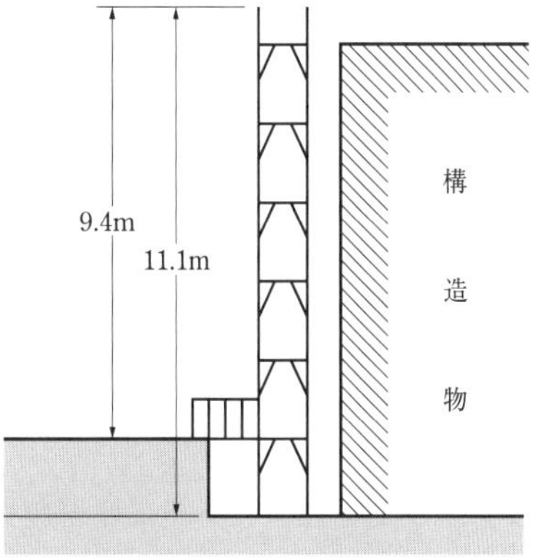

図4・2 足場の高さ

4・2・2 足場の組立・解体・点検

(1) 高さ2m以上の足場の組立・解体時の留意事項

① 作業内容，手順を，全作業員に周知させる。

② 作業区域内は，関係者以外立入り禁止とする。

③ **強風･大雨･大雪などの悪天候**のため，作業実施上危険が予想されるときは，**作業を中止**する。

④ 足場材の緊結，取りはずし，受渡しなどの作業時は，足場板は3箇所以上で支持し，布わくを使用する場合は，2箇所以上で支持する。

⑤ 困難な場合を除き，幅40cm以上の作業床を設置する。

⑥ 墜落制止用器具（安全帯）を安全に取り付けるための設備を設置し，労働者に墜落制止用器具を使用させる。

⑦ **材料，工具などの上げ下げ**は，**つり綱，つり袋を使用**する。

(2) 足場の点検

足場上で作業する場合，次の事項に当てはまるときは**作業を開始する前に点検**し，異常の有無を確認しなければならい。

① 強風・大雨・大雪などの悪天候後の場合　② 中震以上の地震があった場合

③ 足場の組立，一部解体，もしくは変更した場合　④ つり足場における作業を行う場合

⑤ 日常の作業を開始する場合

①～④の場合は，足場全体の異常の有無を点検する。⑤の場合は，墜落防止設備の取り外しと脱落の有無について点検する。

4・2・3 墜落防止，投下設備等

(1) 墜 落 防 止

墜落災害防止のため，次のことを行う必要がある。

① **高さ2m以上で作業を行う場合**，作業床を設ける。作業床が設置不能のときは防網を張り，作業員は墜落制止用器具を付ける。悪天候で危険と思われるときは作業を中止する。

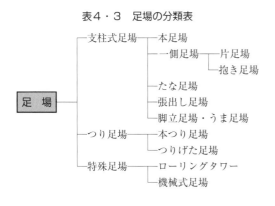

② スレートなどの材料でふかれた屋根の上で作業する場合，踏み抜き防止のため，幅 30 cm 以上のあゆみ板を設けると共に防網を張る。

③ **高さまたは深さが 1.5 m を超える箇所**では，安全に昇降できる設備を設ける。

④ フルハーネス型の墜落制止用器具を用いて行う作業は，特別教育を受けた者が行うこと。

(2) 投下設備

3 m 以上の高所から物体を投下するときは，シュートなどの投下設備を設ける。

(3) 安全ネット（防網）

① 高さが 2 m 以上の作業床の開口部などで囲いや覆いなどの設置が著しく困難な場所には，**安全ネット**を設置し，更に墜落制止用器具を使用するなどして墜落を防止する。

② 過去に人体又はこれと同等以上の重さを有する落下物による衝撃を受けた安全ネットは，再使用してはならない。

③ 安全ネットは，使用開始後 1 年以内及びその 6 箇月以内ごとに 1 回，定期的に試験用糸についての等速引張試験を行い，所定の強度があることを確認し使用する。

④ **安全ネットの落下高さ**とは，作業床と安全ネットの取付け位置の垂直距離をいう。ネットを単体で用いる場合と複数のネットをつなぎ合わせて用いる場合の許容落下高さは異なる。

(4) 墜落制止用器具

① 墜落制止用器具は，フルハーネス型を原則とする。

② フルハーネス型着用者が，墜落時に地面に到達するおそれのある場合（高さが 6.75 m 以下）は，胴ベルト型（一本吊り）を使用できる。

4・2・4 各種足場の諸規制

(1) 本 足 場

足場丸太または鋼管を使用して，建造物と平行に前後 2 列の建地をたて，それぞれの建地を布および腕木で緊結した足場を**本足場**という。

図 4･3 に鋼管による本足場の諸規制を示す。使用材料の条件は次のとおりである。

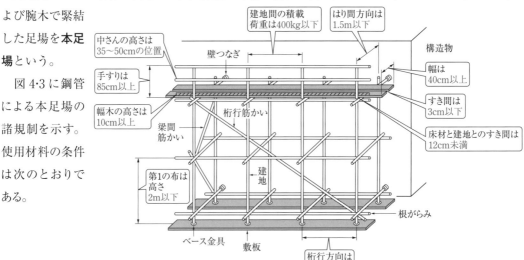

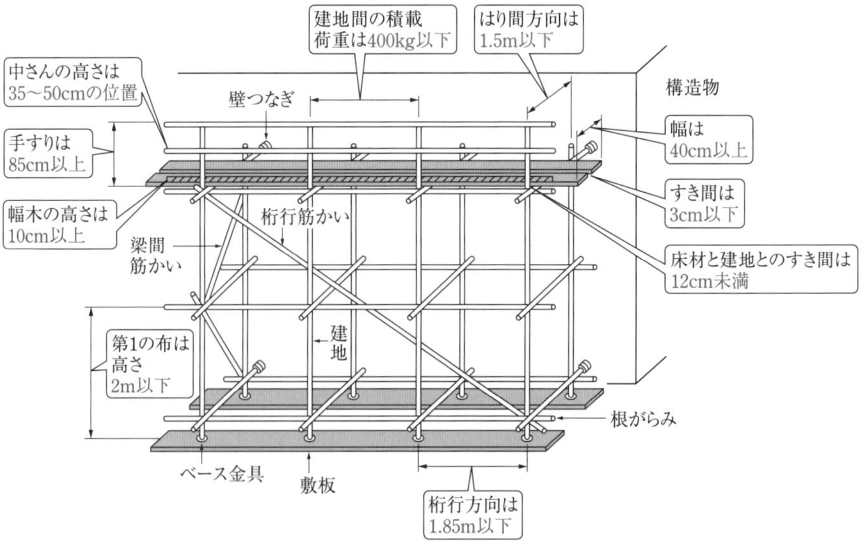

図4・3　鋼管による本足場

- **鋼管**：肉厚は外径の 1/30 以上。材質は引張強さが 370 N/mm^2 以上。
- **継手金具**：継手がない鋼管のたわみ量の 1.5 倍以下。
- **緊結金具**：鋼管と直角に緊結し，作業時最大荷重の 2 倍かけたとき，すべり量が 1 cm 以下であること。

(2) 一側足場

足場丸太または鋼管を使用して，建地を一列にした軽作業用の足場であり，控え柱あるいは壁つなぎを自立させる。図 4・4 に鋼管による一側足場の諸規制を示す。

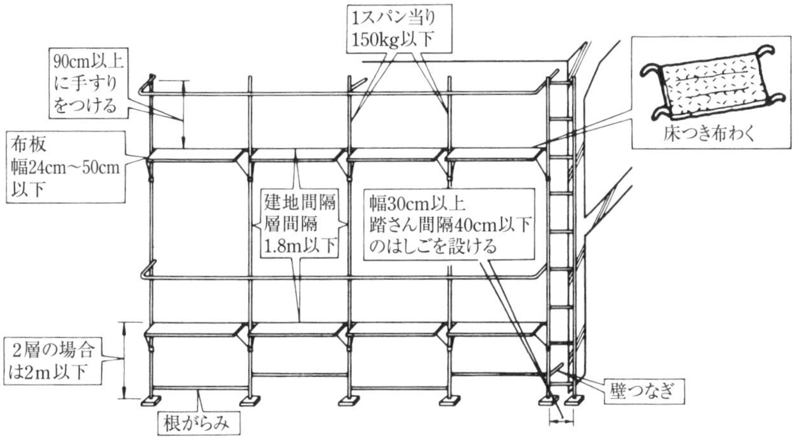

図4・4 鋼管による一側足場

作業床，墜落防止，落下物防止は本足場と同じである。

(3) 手すり先行工法

足場作業の安全を確保するため，近年開発された工法で，「手すり先行工法に関するガイドライン」が平成 15 年 4 月厚生労働省において策定された。**手すり先行工法**による足場とは，組立時には最上層にあたる部分に手すりを先行して設置し，かつ，解体時には最上層を取りはずまで手すりを残す工法のことを指している。図 4・5 に手すり先行工法を示す。

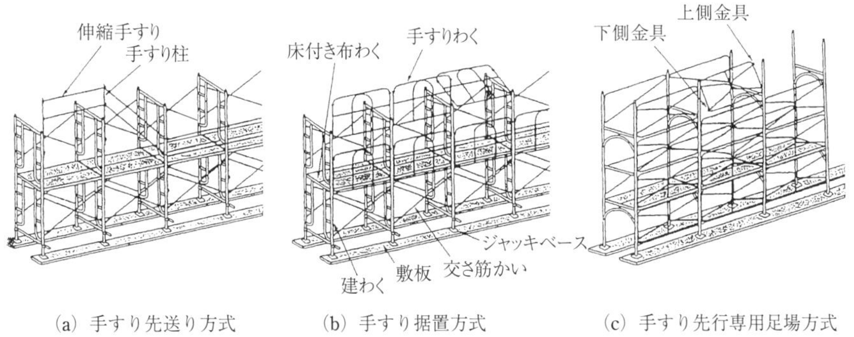

(a) 手すり先送り方式　(b) 手すり据置方式　(c) 手すり先行専用足場方式

図4・5 手すり先行工法の種類

(4) 枠組み足場

近年ふえてきた足場で，工場で作られた枠を重ねる足場である。枠組み足場には①または②のいずれかの設備を設けなければならない。図 4・6 に枠組み足場の規制例を示す。

① 交さ筋かいおよび高さ 15 cm 以上 40 cm 以下の桟もしくは高さ 15 cm 以上の幅木またはこれと同等以上の機能を有する設備

② 手すり枠（高さ85 cm 以上の手すりおよび高さ35 cm 以上50 cm 以下の桟またはこれと同等の機能を一体化させた，枠状の側面防護部材）

(5) 壁つなぎと作業床

① **壁つなぎまたは控え**：いずれの支柱式足場も，倒壊を防止するため，壁つなぎまたは控えは①各々の足場について，表4・4のような間隔を取る。②鋼管・丸太などを用い堅固なものとする。③引張材と圧縮材の間隔は1 m 以内とするなど，各項に注意し設ける。

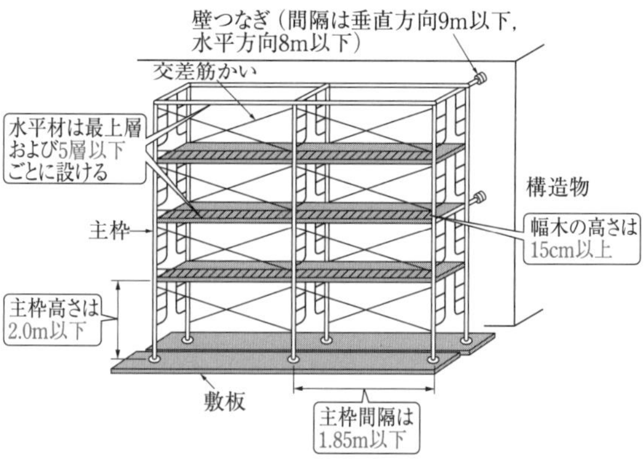

図4・6　枠組み足場

表4・4　壁つなぎの間隔

種　別	垂直方向	水平方向
丸太足場	5.5 m 以下	7.5 m 以下
単管足場	5.0 m以下	5.5 m 以下
枠組足場	9.0 m 以下	8.0 m 以下

② **作業床**：足場（一側足場は除く）における**高さ2 m 以上の作業場所**には，作業床を設ける。図4・7に作業床の構造および諸規制を示す。

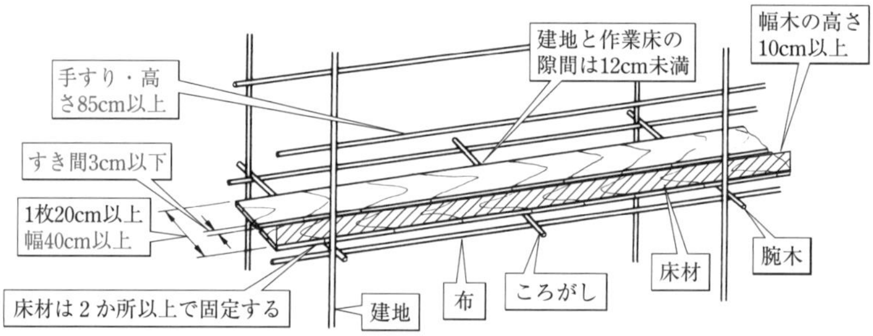

図4・7　作　業　床

(6) つり足場

構造物などからつり下げた足場であり，主にしてスラブの型枠組み，ボルト施工，塗装などの作業を行う場合に使用される。

この際，脚立，はしごなどを用いての作業は非常に危険なので，絶対つり足場の上で行ってはならない。

図4・8につりたな足場の諸規制を示す。

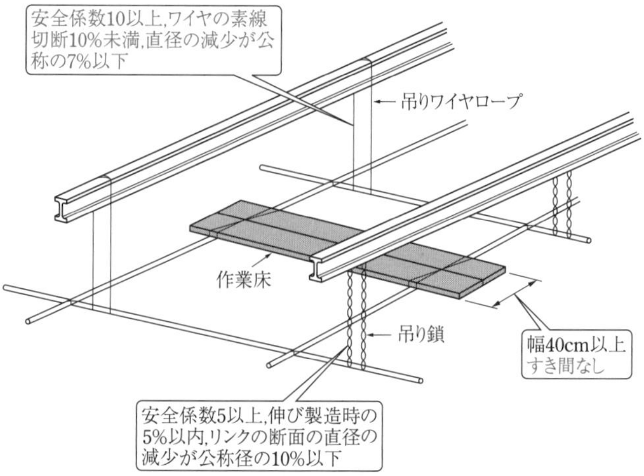

図4・8　つりたな足場

(7) 登りさん橋

登りさん橋は足場と一体のもので，人の昇降，荷物の運搬などに使用される。ただし階段を設けたもの，または高さが 2 m 未満で丈夫な手掛けを設けた足場では，設けなくともよい。

なお，仮通路もこれに準ずる。図 4・9 に登りさん橋の諸規制を示す。

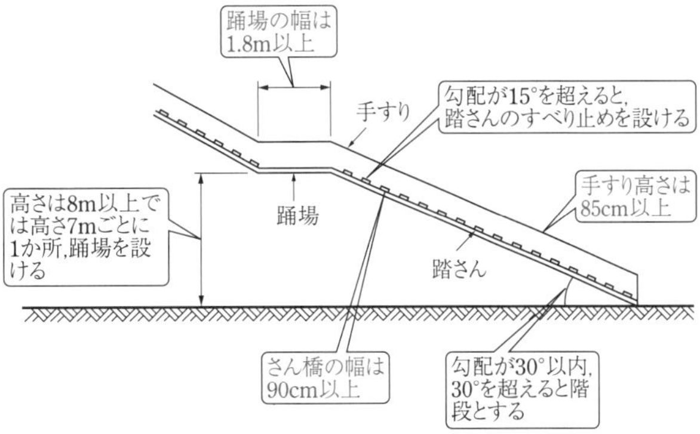

図 4・9 登りさん橋の諸規制

4・3 型枠・支保工の安全対策

頻出レベル
低 ■■■■□□ 高

学習のポイント

型枠・支保工の組立・解体，点検の安全対策および，各種支保工の諸規制を把握する。

- 型枠・支保工の安全対策
  - 組立・解体，点検
  - 各種支保工の諸規制

支保工高 3.5 m 以上は，30 日前までに労働基準監督署長に届け出る。

型枠および支保工は，コンクリートが所定の強度に達するまで支える仮設構造物で，安全のため，材料には次のような配慮をする。

① 著しい損傷，変形または腐食のないもの

② 主な部分の鋼材の引張強さが 330 N/mm^2 以上のもの

③ パイプサポート（図 4・10 参照）

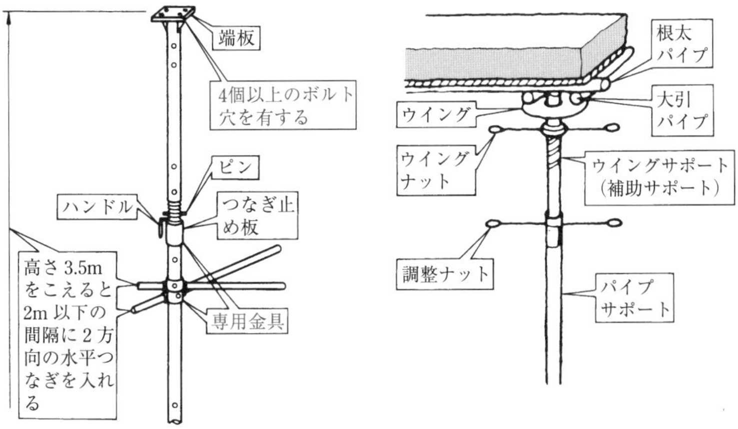

(a) (b)

図 4・10 パイプサポート

- 管の肉厚は2mm以上で1本物であること。
- 上下端に厚さ5.4mm以上，4個以上のボルト穴を有する鋼製の端板を備える。
- 一方の管を固定し，最大長さに対し，他の管の最大振幅が1/55以下であること。
- ピンで支持する構造のものは，専用ピンを備える。

4・3・1　組立・解体，点検

(1)　計　　画

① **組立図を作成**し，これにより組み立てる。

② 支柱が単独構造の場合，鋼材の許容曲げ応力，許容圧縮応力の値は，鋼材の降伏強さの値の2/3以下。鋼材の許容せん断応力の値は，許容引張力の4/5以下である。

③ 支柱が組み合わされた構造の場合，**設計荷重**は当該支柱を製造した者が指定する最大使用荷重を超えないこと。

(2)　組立・解体作業における留意点

① **作業区域内**には関係労働者以外立入り禁止とする。

② **強風・大雨・大雪**などの悪天候のため，作業実施上危険が予想されるときは作業を中止する。

③ **材料，工具などの上げ下げ**はつり綱，つり袋を使用する。

(3)　コンクリート打設を行う場合の点検事項

① その日の**作業を開始する前**に，型枠支保工を点検し，異常を認めたときは補修する。

② **作業中に異常が認められたとき**，作業を中止できるようあらかじめ準備しておく。

(4)　悪天候の定義

① 10分間の平均風速が毎秒10m以上の強風

② 1回の降雨量が50mm以上の大雨

③ 1回の降雪量が25cm以上の大雪

④ 震度階数4以上の地震

4・3・2　各種支保工

(1)　単管支柱による支保工

事故の多くは座屈による倒壊事故なので，外観がよく似ている鋼管については，色または記号を付けて強度が識別できるようにしておく。

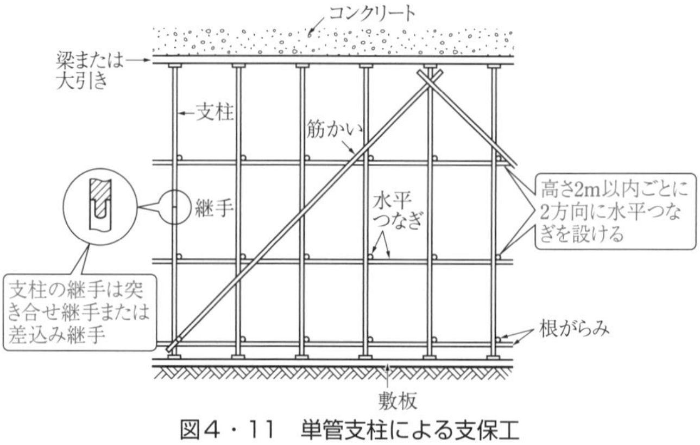

図4・11　単管支柱による支保工

(2) パイプサポート支柱による支保工

パイプサポートは，伸縮がきき便利なので支柱としてよく使用されるが，座掘による倒壊も多く，組立には細心の注意が必要である。

図4・12にパイプサポート支柱による支保工の諸規制を示す。

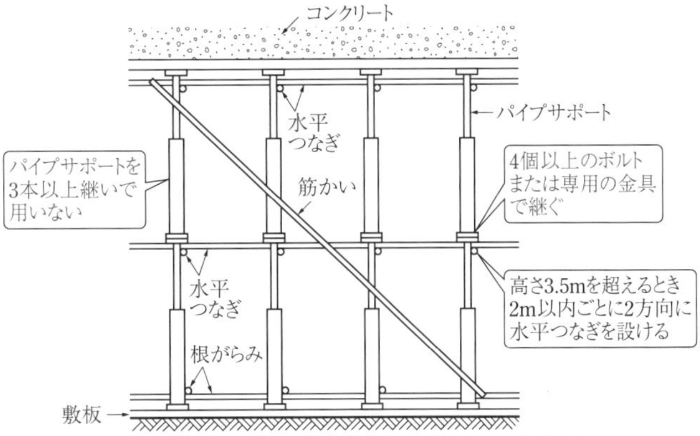

図4・12 パイプサポート支柱による支保工

(3) 鋼管枠支柱による支保工

工場で作られた枠を重ねて作る支保工であり，高架橋のような高さのある支保工の支柱として便利である。

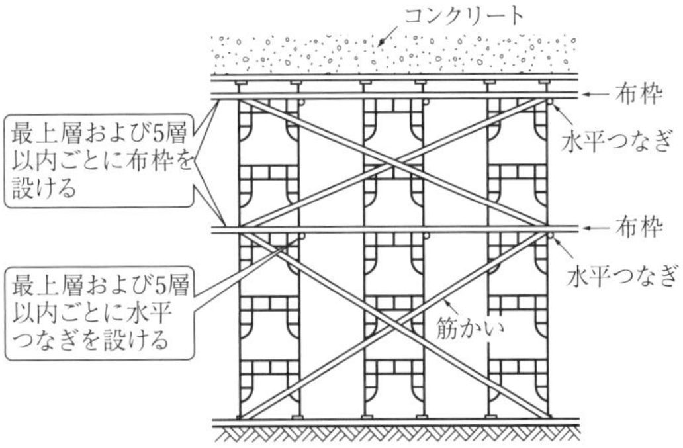

図4・13 枠組み支柱による支保工

4・4 掘削作業の安全対策

頻出レベル
低 ■■■■■■ 高

学習のポイント

明り掘削の掘削制限，土留め工の諸規制，トンネル掘削時の注意事項，作業構台使用時の留意事項を把握する。

- 掘削作業の安全対策
  - 明り掘削
  - 土留め工
  - トンネル掘削
  - 作業構台

4・4・1 明り掘削

(1) 作業箇所の調査

事業者は，掘削に先立ち，地質および地層，亀裂・含水・涌水・凍結・ガスなどの有無の状態，埋設物の確認などの調査を行い，災害防止に努めなければならない。

(2)　掘削面の勾配

手掘り掘削の場合，地山の地質により，のり面勾配と掘削面の高さが決められている。なお，**手掘り作業**においてすかし掘りは絶対しないこと。表4・5に掘削制限を示す。

表4・5　掘削制限

地　山	掘削面の高さ	勾配	備考
岩盤または固い粘土からなる地山	5m未満 5m以上	90°以下 75°以下	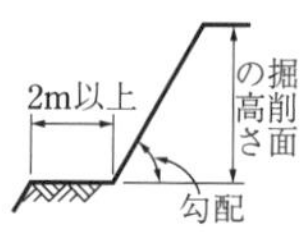 掘削面とは2m以上の水平段に区切られるそれぞれの掘削面をいう
その他の地山	2m未満 2～5m未満 5m以上	90°以下 75°以下 60°以下	
砂からなる地山	5m未満または35°以下		
発破などにより崩壊しやすい状態の地山	2m未満または45°以下		

(3)　作業点検

事業者は，地山の崩壊等による労働者の危険を防止するため，点検者を指名し，その者に，**その日の作業を開始する前，大雨および中震以上の地震の後，発破を行った後**には，浮石や亀裂の有無などの状態を点検させなければならない。

(4)　埋設物近接作業

掘削機械などの建設機械は，埋設物を損壊する恐れがある場合，使用してはならない。

明り掘削の作業により露出したガス導管の損壊により労働者に危険を及ぼすおそれのあるときは**つり防護**や**受け防護**などによる当該ガス導管の防護を行う。

(5)　急傾斜地での斜面掘削作業

斜面の岩盤に節理などの岩の目があり，法面の方向と一致（流れ目）している**流れ盤**である場合，岩盤は，この目に沿ってすべりやすいので注意を要する。反対に，地層の傾斜が，地形の傾斜に対して交差（差し目）しているのを**受け盤**という。

4・4・2　土留め工

(1)　土留め支保工

直掘りの場合，**岩盤または固い粘土**からなる地山は5m以上，**その他の地山**は2m以上から土留め工が必要である。

なお，**市街地で土砂**の場合は，1.5mから土留め工を設ける。**組立作業**をする場合は，組立図に基づいて行わなければならない。図4・14に土留め工の諸規制を示す。

(2)　矢板の根入れ

土留めの崩壊を防止するため，矢板の根入れについて次の項目を検討する。

①　掘削によって生ずる土留め背面の主働土圧と，前面の受働土圧に対する安全度を検討する。

②　軟弱な粘土地盤を掘削する場合，掘削基面がふくれ上る現象すなわち**ヒービング**について図4・15(a)のように検討する。

③　緩い砂地盤で，矢板背面と前面との水位差によって起こる**パイピング**あるいは**ボイリング**を図4・15(b)のように検討する。

4・4・3　トンネルの掘削

掘削作業において，振動が生じる作業では，集中的に作業するのではなく，断続的に作業すると，

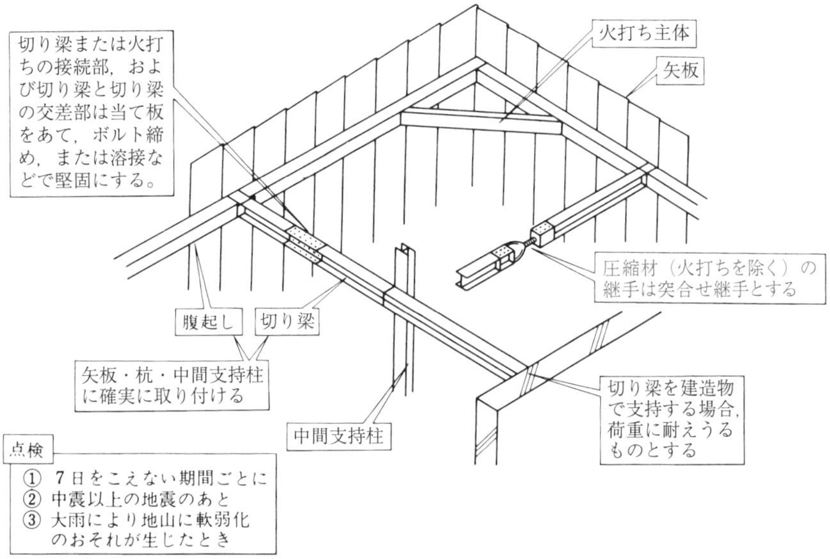
切り梁または火打ちの接続部，および切り梁と切り梁の交差部は当て板をあて，ボルト締め，または溶接などで堅固にする。
火打ち主体
矢板
圧縮材（火打ちを除く）の継手は突合せ継手とする
腹起し
切り梁
矢板・杭・中間支持柱に確実に取り付ける
切り梁を建造物で支持する場合，荷重に耐えうるものとする
中間支持柱
点検
① 7日をこえない期間ごとに
② 中震以上の地震のあと
③ 大雨により地山に軟弱化のおそれが生じたとき

図4・14 土留め工

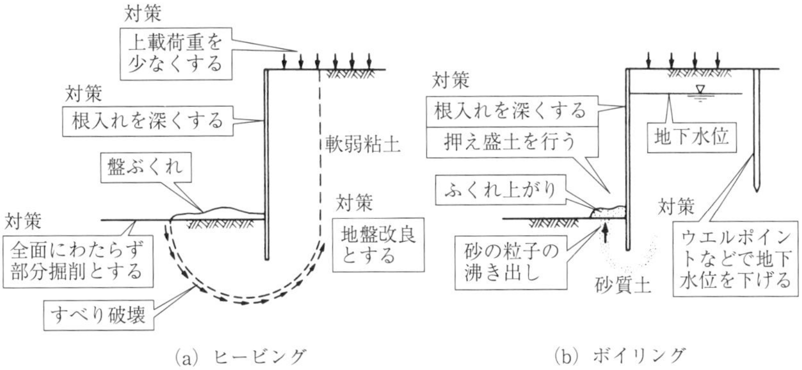
対策
上載荷重を少なくする
対策
根入れを深くする
軟弱粘土
盤ぶくれ
対策
地盤改良とする
対策
全面にわたらず部分掘削とする
すべり破壊
対策
根入れを深くする
押え盛土を行う
地下水位
ふくれ上がり
対策
砂の粒子の沸き出し
砂質土
ウエルポイントなどで地下水位を下げる
(a) ヒービング
(b) ボイリング

図4・15 矢板の安全対策

振動障害を予防するのに役立つ。また，**トンネル内**で作業を行う場合，有害ガスが出る**ガソリン機関を使用してはならない。**

トンネル工事での落盤，出水などは重大災害につながる。次の場合に点検を怠ってはならない。

① 中震以上の地震の後。

② 発破を行った場合はそのつど。

③ トンネル内部の地山およびトンネル支保工は毎日作業開始前。

なお，たて 50 m，または入口から 1000 m となる工事においては，救護に関する技術的問題や安全の各事項を管理させる者を選任する。

事業者は，切羽までの距離が 100 m（爆発又は火災が生ずるおそれのないずい道は 500 m 以上のずい道建設工事を行う場合は，関係労働者に，当該ずい道の切羽までの距離が 100 m に達するまでの期間内に1回，及びその後6ケ月以内ごとに避難及び消火の訓練を行わなければならない。（尚，**ずい道の出入り口から切羽までの距離**とは，斜坑の長さやたて坑の深さを含んだ長さである。

事業者は，避難訓練を行ったときは，次の事項を記録し，３年間保管しなければならない。

①　実施年月日，②　訓練を受けた者の氏名，③　訓練の内容

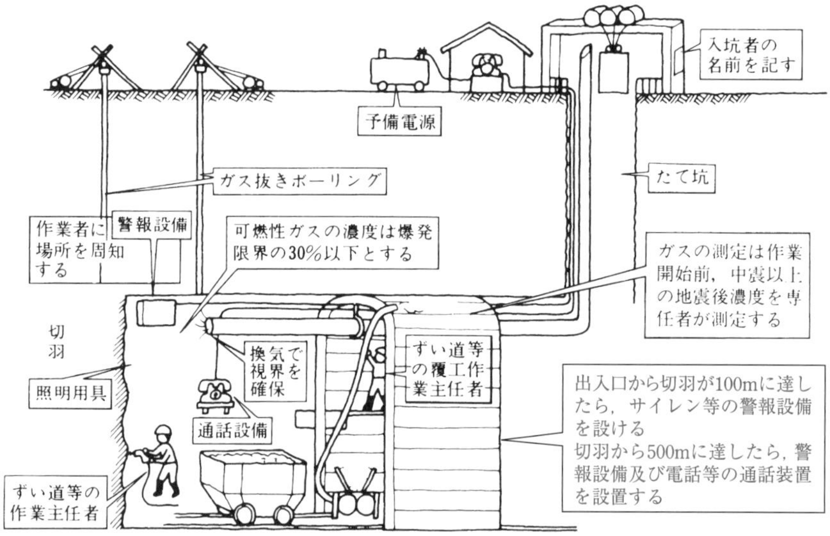

図４・16　トンネル掘削時の安全対策

4・4・4　作業構台

根切り工事などの際，掘削機械，残土排出用トラクタ，コンクリート工事用の生コン車などの移動のために設ける高さ２m **以上の構台**は，強風・大雨・大雪などの悪天候後には**作業開始前に点検**する。なお，作業構台の組立作業は，作業主任者の選任は不要だが，組立図に基づいて行わなければならない。

①　**荷重**：構造に応じて最大積載荷重を定め，これを超えて積載してはならない。

②　**主要部材の鋼材**：JIS 規格に適合するものを使用する。または同等以上の鋼材を使用する。

施工管理法

4・5　建設機械に対する安全対策

頻出レベル
低 ■■■■■■ 高

学習のポイント

特定機械，厚生労働大臣が定める規格を具備する機械，車両系建設機械，杭打ち機，移動式クレーンなどの留意事項を理解する。

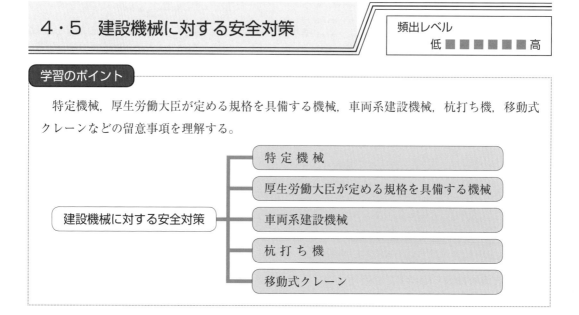

建設機械に対する安全対策
- 特定機械
- 厚生労働大臣が定める規格を具備する機械
- 車両系建設機械
- 杭打ち機
- 移動式クレーン

4・5・1 特定機械

危険な作業を必要とする機械を**特定機械**といい，その構造は，厚生労働大臣の定める基準に適合していなければならない。都道府県労働局長は，合格した機械に検査証を交付する。**検査証のない機械**は，譲渡または貸与してはならない。特定機械には次のものがある。

① つり上げ荷重3t以上（スタッカー式クレーンでは1t以上）のクレーン
② つり上げ荷重3t以上の移動式クレーン
③ つり上げ荷重2t以上のデリック
④ ボイラー，第1種圧力容器
⑤ 1t以上のエレベータ
⑥ ガイドレール18m以上の建設用リフト
⑦ ゴンドラ

4・5・2 厚生労働大臣が定める規格を具備する機械

特定建設機械以外にも危険もしくは有害な作業を伴う機械や用具がある。これらのうち政令で定めるものは，厚生労働大臣が定める規格を満たしていなければ，譲渡や貸与，または設置してはならない。

型式検定を受けるものは次のようである。厚生労働大臣または厚生労働大臣の指定する者の**型式検定を受け**，型式検定合格証を表示する。

① クレーンまたは移動式クレーンの過負荷防止装置
② アセチレン溶接装置のアセチレン発生装置
③ 交流アーク溶接機用自動電撃防止装置
④ 型枠用パイプサポート・つり足場チェーン・枠組足場
⑤ ガイドレールが高さ10～18m未満の建設用リフト
⑥ つり上げ荷重0.5t以上で3t未満のクレーン
⑦ つり上げ荷重0.5t以上で3t未満の移動式クレーン
⑧ つり上げ荷重0.5t以上で2t未満のデリック
⑨ 積載荷重0.25t以上1t未満のエレベータ
⑩ 積載荷重0.25t以上の簡易リフト
⑪ 防爆構造電気機械器具
⑫ 防じんマスク
⑬ 絶縁用保護具・防具
⑭ 活線用作業用装置・器具
⑮ 再圧室
⑯ 潜水器
⑰ 保護帽
⑱ 墜落制止用器具
⑲ ショベルローダ，フォークローダ
⑳ 不特定の場所に移動できる建設機械

政令で定めるものは，個別検定を受ける。個別検定を受けるものは次のものである。

① アセチレン溶接装置のアセチレン発生器
② 第二種圧力容器
③ 小型ボイラー
④ 小型圧力容器

4・5・3 車両系建設機械

不特定の場所に自走できる建設機械を**車両系建設機械**という。車両系建設機械については，安全のため次のような規制がある。

(1) 構　　造

前照灯と堅固なヘッドガードを備える。

(2)　制限速度

車両系建設機械（最高速度10 km/h以上のもの）を用いて作業を行う場合，地形，地質の状態などに応じた適正な制限速度を定める。

(3)　運転者が守るべき事項

①　**運転位置から離れるとき**，バケット・ジッパなどの作業装置を地上に降すと共に，原動機を止め走行ブレーキをかけなければならない。

②　乗車席以外に人を乗せない。

③　構造上定められた安定度，および最大使用荷重などを守る。

④　**一定の合図を決め**，誘導者の指示に従う。

⑤　パワーショベルによる荷のつり上げ，クラムシェルによる作業員の昇降など，機械の本来の用途以外に使用してはならない。

(4)　車両系建設機械の移送

①　積み降ろしは平坦で堅固な場所で行う。

②　道板を使用する場合は，十分な長さ，幅および強度を有する道板を用いると共に，適当な勾配で確実に取り付けなければならない。

③　盛土・仮設台を使用するときは，十分な幅・強度および勾配を確保する。

(5)　定期自主検査

車両系建設機械については，定期自主検査を実施する必要がある。検査項目および頻度は表4・6のようである。

検査済みの機械には，検査標章をはり付けなければならない。

なお，事故を起こした場合に，重大災害に結びつくような機械は，年次検査の際，一定の資格を有する者が，検査を行わなければならない。

表4・6　車両系建設機械の検査

頻　　度	検　査　項　目
１年以内ごとに１回	原動機・動力伝達装置 走行装置・操縦装置・ブレーキ・作業装置・油圧装置・電気系統・車体関係
１月以内ごとに１回	ブレーキ・クラッチ・操縦装置および作業装置の異常の有無 ワイヤロープおよびチェーンの損傷の有無 バケット・ジッパなどの損傷の有無
作　業　開　始　前	ブレーキおよびクラッチの機能

定期自主検査の結果の記録は３ヶ年保存しなければならない。

施工管理法

4・5・4 杭打ち機（杭抜き機）

使用に際して特に安全上注意を要する点は，倒壊防止対策とワイヤロープの安全性についてである。

図4・17に杭打ちやぐらの安全対策の諸規制を表示する。

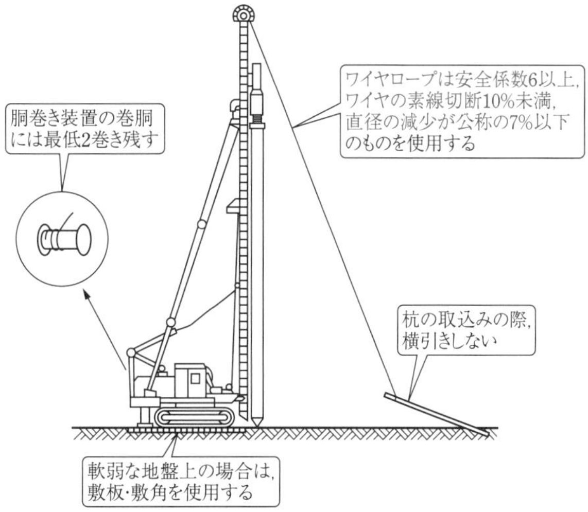
胴巻き装置の巻胴には最低2巻き残す
ワイヤロープは安全係数6以上，ワイヤの素線切断10%未満，直径の減少が公称の7%以下のものを使用する
杭の取込みの際，横引きしない
軟弱な地盤上の場合は，敷板・敷角を使用する

図4・17　杭打ちやぐらの安全対策

4・5・5 移動式クレーン

移動式クレーンの定期自主検査の諸規制を表4・7に示す。

図4・18に移動式クレーンの使用時の注意事項を示す。

ワイヤロープおよびフックにより吊り上げ作業を行う場合には，**ワイヤロープ**および**フック**はいずれも**安全係数6**を満たしたものを使用する。

表4・7　移動式クレーンの定期自主検査

頻　度	検 査 項 目
1年以内ごとに1回	荷重試験
1月以内ごとに1回	巻過防止装置・その他の安全装置・ブレーキおよびクラッチ・警報装置・ワイヤーロープ・チェーン・つり具（フック，グラブバケット）・配線・配電盤およびコントローラ
作業開始前	巻過防止装置・警報装置・ブレーキ・クラッチ・コントローラ
自主検査の記録	3年間保存

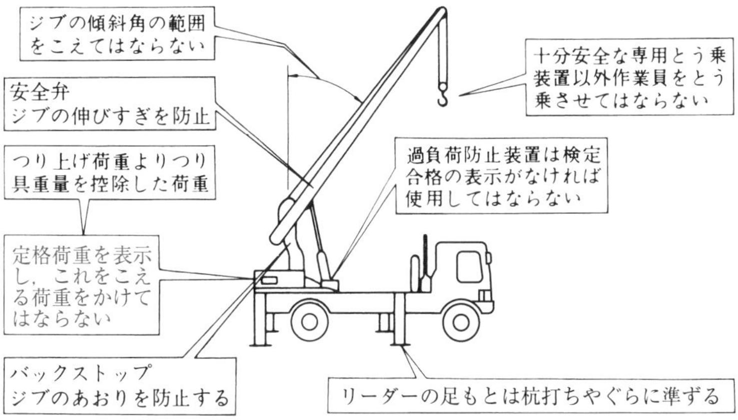
ジブの傾斜角の範囲をこえてはならない
安全弁
ジブの伸びすぎを防止
つり上げ荷重よりつり具重量を控除した荷重
定格荷重を表示し，これをこえる荷重をかけてはならない
バックストップ
ジブのあおりを防止する
十分安全な専用とう乗装置以外作業員をとう乗させてはならない
過負荷防止装置は検定合格の表示がなければ使用してはならない
リーダーの足もとは杭打ちやぐらに準ずる

図4・18　移動式クレーンの注意事項

フックを用いて作業する場合は，フックの位置を吊り荷の重心の位置に誘導し，吊り角度と水平面とのなす角度を60°以内に確保して作業を行う。

4・6　発破作業の安全対策

頻出レベル
低 ■□□□□□ 高

学習のポイント

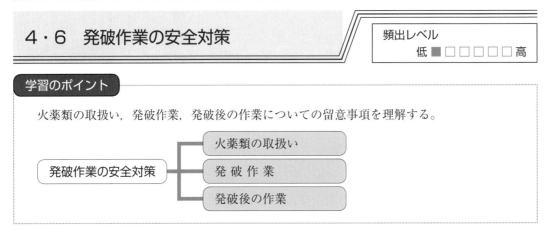

火薬類の取扱い，発破作業，発破後の作業についての留意事項を理解する。

- 発破作業の安全対策
  - 火薬類の取扱い
  - 発 破 作 業
  - 発破後の作業

4・6・1　火薬類の取扱い

火薬類の取扱い上の注意事項は，下記のとおりである。

① **容器**は，木や電気不良導体で作った丈夫なものとする。

② 火薬・爆薬，導火線や火工品は，各々異った容器に入れ保存する。運搬も同様である。

③ １回に使用する量のみを運搬する。

④ **凍結したダイナマイト**は，火気はもちろん，高熱物に直接接触させるような危険な方法で融解してはならない。**融解**は，50℃以下の温湯を用いた融解器か，30℃以下の室内で行う。

⑤ 落雷の危険があるときは，電気雷管または電気導火線に係る作業を中止する。

⑥ 火薬類を取扱う付近では，喫煙したり火気を使用したりしてはならない。

⑦ 火薬の一時置場は，関係者以外立入らない場所，清潔で乾燥した場所，直射日光に当たらない場所とする。

4・6・2　発 破 作 業

非常に危険な作業なので，十分注意しなければならない。

(1)　せん孔・装填

① 前回の発破孔を利用してはならず，装填時には，せん孔やその他の作業を中止する。

② 付近で喫煙をしたり，裸火を使用してはならない。

③ 装填具は，摩擦，衝撃，静電気が発生しずらいものを使用する。（木製：良，金属：不可）

(2)　発　　破

図４・19に発破作業の注意事項を示す。

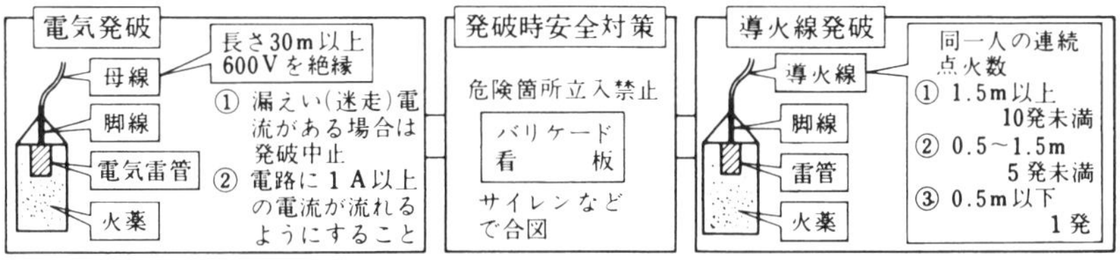

図4・19　発破作業の注意事項

4・6・3　発破後の作業

(1)　電気発破後

再点火防止のため，発破線を点火器から取外し，その端を短絡した後，5分以上経過した後でなければ，装填箇所に接近してはならない。かつ他の作業者も近づけてはならない。

(2)　導火線発破後

点火数を確認し，発破後15分以上経過した後でなければ，装填箇所に接近してはならない。また，他の作業者も近づけてはならない。

(3)　不発の装薬があるときの処置

不発の発破孔から60cm以上の間隔をおいて，平行にせん孔して発破を行い，不発火薬類を回収する。ゴムホースなどによる水流で，込め物および火薬類を流し出し回収する。込め物を取出し，新たに装填して再点火するなどの処置を取る。

4・7　圧気工事の安全対策

頻出レベル
低■□□□□□高

学習のポイント

圧気工事の設備，業務管理法，潜函工事について理解する。

- 圧気工事の安全対策
  - 設　　備
  - 業務管理
  - 潜函工事

4・7・1　設　　備

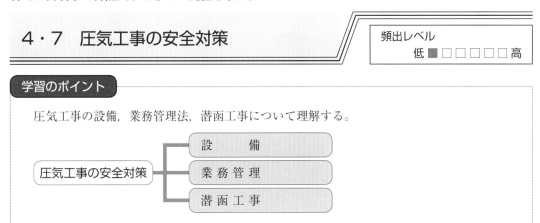

苛酷な条件のもとで作業を行うので，作業員の健康管理に気を付ける。事故を起こした場合，重大災害に直結するので十分な設備を設けなければならない。また，設備の不備は，酸欠空気の発生原因ともなるので，十分な注意を要する。

図4・20に圧気工事の設備に関する諸規制を示す。

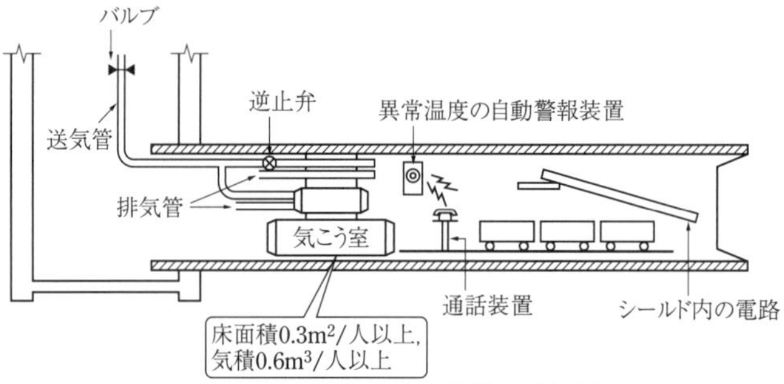

図４・20　圧気工事の設備と諸規制

4・7・2　業務管理

圧気下での工事においては，次のような業務管理をすることが必要である。

① 加圧，減圧の速度は毎分 0.08 N/mm² 以下とする。減圧時に障害が出やすい。

② 作業員は６ケ月に１回，**特別健康診断**を受ける。

③ 作業開始前，自動警報装置を設け，これを毎日点検する。

④ 大気圧を超える気圧の作業室やシャフトの内部で行う作業には，高圧室内作業主任免許のある者から作業主任者を選任する。

⑤ 圧気下では，電灯はガード付電灯などのような破損して可燃物へ着火しないものを用いる。電路の開閉器は，周囲に火花などが飛散しないものを用いる。暖房は高温になっても，可燃物の点火源とならないものを用いる。気圧 0.1 MPa 以上のとき，救護に関する技術管理者を選任しなければならない。また，溶接作業を行ってはならない。火気やマッチ，ライター，その他発火の恐れのあるものを持込んではならないなどの事項に配慮しなければならない。

4・7・3　潜函工事

(1) 送　気　管

潜函工事は圧気工法による作業の中で特に危険な工法なので，4・7・2 項に加えて，図４・21 に示すように**送気管**はシャフトを通さず配管するなどの安全対策が必要である。潜函内の発破作業は，作業員全員の退避を確認してから行う。

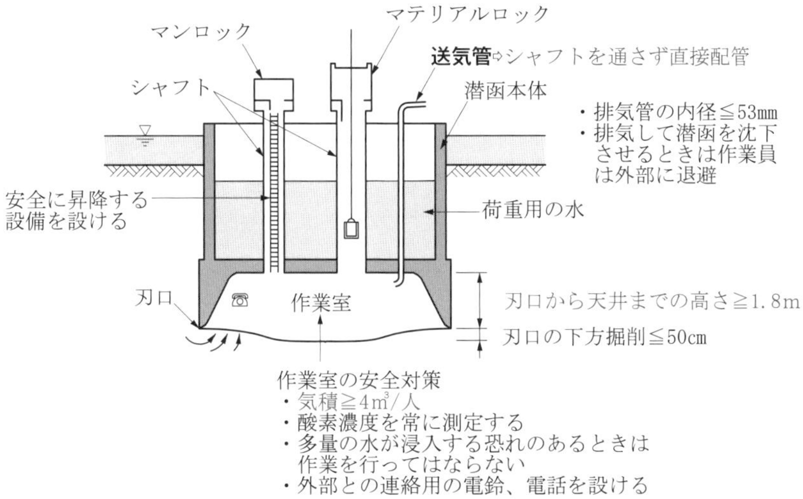

図4・21 潜函工事の安全対策

(2) ホスピタルロック（再圧室）

0.1 MPa 以上の圧気を使用する現場には，ケーソン病になった場合の治療のために，**ホスピタルロック**を備えなければならない（図 4・22）。

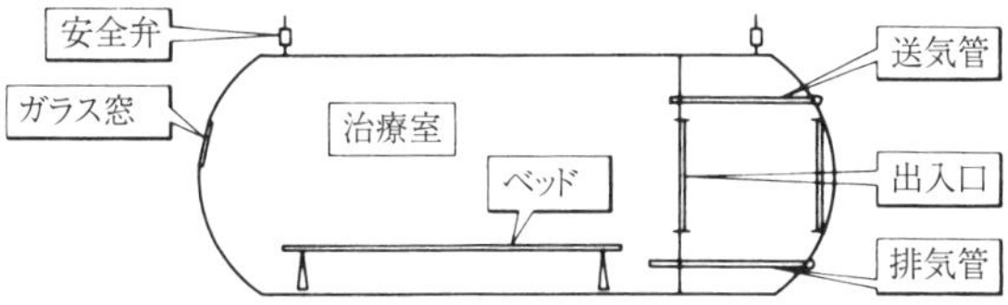

図4・22 ホスピタルロック

4・8 電気災害対策と酸素欠乏症対策

頻出レベル
低 ■■■■□□ 高

学習のポイント

電気災害対策と酸素欠乏症対策を理解する。

電気災害対策と酸素欠乏症対策
- 電気災害対策
- 酸素欠乏症対策

4・8・1 電気工事に関する安全対策

電気災害は事故が発生した場合，死亡および重傷災害につながる確率が非常に高いので，電気の取扱いについては図 4・23 に示す各種の規制を十分に守らなければならない。

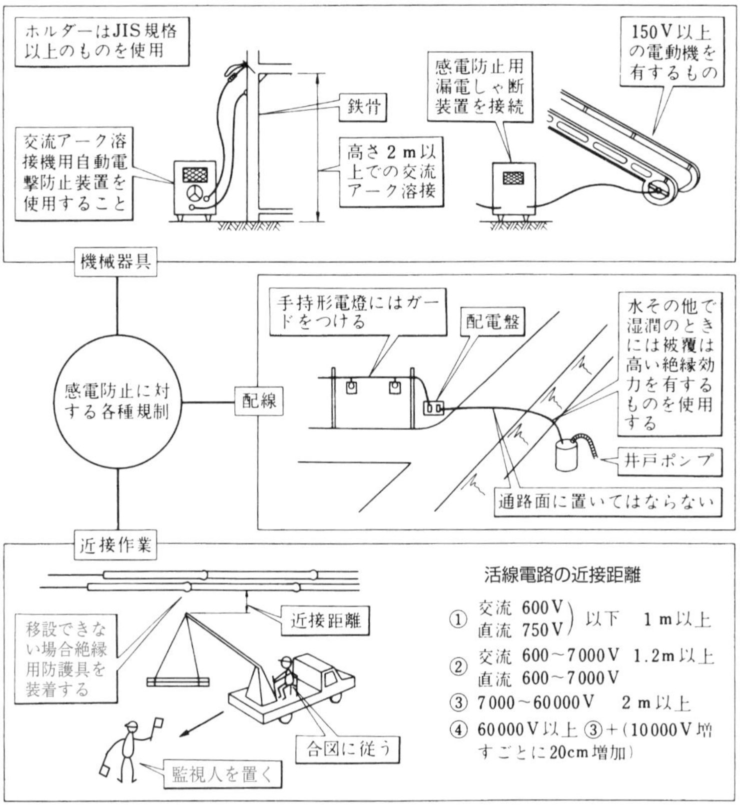

図4・23　感電防止のための各種規制

4・8・2　酸素欠乏症対策

(1)　酸素欠乏危険箇所

一般の空気中の酸素濃度は約21%であるが，空気中の酸素の濃度が18%未満の状態になったとき，**酸素欠乏**という。次のような地層中は，酸欠状態になりやすい。

① 腐泥層。

② 上層に不透水層がある砂礫層のうち，含水もしくは涌水がないか，少ない部分。

③ 第一鉄塩類や第一マンガン塩類を含有している地層。

④ メタンやエタン，ブタンを含有している地層。

⑤ 炭酸水を涌水している地層，炭酸水を含有している地層。

(2)　酸欠防止対策

(1)であげたような地層に接するか，あるいはこれらの地層の通ずる井戸・井筒・たて坑・ずい道・潜函・ピットなどで作業する場合，以下の対策をとる必要がある。

① 常時，酸素濃度を科学的方法で測定し，記録は3年間保存する。

② 換気を十分に行う。

③ **停電で換気が中断**されたときは，直ちに避難する。

④ 爆発，酸化などを防止するため，換気できないときは，空気呼吸器などを使用する。

危険地層に接していない場合でも，作業場所から半径 1 km 以内で圧気工法による工事が行われているとき，吹き出された空気が地層中の被酸化物（第一鉄塩類など）と反応して，酸欠空気となって侵入する場合がある。事前調査を行い，十分な対策を立てなければならない。

4・9 建設工事公衆災害防止対策

頻出レベル
低 ■■■■□□ 高

学習のポイント

建設工事公衆災害防止対策要項の概要，作業場，交通対策，埋設物などの諸基準を把握する。

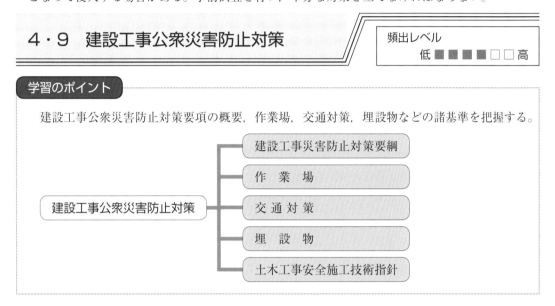

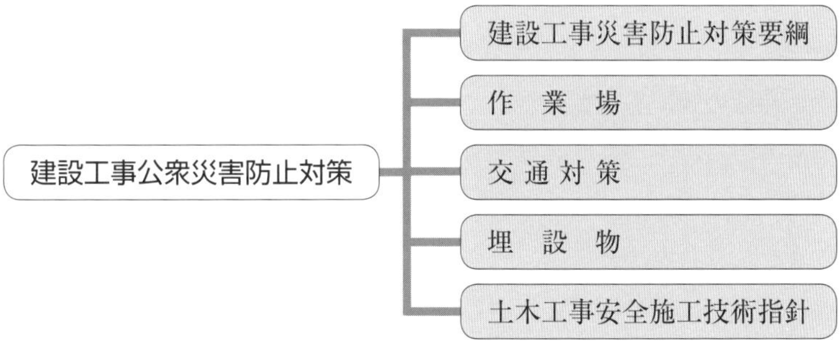

4・9・1 建設工事公衆災害防止対策要綱（土木工事編）の概要

この要綱は，土木工事の施工にあたって，第三者（公衆）の生命，身体及び財産に関する危害並びに迷惑を防止するために必要な計画，設計および施工の基準を示したものである。

(1) 適用対象等

公衆に係わる区域で施工する土木工事全部を対象として，以下の 12 項目について基準を示している。

① 総則（適用対象，発注者および施工者の責務，適正な工期の確保，公衆災害防止対策経費の確保，付近居住者等への周知 など）
② 一般事項（整理整頓，型枠支保工，足場等の計画及び設計・設置・解体の計画，安全巡視 など）
③ 交通対策（工事車両の出入り，一般交通を制限する場合の措置，歩行者用通路の確保 など）
④ 高所作業（仮囲い，落下物による危害の防止，道路の上方空間の安全確保 など）
⑤ 建設機械（架線，構造物等に近接した作業，建設機械の点検，維持管理 など）
⑥ 軌道等の保全（鉄道事業者との事前協議 など）
⑦ 埋設物（埋設物の事前確認，埋設物の保安維持 など）
⑧ 土工事（掘削方法の選定等，土質調査，土留め工の管理，薬液注入工法，地下水位低下工法，地盤改良工事 など）
⑨ 覆工（出入口，資器材等の搬入 など）
⑩ 埋戻し（杭，鋼矢板，切りばり，腹おこしの措置，埋戻し方法 など）

⑪　地下掘進工事（施工環境と地盤条件の調査，掘進中の観測 など）

⑫　火災および酸素欠乏症の防止（防火，酸素欠乏症の防止）

（2）　工法の選定

土木工事の計画，設計および施工にあたっては，公衆災害の防止のため，必要に応じて調査を実施し，諸法令を遵守して適切な工法を選定する。

（3）　付近居住者への連絡

発注者は，施工にあたり，あらかじめ工事の概要を居住者に周知させ，協力を求めると共に，施工者は，発注者との連絡を密に取り，付近の居住者の意向を十分に配慮しなければならない。特に交通は，できるだけ妨げないようにし，その広報につとめなければならない。

（4）　公衆災害防止対策費

発注者は，工事を実施する地域の状況を把握した上で，この要綱に基づく必要な措置を明示し，その経費を積算し，設計金額の中に計上しなければならない。

（5）　事故の措置と原因究明

事故が発生し，公衆に危害を及ぼした場合には，発注者および施工者は，直ちに応急措置や関係機関への連絡を行う。また，速やかにその原因を究明し，類似の事故が発生しないようにする。

4・9・2　作　業　場

（1）　作業場の区分

施工者は，公衆が誤って作業場に立入ることのないように，固定柵などで境界を明確にする。また，材料，機械の設置位置をまわりと明確に区分する。

（2）　柵の規格・寸法

図4・24に示すように，**固定柵**は高さ1.2m以上，**移動柵**は0.8〜1mとし，**長さ**は1〜1.5mとする。

（3）　柵 の 彩 色

柵は，水平と45°の黄色と黒色の斜縞に彩色する。

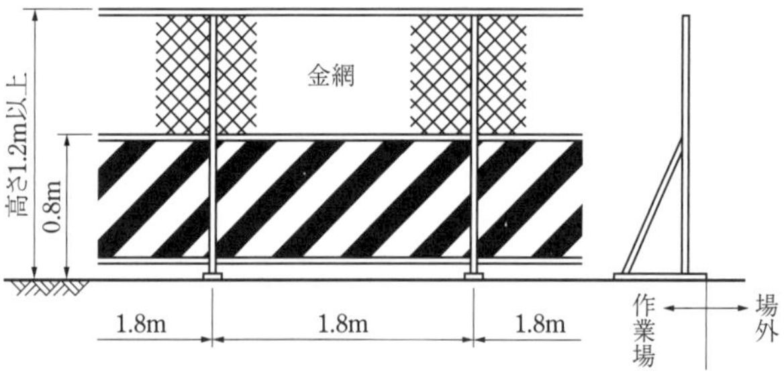

図4・24　固定柵標準図

（4）　移動柵の設置方法，車両の出入

移動柵の設置は，図4・25に示すように，すり付け区間のある場合とない場合に分けている。また，道路上の**作業場への出入**は，交通流の背面からしなければならない。

（5）　作業場の出入口

作業場の出入口には，原則として，引戸式の扉を設け，必要のない限り閉鎖しておく。開放しておくときは，見張員を配置する。

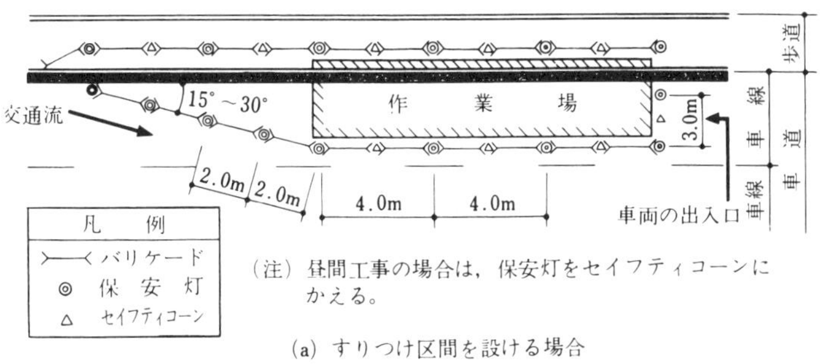

(a) すりつけ区間を設ける場合

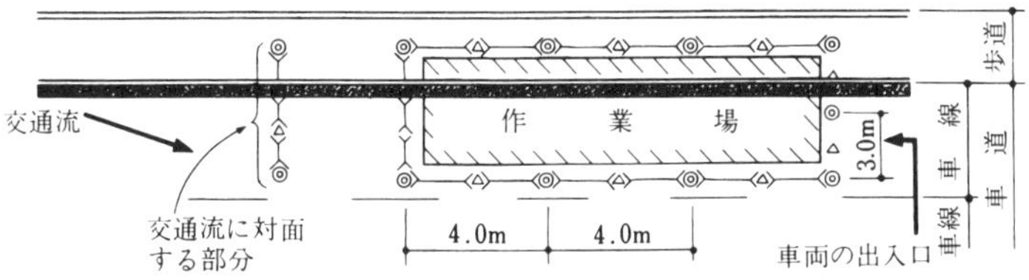

(b) すりつけ区間がとれない場合

図4・25 移動柵の設置方法

4・9・3 交通対策

(1) 道路標識など

発注者および施工者は，交通の流れの妨げにならないよう，道路管理者，所轄警察署長の指示に従い標識を設置する。また，工事用施設設置の場合，高さ 0.8～2 m の間は，通行者の視界を確保するため，**金網**などをする。

(2) 保 安 灯

道路上または道路に接して土木工事を行うときは，**夜間施工**に際して，150 m 前方から視認できる光度を有する高さ 1 m 程度の保安灯を設置する。

(3) 遠方よりの工事箇所の確認

① 道路標識
② 保安灯
③ 標示板（内部照明式）
④ 光度を有する回転灯などを設置して遠方の車からでも確認できるようにする。

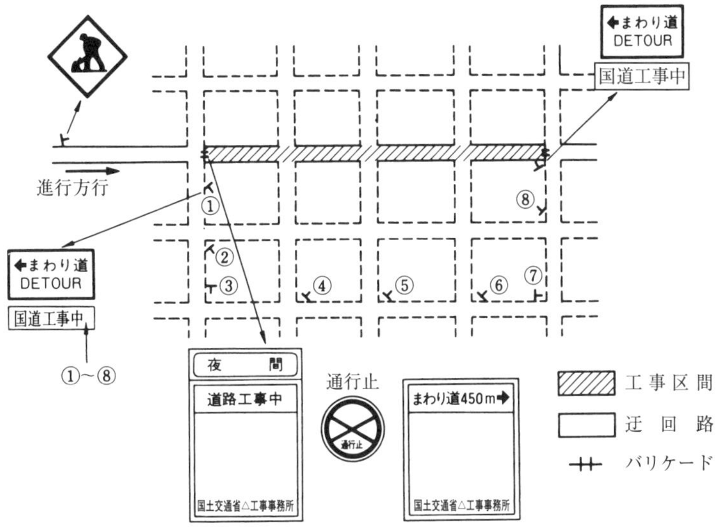

図4・26 各種標示板の配置

(4) 作業場付近における交通誘導

道路管理者および所轄警

施工管理法

察署長の指示によっては，交通の少ない道路は自動信号機で誘導することができる。

(5)　まわり道

道を迂回させる必要がある場合は，道路管理者や警察署長の指示に従う。

(6)　車両交通のための路面維持

道路を掘削した後，車両を通行させなければならないときは，埋戻し，仮舗装または覆工をし，段差が生じないようにする。段差が生じるときは5% 以内の勾配ですりつける。

(7)　車道幅員

一車線で 3 m，**二車線**で 5.5 m 以上の車道幅員が必要になる。工事のため一車線となるときは必要に応じて誘導員を配置する。作業による**走行制限区間**をできるだけ短くする。

4・9・4　埋設物

(1)　保安上の処置

発注者は，土木工事の設計にあたって，埋設物の管理者の協力を得て，位置・規格・構造および埋設年月日を調査しなければならない。また，その結果に基づき埋設物の管理者および関係機関と協議確認の上，設計書，仕様書などに，埋設物の保安に必要な措置を記載し，施工者に明示する。

施工者は，仕様書に基づき，埋設物の管理者および関係機関と協議し，施工の各段階における保安上の必要な措置，埋設物の防護方法，立会いの有無，緊急時の通報の方法，保安上の措置の実施区分などを決定する。

(2)　立会いおよび埋設物の確認

工事を行う場合は，はじめに**位置の確認などのため**，埋設管理者に立会いを求めなければならない。

発注者または施工者は，台帳に基づき試掘し，その位置を確認したときは，埋設管理者と道路管理者に報告する。**不明埋設物**のあるときは，当該管理者の立会いを求め安全を確認**する**。

(3)　布掘りおよびつぼ掘り

施工者は，杭，矢板などの打設またはせん孔するとき埋設物のないことを確認しなければならない。また，試掘と併せて埋設物の予想される位置で，深さ 2 m 程度まで探針を行う。埋設物の存在が確認されたときは，布掘り，またはつぼ掘りを行って露出する。

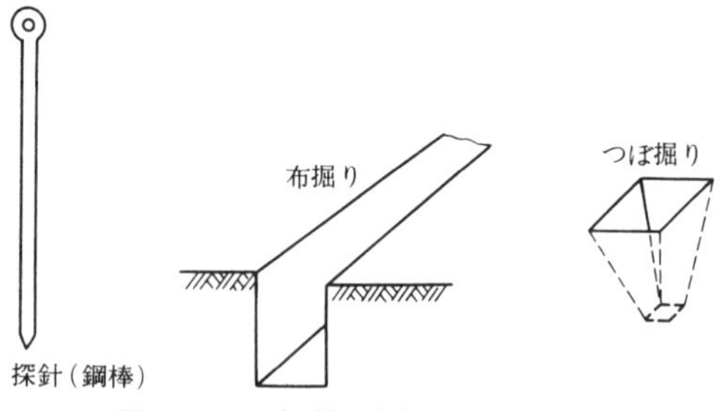

図4・27　探針，布掘り，つぼ掘り

(4)　露出した埋設物の保安維持など

① **露出した埋設物**には，名称，保安上の必要事項，連絡先など記載した標識を取り付ける。

② すでに破損していた場合には，施工者は，発注者と管理者に連絡し，修理の措置を求める。

③ 埋設物を埋戻した後破損する恐れのあるときは，発注者と管理者と協議の上，適切な措置を行う。

(5) 近接位置の掘削

発注者と管理者は，周辺の地盤の緩みに注意すると共に，埋設物を移設または補強し，埋設物の保安に必要な措置を講じなければならない。

(6) 火　　気

やむを得ず，火気を伴う溶接や切断機などを使用する際には，可燃ガス等の存在しないことを探知器などで確認した上，熱しゃへい装置など埋設物に保安上必要な措置を講じる。

4・9・5 土木工事安全施工技術指針の概要

この指針は，土木工事の現場における施工の安全確保ための技術上の留意事項や必要な措置等を示したものである。

(1) 安全施工の技術指針の対象工事

安全施工のための技術的対応等について，一般共通事項および以下の各工事について記載している。

①総則，②安全措置一般，③地下埋設物・架空線等上空施設一般，④機械・装置・設備一般，⑤仮設工事，⑥運搬工，⑦土工工事，⑧基礎工事，⑨コンクリート工事，⑩圧気工事，⑪鉄道付近の工事，⑫土石流の到達するおそれのある現場での工事，⑬道路工事，⑭橋梁工事（架設工事），⑮山岳トンネル工事，⑯シールド・推進工事，⑰河川及び海岸工事，⑱ダム工事，⑲構築物の取りこわし工事

(2) 関連法令等の遵守

この指針は，労働安全衛生法，労働安全衛生規則などの法令等を踏まえて策定されている。施工にあたっては，工事に関する関係法令等を遵守しなければならない。

4・10　コンクリート構造物の解体

頻出レベル
低■■■■■□高

学習のポイント

コンクリート構造物の解体に用いる，各種解体方法による作業時の安全対策を理解する。

コンクリート構造物の解体 ―― 各種解体方法の安全対策

(1)　圧砕機・大型ブレーカによる取壊し

①　解体構造物から飛散するコンクリート片や構造物自体の倒壊範囲を予測し，作業員，建設機械を安全な作業位置に配置する。

②　建設機械と作業員の接触を防止するため，誘導員を適切な位置に配置する。

③　解体ガラの落下・飛散による事故防止のため，立入禁止の措置を講じる。

④　二次破砕・小割作業は，静的破砕材を充てん後，亀裂が発生した後に行う。

(2)　カッターによる取壊し

①　カッターは，撤去しない側の躯体ブロックに取り付けることを原則とし，切断面付近にシートを設置して冷却水の飛散防止をはかる。

②　防護カバー，ブレードを確実に設置し，特にブレード固定用ナットは十分に締め付ける。

(3)　ウォータージェットによる取壊し

病院，民家などが隣接している場合には，ノズル付近に防音カバーを使用したり，周辺に防音シートによる防音対策を実施する。

(4)　ワイヤソーによる取壊し

切断の進行に合わせ，適宜切断面へのキャンバー打込み，ずれ止めを設置する。

(5)　転倒方式による取壊し

縁切り，転倒作業は，必ず一連の連続作業で実施し，その日のうちに終了し，縁切りした状態で放置してはならない。

4・11 土石流に対する安全対策

頻出レベル
低■□□□□□高

学習のポイント

土石流に対する安全対策のために行う事前調査と現場管理の内容を理解する。

- 土石流に対する安全対策
  - 事前調査
  - 現場管理

(1) 事前調査

① 工事対象渓流並びに周辺流域について，気象特性や地形特性，土砂災害危険箇所の分布，過去に発生した土砂災害状況等，流域状況を調査する。

② 事前調査に基づき，土石流発生の可能性について検討し，その結果に基づき上流の監視方法，情報伝達方法，避難路，避難場所を定めておく。

③ 降雨，融雪，地震があった場合の警戒・避難のための基準を定めておく。

④ 安全教育については，避難訓練を含めたものとする。

(2) 現場管理

① 土石流が発生した場合に速やかにこれを知らせるための**警報設備を設け**，常に有効に機能するよう点検，整備を行う。

② 避難方法を検討のうえ，避難場所・避難経路等の確保を図るとともに，避難経路に支障がある場合には登り桟橋，はしご等の施設を設ける。

③ 「土石流の到達の恐れのある工事現場」での工事であること並びに警報設備，避難経路等について，その設置場所，目的，使用方法を工事関係者に周知する。

④ 現場の時間雨量を把握するとともに，必要な情報の収集体制・その伝達方法を確立しておく。

⑤ 警戒の基準雨量に達した場合は，必要に応じて上流の監視を行い，工事現場に土石流が到達する前に避難できるよう，工事関係者に周知する。

⑥ 融雪または土石流の前兆現象を把握した場合は，気象条件等に応じて，上流の監視，作業中止，避難等，必要な措置をとる。

⑦ 避難の基準雨量に達した場合または，地震があったことによって土石流の発生の恐れのある場合には，直ちに作業を中止し，作業員を避難場所に避難させるとともに，作業の中止命令を解除するまで，土石流到達危険範囲内に立ち入らないよう作業員に周知する。

⑧ **避難訓練は工事開始後遅滞なく1回**，**その後6ヶ月以内ごとに1回行い**，その結果を記録したものを**3年間保存する**。

⑨ 作業開始にあたっては，当該**作業開始前24時間**における**降水量を**，**作業開始後**にあたっては，**1時間ごとの降水量を**，それぞれ雨量計による測定その他の方法により把握し，かつ記録しておかなければならない。

5. 品質管理

品質管理では，建設工事の国際規格であるISO，コンクリート・盛土・道路舗装の品質管理，鉄筋の加工および組立検査，コンクリート構造物の試験，管理図の見方，出来形管理などがよく出題される。

5・1　品質管理の基本

頻出レベル
低 ■■■■■■ 高

学習のポイント

PDCAサイクル，品質特性，ISO 9000，土工・コンクリート工などの品質管理項目と管理方法について土木一般の土工，コンクリート工の内容も踏まえ整理する。

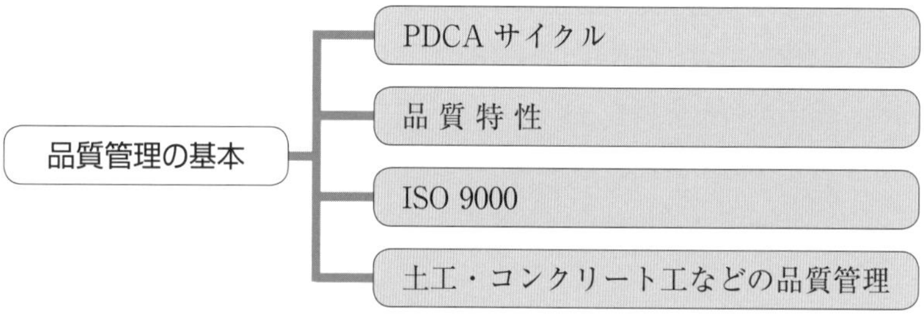

5・1・1　品質管理の方法

(1)　品質管理による品質の向上・維持

品質管理とは，最終工程における検品に頼るのではなく，すべての工程（プロセス）においてそれぞれの役割や要件，目的・目標，有効性などを明確にし，工程間の相互関係を的確に把握して，不良品やミスの発生を少なくするという活動である。

(2)　PDCAサイクル

品質管理の目的を達成させるため，**計画（Plan），実施（Do），検討・評価（Check），処置・改善（Act）**のプロセスを順に実施する。最後のActではCheckの結果から，最初のPlan　の内容を継続（定着）・修正・破棄のいずれかに決定して，次回のPlanに結び付ける。PDCAサイクルは，このプロセスをらせん状に繰り返すことによって，品質の維持・向上および継続的な業務改善活動を推進するマネジメント手法である。

(3)　品質管理の手順

品質管理の手順は次のとおりである。

① 品質管理のための**品質特性，品質標準**を決定する。

② 品質標準達成のための作業の方法，すなわち，**作業標準**を決める。

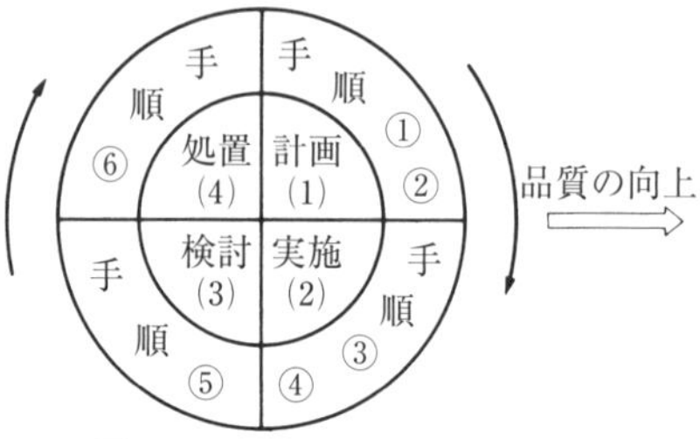

図5・1　品質管理のサイクル

③ 作業標準の周知徹底のための教育・訓練を行う。

④ 作業標準に従って仕事を実施し，データの採取をする。

⑤ 作業が計画どおり行われているかどうかを**検討（チェック）**する。

チェックには，作業過程と作業結果からの品質特性の測定値をヒストグラムなど，統計的品質管理図表を用いて行う方法がある。

⑥ チェックの結果に基づき**改善・処置**（Act）を行う。チェックの結果，異常があるときは，その原因を追求し，除去するか改善して再発防止の処置をする。図5・1は，これらの手順と管理のサイクルとの関係を図示したものである。

5・1・2　品質特性の選定

工事において品質管理をするためには，設計図書に記載されている工事目的物に要求されている品質の規格を把握し，それを満足させるために管理すべき品質特性（管理項目）を選定する。

品質特性（quality characteristics）とは，製品やサービスの品質を構成する要素のことである。品質特性の選定は，工事目的物の出来上がりを左右する事項のため，その決定にあたっては，以下の点に留意して行う。

① 工程（作業）の状態を総合的に表すものであること。

② 最終の品質に重要な影響を及ぼすもの，出来上がりを左右するようなものであること。

③ 早期に結果の出るもの。

④ 測定しやすいもの。

⑤ 工程に対して処置が容易にできるもの。

⑥ 真の特性のかわりに代用特性や工程要因を用いる場合は，真の特性との関係が明確であること。

5・1・3　品質標準と作業標準の決定

品質特性の選定につづいて，品質標準を設定する。 品質標準とは，施工において達成すべき品質の目標である。構造物の品質のばらつき度合，施工精度などを考慮して設定する。

品質標準の次に作業標準を決定する。作業標準は，品質標準を達成するための手段・方法で，「過ちの発生防止」を重点に，安定した工程を確保するための作業の手順，手法などを具体的に決めるものである。

5・1・4　ISO 9000，ISO 14000

(1)　ISO 9000 ファミリー

組織における品質マネジメントシステムに関する一連の国際規格群を表す。企業などが顧客の求める製品やサービスを安定的に供給する“仕組み（マネジメントシステム）”を確立し，その有効性を継続的に維持・改善するために要求される事項などを規定したものをいう。

(2) 認証取得

① ISO 規格の認証取得は，組織（工事受注者）が，国際的にも国内的にも顧客（工事発注者）の要求事項，組織の要求事項に適合し得る能力があることを第三者である審査登録機関により証明されることにある。工事受注者は，要求事項を満足させる能力のあることが証明されることにより，**能力の実証および評価に活用**することができる。

② 国土交通省では，「工事における ISO 9001 認証取得を活用した監督業務等マニュアル（案）」を作成し，直轄工事において，ISO 9001 認証を取得した請負者の品質マネジメントシステムに基づく自主的な品質管理業務を活用して，受発注者双方において品質管理業務の効率化を目指している。具体的には，監督業務の一部を請負者の検査記録の確認にすることで，工事の品質確保と事業実施の一層の効率化を図ることである。

(3) ISO 14001 環境マネジメントシステム要求事項

ISO 14001 とは，工事や企業活動などの活動において**環境負荷の低減**といった環境パフォーマンスの改善を継続的に実施するシステム（環境マネジメントシステム）を構築するために要求される規格である。

14000 自体は，特定の環境パフォーマンス基準（環境改善の目標値など）に言及しているものではない。

実施にあたっては，まず組織の最高経営層が環境方針を立て，その実現のために計画（Plan）し，それを実施及び運用（Do）し，その結果を点検及び是正（Check）し，もし不都合があったならそれを見直し（Act），再度計画を立てるというシステム（PDCA サイクル）を構築し，このシステムを継続的に実施することで，環境負荷の低減や事故の未然防止をはかる。

この規格は，組織が規格に適合した環境マネジメントシステムを構築していることを自己適合宣言するため，又は第3者認証（審査登録）取得のために用いられる。（審査登録制度）組織がこの規格に基づきシステムを構築し，認証を取得することは，組織自らが環境配慮へ自主的・積極的に取り組んでいることを示す有効な手段である。

5・1・5 品質マネジメントシステムの8原則

品質マネジメントシステムの8原則および各事項の定義は以下のとおりである。（JIS Q 9000―2015 等より）

① **顧客重視**：「組織はその顧客に依存しており，そのために，現在及び将来の顧客ニーズを理解し，顧客要求事項を満たし，顧客の期待を越えるように努力すべきである。」

② **リーダーシップ**：品質マネジメント活動にとって組織のリーダーが果たすべき責任について定めたもの。「リーダーは，組織の目的及び方向を一致させる。リーダーは，人々が組織の目標を達成することに十分に参画できる内部環境を創りだし，維持すべきである。」

③ **人々の参画**：品質マネジメント活動への組織構成員の参加を促すことが重要であることを定めたもの。「すべての階層の人々は組織にとって根本的要素であり，その全面的な参画によって，組織の便益のためにその能力を活用することが可能となる。」

④ **プロセスアプローチ**：品質マネジメント活動とそれを支えるための物的・人的資源，および作業環境など関連する活動すべてが連続するプロセスとして運用されることで効果を上げることを定めたものである。「**活動及び関連する資源が一つのプロセスとして運営管理**されるとき，望まれる結果がより効率よく達成される。」

⑤ **マネジメントへのシステムアプローチ**：企業内の各組織間の関係を連続するプロセスとして途切れなく運営することが品質マネジメントシステムにおいて重要であることを定めたもの。「相互の関連するプロセスを一つのシステムとして，明確にし，理解し，運営管理することが組織の目標を効果的で効率よく達成することに寄与する。」

⑥ **継続的改善**：マネジメントシステムに特徴的な考え方。組織は顧客の要望や規格の要求事項を元にして方針・目標を策定する。これを具体的に実現するために策定するのが手順である。さらに，この手順を遵守～監視～是正するプロセスから導き出される改善点を再び方針・目標に反映させていくという流れを総称して継続的改善という。組織が継続的改善していく体質をもち，これを維持していくためには，マネジメントシステム運営に対する最高経営層の強いコミットメントが必要であり，これが組織全体に周知されている必要がある。

⑦ **意思決定への事実に基づくアプローチ**：事実情報に基づく組織の品質管理活動の重要性を定めたもの。「効果的な意思決定は，データ及び情報の分析に基づいている。」

⑧ **供給者との互恵関係**：製品を提供する組織とその組織がパートナーシップを結ぶ組織（外注業者等）との関係に配慮することで双方の価値を最大化することができることを定めたもの。「組織及びその供給者は独立しており，両者の互恵関係は両者の価値創造能力を高める。」

5・1・6 土工の品質管理

一般に，盛土は，最適含水比より乾燥側で締固めると，施工直後では変形抵抗が最大となるが，降雨後軟化しやすい。このため，最適含水比か，またはやや湿潤側で施工する。また，締固めの後のばらつきの多いときは圧縮性の小さい砂質を用いる。

(a) 物理的性質

品質特性	試験
① 粒 度	ふるい分け
② 液性限界	液性限界
③ 塑性限界	塑性限界
④ 自然含水比	含水比
⑤ 圧密係数	圧 密

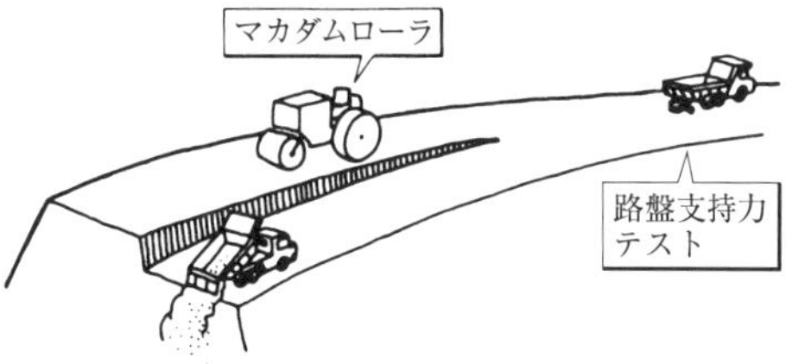

(b) 力学的性質

品質特性	試験
① 最大乾燥密度	締固め
② 最適含水比	突固め
③ 締固め度	現場密度（砂置換法，RI法）

(c) 支持力判定

品質特性	試験
① 貫入指数	各種貫入
② CBR（支持力）	現場CBR
③ 支持力値	平板載荷

図5・2 土工の品質管理

図5・2に，管理すべき，(a) 材料の物理的性質，(b) 締固めの力学的性質，(c) 盛土の支持力について，品質特性とその試験方法を示す。

5・1・7　路盤工の品質管理

路盤工の品質管理は，ほとんど土工と同じ試験が用いられる。

図5・3に，(a) 材料の物理的品質，(b) 路盤の支持力 について品質特性とその試験方法を示す。

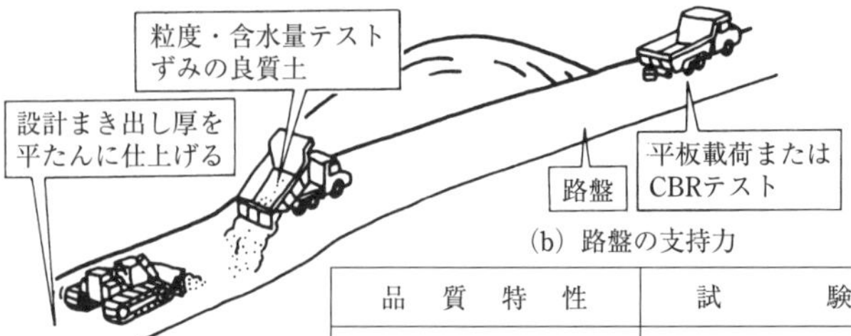

(a) 材料の物理的品質

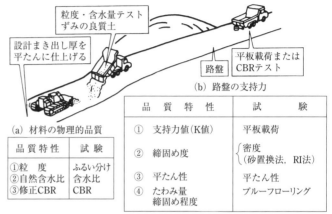

品質特性	試験
①粒　度	ふるい分け
②自然含水比	含水比
③修正CBR	CBR

(b) 路盤の支持力

品　質　特　性	試　　験
① 支持力値(K値)	平板載荷
② 締固め度	密度 (砂置換法，RI法)
③ 平たん性	平たん性
④ たわみ量 締固め程度	プルーフローリング

図5・3　路盤工の品質管理

5・1・8　アスファルト舗装の品質管理

アスファルト舗装の品質管理には，次の3つがあげられる。

① アスファルトの品質（図(a)）

② アスファルト混合物の品質（図(b)）

③ アスファルト舗装の品質（図(c)）

図5・4にそれぞれの品質特性とその試験方法を示す。

(a) アスファルト

品質特性	試験
① 針入度	針入度
② 軟化点	軟化点
③ 伸　度	伸　度

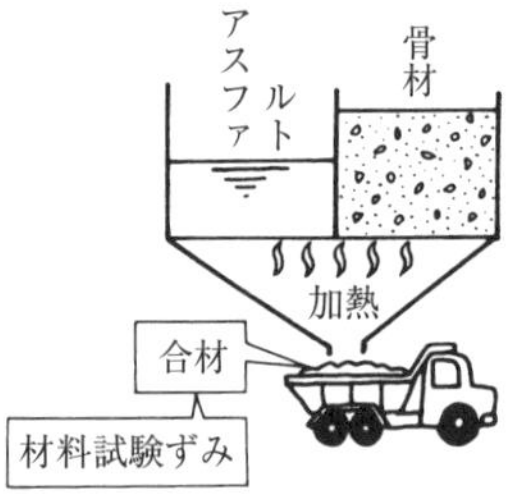

(b) アスファルト混合物

品　質　特　性	試　験
① 混合温度	温度測定
② アスファルト混合率	合材抽出
③ 粒　度	合材抽出
④ アスファルト量の決定	ダレ試験

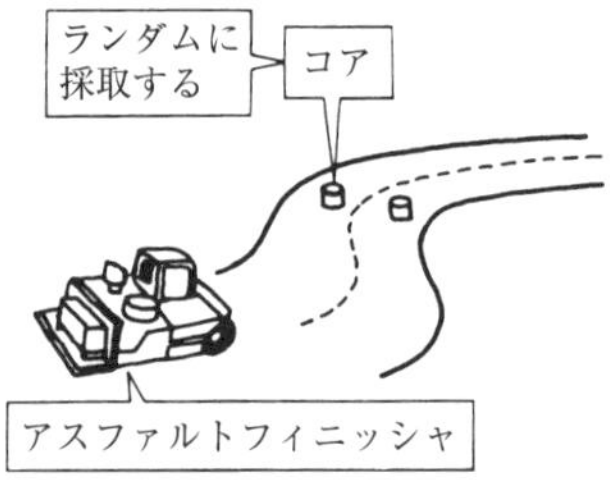

(c) アスファルト舗装

品質特性	試　験
① 安定度	マーシャル安定度
② 現場到着温度	温度測定
③ 厚　さ	コア抜取厚さ
④ 混合割合	コア混合割合
⑤ 平たん性	3mプロフィルメータ
⑥ 耐流動性	ホイールトラッキング試験
⑦ 耐摩耗性	ラベリング試験
⑧ 透水性能	透水量試験
⑨ すべり抵抗	回転すべり抵抗測定

図5・4　アスファルト舗装の品質管理

5・1・9 コンクリート工の品質管理

コンクリート工の品質管理には，次の３つがあげられる。

① コンクリート素材の管理（図(a)）

② フレッシュコンクリートの管理（図(b)）

③ 硬化後の管理（図(c)）

図５・５にそれぞれの品質特性とその試験方法を示す。

(a) コンクリート素材管理

品質特性	試験
① 骨材の粒度 ② 細骨材表面水量	ふるい分け 表面水率
③ セメント貯蔵期間	
④ 骨材のすりへり	ロサンゼルス

(b) フレッシュコンクリート

品質特性	試験
① スランプ	スランプ
② 空気量	空気量
③ 混合割合	洗い分析
④ 単位容積質量	単位容積質量

(c) 硬化後の管理

品質特性	試験
① 強度	強度
② 厚さ	コア採取
③ 平たん性	平たん性
④ 曲げ強度	曲げ

図５・５ コンクリート工の品質管理

5・2 ヒストグラム・工程能力図

頻出レベル
低■■□□□□高

学習のポイント

ヒストグラム・工程能力図について，それぞれの特徴とグラフの読み方，利用方法を理解する。

- ヒストグラム・工程能力図
  - ヒストグラム
  - 工程能力図

5・2・1 ヒストグラム

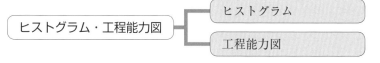

ヒストグラムとは度数分布の一種で，集めたデータの分布状態を表すグラフである。通常は棒グラフで表す。

データとは品質特性を定め，定められた品質特性に固有の試験を行って得た測定値である。**ヒストグラム**は，データの代表的数値（平均値など）と規格値より，現状の把握や品質の良否を判定する。

ヒストグラム		
代表的数値	⟹	品質の規定
規格値		

図５・６ 品質の規定法

(1)　ヒストグラムの作り方

ヒストグラムは次のような手順で作られる。

1)　データの収集

データは少なくとも50個以上，できれば100個以上集めることが望ましい。今，コンクリートの28日圧縮強度を測定して表5・1を得たとする。データ3個を1つのブロック（群）にまとめて，全部で30個のデータを記入した。

表5・1　コンクリート圧縮強度（N/mm^2）のデータ

	1	2	3	4	5	6	7	8	9	10
$n=3$	32.5	33.9	30.1	37.2	35.3	37.0	31.9	34.5	32.6	28.3
（n：1組	30.9	34.2	32.8	36.1	36.2	36.0	32.2	34.4	31.9	28.8
の中の数）	31.4	34.3	33.5	37.6	35.5	34.2	33.2	33.6	33.2	29.2

2)　度数分布の作成

①　全データの中から最大値（L_T），最小値（S_T）を求める。その後各列の最大値・最小値を求め，表にする。

表5・2　各列の最大値・最小値

列	1	2	3	4	5	6	7	8	9	10
L	32.5	34.3	33.5	37.6	36.2	37.0	33.2	34.5	33.2	29.2
S	30.9	33.9	30.1	36.1	35.3	34.2	31.9	33.6	31.9	28.3

表5・2から，Lの行の最大値としてL_Tが，またSの行の最小値としてS_Tが求まる。

$L_T=37.6$，$S_T=28.3$

②　全データのばらつく上下限の範囲R_Tを求めると次の値になる。これもばらつきを表す数値である。

$R_T=L_T-S_T=37.6-28.3=9.3$

③　データを分類するクラス幅Cを求める。データ数により異なるが，ここでは，R_Tの10等分の値を1クラスとして，それに最も近い適当な値をとる。

$R_T/10=9.3/10=0.93$

これにより，$C=0.9$を用いる。

④　最大値L_T，最小値S_Tを含むようにクラスの数を決め，各クラスにデータを割り振る。この場合クラスの境としては，測定値の末位の数の半単位で区切るとよい。各クラスの代表値は，境界の値の中央値を取る。このようにデータをクラスに割り振ってしまった結果を**度数分布**という。

3)　ヒストグラムの作成

横軸に品質特性値（この例では圧縮強度），縦軸に度数を取る。

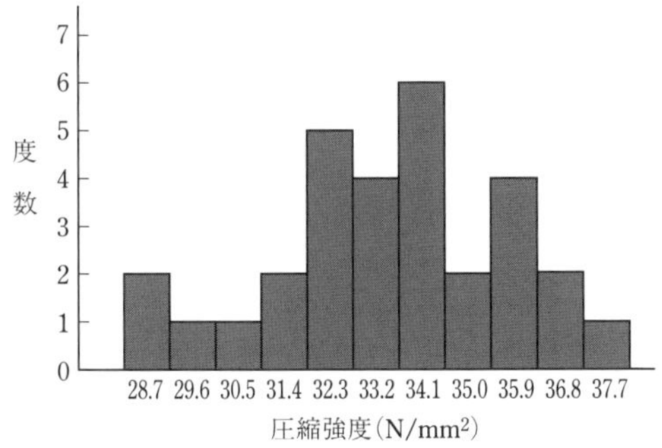

図5・7　ヒストグラム

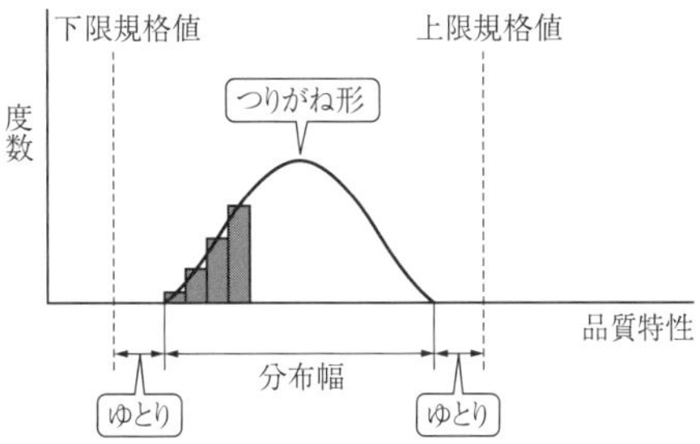

図5・8　正規分布図

(2)　正規分布と分布幅

正常な理由によるばらつきをグラフにすると，データを充分に集めた場合は，つりがね形のヒストグラムが得られる。これをなめらかな曲線で結んだ線を**正規分布曲線**といい，品質管理ではすべてのデータがこの分布をするものとして取り扱う。

(3)　ヒストグラムの読み方

ヒストグラムの読み方の判断材料として，①ゆとりがあるか，②平均値が規格限界のほぼ中央にあるか，③分布はつりがね形かの３つがある。

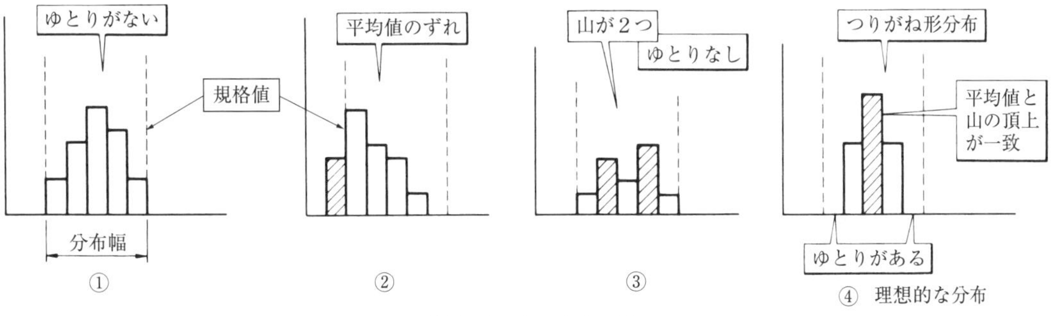

図5・9　ヒストグラム

図５・９①，②，③のような不良分布を示した場合は，次の対策を取る。

図①の場合：分布幅を縮めるため，作業標準を厳しく守る。

図②の場合：平均値がずれているので，作業標準を改善し，中央付近になるようにする。

図③の場合：山が２つあり，異なった機器により作られた場合に現われる。機器の調節を行い，山を１つにし，さらに分布幅を縮める。

5・2・2　工程能力図

ヒストグラムは，データの分布状態と品質規格の関係が一目でよくわかる。しかし，**品質の時間的経過を知ることができない。**

工程能力図は品質の時間的変動の過程をグラフ化したもので，データの品質を連続に表示するものである。

工程能力図は，横軸にサンプル，縦軸に特性値を目盛り，規格値の上下に上限・下限規格値を示す線を引く。データが安定しないときは，試験の頻度を増して変化を早期に確認する。

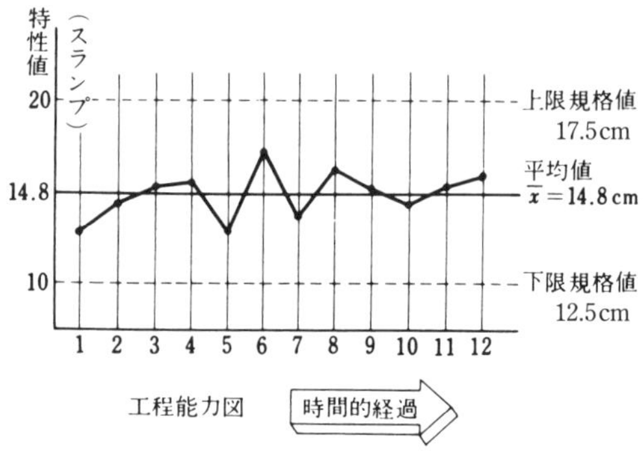

図5・10 工程能力図

5・3 管 理 図

頻出レベル
低 ■□□□□□ 高

学習のポイント

管理図の種類と読み方を理解する。

- 管理図
  - 管理図の種類
  - 原因の調査と改善処置

5・3・1 品質管理と管理図

品質管理は，品質の規格値の管理と工程の安定の管理の2種類があり，両方を安定させる必要がある。工程能力図は，品質の規格値に対して管理するものであり，品質の時間的な変化をとらえることができる長所はあるが，工程そのものは管理できない。品質を作り出す工程そのものを管理できるように改善したものを管理図（工程管理図）といい，管理の限界を示す線を管理限界線（上方管理限界線 UCL，下方管理限界線 LCL）という。

5・3・2 管理図の種類

我々が取扱うデータは，連続的な値と不連続（離散的）な値とがある。連続的な値とは，例えば，舗装の厚さ・強度・重量などのようなものをいい，これを**計量値**という。

不連続な値とは，例えば鉄筋100本の中不良品が5本あるとか，現場で1ヶ月の事故が1回，2回というように測定されるもので，5.5本とか，1.8固などの値を取り得ないものをいい，これを**計数値**という。計量値と計数値とでは，統計的な性質が異っており，用いる管理図も変わる。分布も計数値は不連続な分布となり，計量値は連続分布となる。

(1) 計量用管理図

① **$\bar{x}$−R 管理図**：$\bar{x}$ 管理図と R 管理図とを一緒にした管理図で，工程の状態の変化を見るための基本的な管理図である。データ1群を10個以下とする群に分けて，その平均値 $\bar{x}$ とその群

の範囲 R により管理する。

例えば，コンクリートの品質を管理する場合，骨材の粒度，表面水量，コンクリートのスランプ，コンクリートの強度などについて得られた結果を管理図に表すことができる。

② $\bar{x}$ **管理図**：主として分布の平均値の変化を見るために用い，データを群に分けて，平均値 $\bar{x}$ だけで管理する。

③ R **管理図**：分布の幅，ばらつきの変化を見るために用い，データを群に分けて群のレンジ R だけで管理する。

④ $x—R_s—R_m$ **管理**：個々のデータをそのまま時間的に順次並べて管理していくもので一点管理という。

$\bar{x}—R$ 管理図のように，多くのデータが得られず，群に分けられないときに用いる管理図で，x はデータの値，R_s は相隣るデータの差の絶対値 R_m はレンジで，$x_{\max}—x_{\min}$ という意味を表す。

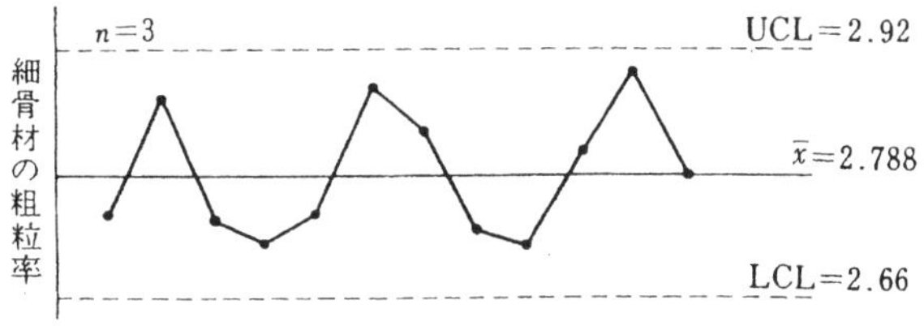

図5・11　$\bar{x}—R$ 管理図

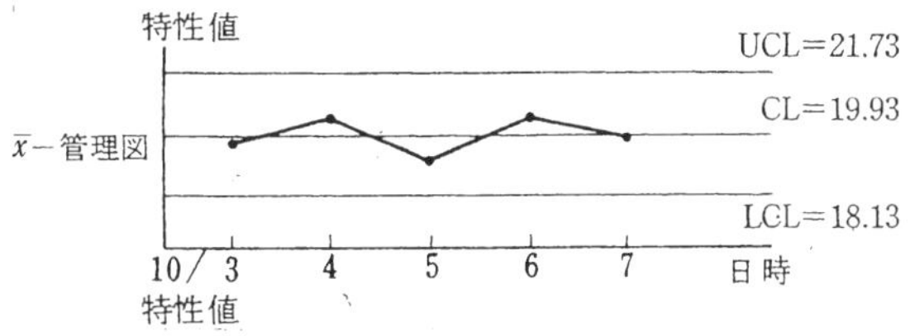

図5・12　$\bar{x}$—管理図

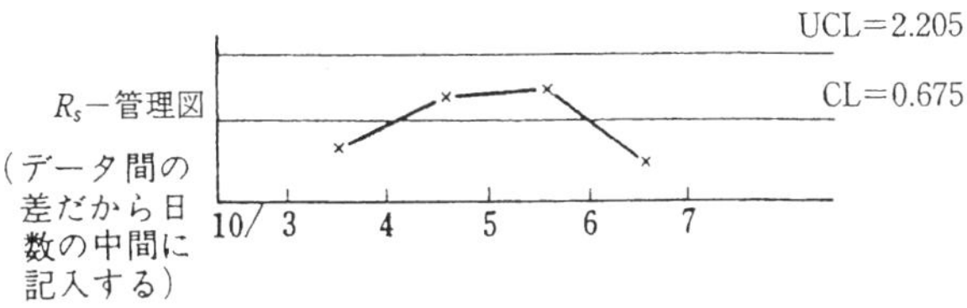

図5・13　R_s—管理図

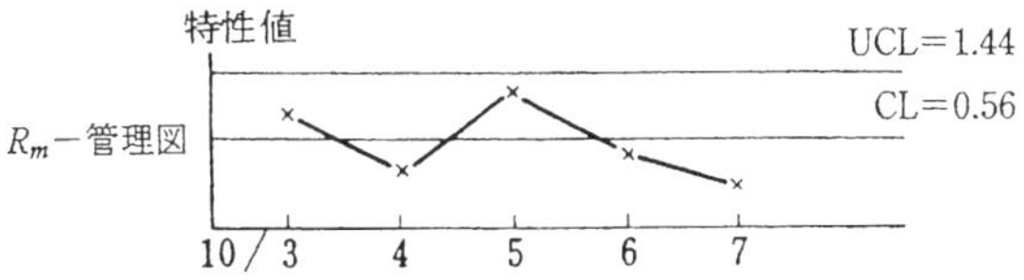

図5・14　R_m—管理図

5・3・3　原因の調査と改善処置

品質管理は管理図に始まって管理図に終わる，といわれているくらい，管理図は品質管理の統計的道具として利用されている。

実際に管理図を通して品質を管理する場合，試験（検査）の頻度は工程のはじめは多くし，工程が安定したら少なくする。管理図に異常が認められたときは，試験の頻度を増やし，次のような手順でその原因を調査しその後改善する。

（原因調査手順）

① データの取り方，測定の方法，打点の方法などに誤りはなかったか確認する。

② 特性要因図（品質特性に影響を与える要因を矢線で示したもの）などを利用して技術的に検討する。

③ それでも原因が不明の場合，不良・欠点や故障などの種類別，状況別に管理図を書いて（このようにいくつかの層に分けることを層別という），原因を追求する。

④ 以上の手順を踏んでも原因が解らないときは，平均値の差の検定，分散分析法など，統計的方法を利用して原因を追求する。

⑤　原因が判明したならば，直ちにその原因を除去し，工程を安定な状態に復旧させるか，あるいは今後同じような異常が起こらないように，抜本的な処置を取る。

工程管理図と品質管理の手法について概要を図5・15に示す。

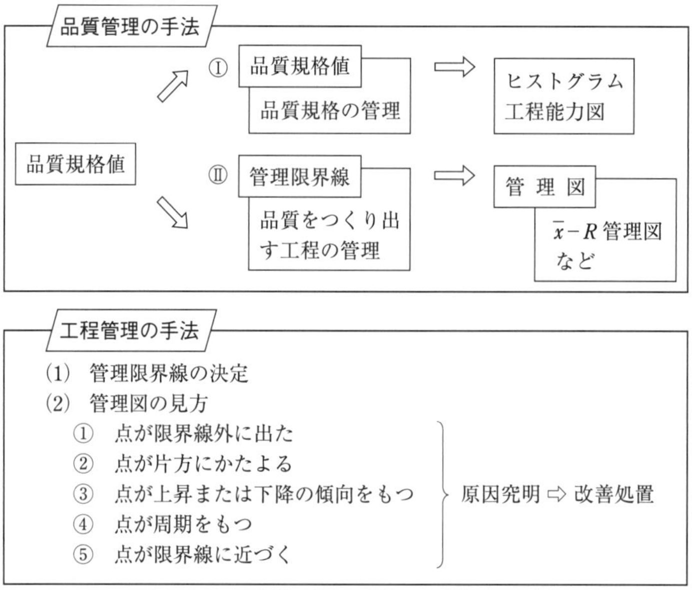

図5・15　工程管理図の手法，品質管理の手法

5・4 抜取検査

頻出レベル
低 ■□□□□□ 高

学習のポイント

抜取検査の方法，条件などを理解する。

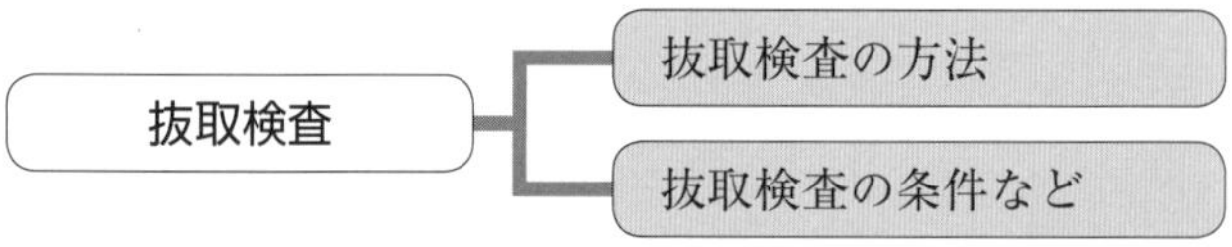

品質管理の目的は，検査を厳重に行うことでなく，最初から不良が発生しないように全体を管理することにある。

検査とは，施工された品質の状況を点検し，良・不良の判定をすることで，検査の方法には**全数検査**と**抜取検査**がある。

全数検査とは，製品を1個1個調べ，良品か不良品を判断する。

抜取検査とは，検査しようとする対象集団（ロット）から，ランダム（無作為）に抜取ったサンプルを調べて，判定基準に照して，ロットの合否を判定する検査である。

検査の頻度は，工程の初期には数を多くし，安定してきたら検査数を少なくする。

5・4・1　抜取検査を行う場合の条件

(1)　ロットがほぼ正規分布していること

抜取検査は正規分布の性質を利用するため，標準偏差がその尺度となる。標準偏差が既知の場合は，未知に比べて抜取個数を少なくできる。

(2)　製品がロットとして処理できること

検査対象がロットとして扱えるものでなければならない。

(3)　合格ロットにおいても，ある程度の不良品の混入があることを許容する。

サンプル中に不良品が1個もないからといって，ロット中に不良品がまったくないとはならない。不良品の混入を許容できなければ，抜取検査は行えない。

(4)　サンプルの抜取りはランダムに取扱うこと

ロット内のすべての製品がサンプルとなりうるランダム抜取りを行う。

(5)　品質基準や測定方法が明確であること

数値による明確な品質基準，正確なゲージ（測定器）や標準見本などを用いて検査する。

5・4・2　抜取検査の長所

全数検査に比べて抜取検査の長所として次のことがあげられる。

①　大量のデータ処理が短時間にできる。

②　全数検査よりも費用がかからない。

③　不完全な全数検査よりもかえって確実な検査を行える。

④　全数検査の結果をチェックできる。

⑤　品質管理に対する改善等の検討を実施しやすい。

6. 現場の環境保全

建設工事に伴う環境保全として，騒音，振動対策，濁水対策，建設リサイクル法に関し，分別解体，特定建設資材，廃棄物の搬出処分のマニフェストなどに関した問題が多数出題されている。

6・1　公害防止対策

頻出レベル
低 ■■■■■■ 高

学習のポイント

騒音対策，振動対策の方法を，第3編土木法規の騒音・振動規制法と合わせて整理する。

公害防止対策
- 騒音・振動防止対策
- 水質汚濁防止対策

6・1・1　低公害対策

(1)　騒音・振動防止の基本

現場の騒音・振動の対策には，騒音・振動の小さい工法および機械を選択し，計画的に騒音・振動を少なくすることが大切である。また，騒音・振動の規制規準を遵守することが大切である。

現場の境界線上で騒音を測定する場合，騒音・振動の大きい測定地点を選んで測定する。また，その地域の日常発生している生活音（暗騒音）の影響を明らかにするため，**暗騒音を事前に調査し**ておく。

また，杭打作業では杭の種類や地盤の性質によって騒音・振動が大きく変わるので，事前調査により作業機械，施工形態を考慮する。夜間は人が静かに寝る時間なので，大きな騒音・振動が発生しないように，夜間作業が少なくなるよう施工計画を立案する。

(2)　現場の騒音・振動防止対策

① 現場の公害対策は，事前調査に基づき，作業時間は短時間とし，できるだけ昼間の工事とする計画を立てる。

② 音の発生源となる空気圧縮機などを居住地より遠ざけ，距離による減衰効果を利用する。

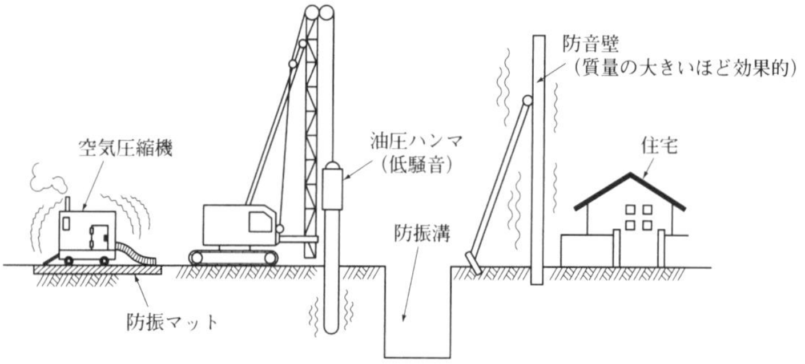

図6・1　現場の環境保全対策

③ 防音壁・防音シート・防振溝・防振幕を用いて騒音・振動を軽減する。

④　低騒音・低振動の工法または低騒音・低振動の機械を利用する。

(3)　埋込み杭による騒音・振動対策

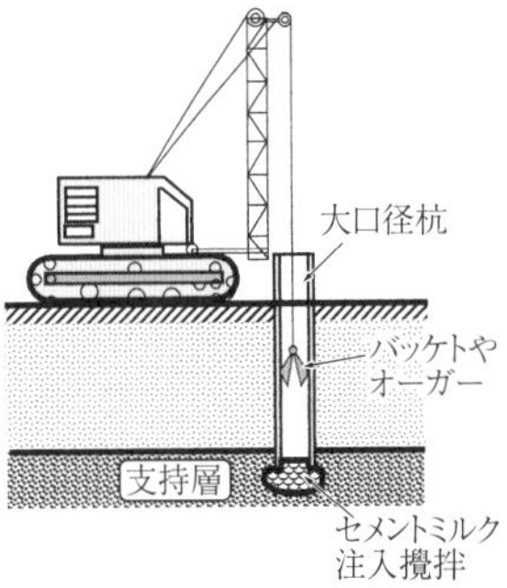

図6・2　中掘り工法

①　中掘り工法は，鋼管など大口径の既製杭の施工に用い，低公害工法である。

②　プレボーリング工法は，あらかじめアースオーガで穴をあけて既製杭を埋込む工法であるが，最後はハンマで打込む。騒音規制法では特定建設業から除外されているが，振動規制法では除外されていない。したがって，**市町村長への届出**を作業の7日前までに行う。

③　**騒音・振動の大きさの測定**は，現場の敷地境界線上で行う。

④　**規制値**は，騒音 85 dB（デシベル）以下，振動 75 dB 以下とする。

⑤　急を要する災害時においての工事の届出は，できるだけ早期に届出れば7日前でなくてよい。

⑥　中掘り工法・プレボーリング工法・ジェット工法は，砂地盤に既製杭や鋼矢板を埋込む際に用いる工法で，低公害工法である。

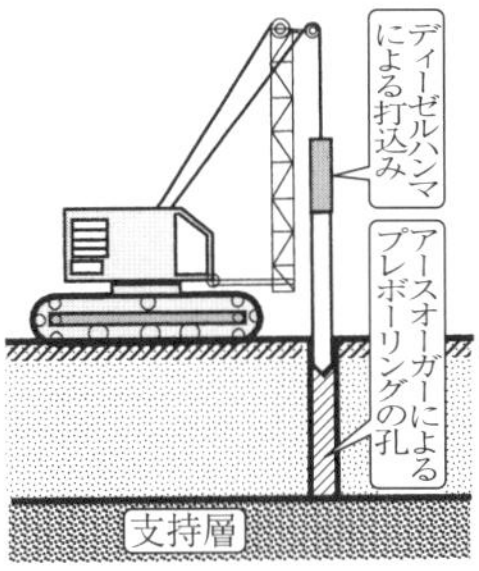

図6・3
プレボーリング工法

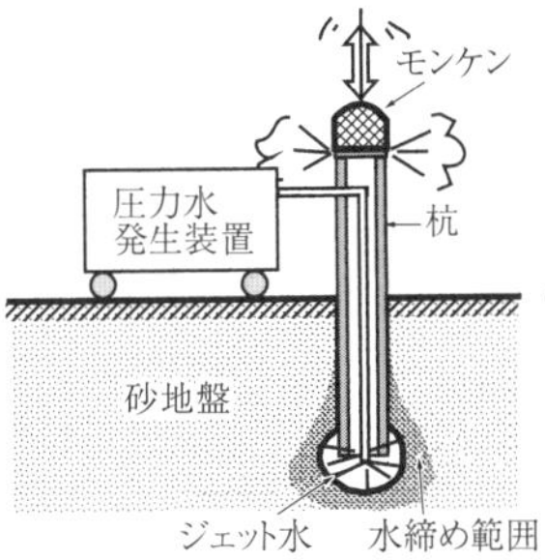

図6・4　ジェット工法

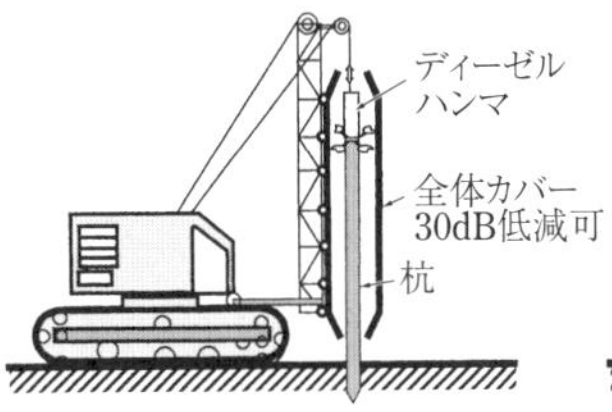

図6・5　全体カバー方式ディーゼルパイルハンマ

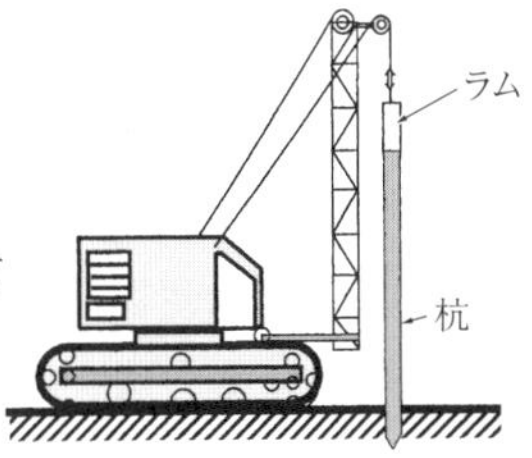

図6・6　油圧ハンマ

(4)　打込み杭の低公害対策

ディーゼルパイルハンマはバイブロハンマに比較して，騒音・振動共に大きい。騒音防止のため全体カバー方式のディーゼルパイルハンマなどが考案されている。

騒音低下が見込まれるものは，全体カバー付ディーゼルパイルハンマや油圧ハンマなどである。

(5)　工事騒音，振動の低減対策

①　ボルトの締付けは，インパクトレンチより油圧レンチを用いると，作業能力は低くなるが騒音は低減できる。

②　車両などの建設機械は，一般に小型は大型より，新型は老旧化したものより，回転数の小さいものは回転数の多いものより，低公害である。

③　ポンプは，往復式より回転式が低公害形である。

(6)　沿道障害の防止

①　往路と復路を区別し，1つの道路の交通量を低減させる。

②　道路管理者と協議して，道路の改修を行い交通の流れをよくする。

③　通学路を避けて通行するか，車両走行速度を制限し通学時間帯を避けた時間帯を設定する。

(7)　廃水処理による汚濁防止

場所打ち杭のベントナイト溶液や**汚水**は，泥を沈殿させて後，pH 調整をして，下水道に放流し，汚濁を防止する。

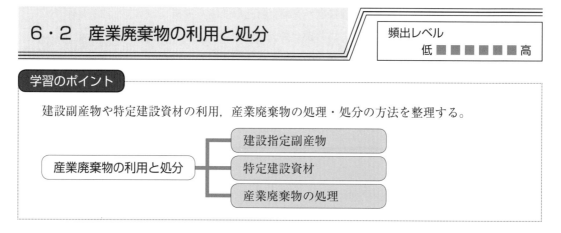

6・2　産業廃棄物の利用と処分

頻出レベル
低■■■■■■高

学習のポイント

建設副産物や特定建設資材の利用，産業廃棄物の処理・処分の方法を整理する。

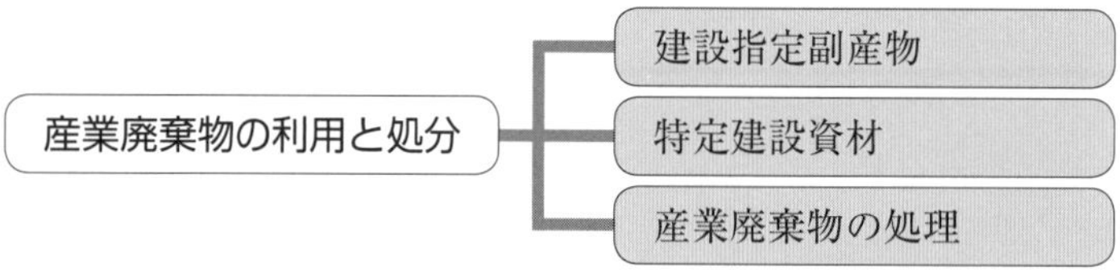

6・2・1　資源の有効な利用の促進に関する法律（建設指定副産物の利用）

建設指定副産物とは，建設工事に伴い副次的に得られた品物で，再生資源として利用できるもの，またはその可能性のあるものをいう。**土砂（建設発生土），コンクリートの塊，アスファルト・コンクリートの塊，木材（建設発生木材）**の４種類である。その利用は「資源の有効な利用の促進に関する法律」により定められている。

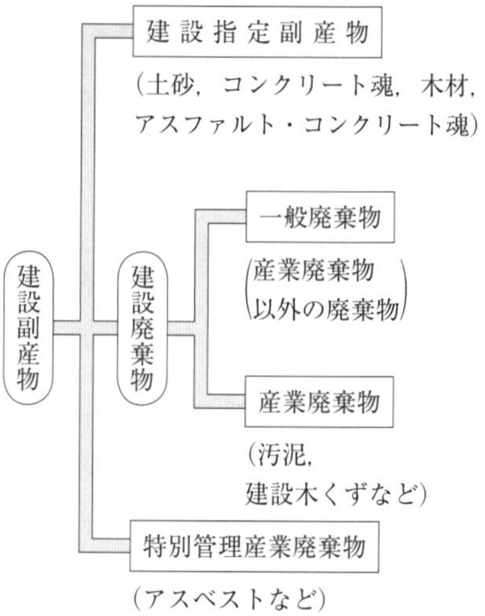

図６・７　建設副産物と建設廃棄物

(1)　建設発生土の利用

建設発生土は，運搬中流動化の恐れのない土砂で，粒径の大きい順に第１種，第２種，第３種，第４種に区分され，粒径の大きい第１種は，埋戻し，裏込め材料などに用い，粒径の細かい第４種は水面埋立用材料とするなどと定められている。土砂と汚泥との区分はコーン指数で行う。表６・１に区分ごとの利用用途を示す。

(2)　アスファルト・コンクリート塊の利用

アスファルト・コンクリート塊は，分別して破砕し，再生骨材や再生加熱アスファルト混合物の区分（表６・2）に応じて利用する。

特に，一般道路の上層路盤材料として用いることはできないが，駐車場などのその他の上層路盤材として用いる。

表6・1 建設発生土の主な利用用途

区分		利用用途
第1種	砂，礫，およびこれに準ずるものをいう	工作物の埋戻し材料 土木構造物の裏込め材料 道路盛土材料 宅地造成用材料
第2種	砂質土，礫質土，およびこれに準ずるものをいう	土木構造物の裏込め材料 道路盛土材料 河川築堤材料 宅地造成用材料
第3種	通常の施工性が確保される粘性土，およびこれに準ずるものをいう	土木構造物の裏込め材料 道路路体用盛土材料 河川築堤材料 宅地造成用材料 水面埋立材料
第4種	粘性土，およびこれに準ずるもの（第3種建設発生土を除く）をいう	水面埋立用材料

表6・2 アスファルト・コンクリート塊の主な利用用途

No.	有効利用資源	おもな利用用途
1	再生クラッシャラン	道路舗装およびその他舗装の下層路盤材料 土木構造物の裏込め材料および基礎材 建設物の基礎材
2	再生粒度調整砕石	その他舗装の上層路盤材料
3	再生セメント安定処理路盤材料	道路舗装およびその他舗装の路盤材料
4	再生石灰安定処理路盤材料	道路舗装およびその他舗装の路盤材料
5	再生加熱アスファルト安定処理混合物	道路舗装およびその他舗装の上層路盤材料
6	表層・基層用再生加熱アスファルト 混合物	道路舗装およびその他舗装の基層用材料および表層用材料

1）この表において「その他の舗装」とは，駐車場の舗装および建築物などの敷地内の舗装をいう。

2）道路舗装に利用する場合においては，再生骨材などの強度，耐久性などの品質を特に確認の上利用するものとする。

(3) 建設発生木材の利用

建設発生木材といっても，建設木くずなどは含まない。

建設発生材を破砕して，チップを作り，製紙用，ボードチップとして再利用する。

(4) コンクリート塊の利用

コンクリート塊は，分別して再生骨材として利用するが，有効利用骨材の安定性が十分といえないので，再生粒度調整砕石は上層路盤材として用いることはできない。しかし，駐車場その他の舗装の上層路盤材料として用いることはできる。有効利用資源の利用用途を表6・3に示す。

施工管理法

表6・3　コンクリート塊のおもな利用用途

No.	有効利用資源	おもな利用用途
1	再生クラッシャラン	道路舗装およびその他舗装の下層路盤材料，土木構造物の裏込め材および基礎材，建設物の基礎材
2	再生コンクリート砂	工作物の埋戻し材料および基礎材
3	再生粒度調整砕石	その他舗装の上層路盤材料
4	再生セメント安定処理路盤材料	道路舗装およびその他舗装の路盤材料
5	再生石灰安定処理路盤材料	道路舗装およびその他舗装の路盤材料

1）この表において「その他の舗装」とは，駐車場の舗装および建築物などの敷地内の舗装をいう。

2）道路舗装に利用する場合においては，再生骨材などの強度，耐久性などの品質を特に確認の上利用するものとする。

(5)　建設指定副産物の搬入計画

建設指定副産物を搬入するときは，再生資源利用計画を立案し，その実施を記録して1年間保存する。

表6・4　再生資源利用計画の概要（搬入）

計画を作成する工事	定める内容
次の各号の一に該当する建設資材を搬入する建設工事 1. 土砂　……………1,000m^3 以上 2. 砕石　……………500 t 以上 3. 加熱アスファルト混合物……………200 t 以上	1. 建設資材ごとの利用量 2. 利用量のうち再生資源の種類ごとの利用量 3. その他再生資源の利用に関する事項

(6) 搬出資源有効利用〔促進〕計画

元請業者は，一定規模以上の**建設指定副産物**を工事現場から**排出する**工事を施工するとき，再生資源利用〔促進〕計画を作成し，その実施状況の記録は当該工事完成後1年間保存する。

再生資源利用促進計画を立案する規模を表6・5に示す。

表6・5　再生資源利用促進計画の概要（搬出）

計画を作成する工事	定める内容
次の各号の一に該当する指定副産物を搬出する建設工事 1. 建設発生土　……………1,000 m^3 以上 2. コンクリート塊 アスファルト・コンクリート塊 ……………合計 200 t 以上 建設発生木材	1. 指定副産物の種類ごとの搬出量 2. 指定副産物の種類ごとの再資源化施設または他の建設工事現場などへの搬出量 3. その他指定副産物にかかわる再生資源の利用の促進に関する事項

6・2・2　産業廃棄物の処理・処分

(1)　産業廃棄物と特別管理産業廃棄物

産業廃棄物とは，事業活動に伴って生じた廃棄物のうち，木くず・燃えがら・汚泥・廃油など政令で定める廃棄物をいう。

特別管理産業廃棄物とは，爆発性・毒性および感染性など生活環境に係る被害を及ぼす恐れのあるもので，政令で定めるものをいう。

(2) 産業廃棄物管理票（マニフェスト）

産業廃棄物は，排出事業者が自らの責任で適正に処理しなければならない。その処理を他人に委託する場合には，産業廃棄物管理票（マニフェスト）を交付し，適正に処理されていることを把握しなければならない。

① 排出事業者は，**産業廃棄物の運搬または処分を受託した者に対して**，当該産業廃棄物の種類および数量，受託した者の氏名，その他省令で定める事項を記載した産業廃棄物管理票（マニフェスト）を産業廃棄物の量にかかわらず交付しなければならない。

② **産業廃棄物管理票**は，産業廃棄物の種類ごとに，産業廃棄物を引渡すときに，管理票交付者（事業者）が受託者に交付する。

③ **排出事業者**（中間処理業者が排出事業者となる場合も含む）は，マニフェストの交付後90日以内（特別管理産業廃棄物の場合は60日以内）に，委託した産業廃棄物の中間処理（中間処理を経由せず直接最終処分される場合も含む）が終了したことを，確認する必要がある。また，中間処理を経由して最終処分される場合は，マニフェスト交付後180日以内に，最終処分が終了したことを確認する必要がある。

④ **産業廃棄物管理票交付者**（事業者）は，当該管理票に関する報告を都道府県知事に年1回提出しなければならない。

⑤ **産業廃棄物管理票の写し**を送付された事業者・運搬受託者・処分受託者の3者は，この写しを5年間保存しなければならない。

(3) 委託契約書

事業者は，処分を委託する場合，都道府県知事の許可を受けた処理業者に委託するものとし，委託契約書を書面で取り交さなければならない。

(4) 産業廃棄物管理票が不要の場合

① 市町村または都道府県，国に運搬および処分を委託するときは，管理票は不要である。

② もっぱら有効な利用目的にのみ，運搬または処分を業とする者に委託するときも不要である。

③ 運搬用パイプラインを用い，これに直結している場合は，管理票は不要である。

(5) 産業廃棄物処理業

① **産業廃棄物の運搬または処分を業として行うとき**は，当該区域を管轄する都道府県知事の許可を受けなければならない。許可の更新は5年とする。

② 有効な利用目的にのみ運搬または処分を受託し，厚生労働大臣が指定した者は，産業廃棄物処理業の許可はいらない。

(6) 電子マニフェスト

排出事業者，収集運搬業者，処分業者の3者が**情報処理センター**（公益財団法人日本産業廃棄物処理振興センター）**に加入**し，情報処理センターを介して，電子マニフェストで関係者間における処理の情報を管理する。

(7) 産業廃棄物の処分場の型式

処分場型式には，表6・6のように廃棄物の種類ごとに遮断型（有害な物質を含むものを処分する)，管理型（地下に浸透する可能性のあるものを処分する)，安定型がある。また，廃棄物の分類は，表6・7のようである。

(8)　非常災害時の応急処置

非常災害時に応急処置として，建設工事に伴い生ずる産業廃棄物を**事業場の外に保管した場合**は，保管した日から14日以内に都道府県知事に届け出なければならない。

表6・6　処分場型式

処分場の型式	処分できる廃棄物
安定型処分場	廃プラスチック類，ゴムくず，金属くず，ガラスくず，陶磁器くず，建設廃材など
管理型処分場	廃油（タールピッチ類に限る)，紙くず，木くず，繊維くず，動植物性残渣，動物のふん尿，動物の死体，基準に適合した燃えがら，ばいじん，汚泥，鉱さいなど
遮断型処分場	基準に適合しない燃えがら，ばいじん，汚泥（有害)，鉱さいなど

表6・7　建設廃棄物の分類

建設廃棄物

一般廃棄物

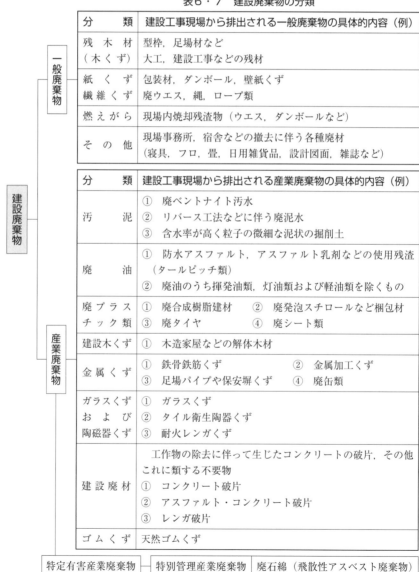

分　類	建設工事現場から排出される一般廃棄物の具体的内容（例）
残木材（木くず）	型枠，足場材など 大工，建設工事などの残材
紙くず 繊維くず	包装材，ダンボール，壁紙くず 廃ウエス，縄，ロープ類
燃えがら	現場内焼却残渣物（ウエス，ダンボールなど）
その他	現場事務所，宿舎などの撤去に伴う各種廃材 (寝具，フロ，畳，日用雑貨品，設計図面，雑誌など)

産業廃棄物

分　類	建設工事現場から排出される産業廃棄物の具体的内容（例）
汚　泥	①　廃ベントナイト汚水 ②　リバース工法などに伴う廃泥水 ③　含水率が高く粒子の微細な泥状の掘削土
廃　油	①　防水アスファルト，アスファルト乳剤などの使用残渣（タールピッチ類） ②　廃油のうち揮発油類，灯油類および軽油類を除くもの
廃プラスチック類	①　廃合成樹脂建材　②　廃発泡スチロールなど梱包材 ③　廃タイヤ　④　廃シート類
建設木くず	①　木造家屋などの解体木材
金属くず	①　鉄骨鉄筋くず　②　金属加工くず ③　足場パイプや保安塀くず　④　廃缶類
ガラスくずおよび陶磁器くず	①　ガラスくず ②　タイル衛生陶器くず ③　耐火レンガくず
建設廃材	工作物の除去に伴って生じたコンクリートの破片，その他これに類する不要物 ①　コンクリート破片 ②　アスファルト・コンクリート破片 ③　レンガ破片
ゴムくず	天然ゴムくず

特定有害産業廃棄物 ― 特別管理産業廃棄物 ｜ 廃石綿（飛散性アスベスト廃棄物）

6・2・3 建設リサイクル法「建設工事に係る資材の再資源化等に関する法律」

(1) 建設リサイクル法の目的

① **特定の建設資材**について，分別解体などで再資源化などを促進する。

② **解体工事業者の登録制度の実施**

(2) 建設リサイクル法の主な用語

① **建設資材廃棄物**：建設資材が廃棄物となったもの。

② **分別解体**：建設資材廃棄物を種類ごとに分別すること。

③ **再資源化**：建設資材廃棄物を資材又は原材料として利用するようにする（建設資材廃棄物をそのまま用いることを除く。）状態，及び燃焼ができるもの，又はその可能性のあるものについて，熱を得ることに利用する状態にすること。木材が廃棄物となった特定建設資材廃棄物を再資源化する施設が，50 km 以内にないときは，再資源化に代えて，縮減することができる。

④ **特定建設資材**：コンクリート，コンクリートおよび鉄から成る建設資材，木材，アスファルト・コンクリートの 4 つをいう。

⑤ **建設資材廃棄物の「縮減」**：焼却・脱水・圧縮をいい，「再資源化等」という。

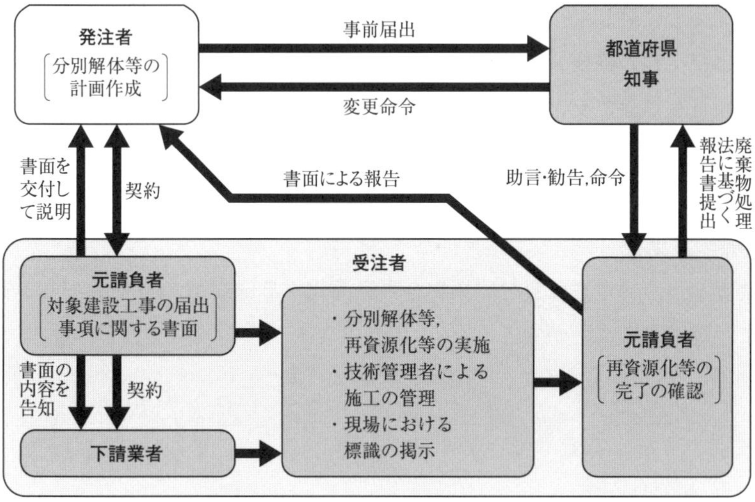

図6・8 分別解体等および再資源化等の実施を確保するための措置

施工管理法

(3)　届　　出

① 対象工事は表6・8の4種類である。

② **対象建設工事を行う発注者または自主施工者**は，工事7日前までに，その計画を都道府県知事に届出る。都道府県知事は受理して7日以内に限り，計画の変更その他の必要な措置を命ずることができる。また，対象建設工事が複数の都道府県にまたがるときは，それぞれの都道府県知事に別々に届出を行う。

表6・8　届出対象建設工事

工　事　の　種　類	規　模　の　基　準
建築物の解体	80 m^2 以上（床面積）
建築物の新築・増築	500 m^2 以上（床面積）
建築物の修繕・模様替（リフォームなど）	1億円以上（費用）
その他の工作物に関する工事（土木工事など）	500万円以上（費用）

国または地方公共団体が発注者になるときは，都道府県知事にその旨を通知する必要がある。

(4)　解体工事業者

解体工事業を行う者は，都道府県知事の登録を受ける。

ただし，建設業法の解体工事業，土木工事業，建築工事業の許可を受けた者は登録しなくてもよい。更新は5年ごとである。

(5)　説明と報告

元請業者は，発注者に対して，①解体する建築物の構造，②新築工事に使用する特定建設資材，③着工の時期および工程の概要，④分別解体計画，⑤解体する建築物などに用いられた建設資材量の見込などの5項目を書面で交付して説明しなければならない。

また，元請業者は，発注者に再資源化などが完了した旨を，書面で報告し，当該資源化などの実施状況の記録を作成し保存する。

(6)　再資源化等の実施

木材が廃棄物となった特定建設資材廃棄物を再資源化する施設が，50 km 以内にないときは，再資源化に代えて，縮減することができる。

第５編　編末確認問題

次の各問について，正しい場合は○印を，誤りの場合は×印をつけよ。（解答・解説は p.366）

□□【問 1】 型枠支保工の支柱の高さが５m 以上のときは，労働基準監督署長に届け出る。（R2）
□□【問 2】 資機材の輸送調査は，道路管理者や労働基準監督署に相談しておく。（R1）
□□【問 3】 施工計画の作成は，過去の技術や実績に基づき作成する。（H29）
□□【問 4】 下請業者は，さらに他の業者に下請させた場合，再下請通知者を発注者に提出する。（R2）
□□【問 5】 施工体制台帳には，許可を受けた建設業の種類，健康保険の加入状況を示す。（H30）
□□【問 6】 原価管理の目的には，原価資料を収集・整理することが含まれる。（H28）
□□【問 7】 砂質土で地下水位が高い場合，親杭横矢板工法を採用する。（H28）
□□【問 8】 施工時における品質管理は，使用材料，構造物の強度，締固め密度などが主要なものである。（H23）
□□【問 9】 組合せ建設機械の作業能率は，最大の作業能率の機械で決定される。（R2）
□□【問10】 土工の施工可能日数を把握するには，工事着手後，気象，地山特性などを調査する。（H21）
□□【問11】 工程曲線は，一つの作業の遅れが全体工期に影響するかを把握できる。（H29）
□□【問12】 １日平均施工量は，１時間平均施工量に１日平均作業時間を乗じて求める。（H29）
□□【問13】 工程計画は，工程管理曲線の勾配が，工期の初期→中期→後期において，急→緩→急になるようにする。（R1）
□□【問14】 ダミーとは，所要時間をもたない疑似作業で破線（…）で示される。（H26）
□□【問15】 バーチャート工程表は，他の工種との相互関係が明確である。（R2）
□□【問16】 コンクリートポンプ車の装置の操作には，技能講習を修了した者を就業させる。（H30）
□□【問17】 洪水が予想される場合は，各種救命用具を準備しておく。（R2）
□□【問18】 硫化水素の発生のおそれのある箇所では，酸素濃度と硫化水素濃度を測定する。（H26）
□□【問19】 ロープ高所作業では，メインロープ以外に墜落制止用器具用のライフラインを設ける。（R1）
□□【問20】 カッタによる取壊しでは，撤去側躯体にカッタを取り付ける。（R2）
□□【問21】 １回の降雨量が 30 mm 以上の大雨は，悪天候と定義される。（R1）
□□【問22】 足場高さ２m 以上の作業床の床材は，２以上の支持物に取り付ける。（H30）
□□【問23】 足場材の緊結，取外しを行う際は，幅 30 cm 以上の作業床を設ける。（H28）
□□【問24】 土留め支保工の圧縮材の継手は，重ね継手とする。（H30）
□□【問25】 運搬機械が転落するおそれのあるときは，運転者が自ら安全を確認する。（R2）
□□【問26】 土止め支保工を設けるときは，事前に組立図を作成し組み立てる。（R1）
□□【問27】 車両系建設機械の運転者が運転位置を離れるときは，バケット等の作業装置を地上に降ろせばよい。（R1）

＊（R1）は令和元年度の出題問題を表し，（H30）は平成 30 年度の出題問題を表す。

□□【問28】 強風のとき移動式クレーン作業は，監視員を配置して行う。(R2)

□□【問29】 施工者は，工事中に破損した埋設物を発見したときは直ちに修理する。(H28)

□□【問30】 やむを得ず足場上に材料を集積する場合は，作業床端とする。(H30)

□□【問31】 事業者は，常時使用する労働者に対し，1年以内に1回，医師による健康診断を行わなければならない。(R1)

□□【問32】 安全ネットは，人体の落下の衝撃を受けた場合，点検し再使用する。(R2)

□□【問33】 品質管理とは，最終の検査を的確に行う活動である。

□□【問34】 品質管理に際し，品質特性が複数ある場合，1つを選んで管理する。

□□【問35】 ヒストグラムは，データの分析状態と品質規格の関係が一目でよくわかるが，品質の時間的経過を知ることはできない。

□□【問36】 レディーミクストコンクリートの圧縮強度試験は，1回の試験結果が指定した呼び強度の80% 以上で，かつ3回の試験結果の平均値が指定した呼び強度以上であることが必要である。

□□【問37】 設計値を十分満足するような品質を実現するためには，ばらつきを考慮して，余裕をもった品質を目標としなければならない。

□□【問38】 TS・GNSSを用いて締固め機械の走行記録をもとに，盛土の締固め管理をする方法は，品質規定方式の1つである。

□□【問39】 アスファルト舗装の路盤の支持力試験には，CBR 試験と平板載荷試験がある。

□□【問40】 鉄筋コンクリート構造物の非破壊試験方法のうち，鉄筋の位置を推定するのに適したものは反発度に基づく方法である。

□□【問41】 情報化施工とは，施工や施工管理の効率化，品質の均一化，安全性の向上，環境負荷低減など，施工の合理化を実現するシステムである。

□□【問42】 コンクリートプラントの洗浄水は，セメントの成分を多量に含むため，排水については通常濁りがあるので，濁りの除去を行って放流する。

□□【問43】 排出事業者は，原則として発注者から直接工事を請け負った元請業者が該当する。

□□【問44】 分別解体等を実施する対象建設工事の発注者または自主施工者は，分別解体等の計画などを工事完了までに都道府県知事に届け出なければならない。

□□【問45】 事業者は，産業廃棄物の運搬または処分を他人に委託する場合，当該委託に係わる産業廃棄物の引渡しと同時に運搬または処分を受託した者に対し，産業廃棄物管理票を交付しなければならない。

□□【問46】 建設リサイクル法の特定建設資材とは，コンクリート，コンクリート及び鉄から成る建設資材，木材，建設発生土の4品目が定められている。

□□【問47】 再資源化には，分別解体等に伴って生じたすべての建設資材廃棄物について，熱を得ることに利用することができる状態にする行為は含まれない。

□□【問48】 騒音および振動の防止対策のため，ブルドーザにより掘削押土を行う場合は，無理な負荷をかけないようにするとともに，後進時は高速走行で運転するのがよい。

□□【問49】 解体工事業者は，工事現場における解体工事の施工に関する技術上の管理をつかさどる技術管理者を選任しなければならない。

□□【問50】 建設工事における地盤振動対策には，発生源，伝搬経路，および受振対象における対策があるが，受振対象における対策が最も有効である。

第6編 施工管理法（応用能力）

令和４年度施工管理法（応用能力）の出題事項

語句の組合せの群からの選択方式の問題で，全部で15問の出題である。

施工計画（4問）：①仮設計画立案の留意事項　②公共工事における施工体制台帳の作成　③掘削底面の破壊現象の種類と概要　④施工計画における建設機械の選定

工程管理（3問）：⑤工程管理の基本的事項　⑥各工程表の特徴　⑦品質・工程・原価の関係

安全管理（4問）：⑧車両系建設機械での作業の安全対策　⑨移動式クレーンの安全規定　⑩埋設物の損傷防止対策　⑪酸素欠乏工事の安全措置

品質管理（4問）：⑫品質管理における基本的事項　⑬ TS・GNSSを用いた盛土の締固め管理　⑭コンクリート構造物の鉄筋位置推定の非破壊検査方法　⑮コンクリートの打設の基本事項

問題は，すべて施工管理法の基礎的事項である。第一次検定試験を含む過去問題の演習で覚えた知識で，正解を選択するのは容易である。

施工管理法（応用能力）については，試験制度が改正になった令和３年度と，本年実施の令和４年度の２年分しか出題問題がありませんが，この２年分の出題項目・出題内容などから大まかな出題傾向は把握できると思います。次ページ以降に，２年分の出題項目・出題内容および主な用語を表にまとめましたので，学習の参考としていただき，また該当知識については，本書第５編施工管理法（基礎知識）の学習で十分対応できると考えられますので，これを利用して学習して下さい。

なお，応用能力に該当する第一次検定試験問題Bの問題21～問題35については，令和３年度分は本編 p.329～335に，令和４年度分は巻末 p.363～369，解答 p.376に掲載してあります。

6・1　施工管理法(応用能力)出題項目・内容

施工管理法（応用能力）出題問題の令和３・４年度出題項目・出題内容・出題用語の一覧表を以下に掲げる。

分野	出　題　項　目	年度	出題内容・用語
施工計画	・施工計画作成の留意事項	R3	・安全を最優先 ・新工法の取入れ ・最良の計画 ・経済的な工程
	・公共工事における施工体制台帳	R3 R4	・下請金額にかかわらず作成 ・再下請負通知書は元請業者に ・健康保険の加入状況 ・施工体系図
	・工事の原価管理	R3	・実行予算の作成時点から工事決算まで ・原価計算の細かさ ・実行予算と発生原価の比較
	・建設機械の選定	R3 R4	・縦作業の施工能力を主作業より高め ・最大の施工能力の発揮，最大能率 ・作業の平滑化，作業体系を並列化 ・経済性の指標として施工単価の概念の導入
	・仮設工事計画立案の留意事項	R4	・部材は他工事にも転用 ・安全率を本体構造物より割り引く ・作業員不足への対応 ・仮設構造物の荷重は短期荷重として算定
	・土留め壁の掘削底面の破壊現象	R4	・ボイリング：掘削底面の土がせん断抵抗を失う。 ・パイピング：土粒子が浸透流に洗い流され，ボイリング状に破壊 ・ヒービング：掘削底面の隆起 ・盤ぶくれ：難透水層の地盤が浮き上がる。
工程管理	・工程管理の基本事項	R3 R4	・工程計画 ・基準を時間におく ・統制機能と改善機能 ・施工順序 ・工事実施，進度管理，是正措置
	・各工程表の特徴	R3 R4	・ネットワーク式工程表 ・グラフ式工程表 ・ガントチャート ・斜線式工程表 ・バーチャート
	・横線式工程表（バーチャート）	R3	・ガントチャート ・作成は容易 ・手順及び各工種が全体工期に及ぼす影響が明確でない。 ・逆算法

注．R3は，令和３年度出題を表す。

分野	出　題　項　目	年度	出題内容・用語
工程管理	・工程管理を行う上での品質・工程・原価の関係	R4	・突貫作業は原価が高くなり，品質も悪くなる。 ・品質の良いものは原価が高くなる。 ・工程・原価・品質の調整を図りながら，工期を守り，品質を保つ。
安全管理	・建設機械を用いる作業の安全確保	R3 R4	・運転者が運転席を離れる際の措置 ・安全支柱 ・誘導者の配置，一定の合図を定める。 ・作業指揮者を定める。 ・その日の作業を開始する前の点検 ・乗車席以外に労働者を乗せない。
	・移動式クレーンの災害防止	R3 R4	・車両系建設機械の運転技能講習修了者 ・作業の中止 ・定格荷重 ・その日の作業を開始する前の点検 ・荷をつったまま，運転席を離れてはならない。 ・アウトリガーを最大限張り出す。 ・合図者の指名
	・埋設物・架空線の保護	R3 R4	・労働者に危険を及ぼすおそれのあるときの機械の使用可否 ・作業指揮者の指名 ・離隔距離の確保 ・管理者への施工法の確認，専門家の立会い ・目視確認 ・点検のための通路の設置 ・工事関係者への伝達
	・労働者の健康管理	R3	・医師による面接指導 ・特別の教育，リスクアセスメント ・1年以内ごとの医師による健康診断
	・酸素欠乏のおそれのある工事	R4	・労働者の人数以上の数の空気呼吸器の備え ・当該労働者への特別教育 ・人員の点検 ・その日の作業を開始する前の濃度測定
品質管理	・品質管理の基本事項	R3	・管理特性，測定しやすい特性 ・品質保証活動 ・ばらつきの度合を考慮した品質目標
	・土木工事の品質管理	R4	・構造物を最も経済的に施工 ・品質特性，品質標準 ・各段階の作業での試験方法に関する基準
	・情報化施工による締固め管理	R3 R4	・工法規定方式 ・締固め回数の確認 ・全ての種類ごとの材料についての試験施工 ・盛土施工範囲の全ブロックの締固め回数確認 ・まき出し厚さ管理 ・地形条件や電波障害の事前調査
	・機械式鉄筋継手	R3	・ねじ節鉄筋継手 ・すべり量の確認，マーキング位置での確認 ・モルタルが排出孔から排出していることで確認
	・プレキャストコンクリート構造物の接合施工	R3	・エポキシ樹脂接着剤とコンクリート温度の関係 ・接着剤使用時の接着面の乾燥 ・モルタル使用時の接合面の吸水 ・ボルト締め接合

分野	出　題　項　目	年度	出題内容・用語
品質管理	・コンクリート中の鉄筋位置を推定する非破壊検査	R4	・電磁レーダ法，電磁誘導法 ・水分を多く含んでいると測定困難 ・鉄筋間隔が設計かぶりの1.5倍以下だと補正が必要
	・コンクリート施工の品質管理	R4	・縦シュートの使用 ・棒状バイブレータの締固め時間は5～15秒 ・棒状バイブレータは，下層コンクリートに10 cm程度入れる。 ・仕上げは，上面にしみ出た水がなくなった状態で行う。

6・2 令和３年度出題問題

施工管理法（応用能力）に該当する令和３年度出題問題（問題Ｂの 21～35 番，計 15 問）を解答・解説を含め，以下に掲載した。なお，令和４年度出題問題は，全問を巻末に掲載してある。

※問題番号 No.21～No.35 までの 15 問題は，施工管理法（応用能力）の必須問題ですから全問題を解答してください。

問題 21

施工計画作成の留意事項に関する下記の文章中の［　　］の(イ)～(ニ)に当てはまる語句の組合せとして，**適当なもの**は次のうちどれか。

・施工計画の作成は，発注者の要求する品質を確保するとともに，［(イ)］を最優先にした施工を基本とした計画とする。
・施工計画の検討は，これまでの経験も貴重であるが，新技術や［(ロ)］を取り入れ工夫・改善を心がけるようにする。
・施工計画の作成は，一つの計画のみでなく，いくつかの代替案を作り比較検討して，［(ハ)］の計画を採用する。
・施工計画の作成にあたり，発注者から指示された工程が最適工期とは限らないので，指示された工程の範囲内でさらに［(ニ)］な工程を探し出すことも大切である。

	(イ)	(ロ)	(ハ)	(ニ)
(1)	工程	新工法	標 準	画一的
(2)	安全	既存工法	標 準	画一的
(3)	安全	新工法	最 良	経済的
(4)	工程	既存工法	最 良	経済的

問題 22

公共工事における施工体制台帳作成に関する下記の文章中の［　　］の(イ)～(ニ)に当てはまる語句の組合せとして，**適当なもの**は次のうちどれか。

・発注者から直接工事を請負った建設業者は，施工するために下請契約を締結する場合には，下請金額［(イ)］，施工体制台帳を作成しなければならない。
・施工体制台帳を作成する建設工事の下請負人は，その請負った工事を他の建設業を営む者に請け負わせたときは，再下請負通知書を［(ロ)］に提出しなければならない。
・施工体制台帳には，作成建設業者に関する許可を受けて営む建設業の種類，［(ハ)］の加入状況などを記載しなければならない。
・施工体制台帳を作成する建設業者は，当該工事における施工の分担関係を表示した［(ニ)］を作成し，工事関係者及び公衆が見やすい場所に掲示しなければならない。

	(イ)	(ロ)	(ハ)	(ニ)
(1)	が一定額以上の場合	発 注 者	健康保険等	工程 表
(2)	にかかわらず	元請 業 者	健康保険等	施工体系図
(3)	が一定額以上の場合	元請 業 者	建設 業 協 会	施工体系図
(4)	にかかわらず	発 注 者	建設 業 協 会	工程 表

問題 23

工事の原価管理に関する下記の文章中の［　　］の(イ)～(ニ)に当てはまる語句の組合せとして，**適当なもの**は次のうちどれか。

・原価管理は，工事受注後に最も経済的な施工計画を立て，これに基づいた［(イ)］の作成時点から始まって，管理サイクルを回し，［(ロ)］時点まで実施される。
・原価管理は，施工改善・計画修正等があれば修正［(イ)］を作成して，これを基準として，再び管理サイクルを回していくこととなる。
・原価管理を有効に実施するには，管理の重点をどこにおくかの方針を持ち，どの程度の細かさでの［(ハ)］を行うかを決めておくことが必要である。
・施工担当者は，常に工事の原価を把握し，［(イ)］と［(ニ)］の比較対照を行う必要がある。

	(イ)	(ロ)	(ハ)	(ニ)
(1)	最終原価	設計変更	原価計算	実行予算
(2)	実行予算	設計変更	工事決算	最終原価
(3)	実行予算	工事決算	原価計算	発生原価
(4)	原価計算	最終原価	工事決算	発生原価

問題 24

建設機械の選定に関する下記の文章中の［　　］の(イ)～(ニ)に当てはまる語句の組合せとして，**適当なもの**は次のうちどれか。

・建設機械は，機種・性能により適用範囲が異なり，同じ機能を持つ機械でも現場条件により施工能力が違うので，その機械が［(イ)］を発揮できる施工法を選定する。
・建設機械の選定で重要なことは，施工速度に大きく影響する機械の［(ロ)］，稼働率の決定である。
・組合せ建設機械の選択においては，主要機械の能力を最大限に発揮させるために作業体系を［(ハ)］する。
・組合せ建設機械の選択においては，従作業の施工能力を主作業の施工能力と同等，あるいは幾分［(ニ)］にする。

	(イ)	(ロ)	(ハ)	(ニ)
(1)	最大能率	燃費能率	直列化	高め
(2)	平均能率	作業能率	直列化	低め
(3)	平均能率	燃費能率	並列化	低め
(4)	最大能率	作業能率	並列化	高め

問題 25

工程管理に関する下記の文章中の［　　］の(イ)～(ニ)に当てはまる語句の組合せとして**適当なもの**は次のうちどれか。

・工程管理は，品質，原価，安全等工事管理の目的とする要件を総合的に調整し，策定された基本の［(イ)］をもとにして実施される。
・工程管理は，工事の施工段階を評価測定する基準を［(ロ)］におき，労働力，機械設備，資材等の生産要素を，最も効果的に活用することを目的とした管理である。
・工程管理は，施工計画の立案，計画を施工の面で実施する［(ハ)］と，施工途中で計画と実績を評価，欠陥や不具合等があれば処置を行う改善機能とに大別できる。

・工程管理は，工事の［(ニ)］と進捗速度を表す工程表を用い，常に工事の進捗状況を把握し［(イ)］と実施のずれを早期に発見し，必要な是正措置を講ずることである。

	(イ)	(ロ)	(ハ)	(ニ)
(1)	統制機能	品質	工程計画	施工順序
(2)	工程計画	品質	統制機能	管理基準
(3)	工程計画	時間	統制機能	施工順序
(4)	統制機能	時間	工程計画	管理基準

問題 26

工程管理に用いられる各工程表の特徴に関する下記の文章中の［　］の(イ)〜(ニ)に当てはまる語句の組合せとして，**適当なもの**は次のうちどれか。

・［(イ)］工程表は，各作業の順序を明確に表示でき，各作業に含まれる余裕時間の状況も把握できるが，作業の数が多くなるにつれ煩雑化する。
・［(ロ)］工程表は，横軸に工期を，縦軸に各作業の出来高比率（%）を表示した工程表で，予定と実績との差を直感的に比較するのに便利である。
・［(ハ)］工程表は，各作業の完了時点を100% として，横軸にその達成度をとる方法で，各作業の進捗度合いは明確であるが，工期に影響を与える作業がどれか不明である。
・［(ニ)］工程表は，トンネル工事のように工事区間が線状に長く，しかも工事の進行方向が一定の方向にしか進捗できない工事に適している。

	(イ)	(ロ)	(ハ)	(ニ)
(1)	ネットワーク式	グラフ式	ガントチャート	斜線式
(2)	ネットワーク式	ガントチャート	座標式	バナナ曲線
(3)	座標式	グラフ式	ガントチャート	バナナ曲線
(4)	グラフ式	ガントチャート	座標式	斜線式

問題 27

工程管理に用いられる横線式工程表（バーチャート）に関する下記の文章中の［　］の(イ)〜(ニ)に当てはまる語句の組合せとして，**適当なもの**は次のうちどれか。

・バーチャートは，工種を縦軸にとり，工期を横軸にとって各工種の工事期間を横棒で表現しているが，これは［(イ)］の欠点をある程度改良したものである。
・バーチャートの作成は比較的［(ロ)］ものであるが，工事内容を詳しく表現すれば，かなり高度な工程表とすることも可能である。
・バーチャートにおいては，他の工種との相互関係，［(ハ)］，及び各工種が全体の工期に及ぼす影響等が明確ではない。
・バーチャートの作成における，各作業の日程を割り付ける方法としての［(ニ)］とは，竣工期日から辿って着手日を決めていく手法である。

	(イ)	(ロ)	(ハ)	(ニ)
(1)	グラフ式工程表	容易な	所要日数	順行法
(2)	ガントチャート	容易な	手順	逆算法
(3)	ガントチャート	難しい	所要日数	逆算法
(4)	グラフ式工程表	難しい	手順	順行法

問題 28

建設機械の災害防止のために事業者が講じるべき措置に関する下記の文章中の［　　］の(イ)～(ニ)に当てはまる語句の組合せとして，労働安全衛生法令上，**正しいもの**は次のうちどれか。

・車両系建設機械の運転者が運転席を離れる際は，原動機を止め，［(イ)］，走行ブレーキをかける等の逸走を防止する措置を講じなければならない。
・車両系建設機械のブームやアームを上げ，その下で修理や点検を行う場合は，労働者の危険を防止するため，［(ロ)］，安全ブロック等を使用させなければならない。
・車両系荷役運搬機械等を用いた作業を行う場合，路肩や傾斜地で労働者に危険が生ずるおそれがあるときは，［(ハ)］を配置しなければならない。
・車両系荷役運搬機械等を用いた作業を行うときは，［(ニ)］を定めなければならない。

	(イ)	(ロ)	(ハ)	(ニ)
(1)	かつ	保護帽	警備員	作業主任者
(2)	かつ	安全支柱	誘導者	作業指揮者
(3)	又は	保護帽	誘導者	作業主任者
(4)	又は	安全支柱	警備員	作業指揮者

問題 29

移動式クレーンの災害防止のために事業者が講じるべき措置に関する下記の文章中の［　　］の(イ)～(ニ)に当てはまる語句の組合せとして，クレーン等安全規則上，**正しいもの**は次のうちどれか。

・クレーン機能付き油圧ショベルを小型移動式クレーンとして使用する場合，車両系建設機械の運転技能講習を修了している者を，クレーン作業の運転者として従事させることが［(イ)］。
・強風のため，移動式クレーンの作業の実施について危険が予想されるときは，当該作業を［(ロ)］しなければならない。
・移動式クレーンの運転者及び玉掛けをする者が当該移動式クレーンの［(ハ)］を常時知ることができるよう，表示その他の措置を講じなければならない。
・移動式クレーンを用いて作業を行うときは，［(ニ)］に，巻過防止装置，過負荷警報装置等の機能について点検を行わなければならない。

	(イ)	(ロ)	(ハ)	(ニ)
(1)	できる	特に注意して実施	定格荷重	その作業の前日まで
(2)	できない	特に注意して実施	最大つり荷重	その日の作業を開始する前
(3)	できる	中止	最大つり荷重	その作業の前日まで
(4)	できない	中止	定格荷重	その日の作業を開始する前

問題 30

建設工事における埋設物ならびに架空線の防護に関する下記の文章中の［　　］の(イ)～(ニ)に当てはまる語句の組合せとして，**適当なもの**は次のうちどれか。

・明り掘削作業で，掘削機械・積込機械・運搬機械の使用に伴う地下工作物の損壊により労働者に危険を及ぼすおそれのあるときは，これらの機械を［(イ)］。
・明り掘削で露出したガス導管のつり防護等の作業には［(ロ)］を指名し，作業を行わなければならない。
・架空線等上空施設に近接した工事の施工にあたっては，架空線等と機械，工具，材料等について［(ハ)］を確保する。
・架空線等上空施設に近接して工事を行う場合は，必要に応じて［(ニ)］に施工方法の確認や立会いを求める。

	(イ)	(ロ)	(ハ)	(ニ)
(1)	使用してはならない	作業指揮者	安全な離隔	その管理者
(2)	特に注意して使用する	作業指揮者	確実な絶縁	労働基準監督署
(3)	使用してはならない	監視員	確実な絶縁	労働基準監督署
(4)	特に注意して使用する	監視員	安全な離隔	その管理者

問題 31

労働者の健康管理のために事業者が講じるべき措置に関する下記の文章中の[　　]の(イ)～(ニ)に当てはまる語句の組合せとして，**適当なもの**は次のうちどれか。

・休憩時間を除き一週間に 40 時間を超えて労働させた場合，その超えた労働時間が一月当たり 80 時間を超え，かつ，疲労の蓄積が認められる労働者の申出により，[(イ)]による面接指導を行う。

・常時に特定粉じん作業に従事する労働者には，粉じんの発散防止・作業場所の換気方法・呼吸用保護具の使用方法等について[(ロ)]を行わなければならない。

・一定の危険性・有害性が確認されている化学物質を取り扱う場合には，事業場における[(ハ)]が義務とされている。

・事業者は，原則として，常時使用する労働者に対して，[(ニ)]以内ごとに，医師による健康診断を行わなければならない。

	(イ)	(ロ)	(ハ)	(ニ)
(1)	医師	技能講習	リスクマネジメント	1 年
(2)	医師	特別の教育	リスクアセスメント	1 年
(3)	カウンセラー	技能講習	リスクアセスメント	3 年
(4)	カウンセラー	特別の教育	リスクマネジメント	3 年

問題 32

品質管理に関する下記の文章中の[　　]の(イ)～(ニ)に当てはまる語句の組合せとして，**適当なもの**は次のうちどれか。

・品質管理は，ある作業を制御していく品質の統制から，施工計画立案の段階で[(イ)]を検討し，それを施工段階でつくり込むプロセス管理の考え方である。

・工事目的物の品質を一定以上の水準に保つ活動を[(ロ)]活動といい，品質の向上や品質の維持管理を行う品質管理よりも幅広い概念を含んでいる。

・品質特性を決める場合には，構造物の品質に重要な影響を及ぼすものであること，[(ハ)]しやすい特性であること等に留意する。

・設計値を十分満足するような品質を実現するためには，[(ニ)]を考慮して，余裕を持った品質を目標としなければならない。

	(イ)	(ロ)	(ハ)	(ニ)
(1)	管理特性	品質保証	測定	ばらつきの度合い
(2)	調査特性	維持保全	推定	ばらつきの度合い
(3)	管理特性	品質保証	推定	最大値
(4)	調査特性	維持保全	測定	最大値

問題 33

情報化施工における TS（トータルステーション）・GNSS（全球測位衛星システム）を用いた盛土の締固め管理に関する下記の文章中の[　　]の(イ)～(ニ)に当てはまる語句の組合せとして，**適当なもの**は次のうちどれか。

・TS・GNSS を用いて締固め機械の走行記録をもとに，盛土の締固め管理をする方法は，[(イ)]の 1 つである。

・TS・GNSSを用いた盛土の締固め管理は，締固め機械の走行位置をリアルタイムに計測し，［(ロ)］を確認する。
・盛土の施工仕様（まき出し厚や［(ロ)］）は，使用予定材料のうち［(ハ)］について，事前に試験施工で決定する。
・盛土の材料を締め固める際は，原則として盛土施工範囲の［(ニ)］について，モニタに表示される［(ロ)］分布図が，規定回数だけ締め固めたことを示す色になることを確認する。

	(イ)	(ロ)	(ハ)	(ニ)
(1)	品質規定方式	締固め度	最も使用量が多い材料	全ブロック
(2)	工法規定方式	締固め回数	全ての種類毎の材料	全ブロック
(3)	工法規定方式	締固め度	最も使用量が多い材料	代表ブロック
(4)	品質規定方式	締固め回数	全ての種類毎の材料	代表ブロック

問題34

機械式鉄筋継手に関する下記の文章中の［　　］の(イ)～(ニ)に当てはまる語句の組合せとして，**適当なもの**は次のうちどれか。

・機械式鉄筋継手には，継手用スリーブと鉄筋がグラウトを介して力を伝達するモルタル充填継手や，内面にねじ加工されたカプラーによって接合する［(イ)］鉄筋継手がある。
・機械式鉄筋継手の継手単体の特性は，一方向引張試験や弾性域正負繰返し試験時の引張強度や［(ロ)］によって確認される。
・モルタル充填継手の施工にあたり，鉄筋の挿入長さが十分であることを，［(ハ)］で確認する。
・施工後のモルタル充填継手では，モルタルが排出孔から［(ニ)］ことを確認する。

	(イ)	(ロ)	(ハ)	(ニ)
(1)	竹節	座屈強度	マーキング位置	排出していない
(2)	竹節	すべり量	ノギス	排出していない
(3)	ねじ節	座屈強度	ノギス	排出している
(4)	ねじ節	すべり量	マーキング位置	排出している

問題35

プレキャストコンクリート構造物の接合施工に関する下記の文章中の［　　］の(イ)～(ニ)に当てはまる語句の組合せとして，**適当なもの**は次のうちどれか。

・プレキャストコンクリートの接合面に用いるエポキシ樹脂接着剤は，コンクリート温度が［(イ)］と粘度が高くなり硬化反応も遅くなることから，使用温度に適したものを選んで使用する。
・プレキャストコンクリートの接合面に接着剤を用いる場合は，施工前に接合面を十分に［(ロ)］させる。
・プレキャストコンクリートの接合面にモルタルを打ち込んで接合する場合は，施工前に接合面を十分に［(ハ)］させる。
・シールドのセグメント等で用いられる［(ニ)］により接合する方法は，部材の製造や接合時に，高精度な寸法管理や設置管理が必要になる。

	(イ)	(ロ)	(ハ)	(ニ)
(1)	高すぎる	乾燥	吸水	モルタル充填継手
(2)	高すぎる	吸水	乾燥	ボルト締め
(3)	低すぎる	乾燥	吸水	ボルト締め
(4)	低すぎる	吸水	乾燥	モルタル充填継手

令和３年度出題　応用能力問題 B 21〜35 の解答・解説

問題番号	解答	解　　説
問題 21	(3)	（イ）安全　（ロ）新工法　（ハ）最良　（ニ）経済的
問題 22	(2)	（イ）にかかわらず　（ロ）元請業者　（ハ）健康保険等 （ニ）施工体系図　（公共工事であることに注意）
問題 23	(3)	（イ）実行予算　（ロ）工事決算　（ハ）原価計算　（ニ）発生原価
問題 24	(4)	（イ）最大能率　（ロ）作業能率　（ハ）並列化　（ニ）高め
問題 25	(3)	（イ）工程計画　（ロ）時間　（ハ）統制機能　（ニ）施工順序
問題 26	(1)	（イ）ネットワーク式　（ロ）グラフ式　（ハ）ガントチャート （ニ）斜線式
問題 27	(2)	（イ）ガントチャート　（ロ）容易な　（ハ）手順　（ニ）逆算法
問題 28	(2)	（イ）かつ　（ロ）安全支柱　（ハ）誘導者　（ニ）作業指揮者
問題 29	(4)	（イ）できない　（ロ）中止　（ハ）定格荷重 （ニ）その日の作業を開始する前
問題 30	(1)	（イ）使用してはならない　（ロ）作業指揮者　（ハ）安全な離隔 （ニ）その管理者
問題 31	(2)	（イ）医師　（ロ）特別の教育　（ハ）リスクアセスメント （ニ）１年
問題 32	(1)	（イ）管理特性　（ロ）品質保証　（ハ）測定　（ニ）ばらつきの度合
問題 33	(2)	（イ）工法規定方式　（ロ）締固め回数　（ハ）全ての種類毎の材料 （ニ）全ブロック
問題 34	(4)	（イ）ねじ節　（ロ）すべり量　（ハ）マーキング位置 （ニ）排出している
問題 35	(3)	（イ）低すぎる　（ロ）乾燥　（ハ）吸水　（ニ）ボルト締め

令和４年度

１級土木施工管理技士 第一次検定試験問題

午前

1 A

令 和 4 年 度
1 級 土木施工管理技術検定　第一次検定
試 験 問 題 A （選択問題）

次の注意をよく読んでから解答してください。

【注 意】

1. これは試験問題A（選択問題）です。表紙とも 14 枚 61 問題あります。
2. 解答用紙（マークシート）には間違いのないように，試験地，氏名，受検番号を記入するとともに受検番号の数字をぬりつぶしてください。
3. 問題番号 No. 1～No.15 までの 15 問題のうちから 12 問題を選択し解答してください。
問題番号 No.16～No.49 までの 34 問題のうちから 10 問題を選択し解答してください。
問題番号 No.50～No.61 までの 12 問題のうちから 8 問題を選択し解答してください。
4. それぞれの選択指定数を超えて解答した場合は，減点となります。
5. 試験問題の漢字のふりがなは，問題文の内容に影響を与えないものとします。
6. 解答は別の解答用紙（マークシート）にHBの鉛筆又はシャープペンシルで記入してください。
（万年筆・ボールペンの使用は不可）

解答用紙は

問題番号	解答記入欄			
No. 1	①	②	③	④
No. 2	①	②	③	④
No. 10	①	②	③	④

となっていますから，

選択した問題番号の解答記入欄の正解と思う数字を一つぬりつぶしてください。
解答のぬりつぶし方は，解答用紙の解答記入例（ぬりつぶし方）を参照してください。
なお，正解は1問について一つしかないので，二つ以上ぬりつぶすと正解となりません。
7. 解答を訂正する場合は，プラスチック消しゴムできれいに消してから訂正してください。
消し方が不十分な場合は，二つ以上解答したこととなり正解となりません。
8. この問題用紙の余白は，計算等に使用してもさしつかえありません。
ただし，解答用紙は計算等に使用しないでください。
9. 解答用紙（マークシート）を必ず試験監督者に提出後，退室してください。
解答用紙（マークシート）は，いかなる場合でも持ち帰りはできません。
10. 試験問題は，試験終了時刻（12 時 30 分）まで在席した方のうち，希望者に限り持ち帰りを認めます。途中退室した場合は，持ち帰りはできません。

問題A（選択問題）

※問題番号No. 1～No. 15までの15問題のうちから12問題を選択し解答してください。

問題1

土質試験における「試験の名称」,「試験結果から求められるもの」及び「試験結果の利用」の組合せとして，次のうち**適当なもの**はどれか。

	［試験の名称］	［試験結果から求められるもの］	［試験結果の利用］
(1)	土の粒度試験	粒径加積曲線	土の物理的性質の推定
(2)	土の液性限界・塑性限界試験	コンシステンシー限界	地盤の沈下量の推定
(3)	突固めによる土の締固め試験	締固め曲線	盛土の締固め管理基準の決定
(4)	土の一軸圧縮試験	最大圧縮応力	基礎工の施工法の決定

問題2

法面保護工の施工に関する次の記述のうち，**適当でないもの**はどれか。

(1) モルタル吹付工は，法面の浮石，ほこり，泥等を清掃し，モルタルを吹き付けた後，一般に菱形金網を法面に張り付けてアンカーピンで固定する。

(2) 植生マット工は，法面の凹凸が大きいと浮き上がったり風に飛ばされやすいので，あらかじめ凹凸をならして設置する。

(3) 植生土のう工は，法枠工の中詰とする場合には，施工後の沈下やはらみ出しが起きないように，土のうの表面を平滑に仕上げる。

(4) コンクリートブロック枠工は，枠の交点部分には，所定の長さのアンカーバー等を設置し，一般に枠内は良質土で埋め戻し，植生で保護する。

問題3

TS（トータルステーション）・GNSS（全球測位衛星システム）を用いた盛土の情報化施工に関する次の記述のうち，**適当でないもの**はどれか。

(1) 盛土に使用する材料が，事前の土質試験や試験施工で品質・施工仕様を確認したものと異なっている場合は，その材料について土質試験・試験施工を改めて実施し，品質や施工仕様を確認したうえで盛土に使用する。

(2) 盛土材料を締め固める際には，盛土施工範囲の全面にわたって，試験施工で決定した締固め回数を確保するよう，TS・GNSSを用いた盛土の締固め管理システムによって管理するものとする。

(3) 情報化施工による盛土の締固め管理技術は，事前の試験施工の仕様に基づき，まき出し厚の管理，締固め回数の管理を行う品質規定方式とすることで，品質の均一化や過転圧の防止に加え，締固め状況の早期把握による工期短縮が図られる。

(4) 情報化施工による盛土の施工管理にあっては，施工管理データの取得によりトレーサビリティが確保されるとともに，高精度の施工やデータ管理の簡略化・書類の作成に係る負荷の軽減等が可能となる。

問題4

道路の盛土区間に設置するボックスカルバート周辺の裏込めの施工に関する次の記述のうち，**適当でないもの**はどれか。

(1)　裏込め材料は，供用開始後の段差を抑制するため，締固めが容易で，非圧縮性，透水性があり，かつ，水の浸入によっても強度の低下が少ないような安定した材料を使用する。
(2)　裏込め部付近は，施工中，施工後において，水が集まりやすく，これに伴う沈下や崩壊も多いことから，施工中の排水勾配の確保，地下排水溝の設置等の十分な排水対策を講じる。
(3)　軟弱地盤上の裏込め部は，特に沈下が大きくなりがちであるので，プレロード等の必要な処理を行って，供用開始後の基礎地盤の沈下をできるだけ少なくする。
(4)　裏込め部は，確実な締固めができるスペースの確保，施工時の排水処理の容易さから，盛土を先行した後に施工するのが望ましい。

問題５

軟弱地盤対策工法に関する次の記述のうち，**適当でないもの**はどれか。

(1)　サンドマット工法は，軟弱地盤上の表面に砕石を薄層に敷設することで，軟弱層の圧密のための上部排水の促進と，施工機械のトラフィカビリティーの確保を図るものである。
(2)　緩速載荷工法は，できるだけ軟弱地盤の処理を行わない代わりに，圧密の進行に合わせ時間をかけてゆっくり盛土することで，地盤の強度増加を進行させて安定を図るものである。
(3)　サンドドレーン工法は，透水性の高い砂を用いた砂柱を地盤中に鉛直に造成し，水平方向の排水距離を短くして圧密を促進することで，地盤の強度増加を図るものである。
(4)　表層混合処理工法は，表層部分の軟弱なシルト・粘土とセメントや石灰等とを撹拌混合して改良することで，地盤の安定やトラフィカビリティーの改善等を図るものである。

問題６

コンクリート用細骨材の品質に関する次の記述のうち，**適当でないもの**はどれか。

(1)　砕砂は，粒形判定実積率試験により粒形の良否を判定し，角ばりの形状はできるだけ小さく，細長い粒や扁平な粒の少ないものを選定する。
(2)　砕砂に含まれる微粒分の石粉は，コンクリートの単位水量を増加させ，材料分離が顕著となるためできるだけ含まないようにする。
(3)　細骨材中に含まれる多孔質の粒子は，一般に密度が小さく骨材の吸水率が大きいため，コンクリートの耐凍害性を損なう原因となる。
(4)　異なる種類の細骨材を混合して用いる場合の塩化物量については，混合後の試料で塩化物量を測定し規定に適合すればよい。

問題７

コンクリートの品質に関する次の記述のうち，**適当でないもの**はどれか。

(1)　コンクリートポンプを用いる場合には，管内閉塞が生じないように，単位粉体量や細骨材率をできるだけ小さくする。
(2)　単位セメント量が増加しセメントの水和に起因するひび割れが問題となる場合には，セメントの種類の変更や，石灰石微粉末等の不活性な粉体を用いることを検討する。
(3)　所要の圧縮強度を満足するよう配合設計する場合は，セメント水比と圧縮強度の関係がある程度の範囲内で直線的になることを利用する。
(4)　所要の水密性を満足するよう配合設計する場合は，水セメント比を小さくし，単位水量を低減させる。

問題 8

コンクリートの養生に関する次の記述のうち，**適当でないもの**はどれか。

(1) マスコンクリートの養生では，コンクリート部材内外の温度差が大きくならないようにコンクリート温度をできるだけ緩やかに外気温に近づけるため，断熱性の高い材料で保温する。

(2) 日平均気温が 15℃ 以上の場合，コンクリートの湿潤養生期間の標準は，普通ポルトランドセメント使用時で 5 日，早強ポルトランドセメント使用時で 3 日である。

(3) 日平均気温が 4℃ 以下になることが予想されるときは，初期凍害を防止できる強度が得られるまでコンクリート温度を 5℃ 以上に保つ。

(4) コンクリートに給熱養生を行う場合は，熱によりコンクリートからの水の蒸発を促進させ，コンクリートを乾燥させるようにする。

問題 9

コンクリートの配合に関する次の記述のうち，**適当でないもの**はどれか。

(1) 水セメント比は，コンクリートに要求される強度，耐久性等を考慮して，これらから定まる水セメント比のうちで，最も小さい値を設定する。

(2) 単位水量が大きくなると，材料分離抵抗性が低下するとともに，乾燥収縮が増加する等，コンクリートの品質が低下する。

(3) スランプは，運搬，打込み，締固め等の作業に適する範囲内で，できるだけ大きくなるように設定する。

(4) コンクリートの計画配合が配合条件を満足することを実績等から確認できる場合，試し練りを省略できる。

問題 10

暑中コンクリートに関する次の記述のうち，**適当なもの**はどれか。

(1) 暑中コンクリートでは，コールドジョイントの発生防止のため，減水剤，AE 減水剤及び流動化剤について遅延形のものを用いる。

(2) 暑中コンクリートでは，練上がりコンクリートの温度を高くするために，なるべく高い温度の練混ぜ水を用いる。

(3) 暑中コンクリートでは，運搬中のスランプの低下や連行空気量の減少等の傾向があり，打込み時のコンクリート温度の上限は，40℃ 以下を標準とする。

(4) 暑中コンクリートでは，練混ぜ後できるだけ早い時期に打ち込まなければならないことから，練混ぜ開始から打ち終わるまでの時間は，2 時間以内を原則とする。

問題 11

施工条件が同じ場合に，型枠に作用するフレッシュコンクリートの側圧に関する次の記述のうち，**適当でないもの**はどれか。

(1) コンクリートの温度が高いほど，側圧は小さく作用する。

(2) コンクリートの単位重量が大きいほど，側圧は大きく作用する。

(3) コンクリートの打上がり速度が大きいほど，側圧は大きく作用する。

(4) コンクリートのスランプが大きいほど，側圧は小さく作用する。

問題 12

道路橋下部工における直接基礎の施工に関する次の記述のうち，**適当でないもの**はどれか。

(1)　直接基礎のフーチング底面は，支持地盤に密着させ，せん断抵抗を発生させないように処理を行う。

(2)　直接基礎のフーチング底面に突起をつける場合は，均しコンクリート等で処理した層を貫いて十分に支持層に貫入させる。

(3)　基礎地盤が砂地盤の場合は，基礎底面地盤を整地したうえで，その上に栗石や砕石を配置するのが一般的である。

(4)　基礎地盤が岩盤の場合は，基礎底面地盤にはある程度の不陸を残して，平滑な面としないようにしたうえで均しコンクリートを用いる。

問題 13

既製杭の施工に関する次の記述のうち，**適当でないもの**はどれか。

(1)　プレボーリング杭工法の掘削速度は，硬い地盤ではロッドの破損等が生じないように，軟弱地盤では周りの地盤への影響を考慮し，試験杭により判断する。

(2)　中掘り杭工法の先端処理方法のセメントミルク噴出攪拌方式は，所定深度まで杭を沈設した後に，セメントミルクを噴出して根固部を築造する。

(3)　プレボーリング杭工法の掘削は，掘削液を掘削ヘッドの先端から吐出して地盤の掘削抵抗を増大させるとともに孔内を泥土化し，孔壁を軟化させながら行う。

(4)　中掘り杭工法の先端処理方法の最終打撃方式は，途中まで杭の沈設を中掘り工法で行い，途中から打撃に切り替えて打止めを行う。

問題 14

場所打ち杭工法の施工に関する次の記述のうち，**適当なもの**はどれか。

(1)　アースドリル工法では，掘削土で満杯になったドリリングバケットを孔底からゆっくり引き上げると，地盤との間にバキューム現象が発生する。

(2)　場所打ち杭工法のコンクリート打込みは，一般に泥水中等で打込みが行われるので，水中コンクリートを使用し，トレミーを用いて打ち込む。

(3)　アースドリル工法の支持層確認は，掘削速度や掘削抵抗等の施工データを参考とし，ハンマグラブを一定高さから落下させたときの土砂のつかみ量も判断基準とする。

(4)　場所打ち杭工法の鉄筋かごの組立ては，一般に鉄筋かご径が小さくなるほど変形しやすくなるので，補強材は剛性の大きいものを使用する。

問題 15

各種土留め工の特徴と施工に関する次の記述のうち，**適当でないもの**はどれか。

(1)　アンカー式土留めは，土留めアンカーの定着のみで土留め壁を支持する工法で，掘削周辺にアンカーの打設が可能な敷地が必要である。

(2)　控え杭タイロッド式土留めは，鋼矢板等の控え杭を設置し土留め壁とタイロッドでつなげる工法で，掘削面内に切梁がないので機械掘削が容易である。

(3)　自立式土留めは，切梁，腹起し等の支保工を用いずに土留め壁を支持する工法で，支保工がないため土留め壁の変形が大きくなる。

(4)　切梁式土留めは，切梁，腹起し等の支保工により土留め壁を支持する工法で，現場の状況に応じて支保工の数，配置等の変更が可能である。

※問題番号 No.16〜No.49 までの 34 問題のうちから 10 問題を選択し解答してください。

問題 16

鋼道路橋の架設上の留意事項に関する次の記述のうち，**適当でないもの**はどれか。

(1) 同一の構造物では，ベント工法で架設する場合と片持ち式工法で架設する場合で，鋼自重による死荷重応力は変わらない。

(2) 箱桁断面の桁は，重量が重く吊りにくいので，事前に吊り状態における安全性を確認し，吊金具や補強材を取り付ける場合には工場で取り付ける。

(3) 連続桁をベント工法で架設する場合においては，ジャッキにより支点部を強制変位させて桁の変形及び応力調整を行う方法を用いてもよい。

(4) 曲線桁橋は，架設中の各段階において，ねじれ，傾き及び転倒等が生じないように重心位置を把握し，ベント等の反力を検討する。

問題 17

鋼橋に用いる耐候性鋼材に関する次の記述のうち，**適当でないもの**はどれか。

(1) 耐候性鋼材の利用にあたっては，鋼材表面の塩分付着が少ないこと等が条件となるが，近年，塩分に対する耐食性を向上させた耐候性鋼材も使用されている。

(2) 桁の端部等の局部環境の悪い箇所に耐候性鋼材を適用する場合には，橋全体の耐久性を確保するため，塗装等の防食法の併用等も検討することが必要である。

(3) 耐候性鋼材で緻密なさび層が形成されるには，雨水の滞留等で長い時間湿潤環境が継続しないこと，大気中において乾湿の繰返しを受けないこと等の条件が要求される。

(4) 耐候性鋼材には，耐候性に有効な銅やクロム等の合金元素が添加されており，鋼材表面を保護し腐食を抑制するという性質を有する。

問題 18

鋼橋の溶接における施工上の留意点に関する次の記述のうち，**適当なもの**はどれか。

(1) 開先溶接の余盛は，特に仕上げの指定のある場合を除きビード幅を基準にした余盛高さが規定の範囲内であっても，仕上げをしなければならない。

(2) ビード表面のピットは，異物や水分の存在によって発生したガスの抜け穴であり，部分溶込み開先溶接継手及びすみ肉溶接継手においては，ビード表面にピットがあってはならない。

(3) すみ肉溶接の脚長を等脚とすると，不等脚と比較してアンダーカット等の欠陥を生じる原因になりやすい。

(4) 組立溶接は，本溶接と同様な管理が必要なため，組立終了時までにスラグを除去し，溶接部表面に割れがないことを確認しなければならない。

問題 19

アルカリシリカ反応を生じたコンクリート構造物の補修・補強に関する次の記述のうち，**適当でないもの**はどれか。

(1) 塩害とアルカリシリカ反応による複合劣化が生じ，鉄筋の防食のために電気防食工法を適用する場合は，アルカリシリカ反応を促進させないように配慮するとよい。

(2) 予想されるコンクリート膨張量が大きい場合には，プレストレス導入や FRP 巻立て等の対策は適していないので，他の対策工法を検討するとよい。

(3) アルカリシリカ反応によるひび割れが顕著になると，鉄筋の曲げ加工部に亀裂や破断が生じるおそれがあるので，補修・補強対策を検討するとよい。

(4)　アルカリシリカ反応の補修・補強の時には，できるだけ水分を遮断しコンクリートを乾燥させる対策を講じるとよい。

問題 20

コンクリート構造物の中性化による劣化とその特徴に関する次の記述のうち，**適当でないもの**はどれか。

(1)　大気中の二酸化炭素による中性化は，乾燥・湿潤が繰り返される場合と比べて常時乾燥している場合の方が中性化速度は速い。

(2)　中性化と水の浸透に伴う鉄筋腐食は，乾燥・湿潤が繰り返される場合と比べて常時滞水している場合の方が腐食速度は速い。

(3)　コンクリート中に塩化物が含まれている場合，中性化の進行により，セメント水和物に固定化されていた塩化物イオンが解離し，未中性化領域に濃縮するため腐食の開始が早まる。

(4)　コンクリートの中性化深さを調査する場合は，フェノールフタレイン溶液を噴霧し，コンクリート表面から，発色が認められない範囲までの深さを測定する。

問題 21

河川堤防の盛土施工に関する次の記述のうち，**適当なもの**はどれか。

(1)　築堤盛土の施工では，降雨による法面侵食の防止のため適当な間隔で仮排水溝を設けて降雨を流下させたり，降水の集中を防ぐため堤防縦断方向に排水勾配を設ける。

(2)　築堤盛土の施工開始にあたっては，基礎地盤と盛土の一体性を確保するために地盤の表面を乱さないようにして盛土材料の締固めを行う。

(3)　既設の堤防に腹付けを行う場合は，新旧法面をなじませるため段切りを行い，一般にその大きさは堤防締固め一層仕上り厚程度とすることが多い。

(4)　築堤盛土の締固めは，堤防縦断方向に行うことが望ましく，締固めに際しては締固め幅が重複するように常に留意して施工する。

問題 22

河川護岸の施工に関する次の記述のうち，**適当でないもの**はどれか。

(1)　かごマットは，かごを工場で完成に近い状態まで加工し，これまで熟練工の手作業に頼っていた詰め石作業を機械化するため，蓋編み構造としている。

(2)　透過構造の法覆工である連節ブロックは，裏込め材の設置は不要となるが，背面土砂の吸出しを防ぐため，吸出し防止材の設置が代わりに必要である。

(3)　練積の石積み構造物は，裏込めコンクリート等によって固定することで，石と石のかみ合わせを配慮しなくても構造的に安定している。

(4)　すり付け護岸は，屈撓性があり，かつ，表面形状に凹凸のある連節ブロックやかご工等が適しているが，局部洗掘や上流端からのめくれ等への対策が必要である。

問題 23

河川堤防の開削工事に関する次の記述のうち，**適当でないもの**はどれか。

(1)　鋼矢板の二重締切りに使用する中埋め土は，壁体の剛性を増す目的と，鋼矢板等の壁体に作用する土圧を低減するという目的のため，良質の砂質土を用いることを原則とする。

(2)　仮締切り工は，開削する堤防と同等の機能が要求されるものであり，流水による越流や越波への対策は不要で，天端高さや堤体の強度を確保すればよい。

(3)　仮締切り工の平面形状は，河道に対しての影響を最小にするとともに，流水による洗掘，堆砂等の異常現象を発生させない形状とする。
(4)　樋門工事を行う場合の床付け面は，堤防開削による荷重の除去に伴って緩むことが多いので，乱さないで施工するとともに転圧によって締め固めることが望ましい。

問題 24

不透過型砂防堰堤に関する次の記述のうち，**適当でないもの**はどれか。
(1)　砂防堰堤の水抜き暗渠は，一般には施工中の流水の切替えと堆砂後の浸透水圧の減殺を主目的としており，後年に補修が必要になった際に施工を容易にする。
(2)　砂防堰堤の水通しの位置は，堰堤下流部基礎の一方が岩盤で他方が砂礫層や崖錐の場合，砂礫層や崖錐側に寄せて設置する。
(3)　砂防堰堤の基礎地盤が岩盤の場合で，基礎の一部に弱層，風化層，断層等の軟弱部をはさむ場合は，軟弱部をプラグで置き換えて補強するのが一般的である。
(4)　砂防堰堤の材料のうち，地すべり箇所や地盤支持力の小さい場所では，屈撓性のあるコンクリートブロックや鋼製枠が用いられる。

問題 25

渓流保全工に関する次の記述のうち，**適当なもの**はどれか。
(1)　床固工は，渓床の縦侵食及び渓床堆積物の流出を防止又は軽減することにより渓床の安定を図ることを目的に設置される。
(2)　護岸工は，床固工の袖部を保護する目的では設置せず，渓岸の侵食や崩壊を防止するために設置される。
(3)　渓流保全工は，洪水流の乱流や渓床高の変動を抑制するための縦工及び側岸侵食を防止するための横工を組み合わせて設置される。
(4)　帯工は，渓床の変動の抑制を目的としており，床固工の間隔が広い場合において天端高と計画渓床高に落差を設けて設置される。

問題 26

急傾斜地崩壊防止工に関する次の記述のうち，**適当でないもの**はどれか。
(1)　排水工は，崩壊の主要因となる斜面内の地表水等を速やかに集め，斜面外の安全なところへ排除することにより，斜面及び急傾斜地崩壊防止施設の安全性を高めるために設けられる。
(2)　法枠工は，斜面に枠材を設置し，法枠内を植生工やコンクリート張工等で被覆する工法で，湧水のある斜面の場合は，のり枠背面の排水処理を行い，吸出しに十分配慮する。
(3)　落石対策工のうち落石予防工は，発生した落石を斜面下部や中部で止めるものであり，落石防護工は，斜面上の転石の除去等落石の発生を防ぐものである。
(4)　擁壁工は，斜面脚部の安定や斜面上部からの崩壊土砂の待受け等のために設けられ，基礎掘削や斜面下部の切土は，斜面の安定に及ぼす影響が大きいので最小限になるように検討する。

問題 27

道路のアスファルト舗装における路床の安定処理の施工方法に関する次の記述のうち，**適当でないもの**はどれか。
(1)　路上混合方式による場合，安定処理の効果を十分に発揮させるには，混合機により対象土を所定の深さまでかき起こし，安定剤を均一に散布・混合し締め固めることが重要である。

(2)　路上混合方式による場合，安定材の散布及び混合に際して粉塵対策を施す必要がある場合には，防塵型の安定材を用いたり，シートを設置したりする等の対策をとる。
(3)　路上混合方式による場合，粒状の生石灰を用いるときには，一般に，一回目の混合が終了したのち仮転圧して散水し，生石灰の消化が始まる前に再び混合する。
(4)　路上混合方式による場合，混合にはバックホゥやブルドーザを使用することもあるが，均一に混合するには，スタビライザを用いることが望ましい。

問題 28

道路のアスファルト舗装における路盤の施工に関する次の記述のうち，**適当なもの**はどれか。

(1)　上層路盤の粒度調整路盤は，一層の仕上り厚さが 20 cm を超える場合において所要の締固め度が保証される施工方法が確認されていれば，その仕上り厚さを用いてもよい。
(2)　上層路盤の加熱混合方式による瀝青安定処理路盤は，一層の施工厚さが 20 cm までは一般的なアスファルト混合物の施工方法に準じて施工する。
(3)　下層路盤の粒状路盤工法では，締固め密度は液性限界付近で最大となるため，乾燥しすぎている場合は適宜散水し，含水比が高くなっている場合は曝気乾燥などを行う。
(4)　下層路盤の路上混合方式によるセメント安定処理工法では，締固め終了後直ちに交通開放しても差し支えないが，表面を保護するために常時散水するとよい。

問題 29

道路のアスファルト舗装における基層・表層の施工に関する次の記述のうち，**適当なもの**はどれか。

(1)　アスファルト混合物の敷均し前は，アスファルト混合物のひきずりの原因とならないように，事前にアスファルトフィニッシャのスクリードプレートを十分に湿らせておく。
(2)　アスファルト混合物の敷均し時の余盛高は，混合物の種類や使用するアスファルトフィニッシャの能力により異なるので，施工実績がない場合は試験施工等によって余盛高を決定する。
(3)　アスファルト混合物の転圧開始時は，一般にローラが進行する方向に案内輪を配置して，駆動輪が混合物を進行方向に押し出してしまうことを防ぐ。
(4)　アスファルト混合物の締固め作業は，所定の密度が得られるように締固め，初転圧，二次転圧，継目転圧及び仕上げ転圧の順序で行う。

問題 30

道路のアスファルト舗装における補修工法に関する次の記述のうち，**適当でないもの**はどれか。

(1)　鋼床版上にて表層・基層打換えを行うときは，事前に発錆状態を調査しておき，発錆の程度に応じた経済的な表面処理を施して，舗装と床版の接着性を確保する。
(2)　線状打換え工法で複数層の施工を行うときは，既設舗装の撤去にあたり，締固めを行いやすくするため，上下層の撤去位置を合わせる。
(3)　既設舗装上に薄層オーバーレイ工法を施工するときは，舗設厚さが薄いため混合物の温度低下が早いことから，寒冷期等には迅速な施工を行う。
(4)　ポーラスアスファルト舗装を切削オーバーレイ工法で補修するときは，切削面に直接雨水等が作用することから，原則としてゴム入りアスファルト乳剤を使用する。

問題 31

道路の排水性舗装に用いるポーラスアスファルト混合物の施工に関する次の記述のうち，**適当でないもの**はどれか。

(1) 敷均しは，異種の混合物を二層同時に敷き均せるアスファルトフィニッシャや，タックコートの散布装置付きフィニッシャが使用されることがある。

(2) 締固めは，供用後の耐久性及び機能性に大きく影響を及ぼすため，所定の締固め度を確保することが特に重要である。

(3) 敷均しは，通常のアスファルト舗装の場合と同様に行うが，温度の低下が通常の混合物よりも早いため，できるだけ速やかに行う。

(4) 締固めは，所定の締固め度をタイヤローラによる初転圧及び二次転圧の段階で確保することが望ましい。

問題 32

道路の各種コンクリート舗装に関する次の記述のうち，**適当でないもの**はどれか。

(1) 転圧コンクリート版は，単位水量の少ない硬練りコンクリートを，アスファルト舗装用の舗設機械を使用して敷き均し，ローラによって締め固める。

(2) 連続鉄筋コンクリート版は，横方向鉄筋上に縦方向鉄筋をコンクリート打設直後に連続的に設置した後，フレッシュコンクリートを振動締固めによって締め固める。

(3) プレキャストコンクリート版は，あらかじめ工場で製作したコンクリート版を路盤上に敷設し，必要に応じて相互のコンクリート版をバー等で結合して築造する。

(4) 普通コンクリート版は，フレッシュコンクリートを振動締固めによってコンクリート版とするもので，版と版の間の荷重伝達を図るバーを用いて目地を設置する。

問題 33

ダムの基礎処理として行うグラウチングに関する次の記述のうち，**適当でないもの**はどれか。

(1) ダムの基礎グラウチングの施工方法として，上位から下位のステージに向かって削孔と注入を交互に行っていくステージ注入工法がある。

(2) ブランケットグラウチングは，コンクリートダムの着岩部付近を対象に遮水性を改良することを目的として実施するグラウチングである。

(3) コンソリデーショングラウチングは，カーテングラウチングとあいまって遮水性を改良することを目的として実施するグラウチングである。

(4) カーテングラウチングは，ダムの基礎地盤とリム部の地盤の水みちとなる高透水部の遮水性を改良することを目的として実施するグラウチングである。

問題 34

ダムコンクリートの工法に関する次の記述のうち，**適当でないもの**はどれか。

(1) RCD 用コンクリートは，ブルドーザによって，一般的に 0.75 m リフトの場合には 3 層，1 m リフトの場合には 4 層と薄層に敷き均し，振動ローラで締め固める。

(2) ダムコンクリートの打込みは，一般的に有スランプコンクリートは 1 時間当り 4 mm 以上，RCD 用コンクリートは 1 時間当り 2 mm 以上の降雨強度時に中止することが多い。

(3) RCD 用コンクリートの練混ぜから締固めまでの許容時間は，できるだけ速やかに行うものとし，夏季では 3 時間程度，冬季では 4 時間程度を標準とする。

(4) ダムコンクリートに用いる骨材の貯蔵においては，安定した表面水率を確保するため，特に粗骨材は雨水を避ける上屋を設け，7 日以上の水切り時間を確保する。

問題 35

トンネルの山岳工法における掘削工法に関する次の記述のうち，**適当でないもの**はどれか。

(1) 導坑先進工法は，導坑をトンネル断面内に設ける場合は，前方の地質確認や水抜き等の効果があり，導坑設置位置によって，頂設導坑，中央導坑，底設導坑等がある。
(2) ベンチカット工法は，一般に上部半断面と下部半断面に分割して掘進する工法であり，地山の良否に応じてベンチ長を決定する。
(3) 補助ベンチ付き全断面工法は，ベンチを付けることにより切羽の安定を図る工法であり，地山の大きな変位や地表面沈下を抑制するために，一次インバートを早期に施工する場合もある。
(4) 全断面工法は，地質が安定しない地山等で採用され，施工途中での地山条件の変化に対する順応性が高い。

問題 36

トンネルの山岳工法における切羽安定対策に関する次の記述のうち，**適当でないもの**はどれか。

(1) 天端部の安定対策は，天端の崩落防止対策として実施するもので，充填式フォアポーリング，注入式フォアポーリング，サイドパイル等がある。
(2) 鏡面の安定対策は，鏡面の崩壊防止対策として実施するもので，鏡吹付けコンクリート，鏡ボルト，注入工法等がある。
(3) 脚部の安定対策は，脚部の沈下防止対策として実施するもので，仮インバート，レッグパイル，ウィングリブ付き鋼製支保工等がある。
(4) 地下水対策は，湧水による切羽の不安定化防止対策として実施するもので，水抜きボーリング，水抜き坑，ウェルポイント等がある。

問題 37

海岸堤防の根固工の施工に関する次の記述のうち，**適当でないもの**はどれか

(1) 異形ブロック根固工は，適度のかみ合わせ効果を期待する意味から天端幅は最小限2個並び，層厚は2層以上とすることが多い。
(2) 異形ブロック根固工は，異形ブロック間の空隙が大きいため，その下部に空隙の大きい捨石層を設けることが望ましい。
(3) 捨石根固工を汀線付近に設置する場合は，地盤を掘り込むか，天端幅を広くとることにより，海底土砂の吸い出しを防止する。
(4) 捨石根固工は，一般に表層に所要の質量の捨石を3個並び以上とし，中詰石を用いる場合は，表層よりも質量の小さいものを用いる。

問題 38

海岸の潜堤・人工リーフの機能や特徴に関する次の記述のうち，**適当でないもの**はどれか。

(1) 潜堤・人工リーフは，その天端水深，天端幅により堤体背後への透過波が変化し，波高の大きい波浪はほとんど透過し，小さい波浪を選択的に減衰させるものである。
(2) 潜堤・人工リーフは，天端が海面下であり，構造物が見えないことから景観を損なわないが，船舶の航行，漁船の操業等の安全に配慮しなければならない。
(3) 人工リーフは天端水深をある程度深くし，反射波を抑える一方，天端幅を広くすることにより，波の進行に伴う波浪減衰を効果的に得るものである。

(4) 潜堤は天端幅が狭く，天端水深を浅くし，反射波と強制砕波によって波浪減衰効果を得るものである。

問題 39

ケーソンの施工に関する次の記述のうち，**適当でないもの**はどれか。

(1) ケーソン製作に用いるケーソンヤードには，斜路式，ドック式，吊り降し方式等があり，製作函数，製作期間，製作条件，用地面積，土質条件，据付現場までの距離，工費等を検討して最適な方式を採用する。

(2) ケーソンの据付けは，函体が基礎マウンド上に達する直前でいったん注水を中止し，最終的なケーソン引寄せを行い，据付け位置を確認，修正を行ったうえで一気に注水着底させる。

(3) ケーソン据付け時の注水方法は，気象，海象の変わりやすい海上の作業を手際よく進めるために，できる限り短時間で，かつ，隔室ごとに順次満水にする。

(4) ケーソンの中詰作業は，ケーソンの安定を図るためにケーソン据付け後直ちに行う必要があり，ケーソンの不同沈下や傾斜を避けるため，中詰材がケーソンの各隔室でほぼ均等に立ち上がるように中詰材を投入する。

問題 40

港湾の防波堤の施工に関する次の記述のうち，**適当でないもの**はどれか。

(1) ケーソン式の直立堤は，海上施工で必要となる工種は少ないものの，荒天日数の多い場所では海上施工日数に著しく制限を受ける。

(2) ブロック式の直立堤は，施工が確実で容易であり，施工設備が簡単であるが，海上作業期間は一般的に長く，ブロック数が多い場合には，広い製作用地を必要とする。

(3) 傾斜堤は，施工設備が簡単，工程が単純，施工管理が容易であるが，水深が大きくなれば，多量の材料及び労力を必要とする。

(4) 混成堤は，石材等の資材の入手の難易度や価格等を比較し，捨石部と直立部の高さの割合を調整して，経済的な断面とすることが可能である。

問題 41

鉄道の路床の施工に関する次の記述のうち，**適当でないもの**はどれか。

(1) 路床は，軌道及び路盤を安全に支持し，安定した列車走行と良好な保守性を確保するとともに，軌道及び路盤に変状を発生させない等の機能を有するものとする。

(2) 路床の範囲に軟弱な層が存在する場合には，軌道の保守性の低下や，走行安定性に影響が生じるおそれがあるため，軟弱層は地盤改良を行うものとする。

(3) 切土及び素地における路床の範囲は，一般に列車荷重の影響が大きい施工基面から下3 m までのうち，路盤を除いた地盤部をいう。

(4) 地下水及び路盤からの浸透水の排水を図るため，路床の表面には排水工設置位置へ向かって 10% 程度の適切な排水勾配を設ける。

問題 42

鉄道の軌道における維持・管理に関する次の記述のうち，**適当なもの**はどれか。

(1) ロングレールでは，温度変化による伸縮が全長にわたって発生する。

(2) 犬くぎは，マクラギ上のレールの位置を保ち，レールの浮き上がりを防止するためのものとして使用される。

(3) 重いレールを使用すると保守量が増加するため，走行する車両の荷重，速度，輸送量等に応じて使用するレールを決める必要がある。

(4)　直線区間ではレール頭部が摩耗し，曲線区間では曲線の内側レールが顕著に摩耗する。

問題 43

鉄道（在来線）の営業線及びこれに近接して工事を施工する場合の保安対策に関する次の記述のうち，**適当でないもの**はどれか。

(1)　踏切と同種の設備を備えた工事用通路には，工事用しゃ断機，列車防護装置，列車接近警報機を備えておくものとする。

(2)　建設用大型機械の留置場所は，直線区間の建築限界の外方1m以上離れた場所で，かつ列車の運転保安及び旅客公衆等に対し安全な場所とする。

(3)　線路閉鎖工事実施中の線閉責任者の配置については，必要により一時的に現場を離れた場合でも速やかに現場に帰還できる範囲内とする。

(4)　列車見張員は，停電時刻の10分前までに，電力指令に作業の申込みを行い，き電停止の要請を行う。

問題 44

シールド工法の施工管理に関する次の記述のうち，**適当でないもの**はどれか。

(1)　泥水式シールド工法では，地山の条件に応じて比重や粘性を調整した泥水を加圧循環し，切羽の土水圧に対抗する泥水圧によって切羽の安定を図るのが基本である。

(2)　土圧式シールド工法において切羽の安定を保持するには，カッターチャンバ内の圧力管理，塑性流動性管理及び排土量管理を慎重に行う必要がある。

(3)　シールドにローリングが発生した場合は，一部のジャッキを使用せずシールドに偏心力を与えることによってシールドに逆の回転モーメントを与え，修正するのが一般的である。

(4)　シールドテールが通過した直後に生じる沈下あるいは隆起は，テールボイドの発生による応力解放や過大な裏込め注入圧等が原因で発生することがある。

問題 45

鋼構造物の防食法に関する次の記述のうち，**適当でないもの**はどれか。

(1)　海岸地域で現場塗装を行う場合は，飛来塩分や海水の波しぶき等によって，塩分が被塗装面に付着することのないよう確実な養生を行う必要がある。

(2)　耐候性鋼材では，その表面に緻密なさび層が形成されるまでの期間は，普通鋼材と同様にさび汁が生じるため，耐候性鋼用表面処理が併用されることがある。

(3)　溶融亜鉛めっき被膜は硬く，良好に施工された場合は母材表面に合金層が形成されるため損傷しにくく，また一旦損傷を生じても部分的に再めっきを行うことが容易である。

(4)　金属溶射の施工にあたっては，温度や湿度等の施工環境条件の制限があるとともに，下地処理と粗面処理の品質確保が重要である。

問題 46

上水道管の更新・更生工法に関する次の記述のうち，**適当でないもの**はどれか。

(1)　既設管内挿入工法は，挿入管としてダクタイル鋳鉄管及び鋼管等が使用されているが既設管の管径や屈曲によって適用条件が異なる場合があるため，挿入管の管種や口径等の検討が必要である。

(2)　既設管内巻込工法は，管を巻込んで引込作業後拡管を行うので，更新管路は曲がりには対応しにくいが，既設管に近い管径を確保することができる。

(3) 合成樹脂管挿入工法は，管路の補強が図られ，また，管内面は平滑であるため耐摩耗性が良く流速係数も大きいが，合成樹脂管の接着作業時の低温には十分注意する。

(4) 被覆材管内装着工法は，管路の動きに対して追随性が良く，曲線部の施工が可能で，被覆材を管内で反転挿入し圧着する方法と，管内に引き込み後，加圧し膨張させる方法とがあり，適用条件を十分調査の上で採用する。

問題 47

下水道管渠の更生工法に関する次の記述のうち，**適当なもの**はどれか。

(1) 反転工法は，既設管渠より小さな管径で工場製作された管渠をけん引挿入し，間隙にモルタル等の充填材を注入することで管を構築する。

(2) 形成工法は，熱で硬化する樹脂を含浸させた材料をマンホールから既設管渠内に加圧しながら挿入し，加圧状態のまま樹脂が硬化することで管を構築する。

(3) さや管工法は，硬化性樹脂を含浸させた材料や熱可塑性樹脂で成形した材料をマンホールから引込み，加圧し，拡張・圧着後に硬化や冷却固化することで管を構築する。

(4) 製管工法は，既設管渠内に硬質塩化ビニル樹脂材等をかん合し，その樹脂パイプと既設管渠との間隙にモルタル等の充填材を注入することで管を構築する。

問題 48

下水道工事における小口径管推進工法の施工に関する次の記述のうち，**適当なもの**はどれか。

(1) 滑材の注入にあたり含水比の大きな地盤では，推進力低減効果が低下したり，圧密により推進抵抗が増加することがあるので，特に滑材の選定，注入管理に留意しなければならない。

(2) 推進管理測量を行う際に，水平方向については，先導体と発進立坑の水位差で管理する液圧差レベル方式を用いることで，リアルタイムに比較的高精度の位置管理が可能となる。

(3) 先導体を曲進させる際には，機構を簡易なものとするために曲線部内側を掘削し，外径を大きくする方法を採用するのが一般的である。

(4) 先導体の到達にあたっては，先導体の位置を確認し，地山の土質，補助工法の効果の状況，湧水の状態等に留意し，その対策を施してから到達の鏡切りを行わなければならない。

問題 49

下水道工事における，薬液注入工法の注入効果の確認方法に関する次の記述のうち，**適当でないもの**はどれか。

(1) 現場透水試験の評価は，注入改良地盤で行った現場試験の結果に基づき，透水性に関する目標値，設計値，得られた透水係数のばらつき等から総合的に評価する。

(2) 薬液注入による地盤の不透水化の改良効果を室内透水試験により評価するには，未注入地盤の透水係数と比較するか目標とする透水係数と比較する。

(3) 標準貫入試験結果の評価は薬液注入前後のＮ値の増減を見て行い，評価を行う際にはボーリング孔の全地層のＮ値を平均する等の簡易的な統計処理を実施する。

(4) 室内強度試験は，薬液注入によって改良された地盤の強度特性や変形特性等を求め改良効果を評価するものであり，薬液注入後の乱さない試料が得られた場合に実施する。

※問題番号 No.50～No.61 までの 12 問題のうちから 8 問題を選択し解答してください。

問題 50

常時 10 人以上の労働者を使用する使用者が，労働基準法上，**就業規則に必ず記載しなければならない事項**は次の記述のうちどれか。

(1)　臨時の賃金等（退職手当を除く。）及び最低賃金額に関する事項
(2)　退職に関する事項（解雇の事由を含む。）
(3)　災害補償及び業務外の傷病扶助に関する事項
(4)　安全及び衛生に関する事項

問題 51

労働時間及び休憩に関する次の記述のうち，労働基準法上，**誤っているもの**はどれか。

(1)　使用者は，災害その他避けることのできない事由によって臨時の必要が生じ，労働時間を延長する場合においては，事態が急迫した場合であっても，事前に行政官庁の許可を受けなければならない。
(2)　使用者は，労働者に，休憩時間を除き 1 週間については 40 時間を超えて，1 週間の各日については 1 日について 8 時間を超えて，労働させてはならない。
(3)　使用者が，労働者に労働時間を延長して労働させた場合においては，その時間の労働については，通常の労働時間の賃金の計算額に対して割増した賃金を支払わなければならない。
(4)　使用者は，労働時間が 6 時間を超える場合においては少なくとも 45 分，8 時間を超える場合においては少なくとも 1 時間の休憩時間を労働時間の途中に，原則として一斉に与えなければならない。

問題 52

次の作業のうち，労働安全衛生法令上，**作業主任者の選任を必要とする作業**はどれか。

(1)　高さが 3 m のコンクリート造の工作物の解体又は破壊の作業
(2)　高さが 3 m の土止め支保工の切りばり又は腹起こしの取付け又は取り外しの作業
(3)　高さが 3 m，支間が 20 m のコンクリート橋梁上部構造の架設の作業
(4)　高さが 3 m の構造の足場の組立て又は解体の作業

問題 53

高さが 5 m 以上のコンクリート造の工作物の解体作業における危険を防止するために，事業者が行わなければならない事項に関する次の記述のうち，労働安全衛生法令上，**誤っているもの**はどれか。

(1)　器具，工具等を上げ，又は下ろすときは，つり綱，つり袋等を労働者に使用させなければならない。
(2)　あらかじめ当該工作物の形状，き裂の有無等について調査を実施し，その調査により知り得たところに適応する作業計画を定めなければならない。
(3)　外壁，柱等の引倒し等の作業を行うときは，引倒し等について作業指揮者を定め，関係労働者に周知させなければならない。
(4)　強風，大雨，大雪等の悪天候のため，作業の実施について危険が予想されるときは，当該作業を中止しなければならない。

問題 54

元請負人の義務に関する次の記述のうち，建設業法令上，**誤っているもの**はどれか。

(1) 元請負人は，その請け負った建設工事を施工するために必要な工程の細目，作業方法その他元請負人において定めるべき事項を定めようとするときは，あらかじめ，下請負人の意見をきかなければならない。
(2) 元請負人は，請負代金の出来形部分に対する支払を受けたときは，その支払の対象となった建設工事を施工した下請負人に対して，その下請負人が施工した出来形部分に相応する下請代金を，当該支払を受けた日から一月以内で，かつ，できる限り短い期間内に支払わなければならない。
(3) 元請負人は，前払金の支払を受けたときは，下請負人に対して，資材の購入，労働者の募集その他建設工事の着手に必要な費用を前払金として支払うよう適切な配慮をしなければならない。
(4) 元請負人は，下請負人からその請け負った建設工事が完成した旨の通知を受けたときは，当該通知を受けた日から一月以内で，かつ，できる限り短い期間内に，その完成を確認するための検査を完了しなければならない。

問題 55

火薬類取扱い等に関する次の記述のうち，火薬類取締法令上，**誤っているもの**はどれか。

(1) 何人も，火薬類の製造所又は火薬庫においては，製造業者又は火薬庫の所有者若しくは占有者の指定する場所以外の場所で，喫煙し，又は火気を取り扱ってはならない。
(2) 火薬類を取り扱う者は，所有し，又は占有する火薬類，譲渡許可証，譲受許可証又は運搬証明書を喪失し，又は盗取されたときには遅滞なくその旨を警察官又は海上保安官に届け出なければならない。
(3) 火薬類の発破を行う場合には，発破場所においては，責任者を定め，火薬類の受渡し数量，消費残数量及び発破孔又は薬室に対する装てん方法をあらかじめ消防署に届け出なければならない。
(4) 火薬類の発破を行う場合には，附近の者に発破する旨を警告し，危険がないことを確認した後でなければ点火してはならない。

問題 56

道路占用工事における道路の掘削に関する次の記述のうち，道路法令上，**誤っているもの**はどれか。

(1) 占用のために掘削した土砂を埋め戻す場合においては，層ごとに行うとともに，確実に締め固めること。
(2) 舗装道の舗装の部分の切断は，のみ又は切断機を用いて，原則として直線に，かつ，路面に垂直に行うこと。
(3) わき水又はたまり水の排出に当たっては，いかなる場合でも道路の排水施設や路面に排出しないよう措置すること。
(4) 道路の掘削面積は，道路の交通に著しい支障を及ぼすことのないよう覆工を施工するなどの措置をした場合を除き，当日中に復旧可能な範囲とすること。

問題 57

河川管理者以外の者が河川区域（高規格堤防特別区域を除く）で行う行為の許可に関する次の記述のうち，河川法上，**誤っているもの**はどれか。

(1) モルタル練り混ぜ水として，河川からバケツ等でごく少量の水を汲み上げる取水は，河川管理者の許可は必要ない。

(2)　水道取水施設の補修で河川区域内の転石や浮石を工事材料として採取する場合は，河川管理者の許可が必要である。
(3)　河川区域内に電柱を設けず上空を通過する電線等を設置する場合でも，河川管理者の許可が必要である。
(4)　河川区域内にある民有地で公園等を整備する場合は，民有地であるため河川管理者の許可は必要ない。

問題 58

工事現場に延べ面積 45 m^2 の仮設現場事務所を設置する場合，建築基準法上，**適用されるもの**は次の記述のうちどれか。
(1)　建築物の敷地は，これに接する道の境より高くなければならず，建築物の地盤面は，これに接する周囲の土地より高くなければならない。
(2)　建築物の建築面積の敷地面積に対する割合は，工業地域内にあっては 10 分の 5 又は 10 分の 6 のうち当該地域に関する都市計画で定められた数値を超えてはならない。
(3)　防火地域又は準防火地域内の建築物の屋根の構造は，建築物の火災の発生を防止するために屋根に必要とされる性能に関して政令で定める技術的基準に適合しなければならない。
(4)　居室には，換気のための窓その他の開口部を設け，その換気に有効な部分の面積は，その居室の床面積に対して，原則として，20 分の 1 以上としなければならない。

問題 59

騒音規制法令上，指定地域内で行う次の建設作業のうち，特定建設作業に**該当しないもの**はどれか。
ただし，当該作業がその作業を開始した日に終わるもの，及び使用する機械が一定の限度を超える大きさの騒音を発生しないものとして環境大臣が指定するものを除く。
(1)　原動機の定格出力 70 kW 以上のトラクターショベルを使用して行う掘削積込み作業
(2)　電動機を動力とする空気圧縮機を使用する削岩作業
(3)　アースオーガーと併用しないディーゼルハンマを使用するくい打ち作業
(4)　原動機の定格出力 40 kW 以上のブルドーザを使用して行う盛土の敷均し作業

問題 60

振動規制法令上，特定建設作業に関する次の記述のうち，**誤っているもの**はどれか。
(1)　特定建設作業における環境省令の振動規制基準は，特定建設作業の場所の敷地の境界線において，75 dB を超える大きさのものでないことである。
(2)　市町村長は，特定建設作業に伴って発生する振動の改善勧告を受けた者がその勧告に従わないで特定建設作業を行っているときは，期限を定めて，その勧告に従うべきことを命ずることができる。
(3)　特定建設作業を伴う建設工事における振動を防止することにより生活環境を保全するための地域を指定しようとする市町村長は，都道府県知事の意見を聴かなければならない。
(4)　指定地域内において特定建設作業を伴う建設工事を施工しようとする者は，当該特定建設作業の開始の日の 7 日前までに，環境省令で定める事項を市町村長に届け出なければならない。

問題61

船舶の入出港及び停泊に関する次の記述のうち，港則法令上，**誤っているもの**はどれか。

(1) 船舶は，特定港に入港したとき，又は特定港を出港しようとするときは，国土交通省令の定めるところにより，港長の許可を受けなければならない。
(2) 特定港内においては，汽艇等以外の船舶を修繕し，又は係船しようとする者は，その旨を港長に届け出なければならない。
(3) 特定港内に停泊する船舶は，港長にびょう地を指定された場合を除き，各々そのトン数，又は積載物の種類に従い，当該特定港内の一定の区域内に停泊しなければならない。
(4) 汽艇等及びいかだは，港内においては，みだりにこれを係船浮標若しくは他の船舶に係留し，又は他の船舶の交通の妨げとなるおそれのある場所に停泊させ，若しくは停留させてはならない。

午後

1 B

令和４年度
１級土木施工管理技術検定　第一次検定
試験問題B（必須問題）

次の注意をよく読んでから解答してください。

【注　意】

1. これは試験問題B（必須問題）です。表紙とも 12 枚 35 問題あります。
2. 解答用紙（マークシート）には間違いのないように，試験地，氏名，受検番号を記入するとともに受検番号の数字をぬりつぶしてください。
3. 問題番号 No. 1～No.20 までの 20 問題は，必須問題ですから全問題を解答してください。
   問題番号 No.21～No.35 までの 15 問題は，施工管理法（応用能力）の必須問題ですから全問題を解答してください。
4. 試験問題の漢字のふりがなは，問題文の内容に影響を与えないものとします。
5. 解答は別の解答用紙（マークシート）にHBの鉛筆又はシャープペンシルで記入してください。
   （万年筆・ボールペンの使用は不可）

   解答用紙は

問題番号	解答記入欄			
No. 1	①	②	③	④
No. 2	①	②	③	④
No. 10	①	②	③	④

   となっていますから，

   当該問題番号の解答記入欄の正解と思う数字を一つぬりつぶしてください。
   解答のぬりつぶし方は，解答用紙の解答記入例（ぬりつぶし方）を参照してください。
   なお，正解は1問について一つしかないので，二つ以上ぬりつぶすと正解となりません。
6. 解答を訂正する場合は，プラスチック消しゴムできれいに消してから訂正してください。
   消し方が不十分な場合は，二つ以上解答したこととなり正解となりません。
7. この問題用紙の余白は，計算等に使用してもさしつかえありません。
   ただし，解答用紙は計算等に使用しないでください。
8. 解答用紙（マークシート）を必ず試験監督者に提出後，退室してください。
   解答用紙（マークシート）は，いかなる場合でも持ち帰りはできません。
9. 試験問題は，試験終了時刻（15時45分）まで在席した方のうち，希望者に限り持ち帰りを認めます。途中退室した場合は，持ち帰りはできません。

問題B（必須問題）

※問題番号No.1～No.20までの20問題は，必須問題ですから全問題を解答してください。

問題1

TS（トータルステーション）を用いて行う測量に関する次の記述のうち，**適当でないもの**はどれか。

(1) TSでの距離測定は，測定開始直前又は終了直後に，気温及び気圧の測定を行う。
(2) TSでの水平角観測において，目盛変更が不可能な機器は，1対回の繰り返し観測を行う。
(3) TSでは，器械高，反射鏡高及び目標高は，センチメートル位まで測定を行う。
(4) TSでは，水平角観測の必要対回数に合せ取得された距離測定値は，その平均値を用いる。

問題2

公共工事標準請負契約約款に関する次の記述のうち，**適当でないもの**はどれか。

(1) 受注者は，設計図書において監督員の検査を受けて使用すべきものと指定された工事材料が，検査の結果不合格と決定された場合，工事現場内に保管しなければならない。
(2) 受注者は，工事目的物の引渡し前に，天災等で発注者と受注者のいずれの責めにも帰すことができないものにより，工事目的物等に損害が生じたときは，その事実の発生直後直ちにその状況を発注者に通知しなければならない。
(3) 発注者は，工期の延長又は短縮を行うときは，この工事に従事する者の労働時間その他の労働条件が適正に確保されるよう，やむを得ない事由により工事等の実施が困難であると見込まれる日数等を考慮しなければならない。
(4) 発注者は，設計図書の変更を行った場合において，必要があると認められるときは，工期若しくは請負代金額を変更しなければならない。

問題３

下図は，ボックスカルバートの配筋図を示したものである。この図における配筋に関する次の記述のうち，**適当でないものは**どれか。

頂版　S＝1：50

A－A

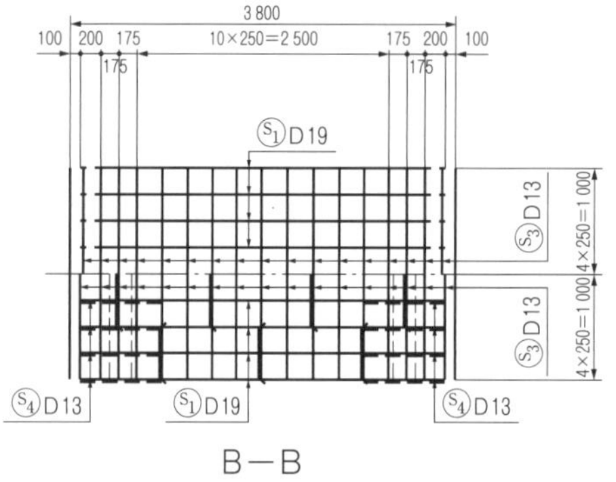

断面図　S＝1：50

C－C

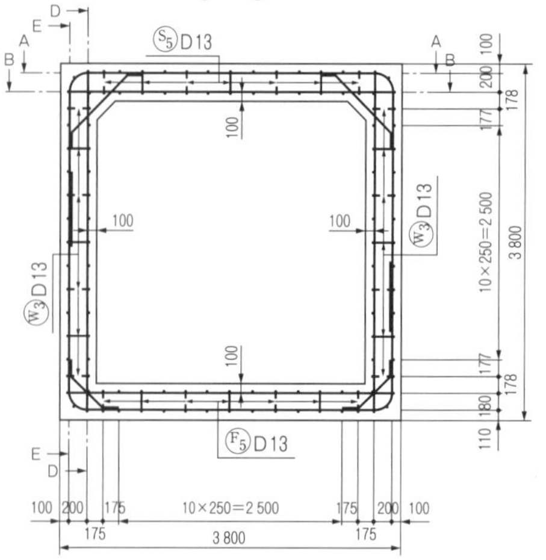

側壁　S＝1：50

D－D　E－E

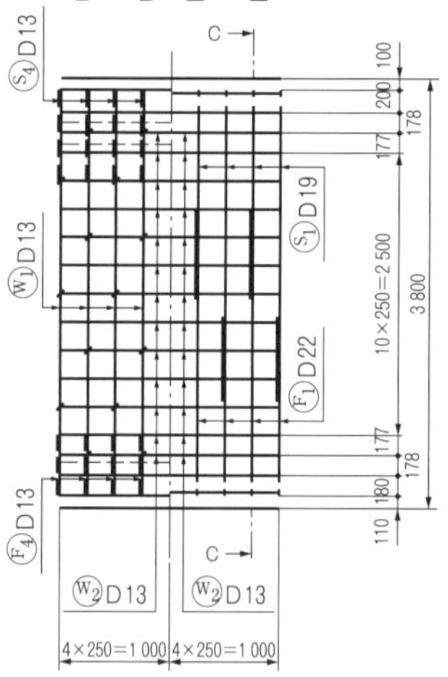

(1)　頂版の主鉄筋は，径 19 mm の異形棒鋼である。

(2)　頂版の下面主鉄筋の間隔は，ボックスカルバート軸方向に 250 mm で配置されている。

(3)　側壁の内面主鉄筋は，径 22 mm の異形棒鋼である。

(4)　側壁の外面主鉄筋の間隔は，ボックスカルバート軸方向に 250 mm で配置されている。

問題４

工事用電力設備に関する次の記述のうち，**適当でないものは**どれか。

(1)　工事現場における電気設備の容量は，月別の電気設備の電力合計を求め，このうち最大となる負荷設備容量に対して受電容量不足をきたさないように決定する。

(2)　小規模な工事現場等で契約電力が，電灯，動力を含め 50 kW 未満のものについては，低圧の電気の供給を受ける。

(3) 工事現場で高圧にて受電し現場内の自家用電気工作物に配電する場合，電力会社との責任分界点に保護施設を備えた受電設備を設置する。
(4) 工事現場に設置する変電設備の位置は，一般にできるだけ負荷の中心から遠い位置を選定する。

問題5

施工計画立案に関する次の記述のうち，**適当でないもの**はどれか。
(1) 施工計画立案に使用した資料は，施工過程における計画変更等に重要な資料となったり，工事を安全に完成するための資料となる。
(2) 施工計画立案のための資機材等の輸送調査では，輸送ルートの道路状況や交通規制等を把握し，不明があれば道路管理者や労働基準監督署に相談して解決しておく必要がある。
(3) 施工計画の立案にあたっては，発注者から示された工程が最適工期とは限らないので，示された工程の範囲でさらに経済的な工程を探し出すことも大切である。
(4) 施工計画の立案にあたっては，発注者の要求品質を確保するとともに，安全を最優先にした施工を基本とした計画とする。

問題6

下図のネットワーク式工程表で示される工事で，作業Gに3日の遅延が発生した場合，次の記述のうち，**適当なもの**はどれか。
ただし，図中のイベント間のA～Jは作業内容，数字は作業日数を示す。
(1) 当初の工期より1日遅れる。
(2) 当初の工期より3日遅れる。
(3) 当初の工期どおり完了する。
(4) クリティカルパスの経路は当初と変わらない。

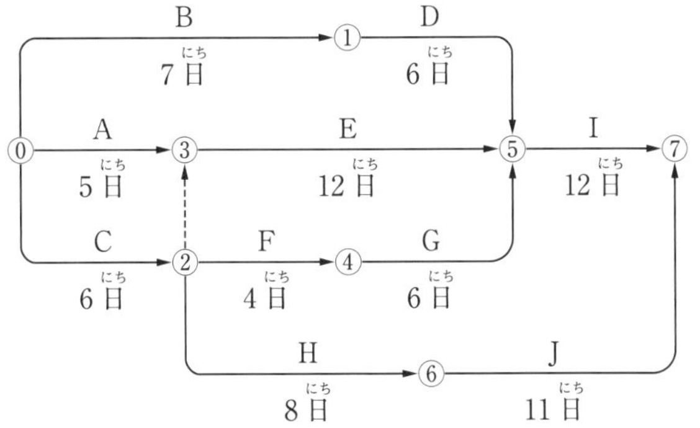

問題7

元方事業者が講ずべき措置等に関する次の記述のうち，労働安全衛生法令上，**誤っているもの**はどれか。
(1) 元方事業者は，関係請負人又は関係請負人の労働者が，当該仕事に関し，法律又はこれに基づく命令の規定に違反していると認めるときは，是正の措置を自ら行わなければならない。
(2) 元方事業者は，関係請負人及び関係請負人の労働者が，当該仕事に関し，法律又はこれに基づく命令の規定に違反しないよう必要な指導を行わなければならない。

(3)　元方事業者は，土砂等が崩壊するおそれのある場所において，関係請負人の労働者が当該事業の仕事の作業を行うときは，当該場所に係る危険を防止するための措置が適正に講ぜられるように，技術上の指導その他の措置を講じなければならない。
(4)　元方事業者の講ずべき技術上の指導その他の必要な措置には，技術上の指導のほか，危険を防止するために必要な資材等の提供，元方事業者が自ら又は関係請負人と共同して危険を防止するための措置を講じること等が含まれる。

問題 8

建設工事現場における保護具の使用に関する次の記述のうち，**適当なもの**はどれか。
(1)　大きな衝撃を受けた保護帽は，外観に異常がなければ使用することができる。
(2)　防毒マスク及び防塵マスクは，酸素欠乏危険作業に用いることができる。
(3)　ボール盤等の回転する刃物に，労働者の手が巻き込まれるおそれのある作業の場合は，手袋を使用させなければならない。
(4)　通路等の構造又は当該作業の状態に応じて安全靴その他の適当な履物を定め，作業中の労働者に使用させなければならない。

問題 9

建設工事の労働災害防止対策に関する次の記述のうち，**適当でないもの**はどれか。
(1)　ロープ高所作業では，メインロープ及びライフラインを設け，作業箇所の上方にある同一の堅固な支持物に外れないよう確実に緊結し作業する。
(2)　墜落のおそれがある人力のり面整形作業等では，親綱を設置し，要求性能墜落制止用器具を使用する。
(3)　工事現場における架空線等上空施設について，施工に先立ち現地調査を実施し，種類，位置（場所，高さ等）及び管理者を確認する。
(4)　上下作業は極力さけることとするが，やむを得ず上下作業を行うときは，事前に両者の作業責任者と場所，内容，時間等をよく調整し，安全確保をはかる。

問題 10

足場，作業床の組立等に関する次の記述のうち，労働安全衛生規則上，**誤っているもの**はどれか。
(1)　事業者は，足場の組立て等作業主任者に，作業の方法及び労働者の配置を決定し，作業の進行状況を監視するほか，材料の欠点の有無を点検し，不良品を取り除かせなければならない。
(2)　事業者は，強風，大雨，大雪等の悪天候若しくは中震（震度4）以上の地震の後において，足場における作業を行うときは，作業開始後直ちに，点検しなければならない。
(3)　事業者は，足場の組立て等作業において，材料，器具，工具等を上げ，又は下ろすときは，つり綱，つり袋等を労働者に使用させなければならない。
(4)　事業者は，足場の構造及び材料に応じて，作業床の最大積載荷重を定め，かつ，これを超えて積載してはならない。

問題 11

墜落による危険を防止するための安全ネット（防網）の使用上の留意点に関する次の記述のうち，**適当でないもの**はどれか。
(1)　人体又はこれと同等以上の重さを有する落下物による衝撃を受けたネットは，入念に点検したうえで使用すること。

(2) ネットが有毒ガスに暴露された場合等においては，ネットの使用後に試験用糸について，等速引張試験を行うこと。

(3) 溶接や溶断の火花，破れや切れ等で破損したネットは，その破損部分が補修されていない限り使用しないこと。

(4) ネットの材料は合成繊維とし，支持点の間隔は，ネット周辺からの墜落による危険がないものであること。

問題 12

土工工事における明り掘削の作業にあたり事業者が遵守しなければならない事項に関する次の記述のうち，労働安全衛生法令上，**正しいもの**はどれか。

(1) 運搬機械，掘削機械，積込機械については，運行の経路，これらの機械の土石の積卸し場所への出入りの方法を定め，地山の掘削作業主任者に知らせなければならない。

(2) 掘削機械，積込機械等の使用によるガス導管，地中電線路等の損壊により労働者に危険を及ぼすおそれのあるときは，これらの機械を使用してはならない。

(3) 地山の崩壊又は土石の落下により労働者に危険を及ぼすおそれのあるときは，あらかじめ，土止め支保工を設け，防護網を張り，労働者の立入り措置を講じなければならない。

(4) 掘削面の高さ 2 m 以上の場合，土止め支保工作業主任者に，作業の方法を決定し，作業を直接指揮すること，器具及び工具を点検し，不良品を取り除くことを行わせる。

問題 13

コンクリート構造物の解体作業に関する次の記述のうち，**適当でないもの**はどれか。

(1) 転倒方式による取り壊しでは，解体する主構造部に複数本の引きワイヤを堅固に取り付け，引きワイヤで加力する際は，繰り返し荷重をかけてゆすってはいけない。

(2) ウォータージェットによる取り壊しでは，取り壊し対象物周辺に防護フェンスを設置するとともに，水流が貫通するので取り壊し対象物の裏側は立ち入り禁止とする。

(3) カッタによる取り壊しでは，撤去側躯体ブロックにカッタを堅固に取り付けるとともに，切断面付近にシートを設置して冷却水の飛散防止をはかる。

(4) 圧砕機及び大型ブレーカによる取り壊しでは，解体する構造物からコンクリート片の飛散，構造物の倒壊範囲を予測し，作業員，建設機械を安全作業位置に配置しなければいけない。

問題 14

道路のアスファルト舗装の品質管理に関する次の記述のうち，**適当でないもの**はどれか。

(1) 表層，基層の締固め度の管理は，通常は切取コアの密度を測定して行うが，コア採取の頻度は工程の初期は多めに，それ以降は少なくして，混合物の温度と締固め状況に注意して行う。

(2) 工事施工途中で作業員や施工機械等の組合せを変更する場合は，品質管理の各項目に関する試験頻度を増し，新たな組合せによる品質の確認を行う。

(3) 下層路盤の締固め度の管理は，試験施工や工程の初期におけるデータから，現場の作業を定常化して締固め回数による管理に切り替えた場合には，必ず密度試験による確認を行う。

(4) 管理結果を工程能力図にプロットし，その結果が管理の限界をはずれた場合，あるいは一方に片寄っている等の結果が生じた場合，直ちに試験頻度を増やして異常の有無を確認する。

問題 15

路床や路盤の品質管理に用いられる試験方法に関する次の記述のうち，**適当でないもの**はどれか。

(1)　突固め試験は，土が締め固められた時の乾燥密度と含水比の関係を求め，路床や路盤を構築する際における材料の選定や管理することを目的として実施する。

(2)　RI による密度の測定は，路床や路盤等の現場における締め固められた材料の密度及び含水比を求めることを目的として実施する。

(3)　平板載荷試験は，地盤支持力係数 K 値を求め，路床や路盤の支持力を把握することを目的として実施する。

(4)　プルーフローリング試験は，路床や路盤のトラフィカビリティーを判定することを目的として実施する。

問題 16

JIS A 5308 に準拠したレディーミクストコンクリートの受入れ検査に関する次の記述のうち，**適当でないもの**はどれか。

(1)　スランプ試験を行ったところ，12.0 cm の指定に対して 10.0 cm であったため，合格と判定した。

(2)　空気量試験を行ったところ，4.5% の指定に対して 3.0% であったため，合格と判定した。

(3)　塩化物含有量の検査を行ったところ，塩化物イオン（Cl^-）量として 1.0 kg/m^3 であったため，合格と判定した。

(4)　アルカリシリカ反応対策について，コンクリート中のアルカリ総量が 2.0 kg/m^3 であったため，合格と判定した。

問題 17

建設工事における騒音・振動対策に関する次の記述のうち，**適当でないもの**はどれか。

(1)　騒音・振動の防止対策については，騒音・振動の大きさを下げるほか，発生期間を短縮する等全体的に影響が小さくなるよう検討しなければならない。

(2)　騒音防止対策は，音源対策が基本だが，伝搬経路対策及び受音側対策をバランスよく行うことが重要である。

(3)　建設工事に伴う地盤振動に対する防止対策においては，振動エネルギーが拡散した状態となる受振対象で実施することは，一般に大規模になりがちであり効果的ではない。

(4)　建設機械の発生する音源の騒音対策は，発生する騒音と作業効率には大きな関係があり，低騒音型機械の導入においては，作業効率が低下するので，日程の調整が必要となる。

問題 18

建設工事における土壌汚染対策に関する次の記述のうち，**適当でないもの**はどれか。

(1)　土壌汚染対策は，汚染状況（汚染物質，汚染濃度等），将来的な土地の利用方法，事業者や土地所有者の意向等を考慮し，覆土，完全浄化，原位置封じ込め等，適切な対策目標を設定することが必要である。

(2)　地盤汚染対策工事においては，工事車両のタイヤ等に汚染土壌が付着し，場外に出ることのないよう，車両の出口にタイヤ洗浄装置及び車体の洗浄施設を備え，洗浄水は直ちに場外に排水する。

(3)　地盤汚染対策工事においては，汚染土壌対策の作業エリアを区分し，作業エリアと場外の間に除洗区域を設置し，作業服等の着替えを行う。

(4) 地盤汚染対策工事における屋外掘削の場合，飛散防止ネットを設置し，散水して飛散を防止する。

問題 19

「建設工事に係る資材の再資源化等に関する法律」（建設リサイクル法）に関する次の記述のうち，**正しいもの**はどれか。

(1) 発注者に義務付けられている対象建設工事の事前届出に関し，元請負業者は，届出に係る事項について発注者に書面で説明しなければならない。

(2) 特定建設資材は，コンクリート，コンクリート及び鉄から成る建設資材，木材，アスファルト・コンクリート，プラスチックの品目が定められている。

(3) 対象建設工事の受注者は，分別解体等に伴って生じた特定建設資材廃棄物について，すべて再資源化をしなければならない。

(4) 解体工事業者は，工事現場における解体工事の施工に関する技術上の管理をつかさどる安全責任者を選任しなければならない。

問題 20

建設工事に伴う産業廃棄物（特別管理産業廃棄物を除く）の処分に関する次の記述のうち，廃棄物の処理及び清掃に関する法令上，**正しいもの**はどれか。

(1) 多量排出事業者は，当該事業場に係る産業廃棄物の減量その他その処理に関する計画を作成し，都道府県知事に提出しなければならない。

(2) 排出事業者が，当該産業廃棄物を生ずる事業場の外において自ら保管するときは，あらかじめ当該工事の発注者へ届け出なければならない。

(3) 排出事業者は，産業廃棄物の運搬又は処分を業とする者に委託した場合，産業廃棄物の処分の終了後，産業廃棄物管理票を交付しなければならない。

(4) 排出事業者は，非常災害時に応急処置として行う建設工事に伴い生ずる産業廃棄物を事業場の外に保管する場合には，規模の大小にかかわらず市町村長に届け出なければならない。

※問題番号 No.21～No.35 までの 15 問題は，施工管理法（応用能力）の必須問題ですから全問題を解答してください。

問題 21

仮設工事計画立案の留意事項に関する下記の文章中の［　　］の(イ)～(ニ)に当てはまる語句の組合せとして，**適当なもの**は次のうちどれか。

・仮設工事の材料は，一般の市販品を使用して可能な限り規格を統一し，その主要な部材については他工事［(イ)］計画にする。

・仮設構造物設計における安全率は，本体構造物よりも割引いた値を［(ロ)］。

・仮設工事計画では，取扱いが容易でできるだけユニット化を心がけるとともに，［(ハ)］を考慮し，省力化が図れるものとする。

・仮設構造物設計における荷重は短期荷重で算定する場合が多く，また，転用材を使用するときには，一時的な短期荷重扱い［(ニ)］。

	(イ)	(ロ)	(ハ)	(ニ)
(1)	からの転用はさける	採用してはならない	資機材不足	が妥当である
(2)	にも転用できる	採用することが多い	作業員不足	は妥当ではない

(3)	からの転用はさける	採用してはならない	資機材不足	は妥当ではない
(4)	にも転用できる	採用することが多い	作業員不足	が妥当である

問題22

公共工事における施工体制台帳に関する下記の文章中の［　　］の(イ)～(ニ)に当てはまる語句の組合せとして，**適当なもの**は次のうちどれか。

・下請業者は，請負った工事をさらに他の建設業を営む者に請け負わせたときは，施工体制台帳を修正するため再下請通知書を［(イ)］に提出しなければならない。
・施工体制台帳には，建設工事の名称，内容及び工期，許可を受けて営む建設業の種類，［(ロ)］等を記載しなければならない。
・発注者から直接工事を請負った建設業者は，当該工事を施工するため，［(ハ)］，施工体制台帳を作成しなければならない。
・元請業者は，施工体制台帳と合わせて施工の分担関係を表示した［(ニ)］を作成し，工事関係者や公衆が見やすい場所に掲げなければならない。

	(イ)	(ロ)	(ハ)	(ニ)
(1)	発注者	健康保険の加入状況	一定額以上の下請金額の場合は	施工体系図
(2)	元請業者	建設工事の作業手順	一定額以上の下請金額の場合は	緊急連絡網
(3)	元請業者	健康保険の加入状況	下請金額にかかわらず	施工体系図
(4)	発注者	建設工事の作業手順	下請金額にかかわらず	緊急連絡網

問題23

土留め壁を構築する場合における掘削底面の破壊現象に関する下記の文章中の［　　］の(イ)～(ニ)に当てはまる語句の組合せとして，**適当なもの**は次のうちどれか。

・ボイリングとは，遮水性の土留め壁を用いた場合に水位差により上向きの浸透流が生じ，この浸透圧が土の有効重量を超えると，沸騰したように沸き上がり掘削底面の土が［(イ)］を失い，急激に土留めの安定性が損なわれる現象である。
・パイピングとは，地盤の弱い箇所の［(ロ)］が浸透流により洗い流され地中に水みちが拡大し，最終的にはボイリング状の破壊に至る現象である。
・ヒービングとは，土留め背面の土の重量や土留めに接近した地表面での上載荷重等により，掘削底面［(ハ)］が生じ最終的には土留め崩壊に至る現象である。
・盤ぶくれとは，地盤が［(ニ)］のとき上向きの浸透流は生じないが［(ニ)］下面に上向きの水圧が作用し，これが上方の土の重さ以上となる場合は，掘削底面が浮き上がり，最終的にはボイリング状の破壊に至る現象である。

	(イ)	(ロ)	(ハ)	(ニ)
(1)	透水性	粘性土	の隆起	透水層
(2)	せん断抵抗	土粒子	の隆起	難透水層
(3)	透水性	土粒子	に陥没	難透水層
(4)	せん断抵抗	粘性土	に陥没	透水層

問題 24

施工計画における建設機械の選定に関する下記の文章中の［　　］の(イ)～(ニ)に当てはまる語句の組合せとして，**適当なもの**は次のうちどれか。

・建設機械の組合せ選定は，従作業の施工能力を主作業の施工能力と同等，あるいは幾分［(イ)］にする。

・建設機械の選定は，工事施工上の制約条件より最も適した建設機械を選定し，その機械が［(ロ)］能力を発揮できる施工法を選定することが合理的かつ経済的である。

・建設機械の使用計画を立てる場合には，作業量をできるだけ［(ハ)］し，施工期間中の使用機械の必要量が大きく変動しないように計画するのが原則である。

・機械施工における［(ニ)］の指標として施工単価の概念を導入して，施工単価を安くする工夫が要求される。

	(イ)	(ロ)	(ハ)	(ニ)
(1)	高め	最大の	集中化	経済性
(2)	低め	平均的な	集中化	安全性
(3)	低め	平均的な	平滑化	安全性
(4)	高め	最大の	平滑化	経済性

問題 25

工程管理に関する下記の文章中の［　　］の(イ)～(ニ)に当てはまる語句の組合せとして，**適当なもの**は次のうちどれか。

・施工計画では，施工順序，施工法等の施工の基本方針を決定し，［(イ)］では，手順と日程の計画，工程表の作成を行う。

・施工計画で決定した施工順序，施工法等に基づき，［(ロ)］では，工事の指示，施工監督を行う。

・工程管理の統制機能における［(ハ)］では，工程進捗の計画と実施との比較をし，進捗報告を行う。

・工程管理の改善機能は，施工の途中で基本計画を再評価し，改善の余地があれば計画立案段階にフィードバックし，［(ニ)］では，作業の改善，工程の促進，再計画を行う。

	(イ)	(ロ)	(ハ)	(ニ)
(1)	工程計画	工事実施	進度管理	立会検査
(2)	段階計画	工事監視	安全管理	是正措置
(3)	工程計画	工事実施	進度管理	是正措置
(4)	段階計画	工事監視	安全管理	立会検査

問題 26

工程管理に使われる各工程表の特徴に関する下記の文章中の［　　］の(イ)～(ニ)に当てはまる語句の組合せとして，**適当なもの**は次のうちどれか。

・トンネル工事のように工事区間が線上に長く，工事の進行方向が一定方向に進捗していく工事には［(イ)］が用いられることが多い。

・1つの作業の遅れや変化が工事全体の工程にどのように影響してくるかを早く，正確に把握できるのが［(ロ)］である。

・各作業の予定と実績との差を直視的に比較するのに便利であり，施工中の作業の進捗状況もよくわかるのが［(ハ)］である。

・各作業の開始日から終了日までの所要日数がわかり，各作業間の関連も把握することができるのが［(ニ)］である。

	(イ)	(ロ)	(ハ)	(ニ)
(1)	バーチャート	グラフ式工程表	ネットワーク式工程表	ガントチャート
(2)	バーチャート	ネットワーク式工程表	グラフ式工程表	ガントチャート
(3)	斜線式工程表	グラフ式工程表	ネットワーク式工程表	バーチャート
(4)	斜線式工程表	ネットワーク式工程表	グラフ式工程表	バーチャート

問題27

工程管理を行う上で，品質・工程・原価に関する下記の文章中の［　　］の(イ)～(ニ)に当てはまる語句の組合せとして，**適当なもの**は次のうちどれか。

・一般的に工程と原価の関係は，施工を速めると原価は段々安くなっていき，さらに施工速度を速めて突貫作業を行うと，原価は［(イ)］なる。
・原価と品質の関係は，悪い品質のものは安くできるが，良いものは原価が［(ロ)］なる。
・一般的に品質と工程の関係は，品質の良いものは時間がかかり，施工を速めて突貫作業をすると，品質は［(ハ)］。
・工程，原価，品質との間には相反する性質があり，［(ニ)］計画し，工期を守り，品質を保つように管理することが大切である。

	(イ)	(ロ)	(ハ)	(ニ)
(1)	ますます安く	さらに安く	かわらない	それぞれ単独に
(2)	逆に高く	高く	悪くなる	これらの調整を図りながら
(3)	ますます安く	さらに安く	かわらない	これらの調整を図りながら
(4)	逆に高く	高く	悪くなる	それぞれ単独に

問題28

車両系建設機械を用いる作業の安全確保のために事業者が講じるべき措置に関する下記の文章中の［　　］の(イ)～(ニ)に当てはまる語句の組合せとして，労働安全衛生規則上，**正しいもの**は次のうちどれか。

・事業者は，車両系建設機械を用いて作業を行うときは，［(イ)］にブレーキやクラッチの機能について点検を行わなければならない。
・事業者は，車両系建設機械の運転について誘導者を置くときは，［(ロ)］合図を定め，誘導者に当該合図を行わせなければならない。
・事業者は，車両系建設機械の修理又はアタッチメントの装着若しくは取り外しの作業を行うときは，［(ハ)］を定め，作業手順の決定等の措置を講じさせなければならない。
・事業者は，車両系建設機械を用いて作業を行うときは，［(ニ)］以外の箇所に労働者を乗せてはならない。

	(イ)	(ロ)	(ハ)	(ニ)
(1)	作業の前日	一定の	作業指揮者	乗車席
(2)	作業の前日	状況に応じた	作業主任者	助手席
(3)	その日の作業を開始する前	状況に応じた	作業主任者	助手席
(4)	その日の作業を開始する前	一定の	作業指揮者	乗車席

問題29

移動式クレーンの安全確保に関する措置のうち，下記の文章中の【　　】の(イ)～(ニ)に当てはまる語句の組合せとして，クレーン等安全規則上，**正しいもの**は次のうちどれか。

・移動式クレーンの運転者は，荷をつったままで運転位置を【(イ)】。
・移動式クレーンの定格荷重とは，フックやグラブバケット等のつり具の重量を【(ロ)】荷重をいい，ブームの傾斜角や長さにより変化する。
・事業者は，アウトリガーを有する移動式クレーンを用いて作業を行うときは，原則としてアウトリガーを【(ハ)】に張り出さなければならない。
・事業者は，移動式クレーンを用いる作業においては，移動式クレーンの運転者が単独で作業する場合を除き，【(ニ)】を行う者を指名しなければならない。

	(イ)	(ロ)	(ハ)	(ニ)
(1)	離れてはならない	含む	最大限	合図
(2)	離れてはならない	含まない	最大限	合図
(3)	離れて荷姿を確認する	含む	必要最小限	監視
(4)	離れて荷姿を確認する	含まない	必要最小限	監視

問題30

工事中の埋設物の損傷等の防止のために行うべき措置に関する下記の文章中の【　　】の(イ)～(ニ)に当てはまる語句の組合せとして，建設工事公衆災害防止対策要綱上，**正しいもの**は次のうちどれか。

・発注者又は施工者は，施工に先立ち，埋設物の管理者等が保管する台帳と設計図面を照らし合わせ，細心の注意のもとで試掘等を行い，原則として【(イ)】をしなければならない。
・施工者は，管理者の不明な埋設物を発見した場合，必要に応じて【(ロ)】の立会いを求め，埋設物に関する調査を再度行い，安全を確認した後に措置しなければならない。
・施工者は，埋設物の位置が掘削床付け面より【(ハ)】等，通常の作業位置からの点検等が困難な場合には，原則として，あらかじめ点検等のための通路を設置しなければならない。
・発注者又は施工者は，埋設物の位置，名称，管理者の連絡先等を記載した標示板の取付け等を工夫するとともに，【(ニ)】等に確実に伝達しなければならない。

	(イ)	(ロ)	(ハ)	(ニ)
(1)	写真記録	労働基準監督署	低い	工事関係者
(2)	目視確認	労働基準監督署	高い	近隣住民
(3)	写真記録	専門家	低い	近隣住民
(4)	目視確認	専門家	高い	工事関係者

問題31

酸素欠乏のおそれのある工事を行う際，事業者が行うべき措置に関する下記の文章中の【　　】の(イ)～(ニ)に当てはまる語句の組合せとして，酸素欠乏症等防止規則上，**正しいもの**は次のうちどれか。

・事業者は，作業の性質上換気することが著しく困難な場合，同時に就業する労働者の【(イ)】の空気呼吸器等を備え，労働者にこれを使用させなければならない。
・事業者は，第一種酸素欠乏危険作業に係る業務に労働者を就かせるときは，【(ロ)】に対し，酸素欠乏症の防止等に関する特別教育を行わなければならない。

・事業者は，酸素欠乏危険作業に労働者を従事させるときは，入場及び退場の際，［(ハ)］を点検しなければならない。
・事業者は，第二種酸素欠乏危険作業に労働者を従事させるときは，［(ニ)］に，空気中の酸素及び硫化水素の濃度を測定しなければならない。

	(イ)	(ロ)	(ハ)	(ニ)
(1)	人数と同数以上	当該労働者	人員	その日の作業を開始する前
(2)	人数分	当該労働者	保護具	その作業の前日
(3)	人数分	作業指揮者	保護具	その日の作業を開始する前
(4)	人数と同数以上	作業指揮者	人員	その作業の前日

問題 32

土木工事の品質管理に関する下記の文章中の［　　］の(イ)～(ニ)に当てはまる語句の組合せとして，**適当なもの**は次のうちどれか。

・品質管理の目的は，契約約款，設計図書等に示された規格を十分満足するような構造物等を最も［(イ)］施工することである。
・品質［(ロ)］は，構造物の品質に重要な影響を及ぼすもの，工程に対して処置をとりやすいようにすぐに結果がわかるもの等に留意して決定する。
・品質［(ハ)］では，設計値を十分満たすような品質を実現するため，品質のばらつきの度合いを考慮して，余裕を持った品質を目標にしなければならない。
・作業標準は，品質［(ハ)］を実現するための［(ニ)］での試験方法等に関する基準を決めるものである。

	(イ)	(ロ)	(ハ)	(ニ)
(1)	早く	標準	特性	完了後の検査
(2)	早く	特性	標準	完了後の検査
(3)	経済的に	特性	標準	各段階の作業
(4)	経済的に	標準	特性	各段階の作業

問題 33

情報化施工における TS（トータルステーション）・GNSS（全球測位衛星システム）を用いた盛土の締固め管理に関する下記の文章中の［　　］の(イ)～(ニ)に当てはまる語句の組合せのうち，**適当なもの**は次のうちどれか。

・盛土材料をまき出す際は，盛土施工範囲の全面にわたって，試験施工で決定したまき出し厚［(イ)］のまき出し厚となるように管理する。
・盛土材料を締め固める際は，盛土施工範囲の全面にわたって，［(ロ)］だけ締め固めたことを示す色がモニタに表示されるまで締め固める。
・TS・GNSS を用いた盛土の締固め管理システムの適用にあたっては，地形条件や電波障害の有無等を［(ハ)］調査し，システムの適用可否を確認する。
・TS・GNSS を用いて締固め機械の走行記録をもとに，盛土の締固め管理をする方法は，［(ニ)］の一つである。

	(イ)	(ロ)	(ハ)	(ニ)
(1)	以下	規定回数	事前に	品質規定
(2)	以上	規定時間	施工開始後に	品質規定
(3)	以上	規定時間	施工開始後に	工法規定

(4)	以下	規定回数	事前に	工法規定

問題 34

鉄筋コンクリート構造物の品質管理におけるコンクリート中の鉄筋位置を推定する非破壊試験に関する下記の文章中の［　　］の(イ)～(ニ)に当てはまる語句の組合せとして，**適当なもの**は次のうちどれか。

・かぶりの大きい橋梁下部構造の鉄筋位置を推定する場合，［(イ)］が，［(ロ)］より適する。

・［(イ)］は，コンクリートが［(ハ)］，測定が困難になる可能性がある。

・［(ロ)］において，かぶりの大きさを測定する場合，鉄筋間隔が設計かぶりの［(ニ)］の場合は補正が必要になる。

	(イ)	(ロ)	(ハ)	(ニ)
(1)	電磁波レーダ法	電磁誘導法	乾燥しすぎていると	1.5 倍以上
(2)	電磁誘導法	電磁波レーダ法	水を多く含んでいると	1.5 倍以上
(3)	電磁波レーダ法	電磁誘導法	水を多く含んでいると	1.5 倍以下
(4)	電磁誘導法	電磁波レーダ法	乾燥しすぎていると	1.5 倍以下

問題 35

コンクリートの施工の品質管理に関する下記の文章中の［　　］の(イ)～(ニ)に当てはまる語句の組合せとして，**適当なもの**は次のうちどれか。

・打込み時の材料分離を防ぐためには，［(イ)］シュートの使用を標準とする。

・棒状バイブレータにより締固めを行う際，スランプ 12 cm のコンクリートでは，一箇所あたりの締固め時間は，［(ロ)］程度とすることを標準とする。

・コンクリートを打ち重ねる場合，上層のコンクリートの締固めでは，棒状バイブレータが下層のコンクリートに［(ハ)］ようにして締め固める。

・コンクリートの仕上げは，締固めが終わり，上面にしみ出た水が［(ニ)］状態で行う。

	(イ)	(ロ)	(ハ)	(ニ)
(1)	縦	5～15 秒	10 cm 程度入る	なくなった
(2)	縦	50～70 秒	10 cm 程度入る	なくなった
(3)	斜め	5～15 秒	入らない	残った
(4)	斜め	50～70 秒	入らない	残った

1級土木施工　令和４年度第一次検定試験　解答・解説

問題番号	解答	解　　説
問 題 A		
問題 1	(3)	(1) 土の粒度試験の試験結果は，盛土材料の判定に利用される。 (2) 土の液性限界・塑性限界試験の試験結果は，細粒土の分類に利用される。 (3) 組合せは，適当である。 (4) 土の一軸圧縮試験の試験結果から求められるものは，一軸圧縮強さである。
問題 2	(1)	モルタル吹付工は，法面の浮石，ほこり，泥等を清掃後，モルタルを吹き付け前に，一般に菱形金網を法面に張り付けてアンカーピンで固定する。
問題 3	(3)	情報化施工による盛土の締固め管理技術は，事前の試験施工の仕様に基づき，まき出し厚の管理，締固め回数の管理を行う工法規定方式とすることである。
問題 4	(4)	裏込め部は，確実な締固めができるスペースの確保，施工時の排水処理の容易さから，盛土を施工する前が望ましい。
問題 5	(1)	サンドマット工法では，軟弱地盤上の表面に砂を一定の厚さに敷設する。
問題 6	(2)	砕砂に含まれる微粒分の石粉は，コンクリートの単位水量を増加させるが，材料分離を抑制する効果がある。3～5% 混入している方が望ましい場合もある。
問題 7	(1)	コンクリートポンプを用いる場合には，管内閉塞が生じないように，単位粉体量や細骨材率を一定以上確保する。
問題 8	(4)	コンクリートに給熱養生を行う場合は，熱によりコンクリートからの水の蒸発を促進させるので，散水などで，コンクリートを乾燥させないようにする。
問題 9	(3)	スランプは，運搬，打込み，締固め等の作業に適する範囲内で，できるだけ小さくなるように設定する。
問題 10	(1)	(1) 記述は，適当である。 (2) 暑中コンクリートでは，練上がりコンクリートの温度を低くするために，なるべく低い温度の練混ぜ水を用いる。 (3) 暑中コンクリートでは，運搬中のスランプの低下や連行空気量の減少等の傾向があり，打込み時のコンクリート温度の上限は，35℃ 以下を標準とする。 (4) 暑中コンクリートでは，練混ぜ後できるだけ早い時期に打ち込まなければならないことから，練混ぜ開始から打ち終わるまでの時間は，1.5 時間以内を原則とする。
問題 11	(4)	コンクリートのスランプが大きいほど，側圧は大きく作用する。
問題 12	(1)	直接基礎のフーチング底面は，支持地盤に密着させ，せん断抵抗を発生させるように処理を行う。
問題 13	(3)	プレボーリング杭工法の掘削は，掘削液を掘削ヘッドの先端から吐出して地盤の掘削抵抗を減少させるとともに孔内を泥土化し，孔壁の崩壊を防止しながら行う。

問題番号	解答	解　　説
問題 14	(2)	(1) アースドリル工法では，掘削土で満杯になったドリリングバケットを孔底から急に引き上げると，地盤との間にバキューム現象が発生する。 (2) 記述は，適当である。 (3) アースドリル工法の支持層確認は，掘削速度や掘削抵抗等の施工データを参考とする。ハンマグラブを使用するのはオールケーシング工法である。 (4) 場所打ち杭工法の鉄筋かごの組立ては，一般に鉄筋かご径が大きくなるほど変形しやすくなるので，補強材は剛性の大きいものを使用する。
問題 15	(1)	アンカー式土留めは，周辺地盤に定着させた土留めアンカーと掘削側の地盤の抵抗で土留め壁を支持する工法である。定着だけではない。
問題 16	(1)	同一の構造物では，ベント工法で架設する場合と片持ち式工法で架設する場合で，鋼自重による死荷重応力は片持ち式工法のほうが大きい。
問題 17	(3)	耐候性鋼材で緻密なさび層が形成されるには，雨水の滞留等で長い時間湿潤環境が継続しないこと，大気中において乾湿の繰返しを受ける等の条件が要求される。
問題 18	(4)	(1) 開先溶接の余盛は，特に仕上げの指定のある場合を除きビード幅を基準にした余盛高さが規定の範囲内であれば，仕上げをしなくてもよい。 (2) ビード表面のピットは，異物や水分の存在によって発生したガスの抜け穴であり，主要部材の突合せ継手及び断面を構成するT継手，角継手には，ビード表面にピットがあってはならない。 (3) すみ肉溶接の脚長を不等脚とすると，等脚と比較してアンダーカット等の欠陥を生じる原因になりやすい。 (4) 記述は，適当である。
問題 19	(2)	予想されるコンクリート膨張量が大きい場合には，プレストレス導入やFRP巻立て等の対策は適している。
問題 20	(2)	中性化と水の浸透に伴う鉄筋腐食は，乾燥・湿潤が繰り返される場合と比べて常時滞水している場合の方が腐食速度は遅い。
問題 21	(4)	(1) 築堤盛土の施工では，降雨による法面侵食の防止のため適当な間隔で仮排水溝を設けて降雨を流下させたり，降水の集中を防ぐため堤防横断方向に排水勾配を設ける。 (2) 築堤盛土の施工開始にあたっては，基礎地盤と盛土の一体性を確保するために地盤の表面を平坦にかき均して盛土材料の締固めを行う。 (3) 既設の堤防に腹付けを行う場合は，新旧法面をなじませるため段切りを行い，一般にその大きさは高さ 50 cm 以上，幅 100 cm 以上とすることが多い。 (4) 記述は，適当である。
問題 22	(3)	練積の石積み構造物は，裏込めコンクリート等によって固定することで，石と石のかみ合わせを配慮しないものは，構造的に安定していない。
問題 23	(2)	仮締切り工は，開削する堤防と同等の機能が要求されるものであり，流水による越流や越波への対策を行い，天端高さや堤体の強度を確保する。
問題 24	(2)	砂防堰堤の水通しの位置は，堰堤下流部基礎の一方が岩盤で他方が砂礫層や崖錐の場合，砂礫層や崖錐側から離して設置する。

問題番号	解答	解　　説
問題 25	(1)	(1) 記述は，適当である。 (2) 護岸工は，床固工の袖部を保護するため，また，渓岸の侵食や崩壊を防止するために設置される。 (3) 渓流保全工は，洪水流の乱流や渓床高の変動を抑制するための横工及び側岸侵食を防止するための縦工を組み合わせて設置される。 (4) 帯工は，渓床の変動の抑制を目的としており，床固工の間隔が広い場合において天端高と計画渓床高に落差を設けないで設置される。
問題 26	(3)	落石対策工のうち落石防護工は，発生した落石を斜面下部や中部で止めるものであり，落石予防工は，斜面上の転石の除去等落石の発生を防ぐものである。
問題 27	(3)	路上混合方式による場合，粒状の生石灰を用いるときには，一般に，一回目の混合が終了したのち仮転圧して散水し，生石灰の消化が終了してから再び混合する。
問題 28	(1)	(1) 記述は，適当である。 (2) 上層路盤の加熱混合方式による瀝青安定処理路盤は，一層の施工厚さが 10 cm までは一般的なアスファルト混合物の施工方法に準じて施工する。 (3) 下層路盤の粒状路盤工法では，締固め密度は最適含水比付近で最大となるため，乾燥しすぎている場合は適宜散水し，含水比が高くなっている場合は曝気乾燥などを行う。 (4) 下層路盤の路上混合方式によるセメント安定処理工法では，締固め終了後直ちに交通開放しても差し支えないが，表面を保護するためにアスファルト乳剤等をプライムコートとし散布する。
問題 29	(2)	(1) アスファルト混合物の敷均し前は，アスファルト混合物のひきずりの原因とならないように，事前にアスファルトフィニッシャのスクリードプレートを十分に乾燥させておく。 (2) 記述は，適当である。 (3) アスファルト混合物の転圧開始時は，一般にローラが進行する方向に駆動輪を配置して，案内輪が混合物を進行方向に押し出してしまうことを防ぐ。 (4) アスファルト混合物の締固め作業は，所定の密度が得られるように締固め，継目転圧，初転圧，二次転圧，仕上げ転圧の順序で行う。
問題 30	(2)	線状打換え工法で複数層の施工を行うときは，既設舗装の撤去にあたり，締固めを行いやすくするため，上下層の撤去位置を合わせない。
問題 31	(4)	締固めは，所定の締固め度をロードローラによる初転圧及び二次転圧の段階で確保することが望ましい。
問題 32	(2)	連続鉄筋コンクリート版は，横方向鉄筋上に縦方向鉄筋をコンクリート打設前に連続的に設置した後，フレッシュコンクリートを振動締固めによって締め固める。
問題 33	(2)	ブランケットグラウチングは，コンクリートダムの着岩部全域を対象に遮水性を改良することを目的として実施するグラウチングである。
問題 34	(4)	ダムコンクリートに用いる骨材の貯蔵においては，安定した表面水率を確保するため，特に細骨材は雨水を避ける上屋を設け，7 日以上の水切り時間を確保する。

問題番号	解答	解　　　説
問題 35	(4)	全断面工法は，地質が安定している地山等で採用され，施工途中での地山条件の変化に対する順応性は低い。
問題 36	(1)	天端部の安定対策は，天端の崩落防止対策として実施するもので，充填式フォアポーリング，注入式フォアポーリング等がある。(サイドパイルは側壁の変位対策用である。)
問題 37	(2)	異形ブロック根固工は，異形ブロック間の空隙が大きいため，その下部に空隙の小さい捨石層を設けることが望ましい。
問題 38	(1)	潜堤・人工リーフは，その天端水深，天端幅により堤体背後への透過波が変化し，波高の小さい波浪はほとんど透過し，大きい波浪を選択的に減衰させるものである。
問題 39	(3)	ケーソン据付け時の注水方法は，気象，海象の変わりやすい海上の作業を手際よく進めるために，できる限り短時間で，かつ，隔室に平均的に注水する。
問題 40	(1)	ケーソン式の直立堤は，海上施工で必要となる日数は少ないものの，荒天日数の多い場所では海上施工日数に著しく制限を受ける。
問題 41	(4)	地下水及び路盤からの浸透水の排水を図るため，路床の表面には排水工設置位置へ向かって 3% 程度の適切な排水勾配を設ける。
問題 42	(2)	(1) ロングレールでは，温度変化による伸縮が端部に発生する。 (2) 記述は，適当である。 (3) 重いレールを使用すると保守量が減少するため，走行する車両の荷重，速度，輸送量等に応じて使用するレールを決める必要がある。 (4) 直線区間ではレール頭部が摩耗し，曲線区間では曲線の外側レールが顕著に摩耗する。
問題 43	(4)	停電責任者は，停電時刻の 10 分前までに，電力指令に作業の申込みを行い，き電停止の要請を行う。
問題 44	(3)	シールドにローリングが発生した場合は，ローリング方向と同一方向にカッターを回転させ，修正するのが一般的である。
問題 45	(3)	溶融亜鉛めっき被膜は硬く，良好に施工された場合は母材表面に合金層が形成されるため損傷しにくい。しかし，一旦損傷を生じると部分的に再めっきを行うことが困難である。
問題 46	(2)	既設管内巻込工法は，管を巻き込んで引込作業後拡管を行うので，更新管路は曲がりに対応でき，既設管に近い管径を確保することができる。
問題 47	(4)	(1) さや管工法は，既設管渠より小さな管径で工場製作された管渠をけん引挿入し，間隙にモルタ等の充填材を注入することで管を構築する。 (2) 反転工法は，熱で硬化する樹脂を含浸させた材料をマンホールから既設管渠内に加圧しながら挿入し，加圧状態のまま樹脂が硬化することで管を構築する。 (3) 形成工法は，硬化性樹脂を含浸させた材料や熱可塑性樹脂で成形した材料をマンホールから引込み，加圧し，拡張・圧着後に硬化や冷却固化することで管を構築する。 (4) 記述は，適当である。

問題番号	解答	解　　説
問題48	(4)	(1) 滑材の注入にあたり含水比の小さな地盤では，推進力低減効果が低下したり，圧密により推進抵抗が増加することがあるので，特に滑材の選定，注入管理に留意しなければならない。 (2) 推進管理測量を行う際に，鉛直方向については，先導体と発進立坑の水位差で管理する液圧差レベル方式を用いることで，リアルタイムに比較的高精度の位置管理が可能となる。 (3) 先導体を曲進させる際には，機構を簡易なものとするためにジャッキを利用して方向を変えるのが一般的である。 (4) 記述は，適当である。
問題49	(3)	標準貫入試験結果の評価は薬液注入前後のN値の増減を見て行い，評価を行う際にはボーリング孔の全地層のN値を比較する等の簡易的な統計処理を実施する。
問題50	(2)	退職に関する事項（解雇の事由を含む。）は，必ず記載しなければならない。
問題51	(1)	使用者は，災害その他避けることのできない事由によって臨時の必要が生じ，労働時間を延長する場合においては，事態が急迫した場合は，事前に行政官庁の許可を受けなくてもよい。（ただし，事後に遅滞なく届け出なければならない。）
問題52	(2)	作業主任者の選任を必要とする作業は，以下のとおりである。 (1) 高さが5m以上 (2) 記述のとおりである。 (3) 高さが5m以上　支間30m以上 (4) 高さが5m以上
問題53	(3)	外壁，柱等の引倒し等の作業を行うときは，引倒し等について一定の合図を定め，関係労働者に周知させなければならない。
問題54	(4)	元請負人は，下請負人からその請け負った建設工事が完成した旨の通知を受けたときは，当該通知を受けた日から1ヶ月以内で，かつ，できる限り短い期間内に，代金を支払わなければならない。
問題55	(3)	火薬類の発破を行う場合には，発破場所においては，責任者を定め，火薬類の受渡し数量，消費残数量及び発破孔又は薬室に対する装てん方法をそのつど記録させなければならない。
問題56	(3)	わき水又はたまり水の排出に当たっては，道路の排水施設を利用し，路面に排出しないよう措置する。
問題57	(4)	河川区域内にある民有地で公園等を整備する場合は，民有地であっても河川管理者の許可は必要である。
問題58	(4)	(4) 居室の採光，換気のための窓の設置は建築基準法が適用される。 (1)，(2)，(3)　適用されない。
問題59	(2)	(2) 電動機を動力とする空気圧縮機を使用する削岩作業は、特定建設作業に該当しない。 (1)，(3)，(4)　該当する。
問題60	(3)	特定建設作業を伴う建設工事における振動を防止することにより生活環境を保全するための地域を指定しようとする都道府県知事は，市町村長の意見を聴かなければならない。

問題番号	解答	解　　説
問題 61	(1)	船舶は，特定港に入港したとき，又は特定港を出港しようとするときは，国土交通省令の定めるところにより，港長に届出なければならない。
問 題 B		
問題 1	(3)	TS では，器械高，反射鏡高及び目標高は，ミリメートル位まで測定を行う。
問題 2	(1)	受注者は，設計図書において監督員の検査を受けて使用すべきものと指定された工事材料が，検査の結果不合格と決定された場合，工事現場内に保管してはいけない。
問題 3	(3)	側壁の内面主鉄筋は，径 13 mm の異形棒鋼である。
問題 4	(4)	工事現場に設置する変電設備の位置は，一般にできるだけ負荷の中心に近い位置を選定する。
問題 5	(2)	施工計画立案のための資機材等の輸送調査では，輸送ルートの道路状況や交通規制等を把握し，不明があれば道路管理者や交通管理者（警察署）に相談して解決しておく必要がある。
問題 6	(1)	各パスを計算する。 クリティカルパスは，⓪→②→③→⑤→⑦　6＋12＋12＝30（日） G が 9 日になるとクリティカルパスは，⓪→②→④→⑤→⑦ 6＋4＋9＋12＝31（日） 31 日で当初工期より 1 日遅れとなる。
問題 7	(1)	元方事業者は，関係請負人又は関係請負人の労働者が，当該仕事に関し，法律又はこれに基づく命令の規定に違反していると認めるときは，是正の措置を指導しなければならない。（自らは行わない。）
問題 8	(4)	(1) 大きな衝撃を受けた保護帽は，外観に異常がなくても使用できない。 (2) 防毒マスク及び防塵マスクは，酸素欠乏危険作業に用いることができない。 (3) ボール盤等の回転する刃物に，労働者の手が巻き込まれるおそれのある作業の場合は，手袋を使用してはならない。 (4) 記述は，適当である。
問題 9	(1)	ロープ高所作業では，メインロープ及びライフラインを設け，作業箇所の上方にある別々の堅固な支持物に外れないよう確実に緊結し作業する。
問題 10	(2)	事業者は，強風，大雨，大雪等の悪天候若しくは中震（震度 4）以上の地震の後において，足場における作業を行うときは，作業開始前に，点検しなければならない。
問題 11	(1)	人体又はこれと同等以上の重さを有する落下物による衝撃を受けたネットは，使用しない。
問題 12	(2)	(1) 運搬機械，掘削機械，積込機械については，運行の経路，これらの機械の土石の積卸し場所への出入りの方法を定め，関係労働者に周知させなければならない。 (2) 記述は，適当である。 (3) 地山の崩壊又は土石の落下により労働者に危険を及ぼすおそれのあるときは，あらかじめ，土止め支保工を設け，防護網を張り，労働者の立入り禁止措置を講じなければならない。 (4) 掘削面の高さ 2 m 以上の場合，地山の掘削作業主任者に，作業の方法を決定し，作業を直接指揮すること，器具及び工具を点検し，不良品を取り除くことを行わせる。

問題番号	解答	解　　　説
問題 13	(3)	カッタによる取り壊しでは，撤去しない側の躯体ブロックにカッタを堅固に取り付けるとともに，切断面付近にシートを設置して冷却水の飛散防止をはかる。
問題 14	(3)	下層路盤の締固め度の管理は，試験施工や工程の初期におけるデータから，現場の作業を定常化して締固め回数による管理に切り替えた場合には，必ず走行回数の確認を行う。
問題 15	(4)	プルーフローリング試験は，路床や路盤のたわみ量を判定することを目的として実施する。
問題 16	(3)	塩化物含有量の検査を行ったところ，塩化物イオン（Cl^-）量として 1.0 kg/m^3 であったため，不合格と判定した。（塩化物イオン量は 0.3 kg/m^3 以下が合格である。）
問題 17	(4)	建設機械が発生する音源の騒音と作業効率とはあまり関係はない。低騒音型の機械の導入においては，日程の調節なしで低騒音型機械と入れ替えることができる。
問題 18	(2)	地盤汚染対策工事においては，工事車両のタイヤ等に汚染土壌が付着し，場外に出ることのないよう，車両の出口にタイヤ洗浄装置及び車体の洗浄施設を備え，洗浄水は処理を行って場外に排水する。
問題 19	(1)	(1) 記述は，正しい。 (2) 特定建設資材は，コンクリート，コンクリート及び鉄から成る建設資材，木材，アスファルト・コンクリートの４品目が定められている。 (3) 対象建設工事の受注者は，分別解体等に伴って生じた特定建設資材廃棄物について，再資源化又は縮減をしなければならない。 (4) 解体工事業者は，工事現場における解体工事の施工に関する技術上の管理をつかさどる技術管理者を選任しなければならない。
問題 20	(1)	(1) 記述は，正しい。 (2) 排出事業者が，当該産業廃棄物を生ずる事業場の外において自ら保管するときは，あらかじめ都道府県知事へ届け出なければならない。 (3) 排出事業者は，産業廃棄物の運搬又は処分を業とする者に委託した場合，産業廃棄物の引渡し時に，産業廃棄物管理票を交付しなければならない。 (4) 排出事業者は，非常災害時に応急処置として行う建設工事に伴い生ずる産業廃棄物を事業場の外に保管する場合には，規模の大きな場合は都道府県知事に届け出なければならない。（保管面積 300 m^2 以上の場合に届出る。）
問題 21	(2)	(イ) にも転用できる　(ロ) 採用することが多い　(ハ) 作業員不足 (ニ) は妥当ではない
問題 22	(3)	(イ) 元請業者　(ロ) 健康保険の加入状況　(ハ) 下請金額にかかわらず (ニ) 施工体系図
問題 23	(2)	(イ) せん断抵抗　(ロ) 土粒子　(ハ) の隆起　(ニ) 難透水層
問題 24	(4)	(イ) 高め　(ロ) 最大の　(ハ) 平滑化　(ニ) 経済性
問題 25	(3)	(イ) 工程計画　(ロ) 工事実施　(ハ) 進度管理　(ニ) 是正措置
問題 26	(4)	(イ) 斜線式工程表　(ロ) ネットワーク式工程表　(ハ) グラフ式工程表 (ニ) バーチャート

問題番号	解答	解　　　　　説
問題 27	(2)	（イ）逆に高く　（ロ）高く　（ハ）悪くなる （ニ）これらの調整を図りながら
問題 28	(4)	（イ）その日の作業を開始する前　（ロ）一定の　（ハ）作業指揮者 （ニ）乗車席
問題 29	(2)	（イ）離れてはならない　（ロ）含まない　（ハ）最大限　（ニ）合図
問題 30	(4)	（イ）目視確認　（ロ）専門家　（ハ）高い　（ニ）工事関係者
問題 31	(1)	（イ）人数と同数以上　（ロ）当該労働者　（ハ）人員 （ニ）その日の作業を開始する前
問題 32	(3)	（イ）経済的に　（ロ）特性　（ハ）標準　（ニ）各段階の作業
問題 33	(4)	（イ）以下　（ロ）規定回数　（ハ）事前に　（ニ）工法規定
問題 34	(3)	（イ）電磁波レーダ法　（ロ）電磁誘導法　（ハ）水を多く含んでいると （ニ）1.5 倍以下
問題 35	(1)	（イ）縦　（ロ）5 〜 15 秒　（ハ）10 cm 程度入る　（ニ）なくなった

編末確認問題 解答・解説

第１編　編末確認問題

【問 1】 ×：含水比試験の結果は，施工条件の判断に用いる。
【問 2】 ×：圧密試験の結果は，地盤の沈下量の推定に用いる。
【問 3】 ○
【問 4】 ○
【問 5】 ×：土量の変化率 C は，地山の土量と締め固めた土量の体積比で求める。
【問 6】 ×：最適含水比よりやや低い含水比で強度が最大になる。
【問 7】 ×：盛土高さが低くとも，大きな段差は処理を行う。
【問 8】 ○
【問 9】 ×：圧縮性の小さい材料を用いる。
【問 10】 ×：振動ローラは，締固めによって細粒化しない岩塊に有効である。
【問 11】 ×：機械損料に含まれる維持修理費には，運転経費は含まれない。
【問 12】 ○
【問 13】 ○
【問 14】 ×：固結工法には，石灰パイル工法，深層混合処理工法などがある。
【問 15】 ○
【問 16】 ×：圧縮空気により投入した砂を締め固める工法である。
【問 17】 ×：ジオテキスタイルの施工には，特殊な大型機械は必要としない。
【問 18】 ○
【問 19】 ×：膨張材は，アルカリシリカ反応の抑制効果は期待できない。
【問 20】 ×：初期強度の増加は期待できない。反応熱を軽減することができる。
【問 21】 ×：再生骨材 M は，レディーミクストコンクリートに使用できない。
【問 22】 ×：砂は，粘土塊量が 1.0% 以下のものを用いなければならない。
【問 23】 ○
【問 24】 ○
【問 25】 ×：暑中コンクリートでは，遅延形の混和剤を用いる。
【問 26】 ○
【問 27】 ×：棒状バイブレータは，ゆっくり引き抜く。
【問 28】 ×：コンクリート打設にシュートを用いるときは，縦シュートを標準とする。
【問 29】 ○
【問 30】 ×：暑中コンクリートは，日平均気温が 25℃ 以上の場合に適用する。
【問 31】 ○
【問 32】 ×：コンクリートの温度と通水温度の差は 20℃ 以下とする。
【問 33】 ×：空気量が多いほど乾燥収縮は大きい。
【問 34】 ○：ただし，直径の差が 5 mm 以上のものは圧接してはならない。
【問 35】 ×：重ね継手は，できるだけ同一断面に集めてはならない。
【問 36】 ×：エポキシ樹脂塗装鉄筋とコンクリートの付着強度は，無塗装鉄筋の 85% 程度なので，重ね継手長を長くする。
【問 37】 ×：掘削したずりで埋め戻してはならない。モルタルやコンクリートで埋め戻す。
【問 38】 ○
【問 39】 ○
【問 40】 ×：拡大掘りは，極力行わない。
【問 41】 ○
【問 42】 ○
【問 43】 ×：深礎工法では，土留め材は埋め殺しにすることを原則とする。
【問 44】 ×：リバース工法では，回転ビットにより掘削を行う。
【問 45】 ×：組立用補強材の取付けに溶接を用いてはならない。
【問 46】 ○
【問 47】 ×：0.1 N/mm^2 以上のニューマチックケーソンを施工するときは，ホスピタルロックの設置が義務づけられている。

【問 48】 ×：継手位置は，切ばりや火打ちの支点に近い箇所に設ける。
【問 49】 ○
【問 50】 ×：アンカー式土留めは，良質な定着地盤が必要である。

第２編　編末確認問題

【問 1】 ×：フィラー板は，主要構造物と同種の耐候性鋼材を使用する。
【問 2】 ×：母材を大きくしておく方法がある。
【問 3】 ○
【問 4】 ×：つり金具や補強材は，工場製作時に取り付ける。
【問 5】 ×：型枠に接するスペーサは，コンクリート製またはモルタル製とする。
【問 6】 ×：変形に有害な型枠支保工は除去する。
【問 7】 ○
【問 8】 ×：電気防食工法は，腐食電流を防食電流で打ち消して腐食を防止する工法である。
【問 9】 ×：築堤盛土の締固めは，堤防法線に平行に行う。
【問 10】 ○
【問 11】 ○
【問 12】 ×：帯工は，床固工の間隔が大きい区間では，縦浸食を防止するために設ける。
【問 13】 ×：樋門の可とう継手は，堤防断面の中央部には設けない。
【問 14】 ×：基礎地盤の掘削は，岩盤基礎では 1 m 以上とする。
【問 15】 ○
【問 16】 ×：重力式コンクリート擁壁の水抜き孔は，斜めに設置する。
【問 17】 ○
【問 18】 ○
【問 19】 ×：原則として，ゴム入りアスファルト乳剤を使用する。
【問 20】 ○
【問 21】 ○
【問 22】 ×：仕上げ転圧は，不陸の修正やローラマークを消すために行う。
【問 23】 ×：グースアスファルト舗装は，鋼床版上の橋面舗装に用いられる。
【問 24】 ○
【問 25】 ○
【問 26】 ×：支持力と不透水性から岩盤まで掘削する。
【問 27】 ×：練混ぜから締固めまでの許容時間は，夏期で 3 時間程度である。
【問 28】 ×：地山条件の変化に対する順応性が低い。
【問 29】 ○
【問 30】 ○
【問 31】 ×：砕石を省略しない。
【問 32】 ×：厚さは，50 cm 以上とする。
【問 33】 ×：汀線の保全のためには，土砂の粒径の大きなものを用いる。
【問 34】 ○
【問 35】 ×：隔室には通水孔を設け，室ごとの水位差を 1 m 以内で注水する。
【問 36】 ○
【問 37】 ×：測線間隔は，条件により 5～50 m とする。
【問 38】 ×：骨材の最大粒径は，25 mm とする。
【問 39】 ○
【問 40】 ×：列車の接近時から通過するまで，作業を中止する。
【問 41】 ×：1 層の仕上り厚さが 150 mm 程度になるよう敷き均す。
【問 42】 ×：下限値として，「主動土圧」＋「水圧」＋「変動圧」を用いる考え方を基本とする場合が多い。
【問 43】 ○
【問 44】 ○
【問 45】 ×：最小離隔を 0.3 m 以上確保する。
【問 46】 ×：接合方法は，水理学的に有利な水面接合か管頂接合を行う。
【問 47】 ○

【問 48】 ×：推進管は，軟らかい土質のほうに蛇行することが多い。
【問 49】 ×：ステップ長は，二重管ストレーナー工法では 25 cm または 50 cm が，二重管ダブルパッカー工法では 30 cm または 50 cm が一般的である。
【問 50】 ×：10^{-5} cm/s のオーダーの数値は，改良度合いは良いと判断する。

第３編　編末確認問題

【問 1】 ×：1 週間に 40 時間を超えて労働させてはならない。
【問 2】 ○
【問 3】 ×：労働契約は，3 年を超える期間については締結してはならない。
【問 4】 ○
【問 5】 ×：コンクリートの破砕作業は，作業主任者の選任を必要とする。
【問 6】 ×：高さが 5 m 以上の足場の解体作業は，作業主任者の選任を必要とする。
【問 7】 ○
【問 8】 ○
【問 9】 ×：現場代理人を兼ねることができる。
【問 10】 ○
【問 11】 ×：下請金額が 4000 万円以上の場合，監理技術者を配置する。
【問 12】 ×：通行許可証は，運転者に携帯させる。
【問 13】 ×：道路管理者の承認を必要とする。
【問 14】 ×：河川区域内の工作物の新築について河川管理者の許可を受けている場合には，新たに許可を受ける必要はない。
【問 15】 ○
【問 16】 ×：仮設建築物の場合は，建築確認申請の手続きの規定は適用されない。
【問 17】 ×：仮設建築物の場合は，制限の緩和が適用される。
【問 18】 ○
【問 19】 ×：建物の内面は板張りとし，床面には鉄類を表さない。
【問 20】 ×：圧入式くい打ちくい抜き機の作業は，特定建設作業に該当しない。
【問 21】 ○
【問 22】 ○
【問 23】 ×：特記仕様書は，届け出事項に該当しない。
【問 24】 ○
【問 25】 ×：特定港に入出港するときは，港長に届け出る。

第４編　編末確認問題

【問 1】 ○
【問 2】 ○
【問 3】 ×：補正などを行った距離を表示する。
【問 4】 ○
【問 5】 ×：平面直角座標系の X 軸は，原点において子午線に一致する軸である。
【問 6】 ○
【問 7】 ○
【問 8】 ×：高さの基準は，東京湾平均海面（TP）である。
【問 9】 ○
【問 10】 ×：契約工期に検査は含まれない。
【問 11】 ×：監督員に通知し，その確認を請求しなければならない。
【問 12】 ○
【問 13】 ×：施工体制台帳は，下請契約の金額にかかわらず作成しなければならない。
【問 14】 ×：25-φ22-2,300 は，長さ 2,300 mm，直径 22 mm の普通丸鋼 25 本である。
【問 15】 ○
【問 16】 ×：工事は特記仕様書が優先する。
【問 17】 ×：クローラ式（履帯式）は軟弱地盤に適するが，機動性は低く，作業速度は遅く，作業距離は小さい。
【問 18】 ×：建設機械では，ディーゼルエンジンの使用がほとんどである。

【問 19】 ○
【問 20】 ×：タイヤローラは，タイヤの空気圧を変えて接地圧を変え，また，バラストを付加して輪荷重を調整することにより，締固め効果を大きくすることができる。
【問 21】 ×：小型クレーンの免許が必要である。
【問 22】 ×：現場の自家用受変電設備は，できるだけ負荷の中心付近に設置する。
【問 23】 ×：周波数が下がると回転数も下がる。ただし，最近のインバータ制御では一定となる。
【問 24】 ×：漏電による感電防止のためには，感電防止用漏電遮断装置を接続する。
【問 25】 ○

第５編　編末確認問題

【問 １】 ×：支柱の高さが 3.5 m 以上のときは届け出る。
【問 ２】 ×：道路管理者や警察署に相談しておく。
【問 ３】 ×：施工計画の作成には，新工法や新技術の採用もよく検討しておく。
【問 ４】 ×：再下請通知書は，元請業者に提出する。
【問 ５】 ○
【問 ６】 ○
【問 ７】 ×：砂質土で地下水位が高い場合は，鋼矢板工法を採用する。
【問 ８】 ○
【問 ９】 ×：最小の作業能率の機械で決定される。
【問 10】 ×：工事着手前に，各種の調査を行う。
【問 11】 ×：全体工期への影響は把握できない。
【問 12】 ○
【問 13】 ×：工期の初期→中期→後期において，緩→急→緩になるようにする。
【問 14】 ○
【問 15】 ×：バーチャート工程表は，他の工種との相互関係が明確でない。
【問 16】 ×：技能講習の修了者を就業させる必要はない。
【問 17】 ○
【問 18】 ○
【問 19】 ○
【問 20】 ×：カッタは，撤去しない側の躯体に取り付ける。
【問 21】 ×：1 回の降雨量が 50 mm を超えるとき，悪天候と定義される。
【問 22】 ○
【問 23】 ×：幅 40 cm 以上の作業床を設ける。
【問 24】 ×：火打ちを除く圧縮材の継手は，突合せ継手とする。
【問 25】 ×：誘導員を配置し，その者に誘導させる。
【問 26】 ○
【問 27】 ×：作業装置を地上に降ろすとともに，原動機を止め，走行ブレーキをかける。
【問 28】 ×：クレーン作業は，強風のときは中止する。
【問 29】 ×：発注者および埋設物管理者に報告し，対応を協議する。
【問 30】 ×：作業床中央とする。
【問 31】 ○
【問 32】 ×：人体または同等以上の重さの落下物の衝撃を受けた場合は，再使用しない。
【問 33】 ×：品質管理とは，最終工程における検品に頼るのではなく，すべての工程（プロセス）において不良品やミスの発生を少なくする活動である。
【問 34】 ×：製品や構造物に要求される品質規格は複数あるので，複数の品質特性を管理する。
【問 35】 ○
【問 36】 ×：1 回の試験結果が指定した呼び強度の 85% 以上でかつ 3 回の試験結果の平均値が指定した呼び強度以上であることが必要である。
【問 37】 ○
【問 38】 ×：工法規定方式の 1 つである。
【問 39】 ○
【問 40】 ×：鉄筋の位置を推定するのに適したものは，電磁誘導を利用する方法である。
【問 41】 ○

【問 42】 ×：濁水処理プラントで濁りの除去を行った後，炭酸ガスなどで pH 調整を行って放流する。
【問 43】 ○
【問 44】 ×：発注者または自主施工者は，工事着手前の 7 日前までに，都道府県知事または建設リサイクル法施行令で定められた市区町村長に届け出なければならない。
【問 45】 ○
【問 46】 ×：建設リサイクル法の特定建設資材とは，コンクリート，コンクリート及び鉄から成る建設資材，木材，アスファルト・コンクリートの 4 品目である。建設発生土は含まれていない。
【問 47】 ×：再資源化には，燃焼の用に供することができるものまたはその可能性のあるものについて，熱を得ることに利用することが含まれている。
【問 48】 ×：走行時は，不必要な高速走行を避ける必要がある。
【問 49】 ○
【問 50】 ×：発生源における対策が最も有効である。

索　　引

す

せ

[編著者]　　高瀬　幸紀（たかせ　ゆきのり）

【略歴】

1971年　北海道大学工学部土木工学科　卒業
同年　住友金属工業（株）入社
土木橋梁営業部長，東北支社長，北海道支社長を歴任
2003年　住友金属建材（株）取締役，常務取締役を歴任
2006年　日鐵住金建材（株）常務取締役，顧問を歴任
2009年　髙瀬技術士事務所　所長
技術士　建設部門

佐々木　栄三（ささき　えいぞう）

【略歴】

1969年　岩手大学工学部資源開発工学科　卒業
東京都港湾局に勤務（以下，都市計画局，下水道局，清掃局を歴任）
2002年　東京都港湾局担当部長
2005年　東京都退職
技術士　衛生工学部門，技術士　建設部門，
一級土木施工管理技士

黒図　茂雄（くろず　しげお）

【略歴】

1989年　日本大学生産工学部土木工学科　卒業
1989年　（株）島村工業　入社
2006年　クロズテック（株）設立
現　在　クロズテック（株）代表取締役
一級土木施工管理技士

令和6（2024）年度版　第一次検定

1級土木施工管理技士　要点テキスト

2023年8月30日　初版印刷
2023年9月8日　初版発行

執筆者　髙瀬　幸紀
　　　　佐々木　栄三
　　　　黒図　茂雄
発行者　澤崎　明治

（印刷・製本）大日本法令印刷
（トレース）丸山図芸社

発行所　株式会社　市ヶ谷出版社
東京都千代田区五番町5
電話　03-3265-3711（代）
FAX　03-3265-4008
http://www.ichigayashuppan.co.jp

ISBN 978-4-87071-954-5

令和６年度用　第一次検定

1 級土木施工　要点テキスト

別冊付録

市ケ谷出版社

1級土木施工管理技術検定の概要

試験日程

令和６年度の試験実施日程の公表が本年12月末のため，令和５年度の実施日程を参考として掲載しました。

(参考)　令和５年度１級土木施工管理技術検定　実施日程

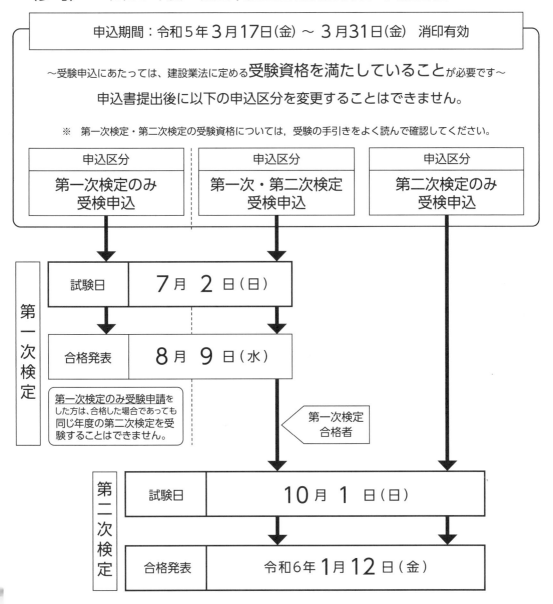

申込期間：令和５年３月17日(金) ～ ３月31日(金)　消印有効

～受験申込にあたっては、建設業法に定める**受験資格を満たしていること**が必要です～

申込書提出後に以下の申込区分を変更することはできません。

※　第一次検定・第二次検定の受験資格については，受験の手引きをよく読んで確認してください。

申込区分	申込区分	申込区分
第一次検定のみ受検申込	第一次・第二次検定受検申込	第二次検定のみ受検申込

第一次検定

試験日	7月 2日(日)
合格発表	8月 9日(水)

第一次検定のみ受験申請をした方は、合格した場合であっても同じ年度の第二次検定を受験することはできません。

第一次検定合格者

第二次検定

試験日	10月 1日(日)
合格発表	令和6年 1月 12日(金)

令和5年度　1級土木施工　第一次検定試験
分野別　出題事項

第1編　土木一般

1. 土　工

・出 題 数：5問

・出題事項：①土質試験結果の活用，②法面保護工の施工，③ TS・GNSS を用いた盛土の情報化施工，④道路土工の地下排水工の施工，⑤軟弱地盤上の道路盛土の施工

・5問とも昨年度と同じ項目から出題されている。いずれも土工における基本的事項であり，過去問題の演習で解答できる内容である。

2. コンクリート工

・出 題 数：6問

・出題事項：①コンクリート用骨材に関する基礎的知識，②セメントの種類と特徴，③コンクリート用混和材料の種類と特徴，④寒中コンクリート及び暑中コンクリートの留意事項，⑤コンクリートの打込み，締固めの留意事項，⑥鉄筋の継手の施工

・昨年度と同じ項目の出題で，過去問題の演習で解答できる内容である。

3. 基 礎 工

・出 題 数：4問

・出題事項：①道路橋の基礎形式の種類と特徴，②既製杭の支持層の確認及び打止め管理方法，③オールケーシング工法とリバース工法の概要，④土留め工における破壊現象と対策

・昨年と同じ項目の出題で，基礎知識があれば解答できる内容である。

第2編　専門土木

・各分野ともに，例年と同じ項目が出題されているので，自分の専門分野・得意分野を見つけて，過去問題を演習することで要点を確実に覚えておく。

1. 鋼・コンクリート構造物

・出 題 数：5問

・出題事項：①鋼道路橋の架設の留意事項，②鋼道路橋鉄筋コンクリート床板のコンクリート打込みの基本，③鋼道路橋高力ボルトの施工・検査の留意事項，④塩害を受けた鉄筋コンクリートの補修方法，⑤コンクリート構造物のひび割れ形状の特徴と原因

2. 河川・砂防

・出 題 数：6問

・出題事項：①堤防の盛土施工の基本事項，②護岸の法覆工法と概要，③堤防の開削工事における仮締切工の施工，④砂防堰堤の基礎の施工，⑤渓流保全工の役割と各部の概要，⑥急傾斜地崩壊防止工の工法と概要

3. 道路・舗装

・出 題 数：6問

・出題事項：①路床の構造及び施工，②路盤施工の留意事項，③表層・基層施工の留意事項，④アスファルト舗装の補修工法と概要，⑤各種アスファルト舗装と概要，⑥コンクリート舗装の補修工法の概要

4. ダム・トンネル

・出 題 数：4問

・出題事項：①ダムの基礎処理としてのグラウチングの概要，②重力式コンクリートダム各部のコンクリート配分区分と必要な品質，③トンネル山岳工法における支保工の施工，④トンネル施工時の観察・計測

5. 海岸・港湾

・出 題 数：4問

・出題事項：①養浜の施工，②離岸堤の施工，③浚渫工事の事前調査，④水中コンクリートの施工

6. 鉄道・地下構造物・鋼橋塗装

・出 題 数：5問

・出題事項：①鉄道のコンクリート路盤の施工，②軌道の維持管理，③営業線近接工事の保安対策，④シールド施工の留意事項，⑤鋼橋の防食法と概要

7. 上・下水道・薬液注入

・出 題 数：4問

・出題事項：①配水管の埋設位置と深さ，②下水管渠の各更生工法の概要，③小口径管推進工法と施工の概要，④薬液注入工法の施工管理

第3編　土木法規

1. 労働関係（労働基準法，労働安全衛生法）

・出 題 数：4問

・出題事項：①賃金支払い規定，②業務上負傷した労働者への災害補償，③作業主任者の選任が必要な作業，④コンクリート造工作物の解体作業の危険防止

・例年と同じく，労働基準法と労働安全衛生法から2問ずつの出題で，基礎知識があれば解答できる内容である。

2. 国土交通省関係（建設業法，道路法，道路交通法，河川法，建築基準法，火薬類取締法）

・出 題 数：5問

・出題事項：①元請負人の義務，②火薬類取扱所，収納容器の規定，③工事等における道路管理者の許可，承認事項，④河川管理者の許可の必要な行為，⑤工事現場の仮設建築物に建築基準法が適用されない事項

・例年と同じく基本的な問題で，過去問題の演習で解答できる内容である。

3. 環境・港湾関係（騒音規制法，振動規制法，港則法）

・出 題 数：3問

・出題事項：①騒音規制法の特定建設作業の規制基準，②振動規制法の特定建設作業，③港長の許可・届け出事項

・基本的な問題で，過去問題の演習で解答できる内容である。

第4編　共通工学

1. 測量，設計図書，機械

・出 題 数：4問

・出題事項：①TSでの測量方法，②公共工事標準請負契約約款の受注者と発注者の規定，③擁壁配筋図の読み方，④道路工事における締固め機械の特徴

・いずれも工事施工に際し覚えておくべき基本的事項である。

第5編　施工管理法（基礎知識）

・前年度と同じく施工管理法の基本的事項からの出題である。

1. 施工計画

・出 題 数：1問

・出題事項：①施工計画の立案のための事前調査

2. 工程管理

・出 題 数：1問

・出題事項：①ネットワークの計算（ネットワークの計算は毎年出題）

3. 安全管理

・出 題 数：7問

・出題事項：①元方事業者が講ずべき措置，②現場規模と安全衛生管理組織，③異常気象時の安全対策，④足場・作業床の組立等の規定，⑤明り掘削における事業者の遵守規定，⑥事業者が講ずべき墜落防止措置，⑦コンクリート構造物の解体方法と安全対策

4. 品質管理

・出 題 数：3問

・出題事項：①アスファルト舗装の品質管理，②路床・路盤の品質管理の試験方法と概要，③レミコンの受入検査項目と試験方法

5. 環境保全，建設リサイクル

・出 題 数：4問

・出題事項：①工事から発生する濁水処理対策，②建設工事周辺の環境対策，③建設副産物の有効利用及び適正処理，④産業廃棄物の処理・処分

第6編　施工管理法（応用能力）

・語句の組合せの群からの選択方式の問題が5問，設問文の中から正しい記述の数を選ぶ方式の問題が10問の全部で15問が出題され，正しい記述の数を選ぶ方式は，令和5年度に新たに出題された。

・問題は，すべて施工管理の基礎的事項の内容である。第一次検定試験を含む過去問題の演習で正解できる内容である。

1. 施工計画

・出 題 数：4問

・出題事項：①調達計画立案の概要，②工事の安全確保及び施工計画の立案，③施工管理体制の説明，④工事原価管理の説明

2. 工程管理

・出 題 数：3問

・出題事項：⑤工程管理の基本的事項，⑥各工程表の特徴，⑦工程管理曲線（バナナ曲線）での管理方法

3. 安全管理

・出 題 数：4問

・出題事項：⑧車両系建設機械の災害防止対策，⑨移動式クレーンの災害防止規定，⑩埋設物の損傷防止対策，⑪酸素欠乏工事での安全措置

4. 品質管理

・出 題 数：4問

・出題事項：⑫品質管理の基本事項，⑬TS・GNSSを用いた盛土の締固め管理，⑭鉄筋の組立検査と判定内容，⑮プレキャストコンクリートの施工の留意事項

午前

1 A

令和 5 年度

1 級 土木施工管理技術検定　第一次検定

試験問題 A （選択問題）

次の注意をよく読んでから解答してください。

【注　意】

1. これは試験問題A（選択問題）です。表紙とも 14 枚 61 問題あります。
2. 解答用紙（マークシート）には間違いのないように，試験地，氏名，受検番号を記入するとともに受検番号の数字をぬりつぶしてください。
3. 問題番号 No. 1～No.15 までの 15 問題のうちから 12 問題を選択し解答してください。
   問題番号 No.16～No.49 までの 34 問題のうちから 10 問題を選択し解答してください。
   問題番号 No.50～No.61 までの 12 問題のうちから　8 問題を選択し解答してください。
4. それぞれの選択指定数を超えて解答した場合は，減点となります。
5. 試験問題の漢字のふりがなは，問題文の内容に影響を与えないものとします。
6. 解答は別の解答用紙（マークシート）にHBの鉛筆又はシャープペンシルで記入してください。
   (万年筆・ボールペンの使用は不可)

   解答用紙は

問題番号	解答記入欄			
No. 1	①	②	③	④
No. 2	①	②	③	④
No. 10	①	②	③	④

   となっていますから，

   選択した問題番号の解答記入欄の正解と思う数字を一つぬりつぶしてください。
   解答のぬりつぶし方は，解答用紙の解答記入例（ぬりつぶし方）を参照してください。
   　なお，正解は1問について一つしかないので，二つ以上ぬりつぶすと正解となりません。
7. 解答を訂正する場合は，プラスチック消しゴムできれいに消してから訂正してください。
   消し方が不十分な場合は，二つ以上解答したこととなり正解となりません。
8. この問題用紙の余白は，計算等に使用してもさしつかえありません。
   　ただし，解答用紙は計算等に使用しないでください。
9. 解答用紙（マークシート）を必ず試験監督者に提出後，退室してください。
   解答用紙（マークシート）は，いかなる場合でも持ち帰りはできません。
10. 試験問題は，試験終了時刻（12 時 30 分）まで在席した方のうち，希望者に限り持ち帰りを認めます。途中退室した場合は，持ち帰りはできません。

問題A（選択問題）

※問題番号 No. 1〜No. 15 までの 15 問題のうちから 12 問題を選択し解答してください。

問題1

土質試験結果の活用に関する次の記述のうち，**適当でないもの**はどれか。

(1) 土の含水比試験結果は，土粒子の質量に対する間隙に含まれる水の質量の割合を表したもので，土の乾燥密度との関係から締固め曲線を描くのに用いられる。

(2) CBR 試験結果は，供試体表面に貫入ピストンを一定量貫入させたときの荷重強さを標準荷重強さに対する百分率で表したもので，地盤の許容支持力の算定に用いられる。

(3) 土の圧密試験結果は，求められた圧密係数や体積圧縮係数等から，飽和粘性土地盤の沈下量と沈下時間の推定に用いられる。

(4) 土の一軸圧縮試験結果は，求められた自然地盤の非排水せん断強さから，地盤の土圧，斜面安定等の強度定数に用いられる。

問題2

法面保護工の施工に関する次の記述のうち，**適当でないもの**はどれか。

(1) 植生土のう工は，法枠工の中詰とする場合には，施工後の沈下やはらみ出しが起きないように，土のうの表面を平滑に仕上げる。

(2) 種子散布工は，各材料を計量した後，水，木質材料，浸食防止材，肥料，種子の順序でタンクへ投入し，十分攪拌して法面へムラなく散布する。

(3) モルタル吹付工は，吹付けに先立ち，法面の浮石，ほこり，泥等を清掃した後，一般に菱形金網を法面に張り付けてアンカーピンで固定する。

(4) ブロック積擁壁工は，原則として胴込めコンクリートを設けない空積で，水平方向の目地が直線とならない谷積で積み上げる。

問題3

TS（トータルステーション）・GNSS（全球測位衛星システム）を用いた盛土の情報化施工に関する次の記述のうち，**適当でないもの**はどれか。

(1) 盛土の締固め管理システムは，締固め判定・表示機能，施工範囲の分割機能等を有するものとしシステムを選定する段階でカタログその他によって確認する。

(2) TS・GNSS を施工管理に用いる時は，現場内に設置している工事基準点等の座標既知点を複数箇所で観測し，既知座標と TS・GNSS の計測座標が合致していることを確認する。

(3) まき出し厚さは，まき出しが完了した時点から締固め完了までに仕上り面の高さが下がる量を試験施工により確認し，これを基に決定する。

(4) 現場密度試験は，盛土材料の品質，まき出し厚及び締固め回数等が，いずれも規定通りとなっている場合においても，必ず実施する。

問題4

道路土工における地下排水工に関する次の記述のうち，**適当でないもの**はどれか。

(1) しゃ断排水層は，降雨による盛土内の浸透水を排水するため，路盤よりも下方に透水性の極めて高い荒目の砂利，砕石を用い，適切な厚さで施工する。

(2) 水平排水層は，盛土内部の間隙水圧を低下させて盛土の安定性を高めるため，透水性の良い材料を用い，適切な排水勾配及び層厚を確保し施工する。

(3) 基盤排水層は，地山から盛土への水の浸透を防止するため，地山の表面に砕石又は砂等の透水性が高く，せん断強さが大きい材料を用い，適切な厚さで施工する。

(4) 地下排水溝は，主に盛土内に浸透してくる地下水や地表面近くの浸透水を排水するため，山地部の沢部を埋めた盛土では，旧沢地形に沿って施工する。

問題5

軟弱地盤上における道路盛土の施工に関する次の記述のうち，**適当でないもの**はどれか。

(1) 盛土荷重の載荷による軟弱地盤の変形は，非排水せん断変形による沈下及び隆起・側方変位と，圧密による沈下とからなる。
(2) 盛土は，現地条件等を把握したうえで，工事の進捗状況や地盤の挙動，土工構造物の品質，形状・寸法を確認しながら施工を行う必要がある。
(3) 盛土の施工中は，雨水の浸透を防止するため，施工面に数% の横断勾配をつけて，表面を平滑に仕上げる。
(4) サンドマット施工時や盛土高が低い間は，局部破壊を防止するため，盛土中央から法尻に向かって施工する。

問題 6

コンクリート用骨材に関する次の記述のうち，**適当でないもの**はどれか。
(1) 異なる種類の細骨材を混合して用いる場合の吸水率については，混合後の試料で吸水率を測定し規定と比較する。
(2) 凍結融解の繰返しに対する骨材品質の適否の判定は，硫酸ナトリウムによる骨材の安定性試験方法によって行う。
(3) 砕石を用いた場合にワーカビリティーの良好なコンクリートを得るためには，砂利を用いた場合に比べて単位水量を大きくする必要がある。
(4) 粗骨材は，清浄，堅硬，劣化に対する抵抗性を持ったもので，耐火性を必要とする場合には，耐火的な粗骨材を用いる。

問題 7

コンクリートに用いるセメントに関する次の記述のうち，**適当でないもの**はどれか。
(1) 普通ポルトランドセメントは，幅広い工事で使用されているセメントで，小規模工事や左官用モルタルでも使用される。
(2) 早強ポルトランドセメントは，初期強度を要するプレストレストコンクリート工事等に使用される。
(3) 中庸熱ポルトランドセメントは，水和熱を抑制することが求められるダムコンクリート工事等に使用される。
(4) 耐硫酸塩ポルトランドセメントは，製鉄所から出る高炉スラグの微粉末を混合したセメントで，海岸など塩分が飛来する環境に使用される。

問題 8

コンクリート用混和材料に関する次の記述のうち，**適当でないもの**はどれか。
(1) フライアッシュを適切に用いると，コンクリートのワーカビリティーを改善し単位水量を減らすことができることや水和熱による温度上昇の低減等の効果を期待できる。
(2) 膨張材を適切に用いると，コンクリートの乾燥収縮や硬化収縮等に起因するひび割れ発生を低減できる。
(3) 石灰石微粉末を用いると，ブリーディングの抑制やアルカリシリカ反応を抑制する等の効果がある。
(4) 高性能 AE 減水剤を用いると，コンクリート温度や使用材料等の諸条件の変化に対して，ワーカビリティー等が影響を受けやすい傾向にある。

問題 9

寒中コンクリート及び暑中コンクリートの施工に関する次の記述のうち，**適当でないもの**はどれか。
(1) コンクリートの施工時，日平均気温が，4℃ 以下になることが予想される場合は，寒中コンクリートとしての施工を行わなければならない。
(2) 寒中コンクリートでは，保温養生あるいは給熱養生終了後に急に寒気にさらすと，表面にひび割れが生じるおそれがあるので，適当な方法で保護し表面の急冷を防止する。
(3) 日平均気温が 25℃ を超える時期にコンクリートを施工することが想定される場合には，暑中コンクリートとしての施工を行うことを標準とする。
(4) 暑中コンクリートでは，コールドジョイントの発生防止のため，減水剤，AE 減水剤については，促進形のものを用いる。

問題 10

コンクリートの打込み・締固めに関する次の記述のうち，**適当なもの**はどれか。
(1) コンクリート打込み時にシュートを用いる場合は，斜めシュートを標準とする。
(2) 打ち込んだコンクリートの粗骨材が分離してモルタル分が少ない部分があれば，その分離した粗骨材をすくい上げてモルタルの多いコンクリートの中に埋め込んで締め固める。

(3) 型枠内に打ち込んだコンクリートは，材料分離を防ぐため，棒状バイブレータを用いてコンクリートを横移動させながら充填する。
(4) コールドジョイント発生を防ぐための許容打重ね時間間隔は，外気温が高いほど長くなる。

問題 11

鉄筋の継手に関する次の記述のうち，**適当でないもの**はどれか。
(1) 重ね継手は，所定の長さを重ね合せて，直径 0.8 mm 以上の焼なまし鉄線で数箇所緊結する。
(2) 重ね継手の重ね合わせ長さは，鉄筋直径の 20 倍以上とする。
(3) ガス圧接継手における鉄筋の圧接端面は，軸線に傾斜させて切断する。
(4) 手動ガス圧接の場合，直近の異なる径の鉄筋の接合は，可能である。

問題 12

道路橋で用いられる基礎形式の種類とその特徴に関する次の記述のうち，**適当でないもの**はどれか。
(1) ケーソン基礎の場合，鉛直荷重に対しては，基礎底面地盤の鉛直地盤反力のみで抵抗させることを原則とする。
(2) 支持杭基礎の場合，水平荷重は杭のみで抵抗させ，鉛直荷重は杭とフーチング根入れ部分で抵抗させることを原則とする。
(3) 鋼管矢板基礎の場合，圧密沈下が生じると考えられる地盤への打設は，負の周面摩擦力等による影響を考慮して検討しなければならない。
(4) 直接基礎の場合，通常，フーチング周面の摩擦抵抗はあまり期待できないので，鉛直荷重は基礎底面地盤の鉛直地盤反力のみで抵抗させなければならない。

問題 13

既製杭の支持層の確認，及び打止め管理に関する次の記述のうち，**適当でないもの**はどれか。
(1) 打撃工法では，支持杭基礎の場合，打止め時一打当たりの貫入量及びリバウンド量等が，試験杭と同程度であることを確認する。
(2) 中掘り杭工法のセメントミルク噴出攪拌方式では，支持層付近で掘削速度を極力一定に保ち，掘削抵抗値を測定・記録することにより確認する。
(3) プレボーリング杭工法では，積分電流値の変化が試験杭とは異なる場合，駆動電流値の変化，採取された土の状態，事前の土質調査の結果や他の杭の施工状況等により確認する。
(4) 回転杭工法では，回転速度，付加する押込み力を一定に保ち，回転トルク（回転抵抗値）とN値の変化を対比し，支持層上部よりも回転トルクが減少していることにより確認する。

問題 14

場所打ち杭工法の施工に関する次の記述のうち，**適当でないもの**はどれか。
(1) オールケーシング工法の掘削では，孔壁の崩壊防止等のために，ケーシングチューブの先端が常に掘削底面より上方にあるようにする。
(2) オールケーシング工法では，鉄筋かごの最下端には軸方向鉄筋が自重により孔底に貫入することを防ぐため，井桁状に組んだ底部鉄筋を配置するのが一般的である。
(3) リバース工法では，トレミーによる孔底処理を行うことから，鉄筋かごを吊った状態でコンクリートを打ち込むのが一般的である。
(4) リバース工法では，安定液のように粘性があるものを使用しないため，一次孔底処理により泥水中のスライムはほとんど処理できる。

問題 15

土留め支保工の施工に関する次の記述のうち，**適当なもの**はどれか。
(1) ヒービングに対する安定性が不足すると予測された場合には，掘削底面下の地盤改良を行い，強度の増加をはかる。
(2) 盤ぶくれに対する安定性が不足すると予測された場合には，地盤改良により不透水層の層厚を薄くするとよい。
(3) ボイリングに対する安定性が不足すると予測された場合には，水頭差を大きくするため，背面側の地下水位を上昇させる。

(4) 土留め壁又は支保工の応力度，変形が許容値を超えると予測された場合には，切ばりのプレロードを解除するとよい。

※問題番号 No. 16～No. 49 までの 34 問題のうちから 10 問題を選択し解答してください。

問題 16

鋼道路橋の架設上の留意事項に関する次の記述のうち，**適当でないもの**はどれか。

(1) 供用中の道路に近接するベントと架設桁桁は，架設桁桁受け点位置でズレが生じないよう，ワイヤーロープや固定治具で固定するのが有効である。
(2) 箱形断面の桁は，重量が重く吊りにくいので，吊り状態における安全性を確認するため，吊り金具や補強材は現場で取り付ける必要がある。
(3) 曲線桁橋の桁を，横取り，ジャッキによるこう上又は降下等，移動する作業を行う場合は，必要に応じてカウンターウエイト等を用いて重心位置の調整を行う。
(4) トラス橋の架設においては，最終段階でのそりの調整は部材と継手の数が多く難しいため，架設の各段階における上げ越し量の確認を入念に行う必要がある。

問題 17

鋼道路橋の鉄筋コンクリート床版におけるコンクリート打込みに関する次の記述のうち，**適当でないもの**はどれか。

(1) 打継目は，一般に，床版の主応力が橋軸方向に作用し，打継目の完全な一体化が困難なことから，橋軸方向に設けた方がよい。
(2) 片持部床版の張出し量が大きくなると，コンクリート打込み時の振動による影響や型枠のたわみが大きくなるので，十分に堅固な型枠支保工を組み立てることが重要である。
(3) 床版に縦断勾配及び横断勾配が設けられている場合は，コンクリートが低い方に流動することを防ぐため，低い方から高い方へ向かって打ち込むのがよい。
(4) 連続桁では，ある径間に打ち込まれたコンクリート重量により桁がたわむことで，他径間が持ち上げられることがあるので，床版への引張力が小さくなるよう打込み順序を検討する。

問題 18

鋼道路橋における高力ボルトの施工に関する次の記述のうち，**適当なもの**はどれか。

(1) ボルト，ナットについては，原則として現場搬入時にその特性及び品質を保証する試験，検査を行い，規格に合格していることを確認する。
(2) 継手の中央部からボルトを締め付けると，連結版が浮き上がり，密着性が悪くなる傾向があるため，外側から中央に向かって締め付け，2度締めを行う。
(3) 回転法又は耐力点法によって締め付けたボルトに対しては，全数についてマーキングによって所要の回転角があるか否かを検査する。
(4) ボルトの軸力の導入は，ボルトの頭部を回して行うのを原則とし，やむを得ずナットを回して行う場合は，トルク係数値の変化を確認する。

問題 19

塩害を受けた鉄筋コンクリート構造物への対策や補修に関する次の記述のうち，**適当でないもの**はどれか。

(1) 劣化が顕在化した箇所に部分的に断面修復工法を適用すると，断面修復箇所と断面修復しない箇所の境界部付近においては腐食電流により防食される。
(2) 表面処理工法の適用後からの残存予定供用期間が長い場合には，表面処理材の再塗布を計画しておく必要がある。
(3) 電気防食工法を適用する場合には，陽極システムの劣化や電流供給の安定性について考慮しておく必要がある。
(4) 脱塩工法では，工法適用後に残存する塩化物イオンの挙動が，補修効果の持続期間に大きく影響する。

問題 20

下図に示す(1)～(4)のコンクリート構造物のひび割れのうち，水和熱に起因する温度応力により**施工後の比較的早い時期に発生すると考えられるもの**は，次のうちどれか。

(1)

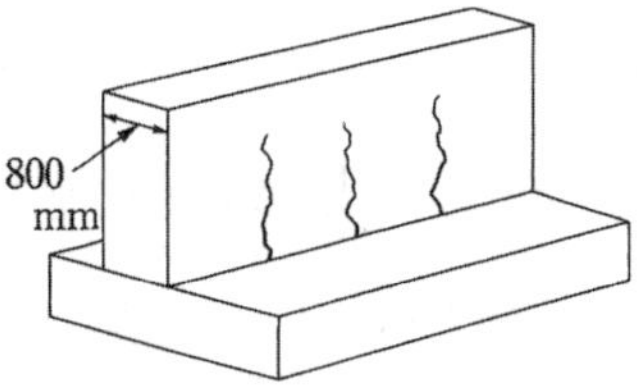

(2)

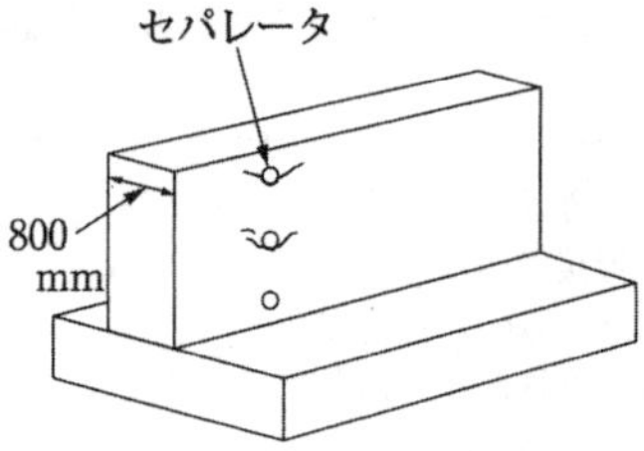

(3)

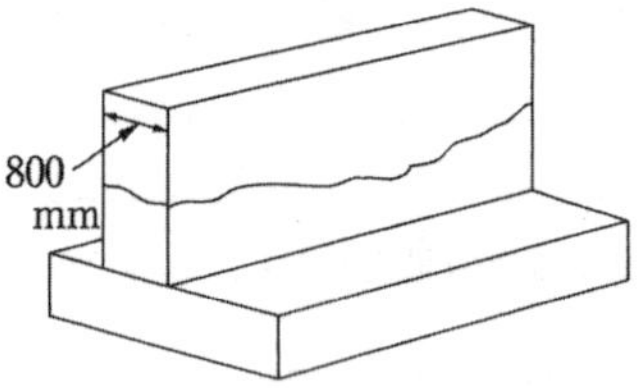

(4)

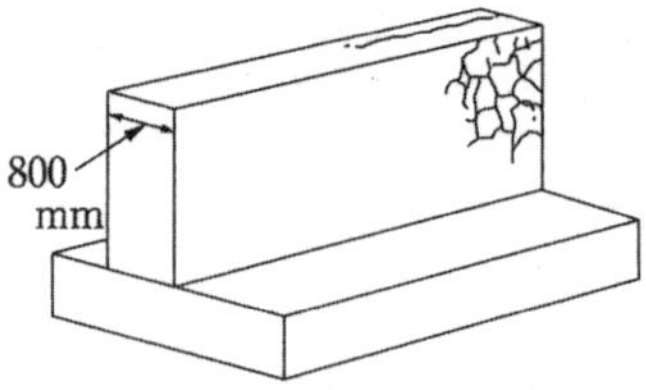

問題 21

河川堤防の盛土施工に関する次の記述のうち，**適当でないもの**はどれか。

(1) 築堤盛土の締固めは，堤防法線に平行に行うことが望ましく，締固めに際しては締固め幅が重複するように常に留意して施工する必要がある。

(2) 築堤盛土の施工中は，法面の一部に雨水が集中して流下すると法面侵食の主要因となるため，堤防横断方向に 3～5% 程度の勾配を設けながら施工する。

(3) 既設の堤防に腹付けを行う場合は，新旧法面をなじませるため段切りを行い，一般にその大きさは堤防締固め1層仕上り厚の倍の 20～30 cm 程度とすることが多い。

(4) 高含水比粘性土を盛土材料として使用する際は，わだち掘れ防止のために接地圧の小さいブルドーザによる盛土箇所までの二次運搬を行う。

問題 22

河川護岸に関する次の記述のうち，**適当でないもの**はどれか。

(1) 法覆工に連節ブロック等の透過構造を採用する場合は，裏込め材の設置は不要となるが，背面土砂の吸出しを防ぐため，吸出し防止材の布設が代わりに必要となる。

(2) 石張り又は石積みの護岸工の施工方法には，谷積みと布積みがあるが，一般には強度の強い谷積みが用いられる。

(3) かごマット工では，底面に接する地盤で土砂の吸出し現象が発生するため，これを防止する目的で吸出し防止材を施工する。

(4) コンクリートブロック張工では，平板ブロックと控えのある間知ブロックが多く使われており，平板ブロックは，流速が大きいところに使用される。

問題 23

堤防を開削する場合の仮締切工の施工に関する次の記述のうち，**適当でないもの**はどれか。

(1) 堤防の開削は，仮締切工が完成する以前に開始してはならず，また，仮締切工の撤去は，堤防の復旧が完了，又はゲート等代替機能の構造物ができた後に行う。

(2) 鋼矢板の二重仮締切内の掘削は，鋼矢板の変形，中埋め土の流出，ボイリング・ヒービングの兆候の有無を監視しながら行う必要がある。

(3) 仮締切工の撤去は，構造物の構築後，締切り内と外との土圧，水圧をバランスさせせつつ撤去する必要があり，流水の影響がある場合は，上流側，下流側，流水側の順で撤去する。

(4) 鋼矢板の二重仮締切工に用いる中埋め土は，壁体の剛性を増す目的と鋼矢板等の壁体に作用する土圧を低減するために，良質の砂質土とする。

問題 24

砂防堰堤の施工に関する次の記述のうち，**適当でないもの**はどれか。

(1) 基礎地盤の透水性に問題がある場合は，グラウト等の止水工により改善を図り，また，パイピングに対しては，止水壁や水抜き暗渠を設けて改善を図るのが一般的である。

(2) 砂防堰堤の基礎は，一般に所定の強度が得られる地盤であっても，基礎の不均質性や風化の速度を考慮し，一定以上の根入れを確保する必要がある。

(3) 基礎掘削によって緩められた岩盤を取り除く等の岩盤清掃を行うとともに，湧水や漏水の処理を行った後に，堤体のコンクリートを打ち込む必要がある。

(4) 砂礫基礎で所要の強度を得ることができない場合は，堰堤の底幅を広くして応力を分散させたり，基礎杭工法やセメントの混合による土質改良等により改善を図る方法がある。

問題 25

渓流保全工に関する次の記述のうち，**適当でないもの**はどれか。

(1) 渓流保全工は，山間部の平地や扇状地を流下する渓流等において，縦断勾配の規制により渓床や渓岸の侵食等を防止することを目的とした施設である。

(2) 渓流保全工は，多様な渓流空間，生態系の保全及び自然の土砂調節機能の観点から，拡幅部や狭窄部等の自然の地形を活かして計画することが求められる。

(3) 護岸工は，渓岸の侵食や崩壊の防止，山脚の固定等を目的に設置され，湾曲部外湾側では河床変動が大きいことから，根固工を併用する等の検討が求められる。

(4) 床固工は，渓床の縦侵食防止，河床堆積物の再移動防止により河床を安定させるとともに，護岸工等の工作物の上流に設置することにより，工作物の基礎を保護する機能も有する。

問題 26

急傾斜地崩壊防止工に関する次の記述のうち，**適当なもの**はどれか。

(1) コンクリート張工は，斜面の風化，侵食及び崩壊等を防止することを目的とし，比較的勾配の急な斜面に用いられ，設計においては土圧を考慮する必要がある。

(2) もたれ式コンクリート擁壁工は，斜面崩壊を直接抑止することが困難な場合に，斜面脚部から離して擁壁を設置する工法で，斜面地形の変化に対し比較的適応性がある。

(3) 切土工は，斜面勾配の緩和，斜面上の不安定な土塊や岩石の一部又は全部を除去するもので，切土した斜面の高さにかかわらず小段の設置を必要としない工法である。

(4) 重力式コンクリート擁壁工は，小規模な斜面崩壊を直接抑止するほか，押さえ盛土の安定，法面保護工の基礎等として用いられる工法であり，排水に対して特に留意する必要がある。

問題 27

道路のアスファルト舗装における路床の施工に関する次の記述のうち，**適当でないもの**はどれか。

(1) 盛土路床は，施工後の降雨排水対策として，縁部に仮排水溝を設けておくことが望ましい。

(2) 凍上抑制層は，凍結深さから求めた必要な置換え深さと舗装の厚さを比較し，舗装の厚さが大きい場合に，路盤の下にその厚さの差だけ凍上の生じにくい材料で置き換える。

(3) 安定処理土は，セメント及びセメント系安定材を使用する場合，六価クロムの溶出量が所定の土壌環境基準に適合していることを確認して施工する。

(4) 構築路床は，現状路床の支持力を低下させないよう，所定の品質，高さ及び形状に仕上げる。

問題 28

道路のアスファルト舗装における路盤の施工に関する次の記述のうち，**適当でないもの**はどれか。

(1) アスファルトコンクリート再生骨材を多く含む再生路盤材料は，締め固めにくい傾向にあるので，使用するローラの選択や転圧の方法等に留意して施工するとよい。

(2) セメント安定処理路盤を締固め直後に交通開放する場合は，含水比を一定に保つとともに，表面を保護する目的で必要に応じてアスファルト乳剤等を散布するとよい。

(3)　粒状路盤材料が乾燥しすぎている場合は，施工中に適宜散水して，最適含水比付近の状態で締め固めるとよい。
(4)　シックリフト工法による加熱アスファルト安定処理路盤は，早期交通開放すると初期わだち掘れが発生しやすいので，舗設後に加熱するとよい。

問題 29

道路のアスファルト舗装における基層・表層の施工に関する次の記述のうち，**適当でないもの**はどれか。
(1)　タックコート面の保護や乳剤による施工現場周辺の汚れを防止する場合は，乳剤散布装置を搭載したアスファルトフィニッシャを使用することがある。
(2)　アスファルト混合物の敷均し作業中に雨が降り始めた場合は，敷均し作業を中止するとともに，敷き均した混合物を速やかに締め固めて仕上げる。
(3)　施工の終了時又はやむを得ず施工を中断した場合は，道路の縦断方向に縦継目を設け，縦継目の仕上りの良否が走行性に直接影響を与えるので平坦に仕上げるように留意する。
(4)　振動ローラにより転圧する場合は，転圧速度が速すぎると不陸や小波が発生し，遅すぎると過転圧になることがあるので，転圧速度に注意する。

問題 30

道路のアスファルト舗装の補修工法に関する次の記述のうち，**適当でないもの**はどれか。
(1)　オーバーレイ工法は，既設の舗装上にアスファルト混合物の層を重ねる工法で，既設舗装の破損が著しく，その原因が路床や路盤の欠陥によると思われるときは局部的に打ち換える。
(2)　表層・基層打換え工法は，既設舗装を表層又は基層まで打ち換える工法で，コンクリート床版に不陸があって舗装厚が一定でない場合，床版も適宜切削して不陸をなくしておく。
(3)　路上表層再生工法は，現位置において既設アスファルト混合物層を新しい表層として再生する工法で，混合物の締固め温度が通常より低いため，能力の大きな締固め機械を用いるとよい。
(4)　打換え工法は，既設舗装のすべて又は路盤の一部まで打ち換える工法で，路盤以下の掘削時は，既設埋設管等の占用物の調査を行い，試掘する等して破損しないように施工する。

問題 31

道路の各種アスファルト舗装に関する次の記述のうち，**適当なもの**はどれか。
(1)　グースアスファルト舗装は，グースアスファルト混合物を用いた不透水性やたわみ性等の性能を有する舗装で，一般にコンクリート床版の橋面舗装に用いられる。
(2)　大粒径アスファルト舗装は，最大粒径の大きな骨材をアスファルト混合物に用いる舗装で，耐流動性や耐摩耗性等の性能を有するため，一般に鋼床版舗装等の橋面舗装に用いられる。
(3)　フォームドアスファルト舗装は，加熱アスファルト混合物を製造する際に，アスファルトを泡状にして容積を増大させて混合性を高めて製造した混合物を用いる舗装である。
(4)　砕石マスチック舗装は，細骨材に対するフィラーの量が多い浸透用セメントミルクで粗骨材の骨材間隙を充填したギャップ粒度のアスファルト混合物を用いる舗装である。

問題 32

道路のコンクリート舗装の補修工法に関する次の記述のうち，**適当なもの**はどれか。
(1)　注入工法は，コンクリート版と路盤との間にできた空隙や空洞を充填し，沈下を生じた版を押し上げて平常の位置に戻す工法である。
(2)　粗面処理工法は，コンクリート舗装面を粗面に仕上げることによって，舗装版の強度を回復させる工法である。
(3)　付着オーバーレイ工法は，既設コンクリート版とコンクリートオーバーレイとが一体となるように，既設版表面に路盤紙を敷いたのち，コンクリートを打ち継ぐ工法である。
(4)　バーステッチ工法は，既設コンクリート版に発生したひび割れ部に，ひび割れと平行に切り込んだカッタ溝に異形棒鋼等の鋼材を埋設する工法である。

問題 33

ダムの基礎処理として行うグラウチングに関する次の記述のうち，**適当でないもの**はどれか。
(1)　重力式コンクリートダムのコンソリデーショングラウチングは，着岩部付近において，遮水性の改良，基礎地盤弱部の補強を目的として行う。

(2) グラウチングは，ルジオン値に応じた初期配合及び地盤の透水性状等を考慮した配合切換え基準に従って，濃度の濃いものから薄いものへ順に注入を行う。
(3) カーテングラウチングの施工位置は，コンクリートダムの場合は上流フーチング又は堤内通廊から行うのが一般的である。
(4) グラウチング仕様は，当初計画を日々の施工の結果から常に見直し，必要に応じて修正していくことが効率的かつ経済的な施工のために重要である。

問題 34

重力式コンクリートダムで各部位のダムコンクリートの配合区分と必要な品質に関する次の記述のうち，**適当なもの**はどれか。

(1) 着岩コンクリートは，所要の水密性，すりへり作用に対する抵抗性や凍結融解作用に対する抵抗性が要求される。
(2) 外部コンクリートは，水圧等の作用を自重で支える機能を持ち，所要の単位容積質量と強度が要求され，発熱量が小さく，施工性に優れていることが必要である。
(3) 内部コンクリートは，岩盤との付着性及び不陸のある岩盤に対しても容易に打ち込めて一体性を確保できることが要求される。
(4) 構造用コンクリートは，鉄筋や埋設構造物との付着性，鉄筋や型枠等の狭隘部への施工性に優れていることが必要である。

問題 35

トンネルの山岳工法における支保工の施工に関する次の記述のうち，**適当でないもの**はどれか。

(1) 吹付けコンクリートは，防水シートの破損や覆工コンクリートのひび割れを防止するために，吹付け面をできるだけ平滑に仕上げなければならない。
(2) 吹付けコンクリートは，吹付けノズルを吹付け面に斜め方向に保ち，ノズルと吹付け面との距離及び衝突速度が適正になるように行わなければならない。
(3) 鋼製支保工は，一般に地山条件が悪い場合に用いられ，一次吹付けコンクリート施工後すみやかに建て込まなければならない。
(4) 鋼製支保工は，十分な支保効果を確保するために，吹付けコンクリートと一体化させなければならない。

問題 36

トンネルの山岳工法における施工時の観察・計測に関する次の記述のうち，**適当でないもの**はどれか。

(1) 観察・計測の目的は，施工中に切羽の状況や既施工区間の支保部材，周辺地山の安全性を確認し，現場の実情にあった設計に修正して，工事の安全性と経済性を確保することである。
(2) 観察・計測の項目には，坑内からの切羽の観察調査，内空変位測定，天端沈下測定や，坑外からの地表等の観察調査，地表面沈下測定等がある。
(3) 観察調査結果や変位計測結果は，施工中のトンネルの現状を把握して，支保パターンの変更等施工に反映するために，速やかに整理しなければならない。
(4) 変位計測の測定頻度は，地山と支保工の挙動の経時変化ならびに経距変化が把握できるように，掘削前後は疎に，切羽が離れるに従って密になるように設定しなければならない。

問題 37

海岸保全施設の養浜の施工に関する次の記述のうち，**適当でないもの**はどれか。

(1) 養浜材に浚渫土砂等の混合粒径土砂を効果的に用いる場合や，シルト分による海域への濁りの発生を抑えるためには，あらかじめ投入土砂の粒度組成を調整することが望ましい。
(2) 投入する土砂の養浜効果には投入土砂の粒径が重要であり，養浜場所にある砂よりも粗な粒径を用いた場合，その平衡勾配が小さいため沖合部の保全効果が期待できる。
(3) 養浜の施工においては，陸上であらかじめ汚濁の発生源となるシルト，有機物，ゴミ等を養浜材から取り除く等の汚濁の発生防止に努める必要がある。
(4) 養浜の陸上施工においては，工事用車両の搬入路の確保や，投入する養浜砂の背後地への飛散等，周辺への影響について十分検討し施工する。

問題 38

離岸堤の施工に関する次の記述のうち，**適当でないもの**はどれか。

(1) 開口部や堤端部は，施工後の波浪によってかなり洗掘されることがあり，計画の１基分はなるべくまとめて施工する。
(2) 離岸堤を砕波帯付近に設置する場合は，沈下対策を講じる必要があり，従来の施工例からみれば捨石工よりもマット，シート類を用いる方が優れている。
(3) 離岸堤を大水深に設置する場合は，沈下の影響は比較的少ないが，荒天時に一気に沈下する恐れもあるので，容易に補強や嵩上げが可能な工法を選ぶ等の配慮が必要である。
(4) 離岸堤の施工順序は，侵食区域の上手側（漂砂供給源に近い側）から設置すると下手側の侵食の傾向を増長させることになるので，下手側から着手し，順次上手に施工する。

問題 39

港湾における浚渫工事のための事前調査に関する次の記述のうち，**適当でないもの**はどれか。

(1) 浚渫工事の浚渫能力が，土砂の硬さや強さ，締り具合や粒の粗さ等に大きく影響することから，土質調査としては，一般に粒度分析，平板載荷試験，標準貫入試験を実施する。
(2) 水深の深い場所での深浅測量は音響測深機による場合が多く，連続的な記録が取れる利点があるが，海底の状況をよりきめ細かく測深する場合には未測深幅を狭くする必要がある。
(3) 水質調査の目的は，海水汚濁の原因が，バックグラウンド値か浚渫による濁りか確認するために実施するもので，事前及び浚渫中の調査が必要である。
(4) 磁気探査を行った結果，一定値以上の磁気反応を示す異常点がある場合は，その位置を求め潜水探査を実施する。

問題 40

水中コンクリートに関する次の記述のうち，**適当でないもの**はどれか。

(1) 水中コンクリートの打込みは，水と接触する部分のコンクリートの材料分離を極力少なくするため，打込み中はトレミー及びポンプの先端を固定しなければならない。
(2) 水中不分離性コンクリートは，水中落下させても信頼性の高い性能を有しているが，トレミー及びポンプの筒先は打込まれたコンクリートに埋め込んだ状態で打ち込むことが望ましい。
(3) 水中不分離性コンクリートをポンプ圧送する場合は，通常のコンクリートに比べて圧送圧力は小さく，打込み速度は速くなるので注意を要する。
(4) 水中コンクリートの打込みは，打上がりの表面をなるべく水平に保ちながら所定の高さ又は水面上に達するまで，連続して打ち込まなければならない。

問題 41

鉄道のコンクリート路盤の施工に関する次の記述のうち，**適当でないもの**はどれか。

(1) 粒度調整砕石層の締固めは，ロードローラ又は振動ローラ等にタイヤローラを併用し，所定の密度が得られるまで十分に締め固める。
(2) プライムコートの施工は，粒度調整砕石層を仕上げた後，速やかに散布し，粒度調整砕石に十分に浸透させ砕石部を安定させる。
(3) 鉄筋コンクリート版の鉄筋は，正しい位置に配置し鉄筋相互を十分堅固に組み立て，スペーサーを介して型枠に接する状態とする。
(4) 鉄筋コンクリート版のコンクリートは，傾斜部は高い方から低い方へ打ち込み，棒状バイブレータを用いて十分に締め固める。

問題 42

鉄道の軌道における維持管理に関する次の記述のうち，**適当でないもの**はどれか。

(1) スラブ軌道は，プレキャストコンクリートスラブを堅固な路盤に据え付け，スラブと路盤との間に填充材を注入したものであり，敷設位置の修正が困難である。
(2) 水準変位は，左右のレールの高さの差のことであり，曲線部では内側レールが沈みやすく，一様に連続した水準変位が発生する傾向がある。
(3) PC マクラギは，木マクラギに比べ初期投資は多額となり，重量が大きく交換が困難であるが，耐用年数が長いことから保守費の削減が可能である。
(4) 軌道変位の増大は，脱線事故にもつながる可能性があるため，軌道変位の状態を常に把握し不良箇所は速やかに補修する必要がある。

問題 43

鉄道（在来線）の営業線及びこれに近接して工事を施工する場合の保安対策に関する次の記述のうち，**適当でないもの**はどれか。

(1) 既設構造物等に影響を与える恐れのある工事の施工にあたっては，異常の有無を検測し，これを監督員等に報告する。

(2) 建設用大型機械は，直線区間の建築限界の外方1m以上離れた場所で，かつ列車の運転保安及び旅客公衆等に対し安全な場所に留置する。

(3) 列車見張員は，作業等の責任者及び従事員に対して列車接近の合図が可能な範囲内で，安全が確保できる離れた場所に配置する。

(4) 工事管理者は，線閉責任者に列車又は車両の運転に支障がないことを確認するとともに，自らも作業区間における建築限界内支障物の確認を行う。

問題 44

シールド工法の施工に関する次の記述のうち，**適当でないもの**はどれか。

(1) 掘進にあたっては，土質，土被り等の変化に留意しながら，掘削土砂の取り込み過ぎや，チャンバー内の閉塞を起こさないように切羽の安定を図らなければならない。

(2) セグメントの組立ては，所定の内空を確保するために正確かつ堅固に施工し，セグメントの目開きや目違い等の防止について，精度の高い管理を行う。

(3) 裏込め注入工は，セグメントからの漏水の防止，トンネルの蛇行防止等に役立つため，シールド掘進後に周辺地山が安定してから行わなければならない。

(4) 地盤変位を防止するためには，掘進に伴うシールドと地山との摩擦を低減し，周辺地山をできるかぎり乱さないように，ヨーイングやピッチング等を少なくして蛇行を防止する。

問題 45

鋼橋の防食法に関する次の記述のうち，**適当でないもの**はどれか。

(1) 塗装は，鋼材表面に形成した塗膜が腐食の原因となる酸素と水や，塩類等の腐食を促進する物質を遮断し鋼材を保護する防食法である。

(2) 耐候性鋼では，鋼材表面における緻密な錆層の生成には，鋼材の表面が大気中にさらされ適度な乾湿の繰返しを受けることが必要である。

(3) 電気防食は，鋼材に電流を流して表面の電位差をなくし，腐食電流の回路を形成させない方法であり，流電陽極方式と外部電源方式がある。

(4) 金属溶射は，加熱溶融された微細な金属粒子を鋼材表面に吹き付けて皮膜を形成する方法であり，得られた皮膜の表面は粗さがなく平滑である。

問題 46

上水道の配水管の埋設位置及び深さに関する次の記述のうち，**適当でないもの**はどれか。

(1) 配水管は，維持管理の容易性への配慮から，原則として公道に布設するもので，この場合は道路法及び関係法令によるとともに，道路管理者との協議による。

(2) 道路法施行令では，土被りの標準は1.2 m と規定されているが，土被りの標準又は規定値までとれない場合は道路管理者と協議して0.6 m まで減少できる。

(3) 配水管を他の地下埋設物と交差又は近接して布設するときは，維持補修や漏水による加害事故発生の恐れに配慮し，少なくとも0.2 m 以上の間隔を保つものとする。

(4) 地下水位が高い場合又は高くなることが予想される場合には，管内空虚時に配水管の浮上防止のため最小土被りを確保する。

問題 47

下水道管渠の更生工法に関する次の記述のうち，**適当なもの**はどれか。

(1) 製管工法は，熱で硬化する樹脂を含浸させた材料をマンホールから既設管渠内に加圧しながら挿入し，加圧状態のまま樹脂が硬化することで更生管渠を構築する。

(2) 形成工法は，硬化性樹脂を含浸させた材料や熱可塑性樹脂で形成した材料をマンホールから引込み，加圧し，拡張及び圧着後，硬化や冷却固化することで更生管渠を構築する。

(3) 反転工法は，既設管渠より小さな管径で工場製作された二次製品をけん引挿入し，間隙にモルタル等の充填材を注入することで更生管渠を構築する。

(4) さや管工法は，既設管渠内に硬質塩化ビニル樹脂材等をかん合し，その樹脂パイプと既設管渠との間隙にモルタル等の充填材を注入することで更生管渠を構築する。

問題 48

下水道工事における小口径管推進工法の施工に関する次の記述のうち，**適当でないもの**はどれか。

(1) 圧入方式は，誘導管推進の途中で中断し時間をおくと，土質によっては推進管が締め付けられ推進が不可能となる場合があるため，推進中に中断せず一気に到達させなければならない。

(2) オーガ方式は，高地下水圧に対抗する装置を有していないので，地下水位以下の粘性土地盤に適用する場合は，取り込み土量に特に注意しなければならない。

(3) ボーリング方式は，先導体前面が開放しているので，地下水位以下の砂質土地盤に適用する場合は，補助工法の使用を前提とする。

(4) 泥水方式は，掘進機の変位を直接制御することができないため，変位の小さなうちに方向修正を加えて掘進軌跡の最大値が許容値を超えないようにする。

問題 49

薬液注入工事の施工管理に関する次の記述のうち，**適当でないもの**はどれか。

(1) 薬液の注入量が500 kℓ以上の大型の工事では，水ガラスの原料タンクと調合槽との間に流量積算計の設置が義務づけられているので，これにより水ガラスの使用量を確認する。

(2) 削孔時の施工管理項目は，深度，角度及び地表に戻ってくる削孔水の状態の管理があり，特に削孔中は削孔水を観察し調査ボーリングと異なっていないか確認する。

(3) 材料の調合に使用する水は原則として水道水を使用するものとし，水道水が使用できない時は，水質基準のpH が5.7 以下の水を使用することが望ましい。

(4) 埋設物の損傷等の防止として，埋設管がある深度においては，ロータリーによるボーリングを避け，ジェッテングによる削孔を行うことが望ましい。

※問題番号 No. 50～No. 61 までの 12 問題のうちから 8 問題を選択し解答してください。

問題 50

労働者に支払う賃金に関する次の記述のうち，労働基準法令上，**誤っているもの**はどれか。

(1) 使用者は，労働契約の不履行について違約金を定め，又は損害賠償額を明示して契約しなければならない。

(2) 使用者は，労働者が出産，疾病，災害など非常の場合の費用に充てるために請求する場合においては，支払期日前であっても，既往の労働に対する賃金を支払わなければならない。

(3) 使用者は，出来高払制その他の請負制で使用する労働者については，労働時間に応じ一定額の賃金の保障をしなければならない。

(4) 使用者は，労働契約の締結に際し，労働者に対して賃金の決定，計算及び支払の方法，賃金の締切り及び支払の時期並びに昇給に関する事項を明示しなければならない。

問題 51

災害補償に関する次の記述のうち，労働基準法令上，**誤っているもの**はどれか。

(1) 労働者が業務上負傷し，又は疾病にかかった場合の療養のため，労働することができないために賃金を受けない場合においては，使用者は，休業補償を行わなければならない。

(2) 労働者が業務上負傷し，又は疾病にかかり補償を受ける場合，療養開始後3年を経過しても負傷又は疾病がなおらない場合においては，使用者は，打切補償を行い，その後はこの法律の規定による補償を行わなくてもよい。

(3) 労働者が業務上負傷し，又は疾病にかかった場合においては，使用者は，その費用で必要な療養を行い，又は必要な療養費用の100分の50を負担しなければならない。

(4) 労働者が重大な過失によって業務上負傷し，又は疾病にかかり，かつ使用者がその過失について行政官庁の認定を受けた場合においては，休業補償又は障害補償を行わなくてもよい。

問題 52

次の作業のうち，労働安全衛生法令上，**作業主任者の選任を必要とする作業**はどれか。

(1) 掘削面の高さが1mの地山の掘削（ずい道及びたて坑以外の坑の掘削を除く）の作業
(2) 掘削面の高さが2mの土止め支保工の切りばり又は腹起こしの取付け又は取り外しの作業
(3) 高さが3mの構造の足場の組立て，解体の作業
(4) 高さが4mのコンクリート橋梁上部構造の架設の作業

問題 53

高さが5m以上のコンクリート造の工作物の解体作業における危険を防止するために，事業者又はコンクリート造の工作物の解体等作業主任者が行うべき事項に関する次の記述のうち，労働安全衛生法令上，**誤っているもの**はどれか。

(1) 事業者は，外壁，柱等の引倒し等の作業を行うときは，引倒し等について一定の合図を定め，関係労働者に周知させなければならない。
(2) コンクリート造の工作物の解体等作業主任者は，作業の方法及び労働者の配置を決定し，作業を直接指揮しなければならない。
(3) コンクリート造の工作物の解体等作業主任者は，作業を行う区域内には関係労働者以外の労働者の立入りを禁止しなければならない。
(4) 事業者は，強風，大雨，大雪等の悪天候のため，作業の実施について危険が予想されるときは，当該作業を中止しなければならない。

問題 54

元請負人の義務に関する次の記述のうち，建設業法令上，**誤っているもの**はどれか。

(1) 元請負人は，その請け負った建設工事を施工するために必要な工程の細目，作業方法その他元請負人において定めるべき事項を定めようとするときは，あらかじめ，下請負人の意見をきかなければならない。
(2) 元請負人は，請負代金の出来形部分に対する支払を受けたときは，施工した下請負人に対して，下請代金の一部を，当該支払を受けた日から40日以内で，かつ，できる限り短い期間内に支払わなければならない。
(3) 元請負人は，前払金の支払を受けたときは，下請負人に対して，資材の購入，労働者の募集その他建設工事の着手に必要な費用を前払金として支払うよう適切な配慮をしなければならない。
(4) 元請負人は，下請負人からその請け負った建設工事が完成した旨の通知を受けたときは，当該通知を受けた日から20日以内で，かつ，できる限り短い期間内に，その完成を確認するための検査を完了しなければならない。

問題 55

火薬の取扱いに関する次の記述のうち，火薬類取締法令上，**正しいもの**はどれか。

(1) 火薬類取扱所には，帳簿を備え，責任者を定めて，火薬類の受払い及び消費残数量をその都度明確に記録させること。
(2) 消費場所において火薬類を取り扱う場合の火薬類を収納する容器は，木その他電気不良導体で作った丈夫な構造のものとし，内面は鉄類で表したものとすること。
(3) 火薬類取扱所には地下構造の建物を設け，その構造は，火薬類を存置するときに見張人を常時配置する場合を除き，盗難及び火災を防ぎ得る構造とすること。
(4) 火薬類取扱所の周囲には，保安距離を確保し，かつ，「立入禁止」，「火気厳禁」等と書いた警戒札を掲示すること。

問題 56

道路上で行う工事，又は行為についての許可，又は承認に関する次の記述のうち，道路法令上，**誤っているもの**はどれか。

(1) 道路管理者以外の者が，沿道で行う工事のために交通に支障を及ぼすおそれのない道路の区域内に，工事材料の置き場を設ける場合は，道路管理者の許可を受ける必要がない。
(2) 道路管理者以外の者が，民地への車両乗入れのために歩道切下げ工事を行う場合は，道路管理者の承認を受ける必要がある。
(3) 道路占用者が，電線，上下水道，ガス等を道路に設け，継続して道路を使用する場合は，道路管理者の許可を受ける必要がある。
(4) 道路占用者が，道路の構造又は交通に支障を及ぼすおそれがないと認められる重量の増加を伴わない占用物件の構造を変更する場合は，あらためて道路管理者の許可を受ける必要がない。

問題 57

河川管理者以外の者が河川区域（高規格堤防特別区域を除く）で工事を行う場合の許可に関する次の記述のうち，河川法令上，**誤っているもの**はどれか。

(1) 河川区域内の土地の地下を横断して工業用水のサイホンを設置する場合は，河川管理者の許可を受ける必要がある。

(2) 河川区域内の野球場に設置されている老朽化したバックネットを撤去する場合は，河川管理者の許可を受ける必要がない。

(3) 河川区域内に設置されている取水施設の機能維持のために取水口付近に積もった土砂を撤去する場合は，河川管理者の許可を受ける必要がない。

(4) 河川区域内で一時的に仮設の資材置場を設置する場合は，河川管理者の許可を受ける必要がある。

問題 58

工事現場に設置する仮設の現場事務所に関する次の記述のうち，建築基準法令上，**正しいもの**はどれか。

(1) 現場事務所を建築する場合は，当該工事に着手する前に，その計画が建築基準関係規定に適合するものであることについて，建築主事の確認を受けなければならない。

(2) 現場事務所を湿潤な土地，出水のおそれの多い土地に建築する場合においては，盛土，地盤の改良その他衛生上又は安全上必要な措置を講じなければならない。

(3) 現場事務所ががけ崩れ等による被害を受けるおそれのある場合においては，擁壁の設置その他安全上適当な措置を講じなければならない。

(4) 現場事務所は，自重，積載荷重，積雪荷重，風圧，土圧及び水圧並びに地震その他の震動及び衝撃に対して安全な構造でなければならない。

問題 59

騒音規制法令上，特定建設作業における環境省令で定める基準に関する次の記述のうち，**誤っているもの**はどれか。

(1) 特定建設作業に伴って発生する騒音が，特定建設作業の場所の敷地の境界線において，75 dB を超える大きさのものでないこと。

(2) 都道府県知事が指定した第 1 号区域では，原則として午後 7 時から翌日の午前 7 時まで行われる特定建設作業に伴って騒音が発生するものでないこと。

(3) 特定建設作業の全部又は一部に係る作業の期間が当該特定建設作業の場合においては，原則として連続して 6 日間を超えて行われる特定建設作業に伴って騒音が発生するものでないこと。

(4) 都道府県知事が指定した第 1 号区域では，原則として 1 日 10 時間を超えて行われる特定建設作業に伴って騒音が発生するものでないこと。

問題 60

振動規制法令上，指定地域内で行う次の建設作業のうち，特定建設作業に**該当しないもの**はどれか。ただし，当該作業がその作業を開始した日に終わるものを除く。

(1) ジャイアントブレーカを使用したコンクリート構造物の取り壊し作業

(2) 1 日の移動距離が 50 m 未満の舗装版破砕機による道路舗装面の破砕作業

(3) 1 日の移動距離が 50 m 未満の振動ローラによる路体の締固め作業

(4) ディーゼルハンマによる既製コンクリート杭の打込み作業

問題 61

港長の許可又は届け出に関する次の記述のうち，港則法令上，**正しいもの**はどれか。

(1) 特定港内又は特定港の境界附近で工事又は作業をしようとする者は，港長に届け出なければならない。

(2) 船舶は，特定港に入港したとき又は特定港を出港しようとするときは，国土交通省令の定めるところにより，港長の許可を受けなければならない。

(3) 特定港内において竹木材を船舶から水上に卸そうとする者は，港長の許可を受けなければならない。

(4) 船舶は，特定港内又は特定港の境界附近において危険物を運搬しようとするときは，港長に届け出なければならない。

午後

1 B

令 和 5 年 度

1 級 土木施工管理技術検定　第一次検定

試 験 問 題 B（必須問題）

次の注意をよく読んでから解答してください。

【注 意】

1. これは試験問題B（必須問題）です。表紙とも 12 枚 35 問題あります。
2. 解答用紙（マークシート）には間違いのないように，試験地，氏名，受検番号を記入するとともに受検番号の数字をぬりつぶしてください。
3. 問題番号 No. 1～No.20 までの 20 問題は，必須問題ですから全問題を解答してください。
   問題番号 No.21～No.35 までの 15 問題は，施工管理法（応用能力）の必須問題ですから全問題を解答してください。
4. 試験問題の漢字のふりがなは，問題文の内容に影響を与えないものとします。
5. 解答は別の解答用紙（マークシート）にHBの鉛筆又はシャープペンシルで記入してください。
   (万年筆・ボールペンの使用は不可)

   解答用紙は

問題番号	解答記入欄			
No. 1	①	②	③	④
No. 2	①	②	③	④
No. 10	①	②	③	④

   となっていますから，

   当該問題番号の解答記入欄の正解と思う数字を一つぬりつぶしてください。
   解答のぬりつぶし方は，解答用紙の解答記入例（ぬりつぶし方）を参照してください。
   なお，正解は1問について一つしかないので，二つ以上ぬりつぶすと正解となりません。
6. 解答を訂正する場合は，プラスチック消しゴムできれいに消してから訂正してください。
   消し方が不十分な場合は，二つ以上解答したこととなり正解となりません。
7. この問題用紙の余白は，計算等に使用してもさしつかえありません。
   ただし，解答用紙は計算等に使用しないでください。
8. 解答用紙（マークシート）を必ず試験監督者に提出後，退室してください。
   解答用紙（マークシート）は，いかなる場合でも持ち帰りはできません。
9. 試験問題は，試験終了時刻（15 時 45 分）まで在席した方のうち，希望者に限り持ち帰りを認めます。途中退室した場合は，持ち帰りはできません。

問題B（必須問題）

※問題番号 No. 1～No. 20 までの 20 問題は，必須問題ですから全問題を解答してください。

問題 1

TS（トータルステーション）を用いて行う測量に関する次の記述のうち，**適当でないもの**はどれか。

(1) TS での鉛直角観測は，1 視準 1 読定，望遠鏡正及び反の観測を 2 対回とする。

(2) TS での水平角観測において，対回内の観測方向数は，5 方向以下とする。

(3) TS での距離測定は，1 視準 2 読定を 1 セットとする。

(4) TS での水平角観測，鉛直角観測及び距離測定は，1 視準で同時に行うことを原則とする。

問題 2

公共工事標準請負契約約款に関する次の記述のうち，**適当でないもの**はどれか。

(1) 工期を変更する場合は，発注者と受注者が協議して定めるが，所定の期日までに協議が整わないときは，発注者が定めて受注者に通知する。

(2) 発注者は，必要があると認めるときは，設計図書の変更内容を受注者に通知して，設計図書を変更することができる。

(3) 受注者は，現場代理人を工事現場に常駐させなければならないが，工事現場における運営等に支障がなく，かつ，発注者との連絡体制が確保されれば受注者の判断で，工事現場への常駐を必要としないことができる。

(4) 受注者は，工事目的物の引渡し前に，天災等で発注者と受注者のいずれの責めにも帰すことができないものにより，工事目的物等に損害が生じたときは，発注者が確認し，受注者に通知したときには損害による費用の負担を発注者に請求することができる。

問題3

下図は，擁壁の配筋図を示したものである。**かかと部の引張鉄筋に該当する鉄筋番号**は，次のうちどれか。

(1) ① D22
(2) ② D13
(3) ③ D22
(4) ④ D13

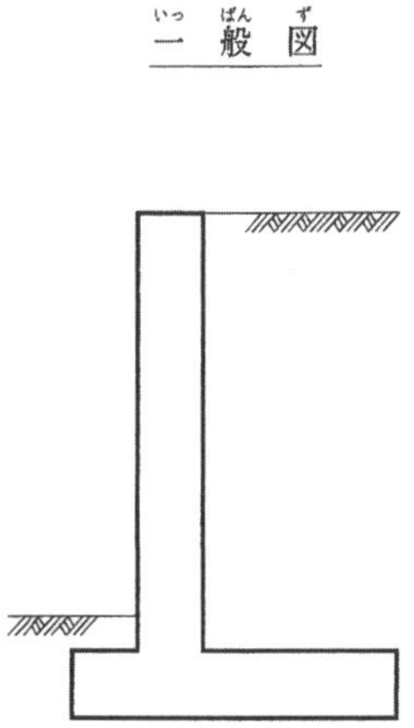

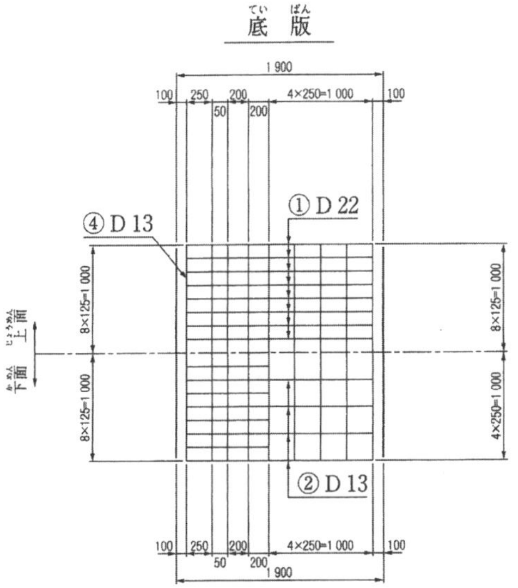

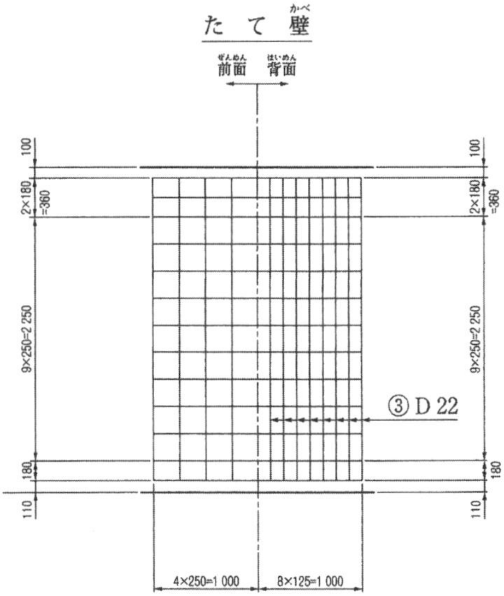

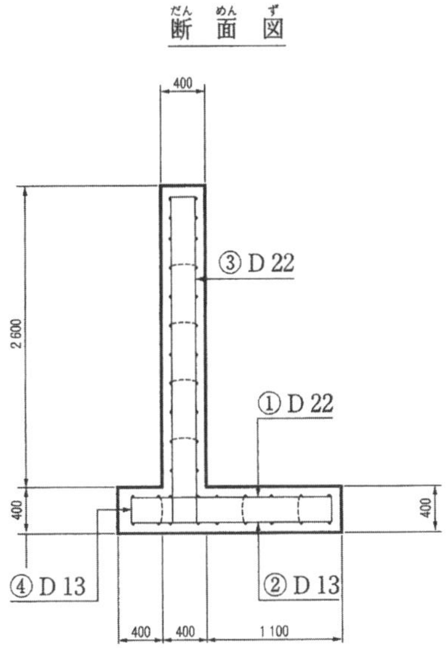

問題4

道路工事における締固め機械に関する次の記述のうち，**適当でないもの**はどれか。

(1) 振動ローラは，自重による重力に加え，転圧輪を強制振動させて締め固める機械であり比較的小型でも高い締固め効果を得ることができる。

(2) タイヤローラは，タイヤの空気圧を変えて輪荷重を調整し，バラストを付加して接地圧を増加させ締固め効果を大きくすることができ，路床，路盤の施工に使用される。

(3) ロードローラは，鉄輪を用いた締固め機械でマカダム型とタンデム型があり，アスファルト混合物や路盤の締固め及び路床の仕上げ転圧等に使用される。

(4) タンピングローラは，突起の先端に荷重を集中させることができ，土塊や岩塊等の破砕や締固めに効果があり，厚層の土の転圧に適している。

問題 5

施工計画立案のための事前調査に関する次の記述のうち，**適当でないもの**はどれか。

(1) 市街地の工事や既設施設物に近接した工事の事前調査では，既設施設物の変状防止対策や使用空間の確保等を施工計画に反映することが必要である。

(2) 下請負業者の選定にあたっての調査では，技術力，過去の実績，労働力の供給，信用度，専門性等と安全管理能力を持っているか等について調査することが重要である。

(3) 資機材の輸送調査では，事前に輸送ルートの道路状況や交通規制等を把握し，不明な点がある場合には，陸運事務所や所轄警察署に相談して解決しておくことが重要である。

(4) 現場条件の調査では，調査項目の落ちがないように選定し，複数の人で調査したり，調査回数を重ねる等により，精度を高めることが必要である。

問題 6

下図のネットワーク式工程表で示される工事で，作業Fに4日の遅延が発生した場合，次の記述のうち，**適当なもの**はどれか。

ただし，図中のイベント間のA～Jは作業内容，数字は作業日数を示す。

(1) 当初の工期どおり完了する。

(2) 当初の工期より2日遅れる。

(3) 当初の工期より3日遅れる。

(4) クリティカルパスの経路は当初と変わらない。

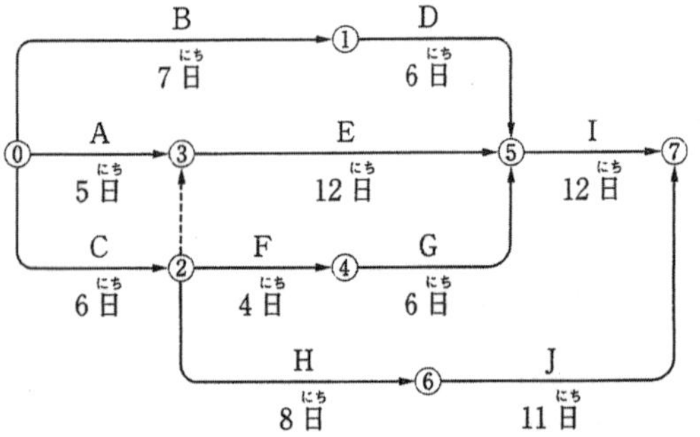

問題 7

特定元方事業者が講ずべき措置等に関する次の記述のうち，労働安全衛生法令上，**誤っているもの**はどれか。

(1) 特定元方事業者は，すべての関係請負人が参加する協議組織を設置し，会議の運営を行わなければならない。

(2) 特定元方事業者は，関係請負人が行う労働者の安全又は衛生のための教育に対する指導及び援助を行わなければならない。

(3) 特定元方事業者は，工程，機械，設備の配置等に関する計画を作成しなければならない。

(4) 特定元方事業者は，当該作業場所の巡視を作業前日に行わなければならない。

問題 8

安全管理体制における，安全衛生管理組織に関する次の記述のうち，労働安全衛生法令上，**誤っているもの**はどれか。

(1) 元方事業者は，関係請負人の労働者を含め，常時50人以上となる事業場（ずい道，圧気工法，一定の橋梁工事は除く）では，統括安全衛生責任者を選任する。

(2) 元方事業者は，関係請負人の労働者を含め，常時50人以上となる事業場では，安全管理者を選任する。

(3) 元方事業者は，関係請負人の労働者を含め，常時50人以上となる事業場では，衛生管理者を選任する。

(4) 元方事業者は，関係請負人の労働者を含め，常時50人以上100人未満となる事業場では，安全衛生推進者を選任する。

問題 9

建設工事現場における異常気象時の安全対策に関する次の記述のうち，**適当でないもの**はどれか。

(1) 降雨によって冠水流出の恐れがある仮設物は，早めに撤去するか，水裏から仮設物内に水を呼び込み内外水位差による倒壊を防ぐか，補強する等の措置を講じること。

(2) 警報及び注意報が解除された場合は，工事現場の地盤のゆるみ，崩壊，陥没等の危険がないか，点検と併行しながら作業を再開すること。

(3) 強風によってクレーン，杭打ち機等のような風圧を大きく受ける作業用大型機械の休止場所での転倒，逸走防止には十分注意すること。

(4) 異常気象等の情報の収集にあたっては，事務所，現場詰所及び作業場所間の連絡伝達のため，複数の手段を確保し瞬時に連絡できるようにすること。

問題 10

足場，作業床の組立て等に関する次の記述のうち，労働安全衛生法令上，**誤っているもの**はどれか。

(1) 高さ 2 m 以上の足場（一側足場及びつり足場を除く）で作業を行う場合は，幅 40 cm 以上の作業床を設けなければならない。

(2) 高さ 2 m 以上の足場（一側足場及びわく組足場を除く）の作業床であって墜落の危険のある箇所には，高さ 85 cm 以上の手すり又はこれと同等以上の機能を有する設備を設けなければならない。

(3) 高さ 2 m 以上の足場（一側足場及びわく組足場を除く）の作業床であって墜落の危険のある箇所には，高さ 35 cm 以上 50 cm 以下の桟又はこれと同等以上の機能を有する設備を設けなければならない。

(4) 高さ 2 m 以上の足場（一側足場を除く）の作業床には，物体の落下防止のため，高さ 5 cm 以上の幅木，メッシュシート若しくは，防網等を設けなければならない。

問題 11

土工工事における明り掘削の作業にあたり事業者が遵守しなければならない事項に関する次の記述のうち，労働安全衛生法令上，**誤っているもの**はどれか。

(1) 地山の崩壊等による労働者の危険を防止するため，点検者を指名して，その日の作業を開始する前，大雨の後及び中震（震度 4）以上の地震の後，浮石及びき裂の有無及び状態並びに含水，湧水及び凍結の状態の変化を点検させなければならない。

(2) 地山の崩壊又は土石の落下により労働者に危険を及ぼすおそれのあるときは，予め土止め支保工を設け，防護網を張り，労働者の立入りを禁止する等の措置を講じなければならない。

(3) 土止め支保工の部材の取付け等については，切りばり及び腹おこしは，脱落を防止するため，矢板，くい等に確実に取り付けるとともに，圧縮材（火打ちを除く）の継手は，重ね継手としなければならない。

(4) 運搬機械等が，労働者の作業箇所に後進して接近するとき，又は転落するおそれのあるときは，誘導者を配置し，その者にこれらの機械を誘導させなければならない。

問題 12

建設工事における墜落災害の防止に関する次の記述のうち，事業者が講じなければならない措置として，労働安全衛生法令上，**正しいもの**はどれか。

(1) 高さ 1.5 m 以上の作業床の端，開口部等で墜落により労働者に危険を及ぼすおそれのある箇所には，囲い，手すり，覆い等を設けなければならない。

(2) 高さ 3 m 以上の箇所で囲い等の設置が困難又は作業上，囲いを取りはずすときは，防網を張り，労働者に要求性能墜落制止用器具を使用させなければならない。

(3) 高さ 5 m 以上の箇所での作業で，労働者に要求性能墜落制止用器具等を使用させるときは要求性能墜落制止用器具等の取付設備等を設け，異常の有無を随時点検しなければならない。

(4) 高さ 2 m 以上の箇所で作業を行なうときは，当該作業を安全に行なうため必要な照度を保持しなければならない。

問題 13

コンクリート構造物の解体作業に関する次の記述のうち，**適当でないもの**はどれか。

(1) 圧砕機及び大型ブレーカによる取壊しでは，解体する構造物からコンクリート片の飛散，構造物の倒壊範囲を予測し，作業員，建設機械を安全作業位置に配置しなければならない。

(2) 転倒方式による取壊しでは，解体する主構造部に複数本の引きワイヤを堅固に取付け，引きワイヤで加力する際は，繰返して荷重をかけるようにして行う。
(3) カッタによる取壊しでは，撤去側躯体ブロックへのカッタ取り付けを禁止するとともに，切断面付近にシートを設置して冷却水の飛散防止を図る。
(4) ウォータージェットによる取壊しでは，病院，民家等が隣接している場合にはノズル付近に防音カバーをしたり，周辺に防音シートによる防音対策を実施する。

問題 14

道路のアスファルト舗装の品質管理に関する次の記述のうち，**適当でないもの**はどれか。
(1) 管理結果を工程能力図にプロットし，その結果が管理の限界をはずれた場合，あるいは一方に片寄っている等の結果が生じた場合，直ちに試験頻度を増して異常の有無を確かめる。
(2) 管理の合理化を図るためには，密度や含水比等を非破壊で測定する機器を用いたり，作業と同時に管理できる敷均し機械や締固め機械等を活用することが望ましい。
(3) 各工程の初期においては，品質管理の各項目に関する試験の頻度を適切に増し，その時点の作業員や施工機械等の組合せにおける作業工程を速やかに把握しておく。
(4) 下層路盤の締固め度の管理は，試験施工あるいは工程の初期におけるデータから，所定の締固め度を得るのに必要な転圧回数が求められた場合でも，密度試験を必ず実施する。

問題 15

路床や路盤の品質管理に用いられる試験方法に関する次の記述のうち，**適当でないもの**はどれか。
(1) 修正 CBR 試験は，所要の締固め度における路盤材料の支持力値を知り，材料選定の指標として利用することを目的として実施する。
(2) RI による密度の測定は，現場における締め固められた路床・路盤材料の密度及び含水比を求めることを目的として実施する。
(3) 平板載荷試験は，地盤支持力係数 K 値を求め，路床や路盤の支持力を把握することを目的として実施する。
(4) プルーフローリング試験は，路床，路盤の表面の浮き上がりや緩みを十分に締め固め，かつ不良箇所を発見することを目的として実施する。

問題 16

レディーミクストコンクリートの受入れ検査に関する次の記述のうち，**適当でないもの**はどれか。
(1) 荷卸し時のフレッシュコンクリートのワーカビリティーの良否を，技術者による目視により判定した。
(2) コンクリートのコンシステンシーを評価するため，スランプ試験を行った。
(3) フレッシュコンクリートの単位水量を推定する試験方法として，エアメータ法を用いた。
(4) アルカリシリカ反応対策を確認するため，荷卸し時の試料を採取してモルタルバー法を行った。

問題 17

建設工事に伴い発生する濁水の処理に関する次の記述のうち，**適当なもの**はどれか。
(1) 発生した濁水は，沈殿池等で浄化処理して放流するが，その際，濁水量が多いほど処理が困難となるため，処理が不要な清水は，できるだけ濁水と分離する。
(2) 建設工事からの排出水が一時的なものであっても，明らかに河川，湖沼，海域等の公共水域を汚濁する場合，水質汚濁防止法に基づく放流基準に従って濁水を処理しなければならない。
(3) 濁水は，切土面や盛土面の表流水として発生することが多いことから，他の条件が許す限りできるだけ切土面や盛土面の面積が大きくなるよう計画する。
(4) 水質汚濁処理技術のうち，凝集処理には，天日乾燥，遠心力を利用する遠心脱水機，加圧力を利用するフィルタープレスやベルトプレス脱水装置等による方法がある。

問題 18

建設工事における近接施工での周辺環境対策に関する次の記述のうち，**適当でないもの**はどれか。
(1) リバース工法では，比重の高い泥水等を用いて孔壁の安定を図るが，掘削速度を遅くすると保護膜（マットケーキ）が不完全となり孔壁崩壊の原因となる。
(2) 既製杭工法には，打撃工法や振動工法があるが，これらの工法は，周辺環境への影響が大きいため，都市部では減少傾向にある。

(3) 盛土工事による近接施工では，法先付近の地盤に深層撹拌混合処理工法等で改良体を造成することにより，盛土の安定対策や周辺地盤への側方変位を抑制する。
(4) シールド工事における掘進時の振動は，特にシールドトンネルの土被りが少なく，シールドトンネル直上又はその付近に民家等があり，砂礫層等を掘進する場合は注意が必要である。

問題 19

建設工事で発生する建設副産物の有効利用及び廃棄物の適正処理に関する次の記述のうち，**適当なもの**はどれか。

(1) 元請業者は，建設工事の施工にあたり，適切な工法の選択等により，建設発生土の抑制に努め，建設発生土は全て現場外に搬出するよう努めなければならない。
(2) 元請業者は，当該工事に係る特定建設資材廃棄物の再資源化等に着手する前に，その旨を当該工事の発注者に書面で報告しなければならない。
(3) 排出事業者は，建設廃棄物の処理を他人に委託する場合は，収集運搬業者及び中間処理業者又は最終処分業者とそれぞれ事前に委託契約を書面にて行う。
(4) 伐採木，伐根材，梱包材等は，建設資材ではないが，「建設工事に係る資材の再資源化等に関する法律」による分別解体等・再資源化等の義務づけの対象となる。

問題 20

「廃棄物の処理及び清掃に関する法律」に関する次の記述のうち，**誤っているもの**はどれか。

(1) 産業廃棄物収集運搬業者は，産業廃棄物が飛散し，及び流出し，並びに悪臭が漏れるおそれのない運搬車，運搬船，運搬容器その他の運搬施設を有していなければならない。
(2) 排出事業者は，産業廃棄物の運搬又は処分を業とする者に委託した場合，産業廃棄物の処分の終了確認後，産業廃棄物管理票（マニフェスト）を交付しなければならない。
(3) 国，地方公共団体，事業者その他の関係者は，非常災害時における廃棄物の適正な処理が円滑かつ迅速に行われるよう適切に役割分担，連携，協力するよう努めなければならない。
(4) 排出事業者が当該産業廃棄物を生ずる事業場の外において自ら保管するときは，原則として，あらかじめ都道府県知事に届け出なければならない。

※問題番号 No. 21～No. 35 までの 15 問題は，施工管理法（応用能力）の必須問題ですから全問題を解答してください。

問題 21

調達計画立案に関する下記の文章中の［　　］の(イ)～(ニ)に当てはまる語句の組合せとして，**適当なもの**は次のうちどれか。

・資材計画では，特別注文品等，［ (イ) ］納期を要する資材の調達は，施工に支障をきたすことのないよう品質や納期に注意する。
・下請発注計画では，すべての職種の作業員を常時確保することは極めてむずかしいので，作業員を常時確保するリスクを避けてこれを下請業者に［ (ロ) ］するように計画することが多い。
・資材計画では，用途，仕様，必要数量，納期等を明確に把握し，資材使用予定に合わせて，無駄な費用の発生を［ (ハ) ］にする。
・機械計画では，機械が効率よく稼働できるよう［ (ニ) ］所用台数を計画することが最も望ましい。

	(イ)	(ロ)	(ハ)	(ニ)
(1)	長い	分散	最小限	平均化して
(2)	短い	集中	最大限	短期間のピークに合わせて
(3)	短い	集中	最大限	平均化して
(4)	長い	分散	最小限	短期間のピークに合わせて

問題 22

工事の安全確保及び環境保全の施工計画立案時における留意事項に関する下記の①～④の4つの記述のうち，**適当なものの数**は次のうちどれか。

① 施工機械の選定にあたっては，沿道環境等に与える影響を考慮し，低騒音型，低振動型及び排出ガスの低減に配慮したものを採用し，沿道環境に最も影響の少ない稼働時間帯を選択する等の検討を行う。

② 工事の着手にあたっては，工事に先がけ現場に広報板を設置し必要に応じて地元の自治会等に挨拶や説明を行うとともに，戸別訪問による工事案内やチラシ配布を行う。
③ 公道上で掘削を行う工事の場合は，電気，ガス及び水道等の地下埋設物の保護が重要であり，施工計画段階で調査を行い，埋設物の位置，深さ等を確認する際は労働基準監督署の立ち合いを求める。
④ 施工現場への資機材の搬入及び搬出等は，交通への影響をできるだけ減らすように，施工計画の段階で資機材の搬入経路や交通規制方法等を十分に検討し最適な計画を立てる。

(1) 1つ　　(3) 3つ
(2) 2つ　　(4) 4つ

問題 23

施工管理体制に関する下記の文章中の［　　］の(イ)～(ニ)に当てはまる語句の組合せとして，**適当なもの**は次のうちどれか。

・元請負者は，すべての関係請負人の，［(イ)］を明確にして，これらのすべてを管理・監督しつつ工事の適正な施工の確保を図ることが必要である。
・元請負者は，下請負人の名称，当該下請負人に係る［(ロ)］を記載した施工体制台帳を現場ごとに備え付け，発注者から請求があれば，閲覧に供しなければならない。
・元請負者は，下請負人に対して，その下請けした工事を他の建設業者に下請けさせた場合は，［(ハ)］の提出を書面で義務づけ，その書面を工事現場の見やすい場所に掲示しなければならない。
・元請負者は，各下請負人の施工分担関係を表示した［(ニ)］を作成し，工事関係者全員に施工分担関係がわかるように工事現場の見やすい場所に掲示しなければならない。

	(イ)	(ロ)	(ハ)	(ニ)
(1)	保証人	使用資機材及び金額等	再下請通知書	工程管理図
(2)	役割分担	工事の内容及び工期等	再下請通知書	施工体系図
(3)	保証人	工事の内容及び工期等	下請契約書	工程管理図
(4)	役割分担	使用資機材及び金額等	下請契約書	施工体系図

問題 24

工事原価管理に関する下記の①～④の4つの記述のうち，**適当なもののみを全てあげている組合せ**は次のうちどれか。

① 原価管理とは，工事の適正な利潤の確保を目的として，工事遂行過程で投入・消費される資材・労務・機械や施工管理等に費やされるすべての費用を対象とする管理統制機能である。
② コストコントロールとは，施工計画に基づきあらかじめ設定された予定原価に対し品質よりも安価となることを採用し原価をコントロールすることにより，工事原価の低減を図るものである。
③ コストコントロールの結果，得られた実施原価をフィードバックし以降の工事に反映させ，工事の経済性向上を図る総合的な原価管理をコストマネジメントという。
④ 原価管理は，品質・工程・安全・環境の各管理項目と並んで施工管理を行う上で不可欠な管理要素で，個々の項目の判断基準として費用対効果が常に考慮されるため重要である。

(1) ①②　　(3) ①③④
(2) ③④　　(4) ②③④

問題 25

工程管理に関する下記の①～④の4つの記述のうち，**適当なものの数**は次のうちどれか。

① 工程の設定においては，施工のやり方，施工の順序によって工期，工費が大きく変動する恐れがあり，施工手順・組合せ機械の検討を経て，最も適正な施工方法を選定する。
② 工程計画は初期段階で設定した施工方法に基づき，工事数量の正確な把握と作業可能日数及び作業能率を的確に推定し，各部分工事の経済的な所要時間を見積もることから始める。
③ 作業可能日数は，暦日による日数から休日と作業不可能日数を差し引いて求められ，作業不可能日数は，現場の地形，地質，気象等の自然条件や工事の技術的特性から推定する。
④ 各部分作業の時間見積りができたら，タイムスケール上に割付け，全体の工期を超過した場合には投入する人数・機械台数の変更や工法の修正等の試行錯誤を繰り返し工期に収める。

(1) 1つ　　(3) 3つ
(2) 2つ　　(4) 4つ

問題 26

工程管理に用いられる各工程表の特徴に関する下記の文章中の［　　　］の(イ)～(ニ)に当てはまる語句の組合せとして，**適当なもの**は次のうちどれか。

・座標式工程表は，一方の軸に工事期間を，他の軸に工事量等を座標で表現するもので，［(イ)］工事では工事内容を確実に示すことができる。

・グラフ式工程表は，横軸に工期を，縦軸に各作業の［(ロ)］を表示し，予定と実績の差を直視的に比較でき，施工中の作業の進捗状況もよくわかる。

・バーチャートは，横軸に時間をとり各工種が時間経過に従って表現され，作業間の関連がわかり，工期に影響する作業がどれであるか［(ハ)］。

・ネットワーク式工程表は，1つの作業の遅れや変化が工事全体の工期にどのように影響してくるかを［(ニ)］。

	(イ)	(ロ)	(ハ)	(ニ)
(1)	路線に沿った	出来高比率	は掴みにくい	正確に捉えることができる
(2)	平面的に広がりのある	工事費構成率	も掴みやすい	把握することは難しい
(3)	平面的に広がりのある	出来高比率	は掴みにくい	正確に捉えることができる
(4)	路線に沿った	工事費構成率	も掴みやすい	把握することは難しい

問題 27

工程管理曲線（バナナ曲線）を用いた工程管理に関する下記の①～④の4つの記述のうち，**適当なもののみを全てあげている組合せ**は次のうちどれか。

① 工程計画は，全工期に対して出来高を表すバナナ曲線の勾配が，工事の初期→中期→後期において，急→緩→急となるようにする。

② 実施工程曲線が限度内に進行を維持しながらも，バナナ曲線の下方限界に接近している場合は，直ちに対策をとる必要がある。

③ 実施工程曲線がバナナ曲線の上方限界を超えたときは，工程遅延により突貫工事が不可避となるので，施工計画を再検討する。

④ 予定工程曲線がバナナ曲線の許容限界からはずれるときには，一般的に不合理な工程計画と考えられるので，再検討を要する。

(1) ①③　　(3) ②③

(2) ①④　　(4) ②④

問題 28

車両系建設機械の災害防止のために事業者が講じるべき措置に関する下記の①～④の4つの記述のうち，労働安全衛生法令上，**正しいものの数**は次のうちどれか。

① 車両系建設機械を用いて作業を行うときは，あらかじめ，使用する車両系建設機械の種類及び能力，運行経路，作業の方法を示した作業計画を定め，作業を行わなければならない。

② 路肩，傾斜地等で車両系建設機械を用いて作業を行う場合で，当該車両系建設機械が転倒又は転落する危険性があるときは，誘導者を配置して誘導させなければならない。

③ 車両系建設機械を用いて作業を行うときは，運転中の車両系建設機械に接触することにより労働者に危険が生ずるおそれのある箇所に，労働者を立ち入らせてはならない。

④ 車両系建設機械の運転者が離席する時は，原動機を止め，又は，走行ブレーキをかける等の逸走を防止する措置を講じなければならない。

(1) 1つ　　(3) 3つ

(2) 2つ　　(4) 4つ

問題 29

移動式クレーンの災害防止のために事業者が講じるべき措置に関する下記の文章中の［　　　］の(イ)～(ニ)に当てはまる語句の組合せとして，労働安全衛生規則及びクレーン等安全規則上，**正しいもの**は次のうちどれか。

・移動式クレーンの運転者及び玉掛けをする者が当該移動式クレーンの［(イ)］を常時知ることができるよう，表示その他の措置を講じなければならない。

・移動式クレーンの運転について一定の合図を定め，合図を行う者を［(ロ)］して，その者に合図を行わせなければならない。

・移動式クレーンを使用する作業において，クレーン上部旋回体と接触するおそれのある箇所や［(ハ)］の下に労働者を立ち入らせてはならない。
・強風のため，移動式クレーンの作業の実施について危険が予想されるときは，当該作業を［(ニ)］しなければならない。

	(イ)	(ロ)	(ハ)	(ニ)
(1)	定格荷重	複数名確保	クレーンのブーム	注意して実施
(2)	最大つり荷重	指名	クレーンのブーム	中止
(3)	最大つり荷重	複数名確保	つり上げられている荷	注意して実施
(4)	定格荷重	指名	つり上げられている荷	中止

問題 30

工事中の埋設物の損傷等の防止のために行うべき措置に関する下記の①～④の4つの記述のうち，建設工事公衆災害防止対策要綱上，**適当なもののみを全てあげている組合せ**は次のうちどれか。

① 発注者又は施工者は，施工に先立ち，埋設物の管理者等が保管する台帳と設計図面を照らし合わせて位置を確認した上で，細心の注意のもとで試掘等を行い，その埋設物の種類，位置，規格，構造等を原則として目視により確認しなければならない。
② 発注者又は施工者は，試掘等によって埋設物を確認した場合においては，その位置や周辺地質の状況等の情報を道路管理者及び埋設物の管理者に報告しなければならない。
③ 発注者又は施工者は，埋設物に近接して工事を施工する場合には，あらかじめその埋設物の管理者及び関係機関と協議し，埋設物の防護方法，立会の有無，緊急時の連絡先及びその方法等を決定するものとする。
④ 発注者又は施工者は，埋設物の位置，名称，管理者の連絡先等を記載した標示板を取り付ける等により明確に認識できるようにし，近隣住民に確実に伝達しなければならない。

(1) ①②　　(3) ②③④
(2) ①②③　　(4) ③④

問題 31

酸素欠乏のおそれのある工事を行う場合，事業者が行うべき措置に関する下記の①～④の4つの記述のうち，酸素欠乏症等防止規則上，**正しいものの数**は次のうちどれか。

① 酸素欠乏危険場所においては，その作業の前日に，空気中の酸素の濃度を測定し，測定日時や測定方法及び測定結果等の記録を一定の期間保存しなければならない。
② 酸素欠乏危険作業に労働者を従事させる場合で，爆発，酸化等を防止するため換気することができない場合又は作業の性質上換気することが著しく困難な場合は，同時に就業する労働者の人数と同数以上の空気呼吸器等を備え，労働者に使用させなければならない。
③ 酸素欠乏危険作業に労働者を従事させるときは，労働者を当該作業を行う場所に入場させ，及び退場させる時に，保護具を点検しなければならない。
④ 酸素欠乏危険場所又はこれに隣接する場所で作業を行うときは，酸素欠乏危険作業に従事する労働者以外の労働者が当該酸素欠乏危険場所に立ち入ることを禁止し，かつ，その旨を見やすい箇所に表示しなければならない。

(1) 1つ　　(3) 3つ
(2) 2つ　　(4) 4つ

問題 32

品質管理に関する下記の①～④の4つの記述のうち，**適当なもののみを全てあげている組合せ**は次のうちどれか。

① 品質は必ずある値付近にばらつくので，設計値を十分満足するような品質を実現するためには，ばらつき度合いを考慮し，余裕を持った品質を目標とする必要がある。
② 品質管理は，施工計画立案の段階で管理特性を検討し，それを完成検査時にチェックする考え方である。
③ 品質管理は，品質特性や品質標準を決め，作業標準に従って実施し，できるだけ早期に異常を見つけ品質の安定をはかるために行う。
④ 品質特性を決める場合には，構造物の品質に及ぼす影響が小さく，測定しやすい特性であること等に留意する。

(1) ①②　　(3) ②③
(2) ①③　　(4) ②④

問題 33

情報化施工におけるTS（トータルステーション），GNSS（全球測位衛星システム）を用いた盛土の締固め管理に関する下記の文章中の[　　　]の(イ)～(ニ)に当てはまる語句の組合せとして，**適当なもの**は次のうちどれか。

・盛土材料を締め固める際には，モニタに表示される締固め回数分布図において，盛土施工範囲の[（イ）]について，規定回数だけ締め固めたことを示す色になるまで締め固める。

・盛土施工に使用する材料は，事前の土質試験で品質を確認し，試験施工でまき出し厚や[（ロ）]を決定したものと同じ土質の材料であることを確認する。

・TS・GNSSを用いた盛土の締固め管理は，締固め機械の走行位置を[（ハ）]に計測し，[（ロ）]を確認する。

・TS・GNSSを用いた盛土の締固め管理システムの適用にあたっては，[（ニ）]や電波障害の有無等を事前に調査して，システムの適用の可否を確認する。

	(イ)	(ロ)	(ハ)	(ニ)
(1)	代表ブロック	締固め度	施工完了後	地形条件
(2)	全面	締固め度	リアルタイム	地質条件
(3)	全面	締固め回数	リアルタイム	地形条件
(4)	代表ブロック	締固め回数	施工完了後	地質条件

問題 34

鉄筋の組立ての検査に関する下記の①～④の4つの記述のうち，**適当なものの数**は次のうちどれか。

① 鉄筋の平均間隔を求める際には，配置された10本程度の鉄筋間隔の平均値とする。

② 型枠に接するスペーサは，原則として，コンクリート製あるいはモルタル製とする。

③ 鉄筋のかぶりは，鉄筋の中心から構造物表面までの距離とする。

④ 設計図書に示されていない組立用鉄筋や金網等も，所定のかぶりを確保する。

(1) 1つ　　(3) 3つ

(2) 2つ　　(4) 4つ

問題 35

プレキャストコンクリート構造物の施工におけるプレキャスト部材の接合に関する下記の①～④の4つの記述のうち，**適当なもののみを全てあげている組合せ**は次のうちどれか。

① 部材の接合にあたっては，接合面の密着性を確保するとともに，接合部の断面やダクトを正確に一致させておく必要がある。

② ダクトの接合部に塗布する接着剤は，十分な量をダクト内に流入させる。

③ 接着剤の取扱いについては，製品安全シート（SDS）に従った安全対策を講じる。

④ モルタルやコンクリートを接合材料として用いる場合は，これらを打ち込む前に，接合面のコンクリートを乾燥状態にしておく必要がある。

(1) ①②　　(3) ②④

(2) ①③　　(4) ③④

１級土木施工　令和５年度第一次検定試験　解答・解説

問題番号	解答	解　　説
問 題 A		
問題 1	(2)	CBR 試験結果は，供試体表面に貫入ピストンを一定量貫入させたときの荷重強さを標準荷重強さに対する百分率で表したもので，路盤や舗装厚の決定，路盤材料としての適否判定に用いられる。
問題 2	(4)	ブロック積擁壁工は，原則として胴込めコンクリートを設ける練り積みで，水平方向の目地が直線とならない谷積みで積み上げる。
問題 3	(4)	現場密度試験は，盛土材料の品質，まき出し厚及び締固め回数等が，いずれも規定通りとなっている場合は省略する。
問題 4	(1)	しゃ断排水層は，地下水位が高い場合に盛土内への浸透水を排水するため，路盤よりも下方に透水性の極めて高い荒目の砂利，砕石を用い，適切な厚さで施工する。
問題 5	(4)	サンドマット施工時や盛土高が低い間は，局部破壊を防止するため，法尻から盛土中央に向かって施工する。
問題 6	(1)	異なる種類の細骨材を混合して用いる場合の吸水率については，それぞれの試料で吸水率を測定し規定と比較する。
問題 7	(4)	高炉セメントは，製鉄所から出る高炉スラグの微粉末を混合したセメントで，海岸など塩分が飛来する環境に使用される。 耐硫酸塩ポルトランドセメントは，高炉スラグを使用していない。土壌地下水及び下水などに含まれる硫酸塩からの劣化を防止する所に使用される。
問題 8	(3)	石灰石微粉末を用いると，ブリーディングや材料分離を抑制する等の効果がある。アルカリシリカ反応の抑制はできない。
問題 9	(4)	暑中コンクリートでは，コールドジョイントの発生防止のため，減水剤，AE 減水剤については，遅延形のものを用いる。
問題 10	(2)	(1) コンクリート打込み時にシュートを用いる場合は，縦シュートを標準とする。 (2) 記述は，適当である。 (3) 型枠内に打ち込んだコンクリートは，材料分離を防ぐため，棒状バイブレータを用いてコンクリートを横移動させてはならない。 (4) コールドジョイント発生を防ぐための許容打重ね時間間隔は，外気温が高いほど短くなる。
問題 11	(3)	ガス圧接継手における鉄筋の圧接端面は，軸線に直角に切断する。
問題 12	(2)	支持杭基礎の場合，鉛直荷重は杭のみで抵抗させ，水平荷重は杭とフーチング根入れ部分で抵抗させることを原則とする。
問題 13	(4)	回転杭工法では，回転速度，付加する押込み力を一定に保ち，回転トルク（回転抵抗値）とN値の変化を対比し，支持層上部よりも回転トルクが増加していることにより確認する。
問題 14	(1)	オールケーシング工法の掘削では，孔壁の崩壊防止等のために，ケーシングチューブの先端が常に掘削底面より下方にあるようにする。

問題番号	解答	解　　　説
問題 15	(1)	(1) 記述は，適当である。 (2) 盤ぶくれに対する安定性が不足すると予測された場合には，地盤改良により不透水層の層厚を厚くするとよい。 (3) ボイリングに対する安定性が不足すると予測された場合には，水頭差を小さくするため，背面側の地下水位を低下させる。 (4) 土留め壁又は支保工の応力度，変形が許容値を超えると予測された場合には，切ばりのプレロードを導入するとよい。
問題 16	(2)	箱形断面の桁は，重量が重く吊りにくいので，吊り状態における安全性を確認するため，吊り金具や補強材は工場で取り付ける必要がある。
問題 17	(1)	打継目は，一般に，床版の主応力が橋軸方向に作用し，打継目の完全な一体化が困難なことから，橋軸直角方向に設けた方がよい。
問題 18	(3)	(1) ボルト，ナットについては，原則として現場搬入前にその特性及び品質を保証する試験，検査を行い，規格に合格していることを確認する。 (2) 継手の外側からボルトを締め付けると，連結版が浮き上がり，密着性が悪くなる傾向があるため，中央から外側に向かって締め付け，2 度締めを行う。 (3) 記述は，適当である。 (4) ボルトの軸力の導入は，ボルトのナットを回して行うのを原則とし，やむを得ず頭部を回して行う場合は，トルク係数値の変化を確認する。
問題 19	(1)	劣化が顕在化した箇所に部分的に断面修復工法を適用すると，断面修復箇所と断面修復しない箇所の境界部付近においては腐食電流により腐食される。
問題 20	(1)	(1) 水和熱に起因する温度応力によるひび割れである。 (2) 沈みひび割れである。 (3) コールドジョイントによるひび割れである。 (4) 乾燥によるひび割れである。
問題 21	(3)	既設の堤防に腹付けを行う場合は，新旧法面をなじませるため段切りを行い，一般にその大きさは堤防締固め 1 層仕上り厚の倍の 50 cm 以上とすることが多い。
問題 22	(4)	コンクリートブロック張工では，平板ブロックと控えのある間知ブロックが多く使われており，平板ブロックは，流速が小さいところに使用される。
問題 23	(3)	仮締切工の撤去は，構造物の構築後，締切り内と外との土圧，水圧をバランスさせつつ撤去する必要があり，流水の影響がある場合は，下流側，上流側，流水側の順で撤去する。
問題 24	(1)	基礎地盤の透水性に問題がある場合は，止水壁や遮水壁を設ける。また，パイピングに対しては，浸透路長が不足する場合は，堤体幅を広くするか，遮水壁（鋼矢板等），カットオフ等を設けて改善を図る。
問題 25	(4)	床固工は，渓床の縦侵食防止，河床堆積物の再移動防止により河床を安定させるとともに，護岸工等の工作物の下流に設置することにより，工作物の基礎を保護する機能も有する。
問題 26	(4)	(1) コンクリート張工は，斜面の風化，侵食及び崩壊等を防止することを目的とし，比較的勾配の急な斜面に用いられ，設計においては土圧を考慮する必要がない。 (2) もたれ式コンクリート擁壁工は，斜面崩壊を直接抑止することが困難な場合に，斜面脚部に沿って擁壁を設置する工法で，斜面地形の変化に対し比較的適応性がある。 (3) 切土工は，斜面勾配の緩和，斜面上の不安定な土塊や岩石の一部又は全部を除去するもので，切土した斜面の高さにかかわらず小段の設置を必要とする工法である。 (4) 記述は，適当である。

問題番号	解答	解　説
問題 27	(2)	凍上抑制層は，凍結深さから求めた必要な置換え深さと舗装の厚さを比較し，置換え深さが大きい場合に，路盤の下にその厚さの差だけ凍上の生じにくい材料で置き換える。
問題 28	(4)	シックリフト工法による加熱アスファルト安定処理路盤は，早期交通開放すると初期わだち掘れが発生しやすいので，舗設後に冷却するとよい。
問題 29	(3)	施工の終了時又はやむを得ず施工を中断した場合は，道路の横断方向に横継目を設け，横継目の仕上りの良否が走行性に直接影響を与えるので平坦に仕上げるように留意する。
問題 30	(2)	表層・基層打換え工法は，既設舗装を表層又は基層まで打ち換える工法で，路盤に不陸があって舗装厚が一定でない場合，路盤も適宜切削して不陸をなくしておく。
問題 31	(3)	(1) グースアスファルト舗装は，グースアスファルト混合物を用いた不透水性やたわみ性等の性能を有する舗装で，一般に鋼床版の橋面舗装に用いられる。 (2) 大粒径アスファルト舗装は，最大粒径の大きな骨材をアスファルト混合物に用いる舗装で，耐流動性や耐摩耗性等の性能を有するため，一般に重交通道路の舗装に用いられる。 (3) 記述は，適当である。 (4) 砕石マスチック舗装は，細骨材に対するフィラーの量が多いアスファルトモルタルで粗骨材の骨材間隙を充填したギャップ粒度のアスファルト混合物を用いる舗装である。
問題 32	(1)	(1) 記述は，適当である。 (2) 粗面処理工法は，コンクリート舗装面を粗面に仕上げることによって，舗装版のすべり抵抗性を回復させる工法である。 (3) 付着オーバーレイ工法は，既設コンクリート版とコンクリートオーバーレイとが一体となるように，既設版表面は表面乾燥状態から気乾燥状態にして，コンクリートを打ち継ぐ工法である。 (4) バーステッチ工法は，既設コンクリート版に発生したひび割れ部に，ひび割れと直角に切り込んだカッタ溝に異形棒鋼等の鋼材を埋設する工法である。
問題 33	(2)	グラウチングは，ルジオン値に応じた初期配合及び地盤の透水性状等を考慮した配合切換え基準に従って，濃度の薄いものか濃いもへ順に注入を行う。
問題 34	(4)	(1) 外部コンクリートは，所要の水密性，すりへり作用に対する抵抗性や凍結融解作用に対する抵抗性が要求される。 (2) 内部コンクリートは，水圧等の作用を自重で支える機能を持ち，所要の単位容積質量と強度が要求され，発熱量が小さく，施工性に優れていることが必要である。 (3) 着岩コンクリートは，岩盤との付着性及び不陸のある岩盤に対しても容易に打ち込めて一体性を確保できることが要求される。 (4) 記述は，適当である。
問題 35	(2)	吹付けコンクリートは，吹付けノズルを吹付け面に直角方向に保ち，ノズルと吹付け面との距離及び衝突速度が適正になるように行わなければならない。
問題 36	(4)	変位計測の測定頻度は，地山と支保工の挙動の経時変化ならびに経距変化が把握できるように，掘削前後は密に，切羽が離れるに従って疎になるように設定しなければならない。
問題 37	(2)	投入する土砂の養浜効果には投入土砂の粒径が重要であり，養浜場所にある砂よりも粗な粒径を用いた場合，その平衡勾配が大きいため汀線付近での保全効果が期待できる。
問題 38	(2)	離岸堤を砕波帯付近に設置する場合は，沈下対策を講じる必要があり，従来の施工例からみればマット，シート類よりも捨石工を用いる方が優れている。
問題 39	(1)	浚渫工事の浚渫能力が，土砂の硬さや強さ，締り具合や粒の粗さ等に大きく影響することから，土質調査としては，一般に粒度分析，比重試験，標準貫入試験を実施する。

問題番号	解答	解　説
問題 40	(3)	水中不分離性コンクリートをポンプ圧送する場合は，通常のコンクリートに比べて圧送圧力は大きく，打込み速度は速くなるので注意を要する。
問題 41	(4)	鉄筋コンクリート版のコンクリートは，傾斜部は低い方から高い方へ打ち込み，棒状バイブレータを用いて十分に締め固める。
問題 42	(2)	水準変位は，左右のレールの高さの差のことであり，曲線部では外側レールが沈みやすく，一様に連続した水準変位が発生する傾向がある。
問題 43	(4)	工事管理者は，列車又は車両の運転状況を確認する，また，作業員等の退避状況を確認する。
問題 44	(3)	裏込め注入工は，セグメントからの漏水の防止，トンネルの蛇行防止等に役立つため，シールド掘進と同時または直後に行わなければならない。
問題 45	(4)	金属溶射は，加熱溶融された微細な金属粒子を鋼材表面に吹き付けて皮膜を形成する方法であり，得られた皮膜の表面は粗さがある。
問題 46	(3)	配水管を他の地下埋設物と交差又は近接して布設するときは，維持補修や漏水による加害事故発生の恐れに配慮し，少なくとも 0.3 m 以上の間隔を保つものとする。
問題 47	(2)	(1) 反転工法は，熱で硬化する樹脂を含浸させた材料をマンホールから既設管渠内に加圧しながら挿入し，加圧状態のまま樹脂が硬化することで更生管渠を構築する。 (2) 記述は，適当である。 (3) さや管工法は，既設管渠より小さな管径で工場製作された二次製品をけん引挿入し，間隙にモルタル等の充填材を注入することで更生管渠を構築する。 (4) 製管工法は，既設管渠内に硬質塩化ビニル樹脂材等をかん合し，その樹脂パイプと既設管渠との間隙にモルタル等の充填材を注入することで更生管渠を構築する。
問題 48	(2)	オーガ方式は，高地下水圧に対抗する装置を有していないので，地下水位以下の砂質土地盤に適用する場合は，取り込み土量に特に注意しなければならない。
問題 49	(3)	材料の調合に使用する水は原則として水道水を使用するものとし，水道水が使用できない時は，水質基準の pH が 8.6 以下の水を使用することが望ましい。
問題 50	(1)	使用者は，労働契約の不履行について違約金を定め，又は損害賠償額を明示して契約してはならない。
問題 51	(3)	労働者が業務上負傷し，又は疾病にかかった場合においては，使用者は，その費用で必要な療養を行い，又は必要な療養費用を全額負担しなければならない。
問題 52	(2)	作業主任者の選任を必要とする作業は，以下のとおりである。 (1) 掘削面の高さが 2 m 以上の地山の掘削（ずい道及びたて坑以外の坑の掘削を除く）の作業 (2) 掘削面の高さにかかわらず，土止め支保工の切梁又は腹起しの取り付け，取り外しの作業は，作業主任者の選任を必要とする。したがって，正しい。 (3) 高さが 5 m 以上の構造の足場の組立て，解体の作業 (4) 高さが 5 m 以上のコンクリート橋梁上部構造の架設の作業
問題 53	(3)	事業者は，作業を行う区域内には関係労働者以外の労働者の立入りを禁止しなければならない。作業主任者の行うべき事項ではない。
問題 54	(2)	元請負人は，請負代金の出来形部分に対する支払を受けたときは，施工した下請負人に対して，下請代金の一部を，当該支払を受けた日から 1 か月以内で，かつ，できる限り短い期間内に支払わなければならない。

問題番号	解答	解　　説
問題 55	(1)	(1) 記述は，正しい。 (2) 消費場所において火薬類を取り扱う場合の火薬類を収納する容器は，木その他電気不良導体で作った丈夫な構造のものとし，内面は鉄類を表さないこと。 (3) 火薬類取扱所は平屋建て鉄筋コンクリート造り，コンクリートブロック造りで，盗難及び火災を防ぎ得る構造とすること。 (4) 火薬類取扱所の周囲には，適当な境界柵を設け，かつ，「立入禁止」，「火気厳禁」等と書いた警戒札を掲示すること。
問題 56	(1)	道路管理者以外の者が，沿道で行う工事のために交通に支障を及ぼすおそれのない道路の区域内に，工事材料の置き場を設ける場合は，道路管理者の許可を受ける必要がある。
問題 57	(2)	河川区域内の野球場に設置されている老朽化したバックネットを撤去する場合は，河川管理者の許可を受ける必要がある。
問題 58	(4)	(1) 建築主事の確認は適用されない。 (2) 建築物の敷地の衛生，安全の規定は適用されない。 (3) 敷地の安全・衛生の規定は適用されない。 (4) 記述は，正しい。
問題 59	(1)	特定建設作業に伴って発生する騒音が，特定建設作業の場所の敷地の境界線において，85 dB を超える大きさのものでないこと。
問題 60	(3)	振動ローラによる作業は，特定建設作業に該当しない。
問題 61	(3)	(1) 特定港内又は特定港の境界附近で工事又は作業をしようとする者は，港長の許可を受けなければならない。 (2) 船舶は，特定港に入港したとき又は特定港を出港しようとするときは，国土交通省令の定めるところにより，港長に届け出なければならない。 (3) 記述は，正しい。 (4) 船舶は，特定港内又は特定港の境界附近において危険物を運搬しようとするときは，港長の許可を受けなければならない。
問 題 B		
問題 1	(1)	TS での鉛直角観測は，1 視準 1 読定，望遠鏡正及び反の観測を 1 対回とする。
問題 2	(3)	受注者は，現場代理人を工事現場に常駐させなければならないが，工事現場における運営等に支障がなく，かつ，発注者との連絡体制が確保されれば発注者の判断で，工事現場への常駐を必要としないことができる。
問題 3	(1)	かかと部の引張鉄筋に該当する鉄筋番号は，① D22 である。
問題 4	(2)	タイヤローラは，タイヤの空気圧を変えて接地圧を調整し，バラストを付加して輪荷重を増加させ締固め効果を大きくすることができ，路床，路盤の施工に使用される。
問題 5	(3)	資機材の輸送調査では，事前に輸送ルートの道路状況や交通規制等を把握し，不明な点がある場合には，道路管理者や所轄警察署に相談して解決しておくことが重要である。
問題 6	(2)	クリティカルパスを計算する。 当初の工期（クリティカルパス）：⓪→②→③→⑤→⑦で，6 + 0 + 12 + 12 = 30 日 作業 F が 4 日遅れた工期（クリティカルパス）：⓪→②→④→⑤→⑦で， 6 + 8 + 6 + 12 = 32 日 当初の工期より 2 日遅れる。 クリティカルパスの経路は変わる。
問題 7	(4)	特定元方事業者は，当該作業場所の巡視を作業日に行わなければならない。

問題番号	解答	解　　　説
問題8	(4)	元方事業者は，関係請負人の労働者を含め，常時50人以上100人未満となる事業場では，元方安全衛生管理者を選任する。
問題9	(2)	警報及び注意報が解除された場合は，工事現場の地盤のゆるみ，崩壊，陥没等の危険がないか，点検が終わった後に作業を再開すること。
問題10	(4)	高さ2m以上の足場（一側足場を除く）の作業床には，物体の落下防止のため，高さ10cm以上の幅木，メッシュシート若しくは，防網等を設けなければならない。
問題11	(3)	土止め支保工の部材の取付け等については，切りばり及び腹おこしは，脱落を防止するため，矢板，くい等に確実に取り付けるとともに，圧縮材（火打ちを除く）の継手は，突合せ継手としなければならない。
問題12	(4)	(1) 高さ2m以上の作業床の端，開口部等で墜落により労働者に危険を及ぼすおそれのある箇所には，囲い，手すり，覆い等を設けなければならない。 (2) 高さ2m以上の箇所で囲い等の設置が困難又は作業上，囲いを取りはずすときは，防網を張り，労働者に要求性能墜落制止用器具を使用させなければならない。 (3) 高さ2m以上の箇所での作業で，労働者に要求性能墜落制止用器具等を使用させるときは要求性能墜落制止用器具等の取付設備等を設け，異常の有無を随時点検しなければならない。 (4) 記述は，正しい。
問題13	(2)	転倒方式による取壊しでは，解体する主構造部に複数本の引きワイヤを堅固に取付け，引きワイヤで加力する際は，繰り返して荷重をかけゆすってはならない。
問題14	(4)	下層路盤の締固め度の管理は，試験施工あるいは工程の初期におけるデータから，所定の締固め度を得るのに必要な転圧回数が求められた場合は，密度試験を省略する。
問題15	(1)	修正CBR試験は，所要の締固め度における路盤材料の支持力値を知り，材料としての適否を判定することを目的として実施する。
問題16	(4)	アルカリシリカ反応対策は，試験成績表を提出させ確認する。モルタルバー法は，対策の一つである。
問題17	(1)	(1) 記述は，適当である。 (2) 建設工事からの排出水が一時的なものであっても，明らかに河川，湖沼，海域等の公共水域を汚濁する場合，水質汚濁防止法及び下水道法に基づく放流基準に従って濁水を処理しなければならない。 (3) 濁水は，切土面や盛土面の表流水として発生することが多いことから，他の条件が許す限りできるだけ切土面や盛土面の面積が小さくなるよう計画する。 (4) 水質汚濁処理技術のうち，凝集処理には，天日乾燥，遠心力を利用する遠心脱水機，加圧力を利用するフィルタープレスやベルトプレス脱水装置は含まれない。設問は，濁水処理である。
問題18	(1)	リバース工法では，自然泥水で孔壁の安定を図るが，掘削速度を遅くすると保護膜（マッドケーキ）が不完全となり孔壁崩壊の原因となる。
問題19	(3)	(1) 元請業者は，建設工事の施工にあたり，適切な工法の選択等により，建設発生土の抑制に努め，建設発生土は全て現場内で使用するよう努めなければならない。 (2) 元請業者は，当該工事に係る特定建設資材廃棄物の再資源化等が完了したら，その旨を当該工事の発注者に書面で報告しなければならない。 (3) 記述は，適当である。 (4) 伐採木，伐根材，梱包材等は，建設資材ではないので，「建設工事に係る資材の再資源化等に関する法律」による分別解体等・再資源化等の義務づけの対象とならない。

問題番号	解答	解　　説
問題 20	(2)	排出事業者は，産業廃棄物の運搬又は処分を業とする者に委託した場合，産業廃棄物の引渡し時に，産業廃棄物管理票（マニフェスト）を交付しなければならない。
問題 21	(1)	（イ）長い　（ロ）分散　（ハ）最小限　（ニ）平均化して
問題 22	(3)	①，②，④は，適当である。 ③ 公道上で掘削を行う工事の場合は，電気，ガス及び水道等の地下埋設物の保護が重要であり，施工計画段階で調査を行い，埋設物の位置，深さ等を確認する際は管理者の立ち合いを求める。
問題 23	(2)	（イ）役割分担　（ロ）工事の内容及び工期等　（ハ）再下請通知書 （ニ）施工体系図
問題 24	(3)	①，③，④は，適当である。 ② コストコントロールとは，施工計画に基づきあらかじめ設定された予定原価に対し品質を変えずより安価となることを採用し原価をコントロールすることにより，工事原価の低減を図るものである。
問題 25	(4)	①～④の 4 つすべてが適当である。
問題 26	(1)	（イ）路線に沿った　（ロ）出来高比率　（ハ）は掴みにくい （ニ）正確に捉えることができる
問題 27	(4)	②，④は，適当である。 ① 工程計画は，全工期に対して出来高を表すバナナ曲線の勾配が，工事の初期→中期→後期において，緩→急→緩となるようにする。 ③ 実施工程曲線がバナナ曲線の下方限界を超えたときは，工程遅延により突貫工事が不可避となるので，施工計画を再検討する。
問題 28	(3)	正しい記述は，①，②，③の 3 つである。 ④ 車両系建設機械の運転者が離席する時は，原動機を止め，かつ，走行ブレーキをかける等の逸走を防止する措置を講じなければならない。
問題 29	(4)	（イ）定格荷重　（ロ）指名　（ハ）つり上げられている荷　（ニ）中止
問題 30	(2)	①，②，③は，適当である。 ④ 発注者又は施工者は，埋設物の位置，名称，管理者の連絡先等を記載した標示板を取り付ける等により明確に認識できるようにし，工事関係者に確実に伝達しなければならない。
問題 31	(2)	正しい記述は，②，④の 2 つである。 ① 酸素欠乏危険場所においては，その日の作業を開始する前に，空気中の酸素の濃度を測定し，測定日時や測定方法及び測定結果等の記録を一定の期間保存しなければならない。 ③ 酸素欠乏危険作業に労働者を従事させるときは，労働者を当該作業を行う場所に入場させ，及び退場させる時に，人員を点検しなければならない。
問題 32	(2)	①，③は，適当である。 ② 品質管理は，施工計画立案の段階で管理特性を検討し，それを施工段階でチェックする考え方である。 ④ 品質特性を決める場合には，構造物の品質に及ぼす影響が大きく，測定しやすい特性であること等に留意する。
問題 33	(3)	（イ）全面　（ロ）締固め回数　（ハ）リアルタイム　（ニ）地形条件
問題 34	(3)	適当な記述は，3 つである。 ③ 鉄筋のかぶりは，鉄筋の表面から構造物表面までの距離とする。